Praktischer Leitfaden für die digitale Fertigung

Zhuming Bi

Praktischer Leitfaden für die digitale Fertigung

First-Time-Right für Design von Produkten, Maschinen, Prozessen und Systemintegration

Zhuming Bi
Department of Civil and Mechanical Engineering
Purdue University Fort Wayne
Fort Wayne, IN, USA

Mit Beiträgen von
Wen-Jun Chris Zhang
Mechanical Engineering
University of Saskatchewan
Saskatoon, SK, Canada

ISBN 978-3-031-70663-9   ISBN 978-3-031-70664-6 (eBook)
https://doi.org/10.1007/978-3-031-70664-6

Die Deutsche Nationalbibliothek verzeichnet diese Publikation in der Deutschen Nationalbibliografie; detaillierte bibliografische Daten sind im Internet über https://portal.dnb.de abrufbar.

Übersetzung der englischen Ausgabe: „Practical Guide to Digital Manufacturing" von Zhuming Bi und Wen-Jun Chris Zhang, © The Editor(s) (if applicable) and The Author(s), under exclusive license to Springer Nature Switzerland AG 2021. Veröffentlicht durch Springer International Publishing. Alle Rechte vorbehalten.

Dieses Buch ist eine Übersetzung des Originals in Englisch „Practical Guide to Digital Manufacturing" von Zhuming Bi und Wen-Jun Chris Zhang, publiziert durch Springer Nature Switzerland AG im Jahr 2021. Die Übersetzung erfolgte mit Hilfe von künstlicher Intelligenz (maschinelle Übersetzung). Eine anschließende Überarbeitung im Satzbetrieb erfolgte vor allem in inhaltlicher Hinsicht, so dass sich das Buch stilistisch anders lesen wird als eine herkömmliche Übersetzung. Springer Nature arbeitet kontinuierlich an der Weiterentwicklung von Werkzeugen für die Produktion von Büchern und an den damit verbundenen Technologien zur Unterstützung der Autoren.

© Der/die Herausgeber bzw. der/die Autor(en), exklusiv lizenziert an Springer Nature Switzerland AG 2025

Das Werk einschließlich aller seiner Teile ist urheberrechtlich geschützt. Jede Verwertung, die nicht ausdrücklich vom Urheberrechtsgesetz zugelassen ist, bedarf der vorherigen Zustimmung des Verlags. Das gilt insbesondere für Vervielfältigungen, Bearbeitungen, Übersetzungen, Mikroverfilmungen und die Einspeicherung und Verarbeitung in elektronischen Systemen.
Die Wiedergabe von allgemein beschreibenden Bezeichnungen, Marken, Unternehmensnamen etc. in diesem Werk bedeutet nicht, dass diese frei durch jede Person benutzt werden dürfen. Die Berechtigung zur Benutzung unterliegt, auch ohne gesonderten Hinweis hierzu, den Regeln des Markenrechts. Die Rechte des/der jeweiligen Zeicheninhaber*in sind zu beachten.
Der Verlag, die Autor*innen und die Herausgeber*innen gehen davon aus, dass die Angaben und Informationen in diesem Werk zum Zeitpunkt der Veröffentlichung vollständig und korrekt sind. Weder der Verlag noch die Autor*innen oder die Herausgeber*innen übernehmen, ausdrücklich oder implizit, Gewähr für den Inhalt des Werkes, etwaige Fehler oder Äußerungen. Der Verlag bleibt im Hinblick auf geografische Zuordnungen und Gebietsbezeichnungen in veröffentlichten Karten und Institutionsadressen neutral.

Planung/Lektorat: Anthony Doyle
Springer Vieweg ist ein Imprint der eingetragenen Gesellschaft Springer Nature Switzerland AG und ist ein Teil von Springer Nature.
Die Anschrift der Gesellschaft ist: Gewerbestrasse 11, 6330 Cham, Switzerland

Wenn Sie dieses Produkt entsorgen, geben Sie das Papier bitte zum Recycling.

Vorwort

Viele Monographien und Konferenzberichte wurden über digitale Fertigung und virtuelle Fertigung veröffentlicht. Die meisten dieser Ressourcen konzentrieren sich auf die Einführung neuer Fortschritte in den Theorien, Methoden und digitalisierten Werkzeugen, die von den Autoren erstellt wurden. Nur wenige Bücher stehen zur Verfügung, damit die Leser das gründliche theoretische Fundament und den breiten Anwendungsbereich kommerzieller computergestützter Werkzeuge in der digitalen Fertigung verstehen können.

Dieses Buch ist einzigartig und wertvoll für die Leser in der Fertigung, in dem Sinne, dass es (1) die gründliche theoretische Grundlage, historische Entwicklung und ermöglichte Technologien der digitalen Fertigung einführt; (2) als praktischer Leitfaden für die Leser dient, um digitale Fertigungswerkzeuge in den Entwürfen von Produkten, Maschinen, Prozessen und integrierten Systemen zu verwenden; (3) eine breite Palette von computergestützten Werkzeugen für geometrische Modellierung, Montagemodellierung, Bewegungssimulation, Finite-Elemente-Analyse, Fertigungsprozesssimulation, Maschinenprogrammierung, Produkt-Datenmanagement und Produkt-Lebenszyklusmanagement abdeckt; (4) viele realitätsnahe Fallstudien verwendet, um die Anwendungen von computergestützten Werkzeugen zur Bewältigung verschiedener technischer Design-Herausforderungen in der digitalen Fertigung zu illustrieren; und (5) die Auswirkungen von Spitzentechnologien, wie dem cyber-physischen System, Internet der Dinge (IoT), Cloud-Computing, Blockchain-Technologien und Industrie 4.0, auf den Fortschritt der digitalen Fertigung diskutiert.

Dieses Buch ist als Lehrbuch für Studierende im 3./4. Jahr der Fertigungstechnik, Maschinenbau, Industrietechnik und Systemtechnik und für Studierende auf höherem Niveau in technischen oder ingenieurwissenschaftlichen Hochschulen geschrieben sowie als Nachschlagewerk für Maschinenbau-, Fertigungs- und Industrieingenieure, die die Verantwortung haben, computergestützte Werkzeuge für die Gestaltung von Produkten, Maschinen, Fertigungsprozessen oder Systemintegrationen zu verwenden, und für Absolventen, die Forschungen durchführen, die für die Fertigung relevant sind.

Zhuming Bi Ph.D.
Wen-Jun Chris Zhang Ph.D., P. Eng.

Inhaltsverzeichnis

1	**Menschliche Zivilisation, Produkte und Fertigung**		1
1.1	Menschliche Zivilisation und Produkte		2
1.2	Treiber für Fertigungstechnologien		7
	1.2.1	Treibender Faktor – menschliche Gesellschaft	9
	1.2.2	Ziehender Faktor – Verbrauchermärkte	9
	1.2.3	Wechselseitiger Treiber – relevante Technologieentwicklung	14
1.3	Formulierung von technischen Designproblemen		15
1.4	Computer in der technischen Konstruktion		18
1.5	Computer in der Fertigung		20
1.6	Aufkommende digitale Technologien		23
	1.6.1	*Internet der Dinge* (IoT)	24
	1.6.2	*Big Data Analytics* (BDA)	24
	1.6.3	*Cyber-physische Systeme* (CPS)	26
	1.6.4	*Cloud Computing* (CC)	27
	1.6.5	*Blockchain-Technologie* (BCT)	28
	1.6.6	*Rapid Prototyping* (RP)	29
1.7	Digitale Fähigkeiten in der modernen Fertigung		30
1.8	Organisation des Buches		32
	Literatur		36
2	**Computerunterstütztes Design**		39
2.1	Einführung		40
2.2	Computerunterstütztes Design (CAD) System		42
2.3	Eigenschaften von Solid-Modellen		45
	2.3.1	Rechtmäßigkeit von Festkörpermodellen	47
	2.3.2	Geometrische Einschränkungen	50
2.4	Grafische Modellierungstechniken		53
	2.4.1	Drahtgittermodellierung	54
	2.4.2	Flächenmodellierung und Grenzflächenmodellierung (B-Rep)	54

		2.4.3	Festkörpermodellierung und Raumzerlegung	55

	2.4.3	Festkörpermodellierung und Raumzerlegung	55
	2.4.4	Merkmalbasierte Modellierung	56
	2.4.5	Wissensbasierte Modellierung	62
2.5	Designparameter, Merkmale und Absichten		64
	2.5.1	Designmerkmale	64
	2.5.2	Designparameter	66
	2.5.3	Designabsichten	78
2.6	Modellierungsverfahren		83
2.7	Montagemodellierung		86
	2.7.1	Terminologie in der Montagemodellierung	88
	2.7.2	Modellierungsmethoden	92
	2.7.3	Neue Baugruppen-Level-Funktionen	98
	2.7.4	Explodierte Ansichten und Stücklisten	101
2.8	Kinematische und dynamische Modellierung		102
	2.8.1	Verbindungstypen	103
	2.8.2	Gelenktypen und Freiheitsgrade (DOF)	103
	2.8.3	Kinematische Ketten	105
	2.8.4	Mobilität von mechanischen Systemen	106
	2.8.5	Bewegungssimulation	108
2.9	Zusammenfassung		121
Literatur			126

3 Computerunterstützte Technik (CAE) 129

3.1	Einführung		130
3.2	Designanalysemethoden		135
3.3	Numerische Simulation		139
3.4	Finite-Elemente-Analyse (FEA) und Modellierungsverfahren		140
3.5	FEA-Theorie		145
	3.5.1	Charakteristische Gleichungen von technischen Problemen	146
	3.5.2	Lösung durch direkte Formulierung	147
	3.5.3	Prinzip der minimalen potentiellen Energie	153
	3.5.4	Methode der gewichteten Residuen	155
	3.5.5	Arten von Differentialgleichungen	166
	3.5.6	Lösungen für verschiedene PDEs	167
	3.5.7	Systemmodell und Lösung	178
3.6	CAE-Implementierung – SolidWorks Simulation		193
	3.6.1	Berechnungsdomäne	193
	3.6.2	Materialbibliothek	195
	3.6.3	Meshing-Tools	198
	3.6.4	Analysentypen	200
	3.6.5	Randbedingungen	200

		3.6.6	Solver für FEA-Modelle	202
		3.6.7	Nachbearbeitung	205
		3.6.8	Designoptimierung	205
	3.7	CAE-Anwendungen		205
		3.7.1	Strukturanalyse	205
		3.7.2	Modalanalyse	210
		3.7.3	Wärmeübertragungssysteme	213
		3.7.4	Transiente Wärmeübertragungsprobleme	218
		3.7.5	Fluidmechanik	222
	3.8	Zusammenfassung		234
	Literatur			242
4	**Computerunterstützte Fertigung (CAM)**			**243**
	4.1	Einführung		244
	4.2	Materialcharakteristik, Strukturen und Eigenschaften		244
	4.3	Verbundwerkstoffe		253
	4.4	Geometrische Bemaßung und Toleranzen (GD&T)		262
		4.4.1	Datum-Systeme	264
		4.4.2	Geometrische Toleranzen	265
		4.4.3	Grundkonzepte der Bemaßung	266
		4.4.4	Passungen	270
		4.4.5	Computerunterstützte GD&T (DimXpert)	273
	4.5	Fertigungsprozesse		276
		4.5.1	Formgebungsprozesse	280
		4.5.2	Design und Planung des Fertigungsprozesses	281
	4.6	Simulation von Fertigungsprozessen – Analyse der Formfüllung		282
		4.6.1	Spritzgießen und Maschinen	283
		4.6.2	Formbarkeit und Designfaktoren	285
		4.6.3	Design von Spritzgießsystemen	285
		4.6.4	Designvariablen und Überlegungen	287
		4.6.5	Fehler von geformten Teilen	289
		4.6.6	Formflussanalyse	293
	4.7	Designs von Werkzeugen, Matrizen und Formen (TDM)		295
		4.7.1	Designkriterien von TDM	298
		4.7.2	Computerunterstütztes Formendesign	301
		4.7.3	Schrumpfkompensation	303
		4.7.4	Entformungsanalyse	304
		4.7.5	Trennlinien und Shut-off-Oberflächen	306
		4.7.6	Trennflächen	306
		4.7.7	Formkomponenten	308
		4.7.8	Formmontage	308

4.8 Computerunterstützte Vorrichtungskonstruktion 309
    4.8.1 Funktionale Anforderungen (***FRs***) 311
    4.8.2 Axiome für geometrische Kontrolle 313
    4.8.3 Axiome zur Kontrolle der Maßhaltigkeit 315
    4.8.4 Axiome für mechanische Kontrolle 315
    4.8.5 Formschluss und Kraftschluss 316
    4.8.6 Design von Vorrichtungen in Fertigungsprozessen 317
    4.8.7 Computerunterstütztes Vorrichtungsdesign (CAFD) 318
4.9 Computerunterstützte Maschinenprogrammierung 323
    4.9.1 Verfahren der Maschinenprogrammierung 325
    4.9.2 Standards der Bewegungsachsen 326
    4.9.3 Standard-Koordinatensysteme und -Ebenen 328
    4.9.4 Maschinen-, Teil- und Werkzeugreferenzen 330
    4.9.5 Absolute und inkrementelle Koordinaten 331
    4.9.6 Arten von Bewegungspfaden 333
    4.9.7 Programmierung von Bearbeitungsprozessen 334
    4.9.8 Automatisch programmierte Werkzeuge (APT) 335
    4.9.9 Computerunterstützte Bearbeitungsprogrammierung 336
4.10 Zusammenfassung 343
Literatur 349

5 Computerintegrierte Fertigung (CIM) 351
5.1 Einführung 351
    5.1.1 Kontinuierliche und diskrete Fertigungssysteme 352
    5.1.2 Vielfalt, Menge und Qualität 355
    5.1.3 Entkoppelte Punkte in der Produktion 356
5.2 Fertigungssystemarchitektur 358
5.3 Produktionsanlagen 362
    5.3.1 Maschinenwerkzeuge 362
    5.3.2 Werkzeuge für Materialhandhabung 364
    5.3.3 Vorrichtungen, Formen, Matrizen und Werkzeuge 366
    5.3.4 Anlagen für andere Fertigungsoperationen 367
    5.3.5 Layouts von Fertigungssystemen 368
5.4 Zelluläre Fertigung 369
    5.4.1 Design des zellulären Fertigungssystems 370
    5.4.2 Group Technology (GT) 371
    5.4.3 Produktionsflussanalyse 380
    5.4.4 Zelluläre Fertigung 385
5.5 Diskrete ereignisdynamische Systeme 389
5.6 Simulation von diskreten ereignisdynamischen Systemen 394
    5.6.1 Modellierungsparadigmen 396
    5.6.2 Objekttypen und Klassen 399

		5.6.3	Arten von Intelligenz	400
		5.6.4	Fallstudie	401
	5.7		Computer Integrated Manufacturing	402
	5.8		Computerunterstützte Systembewertung	408
		5.8.1	Nachhaltigkeit von Fertigungssystemen	410
		5.8.2	Hauptindikatoren	410
		5.8.3	SolidWorks Nachhaltigkeit	412
	5.9		Zusammenfassung	416
	Literatur.			422
6	**Digitale Fertigung (DM)**			**425**
	6.1		Einführung	425
	6.2		Funktionale Anforderungen (FRs) des Digitalen Zwillings	426
		6.2.1	Datenverfügbarkeit, Zugänglichkeit und Transparenz	428
		6.2.2	Integration	428
		6.2.3	Koordination, Zusammenarbeit und Kooperation	429
		6.2.4	Dezentralisierung	429
		6.2.5	Rekonfigurierbarkeit, Modularität und Zusammensetzbarkeit	430
		6.2.6	Resilienz	430
		6.2.7	Nachhaltigkeit	431
	6.3		Systemarchitektur	431
	6.4		Beispiel für digitales Engineering - Reverse Engineering	435
		6.4.1	Forward Engineering (FE) und Revers Engineering (RE)	435
		6.4.2	Vorgehensweise beim Revers Engineering	438
		6.4.3	Reverse-Engineering-Modellierung	438
		6.4.4	Computerunterstütztes Reverse Engineering (CARE)	440
	6.5		Beispiel für digitales Engineering – Direktfertigung	444
		6.5.1	Vorbereitung der digitalen Modelle	446
		6.5.2	Vorbereitung von STL-Dateien	447
		6.5.3	Slicing-Algorithmen und Visualisierung	448
		6.5.4	Maschine einrichten	450
		6.5.5	Building-Prozess	451
		6.5.6	Nachbearbeitung	451
		6.5.7	Überprüfung und Validierung	452
	6.6		Studien zur Anpassung von digitalen Fertigungstechnologien	452
		6.6.1	Allgegenwärtige Sensorik	452
		6.6.2	Ganzheitliche Multi-Sensor-Lösung für Echtzeitsteuerungen	453
		6.6.3	Methoden zum Umgang mit Big Data	454
		6.6.4	Methoden des Data Mining	455

6.6.5 Methoden zur Datenvisualisierung für die
 Mensch-System-Interaktion............................. 456
 6.6.6 Datengetriebene Entscheidungseinheiten 456
 6.6.7 Methoden für Workflow-Kompositionen................... 457
 6.6.8 Standardisierung von Spezifikationen..................... 458
6.7 Zusammenfassung.. 459
Literatur.. 461

Menschliche Zivilisation, Produkte und Fertigung

1

> **Zusammenfassung**
>
> Die Bedeutung der Fertigung für die menschliche Zivilisation wird diskutiert; Haupttreiber zur Weiterentwicklung von Fertigungstechnologien werden diskutiert und klassifiziert. Die technologische Entwicklung im Laufe der menschlichen Geschichte wird untersucht, um ein gutes Verständnis für die Bedürfnisse, Einschränkungen, Möglichkeiten und Herausforderungen moderner Fertigungstechnologien zu erlangen. Kritische aufkommende Technologien, einschließlich *Internet der Dinge* (IoT), *Big Data Analytics* (BDA), *Cloud Computing* (CC), *Blockchain-Technologie* (BCT) und *Schnelle Technologien* (RP) werden kurz vorgestellt. Die Rolle von computergestützten Technologien in der digitalen Fertigung wird diskutiert. Es wird festgestellt, dass Ingenieure digitale Fähigkeiten beherrschen sollten, um Ingenieurpraktiken in der modernen Fertigung durchzuführen. Der Aufbau des Buches wird am Ende dieses Kapitels präsentiert.

> **Schlüsselwörter**
>
> Menschliche Zivilisation · Index der menschlichen Entwicklung (HDI) · Bruttonationaleinkommen (BNE) · Primärindustrie · Sekundärindustrie · Computerunterstützte Technologien · Produktlebenszyklus (PLC) · Internet der Dinge (IoT) · Digitale Fertigung (DM) · Big Data Analytics (BDA) · Cloud Computing (CC) · Blockchain-Technologie (BCT) · Rapid Prototyping (RP)

1.1 Menschliche Zivilisation und Produkte

Die Menschliche Zivilisation spiegelt den Fortschritt der menschlichen Gesellschaft in Formen von Regierung, Kultur, Industrie und allgemeinen sozialen Normen wider (Sullivan 2020). Die menschliche Zivilisation kann durch den *HDI* gemessen werden, der ein umfassendes Maß für die durchschnittliche Leistung der menschlichen Entwicklung in den Dimensionen *Lebensqualität*, *Bildung und Wissen* sowie *Lebensstandard* ist. Dementsprechend wird der HDI in diesen Dimensionen durch drei Indizes quantifiziert, nämlich *Lebenserwartung*, *durchschnittliche Schuljahre* und *BNE* pro Kopf. Die Werte dieser Indikatoren werden zusammengesetzt und als HDI normalisiert, (1) um den Fortschritt der menschlichen Zivilisation zu einem bestimmten Zeitpunkt widerzuspiegeln und (2) um den Fortschrittstrend der menschlichen Zivilisation innerhalb eines bestimmten Zeitraums zu bewerten. Zum Beispiel zeigt Tab. 1.1 die historischen Beziehungen von Lebenserwartung, durchschnittlichen Schuljahren und BNE und HDI von 1990 bis 2018 anhand von Daten (UNPD 2020a, b), und es zeigt, dass die menschliche Zivilisation stetig mit den Zunahmen der drei Indizes in unserer menschlichen Gesellschaft verbessert wurde.

Die drei konstitutiven Komponenten des HDI sind miteinander korreliert, da alle von ihnen durch die Verfügbarkeit von Produkten und Dienstleistungen bestimmt werden. Zum Beispiel zeigt ein genauerer Blick auf die historischen Daten in Tab. 1.1 die Beziehung von HDI und BNE und die von BNE und der Lebenserwartung bei der Geburt in den Abb. 1.1 und 1.2 auf. Während sowohl BNE als auch die Lebenserwartung bei der Geburt zur kontinuierlichen Verbesserung des HDI beigetragen haben, sind die Beziehungen von BNE und Lebenserwartung bei der Geburt sehr komplex. Im Allgemeinen führt eine Erhöhung der BNE zu einer Erhöhung der Lebenserwartung bei der Geburt. Je größer eine BNE ist, desto mehr Einkommen können die Menschen aufwenden, um Produkte und Dienstleistungen für mehr Bildung und längere Lebensspannen zu erhalten, und desto geringer ist die Wahrscheinlichkeit, dass Menschen Krankheiten oder vorzeitige Todesfälle erleiden. Ausreichende Beweise haben gezeigt, dass in einer Nation Menschen mit einem niedrigeren Einkommensniveau weniger gesund sind als

Tab. 1.1 Die historische Beziehung von BNE pro Kopf und HDI anhand von Daten (1990–2018) (UNDP 2020a, b)

Jahr	Lebenserwartung bei der Geburt	Erwartete Jahre schulische Ausbildung	Mittlere Anzahl von Jahren Schulbildung	BNE pro Kopf	HDI-Wert
1990	75,2	15,4	12,3	37154	0,860
1995	76,1	16,0	12,7	39449	0,878
2000	76,8	15,1	12,7	45974	0,881
2005	77,7	15,7	12,8	49980	0,896
2010	78,7	16,2	15,4	50297	0,911
2015	78,9	16,2	13,3	54039	0,917
2016	78,9	16,3	13,4	54443	0,919
2017	78,9	16,3	13,4	55351	0,919
2018	78,9	16,3	13,4	56240	0,920

1.1 Menschliche Zivilisation und Produkt

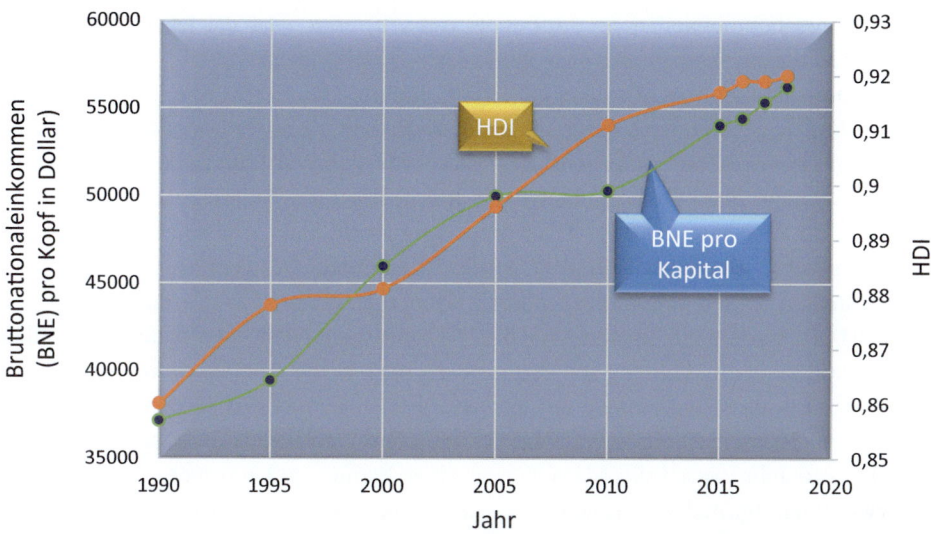

Abb. 1.1 Die historische Beziehung von BNE pro Kopf und HDI von 1990 bis 2018

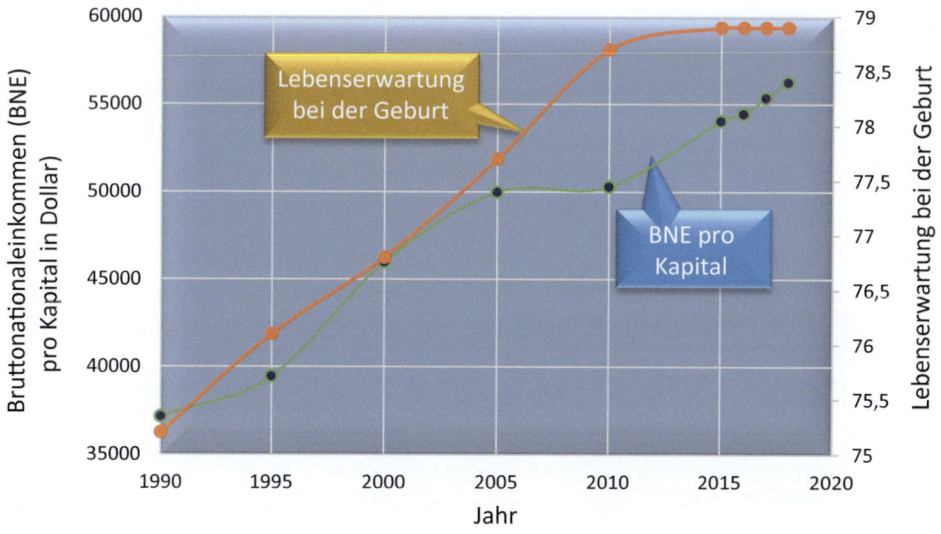

Abb. 1.2 Bruttonationaleinkommen (BNE) pro Kopf und Lebenserwartung

diejenigen mit einem höheren Einkommensniveau. Die Beziehung von Einkommen und erwarteter Lebenserfahrung ist monoton steigend; sie sind stufenweise auf jeder Stufe der Wirtschaftsleiter verbunden. Zum Beispiel kann BNE in Familieneinkommen uminterpretiert werden, bei denen sich herausgestellt hat, dass sie einen direkten Einfluss auf die Wahrscheinlichkeiten des Auftretens von schweren oder gar lebensbedrohlichen Krankheiten haben.

Die Untersuchung von Woolf et al. (2015) lieferte die Ergebnisse in den Abb. 1.3 und 1.4. Es hat gezeigt, dass die gemeldeten Krankheitsraten für Amerikaner mit niedrigem Einkommen höher waren und dass diese von höheren Raten von Risikofaktoren begleitet wurden. Zum Beispiel lagen die Adipositasraten für reiche und arme Menschen bei 21,2 % bzw. 31,9 %. Es wurde festgestellt, dass ein solcher Unterschied durch den Lebensstandard verursacht wurde: Menschen, die weniger als $35.000 pro Jahr verdienten, hatten eine dreimal höhere Chance zu rauchen als diejenigen, die mehr als $100.000 pro Jahr verdienten. Nur 36,1 % der armen Menschen hatten empfohlene Niveaus von aerobem Training im Vergleich zu 60,1 % der reichen Menschen. Ebenso zeigte Abb. 1.4, dass Einkommen mit der psychischen Gesundheit verbunden waren: im Vergleich zu Menschen mit einem durchschnittlichen Familieneinkommen von mehr als $100.000 pro Jahr, waren die Menschen in einer Familie mit weniger als $35.000 pro Jahr vier- oder fünfmal wahrscheinlicher *nervös* und *traurig*. Ähnliche Trendraten bei somatischen Beschwerden wie Schmerzen und anderen Beschwerden auf, die mit Stress und Depression zusammenhängen.

Die Abhängigkeit von drei Indizes für HDI wird in Abb. 1.5 dargestellt. Alle Aspekte von BNE, Bildung und Wissen sowie Lebensstandards basieren auf der Verfügbarkeit

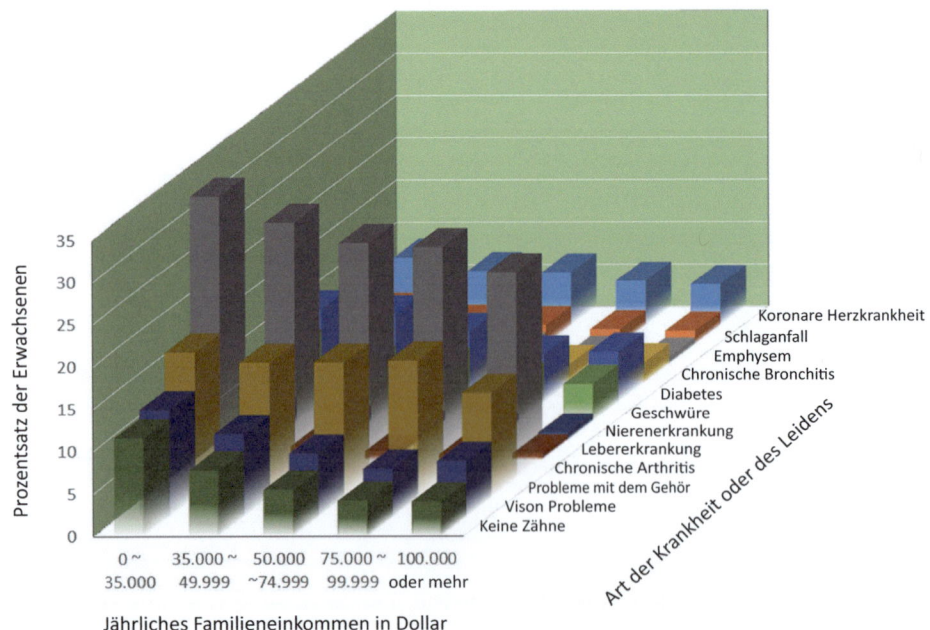

Abb. 1.3 Die Auswirkung des Familieneinkommens auf das Auftreten von physischen Krankheiten (Woolf et al. 2015)

1.1 Menschliche Zivilisation und Produkt

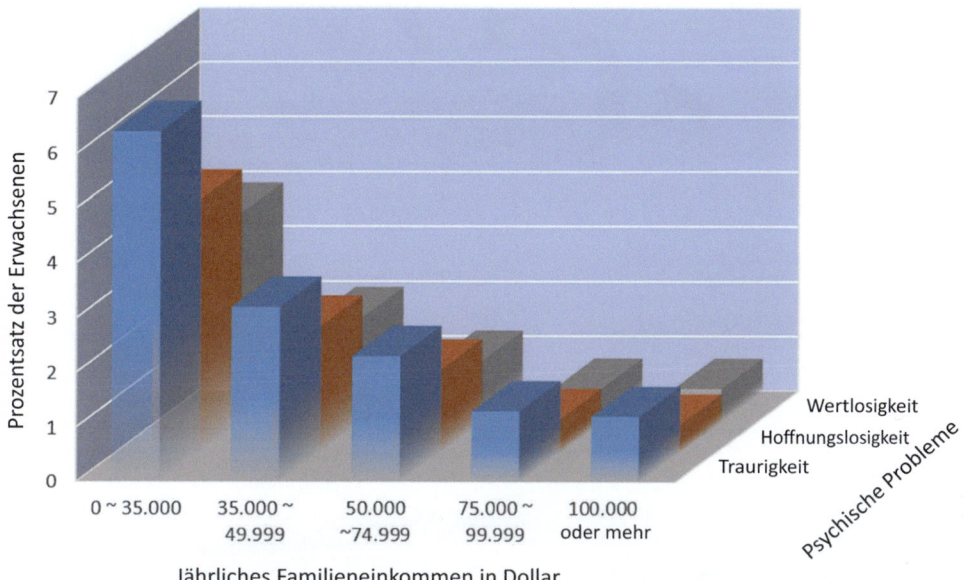

Abb. 1.4 Die Auswirkung des Familieneinkommens auf das Auftreten von psychischen Krankheiten (Woolf et al. 2015)

von Produkten. *Produkte* können (1) *Waren* für greifbare Dinge wie Autos, Telefone und Computer und (2) *Dienstleistungen* für immaterielle Dinge wie Bildung, Bankwesen, persönliche Pflege und Unterhaltung sein (McCloy 1984). Produkte können auf folgende Weisen hergestellt werden: (1) *Direktproduktion*, bei der Menschen eigene Waren und Dienstleistungen bereitstellen, oder (2) *Indirekte Produktion*, bei der Menschen zusammenarbeiten, um die benötigten Waren und Dienstleistungen zu produzieren. Einerseits ist die Direktproduktion ineffizient und nur auf einige grundlegende Lebensbedürfnisse anwendbar. Andererseits führte eine indirekte Produktion zur *Arbeitsteilung* und Spezialisierungen in der modernen Gesellschaft. Der Reichtum der Menschen stammt aus den primären, sekundären und tertiären Industrien mit diesen Spezialisierungen (McCloy 1984).

Der *Lebensstandard* spiegelt sich im Wert der Waren und Dienstleistungen wider, auf die Menschen Zugriff haben und die sie nutzen können; während das BNE pro Kopf bestimmt, was sich Menschen leisten können. Alternativ wurde das *Bruttoinlandsprodukt* (BIP) als Maß für den Marktwert aller Produkte in einem bestimmten Zeitraum vorgeschlagen. Darüber hinaus werden die Produkte in drei Wirtschaftssektoren hergestellt, nämlich im *Primärsektor*, *Sekundärsektor* und *Tertiärsektor*. Beachten Sie, dass *Industrie* sich im Folgenden auf einen Sektor bezieht, in dem Technologien angewendet werden, um Waren oder Dienstleistungen durch eine Reihe von wirtschaftlichen Aktivitäten zu produzieren. In der *Primärindustrie* werden natürliche Ressourcen auf drei

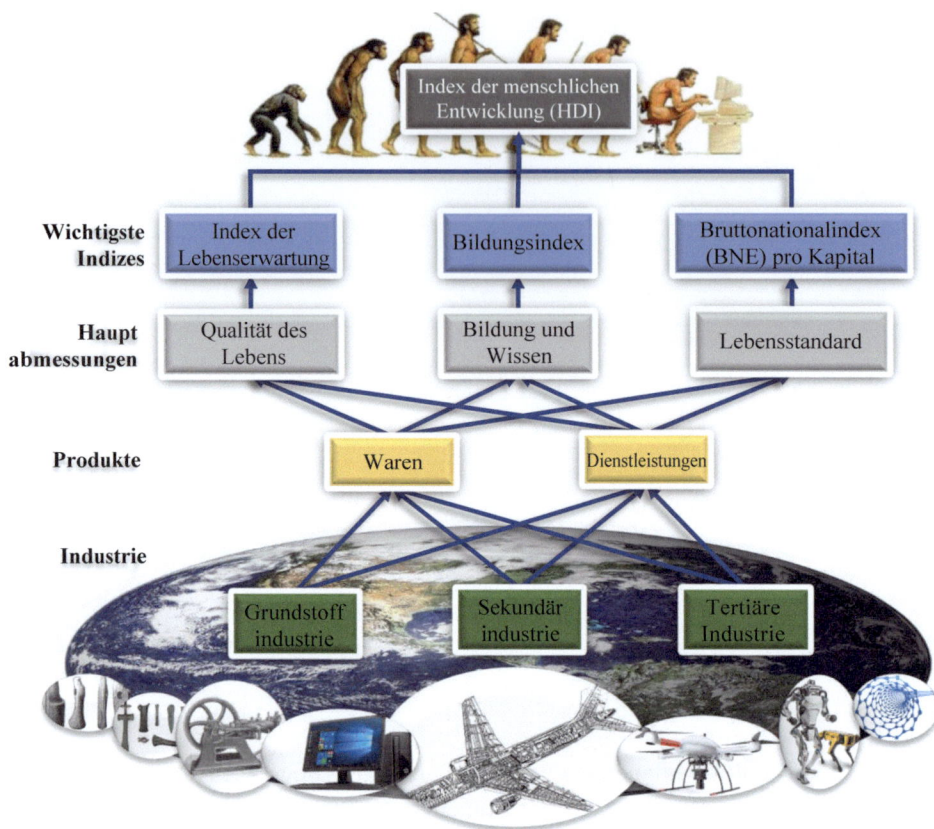

Abb. 1.5 Abhängigkeit der menschlichen Zivilisation von der primären, sekundären und tertiären Produktion

verschiedene Arten genutzt: (1) *Gewinnung* wie Bergbau, Steinbruch und Fischerei, um Rohstoffe (wie Öl, Gas, Metallerze, Diamanten und Sande) direkt aus der Natur zu extrahieren, (2) *Anbau* wie Landwirtschaft und Forstwirtschaft, um grundlegende Lebensmittel (Früchte, Gemüse, Baumaterialien, Holz usw.) zu erhalten, und (3) Tierhaltung wie Fischzucht und Viehzucht für Fleisch, Milch und Pelze. In der *Sekundärindustrie* werden die Produkte aus der Primärindustrie als Rohstoffe verwendet und in Fertigwaren umgewandelt. Fertigwaren werden in (1) *Investitionsgüter* wie Maschinen und Werkzeuge, die von anderen Herstellern verwendet werden, und (2) *Konsumgüter* wie Geräte und Möbel, die von Endverbrauchern verwendet werden, unterteilt. Die Sekundärindustrie umfasst auch die Unternehmen in den Bereichen *Versorgungsbetriebe* und *Bauwesen*, in denen Fertigwaren zu Häusern, Fabriken und Anlagen zusammengebaut werden. Die *Tertiärindustrie* bietet Dienstleistungen als Produkte an, und die Dienstleistungen können in (1) *kommerzielle Dienstleistungen* wie die Lieferung von Waren an Kunden und die Bereitstellung von Finanzunterstützung, die für die Unternehmen in der Primär- oder Sekundärindustrie von entscheidender Bedeutung sind, und (2) *persönliche Dienstleistungen* wie Besteuerung, Postzustellung und Gesundheitsversorgung, die für die Qualität und Lebensstandards relevant sind, unterteilt werden. Beachten Sie, dass die Mehrheit der Dienstleistungen in der Tertiärindustrie auf den in der Primär- und Sekundärindustrie erzeugten Reichtum angewiesen ist; daher lohnt es sich, die drei Industriesektoren hinsichtlich ihrer Rolle bei der Schaffung von Reichtum genauer zu betrachten.

Das HDI wird durch den verfügbaren Reichtum bestimmt, um Einkommen zu erzielen, Wissen zu erlangen und den Lebensstandard zu verbessern, und es ist interessant zu sehen, dass der Reichtum unserer menschlichen Gesellschaft nicht nur die angesammelten Waren oder Ressourcenreserven sind, die wir besitzen, der Reichtum beinhaltet das produktive Wissen der Menschen, um vorhandene Ressourcen in wünschenswerte Waren oder Dienstleistungen umzuwandeln. Ruby (2003) argumentierte, dass der Reichtum eine Verkörperung von physischem und menschlichem Kapital war und dazu verwendet wurde, die Einkommen zu generieren, um gewünschte Waren und Dienstleistungen X_i ($i = 1, 2, \ldots n$) zu bezahlen,

$$X_i = f(L_i, K_i, M_i) \quad \text{für alle} \quad i = 1, 2, \ldots n \tag{1.1}$$

Hierbei ist:

X_i der Wert des *i*-ten Gutes oder der *i*-ten Dienstleistung;
L_i die Menge und Fähigkeit der verfügbaren Arbeit;
K_i Kapital, Maschinen, Transportmittel und Produktionsinfrastruktur;
M_i verfügbare Materialien und andere Ressourcen für die Produktion.

Da alle L_i, K_i und M_i Produktionsressourcen sind, repräsentiert die Funktion $f(\cdot)$ in Gleichung (1.1) eine wertsteigernde Transformation in der Fertigung. Die Menge des Mehrwerts hängt mit dem Niveau der bestehenden *Fertigungstechnologien* und des *Know-hows* zusammen, die zur Umwandlung von Inputs in Outputs mit besserer Produktivität verwendet werden. Daher hängt die menschliche Zivilisation neben einem gewichteten Durchschnitt der Bevölkerungswachstumsrate und der Kapitalakkumulationsrate stark von der Wachstumsrate der *Fertigungstechnologien* ab (Ruby 2003).

1.2 Treiber für Fertigungstechnologien

Herstellung bedeutet, Rohstoffe durch eine Reihe von wertschöpfenden und nicht wertschöpfenden Prozessen in Endprodukte für Benutzer umzuwandeln. Die Umwandlung erfordert Kapital, Menschen, Maschinen, Werkzeuge, Prozesse und Systeme zur Durchführung von Fertigungsgeschäften. Die Fertigung trägt erheblich zum Wert nationaler Volkswirtschaften in Form von Vermögenswerten, Reichtum und strategischen Fähigkeiten für Verteidigung und Sicherheit, Kunst, Literatur oder andere Kulturgüter bei

(NSTC 2008). Die Fertigung hat ihre Bedeutung für die nationalen Politiken in den Aspekten (1) Bereitstellung von Arbeitsplätzen, (2) Anziehung von ausländischen Direktinvestitionen (FDI) und (3) Verbesserung der Produktivität und anderer wirtschaftlicher Maßnahmen gezeigt (López-Gómez et al. 2017).

Fertigungstechnologie stellt die Werkzeuge zur Herstellung von Produkten bereit. Die Fertigungstechnologie umfasst *Werkzeugmaschinen* (wie Drehmaschinen und Ständerbohrmaschinen), *Materialentfernungen* (wie Drehen und Bohren) und *Materialformung* (wie Pressen, Stanzen und Scheren), *additive Verarbeitung* (wie 3D-Druck und Lasersintern), *Werkstückspannung* (wie Klemmen, Blöcke und Futter), *Werkzeuge* (wie Bohrer, Gewindebohrer und Schleifscheiben), *Materialhandhabung* (wie Förderbänder und automatisch gesteuerte Fahrzeuge), *automatisierte Systeme* (wie flexible Fertigungssysteme und Transfermaschinen) und *Softwaretools* (wie computergestütztes Design, computergestützte numerische Steuerungen und computergestützte Fertigung).

Abb. 1.6 zeigt die Haupttreiber zur Weiterentwicklung der Fertigungstechnologien. Diese technologischen Treiber werden aus der Perspektive des Zyklus der kontinuierlichen Verbesserung (CI) der technologischen Entwicklung klassifiziert. Einerseits werden Fertigungstechnologien durch die Bedürfnisse der menschlichen Gesellschaft nach weiterer Entwicklung und Zivilisation *vorangetrieben*. Andererseits werden Fertigungstechnologien durch die Anforderungen der Benutzer *gezogen*, um mehr und bessere Produkte herzustellen. Darüber hinaus werden Fertigungstechnologien für die Umwandlung von Rohstoffen in Endprodukte durch die Integration anderer relevanter Technologien in

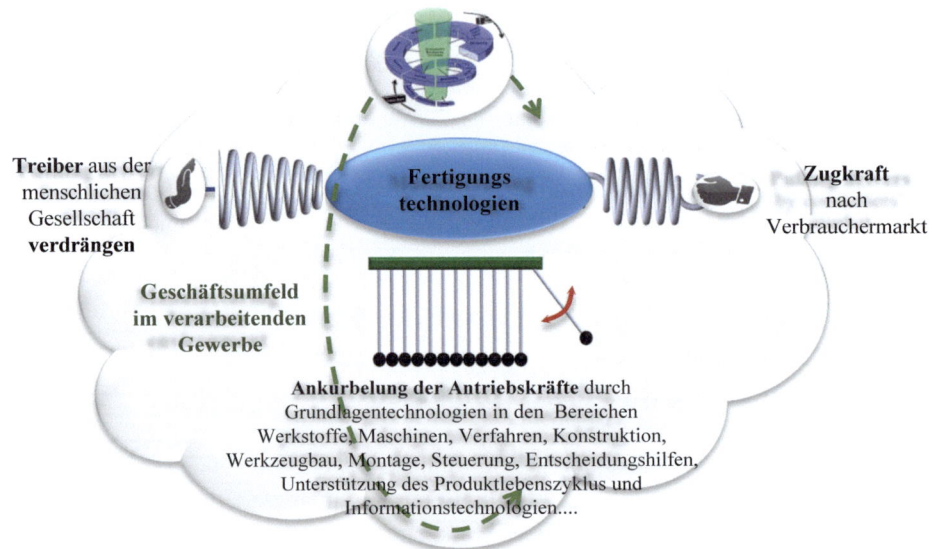

Abb. 1.6 Treiber der Fertigungstechnologien

Fertigungsgeschäften *weiterentwickelt*. Daher werden Fertigungstechnologien schrittweise und iterativ durch CI-Zyklen vorangetrieben.

1.2.1 Treibender Faktor – menschliche Gesellschaft

Fertigungstechnologien werden entwickelt, um den Bedürfnissen der menschlichen Gesellschaft gerecht zu werden. Daher ist die Entwicklung der menschlichen Gesellschaft der primäre Treiber zur Weiterentwicklung der Fertigungstechnologien. Zahlreiche Forscher haben die sich entwickelnden Trends der menschlichen Gesellschaft diskutiert, und die identifizierten Haupttrends beinhalten (1) die Globalisierung des Fertigungsgeschäftsumfelds, die durch Offshoring, Outsourcing und das Wachstum der Fertigungsfähigkeiten gekennzeichnet ist, (2) das Bewusstsein für Nachhaltigkeit, das durch den CO_2-Fußabdruck, die Effizienz der Fertigungsoperationen und die Lebensqualität und den Konsum gemessen werden kann, (3) die Veränderung der Demografie wie die wachsende Größe der Mittelschichtbevölkerung und die alternde Belegschaft, (4) die Urbanisierung von Mobilität, Wohnen, Infrastruktur und Fabriken, (5) die Bedrohungen für die globale Stabilität durch Naturkatastrophen und Terrorismusbedrohungen, (6) die Verkürzung der Produktlebenszyklen aufgrund der Fortschritte bei Materialien, Prozessen und Technologien, (7) die Veränderung der Kundenerwartungen an Produkte wie Personalisierung und schnelle Technologieakzeptanz. Dementsprechend zeigt Abb. 1.7 sechs Treiber zur Weiterentwicklung der Fertigungstechnologien (López-Gómez et al. 2017). Diese Treiber beinhalten das *Altern der Belegschaft in Entwicklungsländern*, die *Veränderung der Fertigungsfähigkeiten*, *personalisierte Produkte*, die *steigende Nachfrage nach Produkten in Städten*, das *wachsende Interesse an Technologiestrategien* und die *Rückverlagerung von Fertigungsaktivitäten weltweit*.

1.2.2 Ziehender Faktor – Verbrauchermärkte

Der Mehrwert von Fertigungsoperationen wird realisiert, wenn Produkte geliefert werden, um den Bedürfnissen der Kunden gerecht zu werden, und die Bedürfnisse der Kunden bestimmen die Funktionen, Typen und Mengen der Produkte, die die Hersteller herstellen sollten. Aus dieser Sicht müssen Fertigungstechnologien kontinuierlich weiterentwickelt werden, da die geforderten Produkte immer komplizierter werden. Abb. 1.8 zeigt, dass sich die Bedürfnisse der Kunden in Bezug auf *Spektrum*, *Vielseitigkeit*, *Vielfalt*, *Lebensdauer*, *Volumen*, *Lieferzeit*, *Integration*, *Lieferanten* und *Support* der Produkte kontinuierlich ändern. Das durchschnittliche Volumen eines bestimmten Produkts wird schrittweise auf den Extremfall einer Losgröße von eins reduziert, die durchschnittliche Lebensdauer und Lieferzeit wird kontinuierlich reduziert. Die Maßnahmen anderer Aspekte werden erhöht.

Abb. 1.7 Treibender Faktor der Fertigungstechnologien aus der menschlichen Gesellschaft

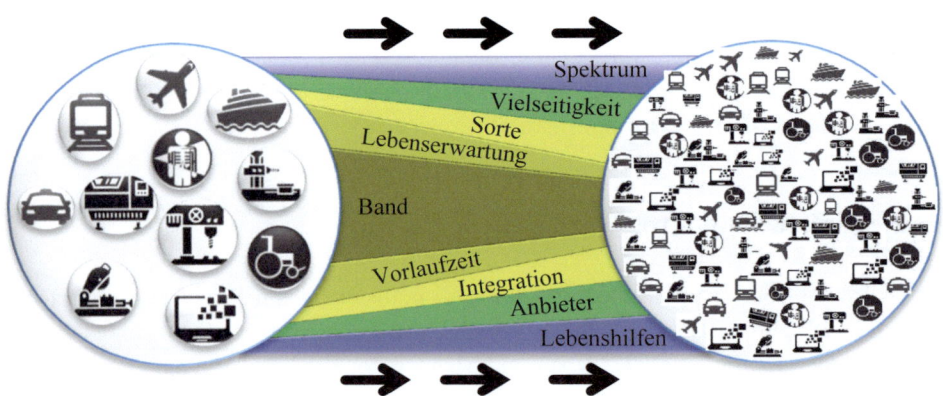

Abb. 1.8 Ziehender Faktor der Fertigungstechnologien aus dem Verbrauchermarkt

Das Spektrum der Produkte wurde im Laufe der Zeit erheblich erweitert. Im kleinen Maßstab wurden Nanomaschinen entwickelt, die in der menschlichen In-vivo-Umgebung für Diagnose, Kontrolluntersuchungen und medizinische Behandlung arbeiten, wie in Abb. 1.9a gezeigt (Amato 2012); im großen Maßstab werden massive Maschinen gebaut, die Menschen in den Weltraum transportieren, wie in Abb. 1.9b gezeigt

1.2 Treiber für Fertigungstechnologien

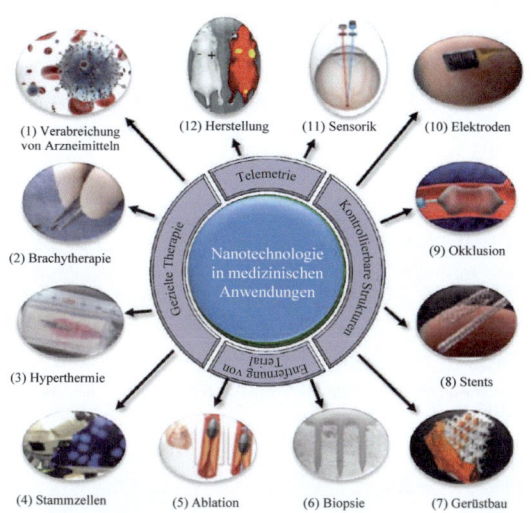

(a) Nanomaschinen in medizinischen Anwendungen (b) Menschliche Mission zum Mars

Abb. 1.9 Beispiele im erweiterten Produktspektrum

(Wikipedia 2021a). Fertigungstechnologien müssen fortgeschritten sein, um neue Materialien zu erforschen und extrem kleine oder große und komplexe Produkte zu entwerfen, zu fertigen und zu montieren.

Nehmen wir das Beispiel der iPhone-Produkte in Abb. 1.10, Generation für Generation, werden Produkte immer *vielseitiger*, da in jeder nachfolgenden Generation neue Funktionen hinzugefügt und die Kapazitäten erweitert werden, um die Produkte zu verbessern. In jeder Produktgeneration haben die Kunden personalisierte Auswahlmöglichkeiten für verfügbare Funktionen, und mehr Produktfunktionen bedeuten mehr Variationen von kundenspezifischen Produkten. Zum Beispiel zeigt Abb. 1.10 die Einführung neuer Funktionen in der iPhone-Serie in Bezug auf Bildschirmtechnologie, 3D-Touch, Netzwerkunterstützung, Kameras, Videoaufzeichnungen, Live-Fotos, Identifikation, Aufladen und Wasserdichtigkeit. Darüber hinaus wurden die *Produktvarianten* aufgrund einer Zunahme der Produktfunktionen allmählich erhöht.

Ein iPhone-Kameramodul hat über 200 separate Teile; Boeing hat 5400 Zulieferer-fabriken einschließlich Sekundärversorgung; mehr als 750 Mio. Komponenten und Baugruppen wurden 2012 von Boeing erworben, rund 500.000 Menschen sind bei diesen Zulieferern angestellt. Die Programmumfänge der Steuerungssysteme für einen Lockhead F-22 Raptor, Boeing 787 Dreamliner, Airbus A380 und 2015 Ford F-150 waren jeweils 2, 7, 100 und 150 Mio. Codezeilen. Abb. 1.11 zeigt einige Produktbeispiele, deren Komplexität hauptsächlich auf der Anzahl der Teile und Komponenten in den Produkten basiert (Digital Engineering 2016).

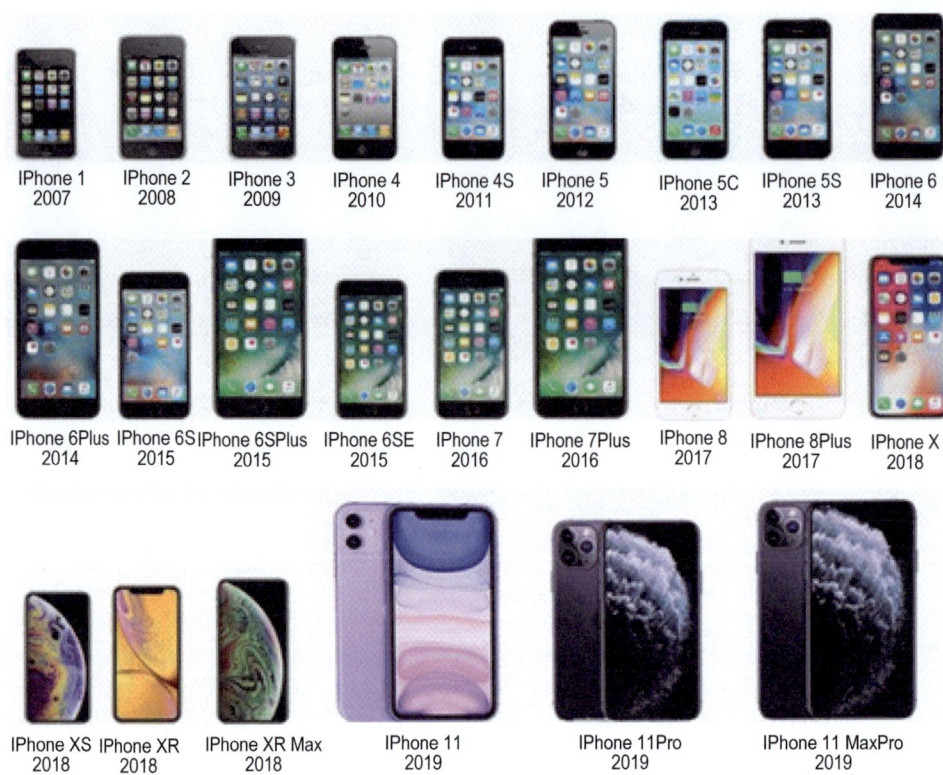

Abb. 1.10 Beispiel für Vielseitigkeit und Vielfalt im Vergleich zu Produktgenerationen

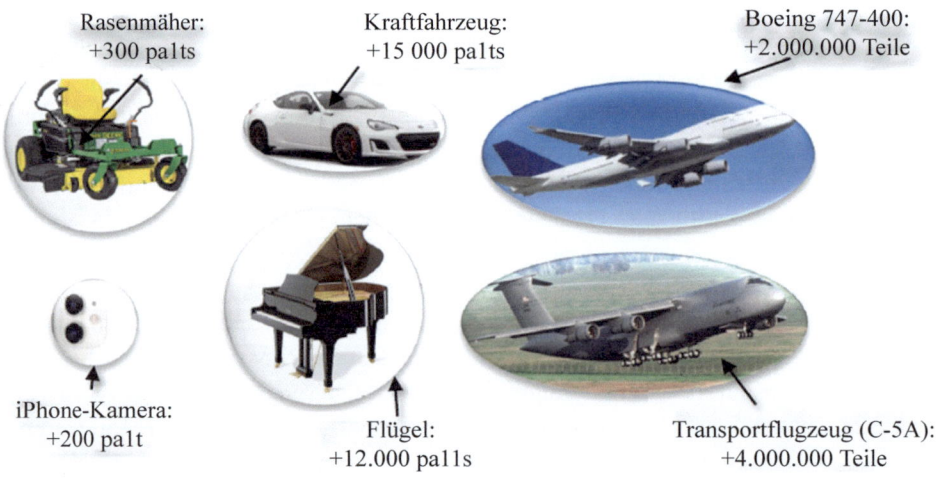

Abb. 1.11 Beispiele für komplexe Produkte

1.2 Treiber für Fertigungstechnologien

Die Komplexität von Produkten und Prozessen bestimmt die Komplexität der Fertigungstechnologien bei der Herstellung dieser Produkte, und die fünf Hauptfaktoren, die die Komplexität der Fertigungstechnologien beeinflussen, sind (1) Funktionen der Produkte, (2) Anzahl der Komplexitäten der Fertigungsprozesse, (3) Korrelationen von Produkten und Prozessen, (4) die Interaktionen in Unternehmensinformationssystemen und (5) die Anzahl der beteiligten nationalen und internationalen Standards, Vorschriften und Spezifikationen. Wie in Abb. 1.12 gezeigt, haben die Produktkomplexitäten durch die fünf genannten Faktoren von *sehr einfach* zu *sehr komplex* über die Jahre kontinuierlich zugenommen. Nehmen wir zum Beispiel Computer: Nach heutigen Standards waren frühe Computer in Bezug auf ihre Rechen- und Speicherfähigkeiten sehr einfach. Eine neue Generation von zentralen Verarbeitungseinheiten (CPU) wurde im Durchschnitt *alle 18 Monate* entwickelt; sie hat *die doppelte Komplexität* für *vierfache Fähigkeiten* zu *etwa halbem Preis* im Vergleich zur vorherigen CPU. Andere Produkte haben ähnliche Veränderungstrends bei Komplexität und Vorlaufzeiten: Produkte werden altmodisch, ihre Attraktivität für Kunden schwindet allmählich, und die Nachfrage des Marktes sinkt in immer kürzerer Zeit (Prasad 1997).

Entsprechend wird die *durchschnittliche Lebensdauer* der Produkte aufgrund der frühen Verfügbarkeit neuer Produkte mit mehr Funktionen und besseren Leistungen immer kürzer. Nehmen wir die Veränderung der Computer-Lebensdauern in Abb. 1.13 als Beispiel: Nach einer Studie an der Arizona State University (ASU) wurden die durchschnittlichen Lebensdauern von Personal Computern (PC) von 12 Jahren im Jahr 1985 auf

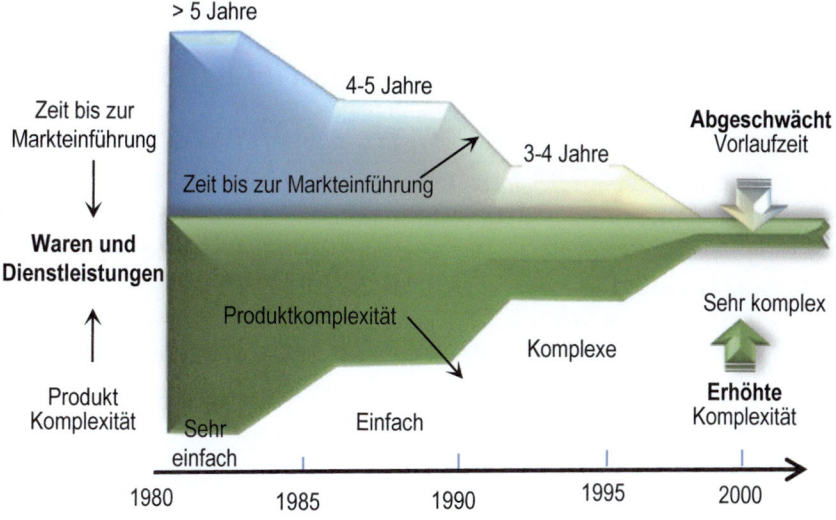

Abb. 1.12 Verkürzte Vorlaufzeit

Abb. 1.13 Beispiel für verkürzte Produktlebensdauer – PCs an der Arizona State University (ASU) (Babbitt et al. 2009)

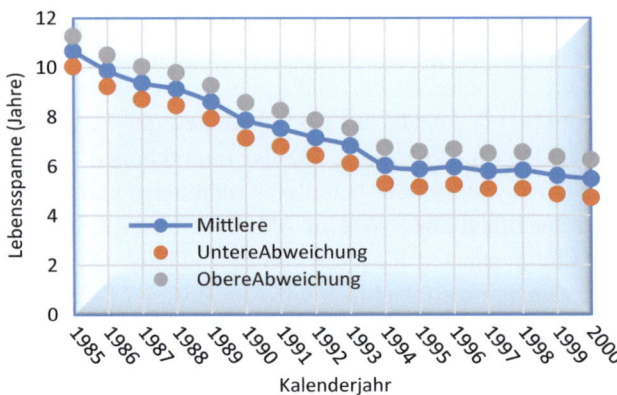

weniger als 3 Jahre im Jahr 2000 stark reduziert (Babbitt et al. 2009); der Hauptgrund für diese Veränderung war der rasche Anstieg des Computerbesitzes.

1.2.3 Wechselseitiger Treiber – relevante Technologieentwicklung

Einerseits sind Fertigungstechnologien das Ergebnis der Anwendung von Grundlagenwissenschaft und Technologie zur Lösung von Problemen beim Entwerfen, Herstellen und Verwenden von Produkten; andererseits regen neue Herausforderungen beim Entwerfen und Herstellen besserer Produkte die weitere Entwicklung von Grundlagenwissenschaft und Technologie an. Aus dieser Perspektive ist die Technologieentwicklung ein wechselseitiger Treiber für Fertigungstechnologien (Jiang et al. 2014). Die Auswirkungen auf die relevante Technologieentwicklung auf Fertigungstechnologien wurden deutlich in der Evolution der Fertigungstechnologien belegt.

Wie in Abb. 1.14 gezeigt, wurde jeder größere Paradigmenwechsel in der Fertigung durch die neue Entwicklung relevanter Technologien angetrieben (Cheng et al. 2000). Zum Beispiel haben *Sensoren und Automatisierung* die geschlossene Automatisierung in der *Massenproduktion* ermöglicht. Die aufkommenden Informationstechnologien (IT) wie *Internet der Dinge* (IoT), *cyber-physisches System* (CPS), *menschliches cyber-physisches System* (HCPS) und *Blockchain-Technologie* haben die Grundlage für die Praxis des digitalen Fertigungsparadigmas gelegt (Bi et al. 2020). Andererseits haben die Anforderungen an grüne, miniaturisierte, hochwertige Produkte die Studien in vielen aufkommenden Bereichen wie *Nanowissenschaft*, *Umweltwissenschaft*, *Big Data Analytics*, *maschinelles Lernen* und *Cybersicherheit* angeregt.

1.3 Formulierung von technischen Designproblemen

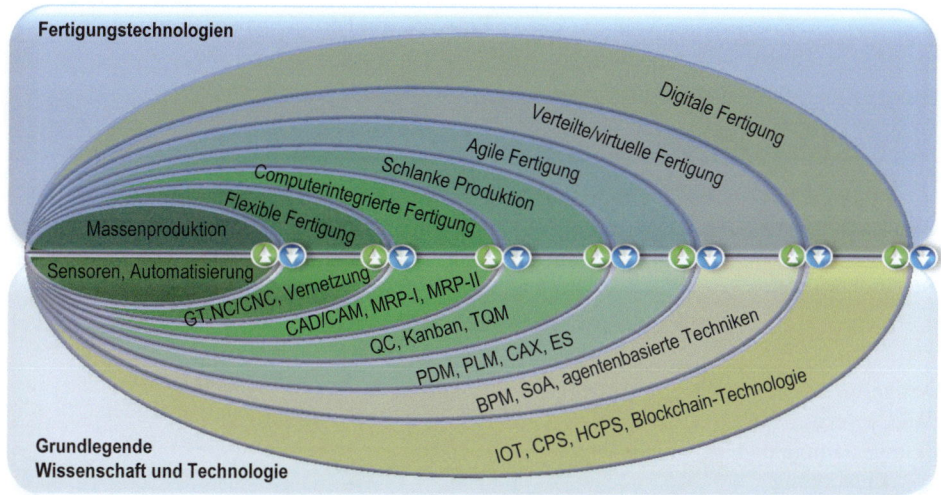

Abb. 1.14 Wechselseitige Treiber von Fertigungstechnologien durch relevante Technologien

1.3 Formulierung von technischen Designproblemen

Die Abb. 1.15 und 1.16 zeigen, dass technische Designs in allen Phasen des Produktlebenszyklus (Wikipedia 2021b) und in allen Aspekten der entsprechenden Fertigungsprozesse (Wang 2006) beteiligt sind.

Ein Fertigungssystem zielt darauf ab, Produkte herzustellen, und zahlreiche Entscheidungsaktivitäten sind in verschiedenen Phasen des Produktlebenszyklus beteiligt. Daher kann jede Entscheidungsaktivität in einem Fertigungssystem als technisches Problem formuliert werden, das aus *Eingaben* (I), *Ausgaben* (O), *Zwecken* (P), *Variablen* (V) und *Einschränkungen* (C) besteht. Wie in Abb. 1.17 gezeigt, sollte der Umfang des Problems definiert werden, um die Reihe der genannten Elemente zu identifizieren. Darüber hinaus müssen die Beziehungen der Systemelemente modelliert und analysiert werden, damit verschiedene Lösungen miteinander verglichen werden können, um eine optimale Lösung für das formulierte Problem zu finden. Mit dem Trend zu immer größerer Komplexität, Skalierung und Dynamik sind verschiedene technische Ansätze, wie computergestützte Technik, Prototyping und Reverse Engineering, erforderlich, um den Menschen bei der Durchführung von Designanalysen und -synthesen zur Suche nach technischen Lösungen zu unterstützen.

Sobald ein technisches Problem formuliert ist, kann ein allgemeines Verfahren, das in Abb. 1.18 dargestellt ist, befolgt werden, um eine optimale Lösung für das definierte Problem zu finden. Das Verfahren besteht aus fünf Designphasen. In Phase II wird ein

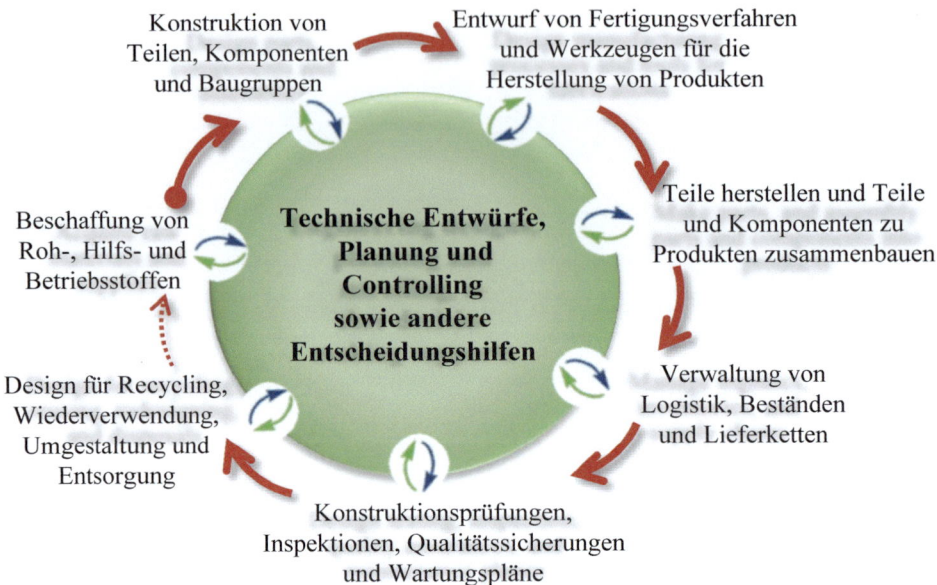

Abb. 1.15 Technische Designs im Produktlebenszyklus

Abb. 1.16 Technische Designs in allen Aspekten der Fertigungsoperationen

1.3 Formulierung von technischen Designproblemen

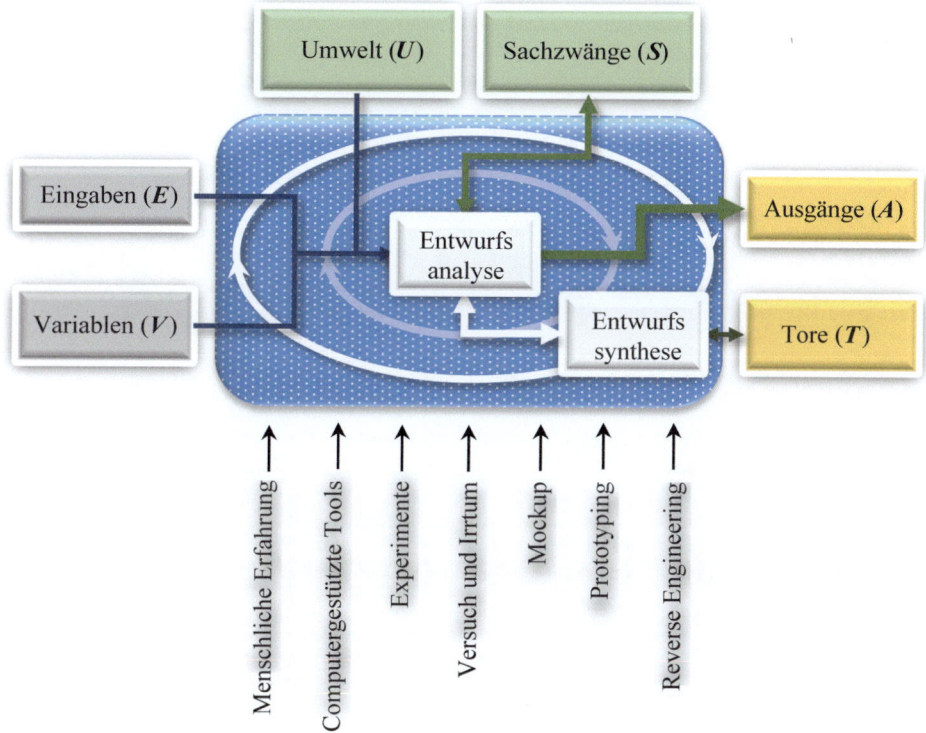

Abb. 1.17 Formulierung eines technischen Problems

Designraum definiert, der alle zu bewertenden möglichen Lösungen umfasst, und die Beziehungen der Systemelemente mit Ausgaben (O) und Einschränkungen (C) werden modelliert. In Phase III werden mögliche Lösungen kontinuierlich analysiert und gegen die erwarteten Designkriterien bewertet; sie werden miteinander verglichen, um durch Designsynthese eine optimale Lösung zu identifizieren. In Phase IV wird das detaillierte Design für die optimierte Lösung durchgeführt, und das Design wird überprüft und validiert, um sicherzustellen, dass keine Verstöße gegen die gegebenen Einschränkungen vorliegen; wenn dies der Fall ist, dann ist ein iterativer Prozess von Phase II bis IV erforderlich, bis eine gültige Lösung identifiziert ist. In Phase V wird die physische Lösung als praktische Lösung für das genannte technische Problem implementiert. Es ist klar, dass die Informationen über eine technische Lösung angesammelt werden, während die Designeinschränkungen erfüllt sein müssen.

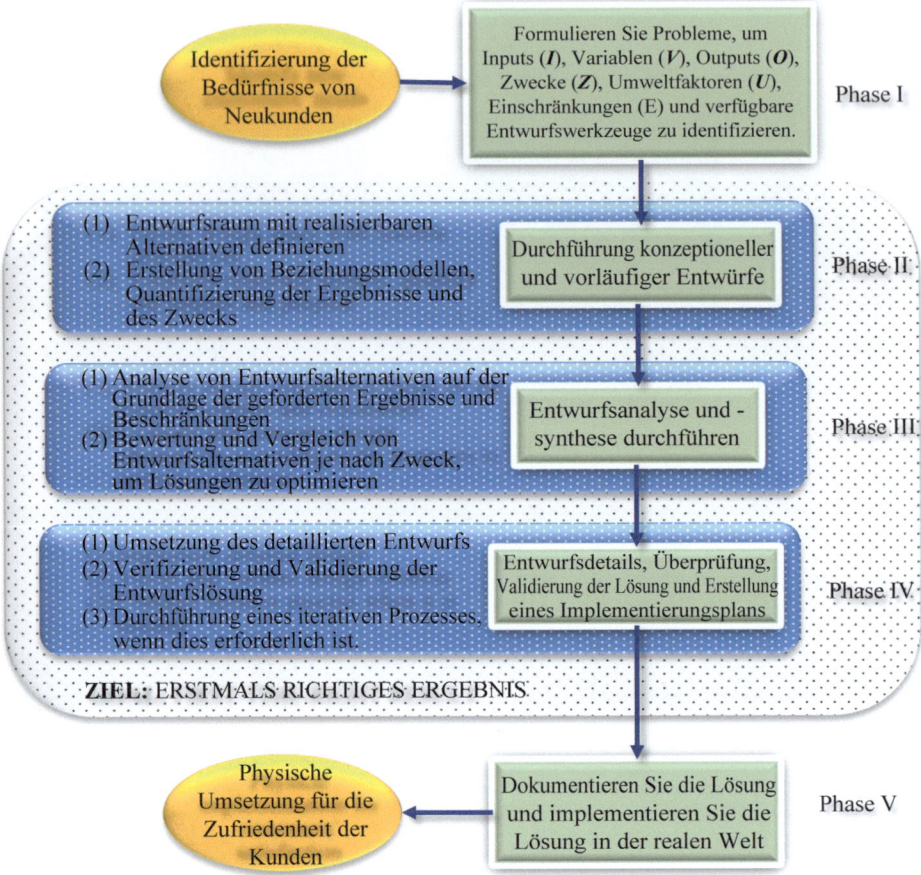

Abb. 1.18 Allgemeines Verfahren zur Lösung eines technischen Problems

1.4 Computer in der technischen Konstruktion

Unabhängig vom Komplexitätsgrad eines Produkts oder eines Fertigungssystems folgt der technische Prozess einem ähnlichen Prozess wie in Abb. 1.18 diskutiert. Allerdings sind fortgeschrittene Techniken und Werkzeuge erforderlich, wenn das Ausmaß und die Komplexität eines technischen Problems über die Fähigkeiten manueller Entscheidungsfindungen hinausgehen. Aus dieser Perspektive werden immer mehr menschliche Rollen durch computergestützte Technologien wie computergestütztes Design (CAD), computergestützte Technik (CAE) und computergestützte Fertigung (CAM) ersetzt oder unterstützt. Hier werden die Merkmale technischer Designprobleme diskutiert, um die Notwendigkeit des Einsatzes von computergestützten Techniken im technischen Design

1.4 Computer in der technischen Konstruktion

Tab. 1.2 Klassifizierung von technischen Designs

Typ	Beschreibung	Beispiel
Routinemäßiger Entwurf	Eine Entwurfslösung zu finden, indem man sich an die Normen und Leitlinien hält, in denen die Schritte und Berechnungen festgelegt sind.	Halten Sie sich bei der Auswahl von Bolzen, Schrauben oder Muttern für ein Verbindungselement an die ASTM-Normen für Verbindungselemente.
Neugestaltung	Zur Aktualisierung eines bestehenden Entwurfs, wenn sich einige funktionale Anforderungen in seiner Anwendung geändert haben.	Ändern Sie ein Roboterprogramm, wenn die Arbeitspunkte auf einer Bahn in einer neuen Aufgabe geändert wurden.
Auswahlentwurf	Auswahl einer der bereits vorhandenen Lösungen für eine bestimmte Anwendung.	Wählen Sie ein elektronisches Gerät, z. B. einen Computer in einem Büro.
Parametrischer Entwurf	Optimierung einer Reihe von diskreten, kontinuierlichen oder gemischten Designvariablen in einer gegebenen konzeptionellen Struktur.	Entwerfen Sie einen Vier-Stangen-Mechanismus zur Betätigung einer Tür unter Berücksichtigung des vorgegebenen Gewichts, des Betriebsbereichs, des Platzes und der Kosten.
Integrierter Entwurf	Aufbau eines Produkts oder Systems aus vorhandenen Komponenten und Modulen.	Entwerfen Sie eine Arbeitszelle für die identifizierten Maschinen und Produkte in der zellularen Fertigung (CE).
Originelles Design	Einen Entwurf von Grund auf zu konzipieren, um eine Reihe von neu identifizierten funktionalen Anforderungen zu erfüllen.	Vorschlag einer neuen Lösung zur Gewährleistung der Sicherheit, der Vertrauenswürdigkeit und der Reaktionsfähigkeit bei der gemeinsamen Nutzung von Daten in einem groß angelegten verteilten System.

Tab. 1.3 Unterschied zwischen routinemäßigem, innovativem und kreativem Design

Grad der Kreativität		Routineentwurf	Innovatives Design	Kreatives Design
Lösung Raum	Struktur	Bekannt	Bekannt	Unbekannt
	Suchverfahren	Bekannt	Unbekannt	Unbekannt
Design-Variablen	Typen	Feststehend	Feststehend	Geändert
	Bereiche	Feststehend	Geändert	Geändert

zu verstehen (Bi 2018). Ein technisches Problem kann eine von sechs typischen Arten sein, wie in Tab. 1.2 gezeigt.

Die typischen technischen Probleme in Tab. 1.2 können basierend auf den Kreativitätsstufen der entsprechenden technischen Lösungen klassifiziert werden. Der Grad der Kreativität hängt von den Merkmalen eines „Lösungsraums" und der „Designvariablen" in einem formulierten technischen Problem ab, und Tab. 1.3 zeigt eine Klassifizierung von technischen Problemen basierend auf den Kreativitätsstufen. Ein technisches Design kann ein „routinemäßiges", „innovatives" oder „kreatives" Design sein.

Sowohl Menschen als auch Computer sind wichtig bei der Suche nach Lösungen für technische Probleme, aber sie sind kompetent auf verschiedenen Ebenen und Bereichen von Entscheidungsaufgaben. Die Unterschiede zwischen Menschen und Computern wurden ausführlich diskutiert, und Tab. 1.4 gibt einen Vergleich ihrer Stärken und Schwächen im technischen Design.

Wie in Abb. 1.19 gezeigt, spielen sowohl Menschen als auch Computer in der technischen Praxis ihre Rollen bei der Durchführung bestimmter Aktivitäten. Da Computer

Tab. 1.4 Unterschiede zwischen Menschen und Computern (Bi 2018)

	Menschliche Designer	Computer
Stärken	• Identifizierung von Designanforderungen, • Brainstorming, um Lösungen "out of the box" zu finden, und technische Intuition und große Wissensbasis, • die Auswahl von Designvarianten, • die Flexibilität, mit Änderungen der qualitativen Argumentation umzugehen, • Psychologisch gesehen wird menschlichen Entscheidungen mehr Vertrauen entgegengebracht als künstlicher Intelligenz, • Trends, Muster oder Anomalien learn from experience	• Schnell, zuverlässig, ausdauernd und beständig, • Sie sind in der Lage, eine große Anzahl von Optionen zu prüfen, • Lange, komplexe und mühsame Berechnungen durchführen, • Speicherung und effiziente Suche in großen Datenbanken und • Bereitstellung von Informationen über Entwurfsmethoden, heuristische Daten und gespeichertes Fachwissen.
Schwächen	• vorhersagen und aus Erfahrungen lernen • leicht müde und gelangweilt • kann nicht mikro-managen • voreingenommen und inkonsequent, anfällig für Fehler • nicht gut im quantitativen Argumentieren • nicht in der Lage sind, die vorgelegten Daten auf peinliche Weise zu nutzen	• Schwierigkeiten bei der Synthese neuer • Regeln begrenzte Wissensbasis • kein gesunder Menschenverstand

und Menschen, wie in Tab. 1.4 gezeigt, bei verschiedenen Aufgaben gut sind, können die Stärken von Computern und Menschen durch den Einsatz von computergestützten Techniken bei der Lösung verschiedener technischer Probleme synergisiert werden. Insbesondere können computergestützte Techniken genutzt werden, um Designprozesse zu automatisieren und die Effektivität von technischen Designs zu verbessern. Als Beispiel haben Bi et al. (2006, 2010) den Prozess des Konfigurationsdesigns für ein modulares Robotersystem automatisiert, das in der Lage war, 10^4–10^5 Roboter-Konfigurationen automatisch zu bewerten, um die beste Konfiguration für die spezifizierte Aufgabe zu finden.

1.5 Computer in der Fertigung

Aufgrund der Komplexität moderner Fertigungssysteme verlassen sich immer mehr Fertigungsunternehmen auf Computer, und computergestützte Techniken wurden weitgehend angewendet, um den Anwendungsbereich der Automatisierung in Fertigungssystemen zu erweitern. Die Leistungsfähigkeit, die Produktivität und die Effizienz eines Fertigungssystems können durch Maximierung des Automatisierungsgrades erheblich verbessert werden.

Die Abhängigkeit der Leistung eines Fertigungssystems von der Automatisierung wurde von vielen Forschern untersucht. Zum Beispiel analysierte Williams (2000) die Bedeutung von Fertigungsoperationen aus der Perspektive von Mensch-Maschine-Beziehungen. Wie in Abb. 1.20 dargestellt, werden Fertigungsaktivitäten in zwei Gruppen eingeteilt, zum einen in Aktivitäten, die in den Informationsfluss einbezogen sind, und zum anderen Aktivitäten im Materialfluss. Im Materialfluss werden Computer

1.5 Computer in der Fertigung

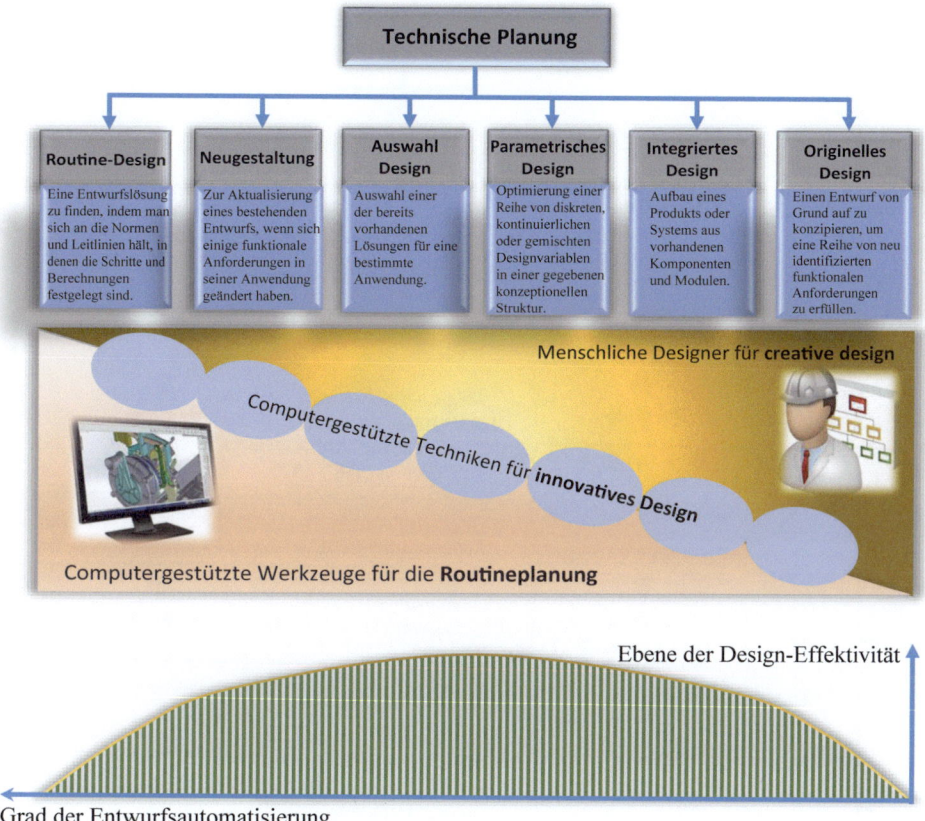

Abb. 1.19 Menschliche Designer und Computer in technischen Designs (Bi 2018)

verwendet, um Fertigungsoperationen zu mechanisieren und zu automatisieren; intelligente Maschinen wie CNC-Maschinen und *Automated Guided Vehicles* (AGVs) werden weitgehend verwendet, um menschliche Operationen zu ersetzen. Im Informationsfluss werden Computer verwendet, um Entscheidungsaktivitäten zu unterstützen; computergestützte Techniken unterstützen Menschen bei Entscheidungen in allen Phasen des Lebenszyklus von Fertigungssystemen, von der Konstruktion, dem Betrieb, bis zur Auflösungsphase. Während Menschen immer noch wichtig sind, um die Agilität und Flexibilität eines Fertigungssystems aufrechtzuerhalten, wird es immer kritischer, dass Menschen und Computer harmonisch zusammenarbeiten, um Fertigungsunternehmen in einem hochkompetitiven Umfeld zu erweitern.

Eine breite Anwendung von computergestützten Techniken hilft, den Anwendungsbereich der Automatisierung zu maximieren. Insbesondere übernehmen computergestützte Techniken immer mehr menschliche Anstrengungen bei der Entscheidungsunterstützung. Tatsächlich wurde der Fortschritt der Fertigungstechnologien anhand

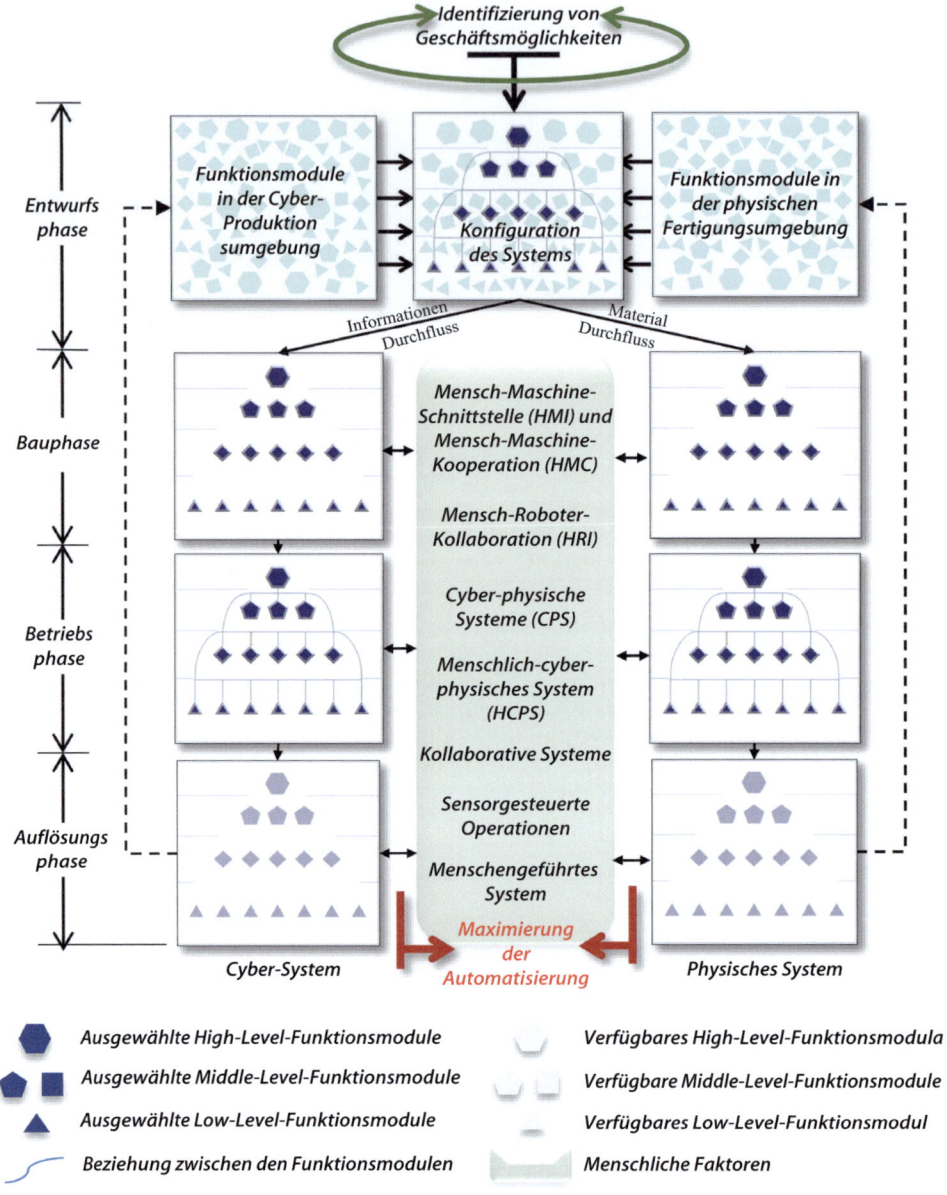

Abb. 1.20 Computer für die Automatisierung im modernen Fertigungssystem

der Fähigkeiten von computergestützten Techniken gemessen, um mit der wachsenden *Skalierung*, *Komplexität* und *Reaktionsfähigkeit* von Fertigungssystemen umzugehen. Abb. 1.21 zeigt die Entwicklung von computergestützten Techniken im Laufe der Zeit

1.6 Aufkommende digitale Technologien

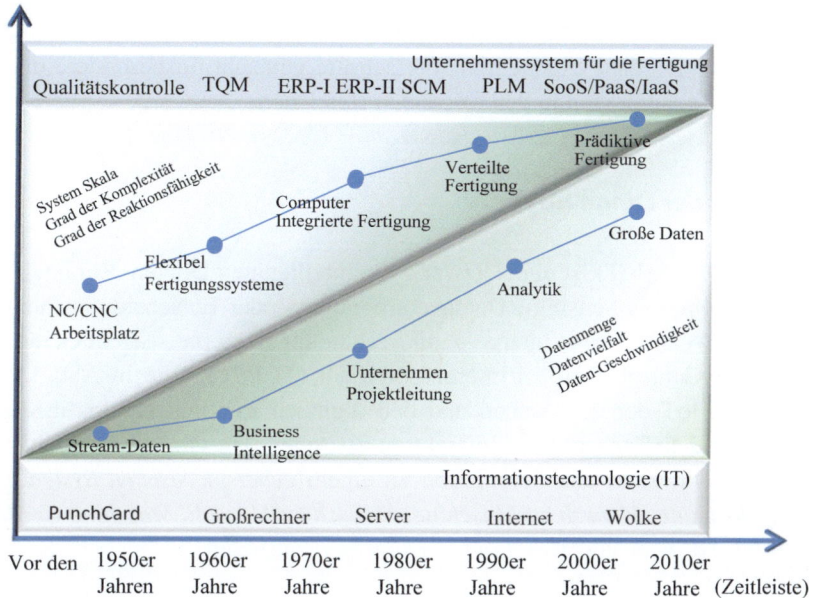

Abb. 1.21 Entwicklung von computergestützten Technologien in der Fertigung (Cheng und Bateman 2008; Bi und Cochran 2014)

(Cheng und Bateman 2008; Bi und Cochran 2014). Als computergestützte Werkzeuge wie *Qualitätskontrolle* (QC), *Total Quality Management* (TQM), *Supply Chain Management* (SCM), *Enterprise Requirements Planning* (ERP-I), *Enterprise Resources Planning* (ERP-II), *Product Lifecycle Management* (PLM), *Software as a Service* (SaaS), und *Platform as a Service* (PaaS), und *Infrastructure as a Service* (IaaS) verfügbar wurden, konnten Fertigungsprozesse automatisiert werden, indem CNCs, flexible Fertigungssysteme (FMS), Computer-Integrated Manufacturing (CIM), Distributed Manufacturing (DM) und Predictive Manufacturing (PM) verwendet wurden. Andererseits wurden computergestützte Technologien von den aufkommenden Bedürfnissen der Fertigungssysteme angetrieben, um mit dem zunehmenden Volumen, der Vielfalt und der Geschwindigkeit der Daten in der globalisierten Geschäftsumgebung umzugehen.

1.6 Aufkommende digitale Technologien

Digitale Fertigungstechnologien beziehen sich auf einige computergestützte Werkzeuge, die in Produktentwürfen, Fertigungsprozessen, Dienstleistungen, Supply-Chain-Management und Systementwürfen und -betrieb verwendet werden. Mit der digitalen Fertigung sind Systemelemente und Prozesse vernetzt und verbunden, um Echtzeitdaten zur Optimierung eines ganzheitlichen Fertigungssystems vollständig zu nutzen. Digitale

Technologien werden weitgehend eingesetzt, um die Wettbewerbsfähigkeit zu erhöhen und die Landschaften von Fertigungsunternehmen zu erweitern. In den letzten Jahren haben digitale Technologien exponentiell Fortschritte gemacht, insbesondere durch die Einführung neuer Technologien in den folgenden Bereichen.

1.6.1 Internet der Dinge (IoT)

Das Internet der Dinge (IoT) ist ein Netzwerk von intelligenten Dingen. Ein intelligentes Ding kann alles sein, das Sensing-, Datenverarbeitungs- oder Entscheidungsfähigkeiten hat. IoT ist die Erweiterung des Internets mit Verbindungen zu physischen Geräten über das Transmission Control Protocol/Internet Protocol (TCP/IP). Wie in Abb. 1.22 dargestellt, verbindet IoT den physischen und den digitalen Zwilling nahtlos in der digitalen Fertigung und IoT macht jede Interaktion zwischen den Dingen möglich. Wie in Abb. 1.23 dargestellt, kann eine Interaktion zu einem *cyber-physischen System (CPS)*, *Maschine zu Maschine*, *Mensch zu Maschine*, *Mensch zu Mensch*, *Maschine zu Mensch*, *Maschine zu Infrastruktur* und *Maschine zu Umgebung* auftreten.

1.6.2 Big Data Analytics (BDA)

Unternehmen sind gezwungen, mehr Produktvarianten in der Massenanpassung mit einem erhöhten Grad an Kundenzufriedenheit zu erstellen (Pasche 2008); ihre Unter-

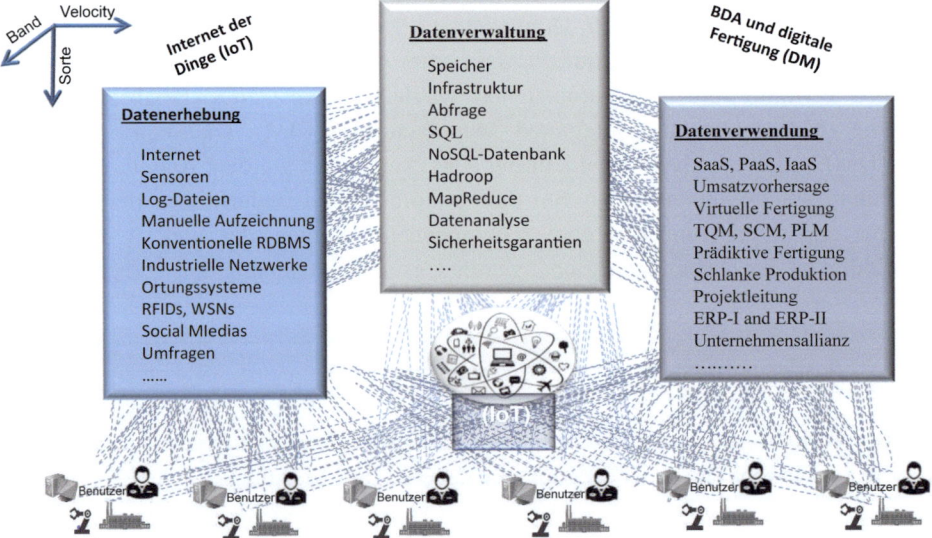

Abb. 1.22 Internet der Dinge (IoT) in Unternehmenssystemen (Bi und Cochran 2014)

1.6 Aufkommende digitale Technologien

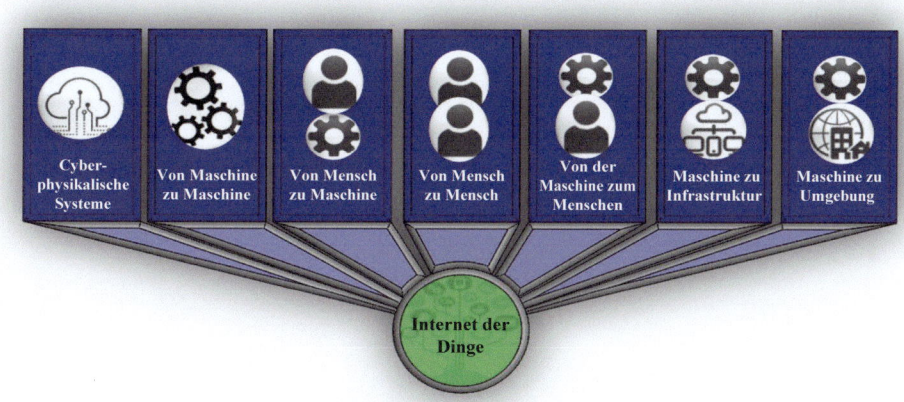

Abb. 1.23 IoT macht jede Interaktion möglich

Abb. 1.24 Unsicherheiten und Komplexität in der Fertigung

nehmenssysteme sollten in der Lage sein, mit dem zunehmenden Volumen, der Geschwindigkeit und der Vielfalt (3 V) von Daten umzugehen, die aufgrund von Systemunsicherheiten und Komplexität entstehen, wie in Abb. 1.24 gezeigt.

Heutzutage sind Unternehmen im Internet mit Datenmengen von *Terabytes* (2^{40} Bytes), *Petabytes* (2^{50} Bytes) bis zu *Exabytes* (2^{60} Bytes) überflutet, und traditionelle Big-Data-Analysemethoden haben Schwierigkeiten, *heterogene*, *unstrukturierte* und *dynamische* Daten zu verarbeiten. *Big Data Analytics* (BDA) zielt darauf ab, große Datenmengen zu analysieren und Informationen, Wissen und Weisheit in einem beispiellosen Maßstab zu erforschen (Cloud Security Alliance 2013). Wie in Abb. 1.25 gezeigt, wird BDA in der digitalen Fertigung eingesetzt, um Echtzeit-, kurzfristige und langfristige Entscheidungsaktivitäten über den Produktlebenszyklus zu unterstützen. Von BDA wird

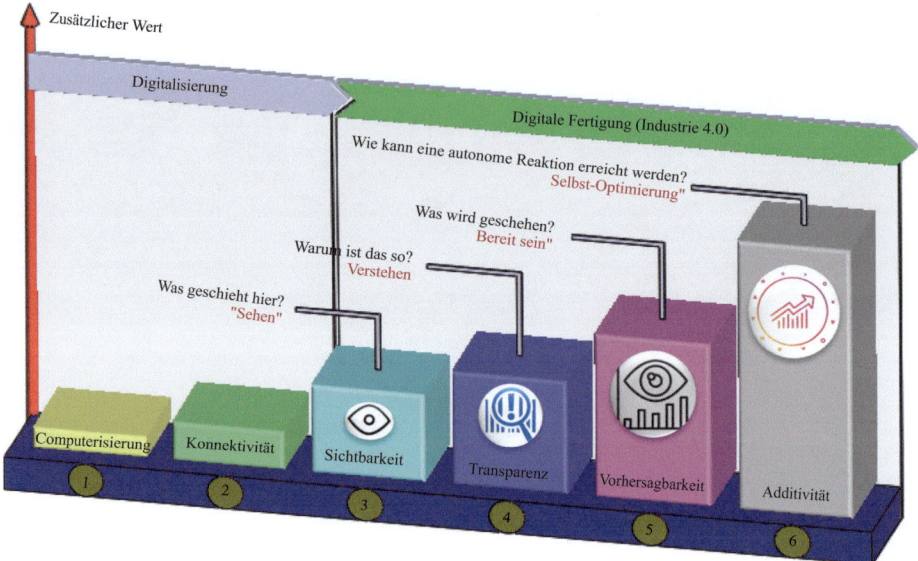

Abb. 1.25 Die Ziele von BDA in der digitalen Fertigung (KPMG 2018; Bi und Wang 2020)

erwartet, dass es die Ziele der *Computerisierung*, *Vernetzung*, *Sichtbarkeit*, *Transparenz*, *Vorhersagbarkeit* und *Anpassungsfähigkeit* auf der Grundlage der Fähigkeiten von BDA-Tools erreicht (KPMG 2018; Bi und Wang 2020).

1.6.3 *Cyber-physische Systeme* (CPS)

Ein cyber-physisches System unterscheidet sich von eigenständigen eingebetteten Systemen, Sensoren oder anderen herkömmlichen mechatronischen Systemen in dem Sinne, dass das cyber-elektrische und elektronische System vollständig mit dem zu steuernden physischen System gekoppelt ist. Die Studien zu CPS wurden priorisiert, um die Fertigungstechnologien für Industrie 4.0 voranzutreiben. Bestehende Arbeiten zu CPS befanden sich in ihren Anfangsstadien und beschränkten sich auf die Erforschung grundlegender Konzepte, Systemarchitekturen, Technologien und Herausforderungen. Abb. 1.26 zeigt die Hauptkomponenten eines cyber-physischen Systems, das eine Reihe von physischen Prozessen im physischen System, eine Reihe von Funktionsmodulen zur Datenerfassung, Vorverarbeitung, Vorhersage und Optimierung im Cyber-System und die Funktionsmodule zur Datenerfassung und Aktuation als Interaktionen umfasst (Schmidt und Ahlund 2018). CPS fügt einem physischen System die Fähigkeiten von Berechnung, Kommunikation und Steuerung (3C) hinzu, was es einem Cyber-System ermöglicht, direkt mit physischen Prozessen zu interagieren. Ein CPS zeichnet sich durch

1.6 Aufkommende digitale Technologien

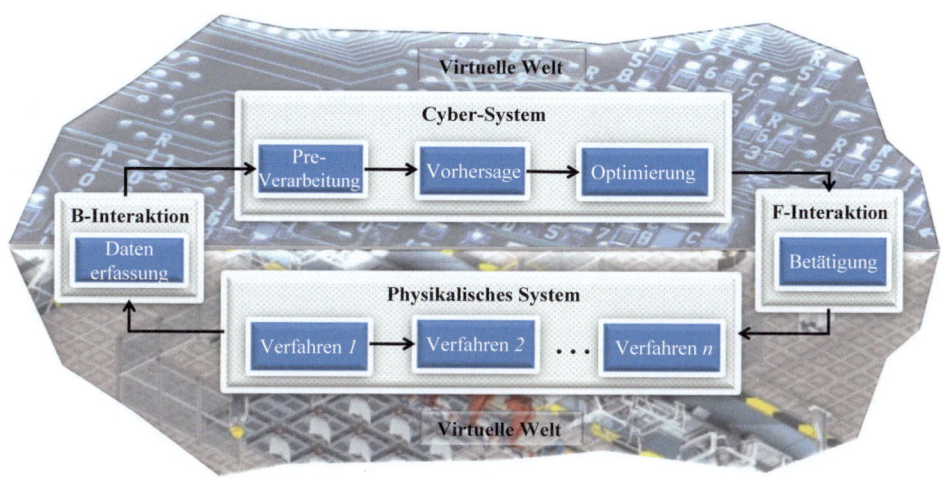

Abb. 1.26 Hauptkomponenten in CPS

Echtzeit-Sensorik und dynamische Steuerungen aus, um auf Änderungen und Unsicherheiten in Anwendungen zu reagieren.

1.6.4 *Cloud Computing* (CC)

Ein Unternehmen steht oft vor einigen Dilemmata bei der Bestimmung von Rechenressourcen für sein Informationssystem. Einerseits muss das Unternehmen seine Systemressourcen für Kernfertigungsgeschäfte im physischen Fertigungssystem optimieren. Andererseits werden Produkte, Fertigungsprozesse und Geschäftsumfeld immer komplizierter und dynamischer, und es werden hohe Rechenkapazitäten erwartet, um Big Data für Entscheidungseinheiten zu verarbeiten, um schnell auf Änderungen und Unsicherheiten reagieren zu können. Wie in Abb. 1.27 gezeigt, bietet *Cloud Computing* (CC) eine technische Lösung für Unternehmen, um ausgelagerte Rechenressourcen über das Internet zu nutzen. Die Fertigungsgeschäfte in den Informations- und Materialflüssen können als Dienstleistungen definiert werden; und Dienstleistungen werden in verschiedenen Dienstleistungsmodellen wie *Infrastruktur als Dienstleistung* (IaaS), *Funktion als Dienstleistung* (FaaS) und *Fertigung als Dienstleistung* (MaaS) angeboten. Dienstleistungen sind in einer *öffentlichen Cloud*, *Community-Cloud*, *Hybrid-Cloud* oder *privaten Cloud* über das Internet verfügbar (Pedone und Mezgar 2018). Für kleine und mittlere Unternehmen (KMU) ermöglicht CC die Minimierung der Informationsinfrastruktur und die Reduzierung der Kosten des Unternehmenssystems, da CC dynamisch und flexibel ist.

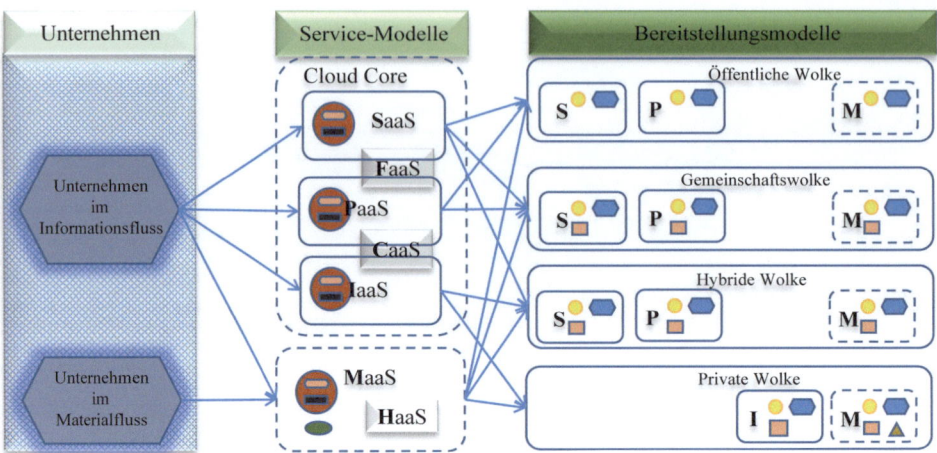

S - Dienstleistung *P* - Plattform *I* - Infrastruktur *M* - Fertigung *F* - Funktion *C* - Container *H* - Hardware

Abb. 1.27 Hauptkomponenten in CPS (Pedone und Mezgar 2018)

1.6.5 Blockchain-Technologie (BCT)

Fertigungssysteme waren früher geschlossen und die Systemsteuerungen zentralisiert. Mit den aufkommenden Bedürfnissen (1) Daten von intelligenten Dingen in einer verteilten Umgebung zu sammeln und zu teilen, (2) mit Geschäftspartnern über Systemgrenzen hinweg zusammenzuarbeiten und (3) externe Ressourcen zur Verbesserung der Geschäftsfähigkeiten zu nutzen, sind die Steuerungen moderner Fertigungssysteme verteilt und dezentralisiert. Die serviceorientierte Architektur (SOA) ermöglicht es Unternehmen, verteilte und externe Ressourcen zur Erweiterung der Fertigungsfähigkeiten zu nutzen. Allerdings wurden einige Herausforderungen der SOA noch nicht zufriedenstellend gelöst (Viriyasitavar et al 2019a, b).

Wie in Abb. 1.28 dargestellt, wurde die Blockchain-Technologie (BCT) vorgeschlagen, um die Vertrauenswürdigkeit, Sicherheit und Privatsphäre der Dienste über das Internet zu gewährleisten. Die Leistung eines dezentralisierten Systems kann anhand einiger Leistungskennzahlen (PKIs) gemessen werden, einschließlich *Skalierbarkeit*, *Sicherheit*, *Offenheit* und *Flexibilität*. Die dreischichtige Systemarchitektur zeigt eine Integration der Blockchain-Technologie (BCT) mit IoT, SOA, PKIs und anderen verfügbaren Diensten über das Internet. BCT-basierte Anwendungen auf der ersten Ebene gewährleisten die Gültigkeit von Daten von intelligenten Dingen wie Sensoren, CPSs und Qualität von Dienstleistungen (QoS). SOA in der zweiten Schicht stellt sicher, dass die Fertigungsprozesse ausgeführt und in Form von Diensten geliefert werden, und SOA befasst sich mit der Konsistenz von Daten und Interaktionen. PKIs in der dritten Schicht etablieren die Vertrauenswürdigkeit der Validatoren. Die Blockchain-Validatoren sollten von der Zertifizierungsstelle (CA) für jedes System geklärt und bestätigt werden.

1.6 Aufkommende digitale Technologien

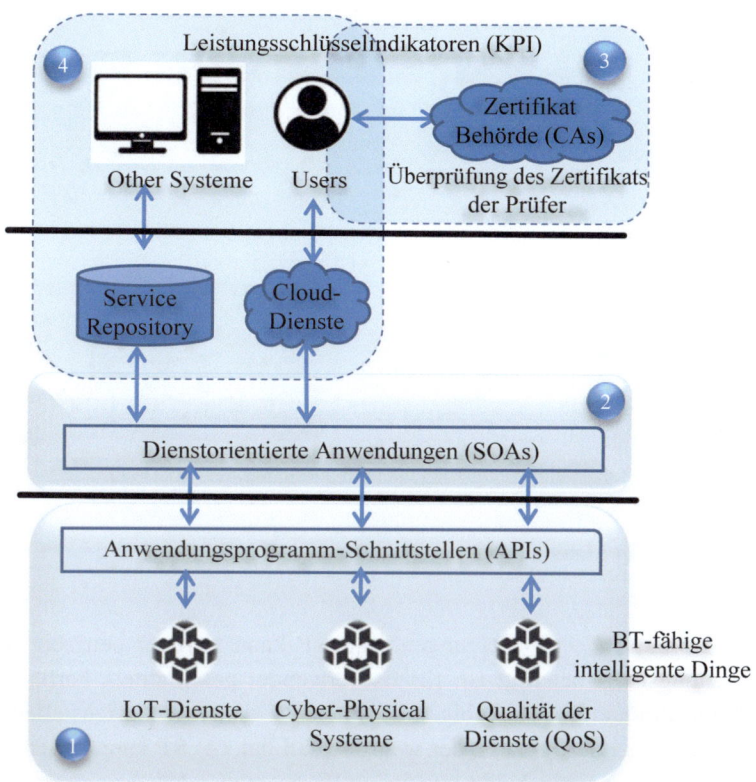

Abb. 1.28 Blockchain-Technologien in der serviceorientierten Architektur (Viriyasitavar et al. 2019a, b)

1.6.6 *Rapid Prototyping* (RP)

Ein Ingenieurdesignprozess ist in der Regel iterativ, bei dem Fehler, Mängel und Auslassungen schrittweise beseitigt werden, um eine richtige Lösung zu finden. Ein traditioneller Ingenieurprozess beinhaltet die Validierung, bei der ein physisches Produkt oder System gebaut und gegen erwartete Funktionalitäten getestet wird. Dies wird zu einem Kostenhindernis, wenn das Produkt oder System extrem kompliziert ist oder die Anzahl der Iterationen groß ist. Das Rapid Prototyping (RP) ist eine kosteneffektive Technik für die schnelle Herstellung von physischen Produkten, Modellen, Baugruppen oder Systemen. RP wird hauptsächlich durch ein additives Fertigungsverfahren wie 3D-Druck implementiert. Rapid Prototyping wird als *freie Formfertigung* (SFF), *additive Fertigung* (AM) oder *direkte Fertigung* (DM) bezeichnet – im Gegensatz zu traditionellen Fertigungsprozessen.

Abb. 1.29 zeigt einige Beispielprodukte aus Materialabtragungsprozessen und Rapid Prototyping. RP hat die folgenden Vorteile gezeigt: (1) Es besteht kein Bedarf an

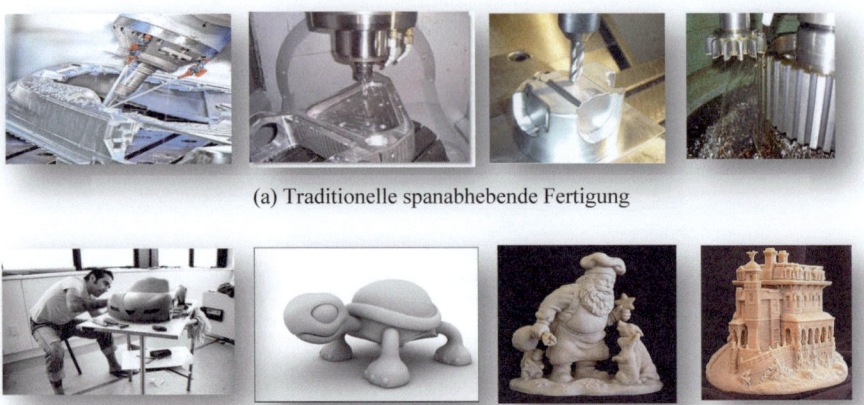

(a) Traditionelle spanabhebende Fertigung

(b) Schnelles Prototyping (additive Fertigung) wie 3D-Druck

Abb. 1.29 Beispiele für Materialabtragungsprozesse und Rapid Prototyping

Werkzeugen, Formen oder Vorrichtungen, und RP kann sicherer betrieben werden, da keine Bearbeitungskraft beteiligt ist. (2) Es verwendet geschichtete Fertigung, die anwendbar ist, um Produkte mit beliebigen komplexen Geometrien herzustellen. (3) RP ist ein nahezu nettoformender Prozess, der wenig Abfall hat. (4) RP kann die Entwicklungszeit erheblich verkürzen, da keine speziellen Werkzeuge oder Programmierungen benötigt werden, um spezielle Produkte herzustellen.

1.7 Digitale Fähigkeiten in der modernen Fertigung

Mit der stetig zunehmenden Komplexität von Produkten und Fertigungsprozessen liegen immer mehr Fertigungsoperationen und Entscheidungsunterstützungen außerhalb der Reichweite des Menschen. Maschinen und Computer ersetzen den Menschen nicht nur bei repetitiven und langweiligen Aufgaben, sondern auch bei komplizierten Entscheidungsunterstützungen auf verschiedenen Ebenen und Bereichen von Fertigungssystemen. Andererseits müssen Menschen und Maschinen eng zusammenarbeiten, um komplexe Aufgaben zu bewältigen (Bi et al. 2021), wobei Bediener, Techniker und Ingenieure aufgefordert sind, ihre digitalen Fähigkeiten zu verbessern, um an Maschinen zu arbeiten und Entscheidungen in verschiedenen Fertigungsbetrieben zu treffen.

Muro (2017) diskutierte die Trends der Anforderungen an digitale Fähigkeiten in der fortschrittlichen Fertigung bei den Berufen von Arbeitern und Maschinisten bis hin zu Luft- und Raumfahrtingenieuren. Wie in Abb. 1.30 dargestellt, stiegen die Anforderungen an digitale Fähigkeiten von 2002 bis 2016 ohne Ausnahme. Wenn man die Beispiele von Produktionsarbeitern und Werkzeug- und Formenbauern nimmt, waren

1.7 Digitale Fähigkeiten in der modernen Fertigung

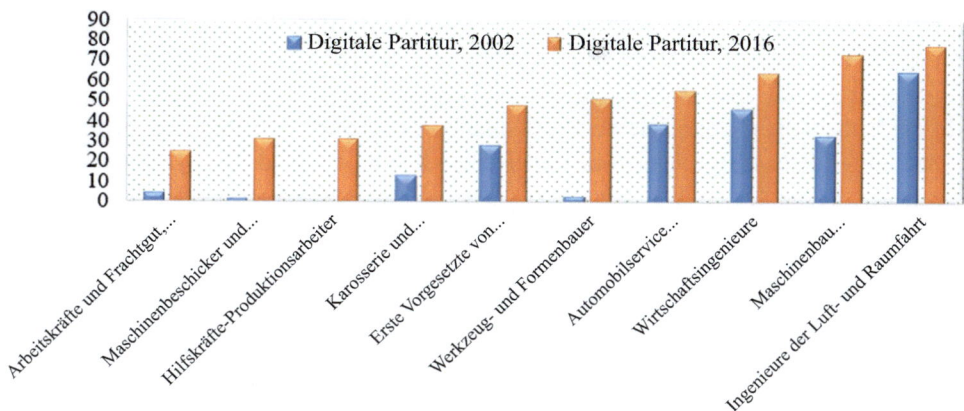

Abb. 1.30 Digitaler Score für Berufe in der fortschrittlichen Fertigung (Muro 2017)

sie früher stark auf ihre handwerklichen Fähigkeiten angewiesen, um ihre Arbeitsanforderungen zu erfüllen; jedoch verlangen immer mehr fortschrittliche Maschinen immer höhere digitale Fähigkeiten von den menschlichen Arbeitern, um Maschinen zu bedienen, mit ihnen zu interagieren und sie zu programmieren. Der durchschnittliche digitale Score aller wichtigen Berufe stieg von 24 im Jahr 2002 auf 39 im Jahr 2016.

In den letzten Jahren haben sich die Informationstechnologien (IT) schnell weiterentwickelt; jedoch hinkte die Einführung neuer ITs mehr oder weniger hinterher. Abb. 1.31 zeigt die Beziehung zwischen den jährlichen Produktivitätsveränderungen und dem

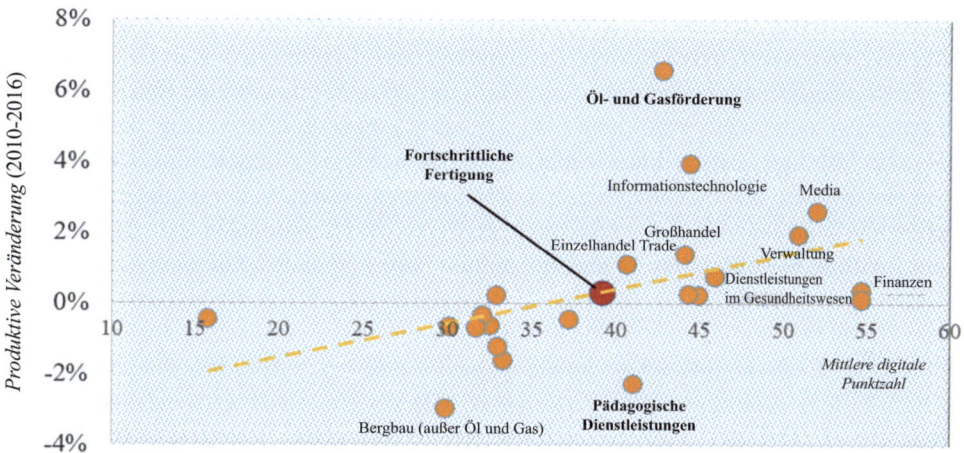

Abb. 1.31 Jährliches Produktivitätswachstum nach Sektor im Vergleich zum digitalen Score (2010–2016) (Muro 2017)

durchschnittlichen digitalen Score in verschiedenen Sektoren (Muro 2017). Der digitale Score der Berufe in der fortschrittlichen Fertigung lag 2016 bei 39, und die Einführung digitaler Technologien in der fortschrittlichen Fertigung hatte nur einen begrenzten Einfluss auf die Verbesserung der jährlichen Produktivitätsveränderung. Die digitalen Technologien haben einige Industriezweige, insbesondere die Öl- und Gasförderung, revolutioniert, da die neuen Technologien wie Big-Data-Analysen die Ausbeutungsfähigkeiten zur Entdeckung neuer natürlicher Ressourcen verbessert haben. Es war überraschend festzustellen, dass die Bildungsdienstleistungen weniger von den digitalen Technologien profitiert haben. Traditionelle Konzepte von Ingenieurstudiengängen müssen radikal verbessert werden, um die Lücke zwischen der Ingenieurausbildung und den aufkommenden Anforderungen an digitale Fähigkeiten im Fertigungssektor zu schließen (Bi und Wang 2020).

1.8 Organisation des Buches

Die Lösung eines technischen Problems ist in der Regel ein iterativer Prozess in dem Sinne, dass die Informationen für die endgültige Lösung nach und nach gesammelt werden; dies bedeutet, dass die in der Problemstellung enthaltenen Entwurfsvorgaben erst dann vollständig erfüllt werden können, wenn alle Einzelheiten der Umsetzung in der Lösung enthalten sind. Dies stellt eine Herausforderung für den Einsatz computergestützter Technologien dar, um den Übergang vom digitalen zum physischen Zwilling zu üben, und zwar aufgrund (1) der Unsicherheiten und der Komplexität von Produkten und Systemen und (2) der Notwendigkeit der Verifizierung und Validierung in der virtuellen Umgebung.

Dieses Buch legt den Schwerpunkt auf das Wissen und die Fähigkeiten von Ingenieuren, digitale Fertigungswerkzeuge zur Lösung verschiedener technischer Probleme auf verschiedenen Ebenen und Bereichen von Fertigungssystemen einzusetzen. Wie in Abb. 1.32 dargestellt, haben sowohl Produkte als auch Systemressourcen Lebenszyklen, die Fertigungssysteme beeinflussen. Ein Fertigungssystem umfasst eine Reihe von wertschöpfenden und nicht wertschöpfenden Fertigungsoperationen entlang des Produktlebenszyklus, und Entscheidungsunterstützungen sind erforderlich, um verschiedene Systemressourcen zur Erfüllung dieser Operationen zu nutzen. In der digitalen Fertigung werden die Entscheidungen über Systemoperationen von funktionalen Einheiten im digitalen Zwilling getroffen, und Ingenieure sollten darum konkurrieren, computergestützte Technologien zu nutzen, um beim ersten Mal die richtigen Entscheidungen zu treffen. Unter Berücksichtigung der zeitlichen Begrenzung eines typischen Ingenieurkurses wählt dieses Buch die folgenden vier Hauptthemen aus, die in Abb. 1.32 dargestellt sind.

Kap. 2 führt *computergestütztes Design* (CAD) ein. Im CAD verwenden Ingenieure Computer, um Produkte, Prozesse und Systeme zu entwerfen, zu analysieren, zu modellieren und zu bewerten. Computergestützte Theorie und Methoden werden eingeführt, um Produkte, Prozesse und Systeme darzustellen, und parametrisches Modellieren und wissensbasiertes Engineering (KBE) werden betont, um Wiederverwendung und Exploration von

1.8 Organisation des Buches

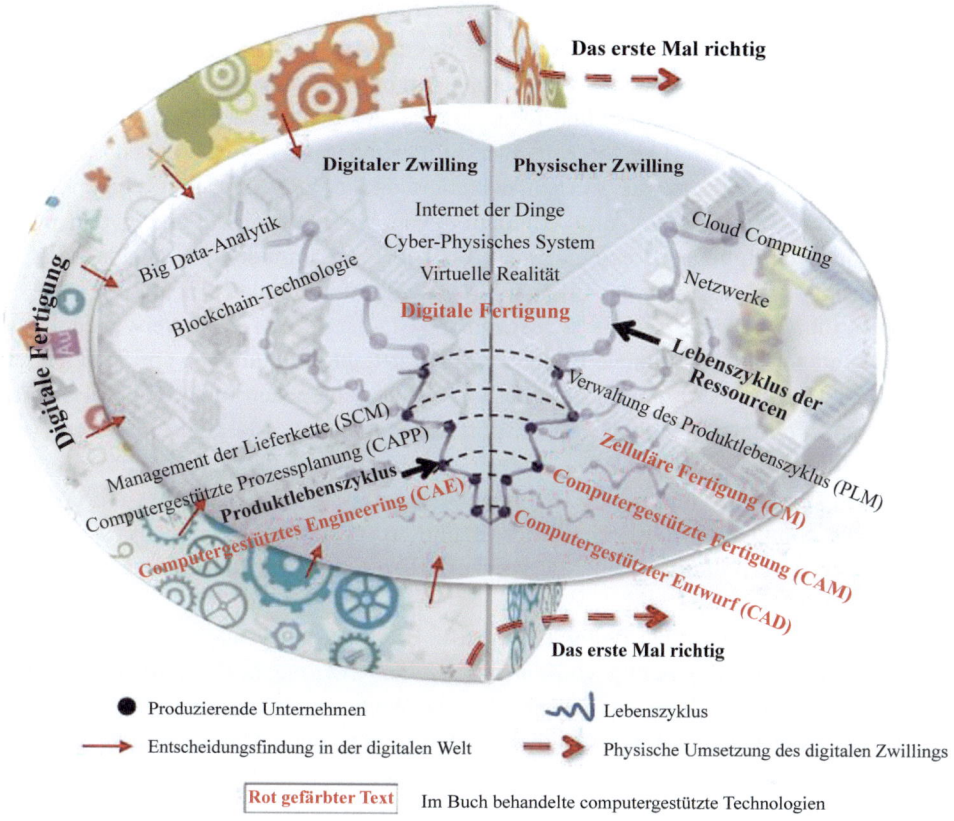

Abb. 1.32 Vom digitalen Zwilling zum physischen Zwilling: digitale Fertigung macht es beim ersten Mal richtig

Wissen zu ermöglichen. Festkörpermodellierungstechniken werden eingeführt, um virtuelle Modelle als Darstellungen von geometrischen Formen, Merkmalen, Designabsichten und Topologie und Strukturen von Produkten zu erstellen. Computergestützte kinematische und Bewegungsanalysen werden für Maschinenkonstruktionen diskutiert.

Kap. 3 führt *computergestütztes Engineering* (CAE) ein. Im CAE verwenden Ingenieure Computer, um die Reaktionen des Produkts, des Prozesses oder des Systems zu modellieren und zu analysieren, das *den spezifizierten Lasten und Beschränkungen* in Anwendungen ausgesetzt ist. CAE ist unerlässlich, um die verborgenen Fehler und Auslassungen in der virtuellen Welt zu beseitigen, bevor der digitale Zwilling zur physischen Welt für die Implementierung freigegeben wird. Die Bedeutung von CAE in der Fertigung wird diskutiert, verschiedene CAE-Werkzeuge werden vorgestellt, und der Schwerpunkt liegt auf der *Finite-Elemente-Analyse* (FEA). Die theoretische Grundlage der FEA wird eingeführt, das allgemeine Verfahren der FEA-Modellierung und -Simulation wird vorgestellt. Einige typische FEA-Anwendungen in der Fertigung werden diskutiert.

Kap. 4 führt *computerunterstützte Fertigung* (CAM) ein. Bei CAM verwenden Ingenieure einen Computer zum Entwerfen, Modellieren, Analysieren, Optimieren und Steuern von Fertigungsprozessen. CAM ist komplex, da es *Maschinen*, *Werkzeuge*, *Materialien*, zahlreiche *Betriebsfaktoren* und mehrere, aber widersprüchliche Leistungskriterien wie Betriebszeit, Kosten, Genauigkeit, Flexibilität und Anpassungsfähigkeit beinhaltet. CAM und relevante Konzepte werden diskutiert und computergestützte Technologien werden für die Modellierung und Simulation von Vorrichtungen, Formen und Werkzeugen sowie Fertigungsprozessen vorgestellt. Die Programmierwerkzeuge werden für die Steuerung von Maschinenoperationen für spezifizierte Produkte eingeführt.

Kap. 5 führt *computerintegrierte Fertigung* (CIM) ein. Bei CIM verwenden Ingenieure Computer, um funktionale Einheiten und Fertigungsoperationen auf Systemebene zu organisieren. Ein Fertigungssystem besteht aus verschiedenen funktionalen Einheiten für Design, Fertigung, Montage, Transport, Management, Marketing, Wartung und Dienstleistungen auf verschiedenen Ebenen und Bereichen. Die ermöglichten Technologien, wie Gruppentechnologie (GT), zellulare Fertigung (CM) und diskrete ereignisdynamische Simulation (DEDS) werden detailliert diskutiert. Computergestützte Bewertungen von Fertigungssystemen werden mit dem Fokus auf Kosten und Nachhaltigkeit eingeführt.

Kap. 6 führt *digitale Fertigung* (DM) ein. Bei DM verwenden Ingenieure Computer, um das erste Mal richtig von *einem digitalen Zwilling* in der virtuellen Welt zu einem physischen Zwilling in der physischen Welt zu praktizieren. Die funktionalen Anforderungen an DM werden diskutiert und eine neue Unternehmensarchitektur wird vorgestellt, um mit der Komplexität, Unsicherheiten und Dynamik von Systemoperationen umzugehen. Zwei digitale Technologien, Reverse Engineering (RE) und additive Fertigung (AM), werden als Beispiele für aufkommende digitale Technologien in der digitalen Fertigung vorgestellt. Es gibt keine universelle digitale Lösung für jedes Fertigungssystem; daher sind angewandte Studien mehr oder weniger erforderlich, um eine ganzheitliche digitale Lösung für einzelne Unternehmen zu entwickeln. Einige Forschungsfallstudien werden bereitgestellt, um die Anwendungen digitaler Technologien in verschiedenen Anwendungen zu erkunden.

Designprobleme

Problem 1.1. Listen Sie einige quantifizierte Maßnahmen auf, um die Beiträge verschiedener Industriezweige zur menschlichen Gesellschaft zu reflektieren, und diskutieren Sie die Bedeutung der Fertigung für die menschliche Zivilisation.

Problem 1.2. Was sind die Hauptantriebskräfte zur Entwicklung neuer Fertigungstechnologien? Erklären Sie warum.

Problem 1.3. Was sind die Hauptziehkräfte zur Entwicklung neuer Fertigungstechnologien? Erklären Sie warum.

Problem 1.4. Was sind die Hauptwechselseitigen Antriebskräfte zur Weiterentwicklung von Fertigungstechnologien? Erklären Sie warum.

Problem 1.5. Formulieren Sie ein Ingenieurprogramm für die folgenden Ingenieurprojekte, jeweils.

(a) Ein lokales Unternehmen produziert verschiedene Endeffektoren für Roboter und andere automatisierte Systeme. Ein neues Abenteuer besteht darin, neue Endeffektoren für kollaborative Roboter zu entwickeln, die in einer offenen Umgebung mit Menschen arbeiten. Das Unternehmen steht vor der Herausforderung, ihre Endeffektoren auf kollaborative Roboter zu montieren, aufgrund unterschiedlicher Designstandards an den Schnittstellen. Eine Montage eines Endeffektors auf einem kollaborativen Roboter muss (1) die Flexibilität der Orientierungsverschiebung zwischen 0° und 90° haben, (2) die Sicherheitsstandards erfüllen, indem alle scharfen Kanten und Ecken abgedeckt werden, und (3) den Einfluss auf Gewicht, Robotersteuerung und Kosten minimieren.

(b) Ein LKW-Montagewerk baut 1/2–1 t LKWs. Am Eingang der Montagelinie werden Fahrgestellrahmen durch Abstandshalter gestapelt. Nachdem ein Fahrgestellrahmen zur Montagelinie transportiert wurde, entfernen menschliche Bediener die Abstandshalter von den Rahmen und transportieren sie zu Lagerbehältern. Das Unternehmen hat Schwierigkeiten, menschliche Bediener an solchen Arbeitsstationen einzustellen, und die Produktivität der Arbeit für solche Operationen ist gering. Das Unternehmen erwartet, menschliche Bediener durch Automatisierung zu ersetzen, um vier Abstandshalter auf einem Fahrgestellrahmen zu lokalisieren, zu entfernen und zu den vorgesehenen Bereichen innerhalb des Produktionszyklus von einem LKW pro Minute zu transportieren.

(c) Die Präzisionskühlungsgeschäftseinheit eines Kundenunternehmens verfügt über eine Produktionslinie mit Lötofen für Wärmebehandlungsprozesse von Kühlkörpern. Ein menschlicher Arbeiter lädt Teile an einem Ende und entlädt Teile am anderen Ende der Wärmebehandlungslinie. Das Unternehmen verfügt über einige gebrauchte Roboter, die die vollen Fähigkeiten zum Laden und Entladen von Kühlkörpern haben. Entwickeln Sie eine automatisierte Lösung, um gebrauchte Roboter zu verwenden, um menschliche Bediener zu ersetzen.

Problem 1.6. Haben Sie ein Beispiel für aufkommende digitale Technologien Ihrer Wahl, erläutern Sie das Konzept und die relevanten Methoden und Werkzeuge und diskutieren Sie ihre Rolle bei der Bewältigung der Herausforderungen in der modernen Fertigung.

Problem 1.7. Führen Sie eine Diskussion über die Bedeutung digitaler Fähigkeiten in der Ingenieurpraxis und erstellen Sie eine Wunschliste der digitalen Fähigkeiten, die Sie beherrschen möchten.

Literatur

Amato P (2012) Swarm-intelligence strategy for diagnosis of endogenous diseases by nanobots. https://pdfs.semanticscholar.org/58cf/550b97fe50ca8718c31c98bcdecbb9e06aef.pdf

Babbitt CW, Kahhat R, Williams E, Babbitt G (2009) Evolution of product lifespan and implications for environmental assessment and management: a case study of personal computers in high education. Environ Sci Technol 43(13):5106–5112

Bi ZM (2018) Finite element analysis applications: a systematic and practical approach, 1st edn. Academic Press, ISBN 10 018099526

Bi ZM, Cochran D (2014) Big data analytics with applications. J Manag Anal 1(4):249–265. https://doi.org/10.1080/23270012.2014.992985

Bi ZM, Wang XQ (2020) Computer aided design and manufacturing, 1st edn. Wiley-ASME Press Serious. ISBN 10 1119534216

Bi ZM, Lin Y, Zhang WJ (2010) The general architecture of adaptive robotic systems for manufacturing applications. Robot Comput-Integr Manuf 26(5):461–470

Bi ZM, Gruver WA, Zhang WJ, Lang SYT (2006) Automated modeling of modular robotic configurations. Robot Auton Syst 54 (12):1015–1025

Bi ZM, Miao ZH, Zhang B, Zhang WJ (2020) The state of the art of testing standards for integrated robotic systems. Robot Comput Integr Manuf 63(June 2020):101893

Bi ZM, Luo M, Miao Z, Zhang B, Zhang WJ, Wang L (2021) Safety assurance mechanisms of collaborative robotic systems in manufacturing. Robot Comput Integr Manuf 67 (February 2021):102022

Cheng K, Bateman RJ (2008) e-Manufacturing: characteristics, applications and potentials. Prog Nat Sci 18(2008):1323–1328

Cheng K, Pan PY, Harrison (2000) The Internet as a tool with application to agile manufacturing: a web-based engineering approach and its implementation issues, Int J Prod Res 38(12):2743–2759

Cloud Security Alliance (2013) Big data analytics for security intelligence. https://downloads.cloudsecurityalliance.org/initiatives/bdwg/Big_Data_Analytics_for_Security_Intelligence.pdf

Digital Engineering (2016) By the numbers: product complexity. http://old.digitaleng.news/de/by-the-numbers-product-complexity/

Jiang H, Zhao S, Yin K, Yuan Y, Bi ZM (2014) An analogical induction approach to technology standardization and technology development. Syst Res Behav Sci 31(3):366–382

KPMG (2018) Supply chain big data series part 1. https://advisory.kpmg.us/content/dam/advisory/en/insights/pdfs/2018/supply-chain-big-data-part-1-shaping-tomorrow.pdf

López-Gómez C, Leal-Ayala D, Palladino M, O'Sullivan E (2017) Emerging trends in global advanced manufacturing: challenges, opportunities and policy responses. http://capacitydevelopment.unido.org/wp-content/uploads/2017/06/emerging_trends_global_manufacturing.pdf

McCloy D (1984) Industry: structures and operation. Technology 1984:286–304

Muro M (2017) Get with the program digitalizing America's advanced manufacturing sector. www.nacfam.org/wp-content/uploads/2017/03/Digitalizingusmfg_090717_v3.pptx

National Science and Technology Council (NSTC) (2008) Manufacturing the future. https://nifa.usda.gov/sites/default/files/resource/nanotech__manufacturing_rd.pdf

Pedone G, Mezgar I (2018) Model similarity evidence and interoperability affinity in cloud ready industry 4.0 technologies. Comput Indus 100:278–286

Prasad B (1997) Analysis of pricing strategies for new product introduction. Pricing Strat Pract 5(4):132–141

Pasche M (2008) Product complexity reduction – not only a strategy issue. In: 11th QMOD conference. quality management and organizational development attaining sustainability from organizational excellence to sustainable excellence, 20–22 August 2008, Helsingborg, Sweden. http://www.ep.liu.se/ecp/033/080/ecp0803380.pdf

Ruby DA (2003) The creation of wealth and economic growth. http://www.digitaleconomist.org/wth_4020.html

Schmidt M, Ahlund C (2018) Smart buildings as cyber-physical systems: data driven predictive control strategies for energy efficiency. Renew Sustain Energy Rev 90(2018):742–756

Sullivan N (2020) What is a civilization? – definition & common elements. https://study.com/academy/lesson/what-is-a-civilization-definition-common-elements.html

UNPD (2020a) United nations development programme – human development reports. http://hdr.undp.org/en/content/human-development-index-hdi

UNDP (2020b) Inequalities in human development in the 21st century briefing note for countries on the 2019 human development report, USA. http://hdr.undp.org/sites/all/themes/hdr_theme/country-notes/USA.pdf

Viriyasitavar W, Xu LD, Bi ZM, Sapsomboon A (2019a) New Blockchain-Based Architecture for Service Interoperations in Internet of Things. IEEE Internet Things J 6(7):739–748

Viriyasitavar W, Xu LD, Bi ZM, Pungpapong V (2019b) Blockchain and Internet of things for modern business process in digital economy – the state of the art. IEEE Trans Comput Soc Syst 6(6):1420–1733

Wikipedia (2021a) Human mission to Mars. https://en.wikipedia.org/wiki/Human_mission_to_Mars

Wikipedia (2021b) Product lifecycle. https://en.wikipedia.org/wiki/Product_lifecycle

Williams T (2000) The Purdue enterprise reference architecture and methodology (PERA) institute for interdisciplinary engineering studies. Purdue University. http://citeseerx.ist.psu.edu/viewdoc/download?doi=10.1.1.194.6112&rep=rep1&type=pdf

Wang G (2006) Introduction to CAD/CAE. http://www2.ensc.sfu.ca/~gwa5/index_files/25.353/indexf_files/1Introduction-06-1.pdf

Woolf SH, Aron L, Dubay L (2015) How are income and wealth linked to health and longevity? https://community-wealth.org/sites/clone.community-wealth.org/files/downloads/paper-woolf-et-al.pdf. Zugegriffen: 18. Apr 2021

Computerunterstütztes Design 2

Zusammenfassung

In der computergestützten Konstruktion (CAD) verwenden Ingenieure Computer, um ein Produkt, einen Prozess oder ein System zu entwerfen, zu analysieren, zu modellieren, zu simulieren und zu bewerten. In diesem Kapitel liegt der Schwerpunkt auf der Anwendung von CAD bei der Erstellung von virtuellen Modellen von Produkten oder Systemen. CAD wurde ursprünglich entwickelt, um geometrische Informationen von Objekten mit Hilfe von Computer-Zeichensoftware darzustellen. Mit der kontinuierlichen Weiterentwicklung in mehreren Jahrzehnten haben sich die Fähigkeiten von CAD-Tools weit über die Computergrafik hinaus erheblich erweitert. In diesem Kapitel werden verschiedene CAD-Techniken vorgestellt, um Produkte, Prozesse und Systeme auf verschiedenen Ebenen und Aspekten zu modellieren, *parametrische Modellierung* und *wissensbasiertes Engineering* (KBE) werden speziell eingeführt, und grundlegende Techniken der Festkörpermodellierung werden diskutiert, um *Geometrien, Merkmale, Designabsichten* und *Montagerelationen* zu modellieren; schließlich werden kinematische und Bewegungsanalysen zur Maschinenkonstruktion untersucht.

Schlüsselwörter

Computerunterstütztes Design (CAD) · Computerunterstützte geometrische Modellierung (CAGM) · Parametrische Modellierung · Bewegungsanalyse

2.1 Einführung

Die Entwicklung von Produkten oder Systemen beinhaltet einen iterativen Designprozess, von (1) der Identifikation von *Kundenanforderungen* (CRs), (2) der Interpretation von CRs in Designspezifikationen, der Definition von Designräumen für verschiedene Designkonzepte, (3) der Bewertung und dem Vergleich von Designkonzepten, (4) der Implementierung der ausgewählten Designkonzepte, und schließlich zu (5) der Überprüfung und Validierung von Designlösungen (Bi 2018). Moderne Produkte oder Systeme sind meist komplex genug, dass sie weit über die Fähigkeiten der Designer hinausgehen, alle Designtasks manuell zu erfüllen. Computerunterstützte Technologien, wie Computer-Aided Design (CAD), Computer-Aided Manufacturing (CAM), Computer-Aided Process Planning (CAPP) und Computer-Integrated Manufacturing (CIM), können Designer von manuellen Aufgaben für repetitive, routinemäßige, fehleranfällige Berechnungen, Analysen und Zeichnungen entlasten. Mit fortschrittlichen computergestützten Werkzeugen können Produkte oder Systeme mit besseren Leistungen in verkürzten Vorlaufzeiten und zu reduzierten Kosten entworfen werden (Lyu et al. 2017).

Computer-gestütztes Design (CAD) ist die Technologie, Computer zum Entwerfen, Modellieren, Analysieren und Bewerten eines Produkts oder Systems und zur Dokumentation des Designprozesses zu verwenden. CAD ist ein leistungsstarkes und effektives Werkzeug für Ingenieure, um Forschung, Innovation, neues Produktdesign und Entwicklung durchzuführen. CAD-Software wird weitgehend in der Fertigungsbranche eingesetzt, um (1) Produkt- oder Systemdesigns zu beschleunigen und zu optimieren, (2) Zusammenarbeit und Kooperation durch grafische Kommunikation zu erleichtern, (3) Datenbanken von Produkten, Prozessen und Systemen zu entwickeln und zu pflegen, (4) die Kosten und Vorlaufzeit der Produktentwicklung zu reduzieren und (5) die Produktivität der Designer zu verbessern (Wikipedia 2020a). Ein CAD-Tool bietet Ingenieuren die Flexibilität, virtuelle Modelle für Produkte und Systeme zu erstellen und sicherzustellen, dass sie die erwarteten Funktionen erfüllen, noch bevor ihr physisches Replikat hergestellt wird. CAD ist eine unverzichtbare Technologie, die fast in jeder Anwendung wie *Luft- und Raumfahrt, Automobilbau, Schiffbau, Militär, Gesundheitswesen, industrielles und architektonisches Design*, und *Textil* und die *Modewelt* eingesetzt wird (Jhanji 2018).

CAD wird verwendet, um *Ingenieurdesignprozesse* zu automatisieren, bei denen menschliche Intelligenz, Wissen, Innovation und Kreativität genutzt werden, um Produkte oder Systeme zu entwickeln, die *Ingenieurspezifikationen* und *Kundenanforderungen* (CRs) erfüllen. Allgemein gesprochen, entspricht *ein Ingenieurdesignprozess* einer Reihe von locker strukturierten, offenen Aktivitäten, um (1) ein Problem mit Designbedürfnissen, Kriterien und Einschränkungen zu definieren, (2) Designoptionen zu generieren, zu modellieren und zu bewerten, und (3) die Designlösung zu bestimmen, zu implementieren und zu validieren (Chang 2014). *Computer-gestützte*

2.1 Einführung

geometrische Modellierung (CAGM) ist ein Zweig von CAD, der sich hauptsächlich mit der Darstellung von Geometrien und Formen von Objekten befasst. Abb. 2.1 zeigt, dass CAGM die Grundlage von CAD ist, da das Design eines Produkts oder Systems in der Regel mit der Erstellung eines virtuellen geometrischen Modells von Objekten beginnt. CAGM zielt darauf ab, die Geometrien, Formen, dimensionalen und räumlichen Beziehungen von Objekten darzustellen. Sobald ein Objekt virtuell modelliert ist, kann jede damit verbundene Information abgerufen und genutzt werden, um relevante Entscheidungsaktivitäten wie Designoptimierung zu unterstützen. Zum Beispiel, (1) ein Festkörpermodell wird oft verwendet, um das konzeptionelle Design zu visualisieren und zu bewerten, bevor das physische Produkt tatsächlich hergestellt wird; (2) technische Zeichnungen werden aus einem virtuellen Produktmodell erstellt, um seine Fertigungsprozesse zu erleichtern, und technische Zeichnungen werden direkt aus Festkörpermodellen mit allen relevanten Informationen wie *geometrische Bemaßung und Toleranzen* (GD&T) generiert; (3) andere technische Analysen, wie *computer-gestützte Technik* (CAE) und *computer-gestützte Fertigung* (CAM), können in jeder Designphase durchgeführt werden, wenn das virtuelle Modell bereit ist.

In CAGM werden *angewandte Mathematik* und *computergestützte Geometrie* integriert, um die Formen von Objekten, assoziierte Verhaltensweisen und Eigenschaften darzustellen. Aus systemischer Sicht besteht ein CAGM aus den folgenden sieben Komponenten, die in Tab. 2.1 und Abb. 2.2 beschrieben sind.

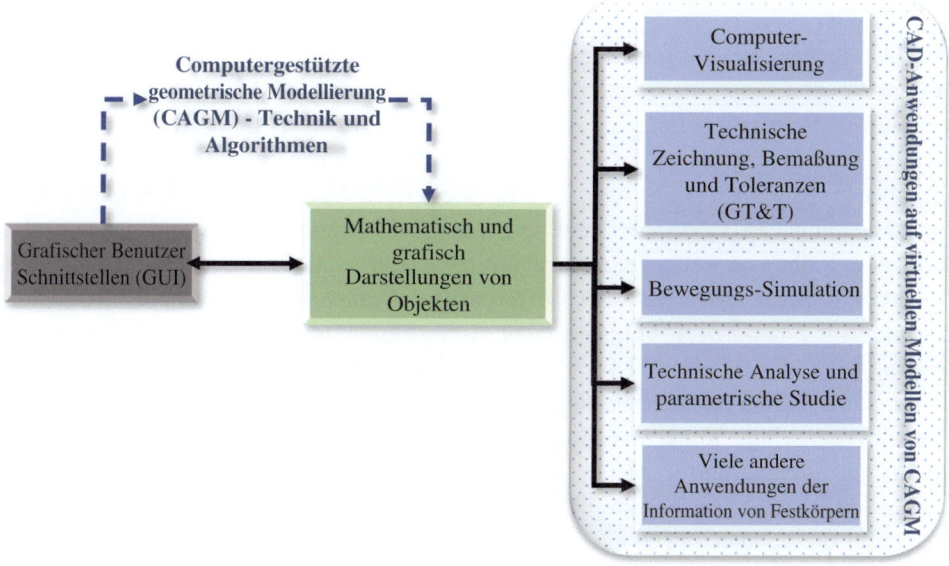

Abb. 2.1 Rolle von CAGM in computerunterstützten Systemen (CAD) (Bi und Wang 2020)

Tab. 2.1 Sieben Komponenten eines CAGM-Systems

Komponente	Beschreibung
Eingabe (I):	Enthält Informationen zu den *Designanforderungen* wie *Spezifikationen, Topologien, Merkmale, Abmessungen* und *Designabsichten*.
Variablen (V):	Spezifiziert die Informationen *des Entwurfsraums*, wie (1) die Darstellungen von Entwurfsabsichten, Parametern, Merkmalen und Baugruppenverknüpfungen, (2) die Modellierungsstrategien, -techniken sowie Topologien und Sequenzen von grafischen Elementen.
Ausgänge (O):	Die Ergebnisse des *Konstruktionsprozesses* sind *Volumenmodelle, technische Zeichnungen, gerenderte Szenen, Animationen* und die physikalischen Daten *für sequenzi*elle technische Analysen.
Tor (G):	Ist die Menge der weichen Ziele, die im Entwurfsprozess optimiert werden sollen, wie z. B. *Kundenzufriedenheit, Produktivität, Zeit, Kosten, Flexibilität* bei der Übernahme von Änderungen und *Herstellbarkeit*.
Computerumgebung (E):	Die physischen Einheiten, die zur Ausführung des Entwurfsprozesses verwendet werden, wie z. B. Computerhardware, Software, Speicher und die Geräte für Eingaben, Ausgaben und Schnittstellen.
Zwänge (C):	Ist die Menge der harten Ziele, die *eine Designlösung* erfüllen muss, wie z.B. *Funktionalitäten, Konformität, Standardisierung, Zugänglichkeit, ergonomische Anforderungen,* und *frei von Illegalität, Redundanz, Konflikten oder Interferenzen*.
Ressourcen (R):	Einbeziehung anderer relevanter Ressourcen zur Unterstützung und Erleichterung des Entwurfsprozesses, z. B. *Fachwissen von Designern, Entwurfsvorlagen, Bibliotheken und Dienstprogramme, Toolboxen, Add-Ins-Tools, parametrische Modellierungswerkzeuge, Makrounterstützung, Reverse Engineering (RE)* und *maschinelles Lernen*.

2.2 Computerunterstütztes Design (CAD) System

Ein CAD-System arbeitet mit Daten, die immateriell sind, und es ist hilfreich, ein CAD-System zu verstehen, indem man es mit einem äquivalenten System vergleicht, das mit materiellen Materialien umgeht. Aus dieser Perspektive ist ein CAD-System einem Fertigungssystem äquivalent in Bezug auf eine Reihe von Übertragungsprozessen von Eingaben zu Ausgaben (siehe Abb. 2.3). In einem CAD-System werden bestimmte Arten von Dateneingaben *verarbeitet* und *übertragen* in andere Arten von Datenausgaben durch eine Reihe von Rechenprozessen (Bi und Cochran 2015). Arten von Daten können *Produktbedürfnisse, Designabsichten, Expertise, Datenbanken, Komponentenmodelle, Zeichnungen, Standards, Bibliotheksdaten, Arbeitsdaten, geometrische Modelle*, und *Ansichten, Animationen,* und *Videos* sein. Arten von Rechenprozessen können durch *Skizzieren, Extrudieren, parametrisches Modellieren, Zusammenbauen, Auflofting, Sweeping, Animieren und Konvertieren* und mehr *Add-ins Funktionen* für verschiedene Anwendungen durchgeführt werden.

Die *Systemarchitektur* beschreibt konstitutive Komponenten, ihre Beziehungen und die Regeln für die Veränderungen dieser Systemfaktoren im Laufe der Zeit (Niu et al. 2013). Abb. 2.3 zeigt einen Vergleich der Architektur eines CAD-Systems und eines Fertigungssystems. Ähnlich wie eine Fertigungssystemarchitektur, die aus *Werkzeugmaschinen, Steuerungen, Materialhandhabungseinrichtungen* und anderen Fertigungsressourcen

2.2 Computerunterstütztes Design (CAD) System

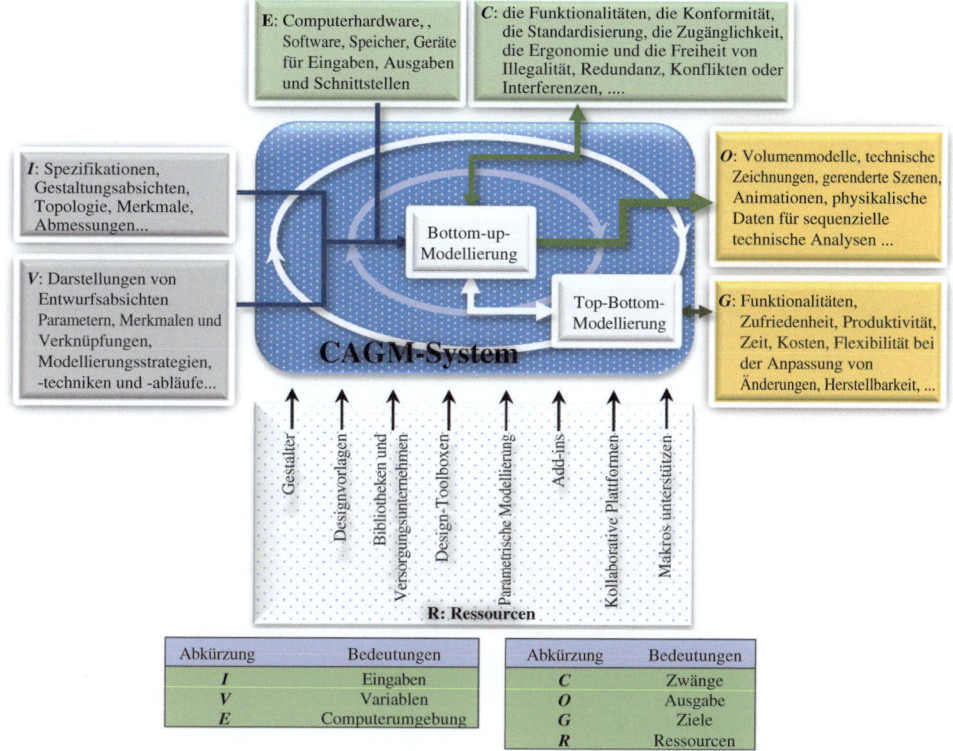

Abb. 2.2 Beschreibung des computerunterstützten geometrischen Modellierungssystems (CAGM)

besteht, die erforderlich sind, um Rohstoffe in Fertigprodukte zu überführen, besteht eine CAD-Systemarchitektur aus *Rechenhardware*, *Software* und *Eingabe- und Ausgabegeräten*, die erforderlich sind, um Daten zu übertragen, zu teilen, zu verarbeiten und Ausgabedaten zu erzeugen.

Wie in Abb. 2.4 gezeigt, ist die *Hardware* eines CAD-Systems eine oder mehrere vernetzte Computerressourcen. Eine *Computerressource* besteht typischerweise aus (1) einer *zentralen Verarbeitungseinheit* (CPU) zur Datenverarbeitung, (2) *Speicher und Speicherplatz* zur Datenaufbewahrung und (3) einem *Betriebssystem* zur Ressourcenverwaltung. Die Hardware bestimmt die Kapazitäten des CAD-Systems in Bezug auf *Verarbeitungsgeschwindigkeiten* und *Datenvolumen und -typen*. Die Rechenkapazität wurde früher anhand der Anzahl der Transistoren auf einem integrierten Schaltkreis gemessen und hat sich nach *Moores Gesetz* alle 18 Monate verdoppelt. Da die Weiterentwicklung der *klassischen digitalen Datenverarbeitung* (CDC) in Form von binärer Digitaltechnik ihre Grenzen zu erreichen schien, wurden neue Rechenmodelle wie *analoge Datenverarbeitung* (AC), *neuro-inspirierte Datenverarbeitung* (NC) und *Quantencomputing* (QC)

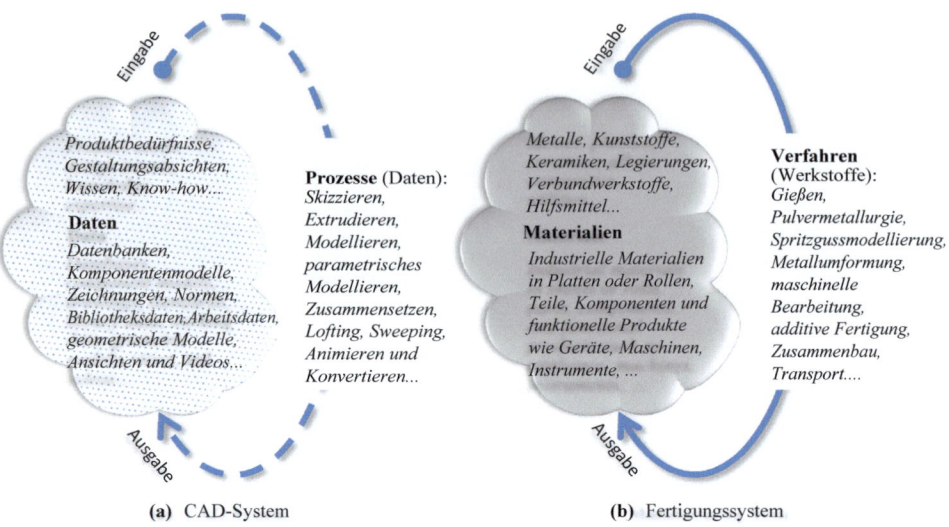

Abb. 2.3 Transformationsähnlichkeit eines CAD-Systems und eines Fertigungssystems

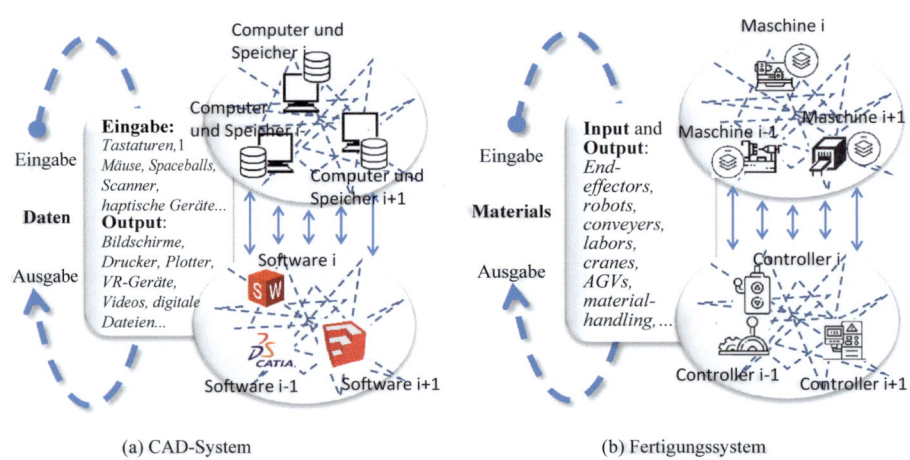

Abb. 2.4 Architekturähnlichkeit eines CAD-Systems und Fertigungssystems

erwartet, um die Rechenfähigkeiten von Hardware-Systemen exponentiell zu verbessern (Intel 2002; Shalf und Leland 2015). Darüber hinaus kann die Rechenkapazität eines CAD-Systems durch *parallele Datenverarbeitung* mit mehreren CPUs oder Computern in der verteilten Umgebung oder *Cloud-Computing* durch Cloud-Dienste über das Internet erhöht werden (Zissis et al. 2017; Wang et al. 2017). Ein *Eingabegerät* dient zur Eingabe von Rohdaten und den Absichten des Designers in ein CAD-System; gängige

Eingabegeräte sind *Tastaturen*, *Mäuse*, *Spaceballs*, *haptische Geräte*, *Barcode-Lesegeräte* und *Scanner*. Ein *Ausgabegerät* dient zur Ausgabe von Designergebnissen für deren Verwendung; gängige Ausgabegeräte sind *Bildschirme*, *Drucker*, *Plotter*, *Virtual-Reality* (VR) Geräte, *Videos* und *digitale Dateien*. Schließlich bestimmt die Software die Funktionalitäten eines CAD-Systems. CAD-Software kann entweder *Open-Source, nicht-kommerziell kostenlos* oder *kommerziell* sein. Beliebte Open-Source- oder kostenlose CAD-Softwarepakete sind *Autodesk 123D*, *freeCAD*, *SketchUp*, *Onshape*, *Tinker-CAD*, *3D System Cubify*, *OpensCAD*, *RepoCAD* und *Blender* (Junk und Kuen 2016). Beispiele für beliebte kommerzielle CAD-Systeme sind *Solidworks*, *AutoCAD*, *Creo*, *Inventor*, *Solid Edge*, *Catia 3D Experience* und *NX for Product Design* (Hooper 2020). Ohne die Allgemeingültigkeit zu verlieren, wird Solidworks in diesem Kapitel ausgewählt, um die Funktionalitäten des CAD-Systems zu veranschaulichen.

2.3 Eigenschaften von Solid-Modellen

Die geometrische Darstellung von dreidimensionalen (3D) Festkörpern spielt eine wichtige Rolle bei der Herstellung diskreter Produkte. Ein System zur geometrischen Darstellung von Objekten besteht aus vier Komponenten (1) Symbolstrukturen von Festkörperobjekten, (2) Prozessen, in denen geometrische Informationen wie Volumen und Abmessungen definiert werden, (3) Eingabemechanismen zur Erstellung und Bearbeitung von Darstellungen in einem iterativen Prozess und (4) den Geräten zur Ausgabe der grafischen Ergebnisse. Wie in Abb. 2.5 gezeigt, wird das Subsystem zum Eingeben, Verarbeiten, Modifizieren der grafischen Darstellungen von Objekten als computerunterstütztes grafisches Modellierungssystem bezeichnet (Requicha 1980).

In CAGM werden Festkörper als abstrakte geometrische Einheiten postuliert, die begrenzt, geschlossen, regelmäßig und semianalytisch im Teilbereich des 3D *euklidischen*

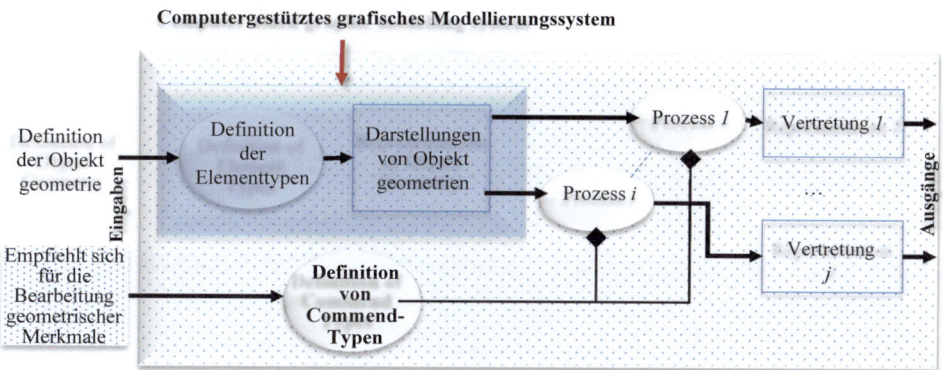

Abb. 2.5 Vier Komponenten eines Computergrafik-Modellierungssystems

Raums (E^3) sind. Ein sehr kleiner Teilbereich von E^3 kann verwendet werden, um physische Festkörper darzustellen, da ein abstrakter Festkörper die Eigenschaften von *Steifigkeit*, *Homogenität*, *Endlichkeit*, *Abschluss*, *endliche Beschreibbarkeit* und *bestimmte Grenzen* besitzen muss, die in Tab. 2.2 (Requicha 1980) beschrieben sind. Die Eigenschaften in Tab. 2.2 können verwendet werden, um zu rechtfertigen, ob ein Computermodell ein legales Festkörpermodell ist oder ob eine Operation über den Festkörpern legal oder illegal ist. Das Beispiel in Abb. 2.6 ist kein legales Festkörpermodell; es besitzt nicht die Eigenschaften von Homogenität und bestimmten Grenzen aufgrund der

Tab. 2.2 Die Eigenschaften von Festkörpermodellen

Eigenschaften	Beschreibung
Starrheit:	Ein Volumenmodell hat eine bestimmte Form oder Konfiguration, die unabhängig von der Ausrichtung und Lage des Volumens ist.
Homogenität:	Jede Position in E^3 kann eindeutig als "*innen*", "*außen*" oder "*Rand*" definiert werden; der Körper kann keine baumelnden oder isolierten Elemente aufweisen.
Begrenztheit:	Ein Festkörper muss ein endliches Raumvolumen haben.
Schließung:	Starre Bewegungen und die booleschen Operationen von Festkörpern müssen alle Eigenschaften von Festkörpern erhalten.
Endliche Beschreibbarkeit:	Ein Festkörper hat eine endliche Menge von Elementen, wie z. B. "*Flächen*", um sicherzustellen, dass der Festkörper als Computermodell darstellbar ist.
Bestimmte Grenzen:	Ein Festkörper hat eine Reihe von klar definierten Grenzflächen, um das *innere* Volumen zu bestimmen.

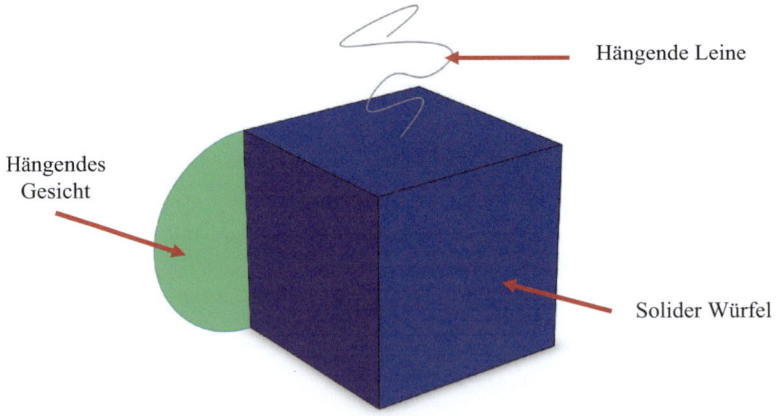

Abb. 2.6 Beispiel für ein illegales Festkörpermodell

2.3 Eigenschaften von Solid-Modellen

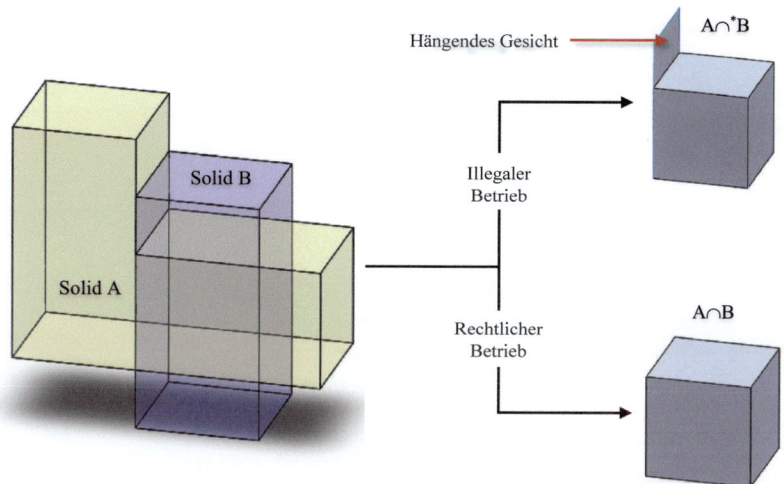

Abb. 2.7 Beispiel für eine illegale Festkörperoperation

Existenz von hängender Linie und Fläche. Das Beispiel in Abb. 2.7 zeigt, dass die verschiedenen Algorithmen für die gleiche boolesche Operation ein legales oder illegales Festkörpermodell erzeugen können.

2.3.1 Rechtmäßigkeit von Festkörpermodellen

Ein physischer Körper (B) kann durch (1) eine Reihe von grafischen Elementen wie *Ecken* (V), *Kanten* (E), Schleifen (L), Gattungen (G) und *Flächen* (F) und (2) ihre abhängigen Beziehungen dargestellt werden. Die Bedeutungen einer Schleife und einer Gattung sind in Abb. 2.8 dargestellt.

Wie in Abb. 2.9 am Beispiel einer Pyramide gezeigt, ist das endliche Volumen durch fünf Flächen begrenzt (F_1, F_2, F_3, F_4 und F_5), jede Fläche wird durch eine Anzahl von Kanten gebildet (z. B. ist F_1 durch die Kanten von E_1, E_2, E_3 und E_4 gebildet), und jede Kante wird durch zwei Eckpunkte gebildet (z. B. ist E_1 durch die Eckpunkte von V_1 und V_2 gebildet). Die grafischen Elemente von Eckpunkten, Kanten, Flächen und

(a) Innere Schleife (b) Gattung 0 (c) Gattung 1 (d) Gattung 2

Abb. 2.8 Die Bedeutungen von Schleifen und Gattungen

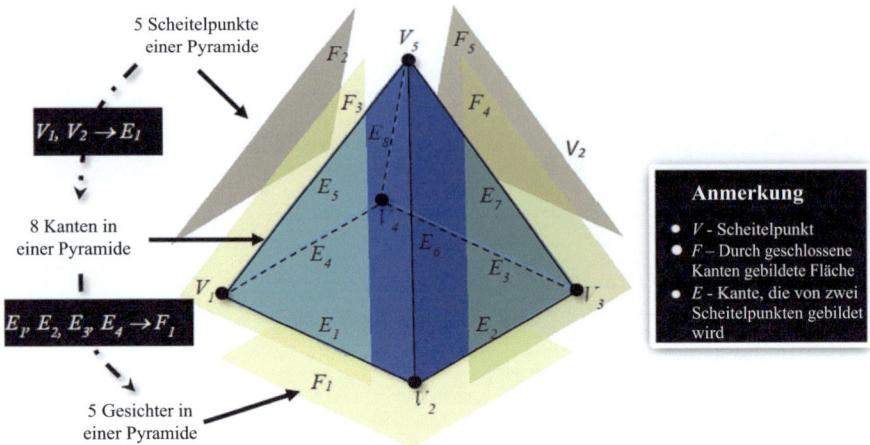

Abb. 2.9 Eckpunkte, Kanten und Flächen einer Pyramide

Körpern befinden sich auf verschiedenen Ebenen, aber mit einigen Abhängigkeiten. Um das Vollständige in einem festen Modell zu haben, ist eine Datenstruktur erforderlich, um die topologischen Beziehungen der verschiedenen grafischen Elemente darzustellen. Abb. 2.10 und 2.12 zeigen eine hierarchische und Netzwerk-Datenstruktur für ein Pyramidenmodell, jeweils.

Beachten Sie, dass die hierarchische Datenstruktur in Abb. 2.10 einige redundante Informationen enthält, da ein grafisches Element auf einer niedrigen Ebene seine Beziehungen zu mehreren Elementen auf einer hohen Ebene hat. Zum Beispiel kann ein Eckpunkt ein Endpunkt von zwei Kanten sein, und eine Kante kann eine Grenzlinie von zwei Flächen sein. Eine Netzwerk-Datenstruktur in Abb. 2.11 kann solche Redundanzen

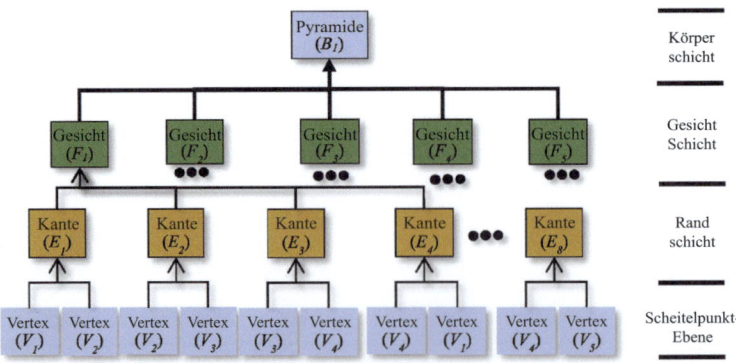

Abb. 2.10 Hierarchische Struktur des Pyramidenobjekts

2.3 Eigenschaften von Solid-Modellen

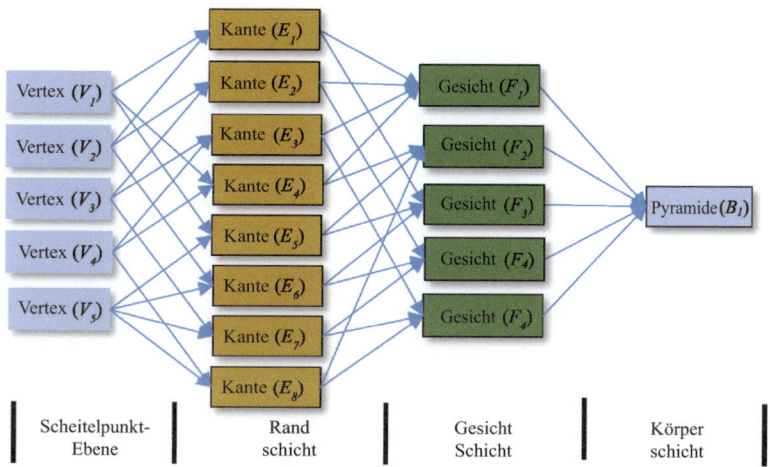

Abb. 2.11 Netzwerkstruktur des Pyramidenobjekts

Abb. 2.12 Beispiel für ein festes Objekt in Beispiel 2.1

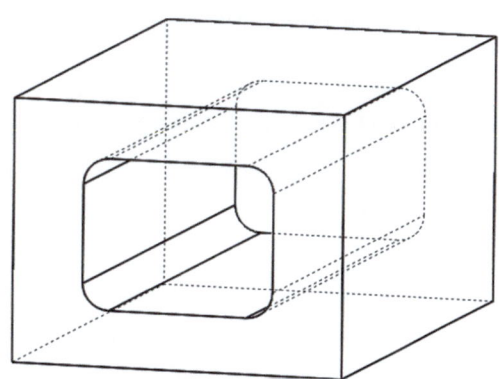

beseitigen, da Datenzeiger verwendet werden, um die topologischen Beziehungen der grafischen Elemente darzustellen. Darüber hinaus kann die Anzahl der Datenzeiger für ein bestimmtes grafisches Element durch die Anzahl der Beziehungen dieses Elements mit anderen bestimmt werden.

Die Euler-Poincare-Gleichung kann angewendet werden, um zu rechtfertigen, ob ein festes Modell legal ist (Sanchez-Cruz et al. 2013). Euler und Poincare bewiesen, dass ein Polyeder homomorph zu einer Kugel ist; daher ist für ein Modell mit den gegebenen Zahlen von Flächen (F), Kanten (W), Eckpunkten (V), Körpern (B), Schleifen (L) und Gattungen (G), es topologisch gültig, wenn eine der ersten beiden der folgenden drei Bedingungen erfüllt ist:

$$\left. \begin{array}{ll} F-E-V-L = 2(B-G) & \rightarrow \textit{General object} \\ F-E+V = 2 & \rightarrow \textit{Simple solid} \\ F-E+V-L = B-G & \rightarrow \textit{Open object} \end{array} \right\} \quad (2.1)$$

Je nachdem, welche Bedingung erfüllt wurde, ist der entsprechende Objekttyp *allgemeines Objekt*, *einfacher Festkörper* und *offenes Objekt*, jeweils.

Beispiel 2.1 Bestimmen Sie die Anzahl der verschiedenen grafischen Elemente und verwenden Sie die Euler-Poincare-Gleichung, um den Objekttyp zu klassifizieren.

Lösung Für das Objekt in Abb. 2.12, $V=24$, $E=36$, $F=1$ 4, $G=1$, $L=2$, und $B=1$. Dementsprechend ist die erste Bedingung in der Euler-Poincare-Gleichung erfüllt, d. h.,

$$24 - 36 + 14 - 2 = F - E - V - L \Leftrightarrow 2(B-G) = 2(1-1)$$

Daher ist das dargestellte Modell ein *allgemeines Objekt*.

2.3.2 Geometrische Einschränkungen

Je nach dem physikalischen Prozess, der die Form des Festkörpers erzeugt, ist das entsprechende Festkörpermodell gültig, wenn es die geometrischen Einschränkungen wie die folgenden erfüllt.

Rechtmäßigkeit. Ein Festkörpermodell muss rechtmäßig sein und alle Eigenschaften in Tab. 2.2 aufweisen. Es sollte eine der ersten beiden Bedingungen in der Euler-Poincare-Gleichung erfüllen. Zwei gut zitierte Beispiele in Abb. 2.13 sind illegale Festkörpermodelle, da die dritte Bedingung in der Euler-Poincare-Gleichung erfüllt ist.

Frei von Interferenzen. Bei der Darstellung eines physischen Festkörpers ist kein überlappendes Material an irgendeiner Position innerhalb des Festkörpervolumens erlaubt. Daher sind keine Interferenzen im entsprechenden Festkörpermodell erlaubt. Abb. 2.14 zeigt die Darstellung einer konischen Feder. Wenn der Drahtdurchmesser kleiner ist als die Steigung der Feder, ist das Festkörpermodell gültig (siehe Abb. 2.14a). Wenn der Drahtdurchmesser größer ist als die Steigung der Feder, treten Interferenzen zwischen zwei benachbarten Ringen auf, das Festkörpermodell wird ungültig; es sei denn, dass die überlappenden Materialien im interferierten Volumen zusammengeführt werden (siehe Abb. 2.14b).

Zugänglichkeit. Wenn der Formgebungsprozess eines festen Objekts berücksichtigt wird, muss das endliche Volumen für einen Festkörper im Herstellungsprozess zugänglich sein. Während verschiedene Herstellungsprozesse die geometrische Form des Festkörpers auf unterschiedliche Weise formen, kann die Zugänglichkeit zum endlichen Volumen unterschiedlich sein. Mit anderen Worten, ein zugängliches Festkörpervolumen für einen Herstellungsprozess bedeutet nicht, dass es für einen anderen Herstellungsprozess

2.3 Eigenschaften von Solid-Modellen

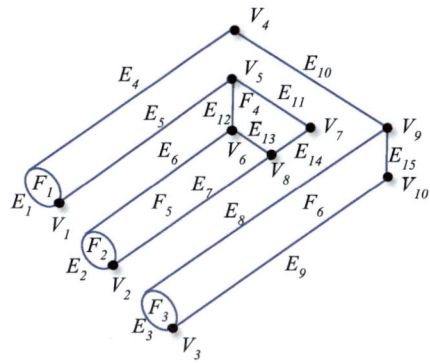

(a) $V = 10, E = 15, F = 6, G = 0, L = 0, B = 1$
$F - E - V - L \neq 2(B - G)$
$F - E + V \neq 2$
$F - E + V - L = B - G \Rightarrow$ offenes Objekt

(b) $V = 12, E = 14, F = 3, G = 0, L = 0, B = 1$
$F - E - V - L \neq 2(B - G)$
$F - E + V \neq 2$
$F - E + V - L = B - G \Rightarrow$ offenes Objekt

Abb. 2.13 Beispiele für illegale Modelle (*offene Objekte*)

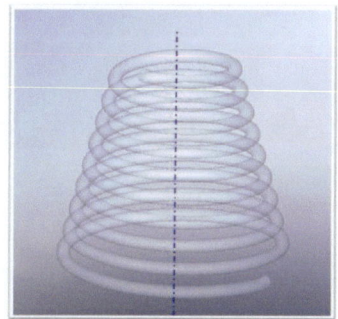
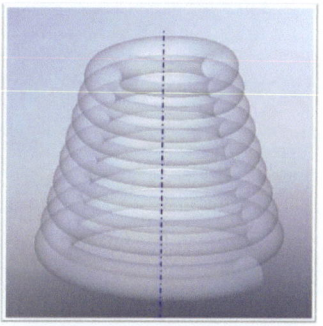

(a). keine Interferenz, wenn die Größe des Kabels ist kleiner als der Abstand

(b). eine Interferenz, wenn die Größe des Kabels ist größer als der Abstand

Abb. 2.14 Beispiel für Interferenz

zugänglich sein wird. Zugänglichkeit und Zugänglichkeit wurden speziell bei der Erstellung eines Montagemodells von Produkten berücksichtigt. Abb. 2.15 zeigt ein Beispiel für ein kombiniertes Festkörpermodell mit insgesamt vier Objekten, und drei Objekte befinden sich innerhalb der geschlossenen Höhlung des vierten Objekts. Das virtuelle Modell ist gültig, wenn der kombinierte Festkörper durch additive Fertigung hergestellt wird; ansonsten sind die Festkörpervolumen der drei Objekte unzugänglich.

Herstellbarkeit. Eine geometrische Einschränkung könnte relevant sein für das erforderliche Werkzeug in einem Formgebungsprozess eines festen Objekts. Nehmen wir

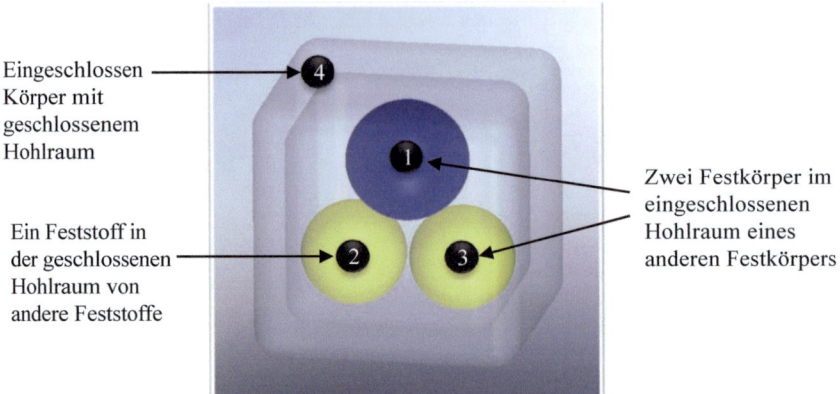

Abb. 2.15 Beispiel für zugängliches/unzugängliches Festkörpervolumen

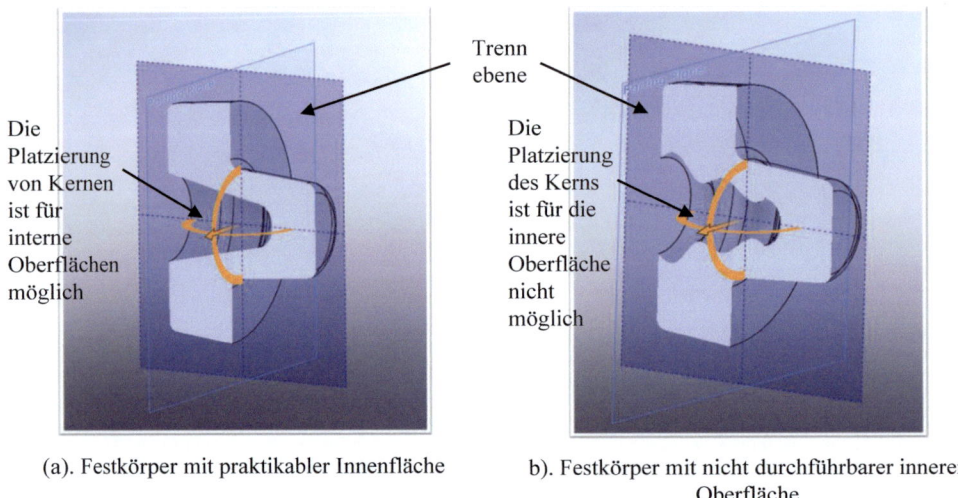

(a). Festkörper mit praktikabler Innenfläche   b). Festkörper mit nicht durchführbarer innerer Oberfläche

Abb. 2.16 Berücksichtigung der Herstellbarkeit von Festkörpern

ein Beispiel für ein Produkt aus dem Gussprozess in Abb. 2.16, die geometrische Form des Produkts wird durch die in der Formbaugruppe gebildete Kavität bestimmt. Eine innere Oberfläche des Gusses wird durch einen Kern definiert, und man muss sicherstellen, dass der Kern ohne Beschädigung der inneren Oberfläche aus der Formbaugruppe entfernt werden kann. Aus dieser Perspektive ist eines der Festkörpermodelle des Gusses in Abb. 2.16a gültig, da es möglich ist, einen entnehmbaren Kern zu platzieren, um eine innere Oberfläche zu erzeugen.

2.4 Grafische Modellierungstechniken

Wie in Abb. 2.17 dargestellt, besteht die Darstellung eines physischen Objekts aus den grafischen Elementen auf verschiedenen Ebenen von *Punkten*, *Linien*, *Flächen*, *Volumen*, *Merkmale* bis zu *Designabsichten*. Dementsprechend können die Modellierungstechniken basierend auf ihren Fähigkeiten zur Erstellung und Manipulation dieser grafischen Elemente in *Drahtgittermodellierung*, *Flächenmodellierung*, *Volumenmodellierung*, *Raumzerlegung*, *merkmalsbasierte Modellierung* und *wissensbasierte Modellierung* klassifiziert werden. Je höher das Niveau der grafischen Elemente ist, desto fortschrittlicher ist das erforderliche Werkzeug für die computerunterstützte grafische Modellierung (CAGM).

Das Beispiel in Abb. 2.18 zeigt die Unterschiede bei der Verwendung dieser Modellierungstechniken zur Modellierung eines physischen Objekts, das aus zwei oder mehr rechteckigen Blöcken im goldenen Verhältnis besteht, d. h., *Breite*: *Länge* = 1: 1.618.

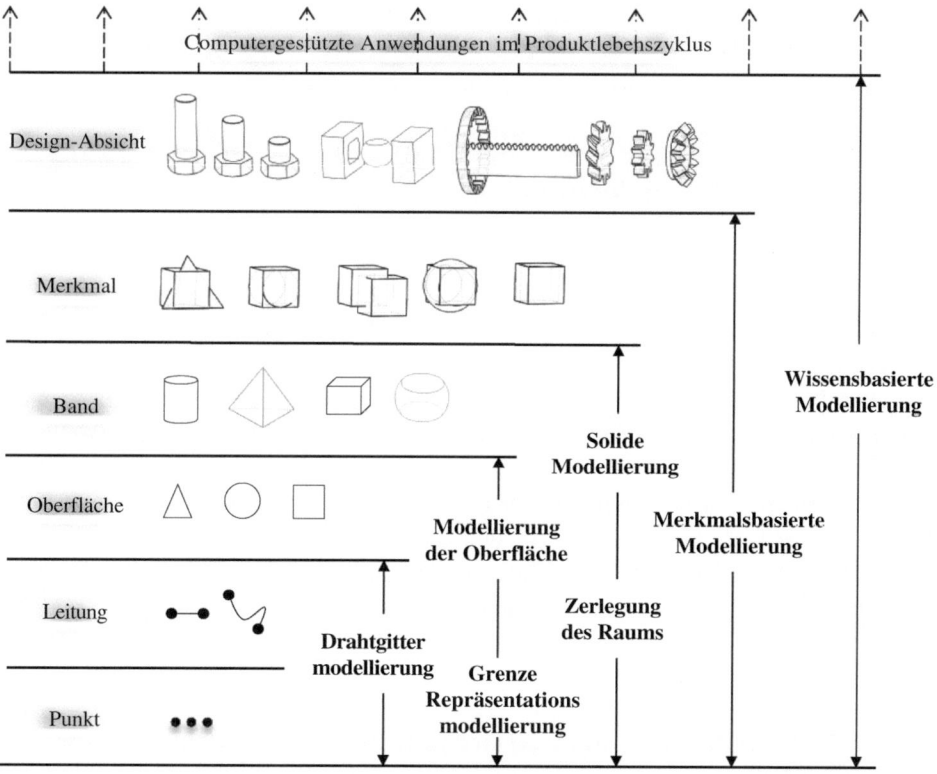

Abb. 2.17 Klassifizierung von Werkzeugen für die computerunterstützte geometrische Modellierung (CAGM)

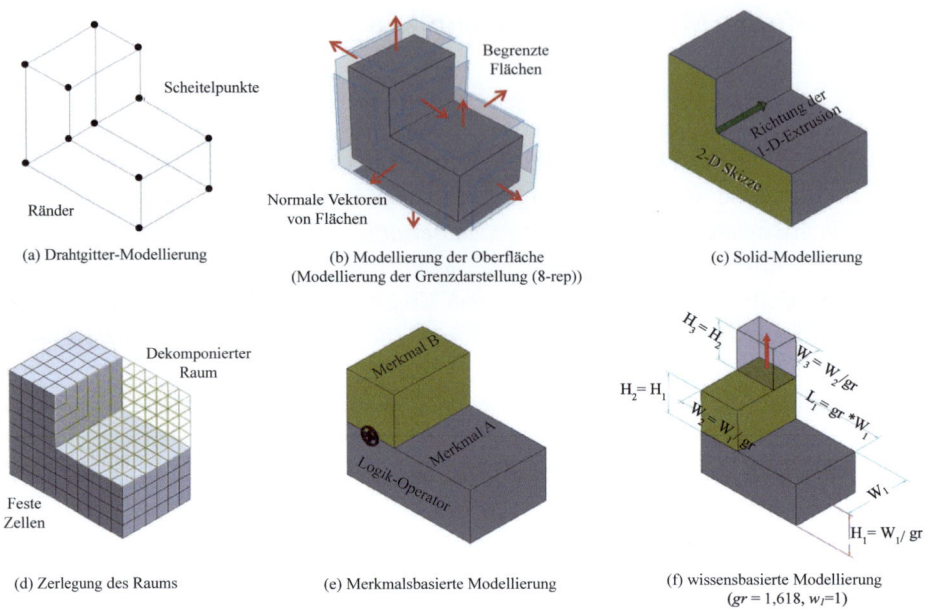

Abb. 2.18 Modellierungstechniken im Vergleich zu Arten von grafischen Elementen

2.4.1 Drahtgittermodellierung

In der *Drahtgittermodellierung* sind grafische Elemente *Punkte* für Eckpunkte und *Linien* für Kanten, und ein Objekt wird durch seine Randkanten dargestellt. Kanten können *Kreise*, *Bögen*, *gerade* oder *kurvige Linien* sein. Da keine Informationen über höhere grafische Elemente wie *Flächen* oder *Volumen* verfügbar sind, ist die Sichtbarkeit eines grafischen Elements nicht erkennbar, und die Informationen über Flächenbereiche oder Massen sind nicht verfügbar. Da die Erstellung eines Drahtgittermodells die Eingabe der Koordinaten der Eckpunkte erfordert, ist die Drahtgittermodellierung zur Modellierung komplexer Formen aufgrund einer großen Anzahl von Datenpunkten ineffektiv. Darüber hinaus kann ein Drahtgittermodell *die Mehrdeutigkeit* der dargestellten Geometrie verursachen. Da jedoch *Punkte* und *Linien* zwei primäre Arten von grafischen Elementen sind, kann die Drahtgittermodellierung als unterstützende Technik anderer Modellierungsmethoden verwendet werden.

2.4.2 Flächenmodellierung und Grenzflächenmodellierung (B-Rep)

In der *Flächenmodellierung* wird ein physisches Objekt als eine Menge von endlichen Flächenpatches in freien Formen modelliert. Ein Flächenmodell hat ausreichende

2.4 Grafische Modellierungstechniken

Informationen, um die Sichtbarkeit von grafischen Elementen zu bestimmen. Ein Flächenmodell enthält jedoch keine Informationen über Volumen oder Massen; da keine Dicke von Volumeninformationen verfügbar ist.

Die Flächenmodellierung kann zur *Grenzflächenmodellierung* (B-Rep) weiterentwickelt werden. B-Rep definiert weiterhin eine endliche und geschlossene Abdeckung eines Festkörpers über ein Flächenmodell. Um das Volumen eines Festkörpers zu definieren, wird jedes konstitutive Flächenpatch als *ein Halbraum* behandelt, um den *Innenraum* vom *Außenraum* in einem kartesischen Raum zu trennen:

$$H = \{P : P \in E^2 \text{ and } f(P) < 0\} \quad (2.2)$$

wo H die Menge aller Punkte im Innenhalb ist; P ist ein beliebiger Punkt im kartesischen Raum E^3; $f(P)=0$ ist die Funktion des Flächenpatches; $f(P)<0$ ist die Einschränkung für jeden Punkt in der negativen Richtung des Normalvektors des Flächenpatches.

Wie in Abb. 2.17(b) gezeigt, definiert der Normalvektor eines Flächenpatches den Innenhalb des Patches; jedes Flächenpatch teilt den kartesischen Raum in zwei Regionen unendlicher Ausdehnung. Darüber hinaus, wenn ein Punkt im kartesischen Raum im Innenhalb aller Grenzflächen ist, befindet er sich im Volumen des Festkörpers. Dementsprechend ist das Volumen des Festkörpers S die Schnittmenge der Halbräume H_i wo ($i = 1, 2, ...N$) aller Flächenpatches als,

$$S = \bigcap \left(\sum_{i=0}^{N} H_i \right) \quad (2.3)$$

wo S der feste Raum ist, N ist die Anzahl der Grenzflächenpatches, und H_i ist der Halbraum des i-ten Flächenpatches ($i = 1, 2, ...N$).

2.4.3 Festkörpermodellierung und Raumzerlegung

In der *Festkörpermodellierung* oder *Raumzerlegungsmodellierung* wird die volumetrische Information definiert, indem alle geometrischen Dimensionen in einem 3D-Raum angegeben werden.

Abb. 2.19 zeigt drei Möglichkeiten, 3D-volumetrische Dimensionen in der Festkörpermodellierung anzugeben. *Der erste Weg* (siehe Abb. 2.19a) gibt die Dimensionen eines Festkörpers in einem 3D-Raum durch eine 2D-Skizze und 1D-Tiefe entlang der Extrusionsrichtung an. *Der zweite Weg* (siehe Abb. 2.19b und 2.18c) gibt die Dimensionen eines Festkörpers in einem 3D-Raum durch einen 1D-Pfad, 1D-Dicke und 1D-Breite über den Querschnitt an. *Der dritte Weg* (siehe Abb. 2.19c) gibt die Dimensionen eines Festkörpers in einem 3D-Raum durch einen 1D-Pfad und 2D-Profil an.

In der Raumzerlegungsmodellierung wird ein Festkörper durch eine Menge von isomorphen 3D-Zellen dargestellt. Die Zellgröße bestimmt die Präzision der geometrischen Darstellung und sollte in der Regel mehrere Größenordnungen kleiner sein als die

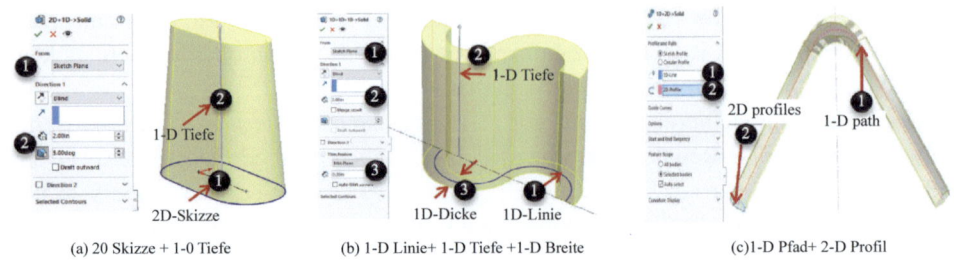

(a) 20 Skizze + 1-0 Tiefe   (b) 1-D Linie+ 1-D Tiefe +1-D Breite   (c)1-D Pfad+ 2-D Profil

Abb. 2.19 Drei Möglichkeiten zur Angabe von 3D-Dimensionen in der Festkörpermodellierung

Dimensionen des Festkörpers. Wie in Abb. 2.18d gezeigt, wird ein kontinuierlicher Raum, in dem sich der Festkörper befindet, in ein 3D-Array von isomorphen Zellen diskretisiert, der Zustand jeder Zelle wird überprüft, um zu sehen, ob sie sich im endlichen Volumen befindet, und das Festkörpermodell ist die Sammlung aller Zellen im Volumen des Festkörpers. Raumzerlegungsmodellierung wird weitgehend verwendet, um einen kontinuierlichen Bereich durch eine Menge von diskretisierten Elementen und Vertices in numerischen Simulationen wie der *Finite-Elemente-Analyse* (FEA) darzustellen.

2.4.4 Merkmalbasierte Modellierung

In der *merkmalbasierten Modellierung* werden grundlegende grafische Elemente wie *Zeichenreferenzen* und *Festkörperprimitiven* als *Merkmale* behandelt, und ein Festkörperobjekt wird aus einer Reihe von konstitutiven Festkörpermerkmalen durch die sogenannten *Konstruktive Festkörpergeometrie* (CSG) zusammengesetzt. Beachten Sie, dass ein Merkmal nicht unbedingt ein Festkörperelement ist; ein Merkmal wie ein Referenzkoordinatensystem wird definiert, um *zu erstellen*, *zu positionieren* und *zu dimensionieren* Festkörpermerkmale effizient.

Abb. 2.18e zeigt, dass der Festkörper durch *Vereinigung* von Merkmal-A und Merkmal-B an den Stellen, an denen diese beiden Merkmale platziert sind, gebildet wird. Merkmalbasierte Modellierung ist sehr flexibel in dem Sinne, dass jedes vorgebaute grafische Element als Merkmal für den Zweck der Wiederverwendung definiert werden kann (Abb. 2.20). Es zeigt die 8 am häufigsten verwendeten Festkörperprimitiven, die *Würfel*, *Rechteckblock*, *Prisma*, *Kugel*, *Zylinder*, *konischer Zylinder*, *Kegel* und *Torus* umfassen. Bei der Erstellung einer komplexen Geometrie können Festkörperprimitiven durch einige Festkörpermodellierungswerkzeuge wie *Extrudieren*, *Drehen*, *Sweeping* und *Lofting* angepasst werden. Diese Werkzeuge werden in den kommenden Abschnitten Tab. 2.3 diskutiert.

Wie in Abb. 2.21 gezeigt, sind die drei grundlegenden booleschen Operationen von CSG für die Komposition *Vereinigung* (∪), *Schnittmenge* (∩) und *Differenz* (\). Beachten Sie, dass (1) die Operation der Differenz von der Reihenfolge der Merkmale abhängt und

2.4 Grafische Modellierungstechniken

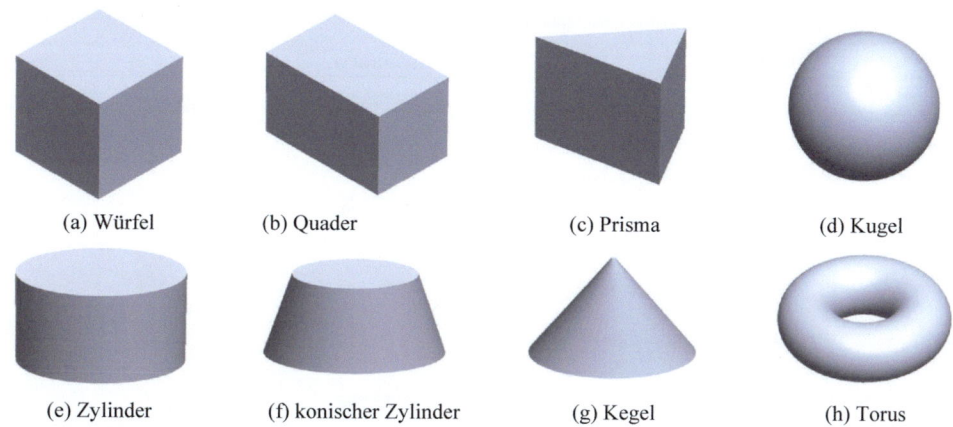

Abb. 2.20 Acht Arten von häufig verwendeten soliden Primitiven

(2) die Operationen stattfinden, wenn die Positionen und Orientierungen der Merkmale gegeben sind.

Um ein 3D-Merkmal für eine CSG-Operation in einem gegebenen Koordinatensystem an der richtigen Position und Orientierung zu platzieren, können eine oder mehrere Koordinatentransformationen angewendet werden. Eine *Koordinatentransformation* (CT) ist ein mathematischer Prozess, bei dem eine Reihe von grafischen Merkmalen durch *Verschieben*, *Kopieren*, *Drehen*, *Spiegeln* und *Skalieren* dieser Merkmale in ein neues Position- und Orientierungskoordinatensystem transformiert wird. Abb. 2.22 zeigt das Beispiel des transformierten Objekts mit diesen vier Operationen.

Nehmen wir an, dass (1) ein Festkörper aus einer Reihe von soliden Primitiven $S_{i,pi}$ an den jeweiligen Positionen p_i ($i = 1, 2, 3, \ldots, N$) konstruiert wird, wobei N die Anzahl der soliden Primitiven ist; (2) eine boolesche Operation (,∪', ,∩' oder ,\') über zwei Primitive wird als ⊗ bezeichnet, dann wird der Festkörper als eine Reihe von Kompositionsoperationen in CSG dargestellt

$$S_c = ((S_{1,p1} \otimes S_{2,p2}) \otimes S_{3,p3} \ldots) \tag{2.3}$$

wo S_c für den zusammengesetzten Festkörper steht, $S_{i,pi}$ ($i = 1, 2, 3, \ldots N$) ist der feste Primitive i an seiner jeweiligen Position p_i, und ⊗ ist eine der booleschen Operationen (,∪', ,∩' und ,\'). Abb. 2.23 zeigt die Reihe von logischen Operationen zur Modellierung eines Lego-Stücks S_c aus $S_{i,pi}$ ($i = 1, 2, 3, 4$); beachten Sie, dass ein fester Primitive, wie $S_{2,p2}$ und $S_{4,p4}$, selbst ein zusammengesetzter Festkörper sein kann.

Bei der merkmalsbasierten Modellierung wird ein Festkörper durch eine Reihe von festen Primitiven und die entsprechenden logischen Operationen über diese Primitiven modelliert. Dementsprechend ist die Datenstruktur des Festkörpers ein Graph für die Reihenfolge und Abhängigkeiten der booleschen Operationen von festen Primitiven. Daher besteht ein CSG-Modell aus

Tab. 2.3 Gängige Merkmale und Illustrationen

Typ	Operation	Illustration
Skizziert	Extrudieren (2D-Skizze + 1D Tiefe)	
	Drehen (2D-Skizze + 1D Achse)	
	Sweep (2D geschlossenes Profil + 1D Pfad in 2D oder 3D)	
	Grenzchef/Basis (Zwei 2D-Profile + Pfadnormsteuerungen)	
	Loft (ein Satz von 2D-Profilen + die geordneten Verbindungen von Vertices auf den Profilen)	

(Fortsetzung)

2.4 Grafische Modellierungstechniken

Tab. 2.3 (Fortsetzung)

Typ	Operation	Illustration
Eingebaut	Loch-Assistent (der Satz von Lochpositionen + Lochart + Abmessungen)	Positionen der Löcher; Vorschau der Typen und Abmessungen
	Gewinde (Gewindekante + Endbedingungen + Gewindeabmessungen)	Gewinderand; Vorschau auf Gewinde
	Verrundung/Fase (ein Satz ausgewählter Kanten oder Flächen + Größe der Verrundung oder Fase)	Verrundung Kanten; Vorschau auf die Filets
	Muster (linear oder kreisförmig) (die Richtung des Musters + die Instanz (Merkmale, Festkörper oder andere Entitäten) + andere Parameter wie Abstand und Anzahl der Instanzen)	Gemustert zu werden gemustert; Vorschau auf Muster; Richtung
	Rippe (eine offene 2-D-Skizze + Rippendicke + die Richtung des Materials)	Dicke; Werkstoff Richtung; Offene Skizze

(Fortsetzung)

Tab. 2.3 (Fortsetzung)

Typ	Operation	Illustration
	Entwurf (ein Satz von zu entwerfenden Oberflächen + der Entwurfwinkel + die Richtung des Entwurfs)	Richtung der Verformung; Zu verziehende Flächen; Tiefgangswinkel
	Schale (die Fläche zur Erstellung der Schale + die Wanddicke)	Wand Dicke; Die Fläche zum Erstellen der Schale
	Wickeln (Wickeltyp + Wickelmethode + Wickelskizze + Wickelfläche + Wickeldicke)	Skizze einpacken; Wickelfläche; Vorschau von Verziehen
Referenz	Punkt (die Beziehung der ausgewählten Entität zum Punkt + die ausgewählte Entität)	Ausgewähltes Gesicht; Zentrum der Fläche
	Achse (die Beziehung der ausgewählten Entität zur Achse + die ausgewählte Entität)	Ausgewählte Zeile; Achse an Linie ausrichten

(Fortsetzung)

2.4 Grafische Modellierungstechniken

Tab. 2.3 (Fortsetzung)

Typ	Operation	Illustration
	Ebene (die Beziehung der ausgewählten Entität zur Achse + die ausgewählte Entität)	Ausgewählte Fläche; Ebene an der ausgewählten Fläche ausrichten
	Koordinatensystem (der Ursprung + zwei von drei Achsen)	Z-Achse, Y-Achse, Herkunft, X-Achse

(1) Einem binären Baum für die booleschen Operationen,
(2) Einem Satz von Verknüpfungen zu festen Primitiven als den äußeren Blattknoten des Baums, und
(3) Einem Satz von Zwischenkomponenten als den inneren Knoten des Baums als die Ergebnisse der booleschen Operationen über feste Primitive oder Komponenten.

Abb. 2.24 zeigt ein Beispiel für eine Datenstruktur. Das Modell hat zwei Datentypen für (1) feste Primitive und (2) Kompositionsoperationen. *Für die Arten von festen Primitiven* umfasst das Modell drei Merkmale, d. h., zwei Blöcke und einen Zylinder. *Für die Arten von logischen Operationen* umfasst das Modell eine *Vereinigung* (∪) Operation von zwei Blöcken und eine *Differenz* (\) Operation der vereinigten Komponente und des Zylinders.

Da die merkmalsbasierte Modellierung ein Modell für ein Objekt aus festen Primitiven erstellt. Da feste Primitive volumetrische Informationen sowie grafische Elemente auf niedrigen Ebenen wie Vertices, Kanten und Begrenzungsflächen enthalten, hat ein CSG-Modell die vollständigen Festkörper. Daher erfordert die merkmalsbasierte Modellierung weniger Schritte als die Drahtgittermodellierung und die Oberflächenmodellierung zur Erstellung eines virtuellen Modells. Allerdings betont die merkmalsbasierte Modellierung speziell die Darstellung von grafischen Inhalten physischer Objekte, sie kann weiter verbessert werden als wissensbasierte Modellierung, um Designabsichten in Modellierungspraktiken einzubeziehen.

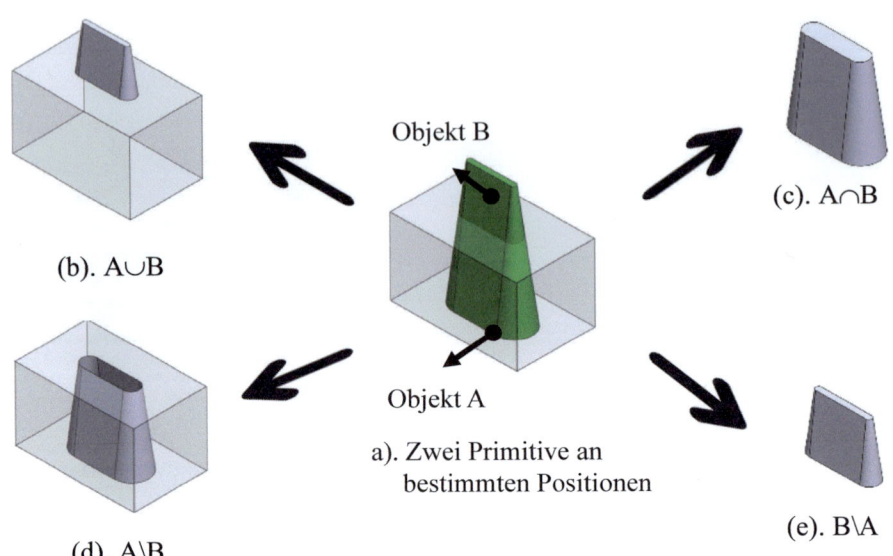

Abb. 2.21 Drei grundlegende boolesche Operationen von 3D-Merkmalen

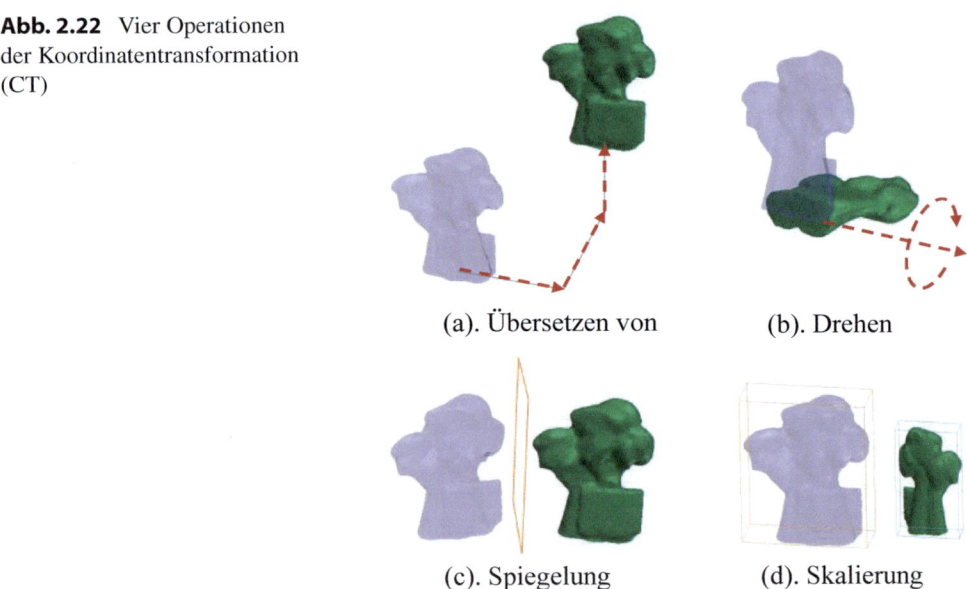

Abb. 2.22 Vier Operationen der Koordinatentransformation (CT)

2.4.5 Wissensbasierte Modellierung

Produkte werden mit Absichten entworfen und hergestellt; so sind auch die Geometrien und Formen von Produkten. Obwohl es zahlreiche Möglichkeiten gibt, ein virtuelles

2.4 Grafische Modellierungstechniken

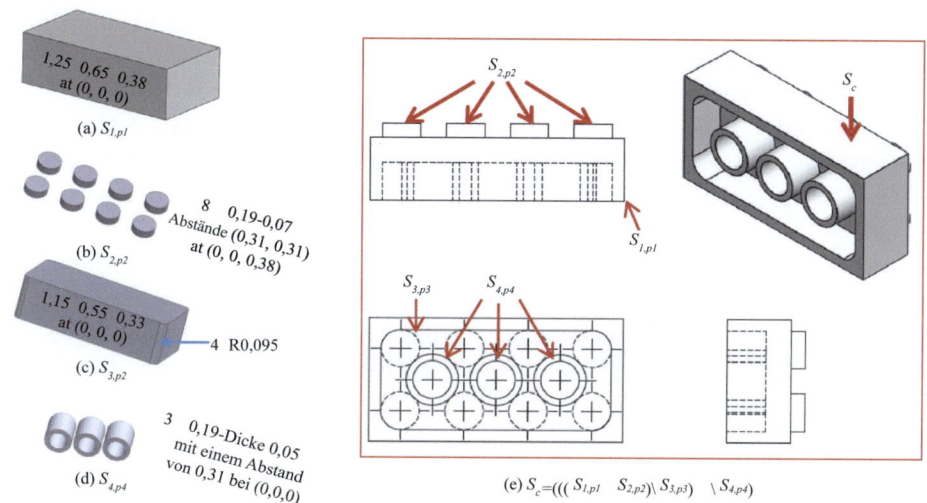

Abb. 2.23 Verwendung von CSG zur Erstellung eines Modells für ein Lego-Stück

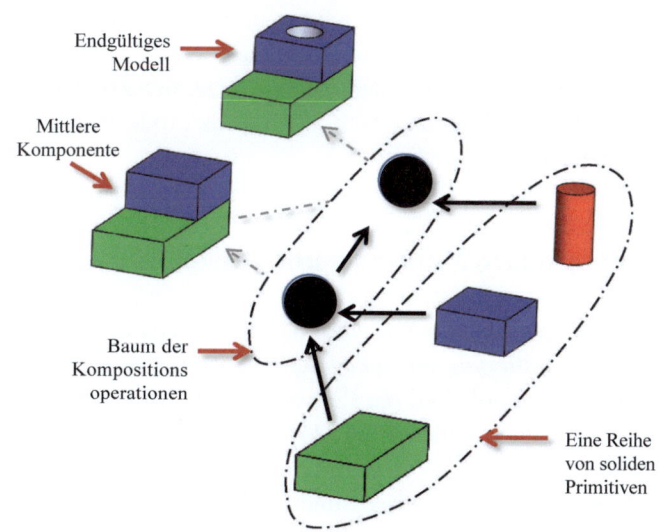

Abb. 2.24 Beispiel für CSG-Datenstruktur

Modell für ein gegebenes Objekt zu erstellen, ist es sehr hilfreich für einen Modellierer, *Designwissen* bei der Modellierung grafischer Objekte zu berücksichtigen. Die Einbeziehung von Designwissen in einen Festkörper hilft bei (1) Hervorhebung der Hauptattribute von Produkten, (2) Vereinfachung der Modellierungsprozesse, (3) Erleichterung der Produktentwicklung und Wiederverwendung von Produktdesigns, (4) Reduzierung der Produktentwurfszeiten und Verbesserung der Produktivität der Modellierer, und (5)

Austausch und Kommunikation von Designkonzepten in Kommunikation und Designzusammenarbeit.

Der Mechanismus zur Einbeziehung von Designwissen in ein Festkörpermodell ist die Verwendung von Designabsichten. *Designabsicht* ist die Beschreibung, wie ein Designmerkmal dargestellt wird und wie es geleitet wird, wenn Änderungen erforderlich sind. Designabsichten sind in einem grafischen Modell eingebettet und entsprechen bestimmten *Dimensionen* und *Beziehungen*; eine Änderung an einer Designabsicht aktualisiert diese grafischen Inhalte (d. h., Dimensionen und Beziehungen) automatisch. Da Designwissen weit über grafische Inhalte hinausgeht, sind Designabsichten nicht nur Größen und Formen von Merkmalen, der Umfang von Designabsichten umfasst *Toleranzen, Anforderungen oder Einschränkungen der Fertigung und Montage, Beziehungen von Merkmalen* und *Dimensionen,* und andere Designfaktoren in Produktlebenszyklen (Bi und Wang 2020).

Aus der Perspektive der Festkörpermodellierung werden Designabsichten durch verschiedene Arten von Designparametern in Festkörpermodellen dargestellt. Die Verwendung von Designparametern stellt sicher, dass das Modell immer den Anforderungen entspricht, die durch die Designabsichten festgelegt sind. Nehmen wir zum Beispiel die Skizze in Abb. 2.18c, die Designabsicht des goldenen Verhältnisses von Länge und Breite des Rechtecks wurde als Designgleichung in einem parametrischen Modell dargestellt; egal wie lang oder breit sie sind, sie stehen in einem goldenen Verhältnis. Aus der Perspektive der Produktverwendung, wenn die Designabsichten eines Produkts nicht ausreichend dargestellt werden können, könnte das Produktmodell irreführend und manchmal sogar nutzlos sein.

2.5 Designparameter, Merkmale und Absichten

Entweder Feature-basiertes Modellieren oder Wissensbasiertes Modellieren ist eine Art von *parametrischer Modellierungsmethode*. Bei der parametrischen Modellierung werden verschiedene *Parameter* definiert, um *Positionen, Abmessungen, Geometrien* und *Beziehungen* von *Merkmale* darzustellen. Eine Aktualisierung eines Parameters ändert automatisch alle zugehörigen Merkmale eines Solid-Modells. Aus dieser Perspektive ist ein parametrisiertes Modell mit Designwissen und Intelligenz eingebettet, so dass Designmerkmale mit minimalem manuellen Aufwand definiert und geändert werden können.

2.5.1 Designmerkmale

Designmerkmale sind hochrangige Darstellungen von Bausteinen eines Solids, durch die grafische Elemente, technisches Wissen und Designabsichten strukturiert werden. Um ein Solid-Modell darzustellen, sollte der Modellierer zunächst das zu modellierende Objekt in Bezug auf seine konstituierenden Bausteine und die entsprechenden

2.5 Designparameter, Merkmale und Absichten

Zusammensetzungsoperationen verstehen. Das Modellierungsverfahren folgt, nachdem diese Bausteine identifiziert wurden, diese Bausteine werden jeweils als Designmerkmale modelliert und dann als Solid-Modell auf der Grundlage der spezifizierten booleschen Operationen strukturiert. Abb. 2.25 veranschaulicht die Richtungen des Verstehens und der Modellierungsverfahren eines exemplarischen Solids.

Wie in Abb. 2.25 gezeigt, können grafische Merkmale in *gezeichnete Merkmale* und *eingebaute Merkmale* eingeteilt werden; zusätzlich können die Modellierungsreferenzen oder alle wiederverwendbaren Entitäten als Merkmale behandelt werden. Tab. 2.3 zeigt einige gängige Merkmale und Beispiele unter jedem Katalog.

Wie in Tab. 2.3 gezeigt, (1) die Beispiele für gezeichnete Merkmale sind *extrudieren*, *drehen*, *sweep*, *Grenz-Boss/Basis* und *Loft*; in einem gezeichneten Merkmal werden die Hauptattribute in einer zweidimensionalen (2D) oder 3D-Skizze(n) definiert. (2) Die Beispiele für die eingebauten Merkmale sind *Loch-Assistent, Gewinde, Fase, Abschrägung, Muster, Entwurf, Rippe* und *Schale*. In einem eingebauten Merkmal werden die Hauptattribute durch Computer-Algorithmen auf der Grundlage der Eingaben des Benutzers bestimmt. Aus einer Fertigungsperspektive sind die meisten Merkmale mit bestimmten Fertigungsprozessen verbunden, zum Beispiel bezieht sich eine Fase auf einer Wellenschulter auf eine Drehoperation, ein Senkloch bezieht sich auf eine Bohroperation und ein Entwurfwinkel bezieht sich auf eine Vielzahl von Fertigungsprozessen; die Geometrie des Teils wird durch die der Formen, Matrizen oder Werkzeuge bestimmt. (3) Beispiele für Referenzmerkmale sind *Punkte, Achsen, Ebenen,* und *Koordinatensysteme*.

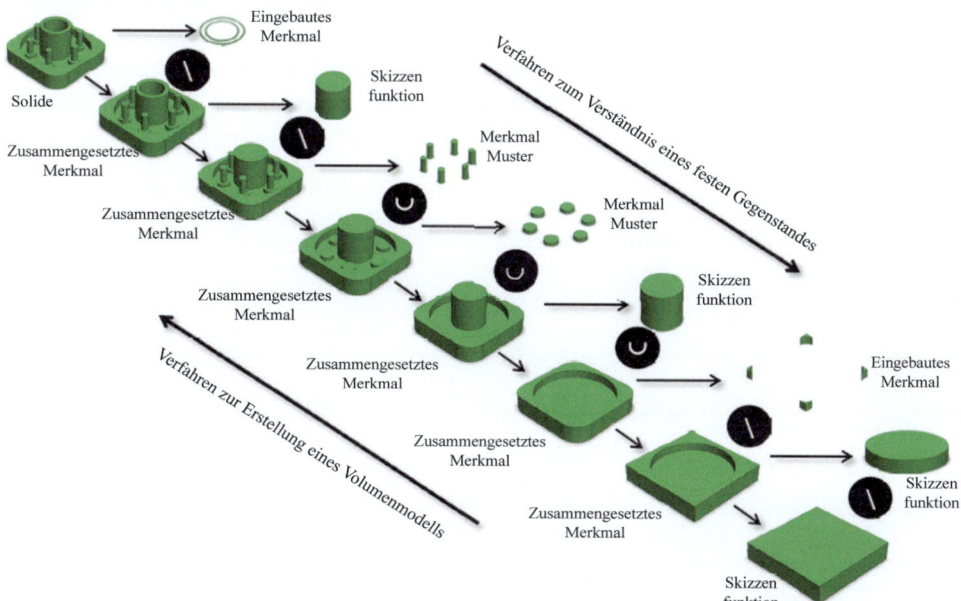

Abb. 2.25 Verstehens- und Modellierungsverfahren in der Feature-basierten Modellierung

2.5.2 Designparameter

Designparameter befinden sich auf der niedrigsten Ebene eines Solid-Modells, und Designparameter umfassen alles, was zur Darstellung von Designmerkmalen und ihren Beziehungen erforderlich ist. Tab. 2.4 zeigt einige gängige Arten von Designparametern und Beispiele im Feature-basierten Modellieren.

2.5.2.1 Dimensionale Variablen

Im Allgemeinen hat ein grafisches Merkmal eine Reihe von Dimensionen, um (1) die geometrische Größe und (2) die relative Position und Orientierung in Bezug auf ein Referenzkoordinatensystem zu beschreiben. Durch die Definition eines *Designparameters* für eine Dimension, wendet der Designparameter eine *harte Einschränkung* auf die Dimension an; da der dimensionale Wert vollständig durch den Designparameter kontrolliert wird. Abb. 2.26 zeigt ein Beispiel für das vollständig eingeschränkte Objekt, bei dem die Designparameter für seine Position, Orientierung und Größen in drei Dimensionen definiert wurden.

Eine Einschränkung ist *hart* impliziert, dass die Änderung der entsprechenden Dimension durch Aktualisierung des Werts des Designparameters vorgenommen werden muss. Beachten Sie, dass die *Standardeinstellung* einer Dimension in einem Modellierungsprozess eine weiche Einschränkung ist; mit anderen Worten, der dimensionale Wert kann durch einen laufenden Algorithmus in einem computergestützten Modellierungswerkzeug geändert werden. Abb. 2.27 zeigt den Unterschied zwischen harten und weichen Einschränkungen; ein Fasenradius im Fall einer (a) harten Einschränkung wird vollständig durch seinen Designparameter kontrolliert.

Es ist eine gute Praxis, einen Designparameter für eine kritische Dimension als harte Einschränkung in der Modellierung zu definieren, insbesondere in der Phase des Skizzierprozesses von 3D-Merkmalen. In Solidworks werden die Dimensionen in einer Skizze im

Tab. 2.4 Gängige Arten von Designparametern und ihre Anwendungen

Parameter	Datenart	Beispiel	
Dimensionale Variablen	*Numerisch*	(1)	die Höhe und der Durchmesser des zylindrischen Merkmals,
		(2)	die Länge, die Höhe und die Breite eines Rechteckblocks, und
		(3)	der Radius eines Verrundungsfeatures.
Beschränkungen	*Boolesche*	(1)	Parallele, senkrechte, winklige Beziehungen zwischen zwei Linien,
		(2)	gleiche Radien von zwei Bögen,
		(3)	Objekte beim Skizzieren umwandeln und eine Ebene.
		(4)	die symmetrischen Beziehungen zwischen zwei Objekten um
Operationen	*Gemischte Daten und Logik*	(1)	die Richtung und die Ausprägungen eines Mustermerkmals,
		(2)	das Zeichnen über die bestehende Fläche, und
		(3)	die Richtung und die Dicke eines Rippenmerkmals.
Gleichungen	*Mathematischer Ausdruck*	(1)	den Verknüpfungswert mehrerer Dimensionen, und
		(2)	die abhängige Beziehung von zwei oder mehr dimensionalen Variablen.

2.5 Designparameter, Merkmale und Absichten

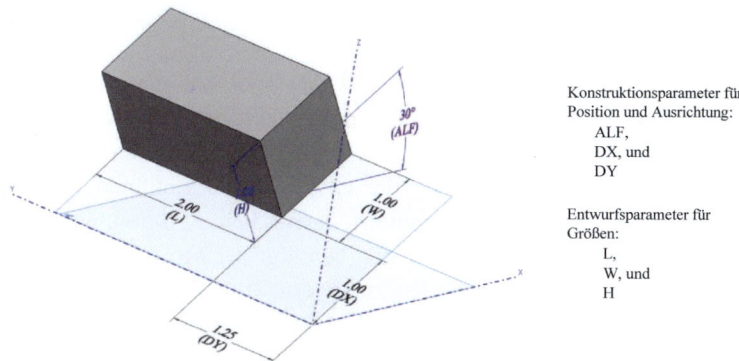

Abb. 2.26 Beispiel für die Definition von Designparametern für Größen und Positionen von Objekten

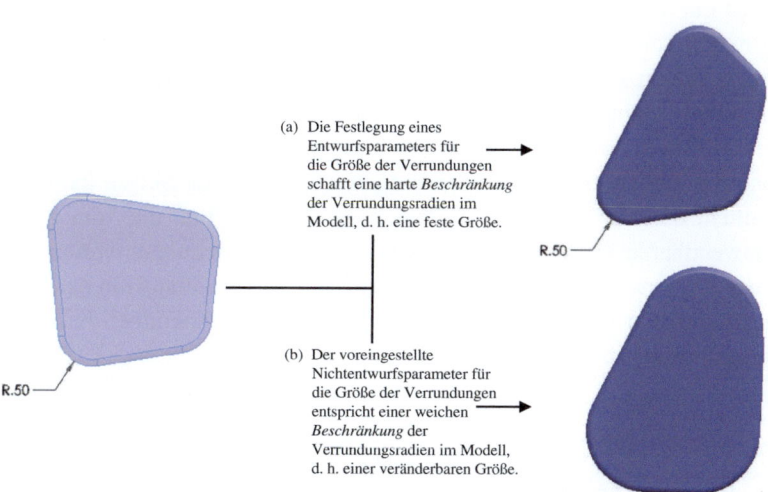

Abb. 2.27 Unterschied zwischen harten und weichen Einschränkungen auf eine Dimension

Allgemeinen durch Verwendung des *Smart-Dimension-Tools* beim Skizzieren erstellt, und zusätzliche Dimension(en) eines 3D-Merkmals werden automatisch von der Software auf der Grundlage der Eingaben des Modellierers generiert, wenn das Merkmal erstellt wird.

2.5.2.2 Einschränkungen

Eine *Einschränkung* bezieht sich auf eine abhängige Beziehung zwischen zwei oder mehr geometrischen Entitäten. Einschränkungen werden hauptsächlich verwendet, um die Designabsichten für die Beziehungen von geometrischen Entitäten in Skizzierprozessen darzustellen. Abb. 2.28 zeigt eine Liste von gängigen Beziehungen von grafischen Entitäten wie *Achsen*, *Liniensegmenten* und *Ebenen*.

Im Skizzierprozess kann ein modernes CAD-Tool automatisch anwendbare Einschränkungen einer grafischen Entität mit anderen erkennen. Sobald eine Einschränkung erkannt und aktiv wird, gibt das System ein Feedback, und der Modellierer hat die Möglichkeit, diese Einschränkung auf die ausgewählten Entitäten anzuwenden. Eine Einschränkung wird automatisch akzeptiert, wenn keine Aktion unternommen wird, wenn die Einschränkung aktiv ist; ansonsten benötigt der Modellierer weitere Aktionen, um eine Einschränkung zu entfernen oder zu ändern.

Eine gut strukturierte Skizze beinhaltet in der Regel viele Einschränkungen, um verschiedene Designabsichten darzustellen. Einschränkungen in einer Skizze können mit dem *Anzeigen/Löschen von Beziehungen*-Tool in Solidworks erstellt, geändert oder entfernt werden. Abb. 2.29a ist das Symbol für das Anzeigen/Löschen von Beziehungen zur Aktivierung. Abb. 2.29b zeigt ein Szenario, wenn die ausgewählten Entitäten *ein Punkt* und *eine Linie* sind. Das System identifiziert drei anwendbare Einschränkungen: (1) der Punkt ist ein *Mittelpunkt* des Liniensegments, (2) der Punkt ist *koinzident* mit dem Liniensegment, oder (3) sowohl Punkt- als auch Linienentitäten sind *fix* in der Skizze. Abb. 2.29c zeigt den Fall, wenn die ausgewählten Entitäten zwei Liniensegmente sind. Die vom System identifizierten anwendbaren Einschränkungen umfassen *horizontale*, *vertikale*, *kollineare*, *senkrechte*, *parallele* Beziehungen von zwei Linien, eine gleiche Länge von zwei Linien, und beide Liniensegmente sind in der Skizze fixiert. Abb. 2.29d veranschaulicht den Fall, wenn zwei Punkte ausgewählt sind, die vom System identifizierten anwendbaren Einschränkungen umfassen die Beziehungen von *horizontal*, *vertikal*, *zusammenführen* von zwei Punkten, oder beide Punkte sind *fix* in der Skizze. Daher bestimmt das System die Arten von anwendbaren Einschränkungen basierend auf der ausgewählten Anzahl und Arten von grafischen Entitäten.

2.5.2.3 Operationen

Eine Operation besteht darin, ein grafisches Merkmal aus einer Skizze zu erstellen und eine oder zwei Dimensionen zu den Merkmalen hinzuzufügen. Sicherlich sollten Designparameter definiert werden, um diese Dimensionen und andere damit verbundene

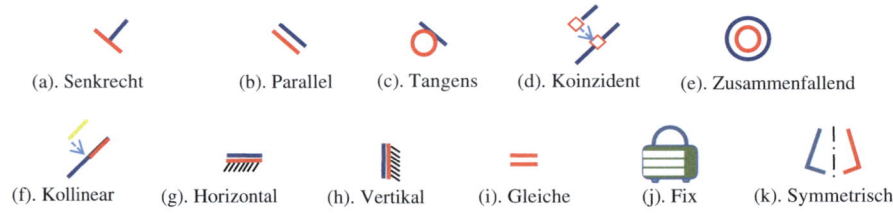

Abb. 2.28 Gängige Einschränkungen für geometrische Beziehungen von grafischen Entitäten beim Skizzieren

2.5 Designparameter, Merkmale und Absichten

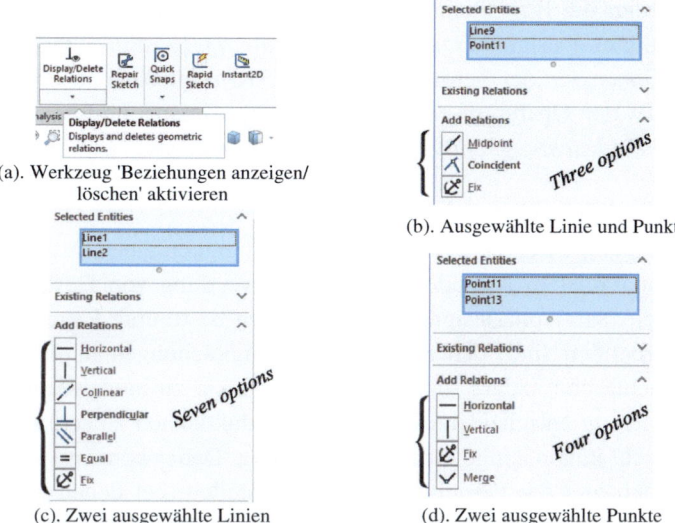

Abb. 2.29 Beispiele für anwendbare Einschränkungen von ausgewählten Entitäten

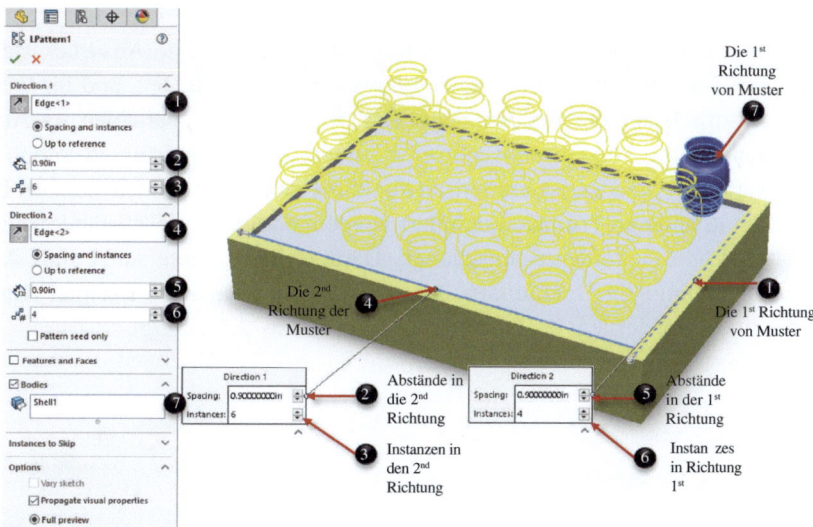

Abb. 2.30 Designparameter in der *Operation* des linearen Musters

Optionen in Bezug auf die Operation darzustellen. Abb. 2.30 zeigt die Einrichtung einer linearen Musteroperation. Die in der Operation beteiligten Designparameter umfassen *die Richtung*, *den Abstand* und *die Anzahl der Instanzen* der ersten und der zweiten Richtung der Musterung und die zu musternden Merkmale oder Körper.

Abb. 2.31a zeigt die Einrichtung einer Oberflächenverdickungsoperation. Die in der Operation beteiligten Designparameter umfassen *die ausgewählte Oberfläche, die Richtung,* und *die Dimension* der Verdickung. Abb. 2.31b zeigt die Einrichtung einer Drehoperation. Die in der Operation beteiligten Designparameter umfassen *die Achse, den Winkel,* und *die Drehrichtung,* und *die ausgewählte 2D-Skizze.*

2.5.2.4 Designgleichungen

Eine *Designgleichung* wird verwendet, um die Abhängigkeit eines Designparameters von anderen Designparametern auszudrücken. Die Verwendung von Designgleichungen ist effektiv, wenn ein Satz von Designparametern durch bestimmte Regeln oder Standards miteinander verbunden sind; daher werden Designgleichungen häufig verwendet, um Maschinenelemente und andere standardisierte Produkte zu modellieren. Beachten Sie, dass Standardisierung entscheidend ist, um die Produktkosten zu senken, und die Standardisierung macht unabhängige Parameter abhängig. Daher können Designgleichungen verwendet werden, um die Designabsichten darzustellen, bei denen geometrische Abmessungen an einen bestimmten Satz von Regeln angepasst sind. Abb. 2.32 zeigt die Modelle eines Zahnrads oder einer Mutter, bei denen eine Reihe von Designgleichungen definiert wurden, um die Abhängigkeiten dieser Parameter in zwei Modellen darzustellen.

Eine Designgleichung ist ein mathematischer Ausdruck, der der Syntax der Programmiersprachen eines CAD-Systems folgt. In einem solchen Ausdruck steht eine abhängige Variable auf der linken Seite des Zuweisungssymbols ‚=‘, und ihr Wert wird durch den Ausdruck auf der rechten Seite von ‚=‘ bestimmt. Variablen im Ausdruck einer Designgleichung können entweder eine *globale* oder unabhängige Variable sein. Die Designvariablen sind meist numerisch für die Bemaßung; jedoch können Designvariablen auch in anderen Formaten definiert werden, wie z. B. die Zustände von Merkmalen, Material und Dokumenteigenschaften. Darüber hinaus unterstützt ein CAD-System die meisten gängigen Operationen über Designvariablen. Zum Beispiel unterstützt Solidworks eine Liste der legalen Operationen, wie in Tab. 2.5 gezeigt.

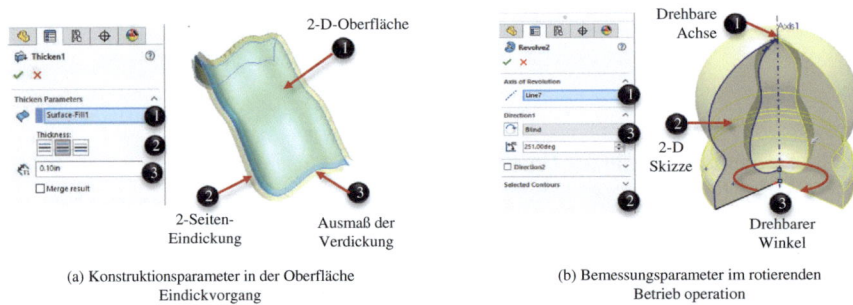

(a) Konstruktionsparameter in der Oberfläche Eindickvorgang

(b) Bemessungsparameter im rotierenden Betrieb operation

Abb. 2.31 Designparameter in den *Operationen* von *Oberflächenverdickung* und *Drehung*

2.5 Designparameter, Merkmale und Absichten

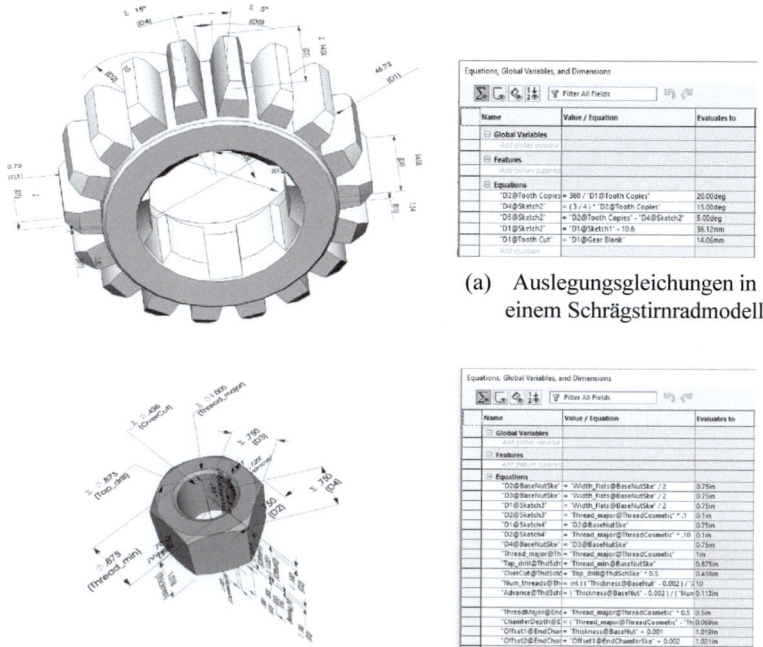

(a) Auslegungsgleichungen in einem Schrägstirnradmodell

(b) Konstruktionsgleichungen in einem Nussmodell

Abb. 2.32 Maschinenelementmodelle mit Designgleichungen

Tab. 2.5 Legale mathematische Operationen im *Designgleichungstool* von Solidworks

Bediener oder Funktion	Bedeutungen	Bediener oder Funktion	Bedeutungen
+	Addition	*arccos(x)*	Ermittlung des Winkels des Kosinusverhältnisses x
-	Subtraktion	*atn(x)*	Ermittlung des Winkels des Tangentenverhältnisses x
*	Multiplikation	*arcsec(x)*	Ermittlung des Winkels des Sekantenverhältnisses x
/	Teilung	*arccosec(x)*	Ermittlung des Winkels des Kosekantenverhältnisses x
^	Potenzierung	*arccotan(x)*	Ermittlung des Winkels des Kotangens von x
sin(x)	fine das Sinusverhältnis des Winkels x	*abs(x)*	Ermitteln des Absolutwerts von x
cos(x)	fine das Kosinusverhältnis des Winkels x	*exp(x)*	e potenziert mit x finden
tan(x)	fein das Tangensverhältnis des Winkels x	*log(x)*	Ermittlung des natürlichen Logarithmus von x zur Basis von e
sec(x)	Bestimmen des Sekantenverhältnisses des Winkels x	*sqr(x)*	Berechne die Quadratwurzel von x
cosec(x)	fine das Kosekansverhältnis des Winkels x	*int(x)*	Ermitteln der ganzen Zahl von x
cotan(x)	Ermittlung des Kotangens des Winkels x	*sng(x)*	Finde das Vorzeichen von x als '-1' oder '1'.
arcsin(x)	Ermittlung des Winkels des Sinusverhältnisses x	*pi*	bezieht sich auf das Verhältnis des Umfangs

Abb. 2.33a zeigt, wie man das *Gleichungen*-Tool in Solidworks aufruft, das im *Einfügen*-Menü aufgeführt ist. Sobald das Gleichungstool aktiviert ist, öffnet sich das Fenster zur *Verwaltung von Gleichungen*, wie in Abb. 2.33b gezeigt. Es besteht aus drei Feldern für *globale Variablen*, *Merkmalvariablen* und *dimensionsvariablen*. Eine Variable

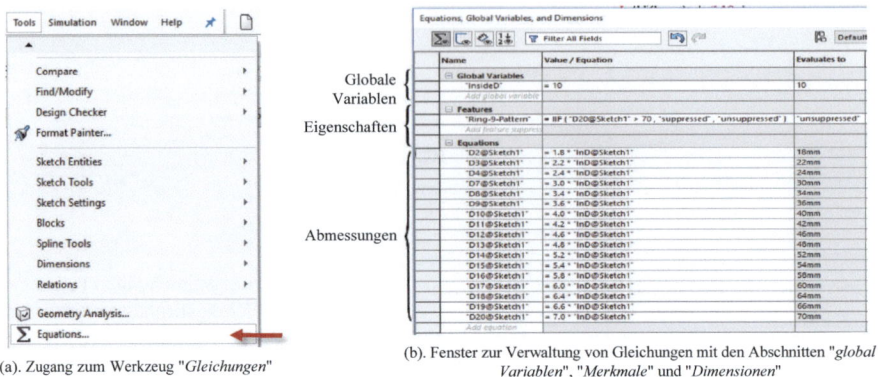

(a). Zugang zum Werkzeug "*Gleichungen*"

(b). Fenster zur Verwaltung von Gleichungen mit den Abschnitten "*global Variablen*", "*Merkmale*" und "*Dimensionen*"

Abb. 2.33 Verwendung des *Designgleichungstools* in Solidworks

auf der linken Seite wird durch den Ausdruck auf der rechten Seite der Gleichung bestimmt, und ihr ausgewerteter Wert ist in der letzten Spalte zu sehen.

2.5.2.5 Designtabellen

Eine *Designtabelle* wird verwendet, um eine Reihe von Konfigurationen in einem Teil- oder Baugruppenmodell darzustellen. Mit einer Designtabelle kann ein Teil oder eine Produktfamilie durch ein einziges Modell dargestellt werden. Ein Teil oder eine Baugruppe wird als eine *Konfiguration* in der Familie bezeichnet. Typischerweise besteht ein Modell einer Teilefamilie aus (1) einem Satz von *Designparametern* für Hauptabmessungen und die Zustände von optionalen Merkmalen (2) einer *Designtabelle*, die eine Reihe von Konfigurationen mit den zugewiesenen Abmessungen oder Zuständen dieser Designparameter enthält.

Ein Designparameter in einer Designtabelle unterscheidet sich von dem in einer Designgleichung; in dem Sinne, dass der erstere diskret oder logisch ist, während der letztere kontinuierlich ist. Darüber hinaus können eine Reihe von Designparametern abhängige Variablen sein; während eine Designgleichung nur mit einer abhängigen Variable umgehen kann.

Ein Designparameter kann jede grafische Einheit sein, die eine zugeordnete Parameteridentität (*ID*) in einem Solid-Modell hat. Gängige Arten von Designparametern sind *Einschränkungen*, *Abmessungen* und *Zustände* von *Merkmale*, *Teile* und *Verbindungen*. Daher ist das Designtabellen-Tool in der Lage, (1) eine Vielzahl von Skizzen, Merkmalen, Teilen oder Baugruppen in einem einzigen Modell zu enthalten, (2) neue Komponenten aus bestehenden Komponenten zu erstellen, und (3) die Modellierungsintelligenz wie parametrische Einschränkungen und Designgleichungen in einer Designtabelle zu integrieren. Abb. 2.34 zeigt einige Teile- und Produktfamilien, die mit einer Designtabelle und einem Satz von Designparametern für *Merkmale*, *Teile*, *Komponenten* und *Montageverbindungen* modelliert werden können. Um die Konsistenz der

2.5 Designparameter, Merkmale und Absichten

(a). Familie der Merkmale (b). Teil-Familie

(c). Bauteil-Familie (d). Produktfamilie

Abb. 2.34 Beispiele für die Verwendung einer Designtabelle für Teilefamilien

Datenquellen zu gewährleisten, ist nur eine Designtabelle in einem Teil- oder Baugruppenmodell erlaubt.

In einer Designtabelle werden die Varianten von Teilen oder Produkten durch die Konfigurationen dargestellt, und die Konfigurationen können manuell modelliert oder direkt von Computern generiert werden. Wie in Abb. 2.35a gezeigt, kann einem Designparameter manuell verschiedene Werte zugewiesen werden, um verschiedene Konfigurationen zu erstellen. Alternativ kann eine Designtabelle definiert werden, um verschiedenen Designparametern verschiedene Werte zuzuweisen, um automatisch neue Konfigurationen zu erstellen (siehe Abb. 2.35b).

Wenn eine Entwurfstabelle für ein Modell mit einigen bestehenden Konfigurationen definiert ist, werden diese Konfigurationen automatisch in die Tabelle aufgenommen. Verfügbare Konfigurationen können unter dem *Konfigurationen*-Werkzeug des Modellbaums eingesehen und bearbeitet werden, wie in Abb. 2.35 gezeigt. Schließlich, wenn

(a). Manuell erstellte Konfigurationen, bevor eine Mustertabelle definiert wird

(b). Automatisch aus einer Mustertabelle generierte Konfigurationen

Abb. 2.35 Beispiel für Konfigurationen in einer Designtabelle

ein Modell bereits eine Entwurfstabelle hat, ist keine neue Entwurfstabelle erlaubt, und die Änderungen an den Konfigurationen können nur durch Bearbeiten der bestehenden Entwurfstabelle vorgenommen werden.

Das Entwurfstabellenwerkzeug in Solidworks wird durch das externe Microsoft Excel-Programm implementiert. Daher muss Microsoft Excel verfügbar sein, um das Entwurfstabellenwerkzeug anzuwenden. Eine Entwurfstabelle ist direkt mit ihrem Modell verbunden, in dem Sinne, dass alle in der Tabelle kontrollierten Attribute interne Verknüpfungen zu den entsprechenden Entwurfsparametern wie Abmessungen oder Zuständen von Merkmalen im Modell haben müssen.

Abb. 2.36 veranschaulicht das Verfahren zur Erstellung einer Entwurfstabelle in einem Teil- oder Baugruppenmodell. *Erstens* müssen alle steuerbaren Abmessungen und Merkmale im Modell definiert sein. *Zweitens* hat der Modellierer die Optionen, (1) manuell einige Konfigurationen zu definieren oder (2) direkt eine Entwurfstabelle zu erstellen. *Drittens* wird das Entwurfstabellenwerkzeug unter dem *Einfügen*-Menü aktiviert, und der Modellierer wählt dann die Abmessungen und Merkmale als steuerbare Attribute in die Entwurfstabelle aus. Tab. 2.6 zeigt die Arten von Entwurfsparametern, die durch

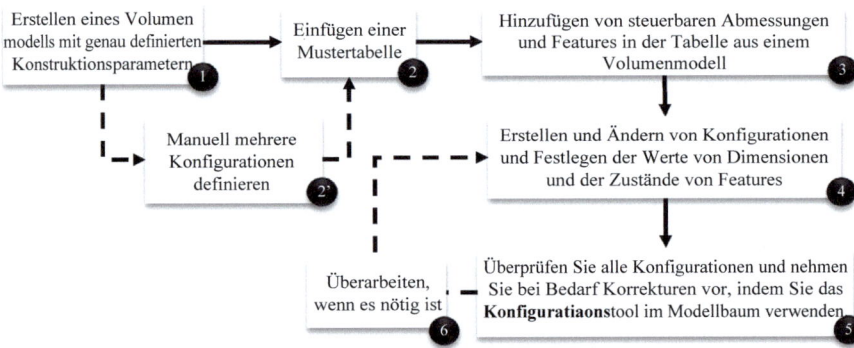

Abb. 2.36 Das Verfahren zur Definition einer Entwurfstabelle in einem Modell

Tab. 2.6 Arten von zulässigen Entwurfsparametern in einer Entwurfstabelle (Solidworks 2018)

	Entweder in einem Teilmodell oder in einem Baugruppenmodell	Nur im Teilmodell	Nur bei Montage Modell
Entwurfs variablen	- Toleranz-Typ - Konfigurationsspezifische Eigenschaften - Farbe des Modells - Lineare und radiale Muster - Abstände und Instanzen Abgeleitete Konfigurationen - Zustand der Beleuchtung - Zustand der Gleichung - Skizze Beziehungsstatus - Masse-Eigenschaften - Zentrum der Schwerkraft	- Zustand des Merkmals - Konfiguration der Basis oder des geteilten - Teils Maßwerte	- Zustand der Komponente - Zustand des Partners - Referenzierte Konfiguration - Anzeigezustand - Baugruppenmerkmalstatus (Schnitte) - Bemaßungs- und Verknüpfungswerte - Stückliste (BOM) Teilenummer - Erweitern in der Stückliste

2.5 Designparameter, Merkmale und Absichten

die Entwurfstabelle gesteuert werden können. *Viertens* werden eine Reihe von Konfigurationen definiert, indem verschiedenen Entwurfsparametern unterschiedliche Werte zugewiesen werden. *Fünftens* werden die neu erstellten Konfigurationen unter dem Konfigurationswerkzeug des Modellbaums vorgeschaut und überprüft. Wenn etwas mit einer bestimmten Konfiguration nicht stimmt, muss es durch Bearbeiten der Entwurfstabelle behoben werden.

Abb. 2.37 zeigt das Verfahren zur Definition einer Entwurfstabelle in Solidworks.

Wie in Abb. 2.37a gezeigt, kann das Entwurfstabellenwerkzeug aufgerufen werden, indem man auf ‚*Einfügen*' in der Menüleiste → ‚*Tabellen*' in der erweiterten Liste → ‚*Entwurfstabelle*' in der erweiterten Liste klickt. Ein Popup-Fenster in Abb. 2.37b zeigt, dass es drei Optionen zur Erstellung einer Entwurfstabelle gibt: (1) die Option *leer* ist für eine leere Vorlage, (2) die Option *auto-erstellen* bietet Anleitungen zum Hinzufügen von dimensionsvariablen in die Tabellenvorlage, und (3) die Option *aus Datei* bietet die Flexibilität, eine vordefinierte Entwurfstabelle zu importieren. Abb. 2.37c zeigt das Ergebnis der Auswahl der Option *auto-erstellen*, ein Popup-Fenster listet die meisten zulässigen Entwurfsparameter wie dimensionsvariablen und andere Modellattribute auf. Der Modellierer kann die Entwurfsparameter mit Varianten auswählen und sie in die Entwurfstabelle einfügen. Der Modellierer kann auch andere Entwurfsparameter einfügen, die in der Bearbeitungsphase nicht aufgelistet sind. Wie in Abb. 2.37d gezeigt, können, sobald alle steuerbaren Attribute hinzugefügt sind, neue Konfigurationen nacheinander erstellt werden, indem eine neue Zeile mit spezifizierten Werten für steuerbare

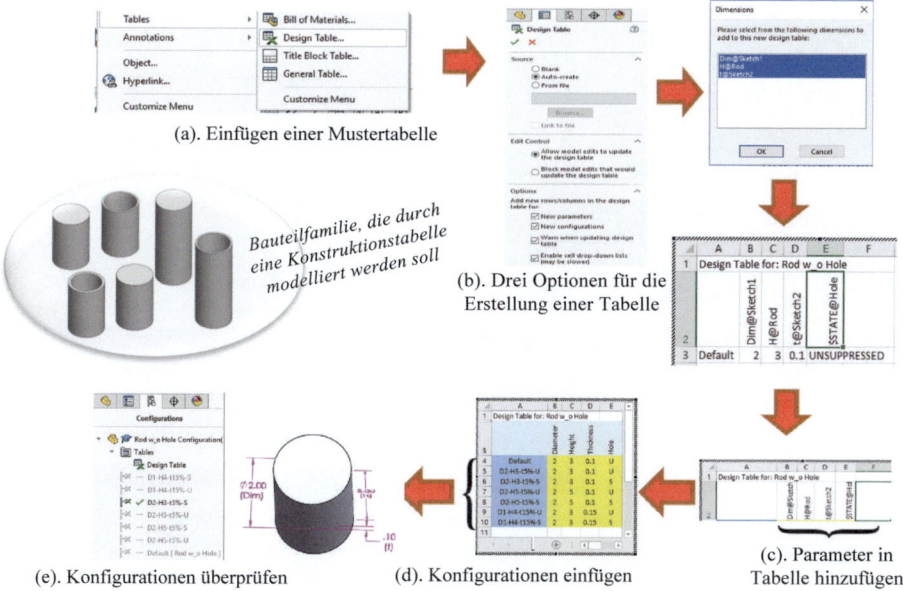

Abb. 2.37 Schnittstelle zur Definition einer Entwurfstabelle in Solidworks

Attribute in der Entwurfstabelle hinzugefügt wird. Nachdem alle Konfigurationen eingefügt sind, können sie in den *Konfigurationen* des Modellbaums, wie in Abb. 2.37e gezeigt, vorgeschaut und überprüft werden.

Beispiel 2.2 Erstellen Sie ein Modell für eine optische Encoder-Familie mit sechs Auflösungsstufen, wie in Abb. 2.38 gezeigt.

Lösung Um den Modellierungsprozess zu planen, sind zwei identifizierte Designabsichten (1) Designgleichungen zur Darstellung der Abhängigkeiten von dimensionsvariablen und (2) eine Designtabelle zur Darstellung aller Varianten (z. B. Konfigurationen) des Encoder-Modells zu verwenden. Dementsprechend zeigt Abb. 2.39 die drei Hauptphasen des Modellierungsprozesses. *Zuerst* wird das Grundmodell eines optischen Encoders erstellt. Das Basismerkmal ist ein fester Kreis mit einem zentralen Loch, und es werden dann sechs Paare von Merkmalen hinzugefügt (siehe Abb. 2.39a). Jedes Paar beinhaltet ein Schnittmerkmal und ein entsprechendes kreisförmiges Muster, und seine radikale Dimension und die Anzahl der Musterinstanzen werden später umbenannt und als Designparameter behandelt. *Zweitens* werden Designgleichungen definiert, um die Abhängigkeiten der Dimensionen der Schnittmerkmale in diesen Paaren darzustellen,

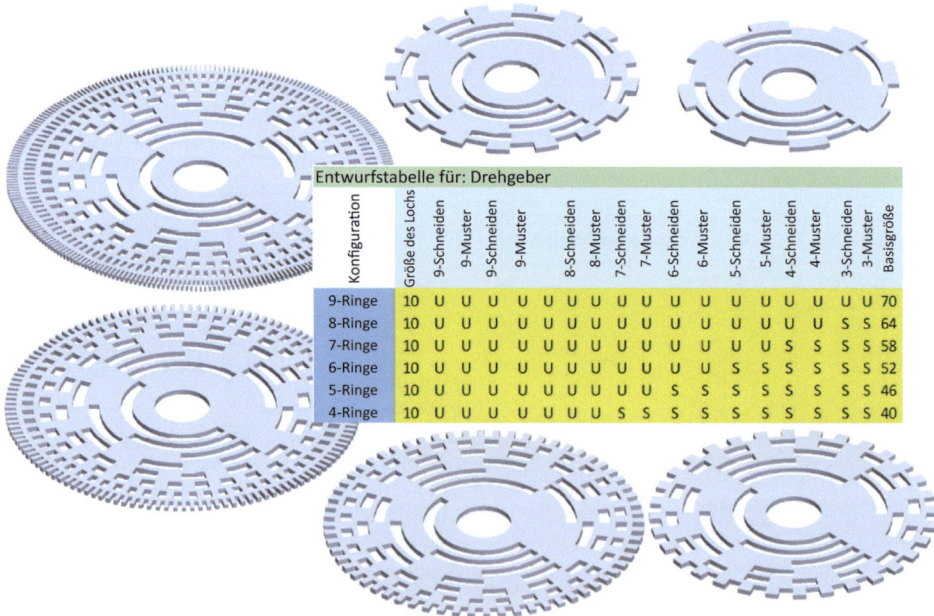

Abb. 2.38 Entwurfstabelle für optische Encoder-Familie

2.5 Designparameter, Merkmale und Absichten

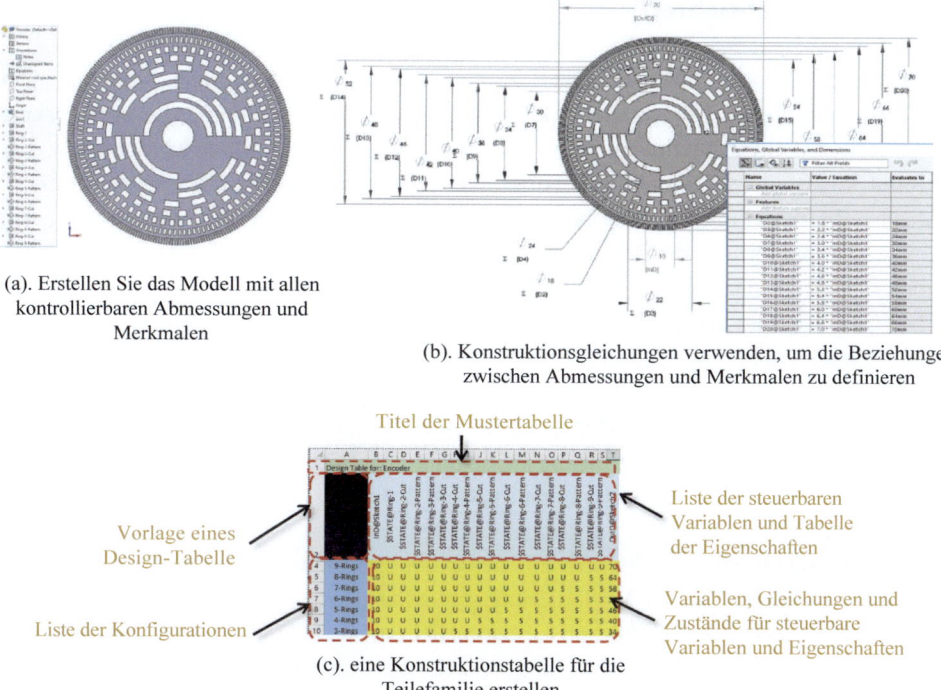

(a). Erstellen Sie das Modell mit allen kontrollierbaren Abmessungen und Merkmalen

(b). Konstruktionsgleichungen verwenden, um die Beziehungen zwischen Abmessungen und Merkmalen zu definieren

Titel der Mustertabelle

Vorlage eines Design-Tabelle

Liste der Konfigurationen

Liste der steuerbaren Variablen und Tabelle der Eigenschaften

Variablen, Gleichungen und Zustände für steuerbare Variablen und Eigenschaften

(c). eine Konstruktionstabelle für die Teilefamilie erstellen

Abb. 2.39 Beispiel für die Erstellung eines Teilemodells mit einer Designtabelle

wie in Abb. 2.39b gezeigt. *Drittens* wird eine Designtabelle erstellt, die sechs Konfigurationen als Varianten des Encoder-Modells enthält.

Abb. 2.39c zeigt das Layout einer Designtabelle: (1) Die erste Zeile ist der Tabellentitel, der die zugehörige ID des Modells angibt. (2) *Das erste Feld der zweiten Zeile* (z. B. das hervorgehobene *schwarze* Feld) darf nicht bearbeitet werden, da es angibt, dass die Inhalte in der zweiten Zeile Designparameter sind, die interne Verknüpfungen zu den entsprechenden Dimensionen, Merkmalen oder anderen Eigenschaften im Modell enthalten. In diesem Beispiel enthält die zweite Zeile (*a*) die dimensionsparameter für innere und äußere Durchmesser und (*b*) die Zustände von Schnitt- und Mustermerkmalen. (3) Die Felder in der ersten Spalte (z. B. die hervorgehobenen *blauen* Felder) listen die Konfigurationen auf. In diesem Beispiel listet es sechs Konfigurationen für verschiedene Auflösungsstufen auf. (4) Die restlichen Felder der Tabelle (z. B. die hervorgehobenen *gelben* Felder) weisen einem dimensionsparameter oder einem Zustand (z. B. ‚*U*' für *nicht unterdrückt* oder ‚*S*' für *unterdrückt*) eines Merkmals einen Wert zu. Darüber hinaus kann die Designtabelle mit dem Microsoft Excel-Tool formatiert werden.

2.5.3 Designabsichten

Designabsicht repräsentiert (1) den Zweck eines Designmerkmals, (2) die Einschränkungen, die ein Merkmal erfüllen muss, (3) die Art und Weise, wie ein Merkmal modelliert wird, oder (4) die Anleitung zur Modifikation eines solchen Merkmals.

Jedes Merkmal an einem Objekt sollte mit Absichten entworfen werden, so auch ein grafisches Merkmal eines festen Objekts. Bei der merkmalsbasierten Modellierung liegt es in der Verantwortung des Modellierers, Designabsichten zu identifizieren und die geeigneten Wege zur Darstellung dieser Designabsichten zu finden.

Nehmen wir zum Beispiel das Modell in Abb. 2.18f, eine Designabsicht ist das goldene Verhältnis der Länge (L) und Breite (W) des Rechtecks, das weit verbreitet ist, um die Schönheit und ergonomische Erscheinung von realen Objekten darzustellen (siehe einige Beispiele in Abb. 2.40). Daher wurde eine Designabsicht von $L/D = 1.618$ identifiziert und als Designgleichung für die Beziehung von L und D in Abb. 2.40f dargestellt. Eine solche Designabsicht sollte berücksichtigt werden, wenn die Objektbeispiele in Abb. 2.40 modelliert werden.

Designabsichten sind das Verständnis des Modellierers für das zu modellierende Objekt. Aus der Perspektive der Modellierung gibt es zahlreiche Methoden, um das gleiche grafische Merkmal zu erstellen, und Designabsichten sind (1) die ausgewählten Methoden zur Erstellung bestimmter Merkmale und (2) die Begründungen, warum solche Auswahlentscheidungen getroffen werden. Daher sollten Designabsichten bei jedem Schritt des Modellierungsverfahrens berücksichtigt werden.

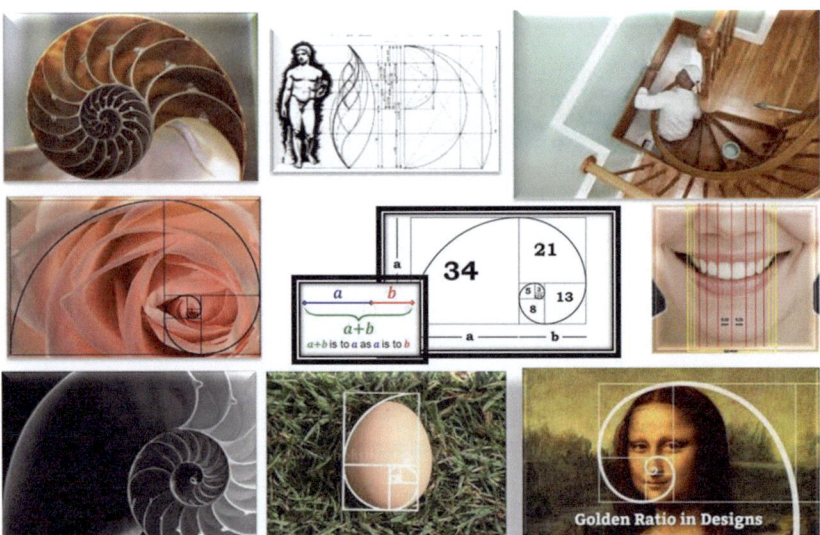

Abb. 2.40 Beispiele für Objekte mit einem goldenen Verhältnis ihrer Dimensionen in der realen Welt

2.5 Designparameter, Merkmale und Absichten

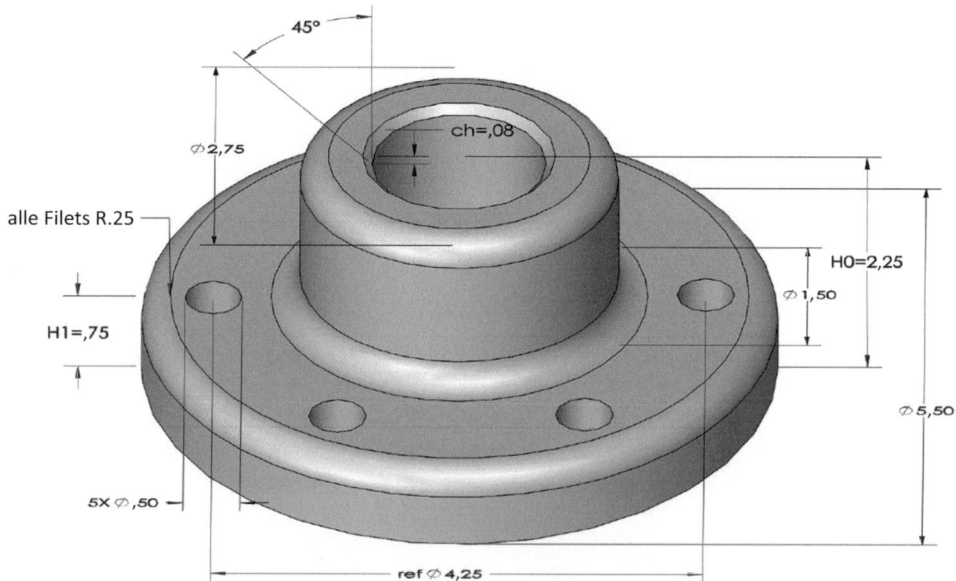

Abb. 2.41 Beispiel für die Berücksichtigung von Designabsichten im Modellierungsprozess

Beispiel 2.3 Erstellen Sie ein Modell für eine Flansch in Abb. 2.41 und diskutieren Sie einige exemplarische Designabsichten im Modellierungsprozess.

Lösung Abgesehen von einem festen Primitiv besteht ein Festkörper aus mehreren Merkmalen, die jeweils erstellt werden. Daher hängt der Modellierungsprozess von der Zerlegung des Festkörpers in die Merkmale ab. Es gibt viele Möglichkeiten, einen Festkörper in Merkmale zu zerlegen, und es wird sehr hilfreich sein, eine Designabsicht bei der Identifizierung von Merkmalen und der Planung der Schritte zur Erstellung dieser Merkmale zu berücksichtigen.

Abb. 2.42a zeigt die Designabsicht *die Anzahl der Merkmale zu minimieren*; entsprechend werden die Modellierungsschritte minimiert. Dies ist angemessen, wenn die Informationen des Solids detailliert und abgeschlossen sind und zukünftige Änderungen am Solid selten auftreten werden. Die Hauptnachteile einer solchen Designabsicht sind (1) die Komplexität der Merkmale, (2) die Kopplung von dimensionsvariablen von mehreren grafischen Attributen und (3) die Ineffizienz bei der Durchführung von Änderungen an einem bestehenden Modell. Abb. 2.43a zeigt die Implementierung des Modellierungsprozesses mit dieser Designabsicht. Das Solid-Modell besteht aus zwei Merkmalen im Modellbaum; z. B. ein extrudierter Bass (*F1*) und ein extrudierter Schnitt (*F2*). Die rechte Seite von Abb. 2.43a zeigt die logischen Operationen dieser beiden Merkmale.

Abb. 2.42b zeigt die Designabsicht, *die Flexibilität des Modellierungsprozesses zu maximieren*; entsprechend werden die Merkmale auf die niedrigste Ebene zerlegt. Die

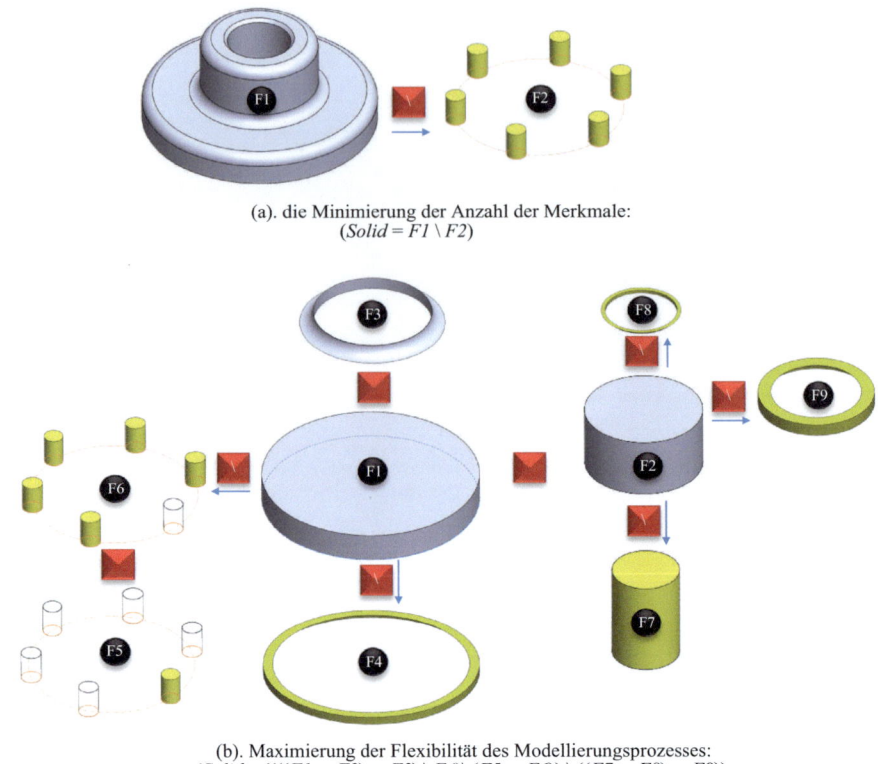

(a). die Minimierung der Anzahl der Merkmale:
$(Solid = F1 \setminus F2)$

(b). Maximierung der Flexibilität des Modellierungsprozesses:
$(Solid = ((((F1 \quad F2) \quad F3) \setminus F4) \setminus (F5 \quad F6)) \setminus ((F7 \quad F8) \quad F9))$

Abb. 2.42 Grundlegende Designabsichten bei der Planung des Modellierungsprozesses

Anzahl der Merkmale oder die Anzahl der Schritte im Modellierungsprozess wird maximiert; im Gegenzug sind die Vorteile einer solchen Designabsicht (1) die intuitive Art, den Modellierungsprozess zu planen, was besonders produktiv ist bei der konzeptionellen Gestaltung von Produkten, (2) die Einfachheit der Merkmalerstellung, (3) die höchste Wiederverwendbarkeit von erstellten Merkmalen, (4) die Unabhängigkeit von Designmerkmalen, die es ermöglicht, eine Änderung an einem einzelnen Merkmal mit minimalem Einfluss auf andere vorzunehmen, und (5) die Flexibilität und Erweiterbarkeit bei der Durchführung von Änderungen an einem bestehenden Modell. Die Zerlegung eines Solids in die Merkmale auf der niedrigsten Ebene bietet die beste Auflösung der Modellierung; daher können wir es die Strategie für *präzises Modellieren* nennen, und wir empfehlen den Lesern dringend, die Flexibilität und Wiederverwendbarkeit bei der Planung des Modellierungsprozesses zu berücksichtigen. Abb. 2.43b zeigt die Implementierung des Modellierungsprozesses mit dieser Designabsicht. Das Solid-Modell besteht aus neun Merkmalen im Modellbaum; z. B. zwei extrudierte Bässe (*F1* und *F2*), zwei

2.5 Designparameter, Merkmale und Absichten

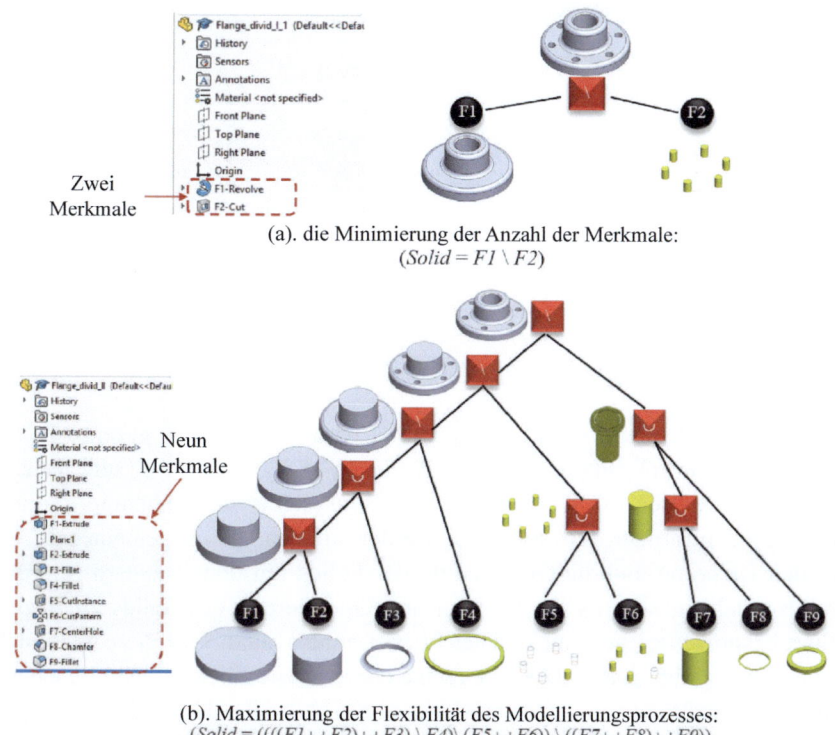

Abb. 2.43 Implementierungen des Modellierungsprozesses

extrudierte Schnitte (*F5*, *F7*), drei Fasen (*F3*, *F4*, *F9*), eine Abschrägung (*F8*) und ein kreisförmiges Muster (*F6*). Die rechte Seite von Abb. 2.43b zeigt die logischen Operationen dieser neun Merkmale zur Darstellung des Solids mit all diesen Merkmalen.

Wann immer es einige Optionen im Modellierungsprozess gibt, sollten Designabsichten berücksichtigt werden, um eine optimale Option auszuwählen. Wenn man das Beispiel der Erstellung des ersten Solid-Merkmals aus einer 2D-Skizze in Abb. 2.43a oder Abb. 2.43b nimmt, muss der Modellierer die Skizzenebene auswählen, es wird hilfreich sein zu bedenken, dass die erste Skizzenebene die Orientierung des Solids in Bezug auf das Standard-Weltkoordinatensystem bestimmt. Dementsprechend bestimmt sie den Inhalt der standardisierten *Frontansicht*, *Rechtsansicht* und *Oberansicht*. Beachten Sie, dass die Frontansicht in der Regel die Hauptansicht ist, die die Hauptabmessungen des Solids enthält. Daher sollte die Designabsicht beim ersten Schritt der Modellierung sicherstellen, dass die erste Skizzenebene die wichtigsten Abmessungen des Solids enthält.

In einem grafischen Modell eines Solids werden die Positionen der Orientierungen von grafischen Merkmalen in Bezug auf ein spezifiziertes Koordinatensystem bestimmt.

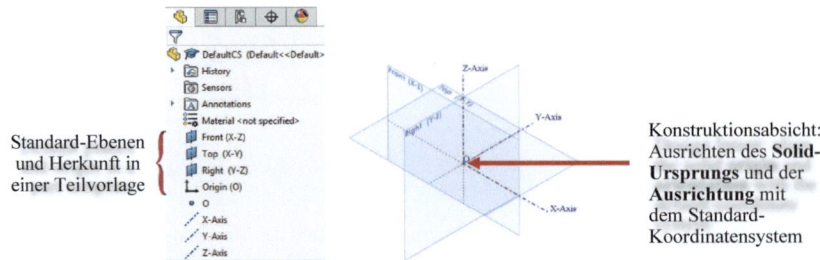

Abb. 2.44 Standard-Koordinatensystem zur Lokalisierung und Orientierung eines grafischen Merkmals

Ein Standard-Koordinatensystem in Solidworks wird in Abb. 2.44 gezeigt. Es besteht aus einem Ursprung (O) und drei Ebenen für Front (X-Z), oben (X-Y) und rechts (Y-Z) Ansichten. Drei Achsen (X, Y, Z) des Koordinatensystems sind abhängig, die aus den vorhergehenden Informationen abgeleitet werden können. Im Allgemeinen ist es vorteilhaft, den Ursprung und die Orientierung des Solids mit dem Standard-Koordinatensystem auszurichten; so dass die Position und Orientierung des Solids zu Beginn des Modellierungsprozesses bekannt und leicht bestimmbar sind. Um diese Designabsicht umzusetzen, zeigt Abb. 2.45a, dass eine rechte oder vordere Ebene als Skizzenebene ausgewählt werden sollte, wenn das erste Merkmal rotiert wird. Abb. 2.45b zeigt, dass eine obere Ebene als Skizzenebene ausgewählt werden sollte, wenn das erste Merkmal extrudiert wird. Darüber hinaus sollte die Skizze am Ursprung zentriert sein.

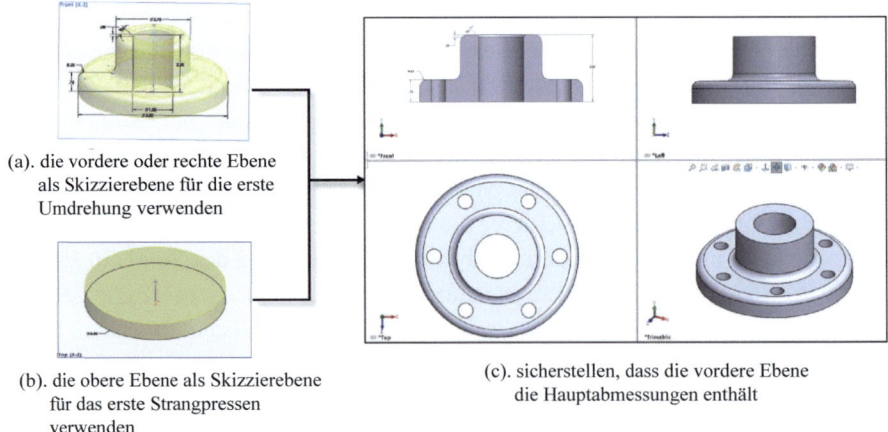

Abb. 2.45 Designabsicht bei der Auswahl der ersten Skizzenebene

2.6 Modellierungsverfahren

Bei der merkmalsbasierten oder wissensbasierten Modellierung wird ein Festkörper als eine Reihe von Merkmalen zerlegt, die jeweils modelliert werden können. Die zu definierenden Attribute eines Merkmals sind *Geometrie und Form*, *Abmessungen*, *Einschränkungen* und *Operator*. Das Festkörpermodell wird dann erstellt, indem logische Operationen (z. B. Vereinigung ∪, Schnittmenge ∩ und Differenz \) auf die grafischen Merkmale angewendet werden. Wie in Abb. 2.46 gezeigt, werden die konstitutiven Merkmale des Festkörpers identifiziert, erstellt und dann mit logischen Operationen dem Festkörpervolumen hinzugefügt oder daraus entfernt. Für die Geometrie und Form kann ein grafisches Merkmal entweder (1) ein eingebautes Merkmal *Abrundung*, *Fase*, *Steg* oder *Loch oder Gewinde-Assistent* oder (2) ein skizziertes Merkmal wie *Extrusion*, *Rotation*, *Verformung* oder *Verschiebung* sein. Das Modellierungswerkzeug für ein eingebautes Merkmal bietet einen *Assistenten* für den Modellierer, um geometrische Daten einzugeben; während ein skizziertes Merkmal den Modellierer erfordert, 1D- oder 2D-Abmessungen in Skizzen zu definieren. Beachten Sie, dass die Bemaßung eines grafischen Merkmals erfordert, bestimmte Referenzen wie *Punkte*, *Achsen*, *Ebenen* und

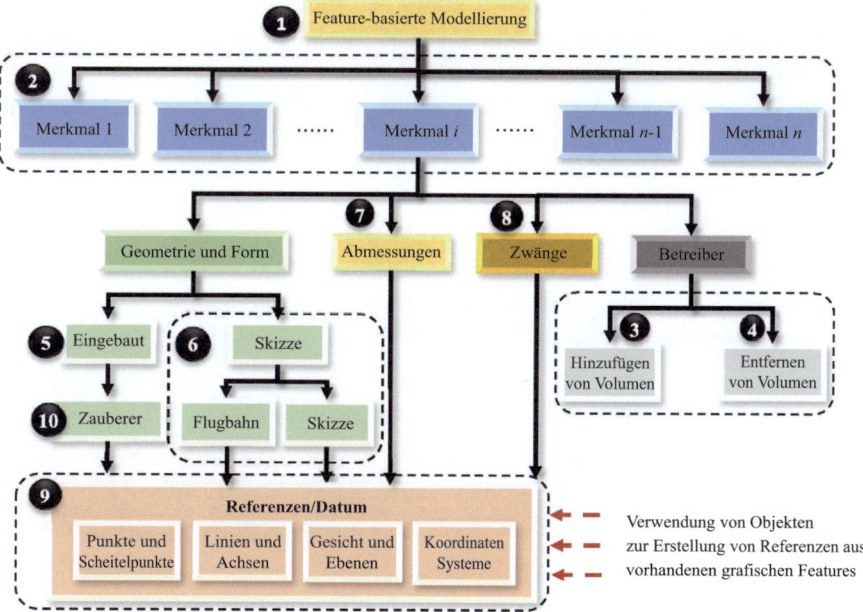

Abb. 2.46 Die Klassifizierung von merkmalsbasierten Modellierungswerkzeugen basierend auf ihren Rollen bei Merkmalsattributen

Koordinatensysteme auszuwählen oder zu erstellen. Die entsprechenden Werkzeuge für die merkmalsbasierte Modellierung sind in Abb. 2.46 gruppiert und in Abb. 2.47 entsprechend dargestellt.

Abb. 2.47 zeigt einige wichtige merkmalsbasierte Modellierungswerkzeuge in Solidworks, und diese Werkzeuge sind mit dem Bedarf an Erstellung und Modifikation verschiedener Merkmale und Attribute in Abb. 2.46 verbunden. Modellierer sollten sich dieser Werkzeuge bewusst sein und wissen, wie sie darauf zugreifen können, wenn sie benötigt werden. Wie in Abb. 2.47 gezeigt, (1) wird *der Modellbaum* verwendet, um die Merkmale und ihre Beziehungen in einem Festkörper darzustellen; die Informationen jeder Entität können über die Schnittstelle im Modellbaum abgerufen werden; (2) *der Merkmalsmanager* in der zweiten Zeile zeigt verfügbare Werkzeuge zur Erstellung verschiedener Merkmale; (3) logische Operatoren in Abb. 2.46 funktionieren durch Auswahl von Merkmalstypen und Angabe geeigneter Referenzen; (4) verschiedene grafische Merkmale (z. B. eingebaute oder skizzierte) in Abb. 2.46 entsprechen verschiedenen Modellierungswerkzeugen im Merkmalsmanager; (5) die Skizzen, die Abmessungen und die Einschränkungen in Abb. 2.46 werden hauptsächlich durch die Werkzeuge in *dem Skizzenmanager* und andere Werkzeuge für parametrische Modellierung wie *verknüpfte Werte*, *Designgleichungen* und *Designtabellen* definiert; (6) die Referenzen in Abb. 2.46 werden definiert und verwaltet mit *dem Referenzgeometriemanager*; beim Bearbeiten eines Modells können alle vorhandenen grafischen Elemente (Ecken, Kanten und Ebenen) als Referenzen verwendet werden, um neue Merkmale zu modifizieren oder zu erstellen; (7) um hochrangige eingebaute Merkmale zu erstellen, enthält Solidworks viele zusätzliche Werkzeuge wie *Schweißkonstruktion*, *Befestigung*, *Form* und *Oberflächenwerkzeuge* als Werkzeugassistenten.

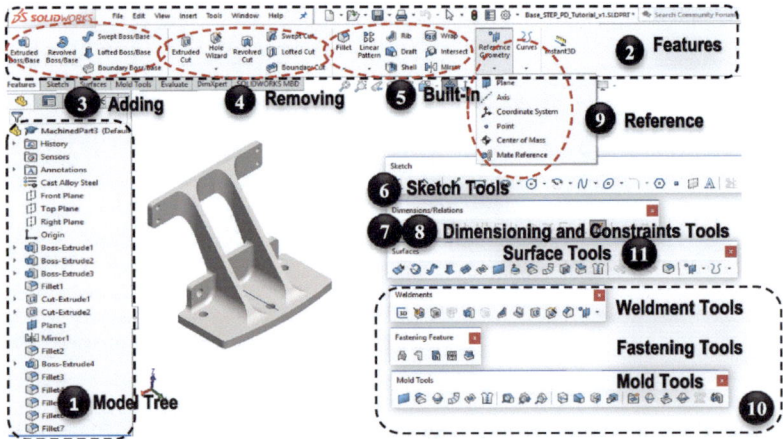

Abb. 2.47 Merkmalsbasierte Modellierungswerkzeuge in Solidworks

2.6 Modellierungsverfahren

Merkmalsbasierte oder wissensbasierte Modellierung ist sehr effektiv, um die Komplexität und Änderungen in Produktentwürfen zu bewältigen. Die Hauptstrategie ist ‚*teilen und erobern*'; ein Festkörper wird als eine Reihe von grafischen Merkmalen modelliert, und jedes Merkmal wird einzeln modelliert oder modifiziert, um seine Auswirkungen auf andere Merkmale zu minimieren. Abb. 2.48 zeigt ein routinemäßiges Verfahren zur Definition eines grafischen Merkmals im Modellierungsprozess. Es beginnt mit der Bestimmung der *Designabsichten*; beachten Sie, dass eine Designabsicht die Auswahl von Modellierungsstrategien für das gegebene Merkmal darstellt. Zum Beispiel kann ein Zylinder durch *Extrusion*, *Rotation*, sogar *Verformung* oder *Verschiebung* erstellt werden, der Modellierer sollte das einfachste Werkzeug in der Modellierung wählen. Beachten Sie, dass eine Designabsicht die Wahl des Modellierers ist, wenn es eine Reihe von Modellierungsoptionen gibt. Wie bereits diskutiert, kann ein grafisches Merkmal entweder ein *eingebautes Merkmal* oder ein *skizziertes Merkmal* sein. Ein

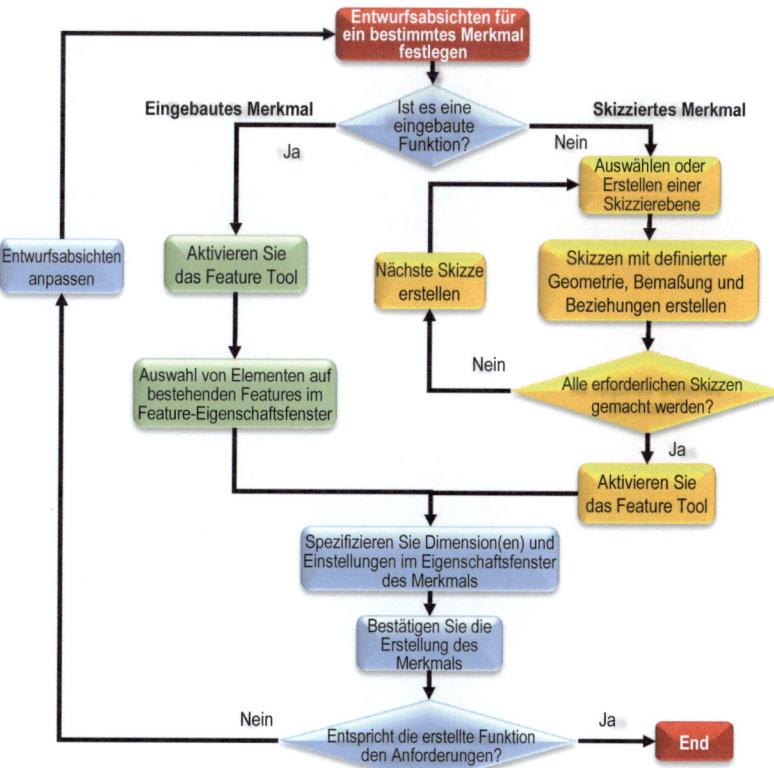

Abb. 2.48 Teilen und Erobern: *ein Merkmal nach dem anderen* in der wissensbasierten Modellierung

eingebautes Merkmal wie eine Abrundung und Oberflächendicke kann auf einem vorhandenen Merkmal erstellt werden, und die Eingaben können direkt im *Merkmal-Eigenschaften*-Fenster angegeben werden. Ein *skizziertes Merkmal* wie eine *Extrusion* erfordert die Erstellung einer oder mehrerer Skizzen zur Definition der Geometrie und Abmessungen. Bei komplexen Festkörpern ist die Angabe einer geeigneten Referenz für das Skizzieren und Bemaßen nicht immer eine triviale Aufgabe; in vielen Fällen sollten neue Referenzen speziell definiert werden, um die Position und Orientierung des Merkmals unter bestimmten Einschränkungen zu definieren.

2.7 Montagemodellierung

Mit wenigen Ausnahmen einfacher Produkte werden diskrete Produkte aus Teilen und Komponenten aus vielen verschiedenen Gründen zusammengebaut: (1) Teile oder Komponenten bestehen aus unterschiedlichen Materialien, durchlaufen unterschiedliche Prozesse oder werden an unterschiedlichen Standorten oder Einrichtungen hergestellt; (2) die Größen der Teile sind zu groß, um als Ganzes auf Werkzeugmaschinen bearbeitet zu werden; (3) Fertigprodukte sind großformatig und daher ungeeignet für den Transport; (4) Produkte sind Maschinen, deren Komponenten relative Bewegungen aufweisen; (5) Produktvarianten werden durch die Auswahl verschiedener Module und deren unterschiedliche Zusammenstellung hergestellt (siehe Abb. 2.49 für Beispiele). Daher sind Ingenieurprodukte meist zusammengebaute Einheiten.

(a). Teile aus verschiedenen Materialien und Verfahren

(b) die Produkte sind zu groß, um als Ganzes verarbeitet zu werden

(e). Produktvarianten aus einer modularisierten Plattform

(c). Teile transportiert werden müssen und auf Baustellen montiert

(d). Maschinen, die relativ Bewegungen zwischen Komponenten

Abb. 2.49 Produkte werden aus vielen Gründen zusammengebaut

2.7 Montagemodellierung

Im Durchschnitt sind 50 % der gesamten Herstellungskosten an die Montageprozesse von Produkten gebunden; Fertigungsunternehmen müssen wissen, wie sie die Kosten der Montageprozesse senken können, um ihre Wettbewerbsfähigkeit zu steigern. Früher wurden die Entwürfe von Montageprozessen weniger betont als Produktdesigns. Dies könnte dazu führen, dass einige Probleme, die mit Montageprozessen zusammenhängen, zu spät und zu teuer entdeckt und behoben werden. Wenn ein Auslass oder Fehler in Bezug auf Montageprozesse bereits in der Produktentwurfsphase erkannt und behoben werden kann, kann das Unternehmen erhebliche Kosten einsparen.

Design for Assembly (DFA) ist eine Designmethodik, bei der die Einschränkungen und Implementierungen von Montageprozessen bereits in den Entwurfsphasen von Produkten berücksichtigt werden. Das Hauptziel von DFA besteht darin, die Kosten, die Zeit und die Komplexität von Montageprozessen zu reduzieren, und die zwei grundlegenden Ansätze von DFA sind (1) die Vereinfachung von Produktstrukturen durch Reduzierung der Gesamtzahl der Teile in einem Produkt und (2) die Optimierung der Merkmale am Produkt für einfaches Greifen, Bewegen, Ausrichten, Einfügen und Anpassen (Wikipedia 2020b). Wie in Abb. 2.50 dargestellt, gab Boothroyd (1994) Beispiele für die Verwendung von DFA für die Montage von Motoren und Retikeln; die Anzahl der Teile und

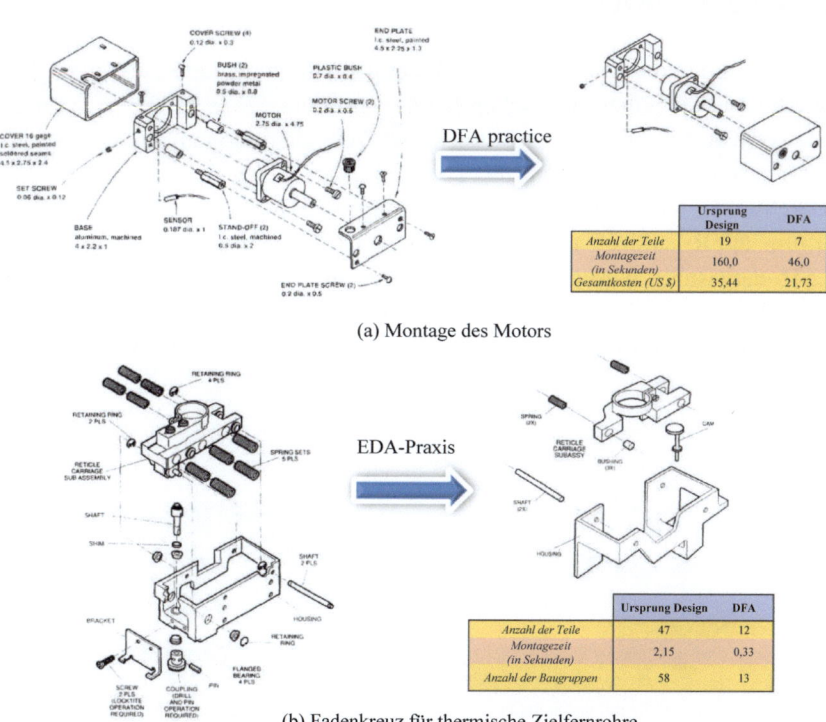

Abb. 2.50 Beispiele für die Verwendung von DFA in Produktdesigns (Boothroyd 1994)

Montageoperationen in diesen Produkten wurde erheblich reduziert. Daher wurden die Kosten dieser Produkte aufgrund der Vereinfachung der Montageprozesse durch DFA erheblich gesenkt.

2.7.1 Terminologie in der Montagemodellierung

Neben der geometrischen und Merkmalmodellierung von Produkten ist das funktionale Verständnis von Baugruppen entscheidend, um Produktdesigns zu klären (Gui und Mantyla 1994). *Montagemodellierung* zielt darauf ab, die Montagebeziehungen von Teilen und Komponenten in einem Produktmodell darzustellen und zu visualisieren; die Teile und Komponenten werden als Festkörpermodelle dargestellt.

Ein Montagemodell besteht aus einer Reihe von *Komponenten* für die gewünschten Funktionen und den *Verbindungen*, die Einschränkungen für die Komponenten darstellen. Im Allgemeinen verwendet ein Montagemodell eine hierarchische Struktur für die Verbindungen von Komponenten. Um die Montage eines Produkts zu modellieren, muss man die folgenden Terminologien verstehen.

(1) Freiheitsgrade (DOF)

Freiheitsgrade sind eine Anzahl von unabhängigen Variablen zur Beschreibung der Position und Orientierung eines physischen Körpers im Raum. Wie in Abb. 2.51a dargestellt, hat ein freier Körper in einem 3D-Raum sechs DOF, da drei unabhängige Variablen (T_x, T_y und T_z) verwendet werden, um die Translationen entlang der drei Achsen (*X*, *Y* und *Z*) zu beschreiben, und drei weitere unabhängige Variablen (R_x, R_y und R_z) verwendet werden, um die Rotationen um die drei Achsen (*X*, *Y* und *Z*) zu beschreiben. Wie in Abb. 2.51b dargestellt, wird eine Einschränkung die DOF eines Körpers reduzieren, da sie einen oder mehrere DOF des Körpers einschränkt. Zum Beispiel, wenn der Körper auf einer Ebene sein muss (z. B. die *XY*-Ebene), wird die Einschränkung auf die freien

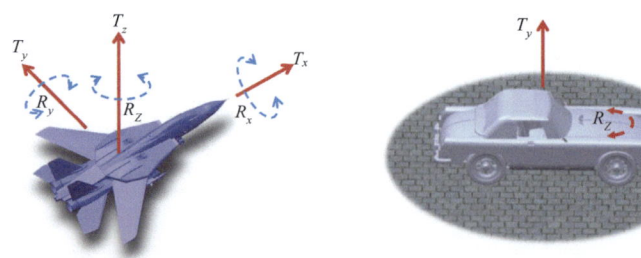

(a) 6 DOF im dreidimensionalen Raum   (b) 3 DOF im zweidimensionalen Raum

Abb. 2.51 DOF eines freien Körpers im 3D- oder 2D-Raum

Bewegungen von R_x, R_y angewendet und die verbleibenden DOF des Körpers auf der Ebene werden drei DOF sein (z. B. T_x, T_y und R_z).

(2) Montagepartner und Einschränkungen

Montagepartner erstellen geometrische Beziehungen von Komponenten. Wenn ein Montagepartner zu zwei Komponenten hinzugefügt wird, werden ihre relativen Bewegungen entlang einer oder mehrerer Richtungen eingeschränkt, und der Rest der uneingeschränkten Bewegungen wird als zulässige Bewegungen bezeichnet. Daher bestimmen die Partner in einem Montagemodell die Freiheitsgrade der Komponenten. Ein Produkt ohne jegliche zulässige relative Bewegung wird als *Struktur* bezeichnet; ein Produkt mit einigen zulässigen relativen Bewegungen wird als *Maschine* bezeichnet, und die Anzahl der zulässigen Freiheitsgrade wird als Freiheitsgrade der Maschine bezeichnet.

Ein Montagepartner beinhaltet zwei oder mehr grafische Elemente von zwei Komponenten. Beachten Sie, dass die drei grundlegenden Arten von grafischen Elementen *Punkte*, *Kanten* und *Flächen* sind; Tab. 2.7 zeigt sechs mögliche Verbindungstypen (*A*, *B*, *C*, *D*, *E*, und *F*) der grafischen Elemente von zwei Komponenten (Komponenten I und II).

Nehmen wir an, dass Komponente I fixiert ist, zeigt Tab. 2.8 die Anzahl der eingeschränkten und zulässigen Freiheitsgrade von Komponente II, wenn die zuvor genannten Verbindungstypen angewendet werden.

In einem Computermodell ist eine Paarungsbeziehung nicht notwendig, um einen physischen Kontakt zu haben. Daher wurde ein breites Spektrum von Paarungsbeziehungen eingeführt, um die relativen Bewegungen von zwei oder mehr Komponenten einzuschränken. Die Arten von Paarungen werden als *Standardpaarungen*, *erweiterte Paarungen* und *mechanische Paarungen* klassifiziert. Die Tab. 2.9, 2.10 und 2.11 zeigen die Arten von Standardpaarungen, erweiterten Paarungen und mechanischen Paarungen.

(3) Grundkomponenten

In einem Baugruppenmodell bestimmt *eine Grundkomponente* die Position und Ausrichtung der Baugruppe in einem Referenzkoordinatensystem. Zur Vereinfachung ist eine Grundkomponente standardmäßig ‚fest' im Referenzkoordinatensystem. Eine GrundzObjekten in einer Baugruppe mehr Verbindungen mit anderen. Daher sollte eine

Tab. 2.7 Mögliche Verbindungszustände von zwei Komponenten mit Punkten, Kanten und Flächen

Komponente II \ Komponente I	Punkt	Kante	Gesicht
Punkt	*A*	*D*	*E*
Kante	*D*	*B*	*F*
Gesicht	*E*	*F*	*C*

Tab. 2.8 Eingeschränkte und zulässige Freiheitsgrade von Komponenten, die verschiedenen Verbindungsbeziehungen unterliegen

Verbindungstyp	Freiheitsgrade (DOF)		Illustration
	Eingeschränkt	Zulässig	
A (Punkt-Punkt)	T_x, T_y, T_z	R_x, R_y, R_z	
B (Kante-Kante)	T_x, T_z, R_x, R_z	T_y, R_y	
C (Fläche-Fläche)	T_y, T_z, R_x	R_y, R_z, T_x	
D (Punkt-Kante)	Der Punkt muss eine Kante sein, die zwei von (T_x, T_y, T_z) begrenzt	T_x, R_x, R_y, R_z	
E (Punkt-Fläche)	Der Punkt muss eine Fläche sein, die eine von (T_x, T_y, T_z) begrenzt	T_x, T_y, R_x, R_y, R_z	
F (Kante-Fläche)			

2.7 Montagemodellierung

Tab. 2.9 Die Arten von Standardverbindungen

Typ	Symbol	Anwendbare grafische Elemente
Zusammenfallend	⊥	Punkt-Punkt, Punkt-Linie, Punkt-Ebene, Linie-Ebene, Ebene-Ebene
Parallel	∥	Linie-Linie, Linie-Ebene, Ebene-Ebene
Senkrecht	⊥	Linie-Linie, Linie-Ebene, Ebene-Ebene
Tangential	◯	Bogen-Linie, Bogen-Bogen, Bogen-Zylinder, Zylinder-Zylinder, Ebene-Zylinder
Konzentrisch	◎	Bogen-Bogen, Bogen-Zylinder, Zylinder-Zylinder
Sperren	🔒	Jedes grafische Element

Tab. 2.10 Die Arten von fortgeschrittenen Verbindungen

Typ	Symbol	Anwendbare grafische Elemente
Symmetrisch	◇	Zwei Punkte/Linien über einer Linie, zwei Punkte/Linien/Ebenen/beliebige Objekte über einer Ebene
Breite	∥∥	Eine oder zwei Ebenen in der Mitte von zwei anderen Ebenen
Pfadverbindung	∿	Punkt-Pfad, Punkt-Trajektorie
Linie/Linienkupplung	∠	Zwei parallele Ebenen

Tab. 2.11 Die Arten von mechanischen Verbindungen

Typ	Symbol	Anwendbare grafische Elemente
Nocken	⌒	Nocken: eine Reihe von Flächen Nockenfolger: eine Fläche oder Spitze
Scharnier		Bogen-Bogen, Bogen-Zylinder, Zylinder-Zylinder
Zahnrad		Achse-Achse, Achse-Zylinder, Zylinder-Zylinder
Zahnstange		Zahnstange: Kante, Skizzenlinie, Mittellinie, Achse, Zylinder Ritzel: Zylinder, Bogen, Achse, umlaufende Oberfläche
Schraube		Achse-Achse, Achse-Zylinder, Zylinder-Zylinder
Universalgelenk		Achse-Achse, Achse-Zylinder, Zylinder-Zylinder

Grundkomponente aufgrund der Bedeutung einer Komponente bei der Definition von Montagebeziehungen mit anderen ausgewählt werden. Abb. 2.52 zeigt einige Beispiele für Grundkomponenten in jeweiligen Produkten. In diesen Beispielen sind Grundkomponenten durch die Farbe ‚blau' hervorgehoben.

2.7.2 Modellierungsmethoden

Produkte können auf zwei Arten modelliert werden, d. h., (1) *Bottom-Up Methoden* und (2) *Top-Down Methoden*.

Bottom-Up-Methoden sind traditioneller. Zuerst werden Teile entworfen und modelliert; danach werden die Teile in ein Baugruppenmodell eingefügt und Verbindungen zwischen den Teilen definiert, um die räumlichen Beziehungen der Teile im Baugruppenmodell zu bestimmen. Einzelne Teile sollten auf Teilebene bearbeitet werden, und die Änderungen, die an den Teilen vorgenommen werden, sollten automatisch im Baugruppenmodell aktualisiert werden.

Eine Bottom-up-Designmethode eignet sich für das Szenario, in dem ein Produkt aus zuvor konstruierten, fertigen Teilen und Standardkomponenten wie Hardware, Riemenscheiben, Motoren usw. besteht. Diese Teile sind standardisiert; sie sollten in technischen Entwürfen nicht geändert werden; stattdessen wählen Ingenieure verschiedene Komponenten aus, wenn die Anforderungen geändert werden. Bei der Verwendung einer Bottom-up-Methode werden *zunächst* die Teile auf der niedrigsten Ebene modelliert

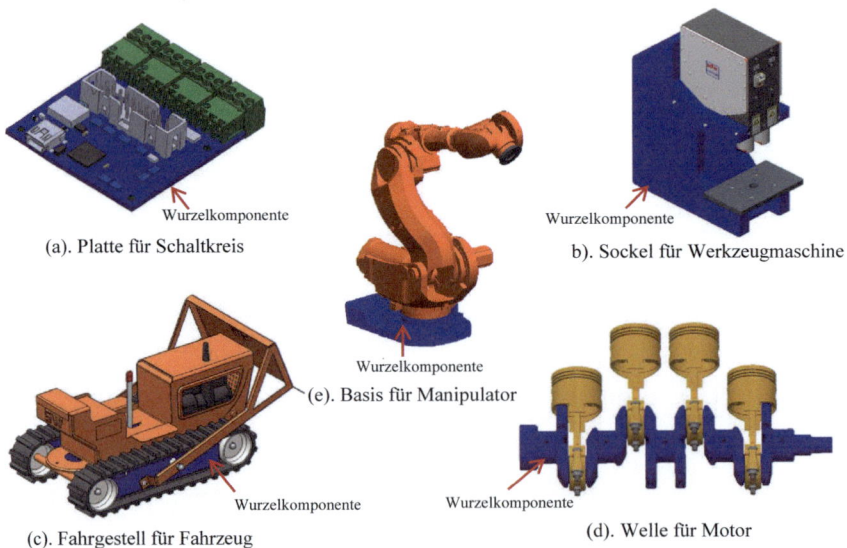

Abb. 2.52 Beispiele für die Auswahl einer Grundkomponente

2.7 Montagemodellierung

oder beschafft. *Zweitens* wird ein Montagemodell erstellt und die Hauptkomponente ausgewählt, eingefügt und im Referenzkoordinatensystem platziert. *Drittens* werden andere Teile in Sequenz eingefügt; wenn ein Teil eingefügt wird, werden seine räumlichen Beziehungen und Einschränkungen zu bestehenden Teilen durch Verbindungen definiert. Das Montagemodell ist fertiggestellt, wenn alle Teile eingefügt sind und die Verbindungen zwischen den Teilen vollständig definiert sind. Die Verwendung einer Bottom-up-Methode ermöglicht es den Ingenieuren, sich auf die Details der Montagerelationen zu konzentrieren, da Teile und Komponenten einzeln modelliert werden.

Beispiel 2.4 Erstellen Sie eine 6-DOF modulare Roboterkonfiguration aus einem modularen Robotersystem. Wie in Abb. 2.53 gezeigt, besteht das modulare Robotersystem aus standardisierten Modulen, einschließlich Drehgelenken, Linearverbindungen, Verbindungsstücken, Handgelenken und Greifern (Bi et al. 2008).

Lösung Wie in Abb. 2.54 gezeigt, sind drei kritische Designfragen bei der Anwendung eines rekonfigurierbaren Systems beteiligt. Diese Designfragen sind *Architekturdesign*, *Konfigurationsdesign* und *Steuerungsdesign*.

Das *Architekturdesign* bestimmt die Arten von Systemmodulen und die Verbindungen von Systemmodulen. Module in einem rekonfigurierbaren System sind gekapselt; mit

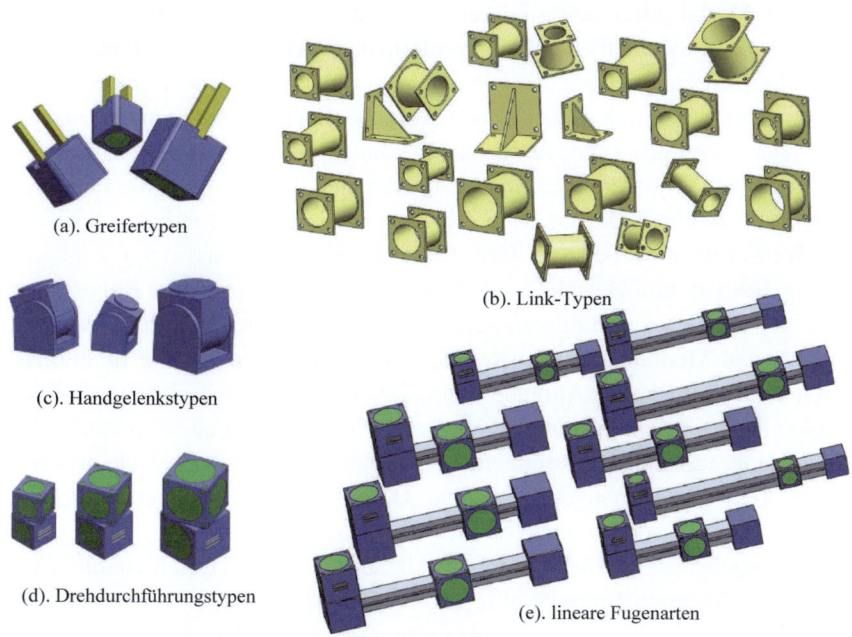

Abb. 2.53 Ein Beispiel für ein modulares Robotersystem

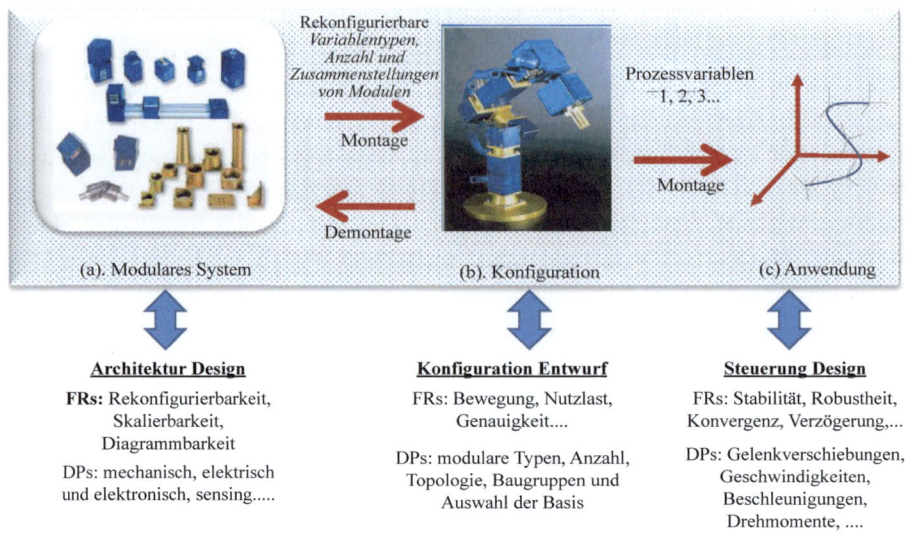

Abb. 2.54 Aufgabenorientiertes Design von modularen Robotersystemen (Bi et al. 2008)

anderen Worten, die interne Implementierung eines Moduls beeinflusst nicht die Schnittstellen des Moduls mit anderen. Die Verbindungen eines Moduls sind die Optionen, durch die das Modul mit anderen interagieren kann. Das Design der Systemarchitektur zielt darauf ab, so viele Systemkonfigurationen wie möglich mit einem gegebenen Satz von Modulen zu erzeugen. Beachten Sie, dass verschiedene Konfigurationen verwendet werden können, um verschiedene Aufgaben zu erfüllen; je mehr Konfigurationen ein System erzeugen kann, desto besser können die Fähigkeiten des rekonfigurierbaren Systems mit Veränderungen und Unsicherheiten in einer dynamischen Umgebung umgehen. Das Architekturdesign ist in der Phase des rekonfigurierbaren Systemdesigns beteiligt. Im *Konfigurationsdesign* wird davon ausgegangen, dass das rekonfigurierbare System gegeben ist; zum Beispiel sind die Arten und die Anzahl der Robotermodule in Abb. 2.52 gegeben. Das Konfigurationsdesign besteht darin, eine Reihe von Modulen auszuwählen und Module zu einem Roboter zu konfigurieren, um die funktionalen Anforderungen einer gegebenen Aufgabe optimal zu erfüllen. Das Konfigurationsdesign ist in der Phase der Systemanwendung beteiligt. Aktive Module in einem rekonfigurierbaren System haben ihre lokalen Steuerungen; es gibt jedoch systemweite Ziele, wenn Module zu einem Roboter zusammengebaut werden. Daher besteht das Steuerungsdesign darin, die Systemmodule zu koordinieren, damit diese Module miteinander zusammenarbeiten können, um gegebene Aufgaben zufriedenstellend zu erfüllen. Das Steuerungsdesign ist in der Phase des Systembetriebs beteiligt (Bi et al. 2008).

Da das Problem die funktionalen Anforderungen des 6-DOF-Roboters in Bezug auf die Arbeitslast, die Trajektorie, die Geschwindigkeit und die Beschleunigung des Werkzeugpfads nicht spezifiziert, werden willkürlich drei 1-DO-Gelenke ausgewählt, um ein

2.7 Montagemodellierung

6-DOF-Modell zu erstellen. Wie in Abb. 2.53 gezeigt, hat der vorgeführte Roboter 6 DOF; er besteht aus 1 R-90 Drehgelenk, 1 L-70 Linearverbindung, 2 R-70 Drehgelenken, 1 W-70 Handgelenk, 1 Verbindungsmodul für die Verbindung von R-90 und L-70 Modulen und 1 abgewinkeltem Verbindungsmodul für die Verbindung von L-70 und R-70. Beachten Sie, dass ein W-70 2 DOF hat. Bei der Roboterzusammenstellung hat jedes aktive Modul ein oder 2 DOF, die von jeweiligen Motoren angetrieben werden (Abb. 2.55).

In einer Top-down-Montagemethode werden Teile und Komponenten während des Montagemodellierungsprozesses erstellt. Die Details der Teilemodelle sind nicht verfügbar, wenn die Montagerelationen definiert werden, und konstitutive Teile oder Komponenten werden nacheinander auf der Grundlage der konzeptualisierten Struktur und Montagerelationen von Produkten erstellt. Beachten Sie, dass obwohl Teile während des Montagemodellierungsprozesses erstellt werden, sie entweder intern oder extern als einzelne Modelle gespeichert werden können. Top-down-Modellierung ermöglicht es Ingenieuren, geometrische Beziehungen und Einschränkungen in der High-Level-Struktur für neu erstellte Teile zu nutzen. Auf diese Weise können geometrische Modellierung und Montagemodellierung gleichzeitig durchgeführt werden. Ingenieure können die Montagerelationen des Teils sehen, wenn der Teil modelliert wird.

Eine Top-down-Methode reduziert die Nacharbeit, wenn die Montagerelationen in einem Produktdesign geändert werden, da die abgeleiteten Teile mit den Montageeinschränkungen verbunden sind, wenn sie modelliert werden. Daher ist die Top-down-Modellierung sehr nützlich in der Konzeptdesignphase; sie wird häufig im Werkzeugdesign

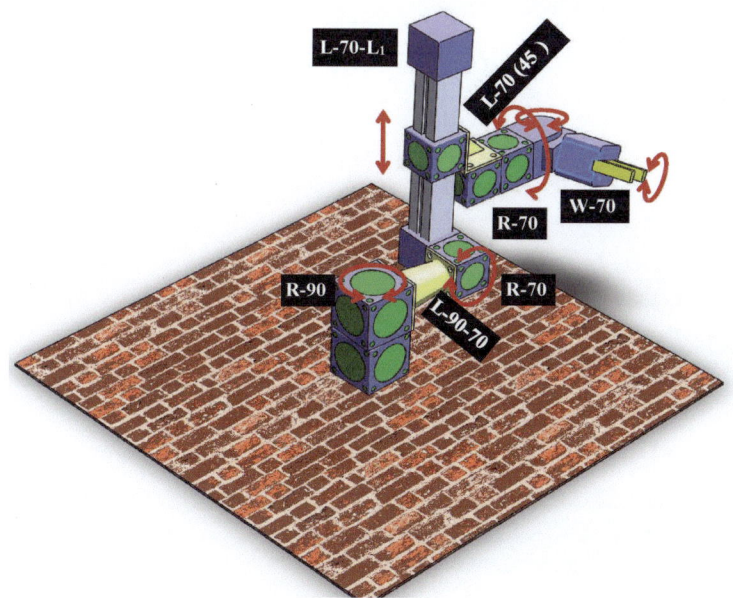

Abb. 2.55 Eine 6-DOF-Konfiguration des modularen Robotersystems

verwendet, da die Geometrien und räumliche Anordnung der Werkzeuge von den zu fertigenden Teilen abhängen. In der Praxis kann eine Top-down-Methode verwendet werden, um ein Montagemodell teilweise zu erstellen, d. h., einige kritische Teile in der Montage oder einige Schlüsselfunktionen von Teilen. Ingenieure können die Top-down-Modellierungsmethode verwenden, um eine Montage einschließlich Schlüsselteilen zu layouten, die auf Montagerelationen zugeschnitten sind (Dassault Systems 2020).

Beispiel 2.5 Ein Kunde möchte einen Esstisch mit den in Abb. 2.56 gezeigten Merkmalen haben: (1) der Tisch nimmt einen Fußabdruck eines kreisförmigen Bereichs von Ø 2000 mm ein; (2) der Tisch wird von einem sechseckigen Rahmen gestützt, der für sechs Personen dient; (3) der Tisch hat eine Gesamthöhe von 1200 mm und steht auf vier Beinen; (4) jede Seite des Tisches hat eine Schublade mit einer Höhe von 200 mm; (5) Stahlmaterialien werden für alle Stützteile und Holzmaterialien für die Teile mit einer großen Oberfläche und die Teile für sechs Schubladen verwendet. Verwenden Sie das Top-Down-Modellierung, um einen Esstisch zu entwerfen, der die genannten Anforderungen erfüllt.

Lösung Die Top-Down-Methode wird verwendet, um sechs Teile für einen Esstisch zu erstellen. Die Hauptabmessungen der Teile werden auf der Grundlage der Zeichnung des konzeptionellen Designs in Abb. 2.56 bestimmt. Als Ergebnis zeigen die Abb. 2.57

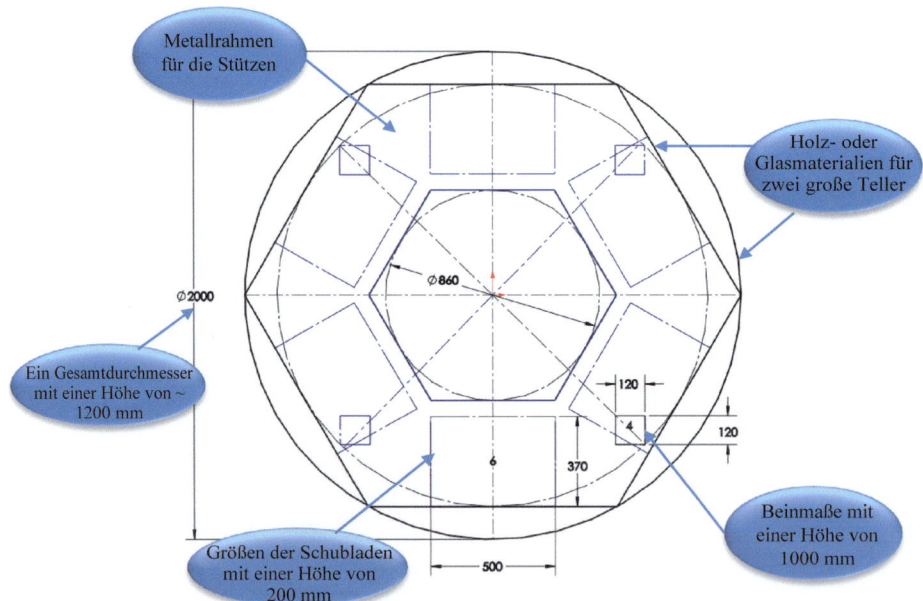

Abb. 2.56 Anforderungen an neuen Esstisch im Top-Down-Designbeispiel

2.7 Montagemodellierung

ARTIKEL NR.	TEILNUMMER	QTY.
1	Boden	1
2	TopPlate	1
3	BottomPlate	1
4	Rahmen	1
5	Schublade	6
6	Bein	4
7	LegRib	4

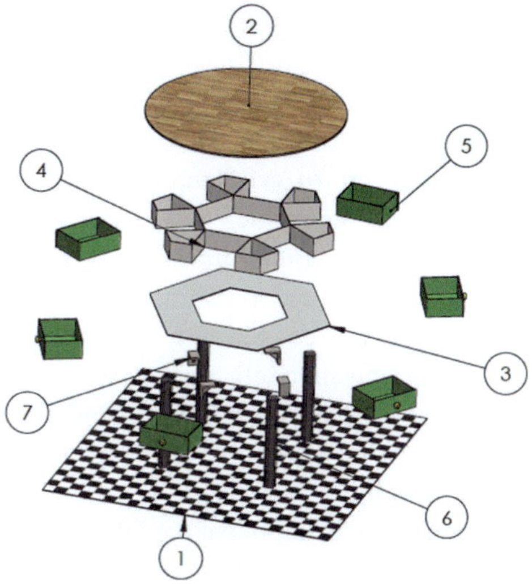

Abb. 2.57 Top-Down-Modellierung für das Design eines Esstisches

Abb. 2.58 Zusammengeklapptes Montagemodell des Esstisches im Beispiel 2.6

und 2.58 die explodierten und zusammengeklappten Ansichten des Montagemodells. Die Stücklisten (BOM) Tabelle in Abb. 2.57 zeigt, dass der Esstisch aus 17 Teilen zusammengesetzt ist.

2.7.3 Neue Baugruppen-Level-Funktionen

Im Baugruppenmodellieren werden Verbindungen definiert, um die räumlichen Beziehungen von Teilen in übergeordneten Komponenten darzustellen. Um Baugruppenbeschränkungen zu erfüllen, können neue geometrische oder Referenzfunktionen für Teile oder Komponenten auf der Baugruppenebene erstellt werden; solche Funktionen werden als Baugruppen-Level-Funktionen bezeichnet. Eine *Baugruppen-Level-Funktion* unterscheidet sich von einer Funktion in einem Teilemodell in dem Sinne, dass die Referenzen, Skizzen und Abmessungen einer Baugruppen-Level-Funktion mit dem Baugruppenmodell verknüpft sind. Baugruppenmodellierung unterstützt die Erstellung von Baugruppen-Level-Funktionen. Abb. 2.59 zeigt die Modellierungswerkzeuge von SolidWorks in der *Baugruppenbefehlsgruppe*, und die folgenden Werkzeuge beziehen sich auf die Baugruppen-Level-Funktionen: (1) **Komponente einfügen**. Ein Teil oder eine Komponente wird in das Baugruppenmodell eingefügt; das Teil kann neu im Baugruppenmodell erstellt werden, indem die Top-Down-Methode verwendet wird; mit anderen Worten, das neue Teil nimmt mindestens eine Referenzebene aus dem Baugruppenmodell als seine Skizzenebene für die erste feste Funktion als Korrespondenz. (2) **Komponentenmuster**. Ein lineares oder kreisförmiges Muster wird definiert, indem man ein oder eine Gruppe von Teilen auswählt und die Anzahl und den Abstand des Musters festlegt. (3) **Smart Fasteners**. Ein Standardbefestiger wird für ein Paar ausgewählter Teile an ihren Kontaktflächen definiert. (4) **Baugruppenfunktionen**.

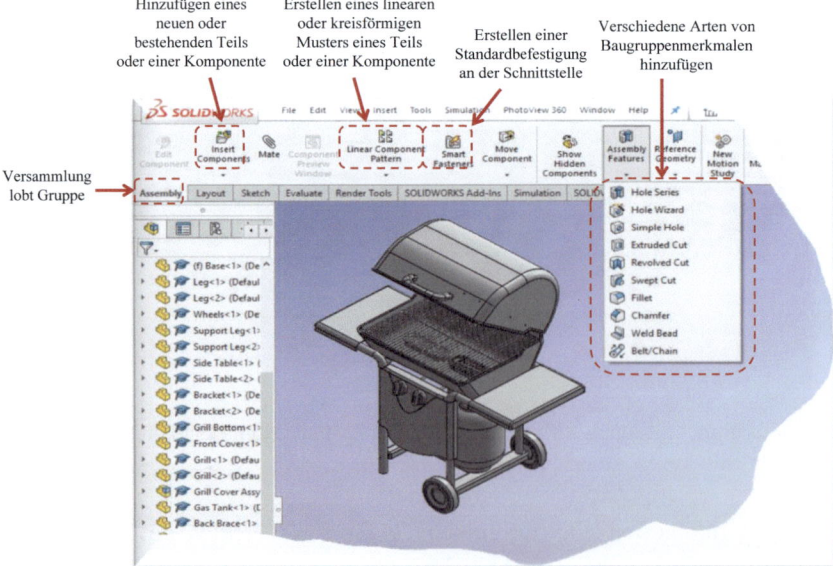

Abb. 2.59 Schnittstelle zum Hinzufügen von Baugruppen-Level-Funktionen

2.7 Montagemodellierung

Die Werkzeuge werden verwendet, um (i) geometrische Funktionen zu erstellen, die für Baugruppen relevant sind, wie *Lochreihen*, *Lochassistent*, *einfaches Loch*, *extrudierter Schnitt*, *rotierter Schnitt*, *gezogener Schnitt*, *Fase* und *Verrundung*, und (bi) eine Baugruppenbeziehung zu definieren, wie *Schweißperle* und *Riemen/Kette*.

Beispiel 2.6 Erstellen Sie ein neues Teil in Abb. 2.60a, um den Griff mit dem Körper der Lampe zu verbinden.

Lösung Abb. 2.60b–f veranschaulicht die Schritte zum Einfügen eines neuen Teils unter Verwendung der Informationen anderer Teile im Baugruppenmodell (Abb. 2.60a). *Zuerst* wird die Option *neues Teil* unter dem *Einfügewerkzeug* aktiviert, um den Prozess der Erstellung eines neuen Teils im Baugruppenmodell zu beginnen. *Zweitens* wird die symmetrische Ebene des Lampenkörpers als zugehörige Skizzenebene der ersten Funktion des neuen Teils ausgewählt. *Drittens* wird das Lochprofil des Griffs auf die Skizzenebene projiziert und als Kreis in der Skizze umgewandelt. *Viertens* wird eine extrudierte Funktion erstellt, indem die neu erstellte Skizze und zwei Seiten am Griff als Grenzen in zwei Extrudierungsrichtungen festgelegt werden. *Schließlich* ist ein neues Teil vollständig

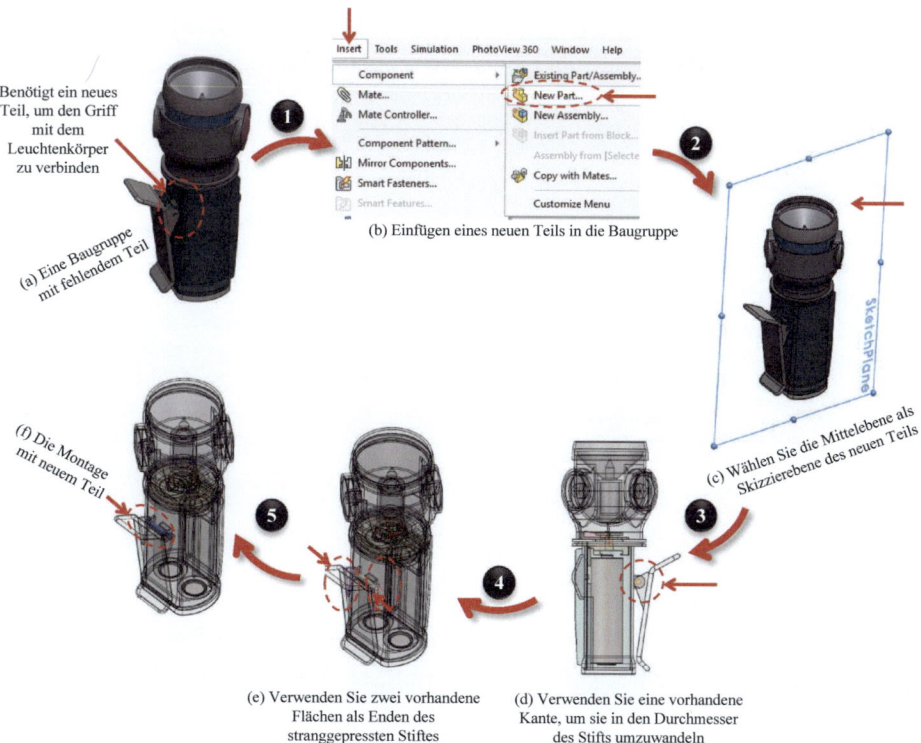

Abb. 2.60 Der Vorgang des Hinzufügens eines neuen Teils im Baugruppenprozess

definiert, und der Einfügeprozess wird beendet und kehrt zum Baugruppenmodell mit einem neu erstellten Stift zurück.

Beispiel 2.7 Ein charakterisiertes menschliches Brustmodell wird modifiziert, um den Einfluss von Sternotomiedrähten auf die Übertragung von Ultrabreitband (UWB) in einem drahtlosen Körperbereichsnetzwerk (WBAN) zu untersuchen. Abb. 2.61a zeigt das ursprüngliche Modell, das aus den geschichteten Modellen von Kleidung, Haut, Fett, Muskeln, Sternum, Knochen und Herz in der Brust besteht; beachten Sie, dass verschiedene Schichten unterschiedlichen dielektrischen Eigenschaften in der Simulation entsprechen. Abb. 2.61b und c zeigen die Modelle von Drähten und Herzklappe, die auf Sternum und Herz montiert werden. Modifizieren Sie das Simulationsmodell, indem Sie Drähte in das Brustmodell einfügen, damit es für die numerische Simulation der Signalübertragung (Särestöniemi et al. 2019) verwendet werden kann.

Lösung In einem Baugruppenmodell muss die Interferenz von festen Objekten beseitigt werden. Wenn ein neues Teil eingefügt wird, sollten mögliche Interferenzen erkannt werden. Wenn eine Interferenz identifiziert wird, kann sie durch Hinzufügen einer Hohlraumfunktion auf der Baugruppenebene beseitigt werden. Abb. 2.61d zeigt, dass das Baugruppenmodell so modifiziert wird, dass Hohlraumfunktionen in den Teilemodellen von Herz, Sternum, Fett, Knochen und Muskeln erstellt werden; diese Hohlräume dienen dazu, die Herzklappe und Drähte ohne Interferenz aufzunehmen.

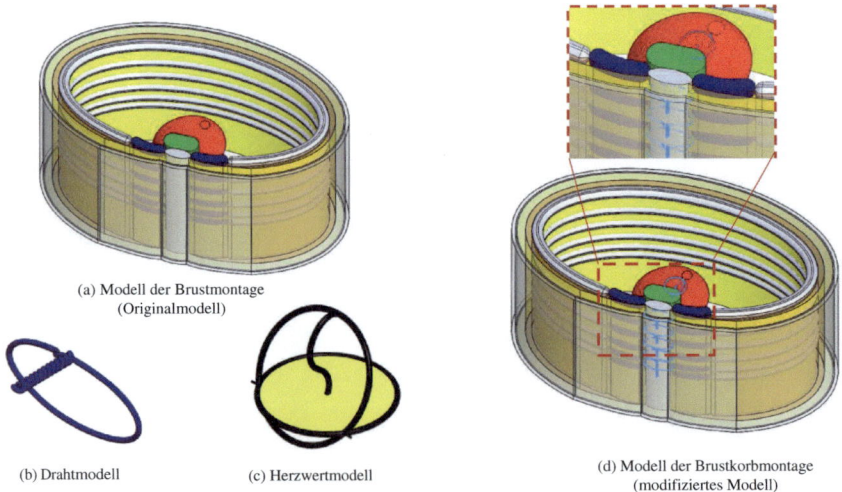

Abb. 2.61 Beispiel für die Beseitigung von Interferenzen beim Zusammenbau (Särestöniemi et al. 2019)

2.7.4 Explodierte Ansichten und Stücklisten

Ein Montagemodell stellt konstitutive Teile und ihre räumlichen Beziehungen in einem Produkt oder System dar. Wenn die Anzahl der konstitutiven Teile zunimmt, wird es schwierig, die Montagebeziehungen in einer Konfiguration zu betrachten. Das Definieren von explodierten Ansichten bietet eine nützliche Möglichkeit für Ingenieure, die Montagebeziehungen in mehreren Konfigurationen zu betrachten. In jeder Konfiguration können Teile bewegt und an explodierten Positionen platziert werden, und die Bewegungsspuren können als explodierte Linien modelliert werden, um Montagewege darzustellen. Darüber hinaus können die Explodierschritte animiert und aufgezeichnet werden, so dass Ingenieure die Montageprozesse eines Produkts lebhaft überprüfen können. Wie in Abb. 2.62 gezeigt, bieten die Werkzeuge in der Montagemodellierung auch die Funktion, *die Stücklisten* (BOM) automatisch zu erstellen. Die BOM listet alle Arten von Teilen sowie die Anzahl jeder Teileart auf. Explodierte Ansichten helfen Ingenieuren, den Montageplan effektiv zur Überprüfung und Validierung zu visualisieren.

Abb. 2.63 zeigt ein Beispiel für ein Motormontagemodell. Abb. 2.63a ist eine zusammengeklappte Konfiguration mit allen Verbindungen zwischen den Teilen, und Abb. 2.64b ist eine explodierte Ansicht, die alle Teile sowie die Teile für Montage-

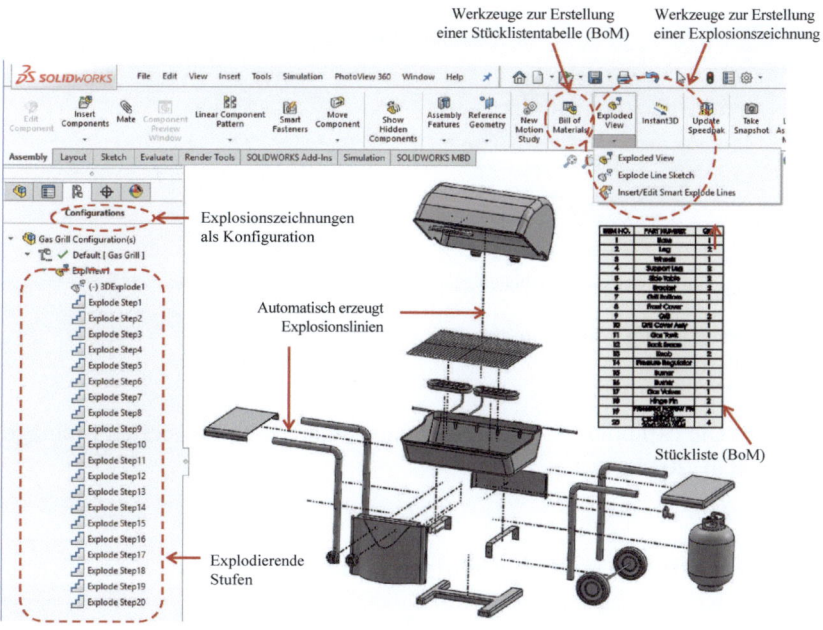

Abb. 2.62 Schnittstelle zur Erstellung einer explodierten Ansicht

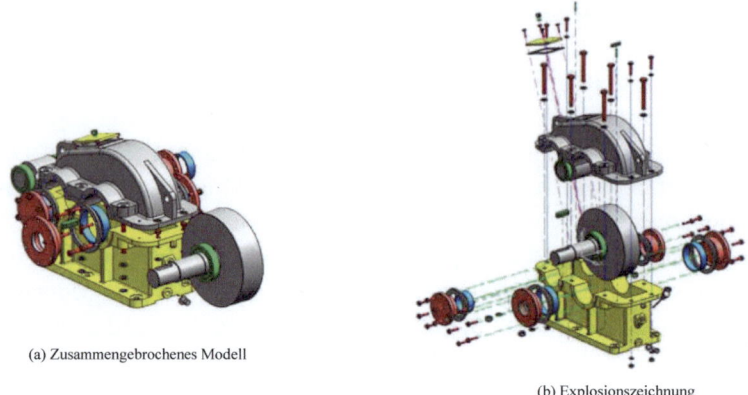

Abb. 2.63 Beispiel für eine explodierte Ansicht - Zylindergetriebereducer (Yu et al. 2014)

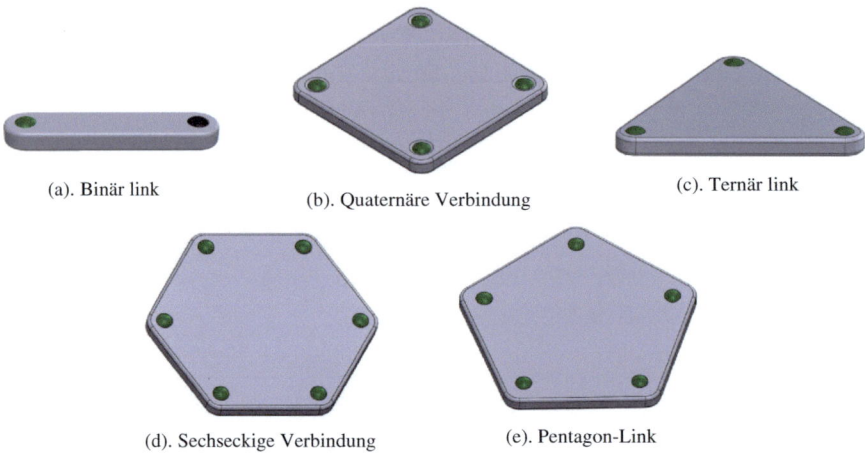

Abb. 2.64 Klassifizierung von Verbindungen

prozesse zeigt. Die explodierte Ansicht half dabei, einen automatisierten Montageplan zu erstellen (Yu et al. 2014).

2.8 Kinematische und dynamische Modellierung

Moderne Maschinen oder Produkte sind meist mechatronische Systeme; sie basieren jedoch auf mechanischen Systemen. Bei der Gestaltung eines mechanischen Systems untersucht die Mechanik das kinematische und dynamische Verhalten eines mechanischen

2.8 Kinematische und dynamische Modellierung

Systems, das mechanischen Belastungen wie Verlagerungsbeschränkungen und Antriebskräften ausgesetzt ist.

Ein mechanisches System besteht aus einer Reihe von *Verbindungen*, die durch *Gelenke* verbunden sind. Ein mechanisches System hat eine spezielle Verbindung namens *ein Ende-Effektor*, um Aufgaben auszuführen. Die Montage von Verbindungen und Gelenken stellt sicher, dass der Endeffektor mit spezifizierten Freiheitsgraden (DOF) bewegt werden kann. Um ein mechanisches System zu modellieren, werden Verbindungen und Gelenke zunächst angemessen dargestellt.

2.8.1 Verbindungstypen

In einem mechanischen System wird jeder starre Körper in der Struktur als konzeptuelle Verbindung modelliert, und die mechanische Struktur ist die Montage von Verbindungen und Gelenken. In der Maschinenbaulehre werden Verbindungen basierend auf der Anzahl der Verbindungen zu anderen Objekten klassifiziert. Wie in Abb. 2.64 gezeigt, wird eine konzeptuelle Verbindung als (a) binäre Verbindung, (b) ternäre Verbindung, (c) quaternäre Verbindung, (d) pentagonale Verbindung und (e) hexagonale Verbindung bezeichnet, wenn die Verbindung die Anzahl der Verbindungen als 2, 3, 4, 5 und 6 hat. Beachten Sie, dass eine Verbindung einer Verbindung zu anderen Objekten impliziert, dass zusätzliche Bewegungseinschränkungen hinzugefügt werden, um die Bewegung der Verbindung in Bezug auf andere zu beschränken.

2.8.2 Gelenktypen und Freiheitsgrade (DOF)

Die Bewegung eines Objekts oder eines Systems wird durch die *Freiheitsgrade* (DOF) der Bewegung dargestellt. DOF sind die Anzahl der minimalen und unabhängigen Variablen, die erforderlich sind, um die Position und Orientierung eines Objekts oder Systems im Raum zu jedem Zeitpunkt zu beschreiben.

Wie in Abb. 2.65a gezeigt, besitzt ein freier Körper im 3D-Raum sechs DOF; da der Körper entlang der X-, Y-, Z-Achsen verschoben und um die X-, Y-, Z-Achsen gedreht werden kann. Wie in Abb. 2.65b gezeigt, besitzt ein freier Körper in einem 2D-Raum drei *DOF*, da er entlang der X- und Y-Achsen verschoben und um die Z-Achse gedreht werden kann; die Drehachse ist immer senkrecht zur Ebene O-XY für die X und Y Translation.

Wenn zwei Verbindungen verbunden sind, gelten einige Einschränkungen für die verbundenen Verbindungen. Die Art des Gelenks bestimmt die Bewegungsgrade, die eingeschränkt werden sollen. Abb. 2.66 zeigt sechs Gelenktypen, bei denen die Richtung(en) der uneingeschränkten Bewegung(en) dargestellt sind, während der Rest der Richtungen eingeschränkte Bewegungen sind.

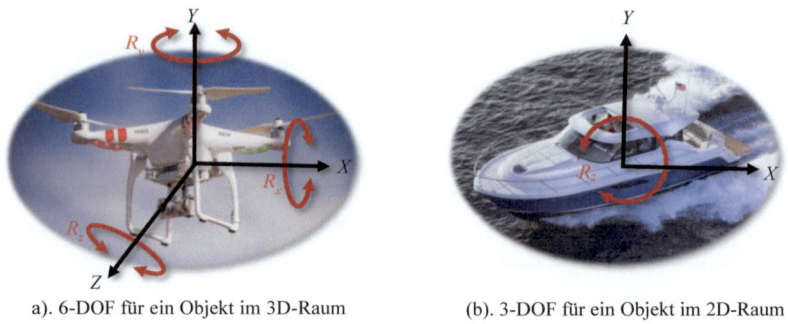

(a). 6-DOF für ein Objekt im 3D-Raum   (b). 3-DOF für ein Objekt im 2D-Raum

Abb. 2.65 Freies Objekt und Bewegungsfreiheitsgrade (DOF) in 3D- und 2D-Räumen

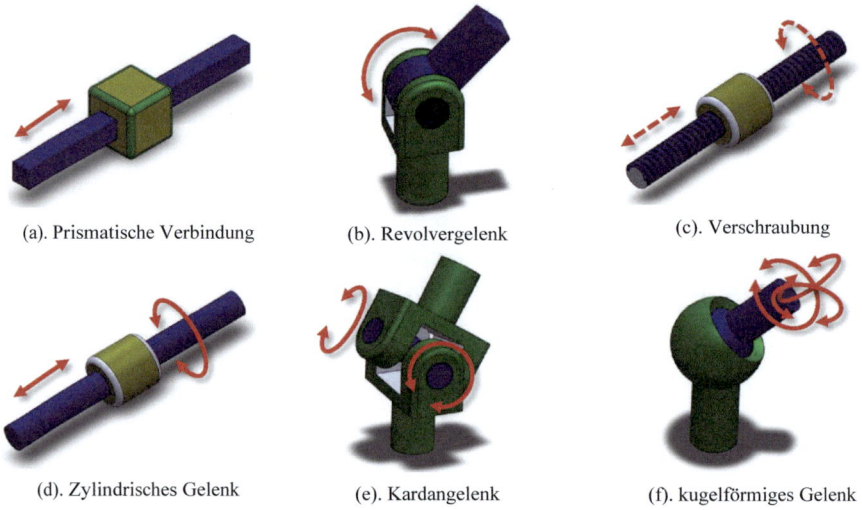

(a). Prismatische Verbindung   (b). Revolvergelenk   (c). Verschraubung

(d). Zylindrisches Gelenk   (e). Kardangelenk   (f). kugelförmiges Gelenk

Abb. 2.66 Klassifizierung von Gelenken und die Freiheitsgrade der Bewegung

Ein *prismatisches Gelenk* in Abb. 2.66a hat eine translatorische Bewegung; eine Translation oder Rotation entlang einer der fünf anderen Richtungen ist vollständig eingeschränkt. Ein *Drehgelenk* in Abb. 2.66b hat eine Rotationsbewegung. Ein *Schraubgelenk* in Abb. 2.66c ermöglicht die Translation und Rotation entlang der gleichen Achse gleichzeitig, aber diese beiden Bewegungen sind gekoppelt und das Gelenk hat nur einen DOF. Im Unterschied zu einem Schraubgelenk hat ein *Zylindergelenk* in Abb. 2.66d eine Translation und eine Rotation entlang der gleichen Achse, während diese beiden Bewegungen unabhängig sind; das Gelenk hat zwei DOF. Ein *Universalgelenk* in Abb. 2.66e und ein *Kugelgelenk* in Abb. 2.66f haben jeweils zwei und drei Rotationen ohne Translationen.

2.8.3 Kinematische Ketten

Ein mechanisches System ohne Berücksichtigung seiner Energiequelle und Bodenkomponente wird als kinematische Kette bezeichnet. Eine *kinematische Kette* bezieht sich speziell auf die Topologie der Montage von starren Körpern (oder Verbindungen) durch Gelenke.

Abb. 2.67a zeigt eine *offene-Schleifen kinematische Kette*, bei der die Verbindungen nacheinander in einer Reihe getragen werden. Aufgrund einiger eingeschränkter Bewegungen, die an den Verbindungen auftreten, hat eine offene Schleifen kinematische Kette in der Regel einen großen Bewegungsbereich, aber eine begrenzte Steifigkeit, um externe Lasten zu tragen. Darüber hinaus bringen jede Verbindung oder jedes Gelenk neue Fehlerquellen mit sich; die Fehler von diesen Verbindungen und Gelenken addieren sich linear in einer offenen Schleifen kinematische Kette. Theoretisch hat eine offene Schleifen Kette eine relativ geringe Genauigkeit.

Abb. 2.67b zeigt eine *geschlossene-Schleifen kinematische Kette*, die zwei oder mehrere spezielle Verbindungen mit mehr Verbindungen zu anderen enthält. Diese Verbindungen sind parallel mit einer Gruppe von anderen verbunden. Die Last auf einer mehrfach verbundenen Verbindung wird von einer Reihe von verbundenen Verbindungen geteilt. Daher hat eine geschlossene Schleifen kinematische Kette eine bessere Fähigkeit, die externe Last zu tragen. Darüber hinaus werden die Fehler an den Gelenken, da die gleiche Verbindung parallel mit anderen verbunden ist, gemittelt statt addiert. Daher wird erwartet, dass eine geschlossene Schleifen kinematische Kette eine bessere Bewegungsgenauigkeit hat; sie hat jedoch aufgrund der Einschränkungen durch mehrere Verbindungen einen relativ kleinen Bewegungsbereich.

Abb. 2.67c zeigt eine *hybride kinematische Kette*, die sowohl offene als auch geschlossene Schleifenketten enthält. Eine hybride Kette macht den Kompromiss zwischen der Belastungsfähigkeit und dem Bewegungsbereich. Die geschlossenen Schleifen-Unterketten werden dort verwendet, wo die Lasten für die Maschine groß sind, und die

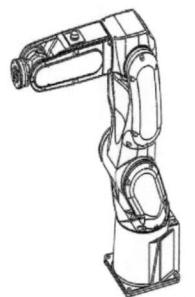 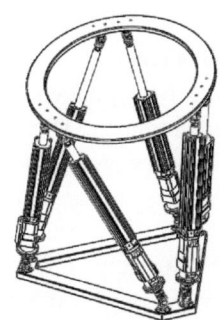 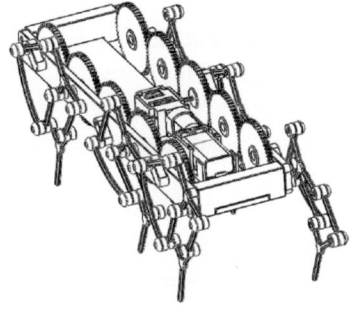

(a). offener Kreislauf   b). geschlossener Kreislauf   (c). Kombinierte Kette

Abb. 2.67 Drei Arten von kinematischen Ketten

offenen Schleifen-Unterketten werden dort verwendet, wo die Maschine einen großen zugänglichen Raum für gegebene Aufgaben benötigt.

2.8.4 Mobilität von mechanischen Systemen

Wenn die Verbindungen, die Gelenke und die Montagetopologie gegeben sind, kann die Mobilität eines mechanischen Systems bestimmt werden. *Die Mobilität* der Mobilität eines mechanischen Systems (M) wird als Anzahl der DOF des Systems quantifiziert.

Die Freiheitsgrade eines mechanischen Systems werden in Bezug auf einen ausgewählten Referenzrahmen definiert, der als *Grundreferenzrahmen* bezeichnet wird, wie folgt:

$$M = \lambda(l - j - 1) + \sum_{i=1}^{j} f_i \qquad (6.1)$$

wo

M die Freiheitsgrade (DOF) des Systems sind,

l ist die Gesamtzahl der Verbindungen, einschließlich der festen Verbindung,

n ist die Gesamtzahl der Gelenke,

f_I ist der Freiheitsgrad der relativen Bewegung zwischen den Elementpaaren des i-ten Gelenks, und

λ ist eine ganze Zahl $\lambda = 3$ für einen ebenen Mechanismus und $\lambda = 6$ für einen räumlichen Mechanismus.

Wenn ein Mechanismus eben ist und alle Gelenke Niedrigpaar-Gelenke sind (prismatisches Gelenk oder Drehgelenk), kann Gleichung (6.1) als Gruebler-Gleichung vereinfacht werden:

$$M = 3(l - 1) - 2j \qquad (6.2)$$

wo

M die Freiheitsgrade (DOF) eines ebenen Mechanismus sind,

l ist die Gesamtzahl der Verbindungen, einschließlich der festen Verbindung, und

j ist die Gesamtzahl der Niedrigpaar-Gelenke.

In einer Maschine treten unabhängige Bewegungen an aktiven Gelenken auf, und aktive Gelenke werden von Motoren angetrieben. Die Bewegungen der aktiven Gelenke werden auf das Endeffektor-Glied übertragen, wo die Aufgabe ausgeführt wird. Abb. 2.68 zeigt einige einfache Maschinen mit der Antriebsbewegung (in Rot) und der angetriebenen Bewegung am Ende (in Schwarz). Alle Beispielmaschinen außer Abb. 2.68g haben 1-DOF-Eingang und -Ausgang. Dies deutet darauf hin, dass viele machbare Lösungen vorhanden sind, um die gleiche Bewegungsanforderung in der Anwendung zu erfüllen.

In der Konzeptdesignphase sollte der Designer in der Lage sein, die Freiheitsgrade der Bewegung zu analysieren, wenn das Montagemodell einer Maschine gegeben ist.

2.8 Kinematische und dynamische Modellierung

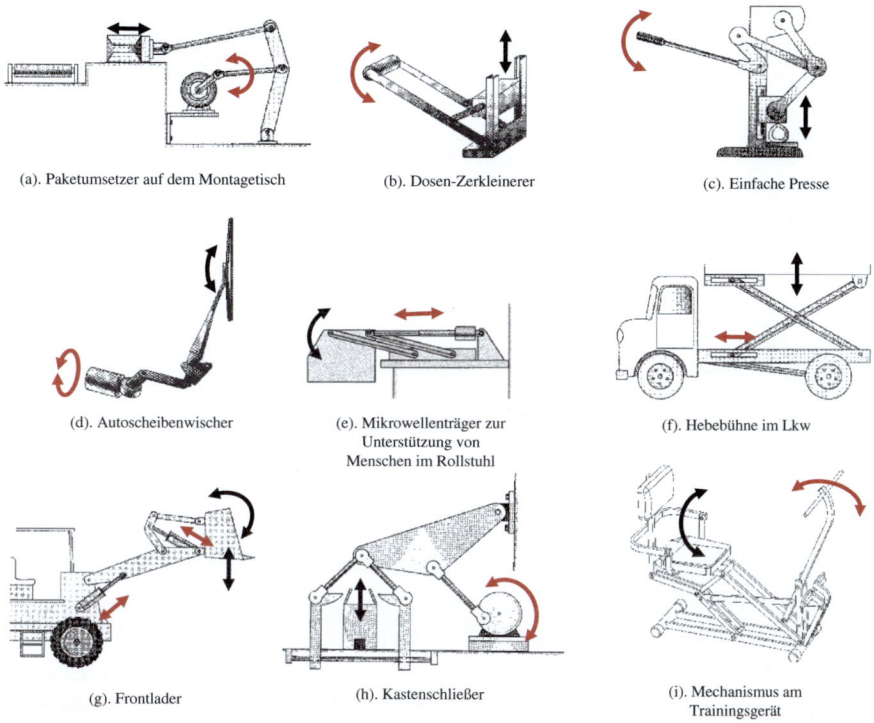

Abb. 2.68 Beispiele für einfache Maschinen

Beispiel 2.8 Bewerten Sie die DOF des in Abb. 2.68a gezeigten Mechanismus.

Lösung Wie in Abb. 2.68a gezeigt, handelt es sich bei dem Mechanismus um einen ebenen Mechanismus. Lassen Sie die DOF einer Verbindung in einer Ebene = 3 sein. Der Mechanismus umfasst sechs Verbindungen und sieben Gelenke, d. h., $l=6$ und $j=7$. Alle Gelenke sind entweder 1-DOF-Dreh- oder Translationsgelenke. Dementsprechend ist $f_i = 1$ für ($i = 1, 2, \ldots 7$). Mit Gleichung (6.1) findet man, dass,

$$M = \lambda(l - j - 1) + \sum_{i=1}^{j} f_i = 3(6 - 7 - 1) + 7(1) = 1 \tag{6.3}$$

Maschinenbau ist ein komplizierter Prozess. Mit der Computerimplementierung der zuvor genannten kinematischen und dynamischen Modellierungsmethoden sind computergestützte Designwerkzeuge in der Lage, Ingenieure bei der Gestaltung und Optimierung einer Maschine für die erwarteten funktionalen Anforderungen zu unterstützen. Abb. 2.69 zeigt, dass Ingenieure interagieren und die Fähigkeiten von computergestützten Designwerkzeugen im virtuellen Maschinendesign voll ausnutzen können

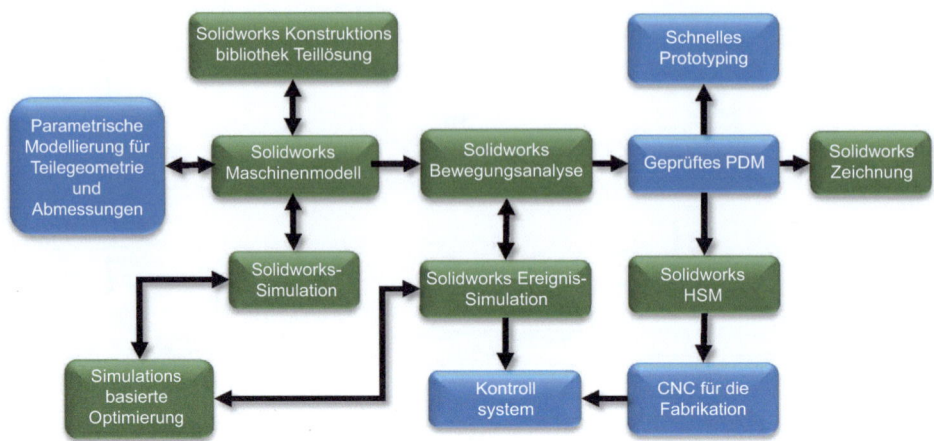

Abb. 2.69 Hauptfunktionsmodule für virtuelles Maschinendesign in SolidWorks

(Markkonen 1999). *Erstens* beginnt ein Designprozess mit der Vorbereitung eines CAD-Modells einer Maschine, einschließlich Geometrien, Abmessungen, Materialeigenschaften von Teilen und Komponenten, Verbindungsbeziehungen im Montagemodell und Randbedingungen in der Anwendungsumgebung. *Zweitens* wird ein Simulationsmodell definiert, um ein mathematisches Modell für kinematische und dynamische Verhaltensweisen des Systems zu erstellen. *Drittens* werden Modellparameter festgelegt; Hauptmodalparameter beinhalten die Eigenschaften von Motoren, die Profile der erwarteten Bewegungen, die Dauer der Simulation und die zu untersuchenden Designvariablen. *Viertens* wird die Simulation durchgeführt, um die Lösung für das formulierte mathematische Modell numerisch zu finden. *Fünftens* wird das Simulationsergebnis analysiert und verifiziert, und ein iterativer Prozess wird zu den vorherigen Schritten wiederholt, bis das Design- und Analyseziel erreicht ist. Es sollte beachtet werden, dass auch wenn CAD-Tools viele kritische Aufgaben übernehmen können, die Beteiligung von Ingenieuren am computergestützten Designprozess für einen erfolgreichen Maschinenbau unerlässlich ist. Für einen Maschinenbau in verschiedenen Stadien sind die Designumfänge und -ziele unterschiedlich, und in verschiedenen Stadien werden unterschiedliche Designtools benötigt. SolidWorks bietet ein umfassendes Werkzeugset zur Unterstützung des virtuellen Maschinendesigns.

2.8.5 Bewegungssimulation

SolidWorks *Bewegungsanalyse* dient zur Erstellung eines Simulationsmodells zur Untersuchung der Position, Geschwindigkeit, Beschleunigung und des Drehmoments eines

Mechanismus, der äußeren Lasten ausgesetzt ist. Virtuelle Bewegungsanalyse bringt erhebliche Vorteile für den Maschinenbau. (1) Die Anzahl der physischen Prototypen kann minimiert werden, da die Simulation die meisten potenziellen Designfehler und Auslassungen identifizieren kann. (2) Virtuelle Analyse benötigt viel weniger Zeit als Experimente. Sie unterstützt parametrische Studien zur Optimierung des Designs, bevor es prototypisiert wird; dies ermöglicht die Erkundung von mehr Designoptionen in einem sehr frühen Stadium. (3) Simulationsbasierte Optimierung kann zur Verbesserung des Maschinendesigns genutzt werden. (4) Die Simulation ist mit allen anderen technischen Analysen integriert; es wird möglich, quantifizierte Einblicke für zusätzliche technische Analysen zu gewinnen und die Designfähigkeit über den gesamten Produktlebenszyklus zu untersuchen. Im Folgenden werden die Hauptstufen einer Bewegungssimulation diskutiert.

2.8.5.1 Modellvorbereitung

Der erste Schritt für die Bewegungssimulation besteht darin, ein CAD-Modell der Maschine vorzubereiten. Das Maschinenmodell umfasst alle konstituierenden Teile, und die Verbindungen der Teile werden in vereinfachter Form dargestellt. Darüber hinaus werden die Materialien für alle festen Körper festgelegt, so dass die Festigkeiten der Teile in Bezug auf zulässige Spannungen bestimmt werden. Die auf die Teile im Prozess des Maschinenbetriebs wirkenden Kräfte werden dann auf der Grundlage der erforderlichen Bewegung der Maschine bestimmt.

Wenn alle Teile modelliert sind, ist der nächste Schritt die Modellierung der Baugruppen von Teilen. Wenn zwei Teile in der Maschine eine statische räumliche Beziehung haben, sollten diese beiden Teile gruppiert werden, da zwischen ihnen keine relative Bewegung erlaubt ist. Wenn zwei Teile eine relative Bewegung zueinander aufweisen, muss ein korrekter Typ von Gelenk ausgewählt werden. Die Montagebeziehungen von Teilen werden als *Verbindungen* in der Montagemodellierung modelliert. Wie in Abb. 2.70 gezeigt, sind die Verbindungen in SolidWorks in (a) *Standardverbindungen*, (b) *erweiterte Verbindungen* und (c) *mechanische Verbindungen* katalogisiert. Wenn zwei Teile verbunden sind, sind die Verbindungen dieser beiden Teile wahrscheinlich eine Kombination aus einigen Standardverbindungen in (a). Erweiterte Verbindungen werden in einem Szenario angewendet, in dem mehr als zwei Entitäten beteiligt sind (z. B. symmetrisch und breit) oder eine Kopplung von zwei Bewegungen auftritt (z. B. Pfadverbindung und linearer Koppler). Mechanische Verbindungen sind spezielle Verbindungen, die die Bewegungen typischer Maschinenelemente darstellen.

Abb. 2.71 zeigt ein Beispiel für ein Montagemodell eines Yumi-Roboters für die Bewegungssimulation. Der Roboter hat zwei mechanische Arme, und jeder Arm hat eine 7-DOF-Bewegung. Jede DOF wird durch ein aktives Drehgelenk ermöglicht. Im Montagemodell wird jede DOF als Kombination aus einer ‚koinzidenten' Verbindung von zwei Ebenen und einer ‚konzentrischen' Verbindung von zwei zylindrischen Oberflächen von zwei verbundenen Teilen modelliert.

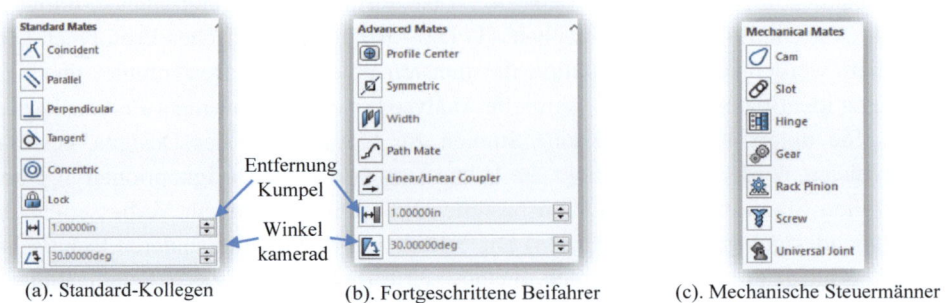

(a). Standard-Kollegen   (b). Fortgeschrittene Beifahrer   (c). Mechanische Steuermänner

Abb. 2.70 Verbindungen in der Montagemodellierung von SolidWorks

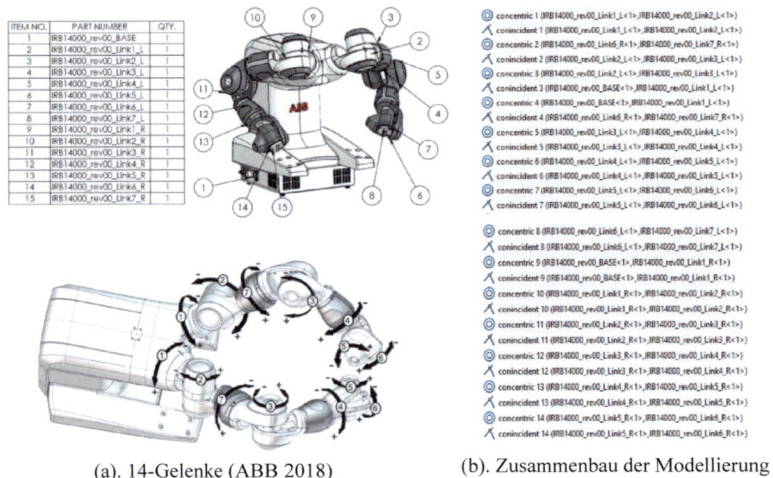

(a). 14-Gelenke (ABB 2018)   (b). Zusammenbau der Modellierung

Abb. 2.71 Montagemodellierung des ABB Yumi-Roboters

2.8.5.2 Erstellung des Simulationsmodells

SolidWorks hat drei funktionale Module für eine Bewegungsstudie: *Animation*, *Grundbewegung* und *Bewegungsanalyse*. Das Animationstool simuliert das kinematische Verhalten von Modellen ohne Berücksichtigung der Dynamik. Benutzer können die Animation verwenden, um mögliche Bewegungen mit einem Baugruppenmodell zu visualisieren. Sowohl das Grundbewegungs- als auch das Bewegungsanalysetool werden verwendet, um kinematisches und dynamisches Verhalten unter Berücksichtigung dynamischer Eigenschaften und treibender Kräfte zu simulieren, jedoch mit unterschiedlichen Genauigkeitsstufen der Berechnung. Galliera (2010) gab den Vergleich der drei Simulationstools wie in Tab. 2.12 gezeigt.

2.8 Kinematische und dynamische Modellierung

Tab. 2.12 Vergleich von SolidWorks Animation, Grundbewegung und Bewegungsanalyse

Typen	Löser	Beschreibung
Animation	3D Dimensional Constraint Manager (3DDCM) von D-Cube	Der 3DDCM-Solver ist in der Lage, Teile in einem Baugruppenmodell oder in einem Mechanismus zu positionieren. Die Animation kann verwendet werden, um das Baugruppenmodell zu erstellen, zu modifizieren und zu animieren, vor allem zur Visualisierung von Änderungen an Geometrien, Erscheinungsbildern, Dimensionen und Zwängen wie Verknüpfungen. Eine Animation kann als eine gleichmäßige Interpolation mehrerer statischer Ansichten, auch als *Schlüssel* bezeichnet, in einer bestimmten Animationszeit definiert werden.
Grundlegende Bewegung	Ageia PhysX	Ageia PhysX ist ein Physik-Solver, der hauptsächlich für die Animationen in Spielen eingesetzt wird. Das grundlegende Bewegungswerkzeug simuliert, wie sich Objekte verhalten, bewegen und reagieren, um lebensechte Bewegungen und Interaktionen zu ermöglichen. Durch den Einsatz von Ageia PhysX in der Basisbewegung sieht die Simulation realistisch aus, aber die Bewegung ist nicht präzise. Das grundlegende Bewegungswerkzeug ist in der Lage, die Funktionen von Motoren, Federn, Kollisionen und Schwerkraft zu approximieren. Es ist physikbasiert, was eine schnelle Aktualisierung der Simulation mit weniger Berechnungen ermöglicht. Es eignet sich am besten für präsentationswürdige Animationen.
Bewegungs- analyse	ADAMS-Löser	Der ADAMS-Solver ist ein hochentwickeltes Werkzeug zur Analyse des kinematischen und dynamischen Verhaltens von mechanischen Systemen. Das Werkzeug zur Bewegungsanalyse zielt darauf ab, die Kräfte, Drehmomente, Kontaktkräfte und den Stromverbrauch genau zu analysieren. Die Simulationsergebnisse können nach Abschluss der Simulation für andere technische Analysen exportiert werden. Das Werkzeug zur Bewegungsanalyse dient der Simulation und Analyse einer Maschine unter Berücksichtigung von Antriebskräften, Federn, Dämpfern und Reibungen. Der kinematische Solver berücksichtigt Bewegungseinschränkungen, Materialeigenschaften, Masse und Komponentenkontakte.

Wie in Abb. 2.72a gezeigt, ist das *Bewegungsanalysetool* in den ‚Add-Ins' in den ‚Optionen' von SolidWorks enthalten. Es ist nicht standardmäßig geladen; daher muss ein Benutzer das Tool aktivieren, bevor darauf zugegriffen werden kann. Eine neue Bewegungsstudie kann erstellt werden, indem man mit der rechten Maustaste auf die Registerkarte Bewegungsstudie klickt, wie in Abb. 2.72b gezeigt. Nachdem die Bewegungsanalyse aktiviert wurde, enthält die Liste der Optionen unter ‚Animation' Animation, Grundbewegung und Bewegungsanalyse.

2.8.5.3 Definition der Bewegungsvariablen

Wie in Abb. 2.73 gezeigt, beinhaltet eine Bewegungsstudie einen Satz von Bewegungsvariablen für *Motor, Feder, Dämpfer, Kraft, Kontakt* und *Gravitation*. Diese Bewegungsvariablen sollten für die zu simulierende Maschine definiert werden. Zum Beispiel muss ein Satz von Motoren für alle aktiven Gelenke in einer Maschine definiert werden. Darüber hinaus müssen einige Eigenschaften angegeben werden, wenn ein Motor in der Bewegungsanalyse definiert wird.

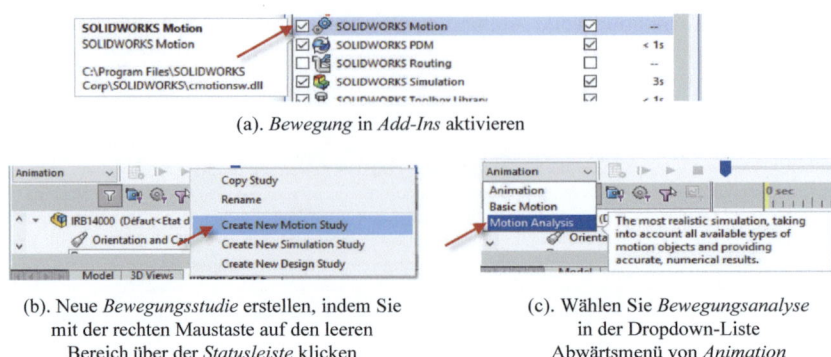

(a). *Bewegung* in *Add-Ins* aktivieren

(b). Neue *Bewegungsstudie* erstellen, indem Sie mit der rechten Maustaste auf den leeren Bereich über der *Statusleiste* klicken

(c). Wählen Sie *Bewegungsanalyse* in der Dropdown-Liste Abwärtsmenü von *Animation*

Abb. 2.72 Erstellen einer Bewegungsstudie für ein Maschinenmodell

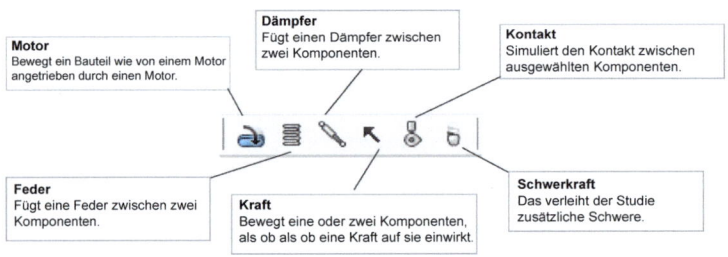

Abb. 2.73 Arten von Bewegungsvariablen in einer Bewegungsstudie

Abb. 2.74 zeigt die Schnittstelle zur Definition eines Motors in der Bewegungsstudie. *Erstens* kann die Bewegung eines Motors *translational* oder *rotational* sein. *Zweitens* ist die Bewegung mit einem beweglichen Körper verbunden, und die Bewegung ist relativ zu einem Referenzkörper entlang einer bestimmten Richtung; daher müssen der bewegliche Körper, der Referenzkörper und die Bewegungsrichtung angegeben werden. *Drittens* kann das Profil einer Bewegung eines der folgenden sein: *Konstante Geschwindigkeit*, *Distanz*, *Oszillierend*, *Segmente*, *Datenpunkte*, *Ausdruck* oder *Servomotor* aus der Dropdown-Liste von *Bewegung*. *Viertens* muss die Richtung der Bewegung angegeben werden.

2.8.5.4 Einstellung der Simulationsparameter

Neben den Bewegungsvariablen ermöglicht die Bewegungsstudie die Anpassung der Eigenschaften eines Simulationsmodells, wie in Abb. 2.75a gezeigt. Der Benutzer kann (1) die Anzahl der Bilder pro Sekunde in der Berechnung festlegen; (2) entscheiden, ob die Simulation im Verlauf der Berechnung visualisiert werden kann; (3) die Genauigkeit des 3D-Kontakts oder der Darstellung der festen Geometrie verfeinern; (4) die Zykluseinstellungen festlegen; (5) den Lösungsalgorithmus und die Toleranz als Kriterium für die Beendigung festlegen, wie in Abb. 2.75b gezeigt.

2.8 Kinematische und dynamische Modellierung

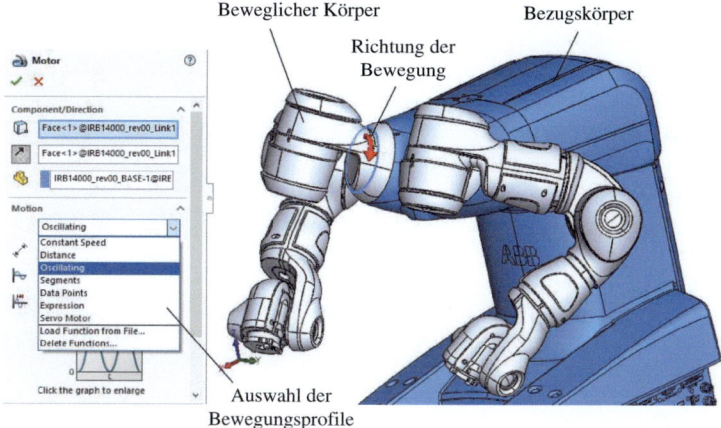

Abb. 2.74 Definition eines Motors in einer SolidWorks-Bewegungsstudie

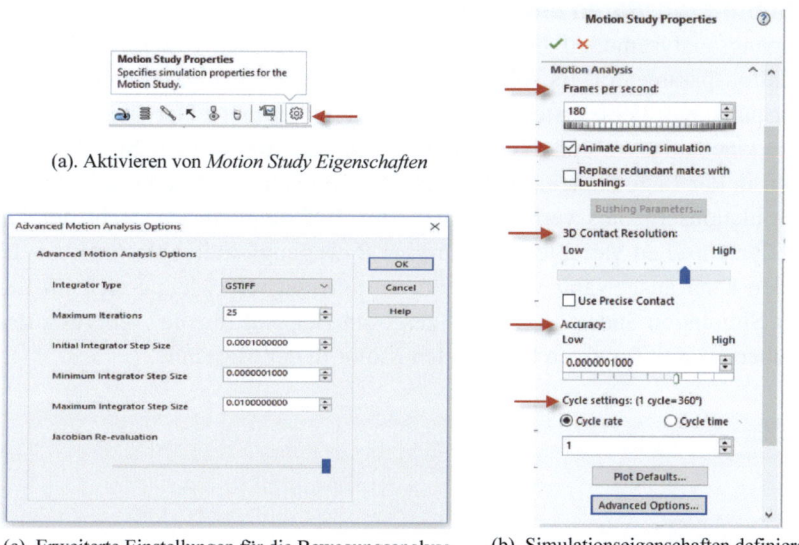

Abb. 2.75 Schnittstelle zur Einstellung der Simulationsparameter

2.8.5.5 Bewegungssimulation

Die Bewegungsanalyse initialisiert die Berechnung nicht automatisch, wenn einige Änderungen im Simulationsmodell vorgenommen werden; daher muss der Benutzer die Änderungen für eine neue Simulation akzeptieren, indem er auf das ‚Berechnen'-Symbol klickt, um die in Abb. 2.76 gezeigte Simulation auszuführen. Nach Abschluss der Berechnung kann der Benutzer das Animationstool verwenden, um die Bewegung der Maschine im

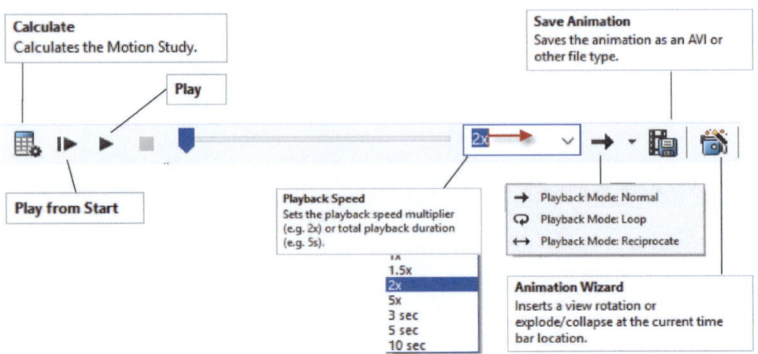

Abb. 2.76 Führen Sie eine Bewegungsstudien-Simulation durch

Laufe der Zeit zu überprüfen. Darüber hinaus kann das Simulationsergebnis gespeichert und in einem .AVI oder anderen Formaten an externe Quellen exportiert werden.

2.8.5.6 Simulationsdaten analysieren

Ein Bewegungsanalysemodell beinhaltet eine große Anzahl von Bewegungsvariablen und Simulationsparametern. Es sollte ein sehr seltener Fall sein, dass ein Benutzer alle Simulationsparameter beim ersten Durchlauf korrekt definiert. Der Benutzer sollte wissen, welche kinematischen und dynamischen Eigenschaften von der Simulation erwartet werden, um in der Lage zu sein, technische Beurteilungen vorzunehmen, um zu sehen, ob das Simulationsergebnis vernünftig ist. Abb. 2.77 zeigt die Auswahl der kinematischen und dynamischen Variablen, die für eine Bewegungsstudie relevant sind. Jede dieser Variablen kann ausgewählt werden, um zu untersuchen, wie sie sich im Laufe der Zeit in der Simulation ändert. Abb. 2.78 zeigt ein Beispiel für die Änderung des Drehmoments über die Zeit für einen bestimmten Motor in der Maschine.

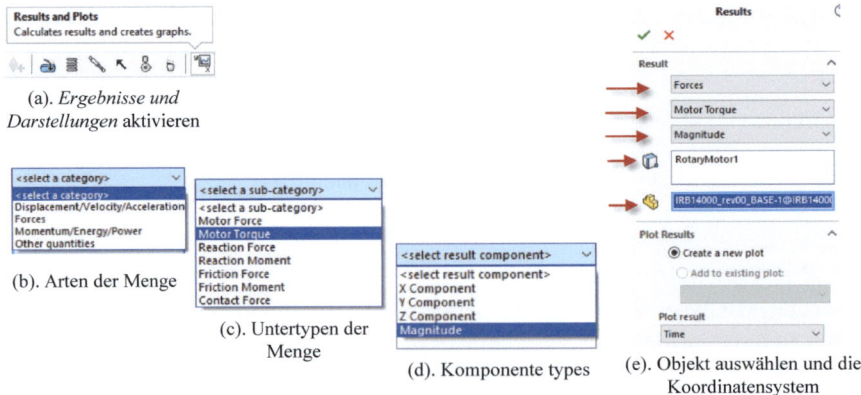

Abb. 2.77 Definieren Sie ein Diagramm für die Änderung einer kinematischen oder dynamischen Variable über die Zeit

2.8 Kinematische und dynamische Modellierung

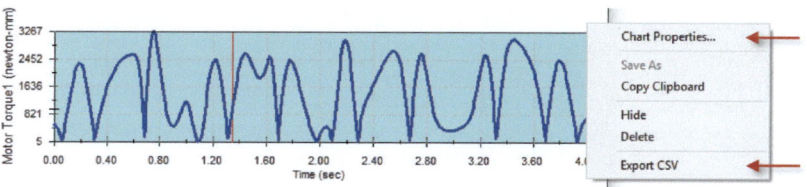

Abb. 2.78 Die Änderung des Antriebsdrehmoments über die Simulationszeit

2.8.5.7 Mechanische Ereignissimulation

Bei einer Maschine mit Bewegung variieren die auf feste Körper ausgeübten Kräfte über die Zeit; entsprechend ändern sich die Spannungsverteilungen über die Körper im Laufe der Zeit. Für ein sicheres Design ist es hilfreich zu bestimmen, wann und bei welcher Amplitude die maximale Spannung auf die Körper in einer Maschine auftritt. Die zeitabhängigen Lasten aus einer Bewegungsanalysesimulation können für die Strukturanalyse eines festen Körpers in einer Maschine genutzt werden.

Durch die Einbeziehung einer Strukturanalyse in eine Bewegungsstudie können die Verteilungen von Spannung, Sicherheitsfaktor oder Verformung über feste Körper direkt analysiert werden, ohne dass manuell Randbedingungen und Lasten festgelegt werden müssen; da die Lasten automatisch aus den Ergebnissen der Bewegungsstudie importiert werden. Der Benutzer kann die Auswirkung der dynamischen Bewegungslast auf die Spannungs- oder Verformungsverteilung über einem Teil oder Komponente untersuchen. Abb. 2.79 zeigt ein Beispiel, bei dem die Spannung und Verformung eines Teils in einem Roboter zu einem bestimmten Zeitpunkt analysiert wurden. In diesem Simulationsmodell werden die Lasten und Randbedingungen automatisch im Bewegungsstudienmodell definiert.

Eine Bewegungsstudie kann zu einer bestimmten Zeit und Zeitspanne durchgeführt werden. Darüber hinaus ist der Datenfluss von einer Bewegungsstudie zur Struktursimulation einseitig. Mit anderen Worten, die Ergebnisse der Spannungsanalyse beeinflussen das Bewegungsstudienmodell nicht. Beachten Sie, dass eine detaillierte Spannungsanalyse in SolidWorks Simulation durchgeführt werden kann, was in Kap. 3 ausführlich besprochen wird.

Beispiel 2.9 Das modulare Robotersystem in Abb. 2.53 wird verwendet, um ein Montagemodell einer 3-DOF-Parallelkinematikmaschine (PKM) zu erstellen. Die Durchmesser von Basis und Endeffektoren sind auf 600 mm und 200 mm festgelegt. Jeder Zweig der 3-DOF-Parallelkinematikmaschine besteht aus einem 70-mm-Aktivdrehgelenk, zwei 70-70-110 Typ-A-Gliedern und zwei 70-mm-Passivdrehgelenken. Unter Berücksichtigung der Referenz-Home-Position des Montagemodells werden die Bewegungen der drei aktiven Gelenke in Tab. 2.13 gegeben.

Nehmen Sie an, dass die Materialien für alle Komponenten im Montagemodell als 1060er Legierung festgelegt sind und die Richtung der Schwerkraft entlang der negativen Z_b liegt. (1) Erstellen Sie das Montagemodell für die Bewegungsstudie. (2) Definieren

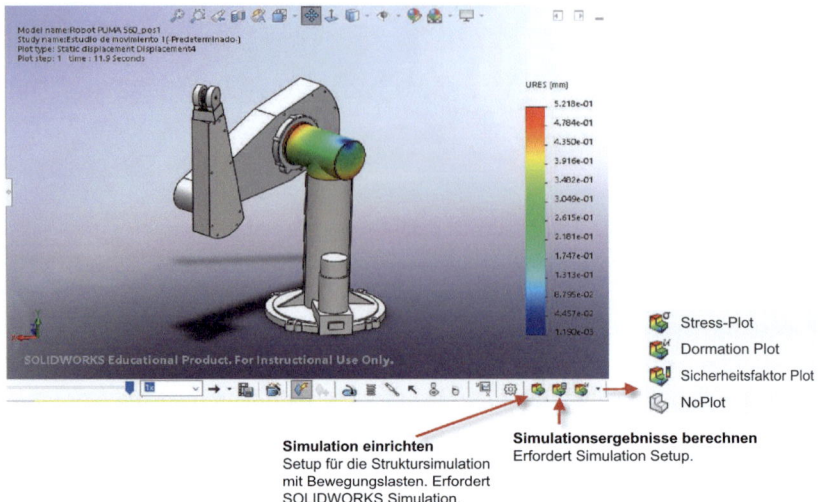

Abb. 2.79 Einbeziehung der mechanischen Ereignissimulation in die Bewegungsanalyse

Tab. 2.13 Spezifizierte Gelenkbewegungen

Gemeinsame Nr.	Bewegungsprofil	Bewegungsbereich (°)	Frequenz (Hertz)
1		40	1
2	*Oszillation*	35	0,5
3		20	1

und analysieren Sie die Bewegung des Endeffektors basierend auf der gegebenen Gelenkbewegung. (3) Visualisieren Sie die Spur des Referenzpunktes (O_e) der Endeffektorplattform. (4) Exportieren Sie die Ergebnisse der Verschiebungen und Antriebsdrehmomente der aktiven Gelenke. (5) Exportieren Sie die Ergebnisse der Verschiebungen von O_e (x_e, y_e, θ_e) mit jeweiliger Zeit.

Lösung Es wird eine hybride Modellierung verwendet, um (1) drei kinematische Zweige aus den Modulen in Abb. 2.53 nach der Bottom-up-Methode zu erstellen und (2) die Boden- und Deckplatten basierend auf den angegebenen Durchmessern nach der Top-down-Methode zu erstellen. Abb. 2.80 zeigt das Montagemodell der 3-DOF-Parallelkinematikmaschine. Es besteht aus einer Bodenplattform, drei 3-DOF-Zweigen und einer Endeffektorplattform.

2.8 Kinematische und dynamische Modellierung

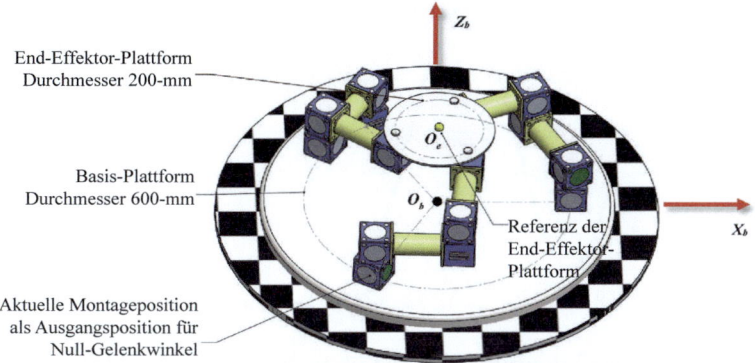

Abb. 2.80 Montagemodell der 3-DOF-Parallelkinematikmaschine

Um ein Bewegungsstudienmodell zu erstellen, werden alle aktiven Gelenke als ‚Motoren' definiert. In der gegebenen 3-DOF-Parallelkinematik sind jeder Zweig aus zwei passiven Drehgelenken und einem aktiven Drehgelenk aufgebaut. Das erste Drehgelenk in jedem Zweig wird ausgewählt, um den Motor für diesen Zweig zu definieren, wie in Abb. 2.81 gezeigt. Die Bewegungseigenschaften der drei Motoren werden entsprechend Tab. 2.13 definiert. Das fertige Modell enthält drei Motoren; zusätzlich wird die Richtung der Gravitationsbeschleunigung angegeben, um den Einfluss der Gewichte in Bewegung zu berücksichtigen.

Die Simulation wird berechnet, und die Simulationsergebnisse können visualisiert, analysiert und exportiert werden. Die Abb. 2.82, 2.83 und 2.84 zeigen die Veränderungen der Gelenkverschiebungen, Antriebsdrehmomente und Endeffektorbewegungen über die Zeit hinweg.

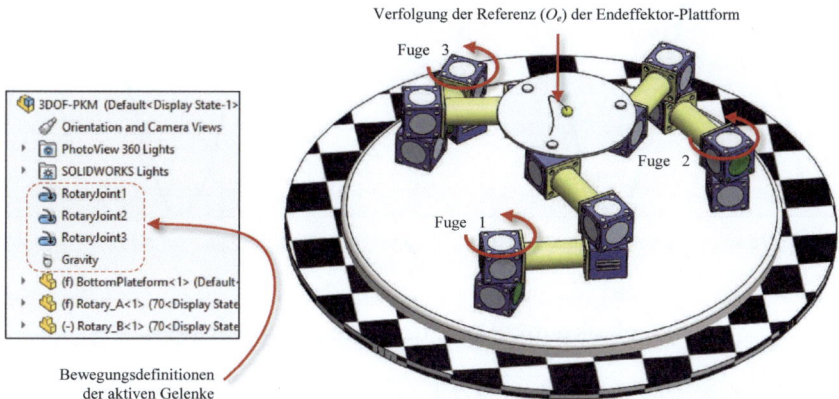

Abb. 2.81 Die Spur des Referenzpunktes O_e unter den gegebenen Bewegungen der drei aktiven Gelenke

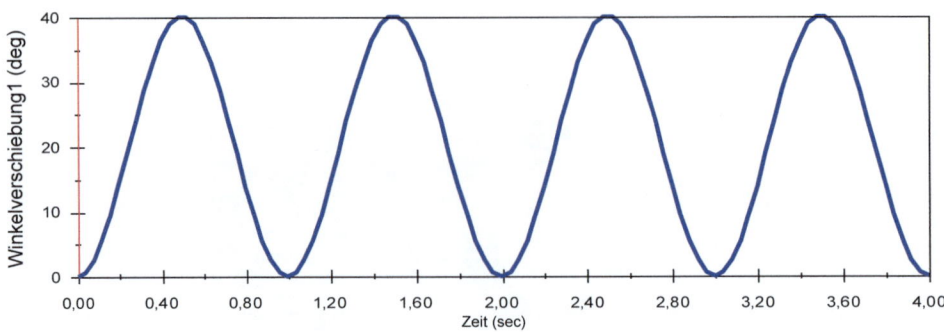

(a) Gelenkwinkel (θ_1) über die Zeit (Sekunde)

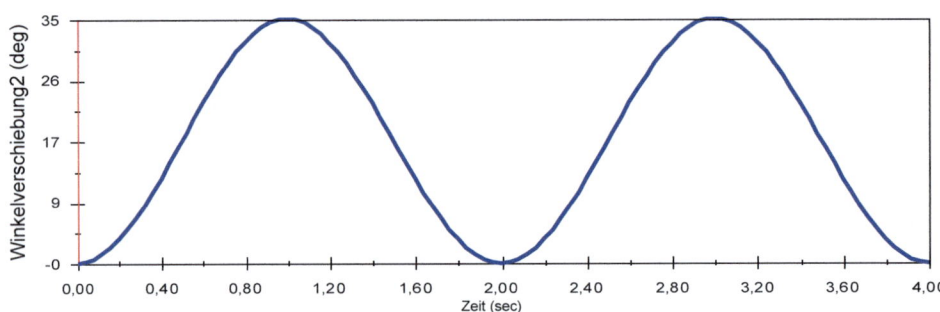

(b) Gelenkwinkel (θ_2) über die Zeit (Sekunde)

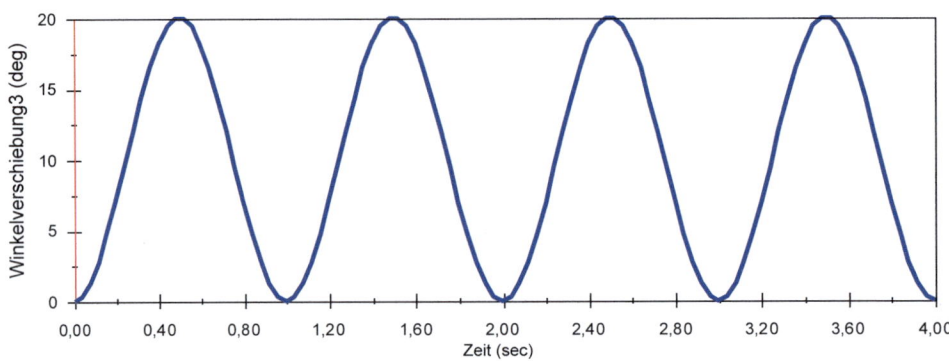

(c) Gelenkwinkel (θ_3) über die Zeit (Sekunde)

Abb. 2.82 Gelenkverschiebungen über die Zeit

2.8 Kinematische und dynamische Modellierung

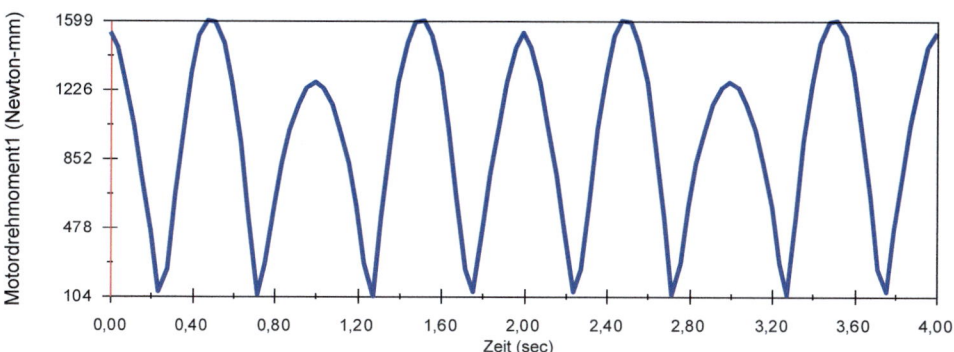

(a) Gelenkdrehmoment (τ_1) über die Zeit (Sekunde)

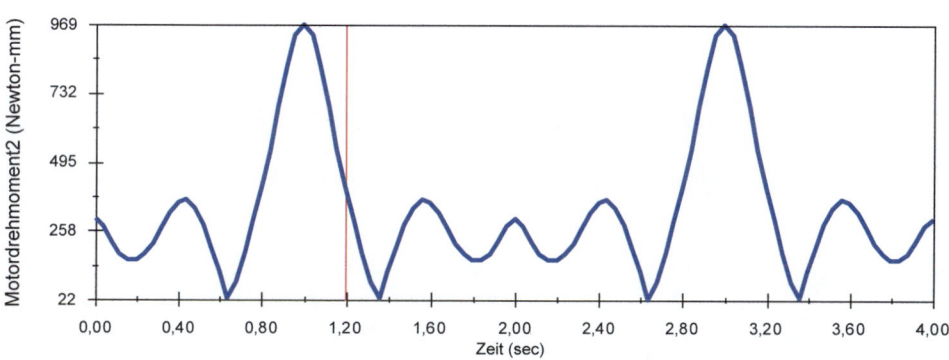

(b) Gelenkdrehmoment (τ_2) über die Zeit (Sekunde)

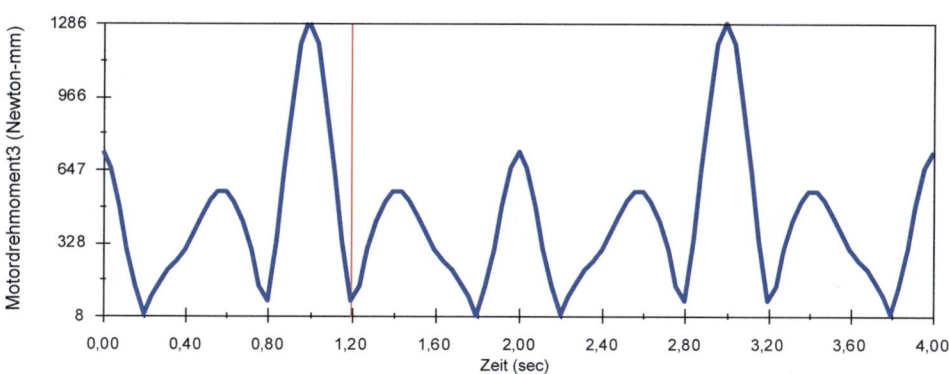

(c) Gelenkdrehmoment (τ_3) über die Zeit (Sekunde)

Abb. 2.83 Gelenkmomente über die Zeit

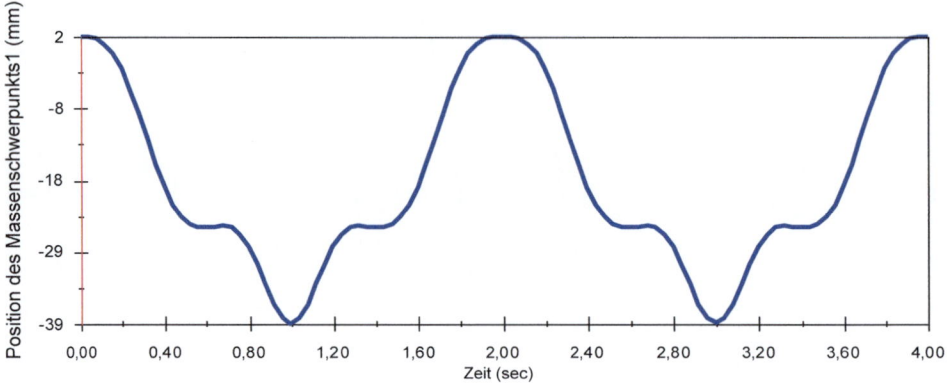

(a) Endeffektor-Plattform x_e (mm) über Zeit (Sekunde)

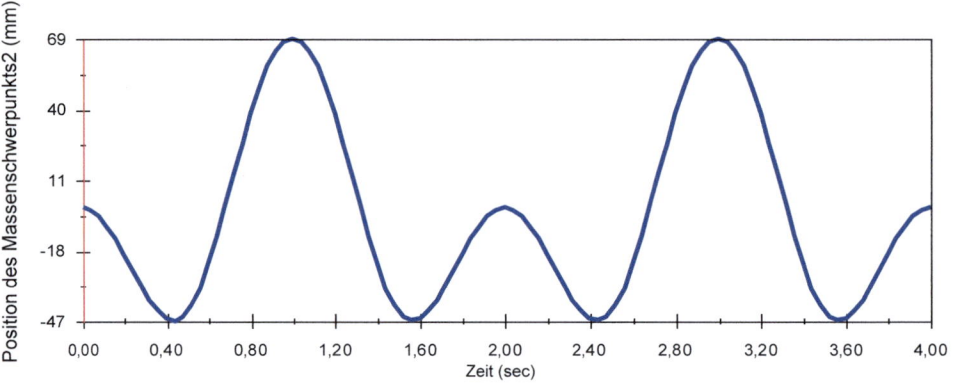

(b) Endeffektor-Plattform y_e (mm) über Zeit (Sekunde)

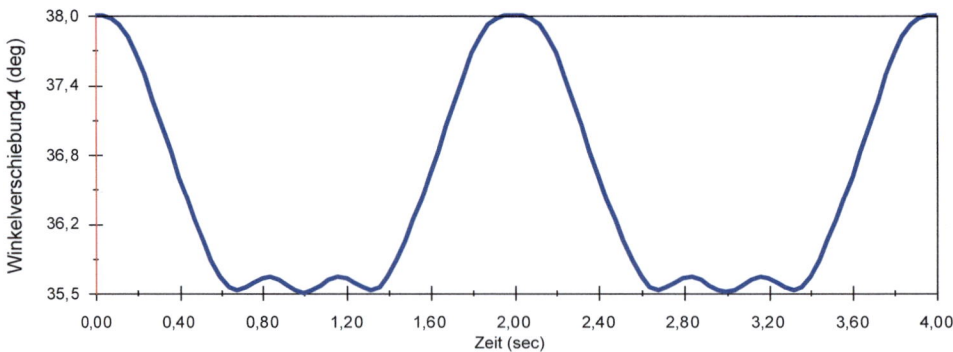

(c) Endeffektor-Plattform θ_e (mm) über Zeit (Sekunde)

Abb. 2.84 Die Verschiebungen des Endeffektors über die Zeit

2.9 Zusammenfassung

Ingenieure sollten die Fähigkeiten beherrschen, CAD-Tools zur Gestaltung, Analyse, Modellierung, Simulation und Bewertung eines Produkts, eines Herstellungsprozesses oder eines Systems zu verwenden. In diesem Kapitel werden verschiedene CAD-Techniken vorgestellt, um Produkte, Prozesse und Systeme auf verschiedenen Ebenen und Aspekten darzustellen. Um die Produktivität von technischen Entwürfen zu verbessern, sollten Ingenieure die Theorie, Methoden und Werkzeuge der parametrischen Modellierung und des wissensbasierten Engineering (KBE) verstehen und computergestützte Werkzeuge effizient einsetzen, um die Geometrie, Merkmale, Designabsichten und Montagerelationen zu modellieren. Für den Maschinenbau können Ingenieure durch den Einsatz von Bewegungssimulationstools für die kinematische und dynamische Analyse von Maschinen in einer integrierten computergestützten Umgebung erheblich profitieren.

Designprobleme

Problem 2.1 Bestimmen Sie die Anzahl der Eckpunkte, Kanten, Flächen, Schleifen und Gattungen der folgenden Objekte und verwenden Sie das Euler-Poincare-Gesetz, um zu überprüfen, ob es sich um legale Festkörpermodelle handelt.

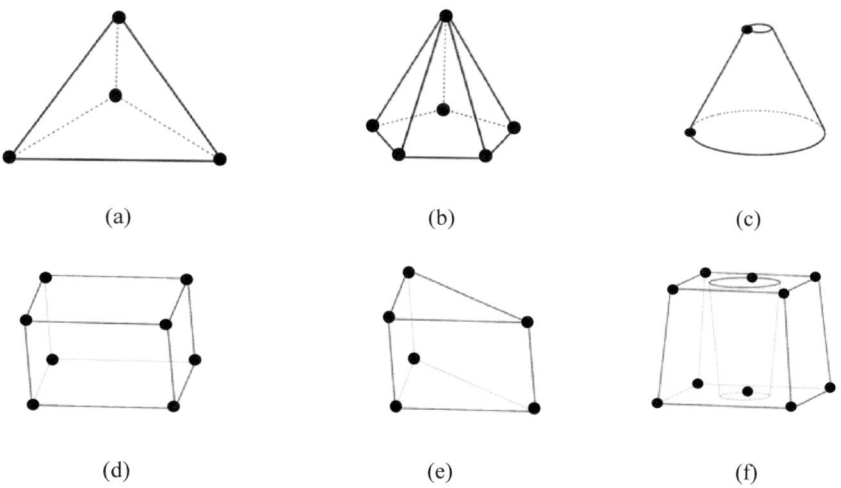

Problem 2.2 Bestimmen Sie die Anzahl der Eckpunkte, Kanten, Flächen, Schleifen und Gattungen der folgenden Objekte und verwenden Sie das Euler-Poincare-Gesetz, um die Objekttypen zu bestimmen.

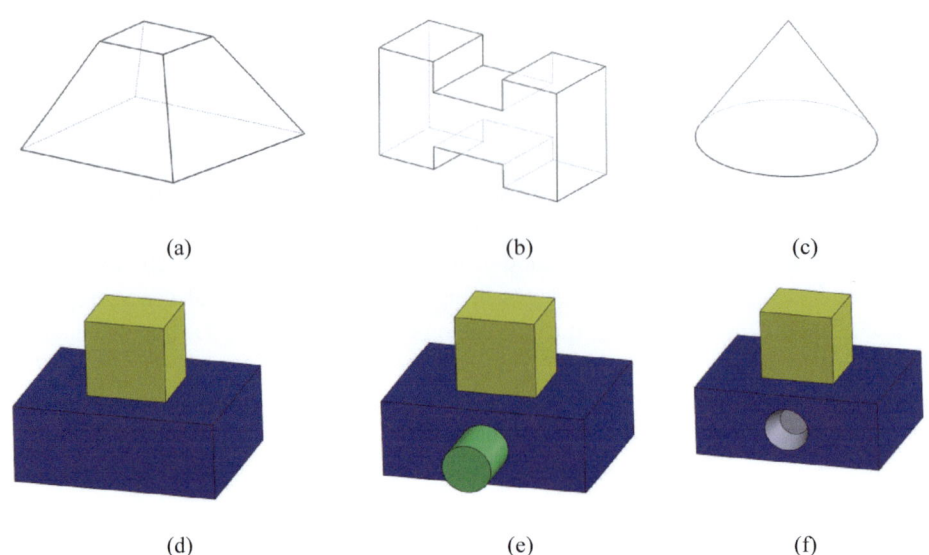

(a) (b) (c)

(d) (e) (f)

Problem 2.3 Verwenden Sie das Euler-Poincare-Gesetz, um die Gültigkeit offener Objekte in der ersten Spalte der Tab. 2.14 zu rechtfertigen.

Problem 2.4 Erstellen Sie ein Würfelmodell, wie in Abb. 2.85d dargestellt, aus den gegebenen drei Merkmalen unter Verwendung der CSG-Zusammensetzung.

Problem 2.5 Überprüfen Sie die Zeichnung in Abb. 2.86, identifizieren Sie die Menge der festen Primitiven und bestimmen Sie die Zusammensetzungsoperationen, um das dargestellte feste Modell zu erstellen.

Problem 2.6 Überprüfen Sie die Zeichnung in Abb. 2.87, identifizieren Sie die Menge der festen Primitiven und bestimmen Sie die Zusammensetzungsoperationen, um das dargestellte feste Modell zu erstellen.

Problem 2.7 Erstellen Sie ein Teilemodell für einen Satz von sechs Sockeln, wie in Abb. 2.88d gezeigt.

Problem 2.8 Bottom-up-Montagemodellierung: Hersteller von modularen Robotersystemen stellen oft die Designbibliothek von Teilemodellen zur Verfügung, damit Benutzer Roboter modellieren können. Laden Sie die Teilebibliothek für Vex-Roboter von https://www.vexrobotics.com/iq/downloads/cad-snapcad herunter und bauen Sie einen Roboter ähnlich dem in Abb. 2.89 gezeigten, und führen Sie eine Bewegungssimulation durch, um seine grundlegende Bewegung zu veranschaulichen.

2.9 Zusammenfassung

Tab. 2.14 Beispiele für Objekte für Problem 2–3

Beispiel	F	E	V	L	B	G	F-E+V-L=B-G

Problem 2.9 Top-Bottom-Montagemodellierung: Auf einer Tragfläche von Verkehrsflugzeugen befinden sich Tausende von Nieten (siehe Abb. 2.90), und Nietoperationen sind stark von menschlichen Bedienern abhängig. Erstellen Sie ein Designkonzept für ein multifunktionales Nietwerkzeug, das sich über die Oberfläche der Tragfläche bewegen und Nietprozesse automatisieren kann, und erstellen Sie die Bewegungssimulationen, um alle erforderlichen Operationen zu demonstrieren.

Problem 2.10 Verwenden Sie das modulare Robotersystem in Abb. 2.53, um einen 2D-Roboter (offene Kette) zu bauen und ein Bewegungssimulationsmodell zu erstellen, um sein kinematisches und dynamisches Verhalten zu analysieren.

Problem 2.11 Verwenden Sie das modulare Robotersystem in Abb. 2.53, um einen 3D-Roboter (offene Kette) zu bauen und ein Bewegungssimulationsmodell zu erstellen, um sein kinematisches und dynamisches Verhalten zu analysieren.

Problem 2.12 Für einen Vierstabmechanismus wird die Grashof-Bedingung verwendet, um zu rechtfertigen, ob das angetriebene Glied eine vollständige Drehung als Kurbel hat.

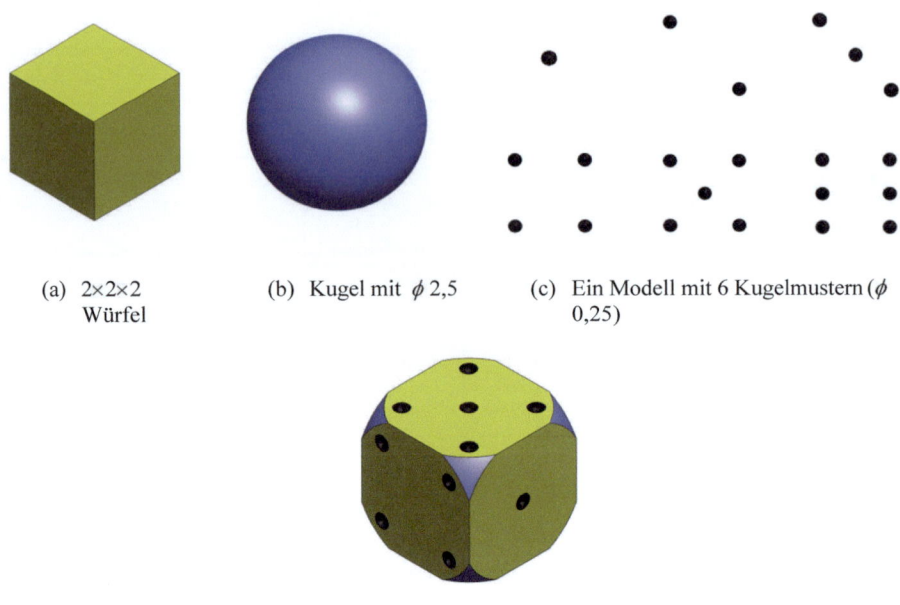

(a) 2×2×2 Würfel (b) Kugel mit ⌀ 2,5 (c) Ein Modell mit 6 Kugelmustern (⌀ 0,25)

(d) Würfelmodell beenden

Abb. 2.85 Ein Würfelmodell unter Verwendung der CSG-Zusammensetzung

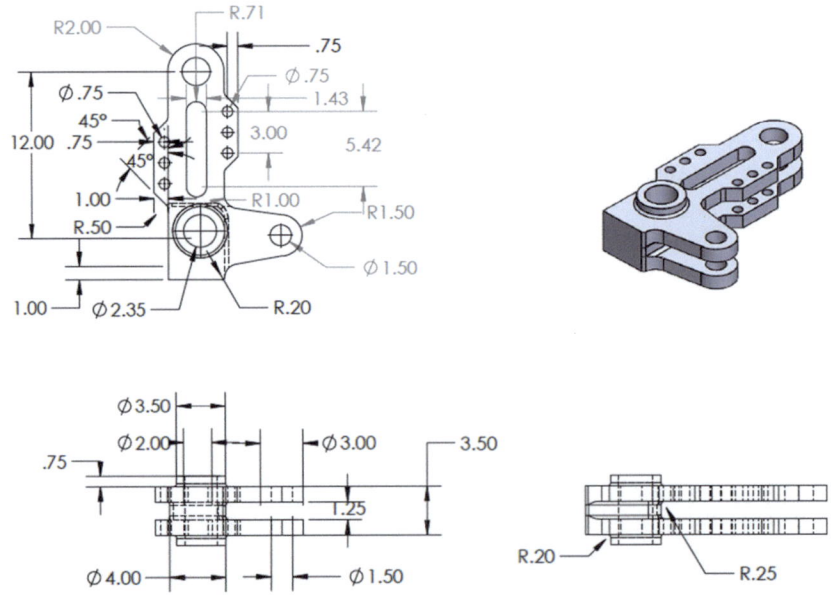

Abb. 2.86 Bestimmen Sie konstitutive feste Primitive und Zusammensetzungsoperationen für festes für Problem 2.5

2.9 Zusammenfassung

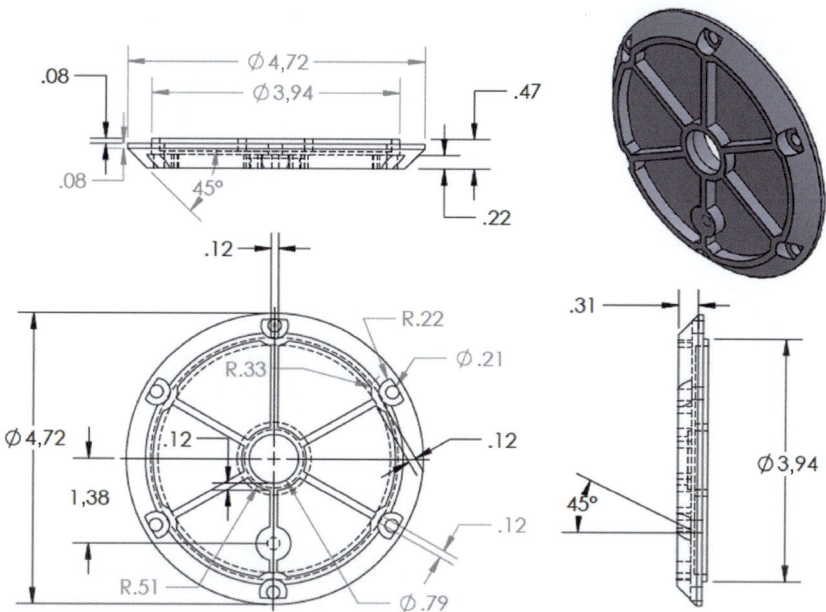

Abb. 2.87 Bestimmen Sie konstitutive feste Primitive und Zusammensetzungsoperationen für festes für Problem 2.6

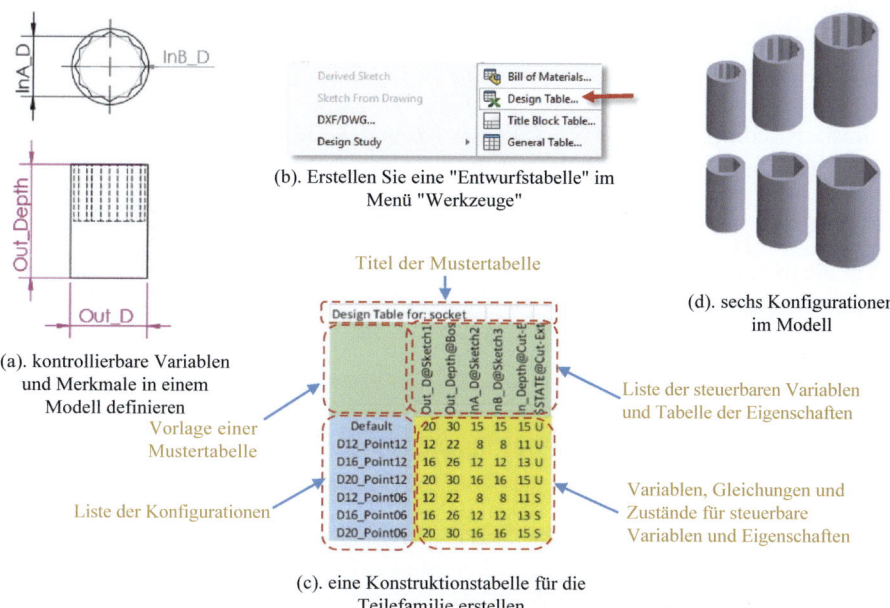

Abb. 2.88 Beispiel für die Erstellung eines Teilemodells mit Design-Tabelle

Abb. 2.89 Beispiel für eine Vex-Roboter-Konfiguration

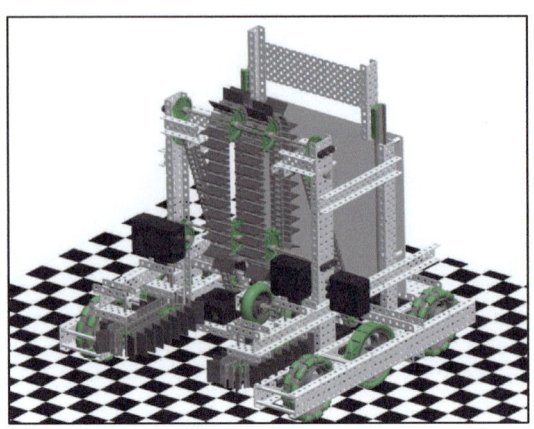

Abb. 2.90 Tausende von Nieten auf Flugzeugflügel

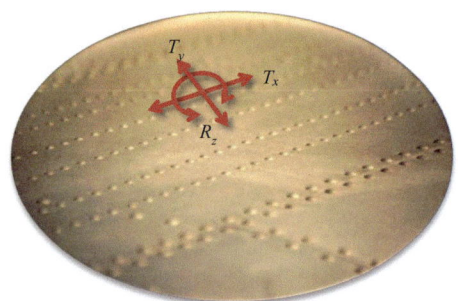

Die Grashof-Bedingung ist $L+S \geq P+Q$; wo L und S die Längen des längsten und des kürzesten Glieds darstellen und P und Q die Längen der beiden anderen Glieder darstellen. (1) Erstellen Sie einen parametrischen 4-Stab-Mechanismus, bei dem die Längen von L, S, P und Q angepasst werden können, um die Grashof-Bedingung zu überprüfen. (2) Für einen 4-Stab-Mechanismus mit einer Kurbel, erstellen Sie eine Bewegungssimulation, um die Beziehung der Eingangs- und Ausgangswinkel zu analysieren.

Literatur

Bi ZM (2018) Finite element analysis applications: a systematic and practical approach, 1. Aufl. Academic Press. ISBN-13: 978-0128099520

Bi ZM, Wang XQ (2020) Computer aided design and manufacturing, Wiley-ASME Press Serious, 1. Aufl. ISBN-10 1119534216

Bi ZM, Cochran D (2015) Big data analytics with applications. J Manag Anal 1(4):249–265

Chang KH (2014) Chapter 3 solid modeling, product design modelling using CAD/CAE, the Computer Aided Engineering Design Series, Academic Process, S 125–167

Bi ZM, Yang SYT, Shen W, Wang L (2008) Reconfigurable manufacturing systems: the state of the art. Int J Prod Res 46(4):967–992

Boothroyd G (1994) Product design for manufacture and assembly. Comput Aided Des 26(7):505–520

Dassault Systems (2020) Design methods (bottom-up and top-down design). https://help.solidworks.com/2018/English/SolidWorks/sldworks/c_Design_Methods.htm?id=4cf2b835663b4c0ca59e0b83aa6f7dda#Pg0

Galliera J (2010) Solvers used for animation, basic motion, and motion analysis. https://forum.solidworks.com/community/simulation/motion_studies/blog

Gui J-K, Mantyla M (1994) Functional understanding of assembly modelling. Comput Aided Des 26(6):435–451

Hooper T (2020) Top 3D CAD modeling software: the 50 best CAD Tools for ideation, rendering, prototyping and more for product engineers. https://www.pannam.com/blog/best-3d-cad-modeling-software/

Intel (2002) Expanding Moore's law the exponential opportunity. https://www.cc.gatech.edu/computing/nano/documents/Intel%20-%20Expanding%20Moore's%20Law.pdf

Jhanji Y (2018) Chapter 11: computer-aided design—garment designing and patternmaking. In: Automation in garment manufacturing, S 253–290

Junk S, Kuen C (2016) Procedia CIRP 50:430–435

Lyu G, Chu X, Xue D (2017) Product modeling from knowledge, distributed computing and life-cycle perspectives: a literature review. Computer in Industry 84:1–13

Markkonen P (1999) On multi body systems simulation in product design. Doctoral thesis, Royal Institute of Technology, KTH, Stockholm

Niu N, Xu L, Bi ZM (2013) Enterprise information system architecture—analysis and evaluation. IEEE Trans Ind Inform 9(4):2147–2154

Requicha AAG (1980) Representations for rigid solids: theory, methods, and systems. ACM Comput Surv 12(4):437–464

Sanchez-Cruz H, Sossa-Azuela H, Braumann UD, Bribiesca E (2013) The Euler-Point Formula through contact surfaces of voxelized objects. J Appl Res Technol 11(1):65–78

Särestöniemi M, Pomalaza-Ráez C, Bi ZM, Kumpuniemi T, Kissi C, Sonkki M, Hämäläinen M, Iinatti J (2019) Comprehensive study on the impact of sternotomy wires on UWB WBAN channel characteristics on the human chest area. IEEE Access 7(1):74670–74682

Shalf J, Leland R (2015) Computing beyond Moor's Law. Computer 48(12):14–23

Solidworks (2018) Summary of design table parameters. Available online: https://help.solidworks.com/2018/english/SolidWorks/sldworks/r_Summary_of_Design_Table_Parameters.htm. Zugegriffen: 18. Apr 2021

Wang XV, Givehchi M, Wang L (2017) Manufacturing system on the cloud: a case study on cloud-based process planning. Procedia CIRP 63:39–45

Wikipedia (2020a) Computer aided design. https://en.wikipedia.org/wiki/Computer-aided_design

Wikipedia (2020b) Design for assembly. https://en.wikipedia.org/wiki/Design_for_assembly

Yu J, Xu L, Bi ZM, Wang C (2014) Extended interference matrices for exploded views of assembly planning. IEEE Trans Autom Sci Eng 11(1): 279–286

Zissis D, Lekkas D, Azariadis P, Papanikos P, Xidias E (2017) Collaborative CAD/CAE as a cloud service. Int J Syst Sci Oper Logist 4(4): 339–355

Computerunterstützte Technik (CAE)

3

Zusammenfassung

Produktdesign beinhaltet das *Modellieren*, die *Simulation* und die *Bewertung* des Verhaltens des Produkts in den verschiedenen Phasen seines *Produktlebenszyklus* (PLC). *Computerunterstützte Technik* (CAE) verwendet Computer, um die Reaktionen eines Produkts zu modellieren und zu analysieren, das *externen Belastungen und Randbedingungen* ausgesetzt ist. CAE ist unerlässlich geworden, um versteckte Fehler und Auslassungen im virtuellen Design zu beseitigen, bevor das physische Produkt hergestellt wird. In diesem Kapitel wird die Bedeutung von CAE in der Fertigung diskutiert, verschiedene CAE-Tools werden vorgestellt und der Schwerpunkt liegt auf der *Finite-Elemente-Analyse* (FEA). Die theoretischen Grundlagen der FEA werden eingeführt, das allgemeine Verfahren der FEA-Modellierung und -Simulation wird präsentiert und die FEA wird verwendet, um sechs gängige Arten von technischen Problemen zu analysieren. Die *SolidWorks Simulation* wird verwendet, um zu veranschaulichen, wie CAE bei der Analyse und Lösung verschiedener technischer Probleme angewendet wird.

Schlüsselwörter

Computerunterstützte Technik (CAE) · Axiomatische Designtheorie (ADT) · Finite-Elemente-Analyse (FEA) · Numerische Simulation · Statische Analyse · Modalanalyse · Überprüfung und Validierung

3.1 Einführung

Das Ingenieurwesen bezieht sich auf das Design, den Bau und die Nutzung von Strukturen, Maschinen und Systemen. Das Ingenieurwesen ist oft multidisziplinär und bezieht sich auf eine breite Palette von speziellen Bereichen wie Mathematik, angewandte Wissenschaft und Arten von Anwendungen wie Festkörpermechanik, Strömungsmechanik, Aerodynamik und Elektrodynamik. Im *computerunterstützten Ingenieurwesen* (CAE) werden Computer verwendet, um das Verhalten von Produkten, Systemen oder Prozessen zur Optimierung des Designs oder zur Lösung verschiedener technischer Probleme zu modellieren, zu analysieren und zu simulieren. CAE-Tools werden zur Modellierung, Simulation und Designoptimierung von Produkten, Prozessen und Systemen verwendet (Bahman 2018). Der Erfolg eines modernen Unternehmens hängt stark von der Digitalisierung aller Geschäftsprozesse ab, einschließlich der technischen Prozesse (Krahe et al. 2019).

Unternehmen profitieren in mehrfacher Hinsicht von der Nutzung von CAE. (1) CAE reduziert Kosten und Zeit der Produktentwicklung und verbessert das Produkt kontinuierlich in seinem Lebenszyklus. (2) CAE generiert, bewertet und implementiert Produktdesigns bei minimaler Anzahl von Designiterationen. (3) CAE zielt auf die Praxis des *Beim ersten Mal richtig* ab, indem es den Bedarf an physischen Prototypen und Tests reduziert. (4) CAE verwendet ein virtuelles Modell, um die Leistung, Zuverlässigkeit und Sicherheit von Produkten zu bewerten. (5) CAE kann CAD, CAM und andere computergestützte Tools als ganzheitliche Integration von Daten- und Prozessmanagement über den Produktlebenszyklus einbeziehen. (6) CAE analysiert die Produktlebensdauer, was die mit dem unerwarteten Ausfall von Produkten oder Systemen verbundenen Kosten reduzieren kann.

Ein Ingenieurprozess besteht darin, die Bedürfnisse der Kunden in ein physisches Produkt oder System umzuwandeln, um die gewünschten *funktionalen Anforderungen* (FRs) zu erfüllen. Die Befolgung eines generischen Verfahrens ist hilfreich, um sicherzustellen, dass ein Ingenieurprozess ein ideales Produkt oder System erzeugt, das die Bedürfnisse der Kunden erfüllt. Unabhängig davon, ob ein Produkt oder System einfach oder komplex ist; der Ingenieurprozess folgt einem generischen Verfahren, wie in Abb. 3.1 dargestellt. Der Ingenieurprozess beinhaltet eine Reihe von kritischen Schritten und entsprechenden Aktivitäten, um eine optimale Lösung zu erzielen. Es beginnt mit der Identifizierung der *Kundenanforderungen* (CRs), gefolgt von (1) der Formulierung des *Designproblems*, (2) der Definition des *Lösungsraums*, (3) der *Designanalyse* über Lösungsalternativen, (4) der *Designsynthese* für den Vergleich und die Auswahl der Lösungsalternativen und (5) der *Verifizierung*, *Validierung* (V&V) und *Implementierung* der endgültigen Lösung.

In Abb. 3.2 wird das Beispiel der Entwicklung eines automatischen Kraftstoffnachfüllsystems (Bi et al. 2020) verwendet, um die kritischen Schritte bei der Anwendung des oben genannten Ingenieurprozesses zu veranschaulichen.

3.1 Einführung

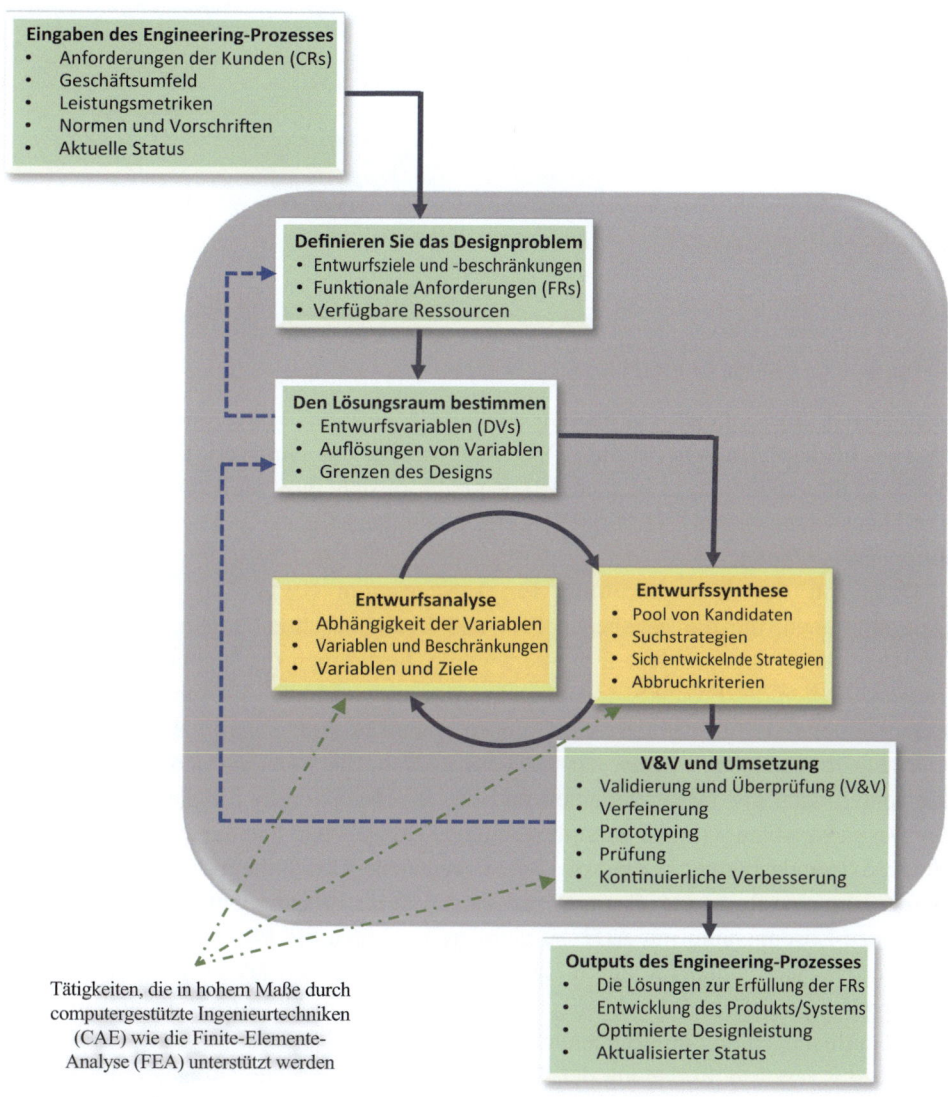

Abb. 3.1 Beschreibung eines Ingenieurprozesses für Produkt- oder Systemdesigns (Bi 2018)

Formulierung des Designproblems. Ein Ingenieurprozess zielt auf eine optimale Lösung für ein gegebenes technisches Problem ab. Daher ist der erste Schritt die Formulierung des Designproblems mit klaren CRs, Designzielen und Designbeschränkungen. Ingenieure müssen so viele Informationen wie möglich sammeln, insbesondere Informationen, die für die Betriebsumgebung und verfügbare Ressourcen relevant sind. Der Ingenieurprozess für die Designherausforderung in Abb. 3.2 kann als Designproblem

Abb. 3.2 Automatisches Betankungssystem (Fuelmatics 2020)

formuliert werden, indem ein System entwickelt wird, das vollautomatisch (1) Benzin für verschiedene Autos nachfüllt; (2) Zahlungen über das Netzwerk tätigt, während die Fahrer in ihren Fahrzeugen bleiben; (3) den Fahrern sicherere, sauberere und komfortablere Dienstleistungen als traditionelle Selbstbetankungsdienste ohne zusätzliche Kosten für die Fahrer bietet.

Definition des Lösungsraums. Ein Lösungsraum besteht aus allen möglichen Designoptionen, die die gegebenen FRs und Designbeschränkungen erfüllen können. Nachdem das Designproblem formuliert wurde, bestimmen die Ingenieure ein *konzeptionelles Design* des Produkts oder Systems, das alle machbaren Lösungen abdeckt. Das konzeptionelle Design definiert die Grenzen eines *Lösungsraums* in Bezug auf die *Anzahl*, *Eigenschaften* und *Typen* der *Designvariablen*, die *Bereiche* und *Auflösungen* für die Änderungen der Designvariablen und die *Beschränkungen* für die Abhängigkeiten der Designvariablen. Um die Komplexität eines Designs handhabbar zu machen, können einige Systemdesignmethoden, wie die axiomatische Designtheorie (ADT), verwendet werden, um eine Reihe von *Designvariablen* (DVs) für FRs zu identifizieren (Suh 2005). Um einen Lösungsraum mit ADT zu definieren, werden die FRs auf Systemebene zerlegt, so dass jede Unter-FR durch eine gegebene Reihe von DVs erfüllt werden kann. Entsprechend verwendet ein Lösungsraum eine hierarchische Struktur, um eine Reihe von Unterlösungen und ihre Beziehungen darzustellen.

Abb. 3.3 zeigt die Zerlegung der FRs in Bezug auf die Hauptaufgaben, die ein automatisches Betankungssystem erfüllen muss. Die höchste Ebene *FR-0* wird in der zweiten Ebene der Unter-FRs in *FR-11* für „Datenerhebung und -verarbeitung", *FR-12* für „Steuerungen für normale Ereignisse", *FR-13* für „Betankungsvorgang" und *FR-14* für „Steuerungen für abnormale Ereignisse" zerlegt. *FR-11* wird in der dritten Ebene der Unter-FRs in *FR-111* für „Erkennung eines ankommenden Fahrzeugs", *FR-112* für „Einholung der Absichtserklärung und der Zahlungsinformationen des Kunden", *FR-113* für „Sammlung von Informationen über Fahrzeug und Kraftstoff" und *FR-114* für „Bestimmung der relativen Position und Ausrichtung des Fahrzeugs in Bezug auf die Zapfpistole" zerlegt. Ebenso wird *FR-13* weiter in einer dritten Ebene unterteilt in *FR-131* für „Schließen des Tankdeckels und Zurücksetzen des Betankungswerkzeugs", *FR-132* für

3.1 Einführung

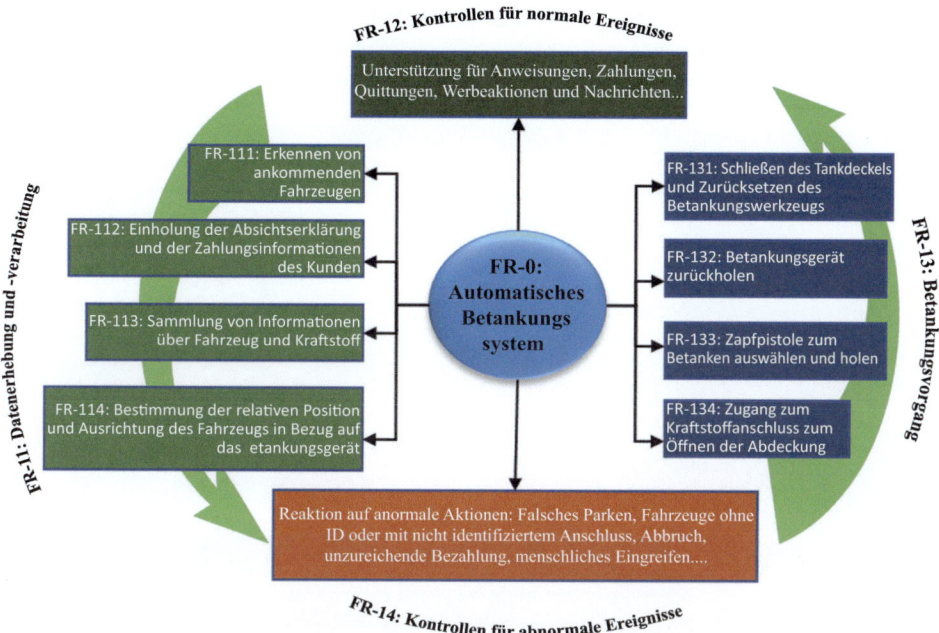

Abb. 3.3 Zerlegung der System-FRs des automatisierten Betankungssystems (Bi et al. 2020)

„Auswahl und Greifen der Zapfpistole zum Betanken", *FR-133* für „Auswahl der Zapfpistole" und *FR-134* für „Schließen der Kraftstoffabdeckung und Zurücksetzen der Zapfpistole".

Abb. 3.4 zeigt die Korrespondenz der DVs zu den FRs in Abb. 3.3. Die Unter-FRs auf der dritten Ebene unter FR-11 werden auf vier DVs abgebildet: *DV-111* mit den Optionen Bildverarbeitung, Barcode und Laserscanner, *DV-112* und DV-113 mit den Optionen Chips, Apps, IoT und Datenbanken und DV-114 mit den Optionen Bildverarbeitung, Barcodes, Laserscanner, steuerbare Plattformen und Kraftsensoren. Die Unter-FRs auf der dritten Ebene unter *FR-13* werden abgebildet auf *DV-131, DV-132 und DV-134 mit Portalsystem, Roboter und Multifunktionswerkzeug sowie* DV-133 mit den Optionen manuelle Eingaben, *programmierbare logische Steuerungen* (PLC) und IoT-basierte Apps. Die *FR-12* und *FR-14* auf der zweiten Ebene werden auf *DV-12* und DV-14 mit den Optionen eigenständige Systeme und IoT-fähige Apps.

Designsynthese. *Ein Designraum* besteht aus einer unendlichen oder endlichen Anzahl von möglichen Lösungen, abhängig von der Anzahl und den Arten der Designvariablen. Um eine optimale Lösung für das formulierte Problem zu erhalten, müssen die Leistungen der potenziellen Lösungen im Designraum analysiert, bewertet und verglichen werden, basierend auf den festgelegten Optimierungskriterien. Daher spielt die *Designsynthese* ihre entscheidende Rolle im Ingenieurprozess bei (*a*) der Auswahl einer ersten möglichen Lösung als Referenz für Bewertung und Vergleich; (*b*) der Ausführung

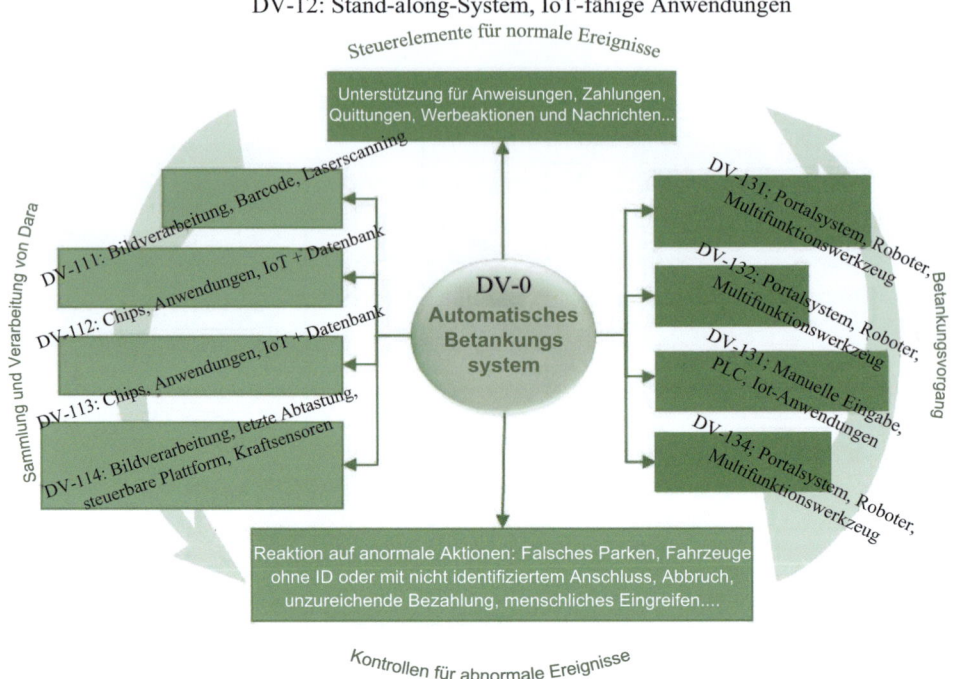

Abb. 3.4 Die Zuordnung von FRs zu DVs des automatisierten Betankungssystems (Bi et al. 2020)

von Suchalgorithmen zur Erkundung besserer Lösungen, (c) der Definition von Beendigungsbedingungen zur Steuerung des Optimierungsprozesses (siehe Abb. 3.5).

Designanalyse. Um die Designsynthese in Abb. 3.5 umzusetzen, ist eine Designanalyse erforderlich, um verschiedene Lösungen zu bewerten und zu vergleichen. Die *Designanalyse* wird verwendet, um das Verhalten eines Produkts oder Systems zu modellieren und eine potenzielle Lösung zu analysieren, um zu bestimmen, (a) ob sie alle Designbeschränkungen erfüllt und (b) wie gut ihre Leistung gegenüber den festgelegten Optimierungskriterien ist. Die Bewertungsergebnisse aus der Designanalyse werden von der *Designsynthese* verwendet, um bessere Lösungen auszuwählen. Im Allgemeinen müssen potenzielle Lösungen quantitativ bewertet werden. Daher müssen das Verhalten eines Produkts oder Systems mathematisch modelliert werden, um Designvariablen mit Designbeschränkungen, FRs und Bewertungskriterien in Beziehung zu setzen. Nehmen Sie zum Beispiel den Mechanismus (*DV-131* oder *DV-134* in Abb. 3.4) zum Öffnen oder Schließen eines Kraftstoffeinfüllstutzens, so erfordert die Durchführung einer Designanalyse die kinematischen und dynamischen Modelle des Mechanismus, um zu bewerten, ob der Kraftstoffeinfüllstutzen erreichbar ist und die Einfüllstutzenabdeckung ohne jegliche Störung innerhalb der festgelegten Zeitspanne geöffnet oder geschlossen werden kann.

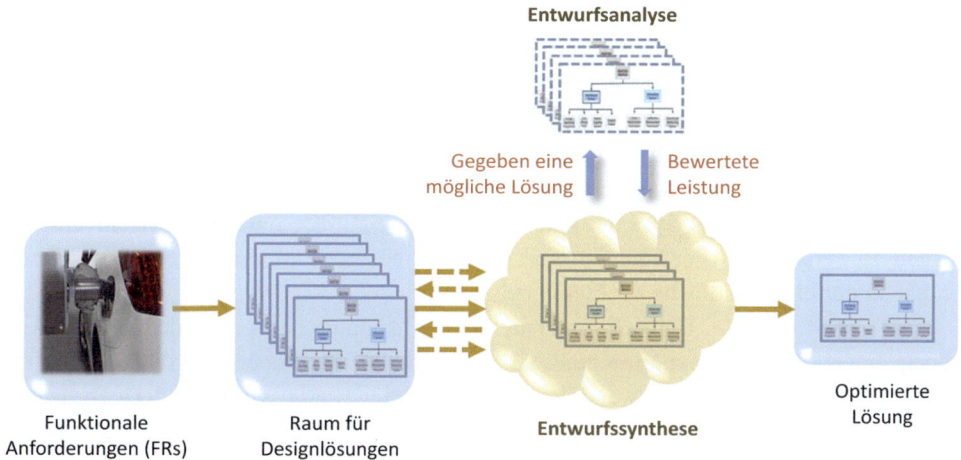

Abb. 3.5 *Designanalyse* und *Designsynthese* in einem Ingenieurprozess (Bi 2018)

Umsetzung der optimalen Lösung. Sobald eine optimale Lösung in der Konzeptdesignphase festgelegt ist, wird das Detaildesign durchgeführt, um die optimale Lösung umzusetzen. Da das Hinzufügen der Details der Designlösung die Leistung des Produkts oder Systems beeinflussen kann, müssen Ingenieure die Lösung für ihre praktische Umsetzung verfeinern. Wenn man die funktionalen Module für *DV-131* oder *DV-134* als Beispiele nimmt, spezifizieren Gelenkaktuatoren die Bewegungsbereiche, Beschleunigungen und Leistung; Ingenieure müssen die Lösung neu bewerten, wenn die Aktuatoren für den Roboter ausgewählt werden. Sogar die Home Position der Aktuatoren beeinflussen den Arbeitsbereich des Roboters. Die Hauptaufgaben in der Implementierungsphase beinhalten (*a*) die Umwandlung des virtuellen Modells in das physische Produkt oder System, (*b*) die Überprüfung und Validierung der Leistung des physischen Systems und die Verfeinerung des Systems, wann immer es benötigt wird, und (*c*) die Praxis der *kontinuierlichen Verbesserung* (CI) in der Anwendung.

3.2 Designanalysemethoden

Das Verhalten eines Produkts oder Systems wird durch bestimmte wissenschaftliche Prinzipien bestimmt, die mathematisch durch Gleichungen dargestellt werden können. Nimmt man zum Beispiel ein festes Objekt, das äußeren Belastungen ausgesetzt ist, so können die Reaktionen des festen Objekts auf äußeren Belastungen durch *die Kompatibilitätsrelationen*, *Spannungs-Verzerrungsrelationen* und *die Bewegungsgleichungen* dargestellt werden. Aus dieser Perspektive beginnt die Designanalyse mit dem Verständnis der wissenschaftlichen und mathematischen Prinzipien, die das Systemverhalten bestimmen.

Wie in Abb. 3.6 gezeigt, können, sobald ein mathematisches Modell formuliert ist, verschiedene Ingenieurmethoden verwendet werden, um das Produkt oder System zu analysieren. Zum Beispiel können Designanalysemethoden die Arten von *grafischen Methoden*, *experimentellen Methoden* und *rechnerischen Methoden* sein. Tab. 3.1 gibt einen Vergleich dieser Analysemethoden.

Eine grafische Methode verwendet Zeichenwerkzeuge, um die Beziehungen von Eingaben und Ausgaben des Systems grafisch zu definieren. Sie hilft, das Systemverhalten visuell zu verstehen. Allerdings ist eine grafische Methode in der Regel sehr vorläufig und kann nur einige einfache Probleme behandeln.

Eine experimentelle Methode untersucht die Beziehungen von Eingaben und Ausgaben eines Systems experimentell. Experimentelle Methoden werden oft in der Implementierungsphase angewendet; eine geeignete *Versuchsplanung* (DoE) ist erforderlich, um sicherzustellen, dass die experimentellen Ergebnisse zuverlässig und vertrauenswürdig sind. Eine experimentelle Methode hat jedoch einige der folgenden

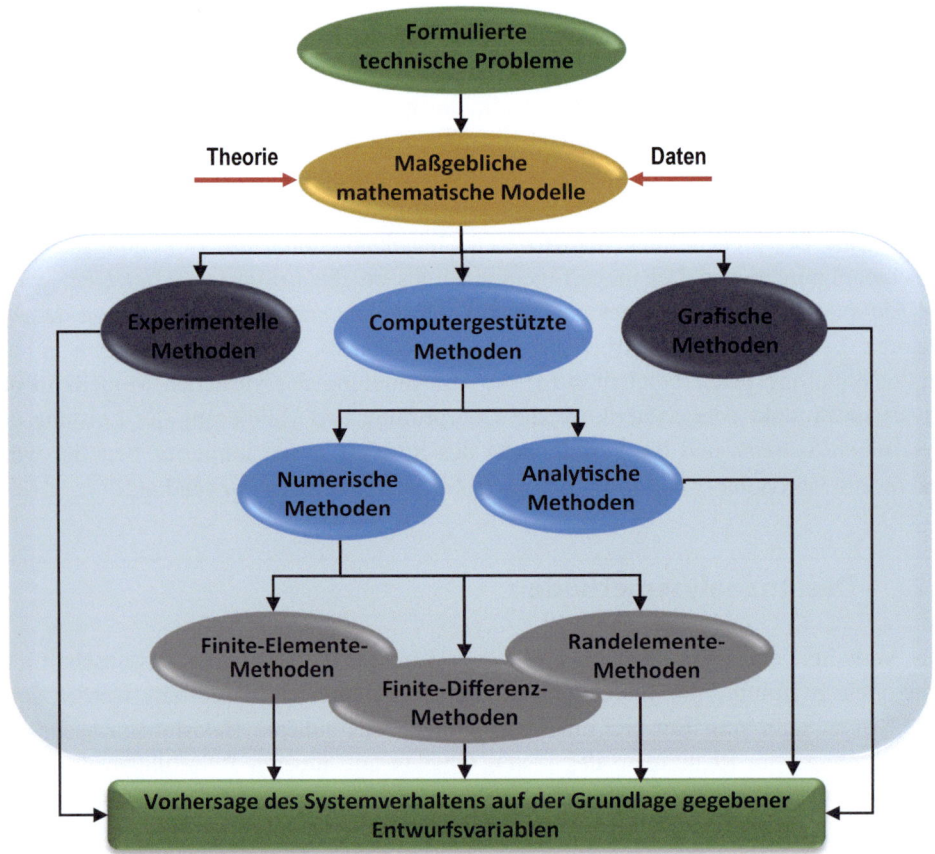

Abb. 3.6 Klassifizierung von Designanalysemethoden

3.2 Designanalysemethoden

Tab. 3.1 Vergleich verschiedener Designanalysemethoden

Methode		Beschreibung	Eigenschaften
Grafisch		Verwendet Zeichenwerkzeuge, um die Beziehungen von Eingaben und Ausgaben des Systems grafisch zu definieren	• Es ist einfach zu verwenden, aber es ist nur auf einfache Designprobleme anwendbar • Es erfordert Benutzer mit einer starken räumlichen Vorstellungskraft und sehr guten Zeichenfähigkeit; die Behebung eines Fehlers erfordert viel Zeit für wiederholte Arbeiten
Experimentell		Modelliert die Beziehungen von Eingaben und Ausgaben des Systems experimentell	• Es ist sehr zuverlässig und kann die Experimente sehr spezifisch für gegebene Anwendungen machen. Es ist anwendbar auf Systeme mit jedem Grad an Komplexität und Unsicherheit • Es beinhaltet zusätzliche Kosten für Aufbau und Instrumentierung; es wird nur verwendet, wenn das physische System verfügbar ist, und es hat seine Begrenzung in der Anzahl der Experimente für praktische Zwecke
Rechnerisch	Analytisch	Erhält Systemausgaben basierend auf gegebenen Systemeingaben analytisch	• Es führt zu einem expliziten mathematischen Modell, um den Trend des Systems in einem kontinuierlichen Bereich vorherzusagen • Es ist nur anwendbar auf kleinere, einfache Designprobleme mit wenigen Designvariablen und gut strukturierten Gleichungen
	Numerisch	FEA – Integration von Ableitungen in den Elementen des gesamten diskretisierten Bereichs	• Es wird in einem virtuellen Modell verwendet, wo kein physisches System benötigt wird. Es ist generisch für einen weiten Bereich von interdisziplinären Problemen in einem kontinuierlichen, diskreten oder gemischten Bereich. Es ist anwendbar auf die Ingenieursysteme mit jedem Grad an Komplexität und Unsicherheit • Es führt zu einer approximierten Lösung, und es benötigt mehrere Schritte für die Überprüfung und Validierung von Designlösungen. Die Auswirkungen von Systemeingaben auf Systemausgaben können nur numerisch durch Simulation untersucht werden
		FDM – Näherung von Ableitungen durch endliche Differenzen in den Elementen des gesamten diskretisierten Bereichs	
		FBM – Näherung der Gleichungen in Elementen von diskretisierten Grenzen des Bereichs	

Einschränkungen: (1) Experimente werden an einem physischen System durchgeführt, während es nur in der Implementierungsphase verfügbar ist; die Behebung eines Designfehlers, der in der Implementierungsphase entdeckt wird, ist mit hohen Kosten verbunden; (2) die Verwendung einer experimentellen Methode bedeutet zusätzliche Kosten für physische Systeme und Instrumentierungen für Messungen; (3) eine experimentelle Methode verwendet eine Auflistung, um die Auswirkungen der Änderungen der Eingaben auf die Ausgaben des Systems zu untersuchen. Da ein System in der Regel viele Designvariablen beinhaltet, ist es unpraktisch oder unmöglich, das System durch eine große Anzahl von Experimenten zu verstehen.

Eine rechnergestützte Methode verwendet Computermodelle zur Simulation des Systemverhaltens. Rechnergestützte Methoden werden weiter in *analytische* Methoden und *numerische* Methoden unterteilt. Eine analytische Methode verwendet analytische Modelle, um die Beziehungen von Systemeingaben und -ausgaben darzustellen; sie findet Anwendung bei einigen einfachen Problemen, bei denen die Systemausgaben explizit mit analytischen Modellen ermittelt werden können. Eine numerische Methode verwendet numerische Modelle, um die Beziehungen von Systemeingaben und -ausgaben darzustellen, und die Systemausgaben werden numerisch durch Computersimulation ermittelt. Numerische Methoden sind sowohl für explizite als auch für implizite mathematische Modelle anwendbar. Numerische Methoden werden häufig verwendet, um Systeme mit hoher Komplexität und Unsicherheit zu analysieren, die nicht mit grafischen Methoden, experimentellen Methoden oder analytischen Methoden bewältigt werden können.

Numerische Methoden sind aus mehreren Gründen die Standard-CAE-Tools geworden: (1) moderne Produkte oder Systeme sind für andere Designanalysemethoden zu komplex, um ihre Leistung vollständig zu bewerten; (2) im Gegensatz zu experimentellen Methoden können numerische Methoden das Systemverhalten ohne physische Prototypen vorhersagen; dies reduziert die Entwicklungskosten, verkürzt die Entwicklungszeit und ermöglicht den Vergleich einer großen Anzahl von Designoptionen zur Optimierung; (3) modernste CAD- und CAE-Tools stehen Ingenieuren zur Verfügung, um ein breites Spektrum von technischen Problemen ohne aufwendige Schulungen zu lösen.

Es stehen viele numerische Methoden zur Verfügung, und sie verwenden in der Regel die *Teile-und-herrsche*-Strategie, um mit der Allgemeinheit und Komplexität verschiedener technischer Probleme umzugehen. Wie in Abb. 3.6 gezeigt, gehören zu den numerischen Methoden die *Finite-Elemente-Analyse* (FEA), die *Finite-Differenzen-Methode* (FDM) und die *Randelementmethode* (BEM) sein. FEA unterscheidet sich von FDM in der Approximation der Ableitungen in einem mathematischen Modell. Ableitungen werden durch Integration in FEA bewertet; während diese Ableitungen in FDM durch finite Differenzen bewertet werden. FEA unterscheidet sich von BEM in der Behandlung eines kontinuierlichen Bereichs. Ein FEA-Modell hat Elemente und Knoten im gesamten Bereich; während ein BEM-Modell die Elemente und Knoten nur an den Grenzen des Bereichs hat.

3.3 Numerische Simulation

Als beliebte rechnergestützte Werkzeuge wird die numerische Simulation häufig verwendet, um Näherungslösungen für verschiedene technische Probleme zu finden. Bei der Analyse eines Systems mit numerischer Simulation sollten die Systemverhaltensweisen zunächst als mathematisches Modell formuliert werden; dieses wird in der Regel durch einige partielle Differentialgleichungen (PDEs) dargestellt, die den spezifizierten Randbedingungen unterliegen. Abb. 3.7 zeigt die Abhängigkeit eines Simulationsmodells von seinem ursprünglichen technischen Problem. Ein technisches Problem wird als eine Reihe von Designvariablen für Eingaben (I), Systemcharakteristik (S) und Ausgaben (O) formuliert; das Verhalten des Systems kann durch die Beziehungen von I, O und S implizit als $f(I, S, O) = 0$ dargestellt werden.

Das Simulationsmodell unterscheidet sich von seinem ursprünglichen technischen Problem in den folgenden Aspekten:

(1) Ein Simulationsmodell diskretisiert den kontinuierlichen Bereich des ursprünglichen Problems; in einem diskretisierten Knoten werden die Verhaltensweisen auf diskretisierten Knoten verwendet, um das Verhalten eines beliebigen Punktes im kontinuierlichen Bereich darzustellen.
(2) Ein Simulationsmodell hat eine begrenzte Anzahl von Freiheitsgraden (DOF), jeder DOF entspricht einer *Zustandsvariablen*, die in der Simulation gelöst werden muss. Das Systemverhalten wird kollektiv durch Zustandsvariablen auf allen Knoten bestimmt. Im Gegensatz dazu beinhaltet das ursprüngliche technische Problem eine unendliche Anzahl von DOF, da die Punkte in einem kontinuierlichen Bereich unzählbar und unendlich sind.

Abb. 3.7 Numerische Simulation als Designanalysemethode

(3) Ein Simulationsmodell muss lösbar sein, um Zustandsvariablen *explizit* unter den spezifizierten Randbedingungen und Lasten zu finden. Die Lösung eines Simulationsmodells kann als eine Umwandlung von den gegebenen Randbedingungen in Zustandsvariablen betrachtet werden, um das Systemverhalten annähernd darzustellen.

(4) Ein Simulationsmodell wird so entwickelt, dass alle gegebenen Parameter im ursprünglichen technischen Problem als Randbedingungen und Lasten auf diskretisierten Knoten und Elementen definiert sind; alle unabhängigen Parameter, die mit dem Systemverhalten zusammenhängen, sind als Zustandsvariablen oder andere abhängige Größen definiert.

3.4 Finite-Elemente-Analyse (FEA) und Modellierungsverfahren

Die FEA verwendet die stückweise Approximation, bei der ein kontinuierlicher Bereich in *finite Elemente* diskretisiert wird. Jedes Element wird durch eine Reihe von Knoten repräsentiert; das Verhalten der Elemente wird durch das der Knoten repräsentiert; ein Systemmodell kann dann aus den Elementmodellen zusammengesetzt werden. Durch Einbeziehung von Rand- und Lastbedingungen kann das Systemmodell gelöst werden, um eine numerische Lösung für das ursprüngliche technische Problem zu erhalten. Zur Analyse eines technischen Problems besteht die FEA aus zwei Verfahren, d. h., dem *Top-down-Verfahren* und dem *Bottom-up-Verfahren*, wie in Abb. 3.8 gezeigt.

Das Top-down-Verfahren dient dazu, die Systemkomplexität zu reduzieren. *Zunächst* werden die Grenzen des Systems definiert, um Eingaben (*I*), Parameter (*S*), Ausgaben (*O*) und Designbeschränkungen und -ziele zu klären. *Zweitens* wird der kontinuierliche Bereich in diskrete Elemente und Knoten zerlegt; es können mehrere Ebenen der Zerlegung durchgeführt werden, so dass das Verhalten eines Elements und seine Beziehungen zu anderen angemessen definiert werden können. *Schließlich* werden die elementaren Verhaltensweisen als mathematische Gleichungen modelliert.

Das Bottom-up-Verfahren dient dazu, die Systemlösung auf der Grundlage der Teillösungen auf Elementebene zu ermitteln. *Zunächst* werden Elementtypen und Analysetypen ausgewählt, um die charakteristischen Gleichungen der Elemente angemessen zu bestimmen. *Zweitens* werden die Lösungen für die mathematischen Modelle auf Elementebene definiert. *Drittens* werden die Elementmodelle auf der Grundlage der im Top-down-Verfahren definierten topologischen Beziehungen zu einem Systemmodell zusammengefügt. *Schließlich* werden die Randbedingungen im Systemmodell angewendet; es wird dann gelöst, um die Systemlösung zu erhalten. Da die FEA eine Technik der numerischen Simulation ist, müssen Verifizierung und Validierung (V&V) angewendet werden, um sicherzustellen, dass die Ergebnisse aus der FEA akzeptabel sind. Test, Test, Test, Test, Test...

3.4 Finite-Elemente-Analyse (FEA) und Modellierungsverfahren

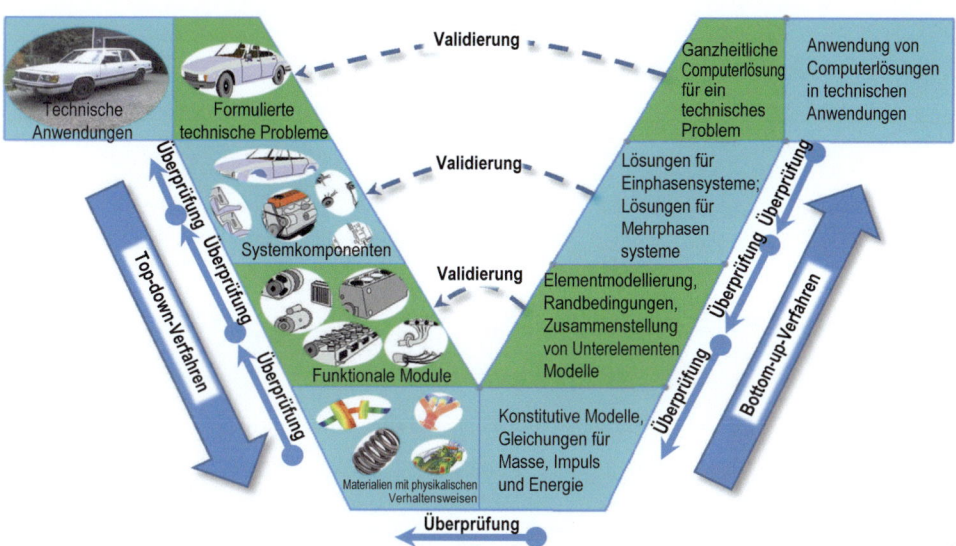

Abb. 3.8 Top-down- und Bottom-up-Verfahren in der FEA

Um die Schritte bei der Verwendung der FEA zur Lösung eines technischen Problems zu veranschaulichen, wird die Idee der FEA zur numerischen Berechnung des Arbeitsbereichs eines Roboters wie im Beispiel 3.1 übernommen.

Beispiel 3.1 Berechnen Sie den Arbeitsbereich eines in Abb. 3.9a dargestellten Espon-Roboters (Espon 2020).

Lösung. *Zunächst* wird das Problem der Arbeitsbereichsberechnung als Designproblem mit den Eingaben (I), Ausgaben (O) und Systemparametern (S) formuliert, wie in Tab. 3.2 dargestellt. Beachten Sie, dass der Arbeitsbereich eine Sammlung aller erreichbaren Punkte (x, y, z, θ_z) durch den Endeffektor ist.

Zweitens wird der kontinuierliche Bereich des Arbeitsbereichs in drei Teilbereiche zerlegt, wie in Abb. 3.9b–d dargestellt. Da die z-Achsen-Translation, die z-Achsen-Rotation und die Bewegung in der x-y-Ebene entkoppelt sind und von jeweiligen Gelenken ausgeführt werden, können die Bewegungen in diesen drei Teilbereichen individuell analysiert werden. Das Verhalten jedes Elements wird durch seinen Mittelpunkt repräsentiert, z. B. wenn der Mittelpunkt erreichbar ist, ist die entsprechende Zelle erreichbar.

Drittens wird das kinematische Modell entwickelt, um die Beziehungen der Gelenkbewegungen ($\theta_1, \theta_2, z_3, \theta_4$) und der Bewegung des Endeffektors (x, y, z, θ_z) zu beschreiben. Da z_3 und θ_4 eins zu eins auf z und θ_z abgebildet sind, wird hier nur die Abbildung von (θ_1, θ_2) auf (x, y) modelliert.

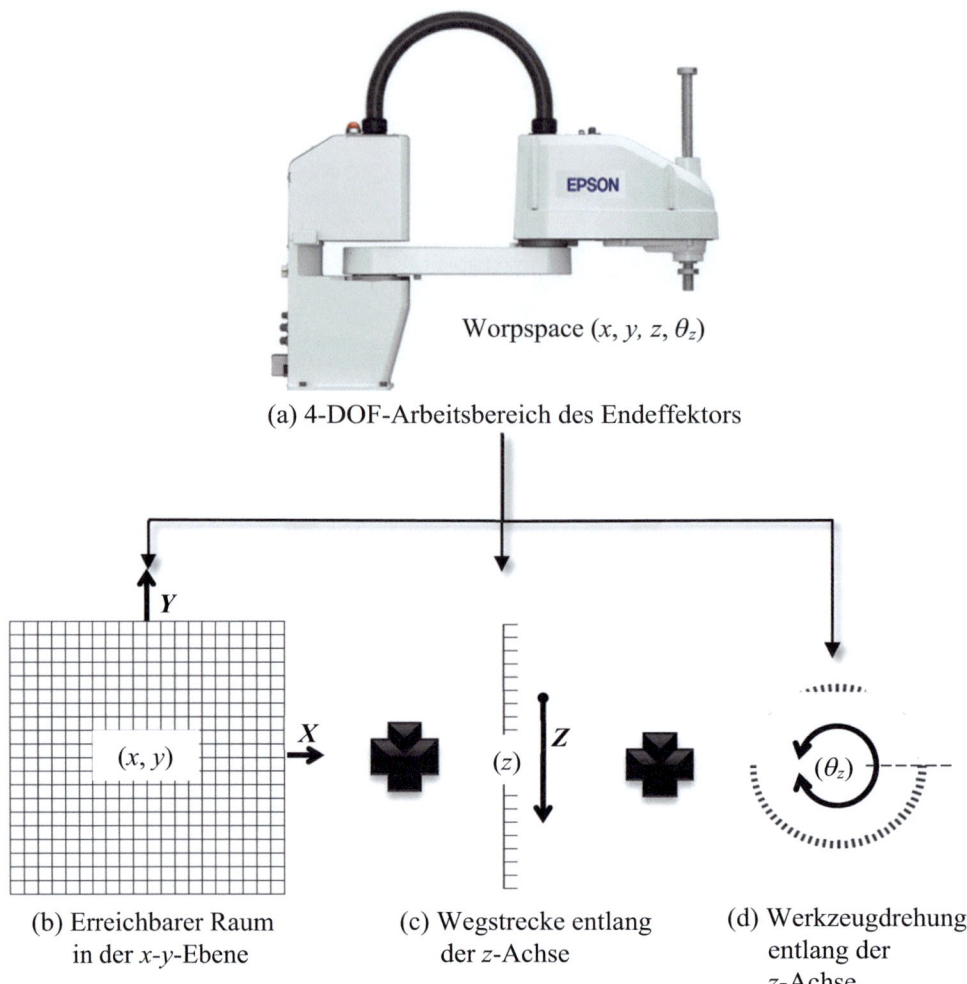

Abb. 3.9 Zerlegung des kontinuierlichen Bereichs

Tab. 3.2 Beschreibung des formulierten Problems für die Arbeitsbereichsanalyse des Espon-Roboters

Eingaben (I)	Gelenk	Gelenk 1 (θ_1)	Gelenk 2 (θ_2)	Gelenk 3 (z_3)	Gelenk 4 (θ_4)
	Bereich	±132 °	±150 °	200 mm	±360 °
	Startseite	0°	0°	0 mm	0°
Ausgänge (O)		Position und Ausrichtung des Endeffektors: (x, y, z, θ_z)			
System Parameter (S)	Name	Armlänge (L_1)	Armlänge (L_2)	Z-Versatz	
	Dimension	300 mm	300 mm	0 mm	

3.4 Finite-Elemente-Analyse (FEA) und Modellierungsverfahren

Im ersten Teilbereich kann ein Arbeitspunkt (x, y) im Arbeitsbereich aus gegebenen Gelenkverschiebungen (θ_1, θ_2) berechnet werden:

$$\left.\begin{array}{l} x = L_1\cos\theta_1 + L_2\cos\theta_2 \\ y = L_1\sin\theta_1 + L_2\sin\theta_2 \end{array}\right\} \quad (3.1)$$

$$A_1\cos\theta_1 + B_1\sin\theta_1 + C_1 = 0 \quad (3.2)$$

mit

$$\left.\begin{array}{l} A_1 = 2xL_1 \\ B_1 = 2yL_1 \\ C_1 = L_1^2 - L_2^2 - x^2 - y^2 \end{array}\right\} \quad (3.3)$$

Es sei $t_1 = \tan\frac{\theta_1}{2}$, $\sin\theta_1 = \frac{2t_1}{1+t_1^2}$, und $\cos\theta_1 = \frac{1-t_1^2}{1+t_1^2}$,

Gl. (3.2) wird damit zu:

$$(C_1 - A_1)t_1^2 + 2B_1 t_1 + (C_1 + A_1) = 0 \quad (3.4)$$

Die Lösung von Gl. (3.4) ist dann:

$$\theta_1 = 2\tan^{-1}\frac{-2B_1 \pm \sqrt{B_1^2 - C_1^2 + A_1^2}}{(C_1 - A_1)} \quad (3.5)$$

Nach dem gleichen Verfahren zur Eliminierung von θ_1 in Gl. (3.1) erhält man die Lösung von θ_2:

$$\theta_2 = 2\tan^{-1}\frac{-2B_2 \pm \sqrt{B_2^2 - C_2^2 + A_2^2}}{(C_2 - A_2)} \quad (3.6)$$

mit

$$\left.\begin{array}{l} A_2 = 2xL_2 \\ B_2 = 2yL_2 \\ C_2 = L_2^2 - L_1^2 - x^2 - y^2 \end{array}\right\} \quad (3.7)$$

Viertens werden die Elemente einzeln analysiert, um zu bestimmen, ob ihre Zentralpunkte entsprechende inverse kinematische Lösungen haben. Wenn eine inverse kinematische Lösung im Gelenkraum existiert, ist das Element erreichbar und innerhalb des Arbeitsraums im Aufgabenraum (siehe Abb. 3.10).

Fünftens wird die Erreichbarkeit aller diskretisierten Elemente überprüft, und alle erreichbaren Elemente werden zusammengesetzt, um den Arbeitsraum des Roboters zu

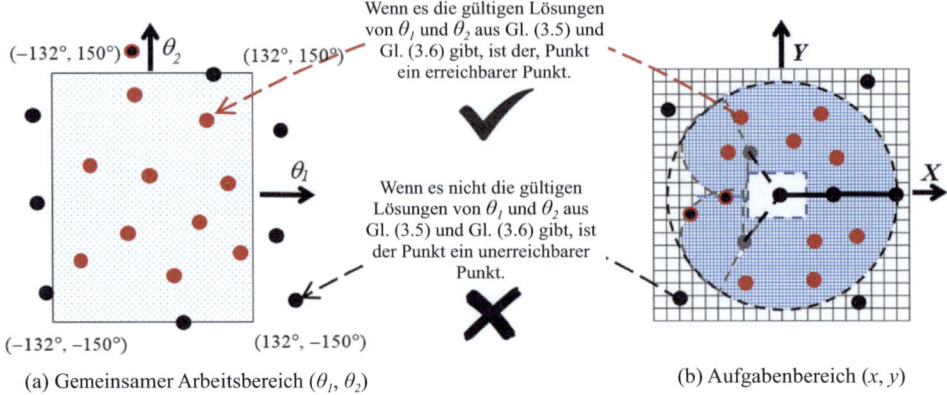

(a) Gemeinsamer Arbeitsbereich (θ_1, θ_2)   (b) Aufgabenbereich (x, y)

Abb. 3.10 Bestimmen, ob ein Punkt im 3D-Raum ein erreichbarer Punkt ist

bilden. Beachten Sie, dass der Arbeitsraum aus dem Teilraum auf der *x-y*-Ebene, der z-Achsen-Translation und der *z-Achsen*-Rotation besteht.

Schließlich wird das Ergebnis aus der Arbeitsraumanalyse verarbeitet, um das Ergebnis zu visualisieren und abzurufen. Die Nachbearbeitung beinhaltet auch die Ableitung einiger relevanter Mengen, die helfen, die Lösung des ursprünglichen technischen Problems zu verstehen. Abb. 3.11 visualisiert den Arbeitsraum des Roboters mit den Grenzen der Endeffektorbewegung entlang der *x*-, *y*- und *z*-Achsen.

Das FEA-Modellierungsverfahren kann aus dem oben genannten Beispiel verallgemeinert werden und besteht aus den folgenden Schritten.

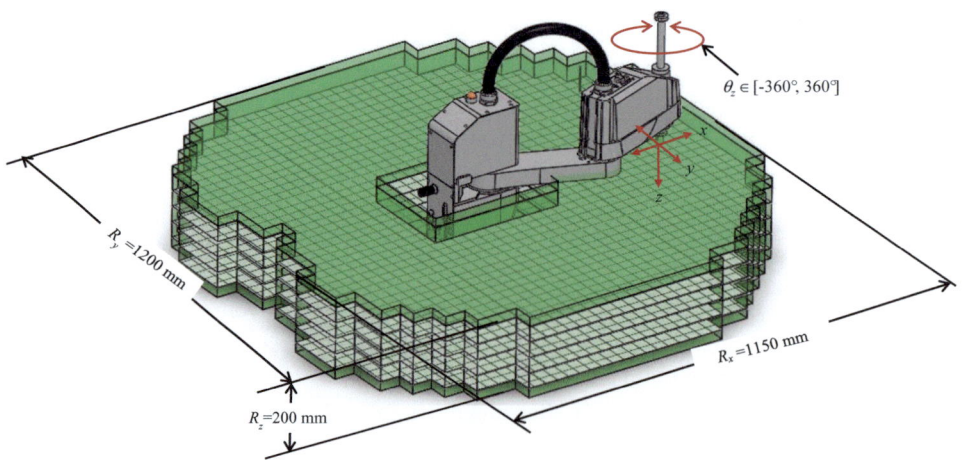

Abb. 3.11 Nachbearbeitung der Arbeitsraumanalyse

Schritt 1 – Zerlegung. Das technische Problem wird formuliert, um Eingaben (I), Ausgaben (O) und charakteristische Parameter (S) des Systems zu identifizieren. Der kontinuierliche Bereich um S wird in eine Menge von Elementen diskretisiert und jedes Element wird durch seine Knoten dargestellt. Das Schema der Diskretisierung definiert auch Element-zu-Element- und Knoten-zu-Element-Beziehungen. Die Systemverhaltensweisen werden durch die Feldvariablen an den Knoten dargestellt und die Interpolationsfunktionen werden verwendet, um die Beziehung eines beliebigen Punktes und seiner entsprechenden Knoten im Element zu beschreiben.

Schritt 2 – Entwicklung von Elementmodellen. Der Analysetyp des FEA-Modells wird definiert, um das physikalische Verhalten des Systems widerzuspiegeln. Der Analysetyp bestimmt die charakteristischen Differentialgleichungen der Elemente in der mathematischen Modellierung. Die numerische Lösung des mathematischen Modells wird durch die Annäherung wie *direkte Methoden, Methoden der minimalen potentiellen Energie* oder *gewichtete Restmethoden* erzielt.

Schritt 3 – Zusammenbau. Die Elementmodelle in *lokalen Koordinatensystemen* (LCSs) werden in die Elementmodelle in einem *globalen Koordinatensystem* (GCS) transformiert und die transformierten Elementmodelle in GCS werden dann zu einem Systemmodell zusammengefügt.

Schritt 4 – Anwendung von Randbedingungen und Lasten. Die Wechselwirkungen des Systems mit seiner Anwendungsumgebung werden analysiert, um *Randbedingungen* (BCs) und *Lasten* für das FEA-Modell zu definieren.

Schritt 5 – Lösung für primäre Unbekannte. Ausreichende BCs stellen sicher, dass das zusammengesetzte Systemmodell lösbar ist. Für die Mehrheit der technischen Anwendungen bezieht sich ein Systemmodell auf eine Menge von linearen Gleichungen für die Feldvariablen an den Knoten. Zahlreiche Algorithmen wurden entwickelt und verwendet, um unbekannte Feldvariablen im Systemmodell zu lösen.

Schritt 6 – Berechnung abhängiger Variablen. Die Variablen, die zur Darstellung des Systemverhaltens verwendet werden, können in *unabhängige Variablen* und *abhängige Variablen* eingeteilt werden. Zum Beispiel sind Spannung und Dehnung voneinander abhängig. Dehnungen können als unabhängige Variablen ausgewählt werden, sequenziell sind die Spannungen abhängig, die auf der Grundlage der konstitutiven Modelle der Materialien bestimmt werden können. Nachdem die unabhängigen Variablen aus dem Systemmodell gelöst wurden, kann die Nachbearbeitung durchgeführt werden, um abhängige Variablen zu bewerten.

3.5 FEA-Theorie

Bei der FEA-Modellierung muss ein virtuelles Modell eines Teils, Prozesses, Produkts oder Systems erstellt werden; das virtuelle Modell umfasst ein oder mehrere endliche Volumen mit spezifizierten Materialeigenschaften. Die Strategie „*Teile und herrsche*" wird angewendet, um mit der 0 umzugehen. Wie in Abb. 3.12 gezeigt, wird der

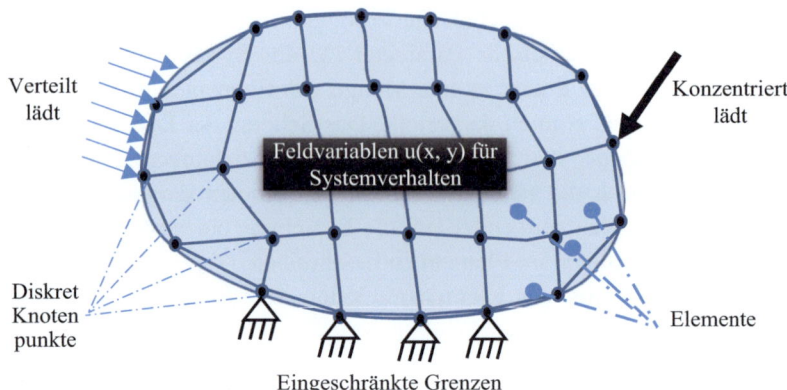

Abb. 3.12 Diskretisierung eines kontinuierlichen Bereichs

kontinuierliche Bereich in kleine Teile zerlegt, die als *Elemente* bezeichnet werden. Elemente sind an den Verbindungsstellen verbunden, die als *Knoten* bezeichnet werden. Im Gegenzug ist jedes Element mit einer Menge von Knoten verbunden, und das Verhalten eines beliebigen Materialpunktes im Element wird durch das Verhalten der Knoten bestimmt, die mit diesem Element verbunden sind. *Ein Elementmodell* wird verwendet, um das Verhalten der Knoten des Elements zu beschreiben; beachten Sie, dass das Verhalten der Knoten durch die Feldvariablen dargestellt wird. *Ein Systemmodell* ist eine Zusammenstellung der Elementmodelle aller diskretisierten Elemente im kontinuierlichen Bereich. Durch Anwendung von Randbedingungen und Lasten auf ein Systemmodell können die Verhaltensweisen aller Knoten im kontinuierlichen Bereich als Lösung des Systemmodells bestimmt werden.

3.5.1 Charakteristische Gleichungen von technischen Problemen

Idealerweise ist ein analytisches Modell für ein technisches Problem erwünscht, da es zu einer exakten Lösung führt. Leider existiert nicht immer eine analytische Lösung; selbst wenn sie existiert, ist es meistens unpraktisch, sie mit einer angemessenen Menge an Zeit und dem erforderlichen Fachwissen zu erhalten. Im Gegensatz dazu ist die FEA aufgrund ihrer Fähigkeit, mit der Komplexität verschiedener technischer Probleme in verschiedenen Aspekten umzugehen, ein leistungsstarkes CAE-Tool geworden: (1) Ein kontinuierlicher Bereich eines realen Designproblems ist oft unregelmäßig und sehr komplex; darüber hinaus ist es schwierig, die Grenzen eines Bereichs genau darzustellen. (2) Der feste Bereich kann aus einer Reihe von Teilbereichen mit unterschiedlichen Eigenschaften bestehen, oder aus einem Material mit anisotroper Natur. (3) Das Verhalten des technischen Systems kann mehrere Disziplinen betreffen. (4) Das technische System hat komplexe Wechselwirkungen mit seinen Anwendungsumgebungen, was

Herausforderungen bei der Definition von Grenz- oder Belastungsbedingungen mit sich bringt.

Tab. 3.3 zeigt einige Beispiele für technische Probleme mit den entsprechenden Gesetzen der Mechanik und Differentialgleichungen. Sobald ein technisches Problem als mathematisches Modell mit spezifizierten Randbedingungen formuliert ist, kann die numerische Simulation wie die FEA verwendet werden, um die Systemlösung zu finden .

FEA ist eine allgemeine Technik zur Lösung eines mathematischen Modells, das bestimmten Randbedingungen unterliegt. Wenn verschiedene technische Systeme als dasselbe mathematische Modell formuliert werden können, kann der gleiche Solver in der FEA-Implementierung verwendet werden, um diese Probleme zu lösen. Viele technische Probleme haben ähnliche charakteristische Gleichungen, auch wenn diese Probleme in verschiedenen Disziplinen formuliert sind. Abb. 3.13 hat eine Vielzahl von technischen Problemen gezeigt, die von den bekannten Poisson-Gleichungen (Chandrupatla und Belegundu 2012) bestimmt werden. Wenn ein FEA-Tool einen Solver für die Poisson-Gleichungen enthält, kann es verwendet werden, um all diese Probleme zu lösen.

3.5.2 Lösung durch direkte Formulierung

In der *direkten Formulierung* wird ein Elementmodell direkt aus den charakteristischen Gleichungen abgeleitet. Abb. 3.14 zeigt ein Beispiel für die Modellierung eines Feder-Elements durch direkte Formulierung.

Das Feder-Element in Abb. 3.14 besteht aus zwei Knoten, die als Knoten i und Knoten j bezeichnet werden. Das Verhalten des Elements wird durch die Verschiebungen an zwei Knoten U_i und U_j dargestellt. U_i und U_j können durch die Bedingungen der Kraftbilanz in *dem Freikörperdiagramm* (FBD) von Knoten i und j in Abb. 3.14b, c bestimmt werden. Beachten Sie, dass das Verhalten eines Feder-Elements durch das Hooke'sche Gesetz bestimmt wird

$$F = k \cdot \Delta U \tag{3.8}$$

Hier ist

F die Kraft, die durch die Feder geht,
K die Federkonstante und
ΔU die Längenänderung der Feder.

In einem FEA-Modell wird das Verhalten eines Elements durch die Feldvariablen der zugehörigen Knoten dargestellt; in Abb. 3.14 wird das Verhalten des Feder-Elements durch U_i und U_j dargestellt. Durch Anwendung der Kräfte F_i und F_j auf die Knoten müssen die Kräfte in den FBDs der beiden Knoten ausgeglichen sein:

$$\left. \begin{aligned} k(U_i - U_j) &= F_i \\ k(U_j - U_i) &= F_j \end{aligned} \right\} \tag{3.9}$$

Tab. 3.3 Mathematische Modelle von gängigen physikalischen Phänomenen in der Technik

Technische Anwendungen	Gesetze der Mechanik und Differentialgleichungen
Festkörpermechanik 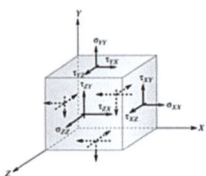 Dabei sind $[\sigma]^T$ und $[\varepsilon]^T$ die Spannungs- und Dehnungsvektoren. $[\sigma]^\gamma = \begin{bmatrix} \sigma_{xx} & \sigma_{yy} & \sigma_{zz} & \tau_{xy} & \tau_{yz} & \tau_{xz} \end{bmatrix}$ $[\varepsilon]^T = \begin{bmatrix} \varepsilon_{xx} & \varepsilon_{yy} & \varepsilon_{zz} & \gamma_{xy} & \gamma_{yz} & \gamma_{xz} \end{bmatrix}$	Hooke'sches Gesetz $\varepsilon_{xx} = \frac{1}{E}\left[\sigma_{xx} - v(\sigma_{yy} + \sigma_z)\right]$ $\varepsilon_{yy} = \frac{1}{E}\left[\sigma_{yy} - v(\sigma_{xx} + \sigma_{zz})\right]$ $\varepsilon_{zz} = \frac{1}{E}\left[\sigma_{zz} - v(\sigma_{xx} + \sigma_{yy})\right]$ $\gamma_{xy} = \frac{\tau_{xy}}{G} \quad \gamma_{yz} = \frac{\tau_{yz}}{G} \quad \gamma_{xz} = \frac{\tau_{xz}}{G}$ wo $\varepsilon_{xx} = \frac{\partial u}{\partial x} \quad \varepsilon_{yy} = \frac{\partial v}{\partial y} \quad \varepsilon_{zz} = \frac{\partial w}{\partial z}$ $\gamma_{xy} = \frac{\partial u}{\partial y} + \frac{\partial v}{\partial x} \quad \gamma_{yz} = \frac{\partial v}{\partial z} + \frac{\partial w}{\partial y} \quad \gamma_{xz} = \frac{\partial u}{\partial z} + \frac{\partial w}{\partial x}$ E ist der Elastizitätsmodul und G der Schubmodul
Dynamik 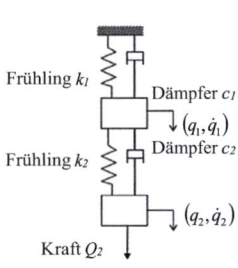 Frühling k_1, Dämpfer c_1, $(q_1, \dot{q}_1)$ Frühling k_2, Dämpfer c_2, $(q_2, \dot{q}_2)$ Kraft Q_2	Lagrange'sche Gleichung mit $\frac{d}{dt}\left(\frac{\partial T}{\partial \dot{q}_i}\right) - \frac{\partial T}{\partial q_i} + \frac{\partial \Lambda}{\partial q_i} = Q_i \quad (i = 1, 2, 3 \cdots n)$ $t=$ Zeit $T=$ kinetische Energie des Systems $q_i=$ Koordinatensystem $\dot{q}=$ Zeitableitung des Koordinatensystems $\Lambda=$ potentielle Energie des Systems $Q_i=$ nicht-konservative Kräfte oder Momente
Wärmeübertragungsproblem 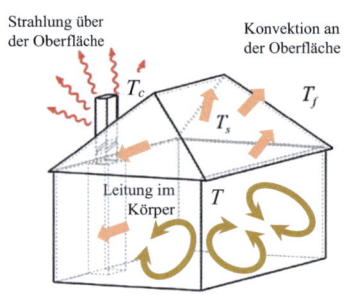 Strahlung über der Oberfläche, Konvektion an der Oberfläche, T_c, T_s, T_f, Leitung im Körper T	Fourier'sches Gesetz der Leitung $q = -k \cdot \nabla T$ Newton'sches Gesetz der Konvektion $(BC) q = hA(T_s - T_f)$ Stefan-Boltzmann-Gesetz der Strahlung (BC) mit $q=$ Wärmestrom $k=$ Leitfähigkeitskoeffizient $T=$ Temperatur $h=$ Konvektionskoeffizient $T_s=$ Temperatur an der Oberfläche $T_f=$ Temperatur in der umgebenden Flüssigkeit $P=$ Netto abgestrahlte Leistung $A=$ Strahlungsfläche $\sigma=$ Stefan-Boltzmann-Konstante $E=$ Emissionsgrad $T_c=$ Temperatur der Umgebung

(Fortsetzung)

3.5 FEA-Theorie

Tab. 3.3 (Fortsetzung)

Technische Anwendungen	Gesetze der Mechanik und Differentialgleichungen
Elektromagnetismus E = elektrisches Feld B = magnetisches Feld D = elektrische Verschiebung H = magnetische Feldstärke ρ = Ladungsdichte ε_0 = Permittivität μ_0 = Permeabilität J = Stromdichte c = Lichtgeschwindigkeit P = Polarisation I = elektrischer Strom M = Magnetisierung	Maxwell'sche Gleichungen Gauß'sches Gesetz für Elektrizität $\nabla \cdot (\varepsilon_0 E + P) = \rho$ Gauß'sches Gesetz für Magnetismus $\nabla \cdot B = 0$ Faraday'sches Induktionsgesetz $\nabla \times E = \frac{\partial B}{\partial t}$ Ampère'sches Gesetz $\nabla \times H = J + \frac{\partial D}{\partial t}$ mit $D = (\varepsilon_0 E + P)$ $B = \mu_0(H + M)$ $\nabla \cdot (\bullet)$ und $\nabla \times (\bullet)$ sind die *Divergenz* bzw. *Rotation* von Vektoren
Fluidmechanik 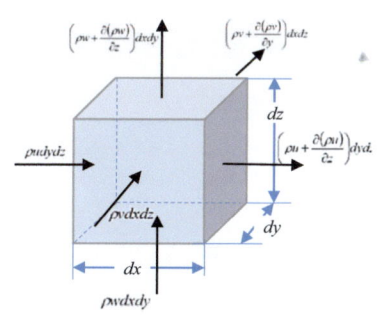	Gesetz der Erhaltung der Masse $\frac{\partial \rho}{\partial t} + \frac{\partial \rho u}{\partial x} + \frac{\partial \rho v}{\partial y} + \frac{\partial \rho w}{\partial z} = 0$ mit t = Zeit, ρ = Dichte, u, v und w sind die Geschwindigkeiten entlang der x-, y- und z-Achse Für eine stationäre Strömung: $\frac{\partial \rho}{\partial t} = 0$ Strömungen mit konstanter Dichte: $\frac{\partial u}{\partial x} + \frac{\partial v}{\partial y} + \frac{\partial w}{\partial z} = 0$

Gl. (3.9) beinhaltet zwei Gleichungen für zwei Feldvariablen U_i und U_j; sie ist nicht lösbar, bis die Kräfte F_i und F_j bekannt sind. Im Gegenzug werden F_i und F_j durch Randbedingungen bestimmt. Wenn beispielsweise der linke Knoten des Feder-Elements fixiert ist und auf den rechten Knoten eine Kraft F ausgeübt wird, erzeugen die Randbedingungen zwei zusätzliche Gleichungen für Gl. (3.9), $U_i = 0$, und $F_j = F$; dann wird das Elementmodell lösbar, und man erhält die Elementlösung als $F_i = -F$ und $U_j = F/k$.

Das oben genannte Feder-Element-Modell ist allgemein und kann erweitert werden, um eine Vielzahl von einfachen technischen Problemen zu lösen. Wenn Systemelemente auf externe Lasten linear reagieren, können sie äquivalent als Feder-Elemente modelliert werden. In einem äquivalenten Feder-System kann die Lösung abgeleitet werden, indem

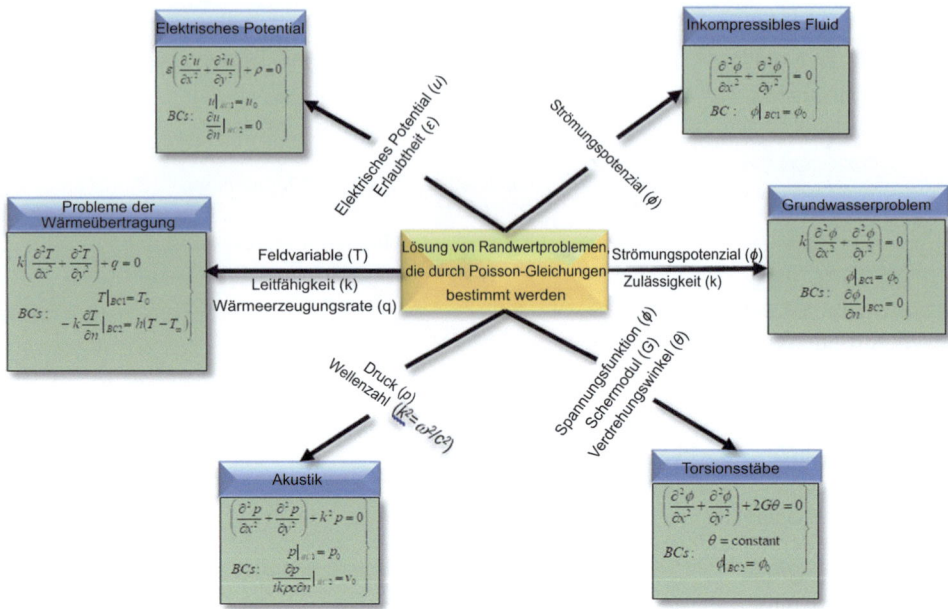

Abb. 3.13 Poisson-Gleichungen in verschiedenen technischen Problemen

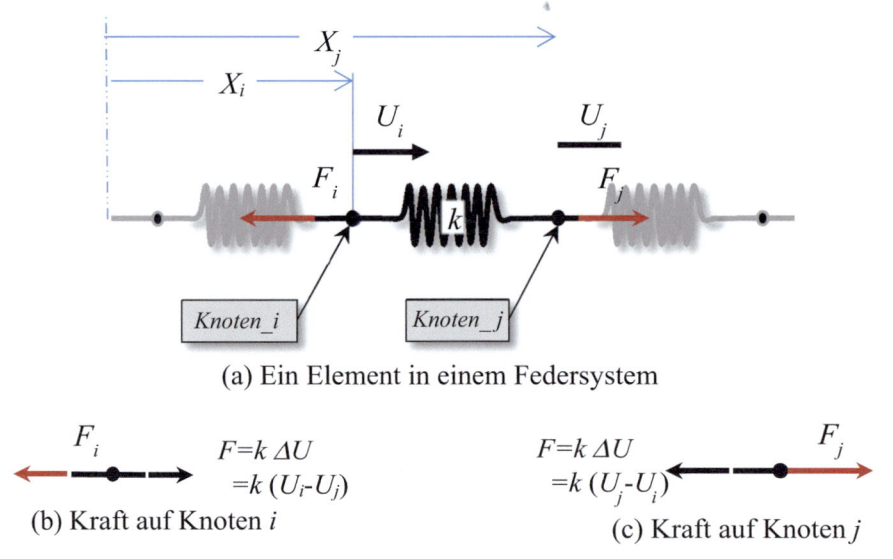

Abb. 3.14 Modellierung eines Feder-Elements durch direkte Formulierung

3.5 FEA-Theorie

Tab. 3.4 Ähnlichkeit eines Feder-Systems mit anderen technischen Systemen

Technische Probleme		Äquivalente Begriffe in einem Feder-Element		
		Steifigkeit k	Last F	Feldvariable U
Axiales Mitglied E: Elastizitätsmodul A: Querschnittsfläche L: Länge P: Axiale Belastung Y: Verdrängung		$\frac{EA}{L}$	P	u
Torsion Mitglied G: Schermodul der Steifigkeit J: Zweites Trägheitsmoment T: Drehmoment L: Länge θ: Winkelausschlag		$\frac{GJ}{L}$	T	θ
Pfeife Mitglied A: Querschnittsdurchmesser L: Länge μ: Viskosität P: Druck Q: Durchflussmenge		$\frac{\pi D^4}{128\mu}$	Q	p
Widerstand R: Widerstandsfähigkeit I: Strom V: Spannung		$\frac{1}{R}$	I	V
Wärmeübertragung A: Querschnittsfläche K: Leitfähigkeit q: Wärmedurchsatz T: Temperatur L: Länge		$\frac{kA}{L}$	q	T

ihre physikalischen Parameter, externe Lasten und Feldvariablen in Federkonstante (k), Kräfte (F_i und F_j) und die Verschiebung in einem Feder-Element (U_i und U_j) abgebildet werden. Tab. 3.4 gibt die Abbildungen einiger grundlegender technischer Probleme auf äquivalente Feder-Systeme an.

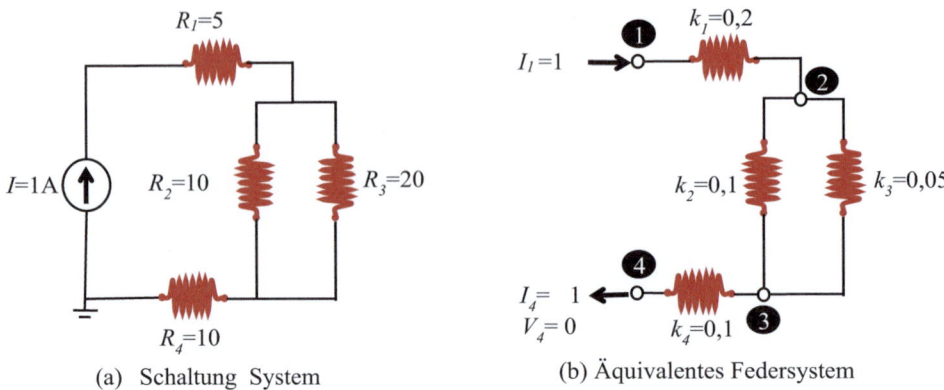

(a) Schaltung System   (b) Äquivalentes Federsystem

Abb. 3.15 FEA-Modellierung eines Schaltungsbeispiels

Als Beispiel für ein Widerstandselement in Tab. 3.4 kann sein Elementmodell definiert werden, indem alle physikalischen Eigenschaften und Mengen auf die eines Federelements abgebildet werden:

$$\left.\begin{array}{c}\frac{1}{R} \to k \\ V \to U \\ I \to F\end{array}\right\} \tag{3.10}$$

Das Ersetzen der entsprechenden Parameter und Variablen in Gl. (3.9) ergibt das Modell eines Widerstandselements (R):

$$\begin{bmatrix} 1/R & -1/R \\ 1/R & 1/R \end{bmatrix} \begin{bmatrix} V_i \\ V_j \end{bmatrix} = \begin{bmatrix} I_i \\ I_j \end{bmatrix} \tag{3.11}$$

Beispiel 3.2. Finden Sie den Spannungsabfall in jedem Widerstand der Schaltung in Abb. 3.15.

Lösung. Jeder Widerstand wird als äquivalentes Feder-Element behandelt; entsprechend wird die Schaltung in Abb. 3.15a in das äquivalente Feder-System in Abb. 3.15b zerlegt. Es besteht aus 4 Elementen und 4 Knoten. Tab. 3.5 zeigt das Ergebnis der Zerlegungen und entsprechenden Elementmodelle.

Das Zusammenfügen der Elementmodelle in Tab. 3.5 ergibt das Systemmodell:

$$\begin{bmatrix} 0,2 & -0,2 & 0 & 0 \\ -0,2 & 0,2+0,1+0,05 & -0,1-0,05 & 0 \\ 0 & -0,1-0,05 & 0,1+0,05+0,1 & -0,1 \\ 0 & 0 & -0,1 & 0,1 \end{bmatrix} \begin{bmatrix} V_1 \\ V_2 \\ V_3 \\ V_4 \end{bmatrix} = \begin{bmatrix} I_{1,1} \\ I_{2,1}+I_{2,2}+I_{2,3} \\ I_{3,2}+I_{3,3}+I_{3,4} \\ +I_{4,4} \end{bmatrix} \leftarrow \begin{bmatrix} 1 \\ 0 \\ 0 \\ -1 \end{bmatrix}$$
(3.12)

3.5 FEA-Theorie

Tab. 3.5 Die Zerlegung des äquivalenten Feder-Systems

Element	Knoten i	Knoten j	ke (1/R)	Elementmodell
1	❶	❷	0,2	$\begin{bmatrix} 0,2 & -0,2 \\ -0,2 & 0,2 \end{bmatrix} \begin{bmatrix} V_1 \\ V_2 \end{bmatrix} = \begin{bmatrix} I_{1,1} \\ I_{2,1} \end{bmatrix}$
2	❷	❸	0,1	$\begin{bmatrix} 0,1 & -0,1 \\ -0,1 & 0,1 \end{bmatrix} \begin{bmatrix} V_2 \\ V_3 \end{bmatrix} = \begin{bmatrix} I_{2,2} \\ I_{3,2} \end{bmatrix}$
3	❷	❸	0,05	$\begin{bmatrix} 0,05 & -0,05 \\ -0,05 & 0,05 \end{bmatrix} \begin{bmatrix} V_2 \\ V_3 \end{bmatrix} = \begin{bmatrix} I_{2,3} \\ I_{3,3} \end{bmatrix}$
4	❸	❹	0,1	$\begin{bmatrix} 0,1 & -0,1 \\ -0,1 & 0,1 \end{bmatrix} \begin{bmatrix} V_3 \\ V_4 \end{bmatrix} = \begin{bmatrix} I_{3,4} \\ I_{4,4} \end{bmatrix}$

Das Schaltungssystem hat zwei Randbedingungen: (1) der Strom an den Knoten 1 und 4 ist als 1 A und −1 A gegeben, und es wird kein zusätzlicher Strom an Knoten 2 und Knoten 3 eingegeben; (2) Knoten 4 ist als Referenz geerdet ($V_4 = 0$ V). Daher kann das Systemmodell Gl. (3.12) vereinfacht werden als

$$\begin{bmatrix} 0,2 & -0,2 & 0 & 0 \\ -0,2 & 0,35 & -0,15 & 0 \\ 0 & -0,15 & 0,25 & -0,1 \\ 0 & 0 & 0 & 0 \end{bmatrix} \begin{bmatrix} V_1 \\ V_2 \\ V_3 \\ V_4 \end{bmatrix} = \begin{bmatrix} 1 \\ 0 \\ 0 \\ 0 \end{bmatrix} \quad (3.13)$$

Das Lösen von Gl. (3.13) ergibt die Lösung bei $[V] = [21,6667, 16,6667, 10, 0]^T$, und die Spannungsabfälle über den Widerständen R_1, R_2, R_3, und R_4 betragen jeweils 5, 6,6667, 6,6667 und 10 Volt.

3.5.3 Prinzip der minimalen potentiellen Energie

Das Verhalten eines technischen Systems kann aus der Perspektive von *Energie* und *Arbeit* beschrieben werden. In einem Berechnungsgebiet kann Energie von einer Form in eine andere übertragen werden, aber sie verschwindet nie. Für ein System im stationären Zustand kann das Prinzip der minimalen potentiellen Energie zur Modellierung des Systemverhaltens genutzt werden.

Abb. 3.16 zeigt den Bereich eines Festkörpers, der einer Reihe von externen Lasten F_i ($i = 1, 2, \ldots n$) ausgesetzt ist. Die Reaktion des Bereichs wird dargestellt durch (1) die Verschiebungen u_i ($i = 1, 2, \ldots n$) an den Stellen, an denen die externen Lasten angelegt sind, und (2) die Verteilungen von Spannung $\sigma(x, y, z)$ und Dehnung $\varepsilon(x, y, z)$ in dem Bereich des Festkörpers. Die gesamte potentielle Energie im Bereich wird ausgedrückt als:

$$\Pi = \Lambda - W = \int_V \frac{1}{2} \sigma(x, y, z) \cdot \varepsilon(x, y, z) dv - \sum_{i=1}^n F_i \cdot u_i \quad (3.14)$$

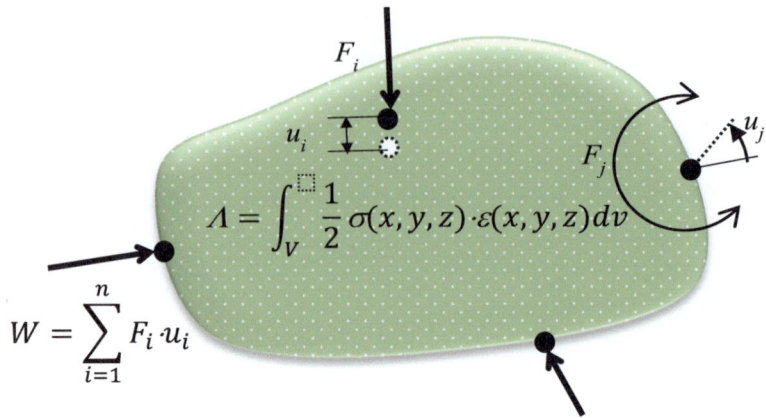

Abb. 3.16 Arten von potenzieller Energie in einem Bereich eines Festkörpers

Hierbei ist Π die gesamte potentielle Energie, Λ die Dehnungsenergie im Bereich des Festkörpers und W die gesamte Arbeit, die von den externen Kräften F_i ($i = 1, 2,...n$) geleistet wird.

Das Prinzip der minimalen potentiellen Energie besagt, dass ein Gleichgewichtssystem die Bedingungen erfüllt, die gesamte potentielle Energie des Systems zu minimieren:

$$\frac{\partial \Pi}{\partial u_i} = \frac{\partial (\Lambda - W)}{\partial u_i} = 0, \quad (i = 1, 2, \ldots n) \tag{3.15}$$

Beispiel 3.3 Verwenden Sie das Prinzip der minimalen potentiellen Energie, um die Verschiebung am freien Ende in Abb. 3.17 zu finden.

Lösung. Der Festkörper in Abb. 3.17a wird in ein FEA-Modell in Abb. 3.17b zerlegt, das aus 4 Elementen und 4 Knoten besteht. Die Details des FEA-Modells sind in Tab. 3.6 zusammengefasst.

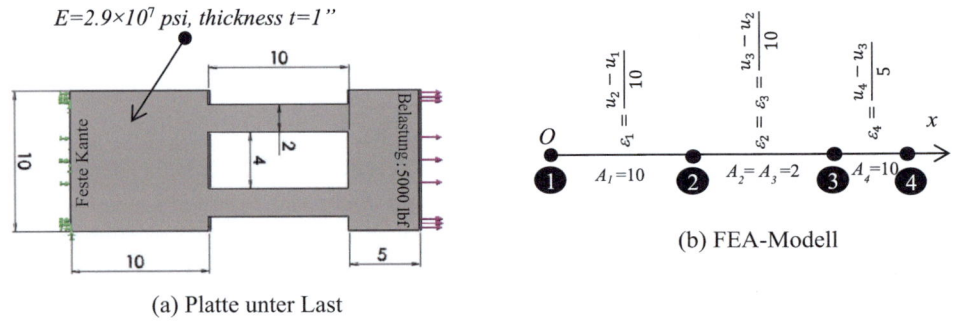

Abb. 3.17 Eine zweidimensionale Platte, die einer axialen Last ausgesetzt ist

3.5 FEA-Theorie

Tab. 3.6 Die Zerlegung des äquivalenten Feder-Systems

Element	Knoten i	Knoten j	ε	A(in^2)	Verzerrungsenergie (*lbf.in*)
1	❶	❷	$\frac{u_2-u_1}{10}$	10	$\int_0^{10} \frac{EA_1}{2}\left(\frac{u_2-u_1}{10}\right)^2 dx$
2	❷	❸	$\frac{u_3-u_2}{10}$	2	$\int_0^{10} \frac{EA_2}{2}\left(\frac{u_3-u_2}{10}\right)^2 dx$
3	❷	❸	$\frac{u_3-u_2}{10}$	2	$\int_0^{10} \frac{EA_3}{2}\left(\frac{u_3-u_2}{10}\right)^2 dx$
4	❸	❹	$\frac{u_4-u_3}{5}$	10	$\int_0^{10} \frac{EA_4}{2}\left(\frac{u_4-u_3}{5}\right)^2 dx$

Die Verwendung von Gl. (3.14) ergibt für die gesamte potentielle Energie:

$$\Pi = 1{,}45 \times 10^7 (u_2 - u_1)^2 + 5{,}8 \times 10^6 (u_3 - u_2)^2 + 5{,}8 \times 10^7 (u_4 - u_3)^2 \\ - (R)u_1 - (5000)u_4 \tag{3.16}$$

Mit den Gleichungen (3.15) und (3.16) bestimmen Sie die Bedingungen für minimale potentielle Energie:

$$\left.\begin{array}{l} \frac{\partial \Pi}{\partial u_1} = 0 \to \quad -2{,}9 \times 10^7 (u_2 - u_1) = R \\ \frac{\partial \Pi}{\partial u_2} = 0 \to \quad 2{,}9 \times 10^7 (u_2 - u_1) - 11{,}6 \times 10^6 (u_3 - u_2) = 0 \\ \frac{\partial \Pi}{\partial u_3} = 0 \to \quad 11{,}6 \times 10^6 (u_3 - u_2) - 11{,}6 \times 10^7 (u_4 - u_3) = 0 \\ \frac{\partial \Pi}{\partial u_4} = 0 \to \quad 11{,}6 \times 10^7 (u_4 - u_3) = 5000 \end{array}\right\} \tag{3.17}$$

Gl. (3.17) kann weiter vereinfacht werden:

$$2{,}9 \times 10^6 \begin{bmatrix} 10 & -10 & 0 & 0 \\ -10 & 14 & -4 & 0 \\ 0 & -4 & 44 & -40 \\ 0 & 0 & -40 & 40 \end{bmatrix} \begin{bmatrix} u_1 \\ u_2 \\ u_3 \\ u_4 \end{bmatrix} = \begin{bmatrix} R \\ 0 \\ 0 \\ 5000 \end{bmatrix} \tag{3.18}$$

Unter Anwendung der Randbedingung, dass die linke Seite fixiert ist, d. h., $u_1 = 0$, führt Gl. (3.18) zur Lösung von [u]:

$$[u] = \begin{bmatrix} 0{,}0 & 1{,}72 \times 10^{-4} & 6{,}03 \times 10^{-4} & 6{,}47 \times 10^{-4} \end{bmatrix}^T$$

3.5.4 Methode der gewichteten Residuen

Die direkte Methode und das Prinzip der minimalen potentiellen Energie sind auf eine begrenzte Anzahl von technischen Problemen anwendbar; ihnen fehlt die Flexibilität, um einen breiten Anwendungsbereich von *partiellen Differentialgleichungen* (PDEs) zu lösen. Es besteht Bedarf, Methoden zu entwickeln, die allgemeiner für PDEs sind.

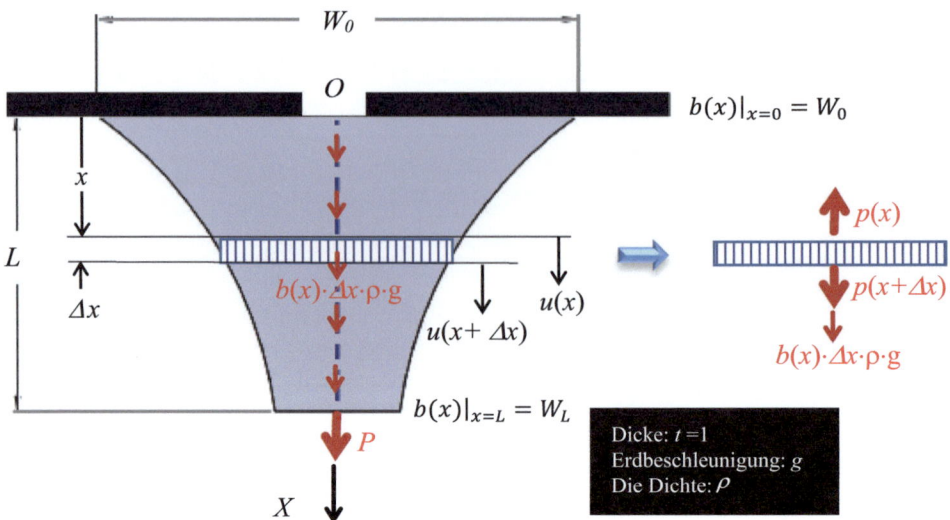

Abb. 3.18 Eine zweidimensionale Platte, die einer axialen Last ausgesetzt ist

In diesem Abschnitt wird das Objekt unter einer axialen Last in Abb. 3.18 als Beispiel verwendet, um das Konzept der approximierten Lösung zu veranschaulichen, und *die Methode der gewichteten Residuen* wird diskutiert, um die Lösung einer PDE zu approximieren. Das Objekt hat einen variierenden Querschnitt entlang seiner Länge, um die Last zu tragen.

Das Zeichnen des FBD eines endlichen Segments vom Festkörper identifiziert alle drei Kräfte und den Zustand der Kraftäquivalenz:

$$\left.\begin{array}{l} p(x) = E \cdot b(x)(1)\frac{u(x)-u(x+\Delta x)}{x} \\ p(x+\Delta x) = E \cdot b(x+\Delta x)(1)\frac{u(x+\Delta x)-u(x)}{\Delta x} \\ p(x+\Delta x) + b(x) \cdot (1) \cdot \rho \cdot g \cdot \Delta x = p(x) \end{array}\right\} \quad (3.19)$$

Vereinfachung von Gl. (3.19) ergibt:

$$E \cdot \{b(x+\Delta x) - b(x)\}\frac{u(x+\Delta x) - u(x)}{\Delta x} + b(x) \cdot \rho \cdot g \cdot \Delta x = 0 \quad (3.20)$$

Die Grenze von $\Delta x \to 0$ in Gl. (3.20) ergibt:

$$E\frac{d(b(x))}{dx}\frac{d(u(x))}{dx} + b(x) \cdot \rho \cdot g = 0 \quad (3.21)$$

Hinzufügen der Randbedingungen in Gl. (3.21) ergibt das mathematische Modell eines *Randwertproblems* (BVP):

3.5 FEA-Theorie

$$\left.\begin{array}{r}\frac{d(u(x))}{dx} + f(x) = 0 \\ \left.\frac{d(u(x))}{dx}\right|_{x=L} = \frac{P}{E \cdot W_L} \\ u(x)|_{x=L} = 0\end{array}\right\} \quad (3.22)$$

Mit: $f(x) = b(x) \cdot \rho \cdot g / \left\{ E \cdot \frac{d(b(x))}{dx} \right\}$

Die genaue Lösung $u(x)$ der Verschiebung zum Randwertproblem Gl. (3.22) ist definiert als

$$\left.\begin{array}{r}\Re(x) = \frac{d(u(x))}{dx} + f(x) \equiv 0 \quad x \in [0, L] \\ \left.\frac{d(u(x))}{dx}\right|_{x=L} = \frac{P}{E \cdot W_L} \\ u(x)|_{x=L} = 0\end{array}\right\} \quad (3.23)$$

Hierbei ist $\Re(x)$ *die Residuum-Funktion* über dem Festkörper, $x \in [0, L]$.

Wenn eine angenäherte Lösung $\bar{u}(x)$ in Gl. (3.23) anstelle der genauen Lösung $u(x)$ verwendet wird, kann die erste Gleichung nicht streng erfüllt werden. In der Annäherung werden die Bedingungen einer schwachen Lösung als

$$\left.\begin{array}{r}\int_0^L v(x) \cdot \overline{\Re}(x) dx = \int_0^L v(x) \cdot \left\{ \frac{d(\bar{u}(x))}{dx} + f(x) \right\} dx = 0 \\ \left.\frac{d(\bar{u}(x))}{dx}\right|_{x=L} = \frac{P}{E \cdot W_L} \\ \bar{u}(x)|_{x=L} = 0\end{array}\right\} \quad (3.24)$$

gelockert.

Hierbei ist $\overline{\Re}(x)$ *die Residuum-Funktion* für $\bar{u}(x)$ über dem Bereich $x \in [0, L]$ und $v(x)$ ist eine Testfunktion.

Für jede Funktion $u(x)$ kann die Lösung zum BVP durch einen Teil der Taylor-Expansion der Funktion $u(x)$ approximiert werden:

$$\tilde{u}(x) = u(x_0) + \frac{\partial u(x_0)}{2x}(x - x_0) + \frac{1}{2!}\frac{\partial^2 u(x_0)}{\partial x^2}(x - x_0)^2 + \cdots + \frac{1}{n!}\frac{\partial^n u(x_0)}{\partial x^n}(x - x_0)^n \quad (3.25)$$

Es sei $x_0 = 0$, dann kann Gl. (3.25) als Polynomgleichung vereinfacht werden:

$$\tilde{u}(x) = c_0 + c_1 x + c_2 x^2 + \ldots + c_{N-1} x^{N-1} \quad (3.26)$$

Hierbei sind c_i ($i = 0, 1, 2, \ldots, N-1$) N Konstanten, die durch die Methode der gewichteten Residuen bestimmt werden.

Beachten Sie, dass insgesamt N Gleichungen benötigt werden, um N unbekannte Konstanten in Gl. (3.26) zu lösen, einige der Gleichungen entsprechen den

Tab. 3.7 Häufig verwendete Testfunktionen für die Methode der gewichteten Residuen

Testfunktion	Ausdruck	Beschreibung
Kollokationsmethode	$v_i(x) = \begin{cases} 1 & x = x_i \\ 0 & x \in (a,b), x \neq x_i \end{cases}$	Die Testfunktion hat nur am angegebenen Punkt (x_i) im Bereich (a, b) den Einheitswert
Teilbereichsmethode	$v_i(x) = \begin{cases} 1 & x \in (x_i, x_{i+1}) \\ 0 & x \in (a,b), x \notin (x_i, x_{i+1}) \end{cases}$	Die Testfunktion hat nur im angegebenen Teilbereich (x_i, x_{i+1}) im Bereich (a, b) x den Einheitswert
Kleinste-Quadrate-Methode	$v_i(x) = \frac{\overline{\partial \mathfrak{R}}(c_0, c_1, \ldots c_{N-1}, x)}{\alpha c_i}$	Die Testfunktion zielt darauf ab, die kleinsten Quadratresiduen über den Bereich zu minimieren; die Anzahl der Testfunktionen bestimmt die Anzahl der zu bestimmenden Konstanten
Galerkin-Methode	$v_i(x) = \phi_i(x)$	Eine der Unterfunktionen in der approximierten Lösung $\tilde{u}(x)$ wird als Testfunktion verwendet

Randbedingungen der PDE, und der Rest der Gleichungen wird definiert, indem verschiedene Testfunktionen im Ausdruck des Residuums über den Bereich verwendet werden. Tab. 3.7 zeigt einige häufig verwendete Testfunktionen.

Eine gewichtete Residualmethode wird reduziert auf das Finden eines Satzes von Koeffizienten c_i ($i = 0, 1, 2, \ldots, N-1$) in $\bar{u}(x)$; es basiert auf den Bedingungen für eine schwache Lösung des BVP wie unten beschrieben.

(1) Bestimmen Sie die Anzahl der Polynomterme (N). Diese Zahl sollte größer sein als die Summe der Zahlen der Differentialgleichung(en) und BCs im BVP, d. h.,

$$N \geq N_D + N_{BC} \qquad (3.27)$$

Nehmen wir ein Beispiel für BVP in Gl. (3.23), es hat eine Differentialgleichung ($N_D = 1$) und zwei BCs ($N_{BC} = 2$). Daher sollten die in der Näherung enthaltenen Polynomterme der Taylor-Expansion gleich oder größer als $N_D + N_{BC} = 3$ sein. Je mehr Polynomterme verwendet werden, desto besser kann die Näherung erreicht werden, aber mit viel mehr Berechnung.

(2) BCs in BVP werden angewendet, um N_{BC} Gleichungen zu definieren, die von $\tilde{u}(x)$ erfüllt werden sollten.
(3) Wählen Sie ($N-N_{BC}$) der Testfunktionen und wenden Sie die Bedingung Gl. (3.24) für eine schwache Lösung an. Dies erzeugt ($N-N_{BC}$) neue Gleichungen, die von $\tilde{u}(x)$ erfüllt werden sollten. In Kombination mit N_{BC} Gleichungen für Randbedingungen

3.5 FEA-Theorie

wird ein System von N Gleichungen für N Konstanten c_i ($i = 0, 1, 2, \ldots, N-1$) in $\bar{u}(x)$ entwickelt.

(4) Lösen Sie N Gleichungen gleichzeitig, um $c_0, c_1, \ldots, c_{N-1}$ für die vollständige Lösung von $\bar{u}(x)$ zu VBP zu erhalten.

In dem oben genannten Verfahren kann die Anzahl der Polynomterme (N) und die Arten von Testfunktionen beliebig gewählt werden, solange N Gl. (3.27) erfüllt. Unterschiedliche Testfunktionen führen zu unterschiedlichen approximierten Lösungen für BVP; aber alle von ihnen müssen die Bedingungen für eine schwache Lösung in Gl. (3.24) erfüllen.

Beispiel 3.4 Finden Sie eine schwache Lösung für das folgende Randwertproblem:

$$\frac{d^2 u}{dx^2} = 6x - \sin(x), 0 \leq x \leq 1$$

unter den Bedingungen:

$$\left. \begin{array}{l} u(x)|_{x=1} = \sin(1) \\ \dfrac{du}{dx}\bigg|_{x=0} = 0 \end{array} \right\} \tag{3.28}$$

Lösung. Die Methode der gewichteten Residuen wird in den folgenden Schritten verwendet.

Schritt 1. Gl. (3.28) hat eine Differentialgleichung ($N_D = 1$) und zwei Randbedingungen ($N_{BC} = 2$). Daher muss die Anzahl der Polynomterme (N) größer sein als $N_D + N_{BC} = 3$. Setzen wir $N = 4$, und die angenäherte Lösung wird angenommen als

$$\tilde{u}(x) = c_0 + c_1 x + c_2 x^2 + c_3 x^3 \tag{3.29}$$

Gl. (3.29) hat unbekannte Konstanten (c_0, c_1, c_2, c_3); daher werden vier Gleichungen über (c_0, c_1, c_2, c_3) aus den Bedingungen der schwachen Lösung abgeleitet.

Schritt 2. Gl. (3.28) beinhaltet zwei Randbedingungen, das Einsetzen von Gl. (3.29) in Gl. (3.28) ergibt

$$\left. \begin{array}{l} \tilde{u}(x)|_{x=0} = c_0 + c_1(1) + c_2(1)^2 + c_3(1)^3 = \sin(1) \\ \dfrac{d\tilde{u}(x)}{dx}\bigg|_{x=0} = c_1 + 2c_2(0) + 3c_3(0)^2 = 0 \end{array} \right\} \tag{3.30}$$

Die Verwendung von Gl. (3.30) in Gl. (3.29) ergibt

$$\tilde{u}(x) = (\sin(1) - c_2 - c_3) + c_2 x^2 + c_3 x^3 \tag{3.31}$$

Gl. (3.31) wird verwendet, um die ersten und zweiten Ableitungen von $\tilde{u}(x)$ zu erhalten als

$$\left.\begin{array}{l}\frac{d\tilde{u}(x)}{dx} = 2c_2x + 3c_3x^2 \\ \frac{d^2\tilde{u}(x)}{dx^2} = 2c_2 + 6c_3x\end{array}\right\} \qquad (3.32)$$

Schritt 3. Gl. (3.31) enthält zwei unbekannte Konstanten (c_2, c_3). Daher müssen zwei verschiedene Testfunktionen ausgewählt werden, um weitere zwei Gleichungen durch Verwendung der Bedingung einer schwachen Lösung (Gl. 3.23) zu definieren. Die Verwendung von Gl. (3.32) in Gl. (3.28) ergibt den Ausdruck des Residuums als

$$\overline{\mathfrak{R}}(x) = \int_0^1 v(x) \cdot ((2c_2 + 6c_3x) - 6x + \sin(x))dx = 0 \qquad (3.33)$$

Als Nächstes werden verschiedene Methoden verwendet, um Testfunktionen $v(x)$ auszuwählen, um Residuen in Gl. (3.33) zu bewerten.

(*a*) In einer Kollokationsmethode wird die Testfunktion ausgewählt zu:

$$v_i(x) = \begin{cases} 1 & x = x_i \\ 0 & x \in (a,b), x \neq x_i \end{cases} \qquad (3.34)$$

Hierbei ist x_i eine beliebige Position im Bereich von Interesse.

Da nur noch zwei Gleichungen benötigt werden, um c_2 und c_3 zu lösen; wird die Bedingung der schwachen Lösung zweimal angewendet. Es seien $x_1 = 1/3$ und $x_2 = 2/3$ in Gl. (3.24) und jeweiliges Einsetzen in Gl. (3.33) ergibt:

$$\left.\begin{array}{l}\overline{\mathfrak{R}}_1 = \left(2c_2 + 6c_3\left(\frac{1}{3}\right)\right) - 6\left(\frac{1}{3}\right) + \sin(x) = 0 \\ \overline{\mathfrak{R}}_1 = \left(2c_2 + 6c_3\left(\frac{2}{3}\right)\right) - 6\left(\frac{2}{3}\right) + \sin(x) = 0\end{array}\right\} \qquad (3.35)$$

Die Lösung von Gl. (3.35) ergibt $c_2 = -0{,}01801$ und $c_3 = 0{,}8544$. Die angenäherte Lösung wird:

$$\tilde{u}(x) = 0{,}00508 - 0{,}01801x^2 + 0{,}8544x^3 \qquad (3.36)$$

$\overline{\mathfrak{R}}(x)$ durch Verwendung der Kollokationsmethode ist in Abb. 3.19 dargestellt. $\tilde{u}(x)$ in Gl. (3.36) erfüllt die Bedingung einer schwachen Lösung im Sinne, dass es keinen Fehler an einer durch die Testfunktion in Gl. (3.34) angegebenen Position gibt.

(*b*) In der Teilbereichsmethode wird die Testfunktion definiert als

$$v_i(x) = \begin{cases} 1 & x \in (x_i, x_{i+1}) \\ 0 & x \in (a,b), x \notin (x_i, x_{i+1}) \end{cases} \qquad (3.37)$$

Hierbei ist (a_i, b_i) ein beliebiger Teilbereich von Interesse.

3.5 FEA-Theorie

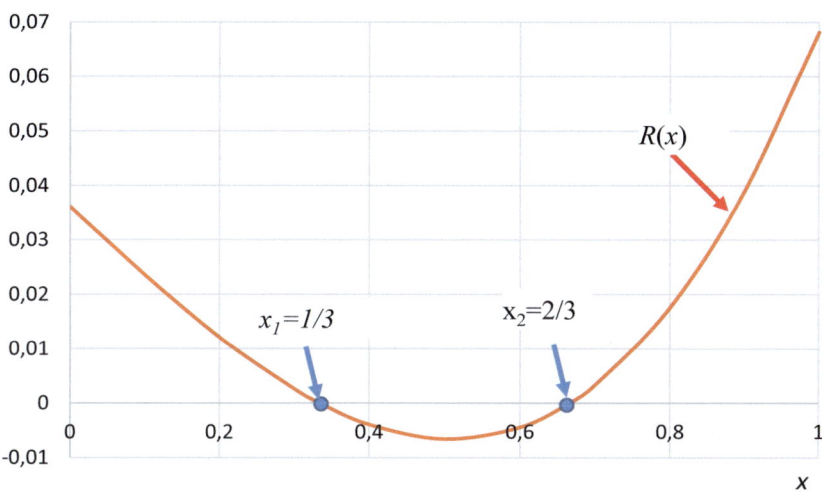

Abb. 3.19 Angenäherte Lösung mit Kollokationsmethoden

Zwei zusätzliche Gleichungen werden benötigt, um c_2 und c_3 zu lösen. Die zwei Teilbereiche seien (0, 0,5) und (0,5, 1,0). Einsetzen von Gl. (3.27) in Gl. (3.3), um die Bedingung einer schwachen Lösung zu testen, liefert:

$$\left.\begin{array}{l}\overline{\Re}_1 = \int_0^{0,5} ((2c_2 + 6c_3 x) - 6x + \sin(x))dx = c_2 + \frac{3}{4}c_3 + \frac{1}{4} - \cos\left(\frac{1}{2}\right) = 0 \\ \overline{\Re}_2 = \int_{0,5}^1 ((2c_2 + 6c_3 x) - 6x + \sin(x))dx = c_2 + \frac{9}{4}c_3 - \frac{9}{4} + \cos\left(\frac{1}{2}\right) - \cos(1) = 0\end{array}\right\} \quad (3.38)$$

Die Lösung von Gl. (3.38) ergibt $c_2 = -0,01499$ und $c_3 = 0,85676$, und die angenäherte Lösung wird

$$\tilde{u}(x) = 0,000299 - 0,01499x^2 + 0,85676x^3 \quad (3.39)$$

$\overline{\Re}(x)$ durch Verwendung der Teilbereichsmethode ist in Abb. 3.20 dargestellt. $\tilde{u}(x)$ in Gl. (3.39) erfüllt die Bedingung einer schwachen Lösung in dem Sinne, dass es keinen Fehler in dem durch die Testfunktion in Gl. (3.37) spezifizierten Teilbereich gibt.

(c) In einer Methode der kleinsten Quadrate wird die Testfunktion zu:

$$v_i(x) = \frac{\partial \overline{\Re}(c_0, c_1, \ldots c_{N-1}, x)}{\partial c_i} \quad (3.40)$$

Hierbei ist c_i eine gewählte Konstante, die bestimmt werden muss. Die Motivation einer Methode der kleinsten Quadrate besteht darin, den absoluten Wert des Integrals des Residuums des gesamten Bereichs zu minimieren. Um dies zu erreichen, müssen c_2 und c_3 so gewählt werden, dass das Integral des Residuums minimiert wird:

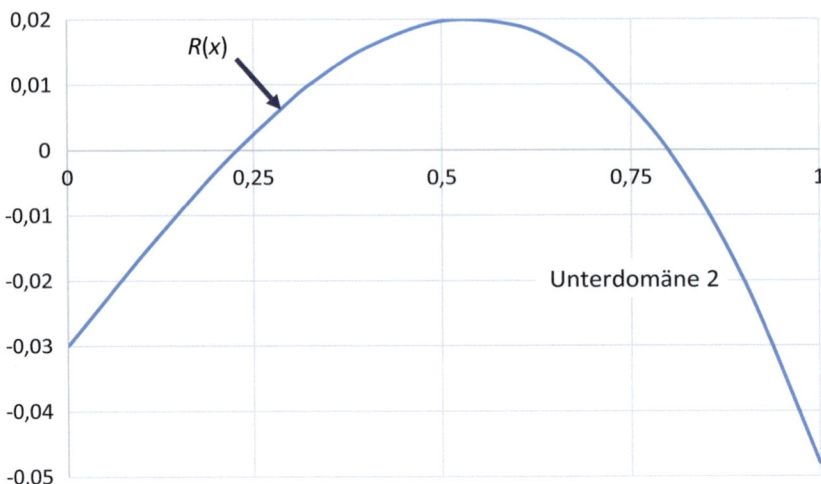

Abb. 3.20 Angenäherte Lösung mit Teilbereichsmethoden

$$\tilde{R} = \int_0^1 \overline{R}^2(x)dx = 0 \tag{3.41}$$

Die Minimierung von $\tilde{R}$ führt zu den folgenden Bedingungen für c_2 und c_3:

$$\left. \begin{array}{l} \frac{\partial \tilde{R}}{\partial c_2} = 2 \int_0^1 \frac{\partial \overline{R}}{\partial c_2} \overline{R}(x)dx = 0 \\ \frac{\partial \tilde{R}}{\partial c_3} = 2 \int_0^1 \frac{\partial \overline{R}}{\partial c_3} \overline{R}(x)dx = 0 \end{array} \right\} \tag{3.42}$$

Für das BVP in Gl. (3.28) werden die Testfunktionen zu:

$$\left. \begin{array}{l} v_1(x) = \frac{\partial \overline{\Re}_2(c_0,c_1,c_2,c_3,x)}{\partial c_2} = 2 \\ v_2(x) = \frac{\partial \overline{n}(c_0,c_1,c_2,c_3,x)}{\partial c_3} = 6x \end{array} \right\} \tag{3.43}$$

Die Verwendung von Gl. (3.43) für die Bedingung einer schwachen Lösung ergibt:

$$\left. \begin{array}{l} \overline{\Re}_1 = \int_0^1 (2)((2c_2 + 6c_3 x) - 6x + \sin(x))dx = (2)(2c_2 + 3c_3 - 3 - \cos(1)) = 0 \\ \overline{\Re}_2 = \int_1^1 (6x)((2c_2 + 6c_3 x) - 6x + \sin(x))dx = (6)\left(c_2 + 2c_3 - 2 + \int_0^1 x \sin(x)dx\right) = 0 \end{array} \right\} \tag{3.44}$$

Die Lösung von Gl. (3.44) ergibt $c_2 = -0{,}012462$ und $c_3 = 0{,}855076$, und die angenäherte Lösung wird zu:

$$\tilde{u}(x) = -0{,}00114 - 0{,}012462 x^2 + 0{,}855076 x^3 \tag{3.45}$$

3.5 FEA-Theorie

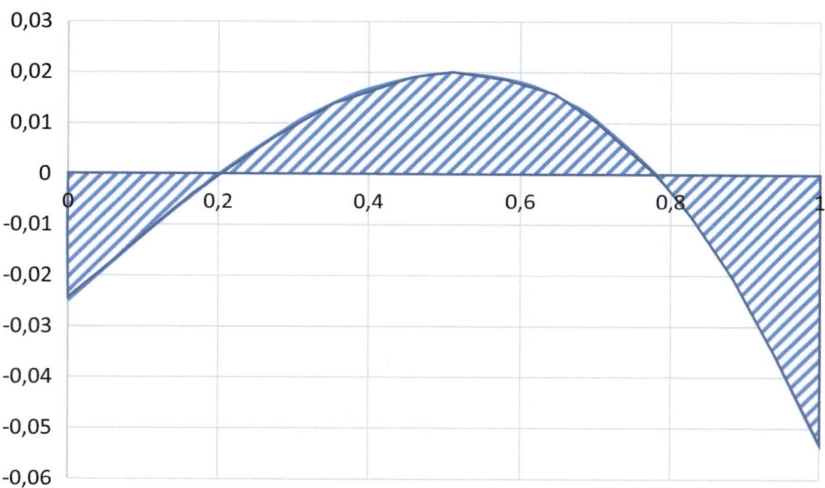

Abb. 3.21 Angenäherte Lösung mit der Methode der kleinsten Quadrate

$\overline{\Re}(x)$ durch Verwendung der Methode der kleinsten Quadrate ist in Abb. 3.21 dargestellt. $\tilde{u}(x)$ in Gl. (3.45) erfüllt die Bedingung einer schwachen Lösung in dem Sinne, dass das Integral des absoluten Residuums über den gesamten Bereich minimiert ist.

(*d*) In einer Galerkin-Methode werden die Testfunktionen aus den konstitutiven Funktionen in der Darstellung der angenäherten Lösung $\tilde{u}(x)$ in Gl. (3.31) ausgewählt, die drei konstitutiven Funktionen sind:

$$\phi_1(x) = 1, \phi_2(x) = x^2, \phi_3(x) = x^3 \tag{3.46}$$

$\phi_1(x)$ und $\phi_2(x)$ werden als Testfunktionen ausgewählt, um c_2 und c_3 zu bestimmen,

$$\left.\begin{aligned}\overline{\Re}_1 &= \int_0^1 \phi_1(x)((2c_2 + 6c_3 x) - 6x + \sin(x))dx = (2c_2 + 3c_3 - 2 - \cos(1)) = 0 \\ \overline{R}_2 &= \int_1^1 \phi_2(x)((2c_2 + 6c_3 x) - 6x + \sin(x))dx = \left(\tfrac{2}{3}c_2 + \tfrac{3}{2}c_3 - \tfrac{3}{2} + \int_0^1 x^2 \sin(x)dx\right) = 0\end{aligned}\right\} \tag{3.47}$$

Die Lösung von Gl. (3.47) ergibt $c_2 = -0{,}019815$ und $c_3 = 0{,}8599773$, und die angenäherte Lösung wird zu

$$\tilde{u}(x) = 0{,}00131 - 0{,}019815x^2 + 0{,}85599773x^3 \tag{3.48}$$

$\overline{\Re}(x)$ durch Verwendung der Galerkin-Methode ist in Abb. 3.22 dargestellt. $\tilde{u}(x)$ in Gl. (3.36) erfüllt die Bedingung einer schwachen Lösung in dem Sinne, dass das Integral eines gewichteten Residuums über den gesamten Bereich minimiert ist.

Bei der Verwendung einer Methode der gewichteten Residuen werden verschiedene Testfunktionen definiert, um die Bedingung einer schwachen Lösung zu erfüllen. Durch

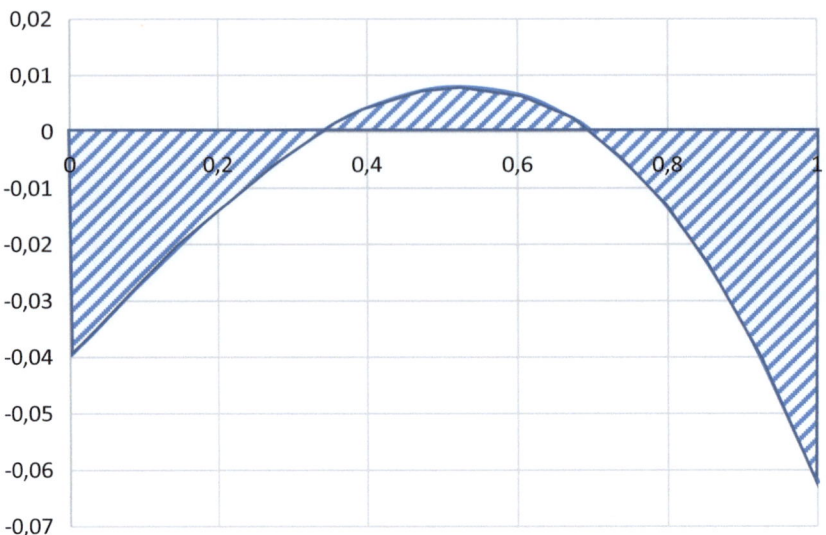

Abb. 3.22 Annähernde Lösung mit der Galerkin-Methode

die Festlegung einer bestimmten Testfunktion variiert die Genauigkeit der angenäherten Lösung $\tilde{u}(x)$ von einem BVP zum anderen. Daher sind die Leistungen verschiedener Methoden der gewichteten Residuen nicht vergleichbar. Die Genauigkeit einer Näherungsmethode kann überprüft werden, wenn eine exakte Lösung für das ursprüngliche BVP verfügbar ist.

Beachten Sie, dass die genaue Lösung validiert wird, indem die approximierte Lösung mit der genauen verglichen wird, wenn diese verfügbar ist. Die genaue Lösung für das BVP in Gl. (3.28) kann durch Integration mit den gegebenen Randbedingungen gefunden werden als

$$u(x) = x^3 + \sin(x) - x \tag{3.49}$$

Tab. 3.8 und Abb. 3.23 zeigen den Vergleich der genauen Lösung (Gl. (3.49)) mit den approximierten Lösungen (Gl. (3.36), (3.39), (3.45) und (3.48)) über den gesamten Bereich von $x \in (0, 1)$. Der Vergleich zeigt, dass alle vier gewichteten Restmethoden eine schwache Lösung $\tilde{u}(x)$ mit einer akzeptablen Approximation über den gesamten Bereich ergeben haben.

In der Praxis der FEA-Modellierung ist die Galerkin-Methode die am häufigsten verwendete unter diesen vier gewichteten Restmethoden. In diesem Buch wird die Galerkin-Methode als Beispiel zur Entwicklung von Elementmodellen in der FEA verwendet.

3.5 FEA-Theorie

Tab. 3.8 Die Approximationen unter Verwendung von vier verschiedenen Testfunktionen

x	Exakte Lösung $u(x)$	Angleichung $|\tilde{u}(x) - u(x)|$			
		Kollokationsmethode	Subdomain-Methode	Least-Squares-Methode	Galerkin-Verfahren
0,00	0	0,005080985	0,000299015	0,001143015	0,005288
0,05	0,000104169	0,005038591	0,000333564	0,001171455	0,005242
0,10	0,000833417	0,004921868	0,000425572	0,001245976	0,005113
0,15	0,002813132	0,004746227	0,000557858	0,001350661	0,004918
0,20	0,006669331	0,004526454	0,000713866	0,001470218	0,004674
0,25	0,013028959	0,004276401	0,000877974	0,001590287	0,004396
0,30	0,022520207	0,004008678	0,001035802	0,00169775	0,004097
0,35	0,035772807	0,003734352	0,001174513	0,001781034	0,003789
0,40	0,053418342	0,003462642	0,001283118	0,001830414	0,003483
0,45	0,076090534	0,003200626	0,001352769	0,001838304	0,003188
0,50	0,104425539	0,002952946	0,001377054	0,001799554	0,002909
0,55	0,139062229	0,002721531	0,001352274	0,00171173	0,002649
0,60	0,180642473	0,002505311	0,001277729	0,001575393	0,002408
0,65	0,229811406	0,002299954	0,001155981	0,001394369	0,002183
0,70	0,287217687	0,002097598	0,000993122	0,001176014	0,001968
0,75	0,35351376	0,0018866	0,000799025	0,000931463	0,001753
0,08	0,429356091	0,001651294	0,000587586	0,000675874	0,001521
0,85	0,515405405	0,001371755	0,00037696	0,000428667	0,001256
0,90	0,61232691	0,001023575	0,000189785	0,000213741	0,000934
0,95	0,720790505	0,000577655	5,339E-05	5,96895E-05	0,000526
1,00	0,841470985	0	0	0	0
Maximierte Fehler über die Domäne		**0,005080985**	**0,001377054**	**0,001838304**	**0,005288**

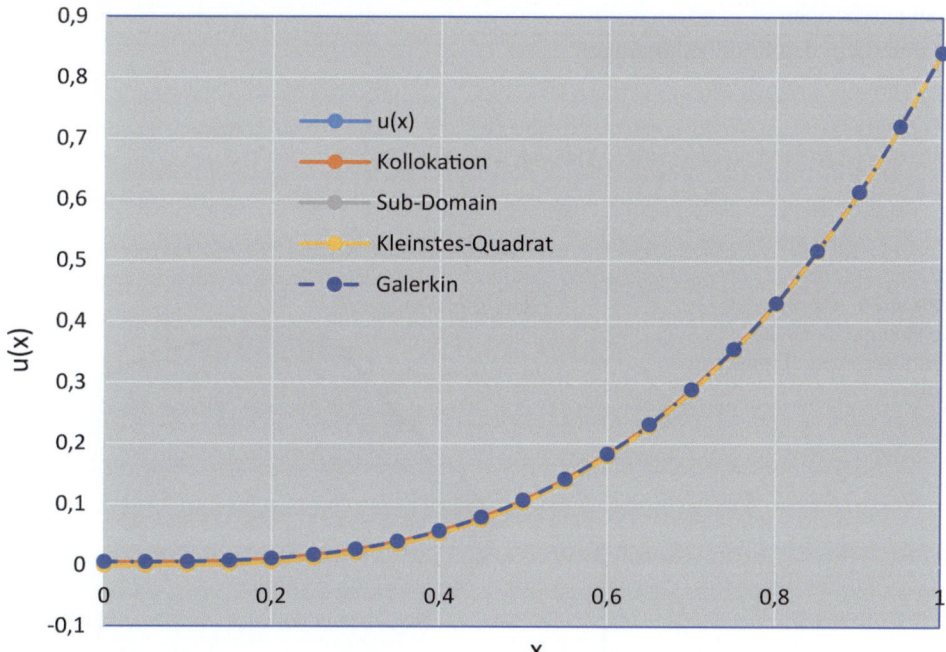

Abb. 3.23 Vergleich von genauen und approximierten Lösungen

3.5.5 Arten von Differentialgleichungen

Das Systemverhalten eines technischen Systems kann durch ein mathematisches Modell, insbesondere *partielle Differentialgleichungen* (PDEs), dargestellt werden. Tab. 3.3 zeigt einige technische Systeme mit entsprechenden PDEs. Die Lösung einer PDE ist die eines technischen Systems unter den Randbedingungen, PDEs können *elliptisch*, *parabolisch* oder *hyperbolisch* sein.

In einem 2D-Bereich enthält eine elliptische PDE nur die Ableitungen nach den räumlichen Variablen (x, y), und es gibt keinen bevorzugten Pfad zur Suche der Lösung zur PDE. Folglich hängt die Lösung an einem bestimmten Punkt von der aller anderen Punkte im physischen Bereich ab. Eine elliptische PDE wird verwendet, um ein *Gleichgewichtsproblem* in einem *geschlossenen Bereich $D(x, y)$* darzustellen, der in allen technischen Bereichen existiert. Abb. 3.24 zeigt den geschlossenen Lösungsbereich $D(x, y)$ und seine Grenze B. Eine elliptische PDE ist normalerweise eine gewöhnliche Differentialgleichung, und ein typisches Beispiel für eine elliptische PDE ist die Laplace-Gleichung:

$$c_x \frac{\partial^2 \phi}{\partial^2 x} + c_y \frac{\partial^2 \phi}{\partial^2 y} + c_\phi = 0 \tag{3.50}$$

Hierbei ist $\phi(x, y)$ eine Zustandsvariable wie die Temperatur in einem Wärmeübertragungsproblem.
Es unterliegt den Randbedingungen:

$$\left.\begin{aligned}\Gamma_1 &: \phi = \phi_0 \\ \Gamma_2 &: a\phi + b\frac{\partial^2 \phi}{\partial^2 n} = 0\end{aligned}\right\} \tag{3.51}$$

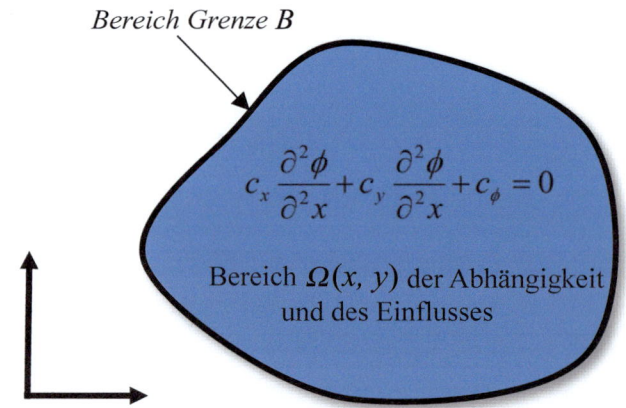

Abb. 3.24 Bereich der Abhängigkeit und des Einflusses einer elliptischen PDE

Hierbei entsprechen Γ_1 den wesentlichen und Γ_2 den natürlichen Grenzen und $\frac{\partial \phi}{\partial n}$ bezeichnet die Ableitung in Richtung der Normalen zur Umrandung.

Eine parabolische PDE enthält nur zweite räumliche Ableitungen; der bevorzugte Weg bei der Suche nach der Lösung der PDE verläuft entlang der Linie oder Oberfläche der konstanten Zeit. Bei jedem Zeitschritt sind die Lösungen an einem Punkt von denen aller anderen Punkte abhängig. Ein *Ausbreitungsproblem ist* ein Anfangswertproblem in einem offenen Bereich. Eine der unabhängigen Variablen, zum Beispiel der Zeit, hat keinen geschlossenen Bereich. Die Lösung $f(x, y, t)$ im Bereich $D(x, y, t)$ wird vom Anfangszustand aus vorangetrieben, geleitet und modifiziert durch die gegebenen Randbedingungen. Ein Ausbreitungsproblem wird durch eine parabolische oder hyperbolische PDE gesteuert. Die Mehrheit der Ausbreitungsprobleme sind instabile Probleme. Als Beispiel steht die folgende Gleichung für ein instabiles Ausbreitungsproblem:

$$\frac{\partial \phi}{\partial t} = \alpha \left(\frac{\partial^2 \phi}{\partial^2 x} + \frac{\partial^2 \phi}{\partial^2 y} \right) \tag{3.52}$$

Hierbei ist $\phi(x, y)$ eine Zustandsvariable und ihr Anfangszustand ist gegeben durch:

$$\phi(x, y, t_0) = \phi_0(x, y) \quad \text{bei} \quad t = t_0$$

Die Lösung einer parabolischen oder hyperbolischen PDE breitet sich aus von der anfänglichen Eigenschaftsverteilung zur Zeit t_o. Die Lösung wird im gegebenen Zeitschritt im Zeitbereich vorangetrieben.

Eine hyperbolische PDE entspricht *einem Eigenwertproblem*. Die Lösung einer hyperbolischen PDE existiert nur für spezielle Werte (*Eigenwerte*) der Systemparameter. Ein Eigenwertproblem wird gelöst, um Eigenwerte und die entsprechenden Systemkonfigurationen zu erhalten. Eine typische hyperbolische PDE wird wie folgt dargestellt:

$$\frac{\partial^2 \phi}{\partial^2 x} + \frac{\partial^2 \phi}{\partial^2 y} + \lambda \phi = 0 \tag{3.53}$$

Hierbei ist $\phi(x, y)$ eine Zustandsvariable und die Randbedingungen sind gegeben als:

$$\phi = \phi_0 \quad \text{auf} \quad \Gamma_1$$

$$\frac{\partial \phi}{\partial n} + \alpha \phi = 0 \quad \text{auf} \quad \Gamma_2$$

Die numerische Lösung behandelt einen kontinuierlichen Bereich als eine Menge von diskreten Knoten und Elementen. Sie berechnet die Werte der Zustandsvariablen an diesen diskreten Knoten. Die Berechnung wird wiederholt, wann immer ein Systemparameter oder eine Randbedingung im Modell geändert wird.

3.5.6 Lösungen für verschiedene PDEs

Die Lösungen für drei Arten von PDEs für 2D-Rechteck- und Dreieckselemente werden in diesem Abschnitt besprochen.

3.5.6.1 Lösung für elliptische PDEs

Ein Gleichgewichtsproblem, das durch elliptische PDEs dargestellt wird, ist ein stationäres Problem, und die Lösung an jeder Position wird von diesen aller anderen Punkte im Bereich beeinflusst, und die Lösungen für alle Knoten im Bereich werden gleichzeitig modelliert und ermittelt. In diesem Abschnitt wird die Galerkin-Methode angewendet, um ein Elementmodell für eine elliptische PDE in Gl. (3.50), die den Randbedingungen von Gl. (3.51) unterliegt, zu entwickeln.

Die schwache Lösung der PDE erfüllt die Bedingung von

$$\overline{R} = \int w(x,y)\left(c_x \frac{\partial^2 \phi}{\partial^2 x} + c_y \frac{\partial^2 \phi}{\partial^2 y} + c_\varphi - 0\right) dx dy = 0 \tag{3.54}$$

Hierbei ist $w(x, y)$ die ausgewählte Testfunktion und c_x, c_y und c_ϕ sind Konstanten. Gl. (3.54) kann durch die reduzierten Ableitungen wie folgt ausgedrückt werden:

$$\overline{R} = \int \left\{ c_x \{ \frac{\partial \left[w(x,y) \frac{\partial \phi}{\partial x}\right]}{\partial x} - \frac{\partial w(x,y)}{\partial x} \frac{\partial \phi}{\partial x} \} + c_y \{ \frac{\partial \left[w(x,y) \frac{\partial \phi}{\partial y}\right]}{\partial y} - \frac{\partial w(x,y)}{\partial y} \frac{\partial \phi}{\partial y} \} + c_\varphi \cdot w(x,y) \right\} dx dy \phi$$

$$= \underbrace{c_x \oint \partial \left[w(x,y) \frac{\partial \phi}{\partial x}\right] dy}_{I} - \underbrace{c_x \int \frac{\partial w(x,y)}{\partial x} \frac{\partial \phi}{\partial x} dx dy}_{II} + \underbrace{c_y \oint \partial \left[w(x,y) \frac{\partial \phi}{\partial y}\right] dx}_{III}$$

$$- \underbrace{c_y \int \frac{\partial w(x,y)}{\partial y} \frac{\partial \phi}{\partial y} dx dy}_{IV} + \underbrace{\int w(x,y) \cdot c_\phi dx dy}_{V}$$

(3.55)

Hierbei besteht das durch die Annäherung verursachte Residuum aus fünf Teilen (*I, II, III, IV* und *V*). Die Teile von *I* und *III* sind die Integrale entlang der Grenze des 2D-Bereichs. Die Teile von *II, IV* und *V* sind die Integrale im Bereich.

Abb. 3.25 zeigt einen Wärmeübertragungsbereich, der durch eine elliptische PDE bestimmt wird. Der kontinuierliche Bereich hat zwei Arten von Grenzen, *wesentliche Grenze* Γ_1 und *natürliche Grenze* Γ_2. Darüber hinaus werden Rechteck- und Dreieckselemente als Beispiele für diskretisierte Elemente und Knoten gezeigt.

Um die Gl. (3.55) für ein Elementarmodell zu lösen, beschränkt dieser Abschnitt die Diskussionen auf die Teile von *II, IV* und *V*, da die Teile von *I* und *III* die Integrale über die Grenzflächen sind und nicht die anderen im Bereich.

Für ein Rechteckelement in Abb. 3.25 kann eine Zustandsvariable an einer gegebenen Position (x, y) durch die Werte an vier Knoten (ϕ_i, ϕ_j, ϕ_m, ϕ_n) mit Hilfe der Formfunktionen bestimmt werden:

3.5 FEA-Theorie

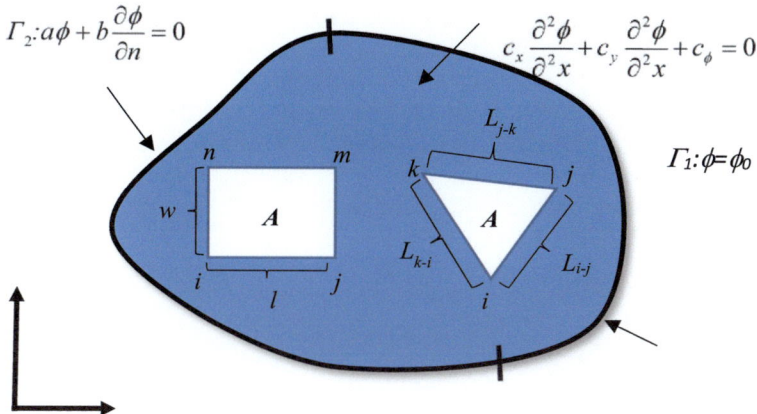

Abb. 3.25 Rechteck- und Dreieckselemente in einem Wärmeübertragungsbereich

$$\phi = [S]\{\varphi\} = S_i(x,y) \cdot \phi_i + S_j(x,y) \cdot \phi_j + S_m(x,y) \cdot \phi_m + S_n(x,y) \cdot \phi_n \quad (3.56)$$

Hierbei ist $\phi(x, y)$ die Zustandsvariable an einer beliebigen Position (x, y) im Element, ϕ_i, ϕ_j, ϕ_m, und ϕ_n sind die Werte der Zustandsvariable an den Knoten, und die Formfunktionen in einem Rechteckelement sind:

$$\left.\begin{array}{l} S_i(x,y) = \left(\frac{l-x}{l}\right)\left(\frac{w-y}{w}\right) \\ S_j(x,y) = \frac{x}{l}\left(\frac{w-y}{w}\right) \\ S_m(x,y) = \frac{x}{l}\frac{y}{w} \\ S_n(x,y) = \left(\frac{l-x}{l}\right)\frac{y}{w} \end{array}\right\} \quad (3.57)$$

Hier sind l und w die Länge bzw. Breite des Rechteckelements.

Da die Galerkin-Methode verwendet wird, werden die Formfunktionen $S_i(x, y)$, $S_j(x, y)$, $S_m(x, y)$, und $S_n(x, y)$ in Gl. (3.56) als Testfunktionen verwendet. Durch Einsetzen der Formfunktionen in Gl. (3.55) erhält man die Teile von *II*, *IV*, und *V* wie folgt.

Teil II für das Rechteckelement wird wie folgt gefunden:

$$c_x \int \frac{\partial [S]^T}{\partial x} \frac{\partial \phi}{\partial x} dxdy = c_x \int \frac{\partial S]^T}{\partial x} \frac{d[S][\phi])}{\partial x} dxdy = [K_x][\phi] \quad (3.58)$$

mit

$$[K_x] = c_x \begin{bmatrix} \int \frac{\partial S_i}{\partial x} \cdot \frac{\partial S_i}{\partial x} dxdy & \int \frac{\partial S_i}{\partial x} \cdot \frac{\partial S_j}{\partial x} dxdy & \int \frac{\partial S_i}{\partial x} \cdot \frac{\partial S_m}{\partial x} dxdy & \int \frac{\partial S_i}{\partial x} \cdot \frac{\partial S_n}{\partial x} dxdy \\ \int \frac{\partial S_j}{\partial x} \cdot \frac{\partial S_i}{\partial x} dxdy & \int \frac{\partial S_j}{\partial x} \cdot \frac{\partial S_j}{\partial x} dxdy & \int \frac{\partial S_j}{\partial x} \cdot \frac{\partial S_m}{\partial x} dxdy & \int \frac{\partial S_j}{\partial x} \cdot \frac{\partial S_n}{\partial x} dxdy \\ \int \frac{\partial S_m}{\partial x} \cdot \frac{\partial S_i}{\partial x} dxdy & \int \frac{\partial S_m}{\partial x} \cdot \frac{\partial S_j}{\partial x} dxdy & \int \frac{\partial S_m}{\partial x} \cdot \frac{\partial S_m}{\partial x} dxdy & \int \frac{\partial S_m}{\partial x} \cdot \frac{\partial S_n}{\partial x} dxdy \\ \int \frac{\partial S_n}{\partial x} \cdot \frac{\partial S_i}{\partial x} dxdy & \int \frac{\partial S_n}{\partial x} \cdot \frac{\partial S_j}{\partial x} dxdy & \int \frac{\partial S_n}{\partial x} \cdot \frac{\partial S_m}{\partial x} dxdy & \int \frac{\partial S_n}{\partial x} \cdot \frac{\partial S_n}{\partial x} dxdy \end{bmatrix}$$

$$= \frac{c_x w}{6l} \begin{bmatrix} 2 & -2 & -1 & 1 \\ -2 & 2 & 1 & -1 \\ -1 & 1 & 2 & -2 \\ 1 & -1 & -2 & 2 \end{bmatrix}$$

und $[\boldsymbol{\phi}]^T = \begin{bmatrix} \phi_i & \phi_j & \phi_m & \phi_n \end{bmatrix}$

Teil IV für das Rechteckelement wird gefunden als:

$$c_y \int \frac{\partial [S]^T}{\partial y} \frac{\partial \phi}{\partial y} dxdy = c_y \int \frac{\partial [S]^T}{\partial y} \frac{\partial [S][\boldsymbol{\phi}])}{\partial y} dxdy = [K_y][\boldsymbol{\phi}] \quad (3.59)$$

mit

$$[K_y] = c_y \begin{bmatrix} \int \frac{\partial S_i}{\partial y} \cdot \frac{\partial S_i}{\partial y} dxdy & \int \frac{\partial S_i}{\partial y} \cdot \frac{\partial S_j}{\partial y} dxdy & \int \frac{\partial S_i}{\partial y} \cdot \frac{\partial S_m}{\partial y} dxdy & \int \frac{\partial S_i}{\partial y} \cdot \frac{\partial S_n}{\partial y} dxdy \\ \int \frac{\partial S_j}{\partial y} \cdot \frac{\partial S_i}{\partial y} dxdy & \int \frac{\partial S_j}{\partial y} \cdot \frac{\partial S_j}{\partial y} dxdy & \int \frac{\partial S_j}{\partial y} \cdot \frac{\partial S_m}{\partial y} dxdy & \int \frac{\partial S_j}{\partial y} \cdot \frac{\partial S_n}{\partial y} dxdy \\ \int \frac{\partial S_m}{\partial y} \cdot \frac{\partial S_i}{\partial y} dxdy & \int \frac{\partial S_m}{\partial y} \cdot \frac{\partial S_j}{\partial y} dxdy & \int \frac{\partial S_m}{\partial y} \cdot \frac{\partial S_m}{\partial y} dxdy & \int \frac{\partial S_m}{\partial y} \cdot \frac{\partial S_n}{\partial y} dxdy \\ \int \frac{\partial S_n}{\partial y} \cdot \frac{\partial S_i}{\partial y} dxdy & \int \frac{\partial S_n}{\partial y} \cdot \frac{\partial S_j}{\partial y} dxdy & \int \frac{\partial S_n}{\partial y} \cdot \frac{\partial S_m}{\partial y} dxdy & \int \frac{\partial S_n}{\partial y} \cdot \frac{\partial S_n}{\partial y} dxdy \end{bmatrix}$$

$$= \frac{c_y l}{6w} \begin{bmatrix} 2 & 1 & -1 & -2 \\ 1 & 2 & -2 & -1 \\ -1 & -2 & 2 & 1 \\ -2 & -1 & 1 & 2 \end{bmatrix}$$

Teil V für das Rechteckelement wird gefunden als:

$$[Q] = \int [S]^T c_\phi dxdy = c_\phi \begin{bmatrix} \int S_i dxdy \\ \int S_j dxdy \\ \int S_m dxdy \\ \int S_n dxdy \end{bmatrix} = \frac{c_\phi (lw)}{4} \begin{bmatrix} 1 \\ 1 \\ 1 \\ 1 \end{bmatrix} \quad (3.60)$$

Das Einsetzen der Gl. (3.58)–(3.60) in Gl. (3.54) ergibt das Rechteckelementmodell ohne Randkante (kein Teil I oder III) als

$$\left([K_x] + [K_y]\right)\{\boldsymbol{\phi}\} = [Q] \quad (3.61)$$

3.5 FEA-Theorie

$[K_x]$ und $[K_y]$ werden in den Gl. (3.58) und (3.59) ermittelt und der Lastvektor $[Q]$ wird in Gl. (3.60) gegeben.

Ähnlich kann für ein Dreieckselement in Abb. 3.25 eine Zustandsvariable an einer gegebenen Position (x, y) durch die Werte an vier Knoten (ϕ_i, ϕ_j, ϕ_k) mit Hilfe der Formfunktionen bestimmt werden:

$$\phi = [S]\{\phi\} = S_i(x,y)\phi_i + S_{ij}(x,y)\phi_j + S_m(x,y)\phi_m + S_n(x,y)\phi_n \quad (3.62)$$

Hierbei ist $\phi(x, y)$ die Zustandsvariable an einer beliebigen Position (x, y) im Dreieckselement, und ϕ_i, ϕ_j und ϕ_k sind die Werte der Zustandsvariablen an den Knoten. Die Formfunktionen in einem Dreieckselement sind gegeben mit (Bi 2018):

$$\left. \begin{array}{l} S_i(x,y) = \frac{|\Delta_i|}{|\Delta|} = \frac{\alpha_i + \beta_i \cdot x + \delta_i \cdot y}{|\Delta|} \\ S_j(x,y) = \frac{|\Delta_j|}{|\Delta|} = \frac{\alpha_j + \beta_j \cdot x + \delta_j \cdot y}{|\Delta|} \\ S_k(x,y) = \frac{|\Delta_k|}{|\Delta|} = \frac{\alpha_k + \beta_k \cdot x + \delta_k \cdot y}{|\Delta|} \end{array} \right\} \quad (3.63)$$

Die Konstanten α, β, δ, $|\Delta|$ werden durch die Koordinaten der drei Knoten (x_i, y_i), (x_j, y_j) und (x_k, y_k) bestimmt zu:

$$\left. \begin{array}{l} |\Delta| = \begin{vmatrix} 1 & x_i & y_i \\ 1 & x_j & y_j \\ 1 & x_k & y_k \end{vmatrix} \\ \alpha_i = x_j y_k - x_k y_j, \alpha_j = x_k y_i - x_i y_k, \alpha_k = x_i y_j - x_j y_i \\ \beta_i = y_j - y_k, \beta_j = y_k - y_i, \beta_k = y_i - y_j \\ \delta_i = x_k - x_j, \delta_j = x_i - x_k, \delta_k = x_j - x_i \end{array} \right\} \quad (3.64)$$

Bei der Verwendung der Galerkin-Methode werden die Formfunktionen in Gl. (3.62) als Testfunktionen verwendet. Die Verwendung dieser Funktionen in Gl. (3.55) ergibt die Teile *II*, *IV* und *V* wie folgt.

Teil II für das Dreieckselement wird gefunden zu:

$$c_x \int \frac{\partial [S]^T}{\partial x} \frac{\partial \phi}{\partial x} dxdy = c_x \int \frac{\partial [S]^T}{\partial x} \frac{\partial [S][\phi])}{\partial x} dxdy = [K_x][\phi] \quad (3.65)$$

Mit

$$[K_x] = c_x \begin{bmatrix} \int \frac{\partial S_i}{\partial x} \cdot \frac{\partial S_i}{\partial x} dxdy & \int \frac{\partial S_i}{\partial x} \cdot \frac{\partial S_j}{\partial x} dxdy & \int \frac{\partial S_i}{\partial x} \cdot \frac{\partial S_k}{\partial x} dxdy \\ \int \frac{\partial S_j}{\partial x} \cdot \frac{\partial S_i}{\partial x} dxdy & \int \frac{\partial S_j}{\partial x} \cdot \frac{\partial S_j}{\partial x} dxdy & \int \frac{\partial S_j}{\partial x} \cdot \frac{\partial S_k}{\partial x} dxdy \\ \int \frac{\partial S_k}{\partial x} \cdot \frac{\partial S_i}{\partial x} dxdy & \int \frac{\partial S_k}{\partial x} \cdot \frac{\partial S_j}{\partial x} dxdy & \int \frac{\partial S_k}{\partial x} \cdot \frac{\partial S_k}{\partial x} dxdy \end{bmatrix}$$

$$= \frac{c_x}{4A} \begin{bmatrix} \beta_i^2 & \beta_i \beta_j & \beta_i \beta_k \\ \beta_j \beta_i & \beta_j^2 & \beta_j \beta_k \\ \beta_k \beta_i & \beta_k \beta_j & \beta_k^2 \end{bmatrix}$$

und $[\boldsymbol{\phi}]^T = \begin{bmatrix} \phi_i & \phi_j & \phi_k \end{bmatrix}$

Teil IV für das Dreieckselement wird gefunden zu:

$$c_y \int \frac{\partial [S]^T}{\partial y} \frac{\partial \phi}{\partial y} dxdy = c_y \int \frac{\partial S]^T}{\partial y} \frac{\partial [S][\boldsymbol{\phi}])}{\partial y} dxdy = [K_y][\boldsymbol{\phi}] \qquad (3.66)$$

Mit

$$[K_y] = c_y \begin{bmatrix} \int \frac{\partial S_i}{\partial y} \cdot \frac{\partial S_i}{\partial y} dxdy & \int \frac{\partial S_i}{\partial y} \cdot \frac{\partial S_j}{\partial y} dxdy & \int \frac{\partial S_i}{\partial y} \cdot \frac{\partial S_k}{\partial y} dxdy \\ \int \frac{\partial S_j}{\partial y} \cdot \frac{\partial S_i}{\partial y} dxdy & \int \frac{\partial S_j}{\partial y} \cdot \frac{\partial S_j}{\partial y} dxdy & \int \frac{\partial S_j}{\partial y} \cdot \frac{\partial S_k}{\partial y} dxdy \\ \int \frac{\partial S_k}{\partial y} \cdot \frac{\partial S_i}{\partial y} dxdy & \int \frac{\partial S_k}{\partial y} \cdot \frac{\partial S_j}{\partial y} dxdy & \int \frac{\partial S_k}{\partial x} \cdot \frac{\partial S_k}{\partial y} dxdy \end{bmatrix}$$

$$= \frac{c_y}{4A} \begin{bmatrix} \delta_i^2 & \delta_i \delta_j & \delta_i \delta_k \\ \delta_j \delta_i & \delta_j^2 & \delta_j \delta_k \\ \delta_k \delta_i & \delta_k \delta_j & \delta_k^2 \end{bmatrix}$$

Teil V für das Dreieckselement wird:

$$[\boldsymbol{Q}] = \int [S]^T c_\phi dxdy = c_\phi \begin{bmatrix} \int S_i dxdy \\ \int S_j dxdy \\ \int S_k dxdy \end{bmatrix} = \frac{c_\phi A}{3} \begin{bmatrix} 1 \\ 1 \\ 1 \end{bmatrix} \qquad (3.67)$$

Ersetzen von Gl. (3.65)–(3.67) in Gl. (3.54) ergibt das Dreieckselementmodell ohne Randkante (kein Teil I oder III):

$$([K_x] + [K_y])\{\boldsymbol{\phi}\} = [\boldsymbol{Q}] \qquad (3.68)$$

$[K_x]$ und $[K_y]$ sind in den Gl. (3.65) und (3.66) und der Lastvektor $[Q]$ in Gl. (3.67) definiert.

3.5.6.2 Lösung für parabolische PDEs

Eine parabolische PDE wird verwendet, um ein instationäres Ausbreitungsproblem zu modellieren. Die Lösung im kontinuierlichen Bereich entwickelt sich in Bezug auf die Zeit, und die Anfangsbedingung beeinflusst die zeitabhängige Lösung. Im Folgenden wird das Verfahren der Elementmodellierung gezeigt anhand der parabolischen PDE:

$$c_x \frac{\partial^2 \phi}{\partial^2 x} + c_y \frac{\partial^2 \phi}{\partial^2 x} + c_\phi = \alpha \frac{\partial \phi}{\partial t} \qquad (3.69)$$

Hierbei ist $\phi(x,y)$ die Zustandsvariable im Element,

c_x, c_y, c_ϕ, α sind die Konstanten, und die Anfangsbedingungen sind

$$\phi(x,y,t_0) = \phi_0(x,y) \quad \text{bei} \quad t = t_0$$

3.5 FEA-Theorie

Die Lösung zu Gl. (3.69) wird approximiert, indem die Bedingung von $\overline{R} = 0$ erfüllt wird, wobei das Residuum $\overline{R}$ ausgedrückt wird als:

$$\overline{R} = \int \left\{ c_x \left\{ \frac{\partial \left[w(x,y) \frac{\partial \phi}{\partial x} \right]}{\partial x} - \frac{\partial w(x,y)}{\partial x} \frac{\partial \phi}{\partial x} \right\} + c_y \left\{ \frac{\partial \left[w(x,y) \frac{\partial \phi}{\partial y} \right]}{\partial y} - \frac{\partial w(x,y)}{\partial y} \frac{\partial \phi}{\partial y} \right\} + c_\phi \cdot w(x,y) - \alpha \cdot w(x,y) \frac{\partial \phi}{\partial t} \right\} dxdy$$

$$= \underbrace{c_x \oint \partial \left[w(x,y) \frac{\partial \phi}{\partial x} \right] dy}_{I} - \underbrace{c_x \int \frac{\partial w(x,y)}{\partial x} \frac{\partial \phi}{\partial x} dxdy}_{II} + \underbrace{c_y \oint \partial \left[w(x,y) \frac{\partial \phi}{\partial y} \right] dx}_{III}$$

$$- \underbrace{c_y \int \frac{\partial w(x,y)}{\partial y} \frac{\partial \phi}{\partial y} dxdy}_{IV} + \underbrace{\int w(x,y) \cdot c_\phi dxdy}_{V} - \underbrace{\int \alpha w(x,y) \cdot \frac{\partial \phi}{\partial t} dxdy}_{VI} \quad (3.70)$$

Gl. (3.70) beinhaltet die Teile von *I, II, III, IV* und *V*, die identisch sind mit Gl. (3.55) und im vorherigen Abschnitt besprochen wurden. Nur Teil *VI* ist neu.

Um Teil *VI* zu bewerten, sei $\frac{\partial \phi(x,y)}{\partial t}$ eine Funktion der Zustandsvariable $\phi(x,y)$, die durch Ableitung der Interpolation im Element bewertet werden kann:

$$\frac{\partial \phi(x,y)}{\partial t} = [\mathbf{S}]\{\dot{\phi}\} \quad (3.71)$$

Daher kann Teil VI für ein Rechteckelement gefunden werden zu:

$$\int [\mathbf{S}]^T [\mathbf{S}] \{\dot{\phi}\} dxdy = [\mathbf{C}]\{\dot{\phi}\} \quad (3.72)$$

Mit

$$[C] = \alpha \begin{bmatrix} \int S_i^2 dxdy & \int S_i S_j dxdy & \int S_i S_m dxdy & \int S_i S_n dxdy \\ \int S_j S_i dxdy & \int S_j^2 dxdy & \int S_j S_m dxdy & \int S_j S_n dxdy \\ \int S_m S_i dxdy & \int S_m S_j dxdy & \int S_m^2 dxdy & \int S_m S_n dxdy \\ \int S_n S_i dxdy & \int S_n S_j dxdy & \int S_n S_m dxdy & \int S_n^2 dxdy \end{bmatrix}$$

$$= \frac{(lw)\alpha}{18} \begin{bmatrix} 2 & 1 & 1 & 2 \\ 1 & 2 & 2 & 1 \\ 1 & 2 & 2 & 1 \\ 2 & 1 & 1 & 2 \end{bmatrix}$$

$[\dot{\varphi}]$ ist der Vektor für die Ableitung der Zustandsvariable bezüglich der Zeit.

Das Zusammenführen der Gleichungen (3.61) und (3.72) ergibt das Rechteckelementmodell zu Gl. (3.69):

$$([K_x] + [K_y])\{\phi\} + [C]\{\phi\} = [Q] \qquad (3.73)$$

$[K_x]$, $[K_y]$ und $[Q]$ sind in Gl. (3.61) und $[C]$ ist in Gl. (3.72) für das Rechteckelement gegeben.

Ähnlich kann $[C]$ in Teil VI für ein Dreieckelement gefunden werden:

$$[C] = \alpha \begin{bmatrix} \int S_i^2 dxdy & \int S_i S_j dxdy & \int S_i S_k dxdy \\ \int S_j S_i dxdy & \int S_j^2 dxdy & \int S_k S_j dxdy \\ \int S_k S_i dxdy & \int S_k S_j dxdy & \int S_k^2 dxdy \end{bmatrix} = \frac{A\alpha}{12} \begin{bmatrix} 2 & 1 & 1 \\ 1 & 2 & 1 \\ 1 & 1 & 2 \end{bmatrix} \qquad (3.74)$$

Das Zusammenführen von Gl. (3.68) und (3.74) ergibt das Dreieckselementmodell zu Gl. (3.69):

$$([K_x] + [K_y])\{\phi\} + [C]\{\dot{\phi}\} = [Q] \qquad (3.75)$$

$[K_x]$, $[K_y]$ und $[Q]$ sind in Gl. (3.61) und $[C]$ ist in Gl. (3.74) für das Dreieckselement gegeben.

Beachten Sie, dass $\{\dot{\phi}\}$ von $\{\phi\}$ abhängt und sich über die Zeit ändert. Die zeitabhängigen Lösungen werden iterativ auf der Grundlage der gegebenen Anfangsbedingung ermittelt. Zum Beispiel kann die *Vorwärtsdifferenzenmethode* in Gl. (3.73) oder Gl. (3.75) verwendet werden, um $\{\dot{\phi}\}$ zum Zeitpunkt t basierend auf $\{\phi\}$ zu bewerten. Sobald $\{\dot{\phi}\}$ zur Zeit t ermittelt wurde, kann $\{\phi\}$ zum nächsten Zeitschritt $t + \Delta t$ gefunden werden:

$$\{\phi\}_{t+\Delta t} = \{\phi\}_t + \{\dot{\phi}\}_t \Delta t \qquad (3.76)$$

Sobald $\{\phi\}_{t+\Delta t}$ bekannt ist, kann $\{\dot{\phi}\}_t$ aus zwei Zeitschritten ermittelt werden als

$$\{\dot{\phi}\}_t = \frac{1}{\Delta t}\{\{\phi\}_{t+\Delta t} - \{\phi\}_t\} \qquad (3.77)$$

Das Einsetzen von Gl. (3.77) in Gl. (3.73) oder Gl. (3.75) ergibt:

$$\frac{[C]}{\Delta t}(\{\phi\}_{t+\Delta t} - \{\phi\}_t) = [Q] - ([K_x] + [K_y])\{\phi\}_t \qquad (3.78)$$

Die Umstellung von Gl. (3.78) führt zu einem expliziten Elementmodell ohne den Term von $\{\dot{\phi}\}_t$:

$$\frac{[C]}{\Delta t}\{\phi\}_{t+\Delta t} = [Q] + \left(\frac{[C]}{\Delta t} - ([K_x] + [K_y])\right)\{\phi\}_t \qquad (3.79)$$

3.5 FEA-Theorie

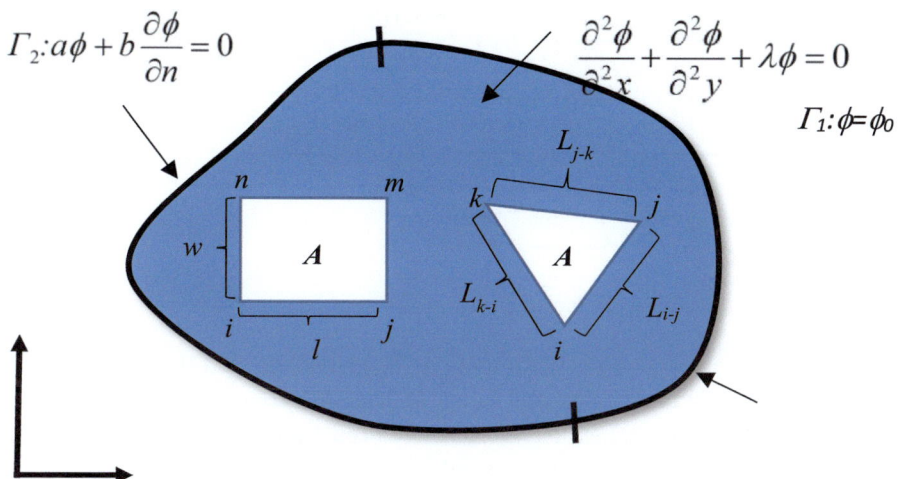

Abb. 3.26 Helmholtz-Gleichung für ein Eigenwertproblem

In Gl. (3.79) muss der Zeitschritt Δt angemessen auf die Konvergenz und Stabilität eingestellt werden.

3.5.6.3 Lösung für hyperbolische PDEs

Eine hyperbolische PDE kann verwendet werden, um *ein Eigenwertproblem* zu modellieren, das nur für spezifische Werte (*Eigenwerte*) eine Lösung hat. In einem 2D-Bereich wird die Helmholtz-Gleichung in Abb. 3.26 als Beispiel zur Modellierung eines Eigenwertproblems verwendet.

Die hyperbolische PDE für ein solches Eigenwertproblem ist:

$$\frac{\partial^2 \phi}{\partial^2 x} + \frac{\partial^2 \phi}{\partial^2 y} + \lambda \phi = 0 \tag{3.80}$$

Hierbei ist $\phi(x, y)$ die Zustandsvariable und die Randbedingungen sind gegeben mit:

$$\left. \begin{array}{l} \Gamma_1 : \phi = \phi_0 \\ \Gamma_2 : a\phi + b\frac{\partial \phi}{\partial n} = 0 \end{array} \right\} \tag{3.81}$$

Die Lösung für Gl. (3.80) wird approximiert, indem die Bedingung von $\overline{R} = 0$ erfüllt wird, wobei das Residuum $\overline{R}$ ausgedrückt wird als:

$$\bar{R} = \int \left\{ \{\frac{\partial\left[w(x,y)\frac{\partial\phi}{\partial x}\right]}{\partial x} - \frac{\partial w(x,y)}{\partial x}\frac{\partial\phi}{\partial x}\} + \{\frac{\partial\left[w(x,y)\frac{\partial\phi}{\partial y}\right]}{\partial y} - \frac{\partial w(x,y)}{\partial y}\frac{\partial\phi}{\partial y}\} + w(x,y)\lambda\phi \right\} dxdy$$

$$= \underbrace{\oint \partial\left[w(x,y)\frac{\partial\phi}{\partial x}\right]dy}_{I} - \underbrace{\int \frac{\partial w(x,y)}{\partial x}\frac{\partial\phi}{\partial x}dxdy}_{II} + \underbrace{\oint \partial\left[w(x,y)\frac{\partial\phi}{\partial y}\right]dx}_{III}$$

$$- \underbrace{\int \frac{\partial w(x,y)}{\partial y}\frac{\partial\phi}{\partial y}dxdy}_{IV} + \underbrace{\int w(x,y)\cdot\lambda\phi dxdy}_{V}$$

(3.82)

Hier ist $w(x, y)$ eine ausgewählte Testfunktion; Teil I und III sind die Integrale entlang der Grenze, Teil II, IV und V sind drei Integrale über den kontinuierlichen Bereich. Die Diskussion über die Integrale entlang der Grenze (Teil I und III) wird hier ausgelassen; interessierte Leser können die Details in anderen Literaturstellen finden (Bi 2018). Hier werden die Integrale über den Bereich in der Modellierung von Rechteck- und Dreieckselementen diskutiert.

Bei der Verwendung der Galerkin-Methode werden die Formfunktionen als Testfunktionen zur Bewertung des Residuums in Gl. (3.82) verwendet, und Teil *II*, *IV*, und *V* werden entsprechend ermittelt.

Für Teil II im Rechteckelement ist:

$$\int \frac{\partial[S]^T}{\partial x}\frac{\partial\boldsymbol{\phi}}{\partial x}dxdy = \int \frac{\partial[S]^T}{\partial x}\frac{\partial([S][\boldsymbol{\phi}])}{\partial x}dxdy = [\boldsymbol{K}_x][\boldsymbol{\phi}] \qquad (3.83)$$

Mit

$$[K_x] = \begin{bmatrix} \int \frac{\partial S_i}{\partial x}\cdot\frac{\partial S_i}{\partial x}dxdy & \int \frac{\partial S_i}{\partial x}\cdot\frac{\partial S_j}{\partial x}dxdy & \int \frac{\partial S_i}{\partial x}\cdot\frac{\partial S_m}{\partial x}dxdy & \int \frac{\partial S_i}{\partial x}\cdot\frac{\partial S_n}{\partial x}dxdy \\ \int \frac{\partial S_j}{\partial x}\cdot\frac{\partial S_i}{\partial x}dxdy & \int \frac{\partial S_j}{\partial x}\cdot\frac{\partial S_j}{\partial x}dxdy & \int \frac{\partial S_j}{\partial x}\cdot\frac{\partial S_m}{\partial x}dxdy & \int \frac{\partial S_j}{\partial x}\cdot\frac{\partial S_n}{\partial x}dxdy \\ \int \frac{\partial S_m}{\partial x}\cdot\frac{\partial S_i}{\partial x}dxdy & \int \frac{\partial S_m}{\partial x}\cdot\frac{\partial S_j}{\partial x}dxdy & \int \frac{\partial S_m}{\partial x}\cdot\frac{\partial S_m}{\partial x}dxdy & \int \frac{\partial S_m}{\partial x}\cdot\frac{\partial S_n}{\partial x}dxdy \\ \int \frac{\partial S_n}{\partial x}\cdot\frac{\partial S_i}{\partial x}dxdy & \int \frac{\partial S_n}{\partial x}\cdot\frac{\partial S_j}{\partial x}dxdy & \int \frac{\partial S_n}{\partial x}\cdot\frac{\partial S_m}{\partial x}dxdy & \int \frac{\partial S_n}{\partial x}\cdot\frac{\partial S_n}{\partial x}dxdy \end{bmatrix}$$

$$= \frac{w}{6l}\begin{bmatrix} 2 & -2 & -1 & 1 \\ -2 & 2 & 1 & -1 \\ -1 & 1 & 2 & -2 \\ 1 & -1 & -2 & 2 \end{bmatrix}$$

und $[\boldsymbol{\varphi}]^T = \begin{bmatrix} \phi_i & \phi_j & \phi_m & \phi_n \end{bmatrix}$.

Für Teil IV im Rechteckelement ist:

$$\int \frac{\partial[S]^T}{\partial y}\frac{\partial\boldsymbol{\phi}}{\partial y}dxdy = \int \frac{\partial[S]^T}{\partial y}\frac{\partial[[S][\boldsymbol{\phi}])}{\partial y}dxdy = [K_y][\boldsymbol{\phi}] \qquad (3.84)$$

Mit

3.5 FEA-Theorie

$$[K_y] = \begin{bmatrix} \int \frac{\partial S_i}{\partial y} \cdot \frac{\partial S_i}{\partial y} dxdy & \int \frac{\partial S_i}{\partial y} \cdot \frac{\partial S_j}{\partial y} dxdy & \int \frac{\partial S_i}{\partial y} \cdot \frac{\partial S_m}{\partial y} dxdy & \int \frac{\partial S_i}{\partial y} \cdot \frac{\partial S_n}{\partial y} dxdy \\ \int \frac{\partial S_j}{\partial y} \cdot \frac{\partial S_i}{\partial y} dxdy & \int \frac{\partial S_j}{\partial y} \cdot \frac{\partial S_j}{\partial y} dxdy & \int \frac{\partial S_j}{\partial y} \cdot \frac{\partial S_m}{\partial y} dxdy & \int \frac{\partial S_j}{\partial y} \cdot \frac{\partial S_n}{\partial y} dxdy \\ \int \frac{\partial S_m}{\partial y} \cdot \frac{\partial S_i}{\partial y} dxdy & \int \frac{\partial S_m}{\partial y} \cdot \frac{\partial S_j}{\partial y} dxdy & \int \frac{\partial S_m}{\partial y} \cdot \frac{\partial S_m}{\partial y} dxdy & \int \frac{\partial S_m}{\partial y} \cdot \frac{\partial S_n}{\partial y} dxdy \\ \int \frac{\partial S_n}{\partial y} \cdot \frac{\partial S_i}{\partial y} dxdy & \int \frac{\partial S_n}{\partial y} \cdot \frac{\partial S_j}{\partial y} dxdy & \int \frac{\partial S_n}{\partial y} \cdot \frac{\partial S_m}{\partial y} dxdy & \int \frac{\partial S_n}{\partial y} \cdot \frac{\partial S_n}{\partial y} dxdy \end{bmatrix}$$

$$= \frac{l}{6w} \begin{bmatrix} 2 & 1 & -1 & -2 \\ 1 & 2 & -2 & -1 \\ -1 & -2 & 2 & 1 \\ -2 & -1 & 1 & 2 \end{bmatrix}$$

Für Teil V im Rechteckelement ist:

$$\int [S]^T \lambda [S][\phi] dxdy = [M][\phi] \tag{3.85}$$

Mit

$$[M] = \begin{bmatrix} \int S_i^2 dxdy & \int S_i S_j dxdy & \int S_i S_m dxdy & \int S_i S_n dxdy \\ \int S_j S_i dxdy & \int S_j^2 dxdy & \int S_j S_m dxdy & \int S_j S_n dxdy \\ \int S_m S_i dxdy & \int S_m S_j dxdy & \int S_m^2 dxdy & \int S_m S_n dxdy \\ \int S_n S_i dxdy & \int S_n S_j dxdy & \int S_n S_m dxdy & \int S_n^2 dxdy \end{bmatrix} = \frac{(lw)}{18} \begin{bmatrix} 2 & 1 & 1 & 2 \\ 1 & 2 & 2 & 1 \\ 1 & 2 & 2 & 1 \\ 2 & 1 & 1 & 2 \end{bmatrix}$$

Die Substitution von Gl. (3.84–3.86) in Gl. (3.82) ergibt das Elementmodell:

$$\{([K_x] + [K_y] - \lambda[M])\}\{\phi\} = 0 \tag{3.86}$$

$[K_x]$, $[K_y]$ und $[M]$ sind in den Gl. (3.84–3.86) gegeben.

Eine spezifische Lösung λ_i, (ein Eigenwert) zu Gl. (3.86) muss sicherstellen, dass die Determinante von $\{([K_x] + [K_y] - [M])\} = 0$ ist, und der entsprechende ϕ_i ist ein Eigenvektor.

Das ähnliche Verfahren wird auf ein Dreieckelement angewendet, um das Dreieckelementmodell im gleichen Format von Gl. (3.86) zu erhalten, aber mit unterschiedlichen $[K_x]$, $[K_y]$ und $[M]$:

$$[K_x] = \begin{bmatrix} \int \frac{\partial S_i}{\partial x} \cdot \frac{\partial S_i}{\partial x} dxdy & \int \frac{\partial S_i}{\partial x} \cdot \frac{\partial S_j}{\partial x} dxdy & \int \frac{\partial S_i}{\partial x} \cdot \frac{\partial S_k}{\partial x} dxdy \\ \int \frac{\partial S_j}{\partial x} \cdot \frac{\partial S_i}{\partial x} dxdy & \int \frac{\partial S_j}{\partial x} \cdot \frac{\partial S_j}{\partial x} dxdy & \int \frac{\partial S_j}{\partial x} \cdot \frac{\partial S_k}{\partial x} dxdy \\ \int \frac{\partial S_k}{\partial x} \cdot \frac{\partial S_i}{\partial x} dxdy & \int \frac{\partial S_k}{\partial x} \cdot \frac{\partial S_j}{\partial x} dxdy & \int \frac{\partial S_k}{\partial x} \cdot \frac{\partial S_k}{\partial x} dxdy \end{bmatrix}$$

$$= \frac{1}{4A} \begin{bmatrix} \beta_i^2 & \beta_i \beta_j & \beta_i \beta_k \\ \beta_j \beta_i & \beta_j^2 & \beta_j \beta_k \\ \beta_k \beta_i & \beta_k \beta_j & \beta_k^2 \end{bmatrix} \tag{3.87}$$

$$[\boldsymbol{K}_y] = \begin{bmatrix} \int \frac{\partial S_i}{\partial y} \cdot \frac{\partial S_i}{\partial y} dxdy & \int \frac{\partial S_i}{\partial y} \cdot \frac{\partial S_j}{\partial y} dxdy & \int \frac{\partial S_i}{\partial y} \cdot \frac{\partial S_k}{\partial y} dxdy \\ \int \frac{\partial S_i}{\partial y} \cdot \frac{\partial S_j}{\partial y} dxdy & \int \frac{\partial S_j}{\partial y} \cdot \frac{\partial S_j}{\partial y} dxdy & \int \frac{\partial S_j}{\partial y} \cdot \frac{\partial S_k}{\partial y} dxdy \\ \int \frac{\partial S_k}{\partial y} \cdot \frac{\partial S_i}{\partial y} dxdy & \int \frac{\partial S_k}{\partial y} \cdot \frac{\partial S_j}{\partial y} dxdy & \int \frac{\partial S_k}{\partial x} \cdot \frac{\partial S_k}{\partial y} dxdy \end{bmatrix}$$

$$= \frac{1}{4A} \begin{bmatrix} \delta_i^2 & \delta_i \delta_j & \delta_i \delta_k \\ \delta_j \delta_i & \delta_j^2 & \delta_j \delta_k \\ \delta_k \delta_i & \delta_k \delta_j & \delta_k^2 \end{bmatrix} \tag{3.88}$$

$$[M] = \begin{bmatrix} \int S_i^2 dxdy & \int S_i S_j dxdy & \int S_i S_k dxdy \\ \int S_j S_i dxdy & \int S_j^2 dxdy & \int S_k S_j dxdy \\ \int S_k S_i dxdy & \int S_k S_j dxdy & \int S_k^2 dxdy \end{bmatrix} = \frac{A}{12} \begin{bmatrix} 2 & 1 & 1 \\ 1 & 2 & 1 \\ 1 & 1 & 2 \end{bmatrix} \tag{3.89}$$

3.5.7 Systemmodell und Lösung

3.5.7.1 Systemmodell erstellen

In einem FEA-Modell wird die Anzahl der unabhängigen Variablen, die bestimmt werden sollen, als *Freiheitsgrade* (DOF) bezeichnet. Die Größe eines Systemmodells wird durch die DOF des Modells bestimmt:

$$[K]_{N \times N} \{U\}_{N \times 1} = \{F\}_{N \times 1} \tag{3.90}$$

Hierbei sind N die Freiheitsgrade; $\{U\}$ ist der Vektor von N unabhängigen Variablen; $\{F\}$ ist der Vektor von N Lasten über die entsprechenden unabhängigen Variablen; $[K]$ ist eine $N \times N$-Beziehungsmatrix von $\{U\}$ und $\{F\}$.

Das Systemmodell wird aus Elementmodellen zusammengesetzt. Nehmen wir an, dass das FEA-Modell N_e Elemente hat und jedes Element in ND_i unabhängige Variablen ($nd_{i,1}, nd_{i,2}, ..., nd_{i,NDi}$) einbezieht. Das Systemmodell wird wie folgt zusammengesetzt:

$$[K]_{N \times N} = \sum_{i=1}^{i=N_e} [A_i]^T [K_i][A_i] \tag{3.91}$$

Hierbei ist $[K_i]$ die $ND_i \times ND_i$-Beziehungsmatrix des ND_i-ten Elements, $[A_i]^T$ ist die Transposition von $[A_i]$ und $[A_i]$ ist eine $ND_i \times N$-Hilfsmatrix ist, die wie folgt definiert ist:

3.5 FEA-Theorie

$$[A_i] = \begin{bmatrix} \cdots & \cdots & \cdots & \cdots & \cdots & \cdots & \cdots \\ \cdots & 1 & \cdots & 0 & \cdots & 0 & \cdots \\ \cdots & \cdots & \cdots & \cdots & \cdots & \cdots & \cdots \\ \cdots & 0 & \cdots & 1 & \cdots & 0 & \cdots \\ \cdots & \cdots & \cdots & \cdots & \cdots & \cdots & \cdots \\ \cdots & 0 & \cdots & 0 & \cdots & 1 & \cdots \end{bmatrix} \begin{matrix} nd_{i,1} & nd_{i,2} & nd_{i,nd_i} \end{matrix} \quad (3.92)$$

Alle anderen Elemente in $[A_i]$ sind null.

Beispiel 3.5 Abb. 3.27a zeigt ein FEA-Modell für ein 2D-Wärmeübertragungsproblem. Das Modell soll die Temperaturverteilung finden, und das FEA-Modell besteht aus 10 Knoten für drei Dreieckselemente und drei Rechteckelemente. Erstellen Sie ein Systemmodell auf Basis der gegebenen Elementmodelle wie folgt:

Die Steifigkeitsmatrizen $[K_i]$ für Elemente werden wie folgt gefunden:

$$\text{Dreieckselemente 1, 4, 6: } [\mathbf{K}]^{(e)} = \begin{bmatrix} 0{,}5 & -0{,}5 & 0 \\ -0{,}5 & 1 & -0{,}5 \\ 0 & -0{,}5 & 0{,}5 \end{bmatrix}$$

$$\text{Rechteckelemente 2, 3, 5: } [\mathbf{K}]^{(e)} = \begin{bmatrix} 4 & -1 & -2 & -1 \\ -1 & 4 & -1 & -2 \\ -2 & -1 & 4 & -1 \\ -1 & -2 & -1 & 4 \end{bmatrix}$$

Lösung. Jeder Knoten im FEA-Element hat einen DOF und das Modell hat 10 Knoten. Daher hat das Systemmodell $N = 10$ DOF und $[K]$ für das System hat eine Größe von 10 × 10.

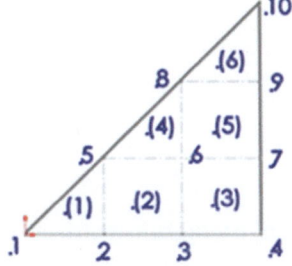

Elemente	ND_i	$nd_{i,1}$	$nd_{i,2}$	$nd_{i,3}$	$nd_{i,4}$
(1)	3	1	2	5	
(2)	4	2	3	6	5
(3)	4	3	4	7	6
(4)	3	5	6	8	
(5)	4	6	7	9	8
(6)	3	8	9	10	

Abb. 3.27 a) Elemente und Knoten; b) Beziehungen von Knoten und Elementen

Das Systemmodell wird aus Elementmodellen zusammengesetzt. Das Modell hat $N_e = 6$ Elemente, die beteiligten DOF in diesen Elementen werden in Abb. 3.27b beschrieben.

Um Gl. (3.91) zur Zusammenstellung des Systemmodells zu verwenden, werden $[A_i]$ ($i = 1, 2, …, 6$) basierend auf Abb. 3.27b bestimmt:

$$[A_1] = \begin{bmatrix} 1 & 0 & 0 & 0 & 0 & 0 & 0 & 0 & 0 \\ 0 & 1 & 0 & 0 & 0 & 0 & 0 & 0 & 0 \\ 0 & 0 & 0 & 0 & 1 & 0 & 0 & 0 & 0 \end{bmatrix}$$

$$[A_2] = \begin{bmatrix} 0 & 1 & 0 & 0 & 0 & 0 & 0 & 0 & 0 \\ 0 & 0 & 1 & 0 & 0 & 0 & 0 & 0 & 0 \\ 0 & 0 & 0 & 0 & 0 & 1 & 0 & 0 & 0 \\ 0 & 0 & 0 & 0 & 1 & 0 & 0 & 0 & 0 \end{bmatrix}$$

$$[A_3] = \begin{bmatrix} 0 & 0 & 1 & 0 & 0 & 0 & 0 & 0 & 0 \\ 0 & 0 & 0 & 1 & 0 & 0 & 0 & 0 & 0 \\ 0 & 0 & 0 & 0 & 0 & 0 & 1 & 0 & 0 \\ 0 & 0 & 0 & 0 & 0 & 1 & 0 & 0 & 0 \end{bmatrix}$$

$$[A_4] = \begin{bmatrix} 0 & 0 & 0 & 0 & 1 & 0 & 0 & 0 & 0 \\ 0 & 0 & 0 & 0 & 0 & 1 & 0 & 0 & 0 \\ 0 & 0 & 0 & 0 & 0 & 0 & 0 & 1 & 0 \end{bmatrix}$$

$$[A_5] = \begin{bmatrix} 0 & 0 & 0 & 0 & 0 & 1 & 0 & 0 & 0 \\ 0 & 0 & 0 & 0 & 0 & 0 & 1 & 0 & 0 \\ 0 & 0 & 0 & 0 & 0 & 0 & 0 & 0 & 1 \\ 0 & 0 & 0 & 0 & 0 & 1 & 0 & 1 & 0 \end{bmatrix}$$

$$[A_6] = \begin{bmatrix} 0 & 0 & 0 & 0 & 0 & 0 & 0 & 1 & 0 & 0 \\ 0 & 0 & 0 & 0 & 0 & 0 & 0 & 0 & 1 & 0 \\ 0 & 0 & 0 & 0 & 0 & 0 & 0 & 0 & 0 & 1 \end{bmatrix}$$

Die Substitution der obigen Hilfsmatrizen und gegebenen Steifigkeitsmatrizen in Gl. (3.91) ergibt die Steifigkeitsmatrix des Systems:

3.5 FEA-Theorie

$$[K]_{10\times 10} = \sum_{i=1}^{i=6} [A_i]^T [K_i][A_i] = \begin{bmatrix} 0,5 & -0,5 & 0 & 0 & 0 & 0 & 0 & 0 & 0 & 0 \\ -0,5 & 0,5 & -1 & 0 & -1,5 & -2 & 0 & 0 & 0 & 0 \\ 0 & -1 & 8 & -1 & -2 & -2 & -2 & 0 & 0 & 0 \\ 0 & 0 & -1 & 4 & 0 & -2 & -1 & 0 & 0 & 0 \\ 0 & -1,5 & -2 & 0 & 5 & -1,5 & 0 & 0 & 0 & 0 \\ 0 & -2 & -2 & -2 & -1,5 & 13 & -2 & -1,5 & -2 & 0 \\ 0 & 0 & -2 & -1 & 0 & -2 & 8 & -2 & -1 & 0 \\ 0 & 0 & 0 & 0 & 0 & -1,5 & -2 & 5 & -2 & 0 \\ 0 & 0 & 0 & 0 & 0 & -2 & -1 & -1,5 & 5 & -0,5 \\ 0 & 0 & 0 & 0 & 0 & 0 & 0 & 0 & -1 & 0,5 \end{bmatrix}$$
(3.93)

3.5.7.2 Lösung für stationäre Probleme

Wenn FEA zur Modellierung eines stationären technischen Problems verwendet wird, wird das Systemmodell zu einem Satz von linearen Gleichungen in Gl. (3.90), und die Lösung für das stationäre Problem ist:

$$\{U\} = [K]^{-1}\{F\} \quad (3.94)$$

Hierbei ist $\{F\}$ der Vektor der Lasten, $\{U\}$ ist der Vektor der Zustandsvariablen und $[K]$ ist die Matrix für die Beziehung von Lasten und Zustandsvariablen, wie die Steifigkeitsmatrix in der statischen Analyse. $[K]^{-1}$ ist eine inverse Matrix $[K]$.
Beachten Sie, dass Gl. (3.94) *linear* oder *nichtlinear* sein kann. Ein *lineares Systemmodell* hat nur konstante Elemente in $[K]$ und $\{F\}$; sonst ist das Systemmodell nichtlinear. Um ein nichtlineares Systemmodell zu lösen, wird ein iteratives Verfahren angewendet, um $\{U\}$ zu lösen. Bei jeder Iteration wird das Systemmodell als lineares Systemmodell für $\{U\}$ vereinfacht. Das iterative Verfahren wird beendet, wenn alle Randbedingungen erfüllt sind.

Da ein FEA-Modell für ein reales technisches Problem Tausende von unbekannten Variablen beinhaltet, ist ein effektiver Algorithmus zur Lösungsfindung der Gl. (3.94) entscheidend. Lösungen für ein lineares Systemmodell können in *direkte* oder *iterative* Methoden eingeteilt werden. Eine direkte Methode, wie die Gauß'sche Elimination oder LU-Zerlegung, erhält die Lösung in einer bestimmten Anzahl von Schritten, und die Berechnung kann auf der Größe von $[K]$ basiert vorhergesagt werden. Die Berechnung einer iterativen Methode ist schwer abzuschätzen, da die Anzahl der Iterationen zur Findung einer konvergierten Lösung von der Charakteristik von $[K]$ abhängt. Theoretisch kann eine direkte Methode eine exakte Lösung für ein System linearer Gleichungen finden. Sie hat jedoch bei ihrer Implementierung eine Reihe von erheblichen Nachteilen. Zum Beispiel,

(1) Eine direkte Methode hat eine Open-Loop-Lösung. Das bedeutet, dass die Lösung keinen Mechanismus hat, um Rundungsfehler in der numerischen Berechnung auszugleichen. Zusätzlich sammeln sich Berechnungsfehler im Lösungsprozess schnell an.
(2) Die Implementierung einer direkten Methode ist sehr kompliziert, wenn alle Sonderfälle berücksichtigt werden. Zum Beispiel ist eine spezielle Behandlung erforderlich, wenn der Koeffizient an der Pivotposition in der Gauß'schen Elimination null wird.
(3) Eine direkte Methode erfordert eine große Menge an Berechnungen, wenn die Anzahl der unbekannten Variablen zunimmt. Darüber hinaus fehlt ihr die Flexibilität, die Berechnung für das Systemmodell mit einer dünn besetzten Matrix zu reduzieren.

Eine iterative Methode ist eine ideale Alternative, da sie durch Iterationen eine geschlossene Lösung liefert. Die Genauigkeit der Lösung wird bei jeder Iteration bewertet, und der iterative Prozess wird nicht beendet, bis die Lösung die erforderliche Genauigkeit erreicht hat.

Um das Systemmodell iterativ zu lösen, schreiben Sie $[K]\{U\} = \{F\}$ um als $([K_L]+[K_D]+[K_U])\{U\} = \{F\}$. Hierbei wird die ursprüngliche volle Matrix $[K]$ in drei Unter-Matrizen zerlegt, nämliche *untere*, *diagonale* und *obere* Unter-Matrix:

$$[K_L] = \begin{bmatrix} 0 & 0 & \ldots & 0 \\ k_{2,1} & \ddots & \ldots & \ldots \\ \ldots & \ddots & \ddots & \ldots \\ k_{N,1} & \ldots & k_{N,N-1} & 0 \end{bmatrix}, [K_D] = \begin{bmatrix} k_{1,1} & 0 & \ldots & 0 \\ 0 & \ddots & \ldots & \ldots \\ \ldots & \ddots & \ddots & \ldots \\ 0 & \ldots & 0 & k_{N,N} \end{bmatrix},$$
$$[K_U] = \begin{bmatrix} 0 & k_{1,2} & \ldots & k_{1,N} \\ 0 & \ddots & \ldots & \ldots \\ \ldots & \ddots & \ddots & k_{2,1} \\ 0 & \ldots & 0 & 0 \end{bmatrix}$$
(3.95)

Dementsprechend kann die Systemlösung Gl. (3.94) geschrieben werden als:

$$\{U\} = [K_D]^{-1}\{\{F\} - ([K_L] + [K_U])\{U\}\} \quad (3.96)$$

Hierbei sind $[K_L]$, $[K_D]$ und $[K_U]$ untere, diagonale und obere Matrix, die in Gl. (3.95) gezeigt werden.

Gl. (3.97) kann weiter in einer iterativen Form vom *k*-ten Schritt zum *k+1*-ten Schritt geschrieben werden als:

$$\{U\}^{(k+1)} = [K_D]^{-1}\{\{F\} - ([K_L] + [K_U])\{U\}^{(k)}\} \quad (3.97)$$

3.5 FEA-Theorie

Hier sind $\{U\}^{(k)}$ und $\{U\}^{(k+1)}$ die iterierten Lösungen vom k-ten Schritt zum $k+1$-ten Schritt.

Der interaktive Prozess (d. h., Gl. (3.97)) wird fortgesetzt, bis die Beendigungsbedingung erfüllt ist,

$$\|\{U\}^{(k+1)} - \{U\}^{(k)}\| < \varepsilon \tag{3.98}$$

Hierbei ist ε die spezifizierte Genauigkeit der Systemlösung.

Die oben genannte Methode wird als die *Jacobi-Methode* bezeichnet. Angenommen, die Diagonaleinträge in $[K]$ sind nicht null, dann ist die skalare Version von Gl. (3.99)

$$U_i^{(k+1)} = \frac{1}{k_{ii}} \left[F_i - \sum_{j=1; j \neq i}^{N} k_{ij} U_j^{(k)} \right], \ (i = 1, 2, \ldots N) \tag{3.99}$$

Beachten Sie, dass eine iterative Methode konvergiert, wenn gilt:

$$|k_{ii}| > \sum_{j=1; j \neq i}^{N} |k_{ij}| \ f\ddot{u}r \ i = 1, 2, \ldots N \tag{3.100}$$

Und

$$\||K_D|^{-1}(K_L + K_U)\| = \max_{i=1,2,\ldots N} |k_{ij}/k_{ii}| < 1 \tag{3.101}$$

Die Bedingungen in den Gleichungen (3.100) und (3.101) gewährleisten, dass die konvergierte Lösung garantiert wird. Nicht alle FEA-Modelle können diese Bedingungen strikt erfüllen, aber sie können dennoch effektiv durch eine iterative Methode gelöst werden.

Beispiel 3.6 Verwenden Sie die iterative Methode, um $[K]\{U\} = \{F\}$ zu lösen.

$$[K] = \begin{bmatrix} 2 & -1 & 0 & 0 & 0 \\ -1 & 2 & -1 & 0 & 0 \\ 0 & -1 & 2 & -1 & 0 \\ 0 & 0 & -1 & 2 & -1 \\ 0 & 0 & 0 & -1 & 2 \end{bmatrix} \text{ und } \{F\} = \begin{Bmatrix} 5 \\ 2 \\ 2 \\ 2 \\ 5 \end{Bmatrix}$$

Lösung. Setzen Sie $\{U\}^{(0)} = [1\ 1\ 1\ 1\ 1]$ und für die Abbruchtoleranz $\varepsilon = 0{,}0001$.

Verwenden Sie Gl. (3.99), um den iterativen Prozess auszuführen, der Prozess zur Erlangung der endgültigen Lösungen ist.

Schritt	$\{x_i\}^{(k)}$					Konvergenz
0	[1	1	1	1	1]	
1	[3,0000	2,0000	2,0000	2,0000	3,0000]	3,5000
10	[6,5762	8,6270	9,1523	8,6270	6,5762]	0,7750
20	[7,6621	10,4369	11,3242	10,4369	7,6621]	0,1839
30	[7,9198	10,8664	11,8396	10,8664	7,9198]	0,0436
40	[7,9810	10,9683	11,9619	10,9683	7,9810]	0,0104
50	[7,9955	10,9925	11,9910	10,9925	7,9955]	0,0025
60	[7,9989	10,9982	11,9979	10,9982	7,9989]	5,8325e-04
70	[7,9997	10,9996	11,9995	10,9996	7,9997]	1,3841e-04
73	[7,9998	10,9997	11,9997	10,9997	7,9998]	8,9898e-05

3.5.7.3 Lösung von Eigenwertproblemen

Um die Reaktion eines technischen Systems auf dynamische Lasten zu verstehen, müssen Eigenwerte gefunden werden, damit die Stabilität des Systems unter den Anregungen verschiedener Frequenzen bewertet werden kann. Ein *Eigenwertproblem* zielt darauf ab, die Eigenwerte und Eigenvektoren für das gegebene Systemmodell zu finden.

Es sei ein Systemmodell ein Eigenwertproblem:

$$[K]\{u\} - \lambda[M]\{u\} = 0 \tag{3.102}$$

Ein Eigenwert λ_i sollte die Bedingung für eine gültige Lösung des Systemmodells erfüllen,

$$\det([K]\{u\} - \lambda[M]) = 0 \tag{3.103}$$

Hierbei ist det(•) die Determinante der Matrix (•).

Gl. (3.103) wird allgemein als *die charakteristische Gleichung* in einem Eigenwertproblem von Gl. (3.102) bezeichnet. λ_i, das Gl. (3.103) erfüllt, wird als Eigenwert bezeichnet ($i = 1, 2, \ldots N$), und ein Eigenvektor u_i, der zu λ_i passt, erfüllt die Bedingung:

$$([K] - \lambda_i[M])\{u\} = 0 \tag{3.104}$$

Wenn ein Systemmodell mit wenigen Freiheitsgraden (DOF) vorliegt, können Eigenwerte zur Gl. (3.102) durch Lösen der Polynomgleichung über λ ermittelt werden, die auf der Gl. (3.103) basiert. Für ein Systemmodell mit einer großen Anzahl von DOF wird die folgende numerische Methode verwendet, um eine Reihe der signifikantesten Eigenwerte zu finden.

Nehmen wir an, dass das Eigenwertproblem N DOF hat, d. h., die Matrix $[K]$ oder $[M]$ hat die Größe $N \times N$, eine numerische Methode zielt darauf ab, M der niedrigsten Eigenwerte und die entsprechenden Eigenvektoren zu finden, und diese Eigenwerte werden iterativ im folgenden Verfahren gefunden:

(1) Wählen Sie M Nicht-Null-Vektoren für eine $N \times M$-Modalmatrix $[X_i]$, wobei jede ihrer Spalten einem Vektor entspricht; setzen Sie den Iterationsindex $i=1$.
(2) Lösen Sie das System der linearen Gleichungen $[K]\{Y_i\} = [M]\{X_i\}$, um die $N \times M$-Modalmatrix $\{Y_i\}$ zu erhalten.
(3) Stellen Sie ein neues Eigenwertproblem mit einer reduzierten Größe von $M \times M$ auf:

$$[K]_i^* \{u\}^* - \lambda [M]_i^* \{u\}^* = 0$$

Hier sind $[K]_i^* = \{Y_i\}^T [K] \{Y_i\}$ und $[M]_i^* = \{Y_i\}^T [M] \{Y_i\}$.

(4) Lösen Sie das neue Eigenwertproblem für M Eigenwerte und Eigenvektoren:

$$\lambda_m^{(i)} = \text{diag}\left[\lambda_1^{(i)}, \lambda_2^{(i)}, \cdots \lambda_m^{(i)}\right]$$

$$[u^*] = \left[u_1^{(i)}, u_2^{(i)}, \cdots u_m^{(i)}\right]$$

(5) Aktualisieren Sie die Iteration mit $i \leftarrow i+1$, $[X_i] \leftarrow [X_{i+1}] = \text{normc}([Y_i][u^*])$, wobei normc(•) eine Funktion ist, um jeden Vektor (Spalte) in einer Matrix zum Einheitsvektor zu machen.
(6) Überprüfen Sie die Beendigungsbedingung.

$$\max\left(\left|\frac{\lambda_1^{(i)} - \lambda_1^{(i-1)}}{\lambda_1^{(i)}}\right|, \left|\frac{\lambda_2^{(i)} - \lambda_2^{(i-1)}}{\lambda_2^{(i)}}\right|, \cdots \left|\frac{\lambda_m^{(i)} - \lambda_m^{(i-1)}}{\lambda_m^{(i)}}\right|\right) \leq \varepsilon$$

Wenn diese erfüllt ist, wird die Iteration beendet. Andernfalls kehren Sie zu Schritt (2) für die Fortsetzung zurück.

Beispiel 3.7 Finden Sie die ersten beiden Eigenfrequenzen des folgenden Systemmodells mit der gegebenen Genauigkeit ε von $0{,}001$:

$$[M]\{\ddot{u}\} + [K]\{u\} = 0 \quad (3.105)$$

Mit

$$[M] = \begin{bmatrix} 20 & 5 & 0 \\ 5 & 10 & 5 \\ 0 & 5 & 10 \end{bmatrix}, \quad [K] = \begin{bmatrix} 2 & -1 & 0 \\ -1 & 2 & -1 \\ 0 & -1 & 1 \end{bmatrix}$$

Lösung. Gl. (3.105) kann in ein Eigenwertproblem mit drei Freiheitsgraden ($N=3$) umgewandelt werden.

$$[K]\{u\} - \lambda_i [M]\{u\} = 0 \text{ mit } \lambda_i = \omega_i^2 \quad (3.106)$$

Da die ersten beiden Eigenfrequenzen ($M=2$) des Systemmodells interessieren, nehmen wir an, dass ein Anfangsvektor als $\{u\}_{2\times 3}$ vorliegt:

$$[u]_{23} = \begin{bmatrix} u_1 & u_2 \end{bmatrix} = \begin{bmatrix} 1 & 0 \\ 0 & 1 \\ 0 & 0 \end{bmatrix}$$

Es sei $i=1$ und $[X_I] = [u]_{23}$, um den iterativen Prozess zu initialisieren.

Iteration 1. Die Lösung des Gleichungssystems $[K][Y_i] = [M][X_i]$ ergibt

$$[Y_i] = \begin{bmatrix} 25 & 20 \\ 30 & 35 \\ 30 & 40 \end{bmatrix}$$

Das reduzierte Eigenwertproblem bei dieser Iteration wird zu:

$$[K]^*[u]^* - \lambda [M]^*[u]^* = 0$$

Mit

$$[K]^* = [Y_i]^T [K][Y_i] = \begin{bmatrix} 650 & 575 \\ 575 & 650 \end{bmatrix}$$

$$[M]^* = [Y_i]^T [M][Y_i] = 1{,}0 \times 10^4 \begin{bmatrix} 4{,}7 & 5{,}1125 \\ 5{,}1125 & 5{,}725 \end{bmatrix}$$

Die Eigenwerte und Eigenvektoren des oben reduzierten Problems können als $\lambda_1 = 0{,}1052$, $\lambda_2 = 0{,}0113$, und $[u]^* = \begin{bmatrix} 0{,}7455 & 0{,}0450 \\ -0{,}6665 & 0{,}9990 \end{bmatrix}$ gefunden werden.

Als Nächstes kann $[X_i]$ aktualisiert werden:

$$[X_i] = \mathrm{normc}([Y_i][u]^*) = \mathrm{normc}\left(\begin{bmatrix} 5{,}3075 & 21{,}1040 \\ -0{,}9625 & 36{,}3137 \\ -4{,}295 & 41{,}3087 \end{bmatrix}\right) = \begin{bmatrix} 0{,}7697 & 0{,}3582 \\ -0{,}1396 & 0{,}6164 \\ -0{,}6229 & 0{,}7012 \end{bmatrix}$$

Iteration 2. Die Lösung des Gleichungssystems $[K][Y_i] = [M][X_i]$ mit dem aktualisierten $[X_i]$ ergibt:

$$[Y_i] = \begin{bmatrix} 7{,}1085 & 31{,}8025 \\ -0{,}4800 & 53{,}3581 \\ -7{,}4069 & 63{,}4522 \end{bmatrix}$$

3.5 FEA-Theorie

Das reduzierte Eigenwertproblem in dieser Iteration wird zu:

$$[\mathbf{K}]^*[\mathbf{u}]^* - \lambda[\mathbf{M}]^*[\mathbf{u}]^* = 0$$

Mit

$$[K]^* = [Y_i]^T[K][Y_i] = \begin{bmatrix} 650 & 575 \\ 575 & 650 \end{bmatrix}$$

$$[M]^* = [Y_i]^T[M][Y_i] = 1,0 \times 10^4 \begin{bmatrix} 4,7 & 5,1125 \\ 5,1125 & 5,725 \end{bmatrix}$$

Die Eigenwerte und Eigenvektoren des oben genannten reduzierten Problems können als $\lambda_1 = 0,1052$, $\lambda_2 = 0,0113$ und $[\boldsymbol{u}]^* = \begin{bmatrix} 1,000 & -0,0069 \\ 0,0054 & 1,0000 \end{bmatrix}$ gefunden werden.

Als Nächstes kann $[X_i]$ aktualisiert werden:

$$[X_i] = \text{normc}([Y_i][\boldsymbol{u}]^*) = \text{normc}\left(\begin{bmatrix} 7,2799 & 31,7526 \\ -0,1923 & 53,3601 \\ -7,0647 & 63,5019 \end{bmatrix}\right) = \begin{bmatrix} 0,7175 & 0,3575 \\ -0,0190 & 0,6008 \\ -0,6963 & 0,7150 \end{bmatrix}$$

Überprüfen Sie die Konvergenz: $\max\left(\left|\frac{\lambda_1^{i+1} - \lambda_1^{i+1}}{\lambda_1^{i+1}}\right|, \left|\frac{\lambda_1^{i+1} - \lambda_1^{i+1}}{\lambda_1^{i+1}}\right|\right) = 0,05 > \varepsilon$, daher muss die Iteration fortgesetzt werden.

Iteration 3. Die Lösung des Gleichungssystems $[K][Y_i] = [M][X_i]$ mit dem aktualisierten $[X_i]$ ergibt:

$$[Y_i] = \begin{bmatrix} 7,1139 & 31,6789 \\ -0,0274 & 53,2034 \\ -7,0852 & 63,3574 \end{bmatrix}$$

Das reduzierte Eigenwertproblem in dieser Iteration wird zu:

$$[K]^*[\boldsymbol{u}]^* - \lambda[M]^*[\boldsymbol{u}]^* = 0$$

Mit

$$[K]^* = [Y_i]^T[K][Y_i] = 1,0 \times 10^3 \begin{bmatrix} 0,1514 & -0,0000 \\ -0,0000 & 1,5700 \end{bmatrix}$$

$$[M]^* = [Y_i]^T[M][Y_i] = 1,0 \times 10^5 \begin{bmatrix} 0,0151 & -0,0000 \\ -0,0000 & 1,3908 \end{bmatrix}$$

Die Eigenwerte und Eigenvektoren des oben genannten reduzierten Problems können als $\lambda_1 = 0{,}1001$, $\lambda_2 = 0{,}0113$ und $[\boldsymbol{u}]^* = \begin{bmatrix} 1{,}000 & -0{,}000 \\ 0{,}000 & 1{,}0000 \end{bmatrix}$ gefunden werden.

Als Nächstes kann $[X_i]$ aktualisiert werden:

$$[X_i] = \text{normc}\big([Y_i][\boldsymbol{u}]^*\big) = \text{normc}\left(\begin{bmatrix} 7{,}1143 & 31{,}6788 \\ -0{,}0267 & 53{,}2034 \\ -7{,}0844 & 63{,}3575 \end{bmatrix}\right) = \begin{bmatrix} 0{,}7086 & 0{,}3576 \\ -0{,}0027 & 0{,}6006 \\ -0{,}7056 & 0{,}7152 \end{bmatrix}$$

Überprüfen Sie die Konvergenz: $\max\left(\left|\frac{\lambda_1^{i+1}-\lambda_1^i}{\lambda_1^{i+1}}\right|, \left|\frac{\lambda_2^{i+1}-\lambda_2^i}{\lambda_2^{i+1}}\right|\right) < \varepsilon$. Die Konvergenzbedingung ist erfüllt.

Schließlich werden die ersten beiden Eigenfrequenzen als $\omega_1 = 0{,}3164$ und $\omega_2 = 0{,}1063$ gefunden.

3.5.7.4 Lösung für transiente Probleme

Bei einem transienten Problem ist die dynamische Reaktion eines Systems in einer transienten Periode von Interesse. Neben dem räumlichen Bereich muss auch der Zeitbereich diskretisiert werden. Die Lösung eines transienten Problems kann als eine Reihe von Teillösungen in einer Reihe von Zeitschritten vom Anfangszeitpunkt bis zum Endzeitpunkt betrachtet werden. Das Lösungsverfahren erfolgt *Schritt für Schritt*, wobei die Teillösung im nächsten Schritt auf der Grundlage der vorhergehenden Schritte aktualisiert wird. Während einige besondere Überlegungen bei der Bestimmung der Zeitschritte und der Aktualisierung der Systemmodelle angestellt werden müssen, ähnelt die Teillösung in jedem Schritt einem Gleichgewichtsproblem. In diesem Abschnitt wird ein transientes Wärmeübertragungsproblem als Beispiel zur Veranschaulichung des Lösungsverfahrens für ein transientes Problem verwendet.

Bei einem transienten Wärmeübertragungsproblem variiert die Temperaturverteilung in einem Körper über die Zeit; die transiente Reaktion ist für einige Fertigungsprozesse wie Wärmebehandlungen entscheidend. Um die Lösung für ein transientes Wärmeübertragungsproblem zu finden, wird der Zeitbereich in Schritte diskretisiert, während der Zeitschritt sowohl für die Stabilität des iterativen Prozesses als auch für die Genauigkeit der Teillösungen entscheidend ist: Ist der Zeitschritt zu klein, kann eine falsche Oszillation auftreten, die zu bedeutungslosen Ergebnissen führt. Ist der Zeitschritt zu groß, können die Lösungen möglicherweise nicht konvergieren, da die Temperaturgradienten falsch berechnet werden.

Um den Zeitbereich zu diskretisieren, werden die Biot-Zahl ($B_i = h\Delta x/k$) und die Fourier-Zahl ($F_0 = \Delta t/(\Delta x)^2$) verwendet, um einen angemessenen Zeitschritt zu bestimmen, wobei h und k Koeffizienten für Konvektion bzw. Wärmeleitung sind; α ist die thermische Diffusivität; Δx bezeichnet die mittlere Länge eines Elements in einer räumlichen Richtung und Δt ist der Zeitschritt.

3.5 FEA-Theorie

Wenn die Biot-Zahl Bi kleiner als 1 ist ($Bi < 1$), sollte der Zeitschritt so bestimmt werden, dass die Konvergenzbedingung von $0{,}1 \leq F_0 \leq 0{,}5$ erfüllt ist; und damit ergibt sich:

$$\Delta t = \frac{(\Delta x)^2 F_0}{\alpha} \tag{3.107}$$

Wenn die Biot-Zahl Bi größer als 1 ist ($Bi > 1$), sollte der Zeitschritt unter Berücksichtigung sowohl der Biot- als auch der Fourier-Zahlen zu $(Fo)(Bi) = b$ bestimmt werden:

$$\Delta t = \frac{(\Delta x) k_{\text{Festk}\ddot{o}\text{rper}}}{\alpha h} b = \frac{(\Delta x) \rho c}{h} b \tag{3.108}$$

Hierbei ist $b = F_0 \cdot B_i$, ρ die Dichte und c die spezifische Wärmekapazität der Materialien.

Angenommen, ein transientes Wärmeübertragungsproblem wird als die folgenden Differentialgleichungen formuliert (Bi 2018):

$$[\mathbf{C}] \cdot \left\{\frac{\partial \mathbf{T}}{\partial t}\right\} + [\mathbf{K}] \cdot \{\mathbf{T}\} = \{\mathbf{Q}\} \tag{3.109}$$

Hierbei sind $[C]$ und $[K]$ die Wärmespeicher- bzw. die Wärmeübertragungsmatrix; $\{Q\}$ ist der Vektor der Wärmelasten; $\{T\}$ und $\{\frac{\partial \mathbf{T}}{\partial t}\}$ sind die Vektoren der Temperaturen und Temperaturgradienten.

Die Diskretisierung der Zeitdomäne durch Festlegen des Zeitschritts Δt ergibt die Iterationsgleichung im Schritt i:

$$\{T\}^{(i+1)} \{T\}^{(i)} + \Delta t \{\dot{T}\}^{(i)} + \frac{\Delta t^2}{2} \{\ddot{T}\}^{(i)} \tag{3.110}$$

Die Flexibilität von Gl. (3.110) kann verbessert werden, indem das Gewicht vor $\{\ddot{T}\}^{(i)}$ durch den Euler-Parameter $\theta \in (0, 1)$ angepasst wird:

$$\{T\}^{(i+1)} \{T\}^{(i)} + \Delta t \{\dot{T}\}^{(i)} + \theta \Delta t^2 \{\ddot{T}\}^{(i)} \tag{3.111}$$

Ein anderer Wert des Euler-Parameters entspricht einem anderen Schema der Iteration:

$$\theta = \begin{cases} 0 & \text{(Vorwärts-Euler-Verfahren)} \\ 1/2 & \text{(Crank-Nicolson-Verfahren)} \\ 1 & \text{(Rückwärts-Euler-Verfahren)} \end{cases} \tag{3.112}$$

In Gl. (3.111) kann die zweite Ordnung der Temperatur durch die erste Ableitung an zwei Zeitschritten approximiert werden:

$$\{\ddot{T}\}^{(i)} = \frac{\{\dot{T}\}^{(i+1)} - \{\dot{T}\}^{(i)}}{t} \tag{3.113}$$

Das Einsetzen von Gl. (3.113) in (3.111) ergibt:

$$\{T\}^{(i+1)}\{T\}^{(i)} + (1-\theta)\Delta t \{\dot{T}\}^{(i)} + \theta \Delta t \{\dot{T}\}^{(i+1)} \tag{3.114}$$

Gl. (3.114) zeigt, dass $\{\dot{T}\}^{(i+1)}$ abhängt von $\{T\}^{(i+1)}$:

$$\{\dot{T}\}^{(i+1)} = \frac{(\{T\}^{(i+1)} - \{T\}^{(i)})}{\theta \Delta t} - \left(\frac{1}{\theta} - 1\right)\{\dot{T}\}^{(i)} \tag{3.115}$$

Da sowohl $\{T\}^{(i)}$ als auch $\{\dot{T}\}^{(i)}$ im vorherigen Zeitschritt i bekannt sind; die Verwendung von Gl. (3.115) in Gl. (3.114) ergibt die explizite Gleichung der Iteration:

$$\left(\frac{[C]}{\theta \Delta t} + [K]\right)\{T\}^{(i+1)} = \{Q\} + \frac{[C]}{\theta \Delta t}\{T\}^{(i)} + \left(\frac{1}{\theta} - 1\right)[C]\{\dot{T}\}^{(i)} \tag{3.116}$$

Wobei $[K_m] = \frac{[C]}{\theta \Delta t} + [K]$ die modifizierte Wärmeübertragungsmatrix ist.

$\{Q_m\} = \{Q\} + \frac{[C]}{\theta \Delta t}\{T\}^{(i)} + \left(\frac{1}{\theta} - 1\right)[C]\{\dot{T}\}^{(i)}$ ist der modifizierte Vektor der Wärmelasten.

Beispiel 3.8 Eine 2 Zoll dicke Platte aus 1060er-Legierung wird gleichmäßig auf 300 °C erhitzt. Sie wird in der Zwangsluft abgeschreckt. Nehmen Sie an, dass die Temperatur der Plattenoberfläche sofort auf 25 °C eingestellt wird. Die Materialdichte $\rho = 0{,}0975437$ lb/in^3, die Leitfähigkeit $k = 0{,}002675$ Btu/(s·in·°C), und die spezifische Wärmekapazität $c = 0{,}214961$ Btu/(lb·°C). Bestimmen Sie die Abkühlungskurve der Temperatur in der neutralen Ebene der Platte in Bezug auf die Zeit in 5 s.

Lösung. Abb. 3.28 zeigt ein 1D-transientes Wärmeübertragungselement, das im *lokalen Koordinatensystem* (LCS) beschrieben wird. Es besteht aus Knoten i und Knoten j. Die Zustandsvariablen an zwei Knoten sind die Temperaturen (T_i, T_j) und Temperaturgradient ($\dot{T}_i, \dot{T}_j$). Das elementare Verhalten wird bestimmt durch:

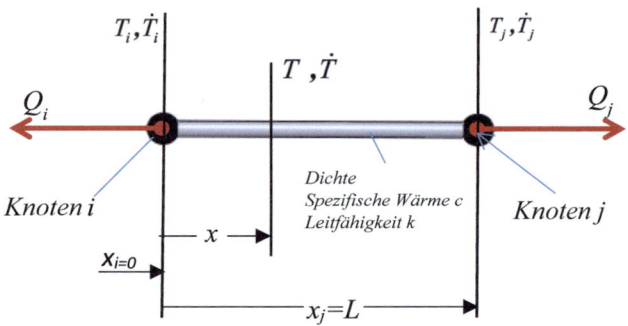

Abb. 3.28 1D-transientes Wärmeübertragungselement

3.5 FEA-Theorie

$$k\frac{\partial^2 T}{\partial x^2} - c\frac{\partial T}{\partial t} + \dot{q} = 0 \qquad (3.117)$$

Hierbei ist k die Leitfähigkeit, ρ die Dichte und c die spezifische Wärmekapazität.

Das Elementmodell wird auf Basis von Gl. (3.117) wie folgt entwickelt. Es seien die Formfunktionen eines Elements $S_i(x) = 1 - x/L$ und $S_j(x) = x/L$, die Verwendung der Formfunktionen als Testfunktion in der Galerkin-Methode führt zur schwachen Lösung Gl. (3.117) als (Bi 2018):

$$[K_m]\begin{Bmatrix} T_i \\ T_j \end{Bmatrix}^{(p+1)} = \{Q_m\} \qquad (3.118)$$

Hierbei ist p der Schrittindex. $[K_M]$ ist die modifizierte Leitmatrix:

$$[\mathbf{K_M}] = \left(\frac{\rho c A L}{6\theta \Delta t} \begin{bmatrix} 2 & 1 \\ 1 & 2 \end{bmatrix} + \frac{kA}{L} \begin{bmatrix} 1 & -1 \\ -1 & 1 \end{bmatrix} \right) \qquad (3.119)$$

$[Q_M]$ ist der modifizierte Lastvektor, der durch den Zustand des vorhergehenden Schritts (Schritt i) bestimmt wird:

$$\{\mathbf{Q}_m\} = \begin{Bmatrix} Q_i \\ Q_j \end{Bmatrix} + \frac{\rho c A L}{6\theta \Delta t}\begin{bmatrix} 2 & 1 \\ 1 & 2 \end{bmatrix}\begin{Bmatrix} T_i \\ T_j \end{Bmatrix}^{(p)} + \left(\frac{1}{\theta} - 1\right)\frac{\rho c A L}{6}\begin{bmatrix} 2 & 1 \\ 1 & 2 \end{bmatrix}\begin{Bmatrix} \dot{T}_i \\ \dot{T}_j \end{Bmatrix}^{(p)} \qquad (3.120)$$

Nachdem die Temperatur bei $(p+1)$ gefunden wurde, können die Temperaturgradienten ermittelt werden durch:

$$\begin{Bmatrix} \dot{T}_i \\ \dot{T}_j \end{Bmatrix}^{(p+1)} = \frac{1}{\theta \Delta t}\begin{Bmatrix} T_i^{(p+1)} - T_i^{(p)} \\ T_j^{(p+1)} - T_j^{(i)} \end{Bmatrix} - \left(\frac{1}{\theta} - 1\right)\begin{Bmatrix} \dot{T}_i \\ \dot{T}_j \end{Bmatrix}^{(p)} \qquad (3.121)$$

Da die Platte symmetrisch zu ihrer neutralen Achse ist, wird ein 1D-FEA-Modell für die Hälfte der Plattendicke entwickelt. Dementsprechend zeigt Abb. 3.29 eine Zerlegung,

Abb. 3.29 Knoten und Elemente in einem 1D-transienten Wärmeübertragungsproblem

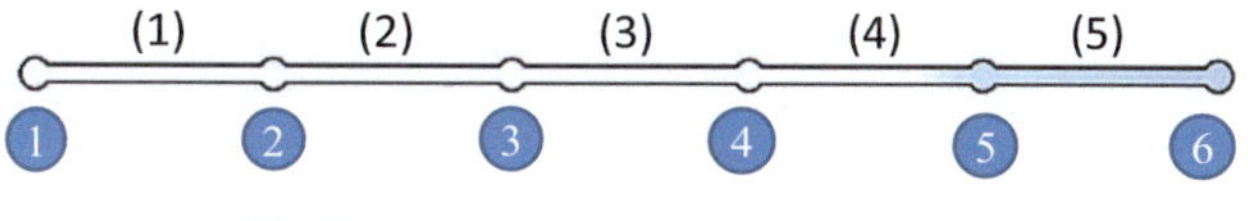

$$T_1^{(0)} = T_2^{(0)} = T_3^{(0)} = T_4^{(0)} = T_5^{(0)} = T_6^{(0)} = 300°C$$
$$\dot{T}_1^{(0)} = \dot{T}_2^{(0)} = \dot{T}_3^{(0)} = \dot{T}_4^{(0)} = \dot{T}_5^{(0)} = \dot{T}_6^{(0)} = 0$$
$$T_6^{(p)} = 25°C \qquad p > 0$$

die zu einem FEA-Modell mit 5 Elementen und 6 Knoten führt. Jedes Element hat eine Länge von 0,2 Zoll.

Es sei die Fourier-Zahl $F_0 = 0,5$, und die Schrittzeit Δt wird aus Gl. (3.107) wie folgt ermittelt:

$$\Delta t = \frac{(\Delta x)^2 F_0}{\alpha} = \frac{(0,2)^2 (0,5)}{(0,002675/(0,0975437 \cdot 0,214961))} = 0,1568 (s)$$

Wenn die Historie der Temperaturänderung in 5 s betrachtet wird, ist die Gesamtzahl N der Zeitschritte

$$N = \frac{(5)}{\Delta t} = 32 (\text{Schritte})$$

Der Euler-Parameter sei $\theta = 0,5$ in Gl. (3.121), wo das Crank-Nicolson-Verfahren für die Näherung verwendet wird. Bei jedem Zeitschritt p von 1 bis N kann das Systemmodell aus 5 Elementmodellen zusammengesetzt werden, die in Gl. (3.118) ausgedrückt sind als:

$$[K]^{(G)} \begin{Bmatrix} T_1 \\ T_2 \\ T_3 \\ T_4 \\ T_5 \\ T_6 \end{Bmatrix}^{(p+1)} = \{Q\}^{(p)} = \begin{Bmatrix} 2c_1 T_1^{(p)} + c_1 T_2^{(p)} + 2c_2 \dot{T}_1^{(p)} + c_2 \dot{T}_2^{(p)} \\ c_1 T_1^{(p)} + 4c_1 T_2^{(p)} + c_2 \dot{T}_1^{(p)} + 4c_2 \dot{T}_2^{(p)} + c_1 T_3^{(p)} + c_2 \dot{T}_3^{(p)} \\ c_1 T_2^{(p)} + 4c_1 T_3^{(p)} + c_2 \dot{T}_2^{(p)} + 4c_2 \dot{T}_3^{(p)} + c_1 T_4^{(p)} + c_2 \dot{T}_4^{(p)} \\ c_1 T_3^{(p)} + 4c_1 T_4^{(p)} + c_2 \dot{T}_3^{(p)} + 4c_2 \dot{T}_4^{(p)} + c_1 T_5^{(p)} + c_2 \dot{T}_5^{(p)} \\ c_1 T_4^{(p)} + 4c_1 T_5^{(p)} + c_2 \dot{T}_4^{(p)} + 4c_2 \dot{T}_5^{(p)} + c_1 T_6^{(p)} + c_2 \dot{T}_6^{(p)} \\ c_1 T_5^{(p)} + 2c_1 T_6^{(p)} + c_2 \dot{T}_5^{(p)} + 2c_2 \dot{T}_6^{(p)} \end{Bmatrix}$$

(3.122)

Mit

$$[K]^{(G)} = \begin{bmatrix} 0,0312 & -0,0045 & 0 & 0 & 0 & 0 \\ -0,0045 & 0,0624 & -0,0045 & 0 & 0 & 0 \\ 0 & -0,0045 & 0,0624 & -0,0045 & 0 & 0 \\ 0 & 0 & -0,0045 & 0,0624 & -0,0045 & 0 \\ 0 & 0 & 0 & -0,0045 & 0,0624 & -0,0045 \\ 0 & 0 & 0 & 0 & -0,0045 & 0,0312 \end{bmatrix}$$

(3.123)

c_1 und c_2 sind zwei Konstanten:

$$\left. \begin{array}{l} c_1 = \frac{\rho c A L}{6 \theta \Delta t} = 0,0089 \\ c_2 = \left(1 - \frac{1}{\theta}\right) \frac{\rho c A L}{6} = -0,00069893 \end{array} \right\}$$

(3.124)

3.6 CAE-Implementierung – SolidWorks Simulation

Bei jedem Schritt p, nachdem $\{T\}^{(p+1)}$ aus Gl. (3.118) gefunden wurde, können die Temperaturgradienten an den Knoten auf der Grundlage von Gl. (3.121) aktualisiert werden:

$$\begin{Bmatrix} \dot{T}_1 \\ \dot{T}_2 \\ \dot{T}_3 \\ \dot{T}_4 \\ \dot{T}_5 \\ \dot{T}_6 \end{Bmatrix}^{(p+1)} = \begin{Bmatrix} \frac{1}{\theta \Delta t}\left(T_1^{(p+1)} - T_1^{(p)}\right) - \left(\frac{1}{\theta} - 1\right)\dot{T}_1^{(p)} \\ \frac{1}{\theta \Delta t}\left(T_2^{(p+1)} - T_2^{(p)}\right) - \left(\frac{1}{\theta} - 1\right)\dot{T}_2^{(p)} \\ \frac{1}{\theta \Delta t}\left(T_3^{(p+1)} - T_3^{(p)}\right) - \left(\frac{1}{\theta} - 1\right)\dot{T}_3^{(p)} \\ \frac{1}{\theta \Delta t}\left(T_4^{(p+1)} - T_4^{(p)}\right) - \left(\frac{1}{\theta} - 1\right)\dot{T}_4^{(p)} \\ \frac{1}{\theta \Delta t}\left(T_5^{(p+1)} - T_5^{(p)}\right) - \left(\frac{1}{\theta} - 1\right)\dot{T}_5^{(p)} \\ \frac{1}{\theta \Delta t}\left(25 - T_6^{(p+1)}\right) - \left(\frac{1}{\theta} - 1\right)\dot{T}_6^{(p)} \end{Bmatrix} \quad (3.125)$$

Beachten Sie, dass die Berechnung für den Temperaturgradienten des Randknotens 6 anders ist, da die Temperatur an diesem Knoten auf 25 °C festgelegt ist. Dementsprechend, wenn das Berechnungsergebnis bei Schritt p zum nächsten Schritt $p+1$ verschoben wird, muss die Temperatur am Knoten 6 aufgrund der Randbedingung wieder auf 25 °C gesetzt werden. Die Temperaturänderungen an den Knoten in Bezug auf die Zeit werden in Tab. 3.9 aufgelistet.

Die Diagramme der Temperatur am Knoten 1 (d. h., dem Zentrum der Platte) sind in den Abb. 3.30 und 3.31 dargestellt.

3.6 CAE-Implementierung – SolidWorks Simulation

Zahlreiche kommerzielle und Open-Source-Computer-Aided-Engineering-Pakete wurden auf Basis der zuvor genannten FEA-Theorie entwickelt. Im folgenden Abschnitt wird die SolidWorks Simulation als Beispiel verwendet, um die Fähigkeiten kommerzieller CAE-Tools für die Vorverarbeitung, Verarbeitung und Nachverarbeitung von FEA zu veranschaulichen, die in Abschn. 3.4 diskutiert werden. Abb. 3.32 zeigt die grafischen Benutzeroberflächen und Hauptfunktionsmodule für FEA-Modellierung.

3.6.1 Berechnungsdomäne

FEA zielt darauf ab, die Systemreaktion in einem kontinuierlichen Bereich unter Berücksichtigung von Randbedingungen zu untersuchen. Ein kontinuierlicher Bereich kann *eindimensional* (1-D), *zweidimensional* (2-D) oder *dreidimensional* (3-D) sein. FEA beginnt mit dem Aufbau von Festkörpermodellen als *Berechnungsdomäne*. Ein Festkörpermodell mit den geometrischen Informationen von Eckpunkten, Kanten und Begrenzungs-

Tab. 3.9 Die Historie der Knotentemperaturen in 5 s

Schritt		Temperatur (°C)					
Nein.	Zeit (sec)	Knoten 1	Knoten 2	Knoten 3	Knoten 4	Knoten 5	Knoten 6
0	0	300	300	300	300	300	25
1	0,1568	299,9945	299,9618	299,4711	292,6341	197,4066	25
2	0,3136	299,8771	299,3362	293,5781	248,8355	120,4615	25
3	0,4704	298,8845	295,6335	274,0357	212,8518	138,0203	25
4	0,6272	294,7467	286,1748	255,8324	204,9803	127,9079	25
5	0,784	285,8694	275,4648	245,3924	192,5891	122,1926	25
6	0,9408	275,5284	265,5057	234,3123	183,8132	115,9687	25
7	1,0976	265,4401	255,0242	224,6841	175,3348	110,9712	25
8	1,2544	255,091	245,0755	215,2958	167,9028	106,3968	25
9	1,4112	245,1051	235,2671	206,5492	160,9382	102,3165	25
10	1,568	235,3315	225,8797	198,1785	154,4945	98,5393	25
11	1,7248	225,9358	216,8209	190,2477	148,4187	95,0359	25
12	1,8816	216,8846	208,1518	182,6812	142,6915	91,7441	25
13	2,0384	208,2126	199,8444	175,4773	137,2591	88,6407	25
14	2,1952	199,9055	191,9035	168,6055	132,101	85,7005	25
15	2,352	191,9622	184,3126	162,0528	127,1924	82,9092	25
16	2,5088	184,3696	177,0622	155,8008	122,5178	80,254	25
17	2,6656	177,1169	170,1378	149,8358	118,0622	77,7256	25
18	2,8224	170,1904	163,5267	144,1437	113,8137	75,3161	25
19	2,9792	163,577	157,2152	138,7118	109,7612	73,0187	25
20	3,136	157,2633	151,1904	133,5279	105,895	70,8274	25
21	3,2928	151,2364	145,4396	128,5806	102,206	68,737	25
22	3,4496	145,4835	139,9505	123,859	98,6858	66,7424	25
23	3,6064	139,9925	134,7113	119,3527	95,3265	64,8391	25
24	3,7632	134,7514	129,7108	115,0518	92,1205	63,0228	25
25	3,92	129,7491	124,9382	110,9471	89,0608	61,2894	25
26	4,0768	124,9747	120,383	107,0294	86,1406	59,6352	25
27	4,2336	120,4178	116,0353	103,2904	83,3536	58,0563	25
28	4,3904	116,0686	111,8859	99,7218	80,6937	56,5495	25
29	4,5472	111,9177	107,9255	96,3159	78,1551	55,1114	25
30	4,704	107,9559	104,1457	93,0652	75,7322	53,7389	25
31	4,8608	104,1746	100,5382	89,9627	73,4197	52,4289	25
32	5,0176	100,5658	97,095	87,0016	71,2127	51,1787	25

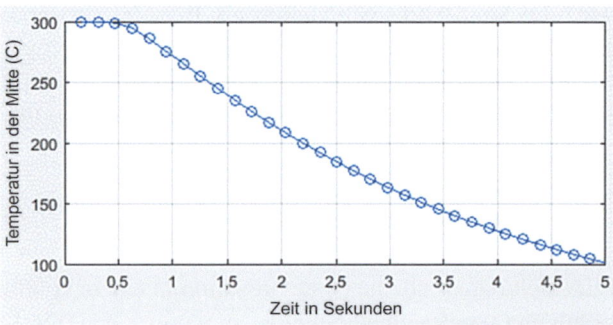

Abb. 3.30 Temperatur im Zentrum der Platte in Bezug auf die Zeit

flächen ist für FEA ausreichend; jedoch ist es wünschenswert, ein fortgeschrittenes Festkörpermodell zu verwenden, das parametrisierte Skizzen, Abmessungen und Merkmale enthält. Ein parametrisches Modell vereinfacht die Änderungen und unterstützt

3.6 CAE-Implementierung – SolidWorks Simulation

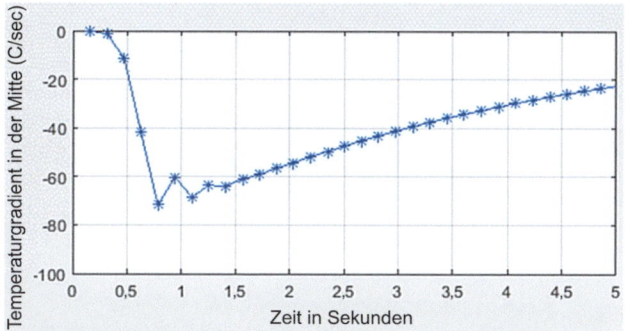

Abb. 3.31 Temperaturgradient im Zentrum der Platte in Bezug auf die Zeit

die Systemintegration. Moderne CAE-Systeme sind mit ihren Festkörpermodellierungswerkzeugen integriert, um native Festkörpermodelle zu erstellen; darüber hinaus können CAE-Tools Festkörpermodelle von anderen computerunterstützten Plattformen direkt verwenden. Zum Beispiel ist SolidWorks Simulation in die Festkörpermodellierungsumgebung integriert und ermöglicht den Import und Export von Festkörpermodellen in über 30 Formaten von Festkörpermodellen, wie in Abb. 3.33 gezeigt.

3.6.2 Materialbibliothek

In einem FEA-Modell werden die Materialeigenschaften in einer Berechnungsdomäne definiert. Materialeigenschaften werden in fünf Gruppen eingeteilt: (1) *physikalische Eigenschaften* wie Dichte und Schmelztemperatur, (2) *mechanische Eigenschaften* wie Elastizitätsmodul, Poissonzahl, Streckgrenze und Härte, (3) *thermische Eigenschaften* wie Wärmeleitfähigkeit, spezifische Wärmekapazität und thermischer Ausdehnungskoeffizient, (4) *elektrische Eigenschaften* wie Widerstandsfähigkeit und Dielektrizität, und (5) *akustische Eigenschaften* wie Kompressionswellengeschwindigkeit, Scherwellengeschwindigkeit und Stabwellengeschwindigkeit. Verschiedene Analysetypen erfordern die Informationen verschiedener Materialeigenschaften. Zum Beispiel müssen der Elastizitätsmodul, die Poissonzahl, die Streckgrenze und die Dichte in einer statischen und modalen Analyse definiert werden. Die spezifische Wärmekapazität und die Wärmeleitfähigkeit müssen in einer Wärmeübertragungsanalyse definiert werden.

Ingenieursysteme verwenden hauptsächlich konventionelle Materialien wie Metalle und Legierungen, Kunststoffe und Baustoffe. Die Eigenschaften dieser Materialien sind gut erforscht und dokumentiert. Ein CAE-Tool bietet in der Regel *eine Materialbibliothek* für konventionelle Industriematerialien an; es bietet auch die Schnittstelle und Vorlage für Benutzer, um benutzerdefinierte Materialien für Festkörper zu definieren.

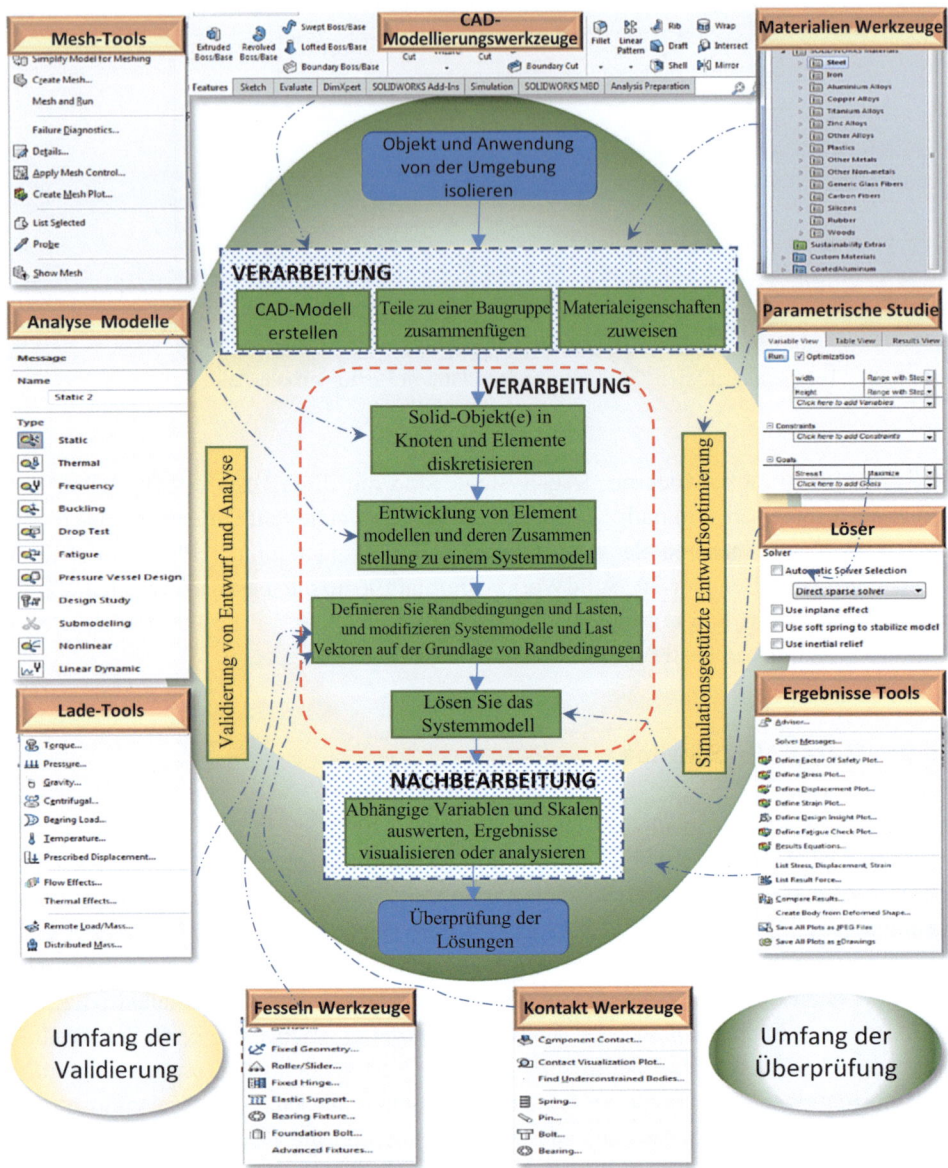

Abb. 3.32 SolidWorks Simulation für Computer-Aided-Engineering (CAE)

In der SolidWorks Simulation hat die Materialbibliothek die Ebenen *Bibliothek*, *Kategorie* und *Materialien*, und benutzerdefinierte Materialien werden in einer *benutzerdefinierten Materialbibliothek* definiert, wie in Abb. 3.34 gezeigt. Um ein neues Material zu erstellen, beginnt der Designer mit dem Anlegen einer benutzerdefinierten

3.6 CAE-Implementierung – SolidWorks Simulation

Abb. 3.33 Kompatible Dateiformate in SolidWorks

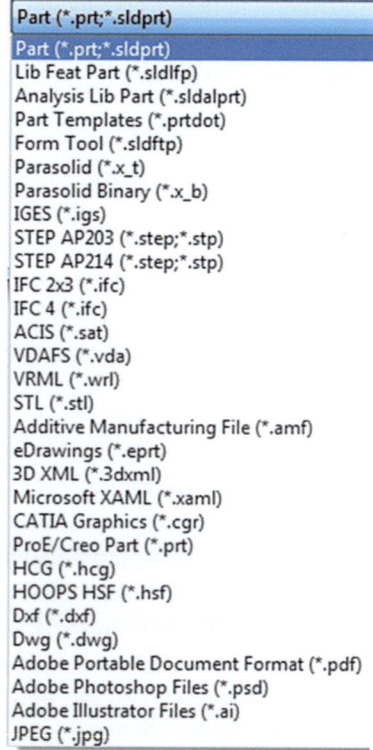

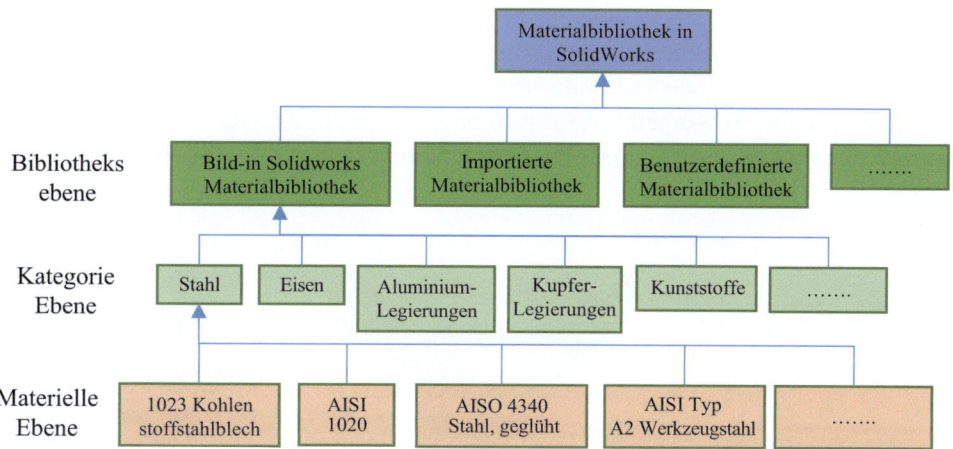

Abb. 3.34 Struktur der Materialbibliothek in SolidWorks Simulation

Materialbibliothek, erstellt dann eine neue Materialkategorie in dieser benutzerdefinierten Bibliothek und definiert schließlich ein neues Material in der neuen benutzerdefinierten Kategorie.

3.6.3 Meshing-Tools

Der kontinuierliche Bereich in einem ursprünglichen technischen Problem hat unendlich viele Freiheitsgrade (DOF). Der kontinuierliche Bereich wird durch *Vernetzung* als diskretes FEA-Modell mit einer endlichen Anzahl von *Knoten* und *Elementen* diskretisiert. Die SolidWorks Simulation unterstützt *automatisches Vernetzen*, das in der Lage ist, (1) die Elementgrößen auf der Grundlage des Volumens, der Oberfläche und anderer geometrischer Attribute eines Berechnungsgebiets zu schätzen und (2) Elemente und Knoten auf der Grundlage von Elementgrößen und Netzsteuerungen zu erzeugen. Die Skala eines Systemmodells steigt mit der Zunahme von Elementen und Knoten, und die Systemlösung kann im Allgemeinen verbessert werden, wenn die Anzahl der Elemente und Knoten erhöht wird. Um die Approximationsfehler in einigen Bereichen von Interesse zu reduzieren, können *lokale Netzsteuerungen* angewendet werden, um die Elementgrößen auf den ausgewählten Merkmalen wie Kanten, Flächen und Festkörpern zu verfeinern.

Ein CAE-Tool unterstützt viele Elementtypen für verschiedene Analysen. Abb. 3.35 zeigt drei Elementtypen mit unterschiedlichen Freiheitsgraden. Für ein *massives* Objekt sind 3D-Festkörperelemente geeignet. Für *dünne* Objekte können 2D-Schalelemente verwendet werden, um das FEA-Modell zu vereinfachen. Für Leichtbau-Strukturen, die aus Trägern und Balken gebaut sind, sind 1D-Träger- oder Balkenelemente geeignet.

Wenn ein Baugruppenmodell analysiert wird, sind oft manuelle Eingriffe erforderlich, um (1) sicherzustellen, dass es keine Interferenzen von Körpern gibt, und (2) Netzsteuerungen zu definieren, um kompatible Netze zu erreichen, wenn sie benötigt werden. Die *Grenzflächenerkennung* in SolidWorks kann verwendet werden, um eine Interferenz von zwei Körpern zu identifizieren und zu beseitigen. Abb. 3.36 zeigt die Grenzflächen des Grenzflächenerkennungstools zur Erkennung der Interferenzen in einer

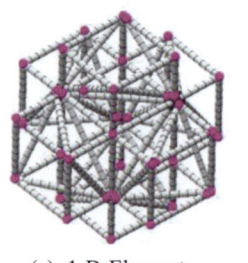

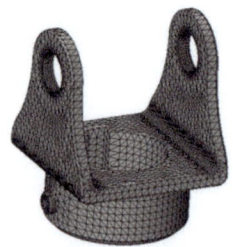

(a). 1-D-Elemente   (b). 2-D-Elemente   (c). 3-D-Elemente

Abb. 3.35 1D-, 2D- und 3D-Elemente

3.6 CAE-Implementierung – SolidWorks Simulation

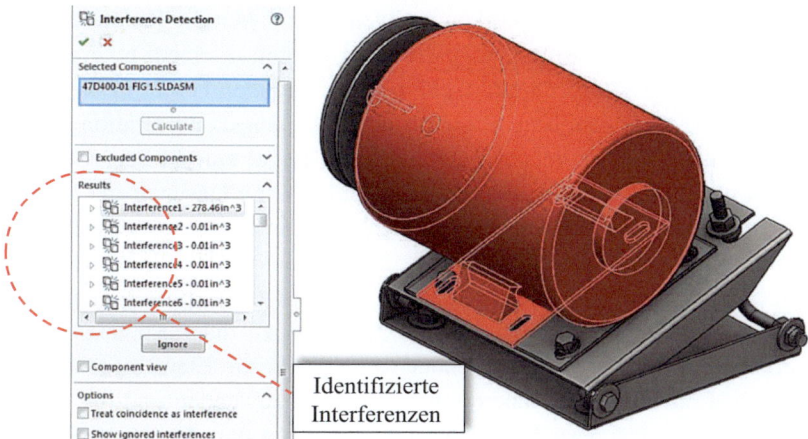

Abb. 3.36 Erkennen und Entfernen von Interferenzen in einem Baugruppenmodell

Objektgruppe. Wenn eine Interferenz erkannt wird, muss das Baugruppenmodell überarbeitet werden, um die gegenseitigen Eindringungen von Körpern zu beseitigen.

Ein Baugruppenmodell beinhaltet einige Grenzflächen, an denen die Teile miteinander in Kontakt kommen. Wenn auf einer Grenzfläche keine relative Bewegung erlaubt ist, kann für diese Grenzfläche *ein gebundener Kontakt* definiert werden. Ein gebundener Kontakt bedeutet, dass die Knoten auf der Kontaktfläche der jeweiligen Teile in der Systemmodellierung die gleichen Verschiebungen haben. Das Netz an einer Kontaktfläche kann entweder *ein kompatibles Netz* oder *ein inkompatibles Netz* sein, wie in Abb. 3.37 gezeigt. In einem kompatiblen Netz werden die Knoten an den Kontakten von

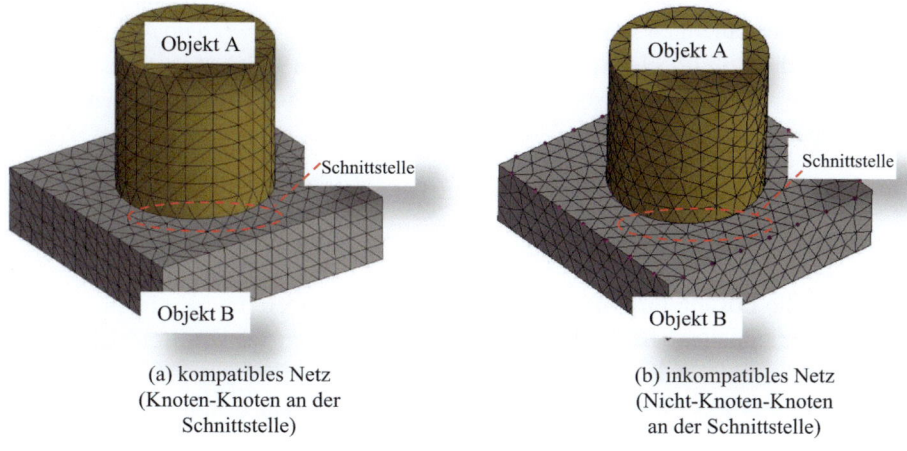

Abb. 3.37 Knoten in kompatiblen und inkompatiblen Netzen

zwei Festkörpern geteilt; in einem inkompatiblen Netz haben die Knoten auf zwei Festkörpern keine Eins-zu-Eins-Korrespondenzen. Da Knoten in einem inkompatiblen Netz durch Verschiebungsgleichungen eingeschränkt sind, können Fehler in der numerischen Berechnung zu einem künstlichen Problem der Spannungskonzentration an Kontakten führen. Daher erreicht ein kompatibles Netz in der Regel eine bessere Genauigkeit als ein inkompatibles Netz. Für ein Baugruppenmodell sollten Designer die Netzparameter verfeinern, um ein kompatibles Netz zu erhalten, wann immer es machbar ist.

Für ein komplexes Modell ist es üblich, dass ein automatischer Vernetzungsprozess nicht beim ersten Versuch erfolgreich ist. Wenn der Vernetzungsprozess fehlschlägt, kann die *Fehlerdiagnose* genutzt werden, um die Probleme zu diagnostizieren, und ein iterativer Vernetzungsprozess kann verwendet werden, um die Elementgrößen zu ändern, Netzsteuerungen auf den Merkmalen von Interesse anzuwenden und die Einstellungen an den Grenzflächen zu ändern, bis das Netz im gesamten Berechnungsgebiet erfolgreich erzeugt wurde.

Um die Lösung zu verbessern, kann das Tool für die *automatische Netzverfeinerung* verwendet werden. Es unterstützt die Netzverfeinerung auf zwei Arten: *h-adaptive* und *p-adaptive Vernetzung*. h-adaptive Vernetzung besteht darin, das Netz zu verfeinern, indem die Anzahl der Elemente erhöht und die Elementgrößen reduziert werden, und p-adaptive Vernetzung besteht darin, Hochordnungselemente zu verwenden, ohne die Anzahl der Elemente zu erhöhen. Beide Methoden, h-adaptive und p-adaptive, können durchgeführt werden, um die erwartete Vernetzungsgenauigkeit automatisch zu erreichen.

3.6.4 Analysentypen

Die Lösung für ein FEA-Modell wird für ein gegebenes mathematisches Modell entwickelt; daher wären zwei FEA-Modelle unterschiedlich, wenn ihre zugrunde liegenden Gleichungen unterschiedlich sind. Durch die Definition des *Analysentyps* eines FEA-Modells bietet die SolidWorks Simulation Lösungen für eine Vielzahl von technischen Problemen. Die von der SolidWorks Simulation unterstützten Analysentypen sind in Tab. 3.10 aufgeführt.

3.6.5 Randbedingungen

Um eine spezielle Lösung für Differentialgleichungen zu finden, müssen in einem FEA-Modell Randbedingungen (BCs) angegeben werden. Nehmen wir ein Beispiel für eine statische Analyse, werden BCs in *Fixierungen* und *Lasten* eingeteilt. Der *PropertyManager* in der SolidWorks Simulation bietet eine Schnittstelle zur Definition von BCs auf

3.6 CAE-Implementierung – SolidWorks Simulation

Tab. 3.10 Von SolidWorks Simulation unterstützte Analysentypen

Analyse Typ	Beschreibung
Statische Analyse	Die statische Analyse dient der Untersuchung von Spannung, Dehnung und Durchbiegung von Festkörpern, die statischen Belastungen ausgesetzt sind. Es wird davon ausgegangen, dass sich die Materialien in ihrem elastischen Bereich verhalten. Ein statisches Versagen tritt ein, wenn die Spannung die Festigkeit der Materialien übersteigt. Die statische Analyse kann das Verhalten von Festkörpern nicht darstellen, wenn die Spannung die Materialfestigkeit übersteigt.
Nichtlineare Analyse	Die nichtlineare Analyse betrifft hauptsächlich die Nichtlinearitäten, wenn 1) sowohl elastische als auch plastische Verformungen bei Festkörpern auftreten und 2) die Materialeigenschaften nichtlinear sind. Die erste Art der Nichtlinearität tritt auf, wenn ein Festkörper eine plastische Verformung erfährt, die auch als große Verschiebung bezeichnet wird. Die zweite Art der Nichtlinearität wird durch eine nichtlineare Spannungs-Dehnungs-Kurve dargestellt.
Modalanalyse	Die Modalanalyse dient der Charakterisierung eines technischen Systems durch Bestimmung der Eigenfrequenzen des Systems. Bei einer Eigenfrequenz kann eine externe Anregung zu verstärkten Systemreaktionen führen. Die Modalanalyse erzeugt 1) eine Liste von Eigenfrequenzen und 2) die diesen Frequenzen entsprechenden Modenformen.
Dynamische Analyse	Bei der dynamischen Analyse werden die dynamischen Belastungen wie Stoßkräfte oder schwankende Lasten berücksichtigt. *Die modale Überlagerungsmethode* kann zur Analyse der Systemreaktionen verwendet werden; die Gesamtsystemreaktion ergibt sich aus der Addition der Reaktionen auf einzelne Lasten. Zu den Arten von dynamischen Lasten in Solidworks gehören 1) zeitabhängige Beschleunigung oder Last, 2) eine schwankende Last oder Beschleunigung und 3) nicht-deterministische Eingaben wie zufällige Schwingungen, die durch eine PSD-Kurve (Power Spectrum Density) ausgedrückt werden.
Thermische Analyse	Bei der thermischen Analyse geht es darum, die Wärmespeicherung, -leitung, -strahlung und -konvektion in einem Berechnungsgebiet zu analysieren. Die Lösung eines Wärmeübertragungsproblems wurde auf der Grundlage der Energieerhaltung entwickelt.
Strömungs simulation	Die Strömungssimulation zielt darauf ab, eine Luft- und Flüssigkeitsströmung zu analysieren, die um oder durch feste Objekte verläuft. Die Strömungssimulation kann in die thermische Analyse integriert werden, so dass das Wärmeübertragungsverhalten wie Leitung, Konvektion und Strahlung zwischen Strömung und Festkörpern gleichzeitig analysiert werden kann.
Ermüdungs analyse	Die Ermüdungsanalyse wird zur Analyse der Ermüdungsschäden im Laufe der Zeit verwendet, wenn die Festkörper dynamischen Belastungen ausgesetzt sind; eine Ermüdungsanalyse baut auf einer statischen Analyse auf, bei der die Spannungsverteilung der Festkörper auf der Grundlage gegebener Nennlasten bewertet wird. Die Ermüdungsanalyse bewertet eine akkumulierte Schädigung von Festkörpern, die durch periodische Belastungen verursacht wird. Die Schädigung nimmt mit der Anzahl der Belastungszyklen zu. Die Festigkeit des Materials wird durch die S-N-Kurve für das Verhältnis von Ermüdungsfestigkeit und Zyklenzahl charakterisiert. Sobald die dynamischen Belastungen vorliegen, verwendet die Ermüdungsanalyse die S-N-Kurve, um die Ermüdungslebensdauer und den Sicherheitsfaktor von Festkörpern vorherzusagen, die bestimmten dynamischen Belastungen ausgesetzt sind.
Falltest	Der Falltest dient der Berechnung von Spannungen, Dehnungen und Verformungen sowie von Veränderungen über eine Übergangszeit, wenn ein Objekt einer Aufprallkraft ausgesetzt ist. Wenn die Materialien im Fallversuch als elasto-plastisch definiert werden, kann das CAE-System den Energieverlust bei der dynamischen Simulation berücksichtigen.

Eckpunkten, Kanten, Flächen, Features und Körpern. *Eingeschränkte* Freiheitsgrade können *null* oder eine nicht-null feste Verschiebung sein. Beachten Sie, dass BCs für einige Analysetypen wie statische Analyse, Modalanalyse und dynamische Analyse unerlässlich sind. Tab. 3.11 bietet eine Liste von gängigen Randbedingungen in der SolidWorks Simulation.

Tab. 3.12 gibt die Optionen zur Definition einer Last für eine statische Analyse in der SolidWorks Simulation an.

Tab. 3.11 BCs für statische Analyse

Fesseln	Beschreibung
Feste Geometrie	Eine feste Geometrie spezifiziert die eingeschränkte DoF basierend auf den Elementtypen. Drei Translationsverschiebungen sind für ein Massiv- oder Fachwerkelement fixiert; sowohl Translations- als auch Rotationsverschiebungen sind für ein Schalen- oder Balkenelement fixiert.
Unbeweglich	Eine unbewegliche Geometrie fixiert alle Translationsbewegungen für jeden Elementtyp. Eine unbewegliche BC kann auf Knoten, Kanten, Flächen und Körper angewendet werden. Für ein Volumenelement ist eine unbewegliche Geometrie gleichbedeutend mit einer festen Geometrie.
Rolle/Schieben	Ein Roll-/Gleitzustand bezieht sich auf den Fall, dass sich die Knoten frei über eine Kontaktfläche bewegen können; die Kontaktfläche darf sich unter den Belastungsbedingungen schrumpfen oder ausdehnen; die Verschiebung in der Normalrichtung der Ebene ist jedoch begrenzt.
Festes Scharnier	Eine feste Scharnierbedingung wird für eine zylindrische Fläche definiert, bei der sich die Knoten frei um ihre Drehachse drehen können.
Symmetrie	Wenn sowohl die Geometrie als auch die BCs symmetrisch zu einer Bezugsebene sind, kann das Berechnungsgebiet als ein Teil des gesamten Modells vereinfacht werden. Die Symmetriebedingung wird verwendet, um die Beschränkungen für die Bezugsebene zu definieren. Auf einer Bezugsebene für die Symmetrie eines Volumennetzes ist die Translation normal zur Bezugsebene eingeschränkt. Auf einer Bezugsebene für die Symmetrie eines Schalennetzes werden die Translation senkrecht zur Bezugsebene und zwei Rotationen eingeschränkt.

Tab. 3.12 Lastarten in der statischen Analyse

Lädt	Beschreibung
Pressure	Druck ist eine Linien- oder Flächenlast über eine Längen- oder Flächeneinheit. Der Druck kann gleichmäßig sein oder entlang einer Kante oder über eine Fläche variieren.
Kraft	Kraft ist ein allgemeiner Begriff; sie kann in Form von Drehmoment, Moment oder Kraft auftreten. Kraft ist definiert als eine Nettolast, die gleichmäßig über die ausgewählte Einheit wie Flächen, Kanten und Scheitelpunkte verteilt ist.
Schwerkraft	Die Schwerkraft ist eine Körperbelastung, die als lineare Beschleunigung von Massen dargestellt wird. Die Schwerkraftbelastung muss definiert werden, wenn die Eigengewichte die Leistung eines technischen Systems beeinflussen.
Zentrifugal	Die Zentrifugalkraft ist eine weitere Art von Körperbelastung, wenn ein Objekt eine konstante Rotation erfährt. Das CAE-Tool berechnet die Zentrifugallast auf der Grundlage der angegebenen Winkelgeschwindigkeit und der Masse der Materialien.
Entfernte Lasten und Rückhaltesysteme	Um ein Baugruppenmodell zu analysieren, sollten unbedeutende Objekte aus dem Berechnungsbereich ausgeschlossen und die Lasten und Zwänge auf diese Objekte auf die modellierten Objekte übertragen werden. Die äquivalenten Lasten, Zwänge und Massen werden als *Fernlasten, Fernverschiebungen* und *Fernmassen* definiert.

3.6.6 Solver für FEA-Modelle

In der numerischen Simulation wird ein technisches Problem als FEA-Modell formuliert, und die Lösung für ein FEA-Modell sind die Zustandsvariablen, die die mathematischen Gleichungen und Randbedingungen im Modell erfüllen. Wie in Abb. 3.38 gezeigt,

3.6 CAE-Implementierung – SolidWorks Simulation

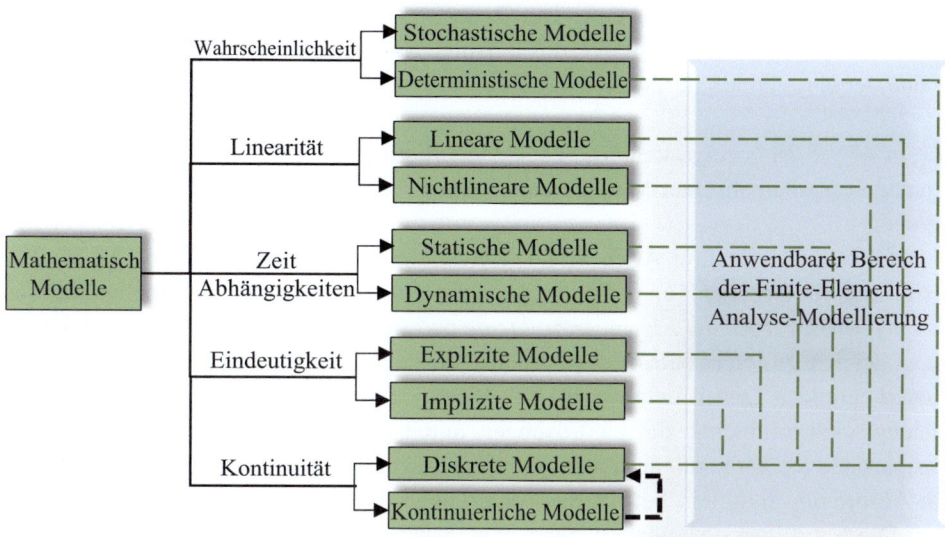

Abb. 3.38 Arten von mathematischen Modellen

können mathematische Gleichungen aus den Perspektiven *Wahrscheinlichkeit*, *Linearität*, *Zeitabhängigkeit*, *Explizitheit* und *Kontinuität* klassifiziert werden.

- **Deterministisch versus probabilistisch:** Die Designvariablen in einem deterministischen Modell sind eindeutig bestimmt ohne Unsicherheit. Das deterministische Modell führt zu bestimmten Ergebnissen der Designvariablen, wenn die Anfangsbedingungen gegeben sind. Ein probabilistisches Modell beinhaltet Unsicherheiten, bei denen die Designvariablen mit einer bestimmten Wahrscheinlichkeit um ihre Mittelwerte verteilt sind.
- **Linear versus nichtlinear:** In einem linearen Modell sind alle Beziehungen zwischen den Designvariablen linear; andernfalls handelt es sich um ein nichtlineares Modell. Der übliche Ansatz zur Lösung eines nichtlinearen Modells ist die Linearisierung, bei der ein nichtlineares Modell in eine Reihe von linearen Modellen umgewandelt wird.
- **Statisch versus dynamisch:** Ein statisches Modell ist stabil in dem Sinne, dass das entsprechende technische System im Gleichgewichtszustand ist und die Designvariablen zeitinvariant sind, und ein dynamisches Modell behandelt die Zeit als eine weitere Dimension von Designproblemen; es berücksichtigt zeitabhängige Änderungen der Designvariablen.
- **Explizit versus implizit:** Ein explizites Modell kann in einer Reihe von Schritten explizit gelöst werden, während ein implizites Modell iterativ gelöst werden muss.

- **Diskret versus kontinuierlich:** Der Rechenbereich in einem diskreten Modell besteht aus diskreten Elementen (zum Beispiel Trägerelemente in einer Trägerstruktur) und der eines kontinuierlichen Modells entspricht einem kontinuierlichen Bereich.

Wie in Abb. 3.38 gezeigt, kann die FEA-Modellierung zur Lösung aller Arten der oben genannten mathematischen Modelle außer einem probabilistischen Modell angewendet werden.

Die Lösungen für drei Arten von Differentialgleichungen wurden in Abschn. 3.5.6 ausführlich besprochen, und die entsprechenden technischen Probleme werden als *Gleichgewichtsprobleme*, *Eigenwertprobleme* und *Ausbreitungsprobleme* bezeichnet. Ein Gleichgewichtsproblem betrifft die Systemzustände, die statischen, quasi-statischen oder wiederkehrenden Lasten unterliegen. Ein Eigenwertproblem ist eine Erweiterung eines Gleichgewichtsproblems, dessen Lösungen durch die Identifizierung einer Reihe von einzigartigen Systemkonfigurationen wie Resonanzen und Knicken gekennzeichnet sind. Ein Ausbreitungsproblem betrifft die Änderungen der Zustandsvariablen im Laufe der Zeit. Die SolidWorks Simulation bietet vier generische Solver für die oben genannten drei Arten von technischen Problemen: *Auto*, *FFEPlus*, *Direct Sparse* und *Large Problem Direct Sparse*.

Der *Auto Solver* ermächtigt die Software, basierend auf den Statistiken eines FEA-Modells automatisch einen geeigneten Solver auszuwählen.

Fast Finite Elements (FFEPlus) verwendet eine implizite Methode, um die Lösung iterativ zu finden. Es ist sehr effektiv, wenn ein FEA-Modell eine große Zahl an Freiheitsgraden beinhaltet (typischerweise ein Modell mit über 100.000 Freiheitsgraden). Allerdings kann FFEPlus in folgenden Fällen unbrauchbar sein: (1) das Netz ist inkompatibel und ein lokaler gebundener Kontakt ist nicht von einem globalen gebundenen Kontakt abgedeckt; (2) eine Modalanalyse, die externe Kräfte oder Schwerkraft beinhaltet; (3) eine lineare dynamische Studie, die eine Basisanregung beinhaltet; (4) ein Rechenbereich, der sich ändernde Elastizitätsmodule beinhaltet; (5) eine nichtlineare Analyse.

Direct Sparse verwendet eine analytische Methode zur Lösung eines Systemmodells. „*Sparse*" bezieht sich auf dünnbesetzte Matrizen; es zeigt die Beziehungen von Designvariablen und Lasten. Direct Sparse ist anwendbar auf ein FEA-Modell mit einer kleinen Anzahl von Freiheitsgraden und nichtlineare Analyse mit besserer Genauigkeit. Allerdings erfordert es viel Speicher; daher liegt die Grenze für die Zahl der Freiheitsgrade für eine lineare Analyse bei 100.000, bei nichtlinearer Analyse bei 50.000 und bei Wärmeübertragungsproblemen bei 500.000.

Large Problem Direct Sparse (LPDS) ist eine verbesserte Version des Direct Sparse Solvers für große FEA-Modelle. Intensive Berechnungen sollten durch parallele Berechnungen behandelt werden. Ein LPDS Solver wird verwendet, wenn der Direct Sparse Solver aufgrund des Limits des Arbeitsspeichers (RAM) deaktiviert ist. LPDS sollte die letzte Lösung für ein FEA-Modell sein.

3.6.7 Nachbearbeitung

Numerische Simulationen eines FEA-Modells erzeugen in der Regel eine große Menge an Daten; das Nachbearbeitungstool hilft Benutzern, Simulationsdaten zu klassifizieren, zu visualisieren und zu exportieren. Die Nachbearbeitung in der SolidWorks Simulation ermöglicht es Benutzern, (1) die Verteilungen und Konturen von Zustandsvariablen zu visualisieren, (2) Systemreaktionen aus der Perspektive von Verformungen, Schwingungsmoden und Kontaktverhalten und anderen zu animieren, (3) Trajektorien, Spuren, Pfade im Transit- oder dynamischen Modell zu betrachten, (4) Schnittansichten zu definieren, um interne Zustandsvariablen zu betrachten, und (5) ein Sondierungstool zu verwenden, um eine Zustandsvariable oder eine abhängige Variable an ausgewählten Punkten, Kanten, Flächen oder Komponenten zu untersuchen.

3.6.8 Designoptimierung

FEA-Modellierung unterstützt die simulationsbasierte Optimierung. Jede Systemoptimierung erfordert die Analyse und den Vergleich verschiedener Systemlösungen, und die FEA-Modellierung ist ein ideales und allgemeines Werkzeug zur Analyse von Systemlösungen in der Systemoptimierung (Bi und Zhang 2001). Viele CAE-Tools, wie die SolidWorks Simulation, bieten eine *Designstudie* für simulationsbasierte Optimierung an. Eine *Designstudie* ist definiert, um (1) die Designvariablen von Interesse zu diskretisieren, (2) einen Satz von Designoptionen zu definieren, indem ein Satz von Designvariablen kombiniert wird, (3) die Optimierungskriterien auf Basis der Simulationsdaten festzulegen, (4) die Simulationen für alle Designoptionen durchzuführen, und (5) die Leistungen der Designoptionen zu vergleichen und die Designoption mit der besten Leistung zu finalisieren.

3.7 CAE-Anwendungen

In diesem Abschnitt werden die Anwendungen von CAE in verschiedenen Arten von technischen Problemen diskutiert.

3.7.1 Strukturanalyse

Ein mechanisches System reagiert auf verschiedene Arten von Lasten wie Kräfte, Drücke und Wärme. Im technischen Design dient eine *Strukturanalyse* mehreren Zwecken, wie (1) Modellierung und Analyse der Systemreaktion auf gegebene Lasten, (2) Bewertung von Spannungsverteilungen zur Identifizierung kritischer Bereiche unter den gegebenen Belastungsbedingungen, und (3) Bestimmung, ob ein technisches Design sicher

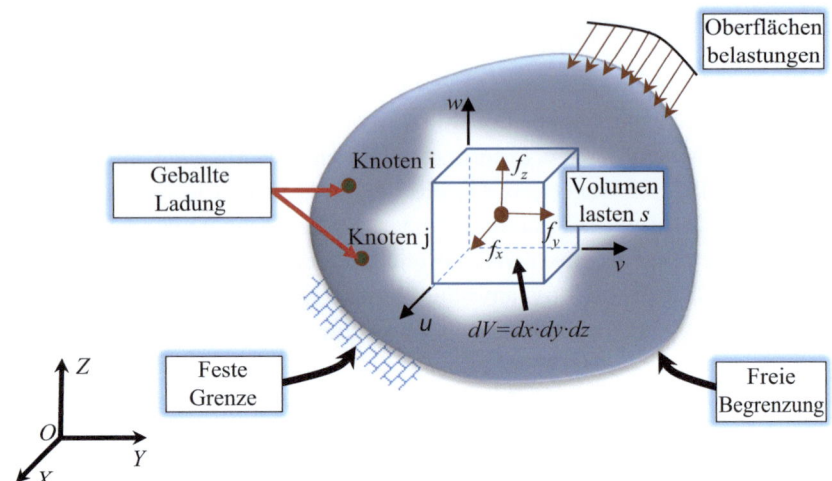

Abb. 3.39 Technisches Problem in der Strukturanalyse

ist, indem die maximale Spannung im Rechenbereich und die Festigkeit des Materials verglichen werden.

Abb. 3.39 beschreibt ein technisches Problem in der Strukturanalyse. Der Rechenbereich ist der feste Körper mit einem endlichen Volumen. Die auf den festen Körper ausgeübten Lasten werden klassifiziert als (1) *Volumenkraft* wie das Gewicht durch die Schwerkraft, (2) *Oberflächenkraft* wie eine Zugkraft durch die umgebende Luftströmung, und (3) *konzentrierte Last* wie eine Punktlast auf dem Körper. Eine Strukturanalyse dient einem Gleichgewichtsproblem, bei dem die Lösung an jeder Position von denen aller anderen Positionen in Festkörpern beeinflusst wird. An einer Position mit einem infinitesimalen Volumen wird die Zustandsvariable Spannung wie folgt beschrieben:

$$\boldsymbol{\sigma} = \begin{bmatrix} \sigma_x & \sigma_y & \sigma_z & \tau_{xy} & \tau_{xz} & \tau_{yz} \end{bmatrix}^T \tag{3.126}$$

Hierbei sind σ_x, σ_y und σ_z die Normalspannungen entlang X, Y und Z; τ_{xy}, τ_{xz}, τ_{yz} sind die Schubspannungen über die XY-, XZ- bzw. YZ-Ebenen.

Abb. 3.40 zeigt das Freikörperdiagramm (FBD) eines infinitesimalen Volumens ($dx \times dy \times dz$). Die Kraftgleichung für den Körper kann in jeder der X-, Y- und Z-Achsen definiert werden.

Als Beispiel für die Kraftgleichung entlang der Y-Achse haben wir:

$$\left.\begin{aligned}\sum F_y &= \left(\sigma_y + \tfrac{\partial \sigma_y}{\partial y}dy\right)dxdz - \sigma_y dxdz + \left(\tau_{xy} + \tfrac{\partial \tau_{xy}}{\partial x}dx\right)dydz - \tau_{xy}dxdz \\ &\quad + \left(\tau_{zy} + \tfrac{\partial \tau_{zy}}{\partial z}dz\right)dxdy - \tau_{zy}dxdy - f_y dxdydz = 0\end{aligned}\right\} \tag{3.127}$$

3.7 CAE-Anwendungen

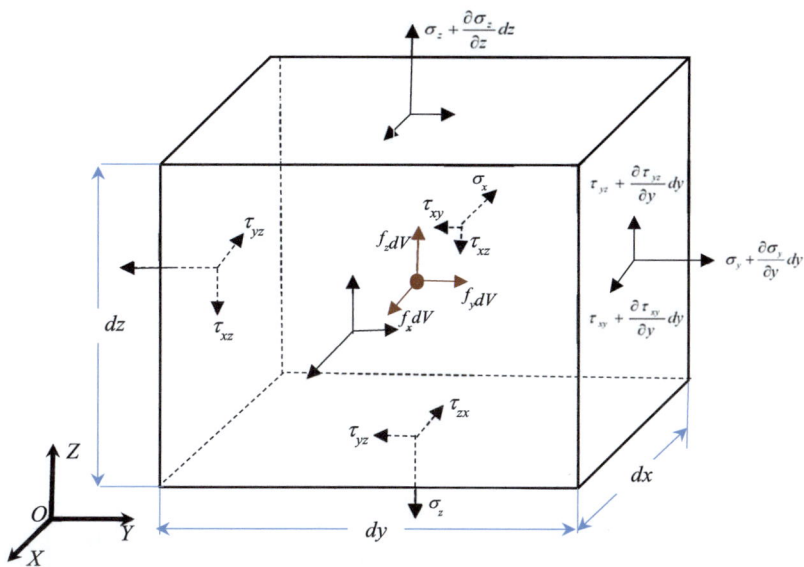

Abb. 3.40 Freikörperdiagramm (FBD) eines infinitesimalen Volumens

Gl. (3.127) kann vereinfacht werden zu:

$$\frac{\partial \tau_{xy}}{\partial x} + \frac{\partial \sigma_y}{\partial y} + \frac{\partial \tau_{yz}}{\partial z} + f_y = 0 \tag{3.128}$$

Wiederholen des Vorgangs für die Kraftausgleichsgleichungen entlang der X- und Z-Achsen ergibt:

$$\left.\begin{array}{l} \frac{\partial \sigma_x}{\partial x} + \frac{\partial \tau_{xy}}{\partial y} + \frac{\partial \tau_{xz}}{\partial z} + f_x = 0 \\ \frac{\partial \tau_{xy}}{\partial x} + \frac{\partial \sigma_y}{\partial y} + \frac{\partial \tau_{yz}}{\partial z} + f_y = 0 \\ \frac{\partial \tau_{xz}}{\partial z} + \frac{\partial \tau_{yz}}{\partial y} + \frac{\partial \sigma_z}{\partial z} + f_z = 0 \end{array}\right\} \tag{3.129}$$

Um die Systemantwort in Bezug auf die Verformung des Festkörpers zu modellieren, wird die Dehnung im infinitesimalen Volumen als $\boldsymbol{\varepsilon} = \begin{bmatrix} \varepsilon_x & \varepsilon_y & \varepsilon_z & \gamma_{xy} & \gamma_{zy} & \gamma_{xz} \end{bmatrix}^T$ beschrieben und die konstitutiven Beziehungen zum Spannungszustand werden definiert als:

$$\left.\begin{array}{l} \varepsilon_x = \frac{1}{2}(\sigma_x - \nu(\sigma_y + \sigma_z)) \\ \varepsilon_y = \frac{1}{2}(\sigma_y - \nu(\sigma_y + \sigma_z)) \\ \varepsilon_z = \frac{1}{2}(\sigma_z - \nu(\sigma_x + \sigma_y)) \\ \gamma_{xy} = \frac{\tau_{xy}}{G}, \gamma_{yz} = \frac{\tau_{yz}}{G}, \gamma_{xz} = \frac{\tau_{xz}}{G} \end{array}\right\} \tag{3.130}$$

Hierbei ist E der Elastizitätsmodul und ν das Poisson-Verhältnis. G ist der Schubmodul, der sich auf den Elastizitätsmodul bezieht:

$$G = \frac{E}{2(1+\nu)} \quad (3.131)$$

Die Beziehung zwischen Spannung und Dehnung in Gl. (3.130) kann umgewandelt werden, um den Spannungszustand auf Basis des gegebenen Dehnungszustands zu berechnen:

$$\{\sigma\} = [D]\{\varepsilon\} \quad (3.132)$$

Hierbei ist $[D]$ die Matrix für die Beziehung zwischen Spannung und Dehnung im 3D-Raum:

$$[D] = \frac{E}{(1+\nu)(1-2\nu)} \begin{bmatrix} 1-\nu & \nu & \nu & 0 & 0 & 0 \\ \nu & 1-\nu & \nu & 0 & 0 & 0 \\ \nu & 0 & 1-\nu & 0 & 0 & 0 \\ 0 & 0 & 0 & \frac{1}{2}-\nu & 0 & 0 \\ 0 & 0 & 0 & 0 & \frac{1}{2}-\nu & 0 \\ 0 & 0 & 0 & 0 & 0 & \frac{1}{2}-\nu \end{bmatrix} \quad (3.133)$$

Beachten Sie, dass der Dehnungszustand $\{\varepsilon\}$ auf Basis der Verschiebung $\{u\} = \left\{u_x,\ u_y,\ u_z\right\}^T$ an der Position (x, y, z) bestimmt werden kann als:

$$\{\varepsilon\} = \begin{Bmatrix} \varepsilon_x \\ \varepsilon_y \\ \varepsilon_z \\ \gamma_{xy} \\ \gamma_{yz} \\ \gamma_{xz} \end{Bmatrix} = \begin{Bmatrix} \frac{\partial u_x}{\partial x} \\ \frac{\partial u_y}{\partial y} \\ \frac{\partial u_z}{\partial z} \\ \frac{1}{2}\left(\frac{\partial u_x}{\partial y} + \frac{\partial u_y}{\partial x}\right) \\ \frac{1}{2}\left(\frac{\partial u_y}{\partial z} + \frac{\partial u_z}{\partial y}\right) \\ \frac{1}{2}\left(\frac{\partial u_x}{\partial z} + \frac{\partial u_z}{\partial x}\right) \end{Bmatrix} \quad (3.134)$$

Es sei $\{U\}$ der Vektor der Zustandsvariablen, $\{S(x, y, z)\}$ der Vektor der Formfunktionen in einem Element, dann kann die Verschiebung $\{u\}$ in der Position (x, y, z) interpoliert werden als:

$$\{u\} = [S(x, y, z)]\{U\} \quad (3.135)$$

Hierbei hängt die Größe von $[S(x, y, z)]$ von (1) der Anzahl der Knoten und (2) den Freiheitsgraden an jedem Knoten ab.

Das Einsetzen von Gl. (3.135) in Gl. (3.14) ergibt die Beziehung des Dehnungszustands $\{\varepsilon\}$ und des Vektors der Zustandsvariablen $\{U\}$:

3.7 CAE-Anwendungen

$$\{\varepsilon\} = [B]\{U\} \tag{3.136}$$

Hierbei ist [B] die Matrix für die Beziehung des Dehnungszustands und der Zustandsvariablen in einem Element des Festkörpers.

In der Strukturanalyse kann *das Prinzip der minimalisierten potentiellen Energie* verwendet werden, um Elementmodelle über die Verschiebungen an Knoten zu erhalten. Nehmen wir an, dass die äußere Kraft $\{F\}$ auf Knoten wirkt, dann kann die potentielle Energie eines Elements berechnet werden zu:

$$\Pi = \Lambda - \sum_{i=1}^{n} F_i U_i \tag{3.137}$$

Hierbei sind Π die potentielle Energie, Λ die Dehnungsenergie, n die Freiheitsgrade des Elements, F_i eine externe Last, die auf den *i-ten* Freiheitsgrad wirkt, und U_i die Verschiebung am *i-ten* Freiheitsgrad.

Beispiel 3.9 Ein Wandhaken hat eine Basisgröße von $30 \times 30 \times 5$ mm. Der Haken hat einen Durchmesser von 5 mm und sein Zentrum ist um 7,5 mm von der Oberfläche der Basis versetzt. Der Wandhaken wird mit ABS-Kunststoffen gedruckt und die Streckgrenze ist mit $S_y = 35$ MPa gegeben. Nehmen Sie an, der Sicherheitsfaktor ist $n_d = 2{,}0$, bestimmen Sie die maximale Last, die der Haken ohne Ausfall tragen kann.

Lösung. Mit der SolidWorks Simulation wird der Wandhaken modelliert, wie in Abb. 3.41a gezeigt. Das entsprechende FEA-Modell ist in Abb. 3.41b definiert; es wird angenommen, dass der Haken an der Wand befestigt ist (z. B. die Basisplatte), und die

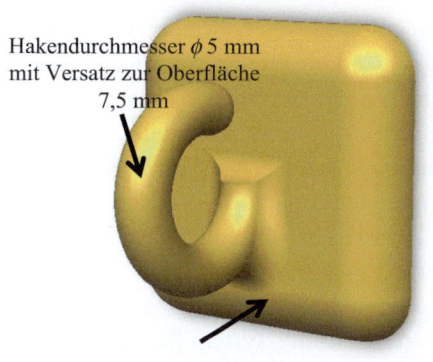
(a) Hakenmodell

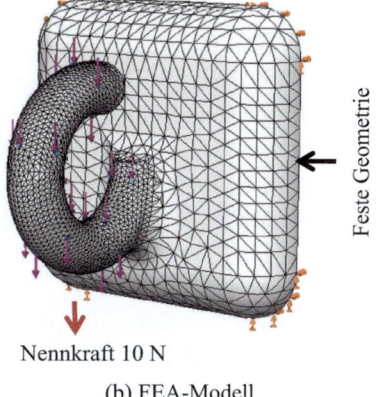
(b) FEA-Modell

Abb. 3.41 FEA-Modell des Wandhakens im Beispiel 3.9

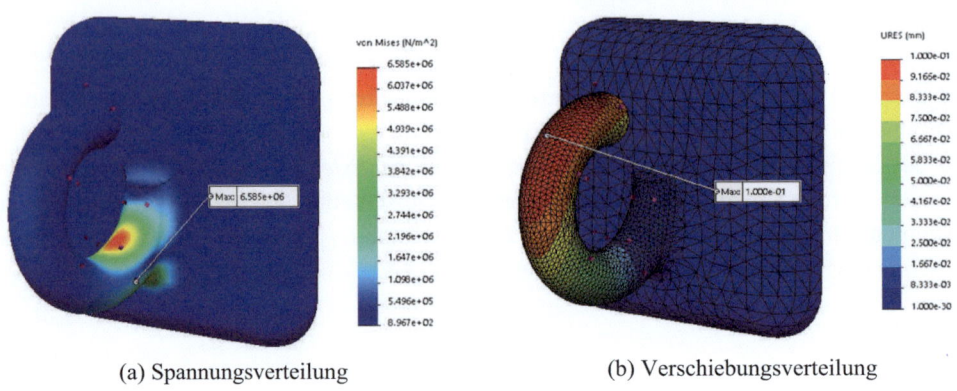

(a) Spannungsverteilung (b) Verschiebungsverteilung

Abb. 3.42 Simulationsergebnis des FEA-Modells im Beispiel 3.9

Nennkraft $F_{\text{nominal}} = 10\,\text{N}$ wird auf den Haken angewendet. Die Simulation des FEA-Modells ergibt die Spannungs- und Verschiebungsverteilung, die in Abb. 3.42a, b, dargestellt sind.

Die maximale von Mises-Spannung σ_{max} beträgt 6,585 MPa unter einer Nennkraft $F_{\text{nominal}} = 10\,\text{N}$. Da das FEA-Modell ein lineares Modell ist, ist die Spannung proportional zur Last, und die maximale zulässige Last für einen Sicherheitsfaktor von $n_d = 2{,}0$ kann bestimmt werden als:

$$F_{\text{Maximalkraft}} = \frac{F_{\text{Nennkraft}}}{n_d}\frac{S_y}{\sigma_{\max}} = \left(\frac{10}{2}\right)\left(\frac{35 \cdot 10^6}{6{,}585 \cdot 10^6}\right) = 26{,}58\,(\text{N})$$

3.7.2 Modalanalyse

Modalanalyse behandelt ein Eigenwertproblem, bei dem eine Reihe von Eigenfrequenzen in einem technischen System bestimmt werden. Wie in Abb. 3.43 gezeigt, ist die Modalanalyse für viele technische Systeme, die dynamischen Lasten ausgesetzt sind, von entscheidender Bedeutung; da die Frequenzen externer Anregungen von den Eigenfrequenzen entfernt sein sollten, es sei denn, die Systeme wie Vibratoren nutzen Selbstschwingungen zur Implementierung der Systemfunktionen. Die mathematischen Modelle und Lösungen von Eigenwertproblemen wurden in Abschnitt 3.5.6 diskutiert. Hier wird die CAE-Anwendung in der Modalanalyse diskutiert.

Beispiel 3.10 Ein Hersteller produziert ein integriertes Lüftungssystem für Kunden, und Abb. 3.44 zeigt eines seiner Produkte mit zwei Gebläsen. Bei der Montage der Gebläse kann eine Fehlausrichtung der Übertragungsebene eines Gebläses eine Anregung des Systems verursachen. Führen Sie eine Modalanalyse durch, um zu bestätigen, dass die

3.7 CAE-Anwendungen 211

(a). Windkraftanlage (b). Bauwesen (c). Werkzeugmaschine

Abb. 3.43 Modalanalyse für beispielhafte technische Systeme

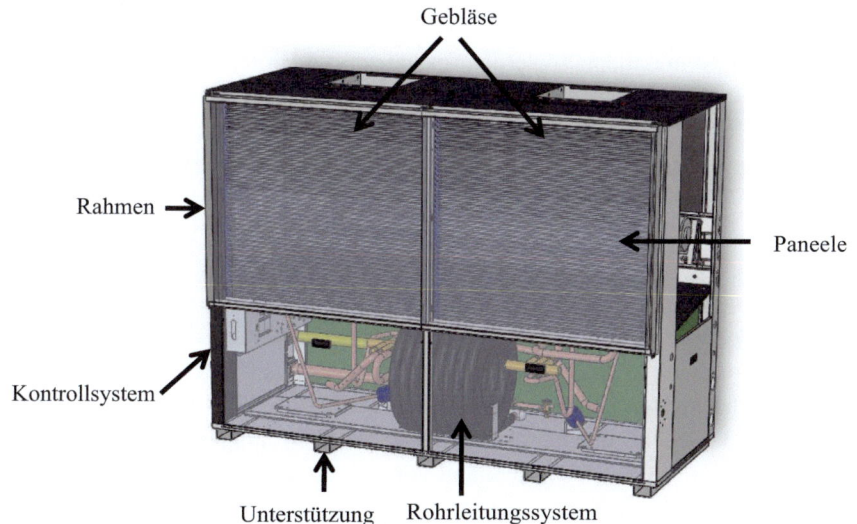

Abb. 3.44 Beispiel für ein integriertes Lüftungssystem mit zwei Gebläsen

beiden Gebläse mit Frequenzen arbeiten, die unter den Eigenfrequenzen des integrierten Systems liegen.

Lösung. Die SolidWorks Simulation wird verwendet, um ein FEA-Modell für die *Frequenzanalyse* des Lüftungssystems zu erstellen. *Zunächst* wird das Baugruppenmodell wie in Abb. 3.45a gezeigt importiert und es wird vereinfacht, um (1) unwesentliche Komponenten wie das Steuerungssystem, das Rohrsystem und die Paneele zu ignorieren, (2) die Grenzflächen an den Kontakten von zwei Komponenten werden überprüft, um mögliche Interferenzen zu beseitigen, (3) die Materialeigenschaften werden für alle enthaltenen Komponenten definiert. *Danach* wird eine Modalanalyse definiert, die

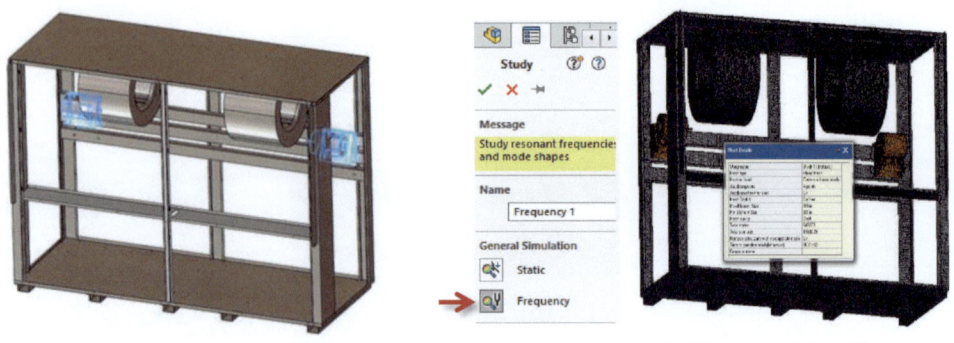

(a) Vereinfachtes Montagemodell   (b) Vernetztes Modell

Abb. 3.45 Beispiel für ein integriertes Lüftungssystem mit zwei Gebläsen

Bedingungen der Kontaktflächen werden festgelegt, die Halterungskomponenten werden als feste Geometrien definiert, die angewendeten Steuerungen werden für einige kritische Teile oder Bereiche definiert und das Netz wird für das Baugruppenmodell erstellt, wie in Abb. 3.45b gezeigt. *Schließlich* wird die Anzahl der Eigenfrequenzen von Interesse festgelegt, das FEA-Modell wird gelöst, die Liste der berechneten Eigenfrequenzen wird in Tab. 3.13 exportiert und die entsprechenden Moden werden in Abb. 3.46 gezeigt.

Da die Anregungen von den Gebläsemotoren kommen, die mit einer Geschwindigkeit von 1750 *Umdrehungen pro Minute* (RPM) betrieben werden. Daher haben die Anregungen die Frequenz von 29,167 (Hz) oder 183,25 (rad/s). Diese Betriebsfrequenz liegt zwischen der vierten (22,958 Hz) und der fünften (32,964 Hz) Eigenfrequenz des Systems in Tab. 3.13. Dies deutet darauf hin, dass eine Montagefehlausrichtung zu einer verstärkten Vibration im Betrieb und einem vorzeitigen Ausfall einiger Befestigungsteile wie Halterungen und Schrauben führen kann.

Tab. 3.13 Die ersten sechs Eigenfrequenzen des integrierten Lüftungssystems

Moden-Nr.	Frequenz (Rad/s)	Frequenz (Hertz)	Periode (s)
1	73,049	11,626	0,086013
2	91,969	14,637	0,068318
3	136,22	21,679	0,046127
4	144,25	22,958	0,043557
5	207,12	32,964	0,030336
6	256,1	40,76	0,024534

3.7 CAE-Anwendungen

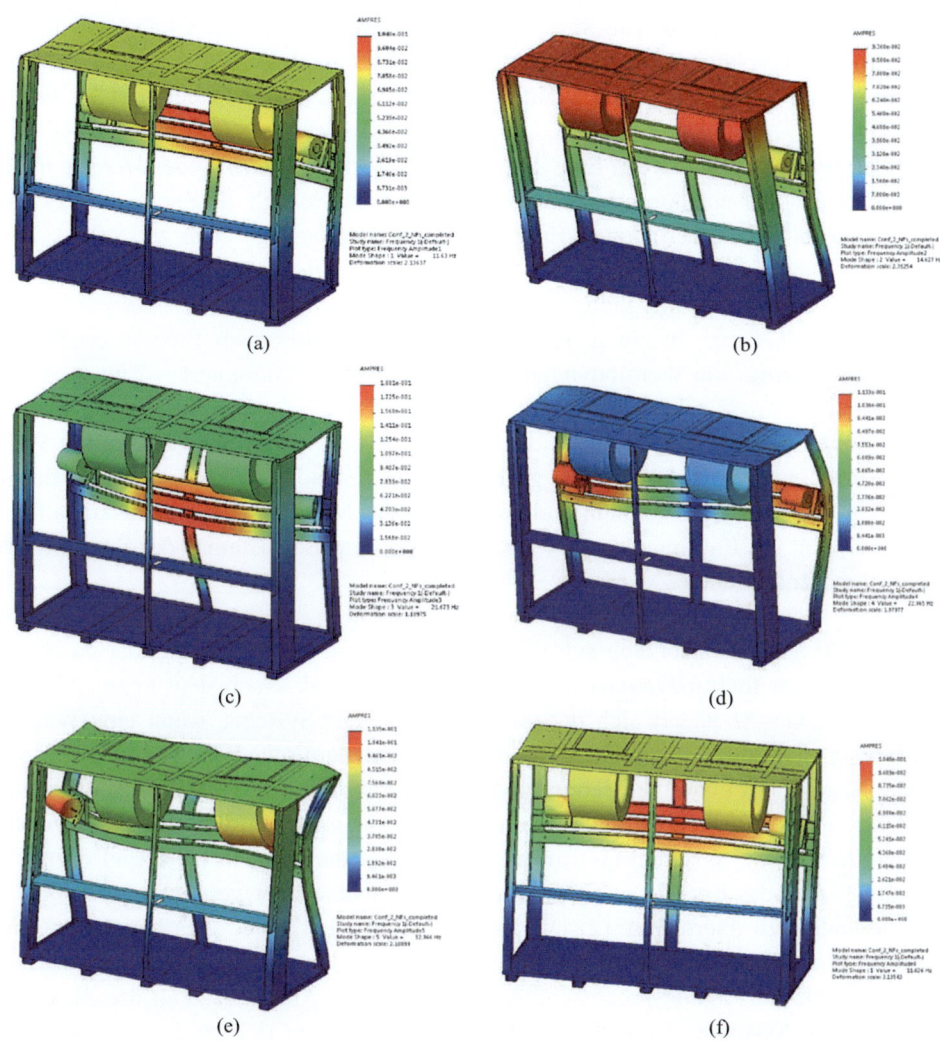

Abb. 3.46 Die ersten sechs Moden aus der Simulation

3.7.3 Wärmeübertragungssysteme

Drei primäre physikalische Größen in der Thermodynamik sind *Temperatur*, *Energie*, und *Entropie*, und es gibt vier thermodynamische Gesetze, die ihre Beziehungen beschreiben:

- **Das nullte Gesetz:** Sind die Systeme *A* und *B* jeweils in einem Gleichgewicht mit einem dritten System *C*, dann ist System *A* auch im Gleichgewicht mit System *B*. Das Konzept der *Temperatur* wird definiert, um ein thermisches Gleichgewicht zu beschreiben.
- **Das erste Gesetz:** Nur wenn Energie in Form von *Arbeit*, *Wärme* oder *Materie* in ein System ein- oder aus ihm heraus übertragen wird, ändert sich die Energie im System aufgrund der Energieerhaltung. Energie kann weder erzeugt noch zerstört werden, aber sie kann von einer Materie auf eine andere übertragen werden. Ein Perpetuum mobile zu bauen, ist unmöglich.
- **Das zweite Gesetz:** In einem natürlichen thermodynamischen Prozess erhöht die Wechselwirkung von thermodynamischen Systemen die summierten Entropien der Systeme.
- **Das dritte Gesetz:** Die *Entropie* des Systems nähert sich einem konstanten Wert, wenn die Temperatur im System gegen den absoluten Nullpunkt geht. Die Entropie des Systems bei absolutem Nullpunkt ist nahe Null, außer bei nicht-kristallinen Festkörpern; die Entropie des Systems entspricht dem Logarithmus des Produkts der Quantengrundzustände.

Wärmeübertragung bezieht sich auf einen Austausch von Wärmeenergie, der durch das erste und zweite thermodynamische Gesetz geregelt wird. Nach dem ersten thermodynamischen Gesetz ändert sich die innere Energie des Systems, wenn eine Wärmeübertragung stattfindet. Nach dem zweiten thermodynamischen Gesetz wird Wärme von der Materie mit hoher Temperatur zur Materie mit niedriger Temperatur übertragen. Die Analyse des Wärmeübertragungsverhaltens ist aus mehreren Gründen sehr wichtig für viele technische Systeme: (1) Ein technisches System dient in der Regel dazu, die Bewegung und/oder Energie in einer Form in eine andere oder von einer Komponente auf eine andere zu übertragen. (2) Die Eigenschaften aller Materialien hängen eng mit Temperatur und Wärme zusammen. (3) Bei vielen Produkten und Herstellungsprozessen spielen Wärmeübertragungsprozesse eine wichtige Rolle. Abb. 3.47 zeigt drei Beispiele für technische Systeme, deren Wärmeübertragungsverhalten bei der Konstruktion und dem Betrieb der Systeme analysiert werden muss.

Wärme kann auf eine von drei grundlegenden Arten übertragen werden: *Leitung*, *Konvektion*, und *Strahlung*. Bei der *Wärmeleitung* wird die thermische Energie in den Materialien durch die Bewegungen der Elektronen und die Kollisionen von mikroskopischen Partikeln wie Atomen und Molekülen übertragen. Wie in Abb. 3.48 dargestellt, kann das Fourier-Gesetz verwendet werden, um ein Wärmeübertragungsverhalten darzustellen:

$$\left.\begin{array}{l} q_x = \dot{q}_x A_x = -k_x A_x \frac{\partial T}{\partial x} \\ q_y = \dot{q}_y A_y = -k_y A_y \frac{\partial T}{\partial y} \\ q_z = \dot{q}_z A_z = -k_z A_z \frac{\partial T}{\partial z} \end{array}\right\} \qquad (3.138)$$

3.7 CAE-Anwendungen

(a). Wärmebehandlung

(b). Erneuerbare Energie

(c). Klimatisierung

Abb. 3.47 Beispiel für Wärmeübertragungssysteme

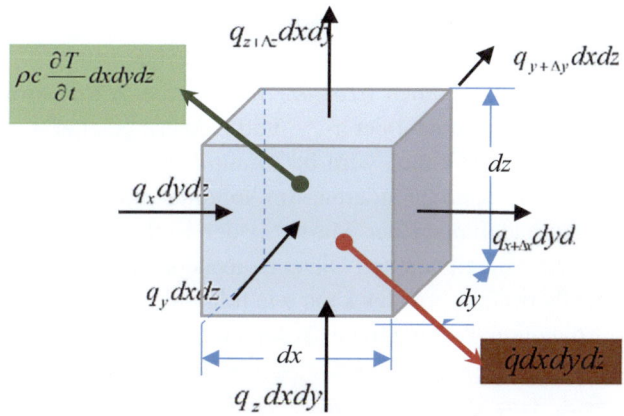

Abb. 3.48 Wärmeübertragung und -erzeugung in einem kontinuierlichen Bereich

Hierbei sind q_x, q_y und q_z die Wärmeübertragungsraten entlang der x-, y- und z-Achse; $\dot{q}_x, \dot{q}_y$ und $\dot{q}_z$ sind die Wärmeflüsse entlang der x-, y- und z-Achse;

k_x, k_y und k_z sind die Leitfähigkeitskoeffizienten entlang der x-, y- und z-Achse; $\frac{\partial T}{\partial x}, \frac{\partial T}{\partial y}$ und $\frac{\partial T}{\partial z}$ sind die Temperaturgradienten entlang der x-, y- und z-Achse;

A_x, A_y und A_z sind die effektiven Flächen der Leitungen senkrecht zu den x-, y- und z-Achse.

Bei der *Konvektion* wird die Wärme durch die Bewegung eines Mediums übertragen. Wärmeübertragung tritt auf, wenn die Oberflächentemperatur T_s von der Umgebungstemperatur T_f abweicht, und wird durch das Newton'sche Gesetz bestimmt:

$$q_h = hA(T_s - T_f) \qquad (3.139)$$

Hierbei ist q_h die Rate der Wärmeübertragung über die Oberfläche;

A ist die effektive Fläche der Wärmeübertragung;

T_s ist die Temperatur an der Oberfläche;

T_f ist die Temperatur des Mediums.

Bei der *Wärmestrahlung* wird die Wärme in Form von elektromagnetischen Wellen übertragen. Die thermische Energie wird in die elektromagnetische Energie umgewandelt und als Strahlung über die Oberfläche abgegeben. Wärmestrahlung wird durch das Stefan-Boltzmann-Gesetz bestimmt:

$$q_r = \sigma \varepsilon A \left(T_s^4 - T_0^4 \right) \tag{3.140}$$

Hierbei ist σ die Stefan-Boltzmann-Konstante;
ε ist der Koeffizient der Oberflächenemission;
A ist die effektive Fläche der Wärmestrahlung;
T_0 ist die absolute Temperatur der Umgebung;
T_s ist die absolute Temperatur der Oberfläche;
q_r ist der Wärmefluss durch Strahlung von der Oberfläche.

In einem infinitesimalen Volumen ($dxdydz$) werden die Wärmeströme in Abb. 3.48 dargestellt. Die Wärme kann entlang der x-, y- und z-Achse geleitet werden. Die Menge der thermischen Energie im Volumen wird bestimmt durch (1) Wärmetransport entlang der drei Achsen, (2) die Temperaturänderung im Volumen, und (3) die erzeugte Wärmeenergie für Temperaturänderungen der Masse in der Einheit und (4) die Wärme, die irgendeine Quelle in der Einheit erzeugt. Die entsprechende Menge an thermischer Energie für jeden Wärmeübertragungsmodus kann wie folgt berechnet werden.

Die Energie E_{in}, die durch Leitung in das Volumen fließt, ist:

$$E_{in} = q_x + q_y + q_z = -k_x dydz \frac{\partial T}{\partial x} - k_y dxdz \frac{\partial T}{\partial y} - k_z dxdy \frac{\partial T}{\partial z} \tag{3.141}$$

Hierbei sind q_x, q_y und q_z gegeben durch Gl. (3.138) und $\frac{\partial T}{\partial x}$, $\frac{\partial T}{\partial y}$ und $\frac{\partial T}{\partial z}$ sind die Temperaturgradienten entlang der x-, y- und z-Achse.

Die Energie E_{out}, die durch Leitung aus dem Volumen abgeführt wird, ist:

$$\begin{aligned} E_{out} &= q_{x+dx} + q_{y+dy} + q_{z+dz} \\ &= q_x + q_y + q_z - k_x dxdydz \frac{\partial \left(\frac{\partial T}{\partial x} \right)}{\partial x} - k_y dxdydz \frac{\partial \left(\frac{\partial T}{\partial y} \right)}{\partial y} - k_z dxdydz \frac{\partial \left(\frac{\partial T}{\partial z} \right)}{\partial z} \end{aligned} \tag{3.142}$$

Hierbei sind $\frac{\partial \left(\frac{\partial T}{\partial x} \right)}{\partial x}$, $\frac{\partial \left(\frac{\partial T}{\partial y} \right)}{\partial y}$ und $\frac{\partial \left(\frac{\partial T}{\partial z} \right)}{\partial z}$ die zweiten Ableitungen der Temperatur entlang der x-, y- *und* z-Achse.

Die Menge an Energie E_g, die durch eine interne Quelle erzeugt wird, ist:

$$E_g = \dot{q} dxdydz \tag{3.143}$$

Hierbei ist $\dot{q}$ die Rate der Wärmeerzeugung in der Einheit.

Die Menge der Energie E_s aufgrund der Temperaturänderung ist:

$$E_s = \rho c \frac{\partial T}{\partial t} dxdydz \tag{3.144}$$

3.7 CAE-Anwendungen

Hierbei sind ρ *die Dichte* und c die spezifische Wärmekapazität der Materialien und $\frac{\partial T}{\partial t}$ ist der Temperaturgradient über die Zeit.

Gemäß dem ersten Hauptsatz der Thermodynamik muss die thermische Energie im Volumen erhalten bleiben; daher haben wir:

$$E_{in} - E_{out} + E_g = E_s \qquad (3.145)$$

Das Einsetzen von Gl. (3.141)–(3.144) in Gl. (3.145) ergibt die charakteristischen Gleichungen des Wärmeübertragungsverhaltens:

$$\frac{\partial T}{\partial x}\left(k_x \frac{\partial T}{\partial x}\right) + \frac{\partial T}{\partial y}\left(k_y \frac{\partial T}{\partial y}\right) + \frac{\partial T}{\partial z}\left(k_z \frac{\partial T}{\partial z}\right) - c\frac{\partial T}{\partial t} + \dot{q} = 0 \qquad (3.146)$$

Wenn $\dot{q} = 0$ und $\frac{\partial T}{\partial t} = 0$ ist, wird Gl. (3.146) zu einer Differentialgleichung für ein Gleichgewichtsproblem; wenn $\frac{\partial T}{\partial t} \neq 0$ ist, wird die Gleichung zu einer Differentialgleichung für ein sich ausbreitendes Problem. Die FEA-Lösungen für beide Arten von Differentialgleichungen wurden in Abschnitt 3.5.6 diskutiert.

Beachten Sie, dass Gl. (3.146) die Wärmeübertragungen innerhalb eines gegebenen Volumens beschreibt; jedoch kann die Wärmeübertragung und Strahlung an den Grenzflächen auftreten. Daher sollten die Wärmeübertragung und Strahlung als Randbedingungen modelliert werden. Abb. 3.49 zeigt fünf Arten von Randbedingungen in einem Wärmeübertragungsproblem: (*a*) eine feste Temperatur, (*b*) einen gegebenen Wärmefluss, (*c*) einen Koeffizienten für Konvektion, (*d*) die Parameter für Strahlung und (*e*) einen isolierten Zustand, wenn keine Wärmeübertragung auftritt.

Beispiel 3.11 Ein Kühlkörpermodell einer zentralen Verarbeitungseinheit (CPU) ist in Abb. 3.50 dargestellt. Nehmen Sie an, dass der Kühlkörper aus Kupfer besteht, der Wärmeübertragungskoeffizient unter Zwangsbelüftung sei $h = 15$ W/(m²·K) und die Umgebungstemperatur der Betriebsumgebung $T_0 = 25$ °C. Finden Sie (1) die maximale Temperatur in der CPU und (2) die maximale Wärmeleistung, die der Kühlkörper abführen kann, wenn die maximale Temperatur $T_{max} = 60$ °C beträgt.

Lösung. Das Wärmeübertragungsmodell für den Kühlkörper wurde in Abb. 3.50b definiert. Zwei Randbedingungen sind (1) die Konvektionsbedingung auf allen freiliegenden Oberflächen des Kühlkörpers und (2) die Wärmeleistung, die im Körper der CPU definiert ist. Das Material der CPU ist als Silizium eingestellt. Das Netz wird mit den Standardeinstellungen erstellt. Das Ausführen der Simulation liefert die Ergebnisse von Abb. 3.51a, b für die Verteilungen der Temperatur und Temperaturgradienten. Es wurde festgestellt, dass die maximale Temperatur im Zentrum der CPU $T_{max} = 30{,}95$ °C beträgt.

Das oben genannte thermische Analysemodell wird verwendet, um eine Designstudie zu erstellen, wie in Abb. 3.52 gezeigt. Die Wärmeleistung (P) der CPU wird als Simulationsvariable festgelegt, und der Analysebereich wird als $P \in [0{,}5, 3]$ mit einem Schritt von 0,25 *W* festgelegt. Das Ergebnis der Designstudie in Abb. 3.53 zeigt, dass

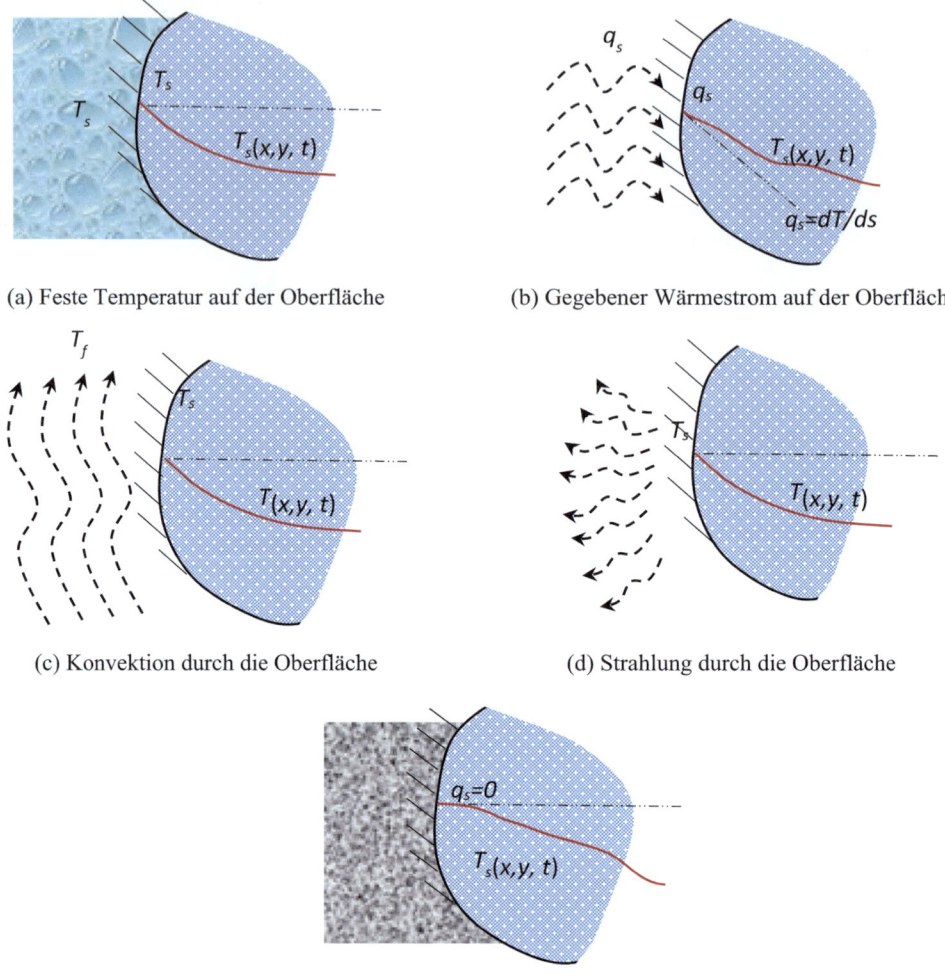

Abb. 3.49 Fünf Arten von Randbedingungen in einem Wärmeübertragungsproblem

der Kühlkörper seine maximale Temperatur $T_{max} = 57{,}71\ °C < 60\ °C$ erreicht, wenn die Wärmeleistung der CPU $P = 2{,}75\ W$ beträgt.

3.7.4 Transiente Wärmeübertragungsprobleme

Die obige thermische Analyse betrifft ein Gleichgewichts-Engineering-Problem; die stationäre Lösung wird gefunden, wenn die Eingangs- und Ausgangs-Wärmeleistungen in

3.7 CAE-Anwendungen

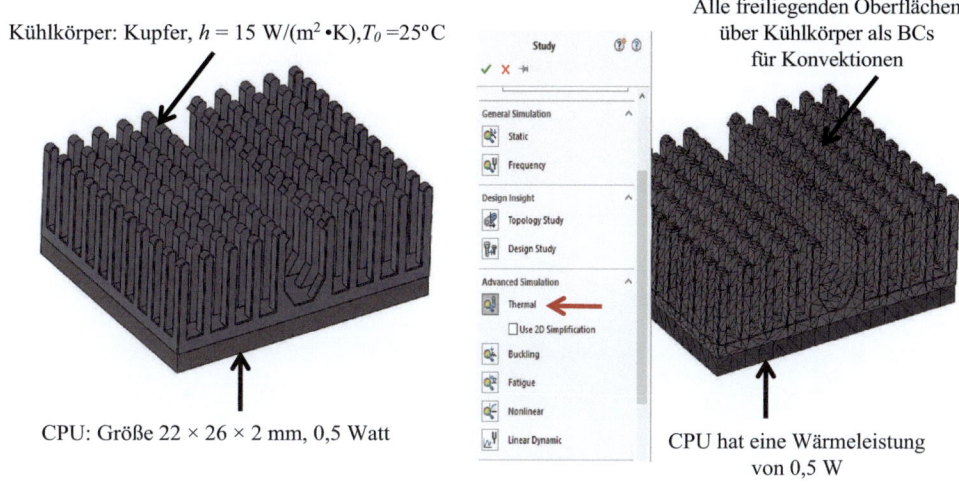

(a) Kühlkörpermodell (b) Modell der thermischen Analyse

Abb. 3.50 Wärmeübertragungsmodell im Beispiel 3.11

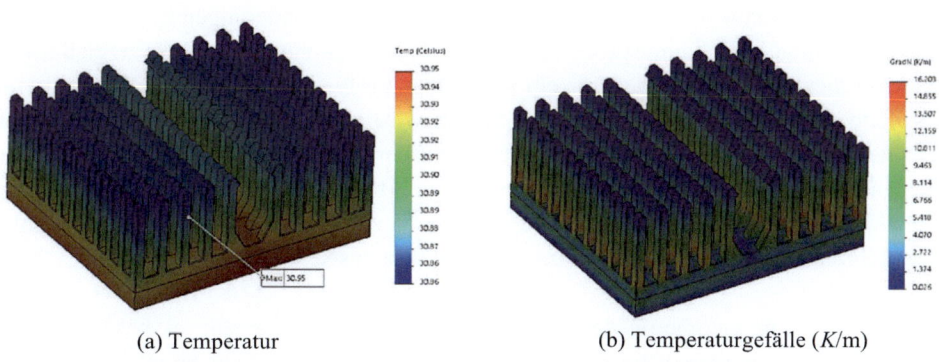

(a) Temperatur (b) Temperaturgefälle (K/m)

Abb. 3.51 Simulationsergebnis des Wärmeübertragungsmodells im Beispiel 3.11

Abb. 3.52 Designstudie für verschiedene Wärmeleistungsstufen der CPU

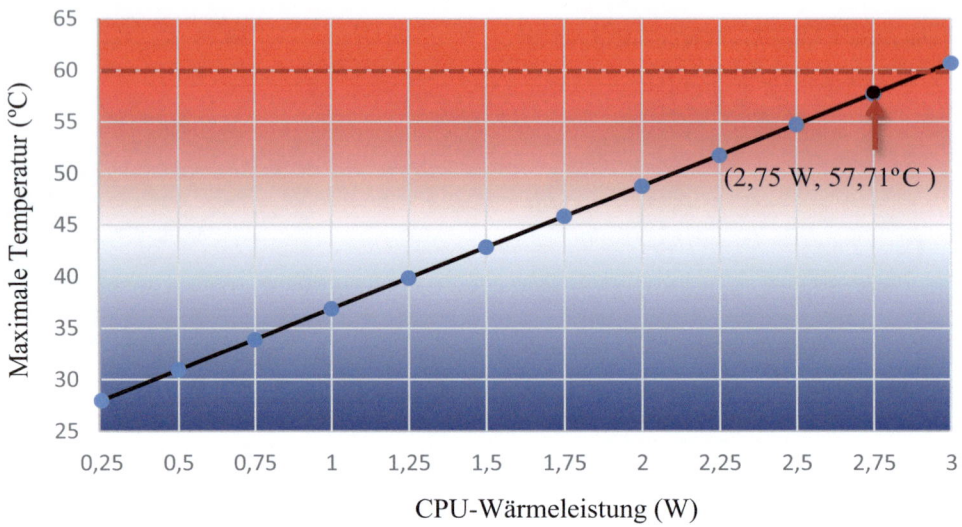

Abb. 3.53 Maximale Temperatur (°C) im Vergleich zur Wärmeleistung (W)

Festkörpern ausgeglichen sind. Allerdings sind die Zustandsänderungen in den transienten Phasen in einigen Fertigungsprozessen wie Wärmebehandlungen und Spritzgießprozessen kritischer. Ein FEA-Modell für ein transientes Problem erfordert die Diskretisierung des Zeitbereichs; die Lösung bei jedem Schritt wird als ein Gleichgewichtsproblem angenähert, dessen Randbedingungen basierend auf den Simulationsergebnissen in den vorherigen Schritten aktualisiert werden. In diesem Abschnitt wird die Wärmebehandlung eines Aluminiumteils als Beispiel verwendet, um zu zeigen, wie ein CAE-Tool wie Solid-Works Simulation zur Lösung eines transienten Problems verwendet werden kann.

Beispiel 3.12 Die Geometrie des Teils ist in Abb. 3.54a dargestellt; es besteht aus der Aluminiumlegierung 6061-T6, die Anfangstemperatur des Wärmebehandlungsprozesses ist $T_0 = 532$ °C. Die Umgebungstemperatur beträgt $T_a = 30$ °C und der Wärmeübertragungskoeffizient beträgt $h = 60$ W/(m²·K), ermitteln Sie die Zykluszeit des Wärmebehandlungsprozesses, damit die Teile eine Temperatur von $T_f = 35$ °C erreichen.

Lösung. Die SolidWorks Simulation wird verwendet, um ein transientes thermisches Analysemodell zu definieren, das in Abb. 3.55 dargestellt ist. Die Dauer der Simulation ist auf 300 s eingestellt, und der Schritt für die Diskretisierung über den Zeitbereich beträgt 10 s. Abb. 3.56 zeigt, dass das FEA-Modell zwei Randbedingungen enthält: (1) die Anfangstemperatur im Festkörper beträgt $T_0 = 532°$ C bei $t = 0$ (s) und (2) die Konvektionen über alle freiliegenden Oberflächen haben $h = 60$ W/(m²·K). Abb. 3.57 zeigt

3.7 CAE-Anwendungen

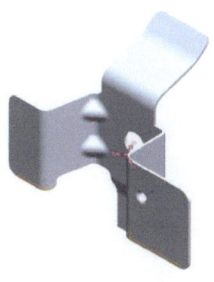

Dichte $\rho = 2{,}7 \times 10^3$ kg/m³
Masse $m = 0{,}210391$ kg
Volumen $V = 7{,}79 \times 10^{-5}$ m³
Oberfläche $S = 6{,}51815 \times 10^{-2}$ m²
Spezifische Wärme $C_p = 1005{,}3$ W/kg·K unter (30 °C)

(a) Geometrie des Teils   (b) Eigenschaften des Teils

Abb. 3.54 Geometrie und Eigenschaften des Teils in Beispiel 3.12

Abb. 3.55 Definieren einer transienten thermischen Analyse in SolidWorks Simulation

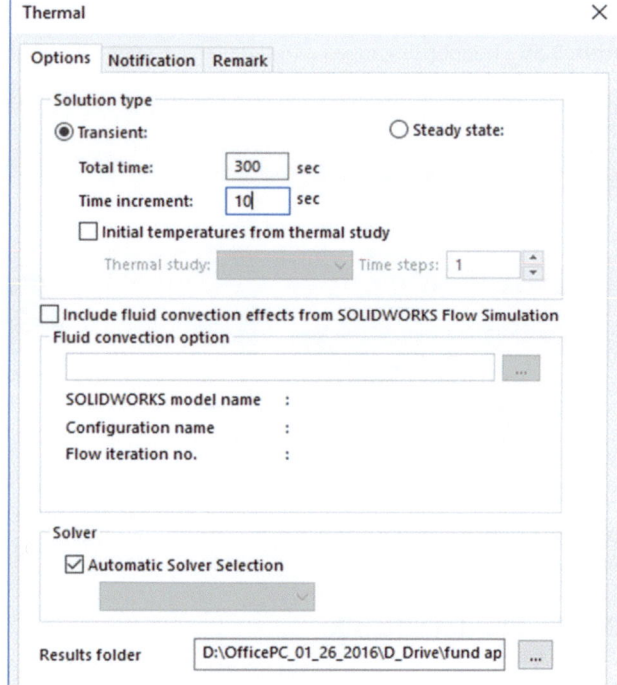

die Verteilung der Temperatur und des Temperaturgradienten bei $t = 300$ s. Abb. 3.57 zeigt die Abkühlungskurven des Teils bei der Wärmebehandlung. Es wurde festgestellt, dass die maximale Temperatur des Teils $T_{max} = 34{,}77\ °C < 35\ °C$ bei $t = 240$ s erreicht wird. Daher beträgt die Zykluszeit des Wärmebehandlungsprozesses 240 s (Abb. 3.58).

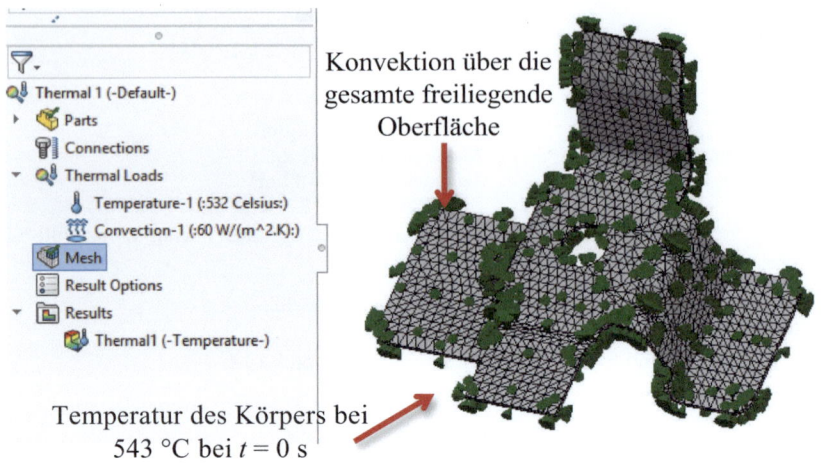

Abb. 3.56 Randbedingungen (RBs) des transienten thermischen Analysemodells

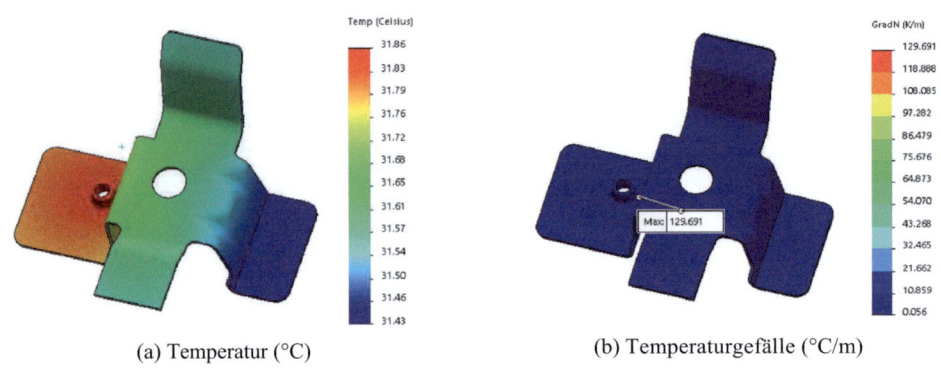

(a) Temperatur (°C)

(b) Temperaturgefälle (°C/m)

Abb. 3.57 Die Verteilungen der Temperatur und des Temperaturgradienten bei 300 s

3.7.5 Fluidmechanik

Fluiddynamik ist ein Zweig der Kontinuumsmechanik. Die Fluiddynamik untersucht das Verhalten von Fluidsystemen, die statischen und dynamischen Belastungen ausgesetzt sind. Die Materie in einem Fluidsystem sollte als kontinuierliche Massen und nicht als diskrete Partikel modelliert werden; da die Materie wie Flüssigkeit oder Gas keine Form wie ein Festkörper hält (Bar-Meir 2008). Darüber hinaus kann die Dichte der Materie mit Zeit und Ort variieren. Abb. 3.59 zeigt, dass die Kontinuumsmechanik die Zweige *Festkörpermechanik*, *Fluid-Struktur-Interaktion* und Fluiddynamik umfasst. Die Fluiddynamik kann weiter in *Fluidstatik* und *Fluiddynamik* unterteilt werden. Fluidsysteme können auch aus der Perspektive von Anwendungen wie interne/externe Strömungen,

3.7 CAE-Anwendungen

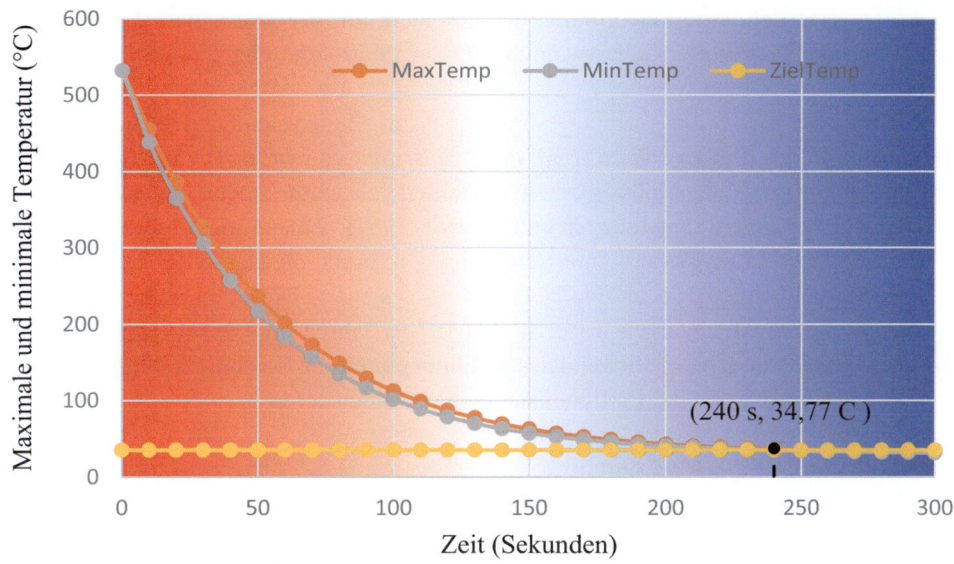

Abb. 3.58 Die maximale, minimale und Zieltemperaturen über die Zeit bei der Wärmebehandlung

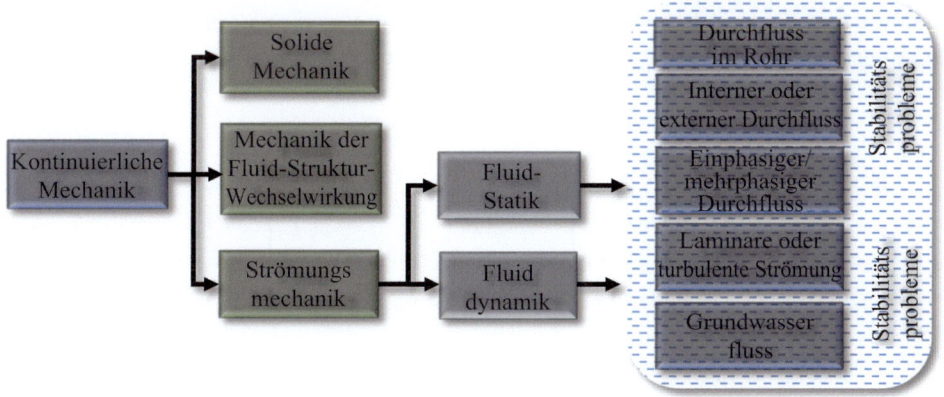

Abb. 3.59 Beispiele für technische Probleme in der Fluiddynamik

einphasige/mehrphasige Strömungen und laminare/turbulente Strömungen, Rohrströmungen und Grundwasserströmungen klassifiziert werden. In diesem Abschnitt wird die FEA-Modellierung von Fluidsystemen diskutiert.

Festkörper und Flüssigkeiten reagieren unterschiedlich auf Scherspannungen. Ein Fluid verformt sich kontinuierlich unter Scherspannungen und kehrt nicht in seinen ursprünglichen Zustand zurück nach der Verformung. Im Gegensatz dazu zeigt ein

Festkörper eine definierte Verformung, die sich nicht mit der Zeit ändert. Ein Fluid bewegt sich oder fließt unter Scherspannungen. Ein Fluid kann eine *Flüssigkeit* oder ein *Gas* sein.

Die früheste Studie zur Computersimulation von Fluidsystemen war für Potenzialströmungen in den 1960er Jahren. *Eine Potenzialströmung* wurde als Geschwindigkeitsfeld von inkompressiblen Flüssigkeiten modelliert; es wurde später auf kompressible Flüssigkeiten erweitert (Ritchmeyer und Morton 1967). *Eine Fluidströmung* überträgt *Masse*, *Impuls* und *Energie*, und ihre Bewegung wird durch die Navier-Stokes-Gleichungen für Massen-, Impuls- und Energieerhaltung gesteuert. Die numerische Simulation der Navier-Stokes-Gleichungen wurde in den 1970er Jahren implementiert, und heutzutage wird CAE weitgehend verwendet, um Fluidsysteme in Heizung, Lüftung und Klimatisierung (HVAC) und der Fertigungsindustrie zu analysieren.

3.7.5.1 Konstitutive Modelle

Eine Fluidströmung unterscheidet sich von Festkörpern in dem Sinne, dass eine Fluidströmung einen hydrostatischen Druck aushalten kann, aber keine Scherspannung. Daher wird das Verhalten einer Fluidströmung nicht durch die Verschiebung wie bei einem Festkörper dargestellt; es wird durch die Strömungsgeschwindigkeit (v) in einem dreidimensionalen Raum dargestellt, wie folgt,

$$v(x,y,z) = u(x,y,z) \cdot \boldsymbol{i} + u(x,y,z) \cdot \boldsymbol{j} + w(x,y,z) \cdot \boldsymbol{k} \tag{3.147}$$

Hierbei ist (x, y, z) ein beliebiger Ort im 3-D-Raum; $v(x, y, z)$ ist der Vektor der Fluidströmungsgeschwindigkeit; und $u(x, y, z)$, $v(x, y, z)$ und $w(x, y, z)$ sind die Komponenten des Geschwindigkeitsvektors entlang der x-, y- und z-Achse.

Mit der gegebenen Geschwindigkeit kann die Dehnungsrate $\varepsilon_{ij}(i,j = 1,2,3)$ in der Fluidströmung abgeleitet werden:

$$\left.\begin{aligned}\dot{\varepsilon}_{11} &= \tfrac{\partial u}{\partial x} \\ \dot{\varepsilon}_{22} &= \tfrac{\partial v}{\partial y} \\ \dot{\varepsilon}_{33} &= \tfrac{\partial w}{\partial z}\end{aligned}\right\} \text{ und } \left.\begin{aligned}\dot{\varepsilon}_{12} &= \tfrac{1}{2}\left(\tfrac{\partial u}{\partial y} + \tfrac{\partial v}{\partial x}\right) \\ \dot{\varepsilon}_{23} &= \tfrac{1}{2}\left(\tfrac{\partial v}{\partial z} + \tfrac{\partial w}{\partial y}\right) \\ \dot{\varepsilon}_{13} &= \tfrac{1}{2}\left(\tfrac{\partial u}{\partial z} + \tfrac{\partial w}{\partial x}\right)\end{aligned}\right\} \tag{3.148}$$

Hierbei sind u, v und w die Komponenten des Geschwindigkeitsvektors, die in Gl. (3.147) gegeben sind.

Gl. (3.148) kann weiter in Matrixform geschrieben werden:

$$\dot{\varepsilon}^T = \begin{bmatrix} \dot{\varepsilon}_{11} & \dot{\varepsilon}_{22} & \dot{\varepsilon}_{33} & 2\dot{\varepsilon}_{12} & 2\dot{\varepsilon}_{23} & 2\dot{\varepsilon}_{13} \end{bmatrix}^T = [S][v] \tag{3.149}$$

Wobei $[v] = \begin{bmatrix} u(x,y,z) & v(x,y,z) & z(x,y,z) \end{bmatrix}^T$ in Gl. (3.147) gegeben ist.

Die Indizes 1, 2 und 3 repräsentieren die x-, y- und z-Achse.

3.7 CAE-Anwendungen

[S] ist die Operator-Matrix für die Dehnungsrate, die durch Gl. (3.148) gegeben ist:

$$[S] = \begin{bmatrix} \frac{\partial}{\partial x} & 0 & 0 \\ 0 & \frac{\partial}{\partial y} & 0 \\ 0 & 0 & \frac{\partial}{\partial z} \\ \frac{1}{2}\frac{\partial}{\partial y} & \frac{1}{2}\frac{\partial}{\partial x} & 0 \\ 0 & \frac{1}{2}\frac{\partial}{\partial z} & \frac{1}{2}\frac{\partial}{\partial y} \\ \frac{1}{2}\frac{\partial}{\partial z} & 0 & \frac{1}{2}\frac{\partial}{\partial x} \end{bmatrix} \qquad (3.150)$$

Sobald die Dehnungsrate ermittelt ist, kann die Spannung σ_{ij} entsprechend abgeleitet werden. Allerdings sollten zwei Größen definiert werden, um die Spannung aus der Dehnungsrate zu berechnen. *Die erste* wird als deviatorische Spannung τ_{ij} bezeichnet, die sich auf die deviatorische Dehnungsrate bezieht:

$$\tau_{ij} = 2\mu \left(\dot{\varepsilon}_{ij} - \delta_{ij} \frac{\dot{\varepsilon}_{kk}}{3} \right) \qquad (3.151)$$

Hierbei wird der Term $\left(\dot{\varepsilon}_{ij} - \delta_{ij} \frac{\dot{\varepsilon}_{kk}}{3} \right)$ als deviatorische Dehnungsrate bezeichnet.

δ_{ij} ist die Kronecker-Delta.

Die Indizes $i, j, k = 1, 2, 3$ und 1, 2 und 3 repräsentieren die x-, y- und z-Achse.

μ ist der Koeffizient für die Viskosität.

Die zweite Größe ist der Druck in einer Flüssigkeitsströmung, der von der Dehnungsrate abhängt. Der Druck wird aus der volumetrischen Dehnungsrate berechnet:

$$p = -\kappa \dot{\varepsilon}_{ii} + p_0 \qquad (3.152)$$

Hierbei ist κ der Koeffizient der volumetrischen Viskosität ähnlich dem Kompressionsmodul für einen elastischen Festkörper; p_0 ist der Anfangsdruck.

Das konstitutive Modell für die Spannungs-Dehnungs-Beziehung wird aus den Gl. (3.149)–(3.152) abgeleitet:

$$\sigma_{ij} = \tau_{ij} - \delta_{ij}p = 2\mu\dot{\varepsilon}_{ij} + \delta_{ij}\left[\left(\kappa - \frac{2}{3}\mu \right) \dot{\varepsilon}_{ii} + p_0 \right] \qquad (3.153)$$

Gl. (3.153) kann weiter vereinfacht werden, da die volumetrische Viskosität vernachlässigbar sein kann. Daher wird das konstitutive Modell der Flüssigkeitsströmung wie folgt geschrieben:

$$\left. \begin{array}{c} \tau_{ij} = 2\mu \left(\dot{\varepsilon}_{ij} - \delta_{ij}\frac{\dot{\varepsilon}_{kk}}{3} \right) = \mu \left[\left(\frac{\partial v_i}{\partial x_j} + \frac{\partial v_j}{\partial x_i} \right) - \delta_{ij}\frac{\partial v_k}{\partial x_k} \right] \\ \sigma_{ij} = \tau_{ij} - \delta_{ij}p \end{array} \right\} \qquad (3.154)$$

Gl. (3.154) der Flüssigkeitsströmung ähnelt dem konstitutiven Modell eines Festkörpers. Es ist zu beachten, dass die Charakteristik einer Flüssigkeitsströmung von der Viskosität (μ) in Gl. (3.154) abhängt. Wenn die Viskosität konstant ist, handelt es sich um eine *newtonsche Flüssigkeitsströmung*; andernfalls handelt es sich um eine nicht-newtonsche Flüssigkeitsströmung, deren Viskosität mit der Dehnungsrate variiert.

3.7.5.2 Massenerhaltung

Die Masse einer Materie kann nicht erschaffen oder vernichtet werden. Da eine Flüssigkeit keine Form behält und sie unter einer externen Kraft fließt, ist es praktisch, die Masse der Flüssigkeit in Bezug auf die Durchflussrate zu bewerten, die einen bestimmten Abschnitt des Behälters passiert. Wie in Abb. 3.60 gezeigt, sollten die Massenraten des Flüssigkeitsflusses an zwei Abschnitten eines geschlossenen Volumens gleich sein,

$$\dot{m}_1 = \dot{m}_2 = \rho_1 v_1 A_1 = \rho_2 v_2 A_2 \tag{3.155}$$

Hier sind $\dot{m}_1$ und $\dot{m}_2$ die skalaren Massenraten; ρ_1 und ρ_2 sind die Dichten, v_1 und v_2 sind die skalaren Geschwindigkeiten, und A_1 und A_2 sind die Querschnittsflächen.

In einem 3-D-Raum wird der Massenfluss als Vektor definiert, der in Abb. 3.61 gezeigt ist. Ein infinitesimales Volumen mit der Größe von $dx \times dy \times dz$ wird betrachtet, die Fließgeschwindigkeit wird durch (u, v, w) dargestellt, die Dichte der Flüssigkeit ist ρ, die Änderungsrate der Dichte ist $d\rho/dt$, und eine Massequelle ist $\dot{S}_m$. Die Massenerhaltung wird ausgedrückt als,

$$\dot{m}_{in} - \dot{m}_{out} = \frac{dm}{dt} \tag{3.156}$$

Hier sind $\dot{m}_{in}$ und $\dot{m}_{out}$ die Massenflüsse in und aus dem infinitesimalen Volumen, und $\frac{dm}{dt}$ ist die Änderungsrate der Masse über die Zeit.

Die Erweiterung von Gl. (3.156) mit den Variablen in Abb. 3.61 ergibt:

$$\begin{aligned} & \rho(udydz + vdxdz + wdxdy) \\ & - \left(\begin{array}{l} \left(\rho u + \dfrac{(\rho u)}{x}dx\right)dydz + \left(\rho v + \dfrac{(\rho v)}{y}dy\right)dxdz + \\ \left(\rho w + \dfrac{(\rho w)}{z}dz\right)dxdy \end{array} \right) \\ & + \dfrac{d\rho}{dt}dxdydz = \dot{S}_m dxdydz \end{aligned} \tag{3.157}$$

Abb. 3.60 Massenerhaltung in einem geschlossenen Volumen

3.7 CAE-Anwendungen

Abb. 3.61 Darstellung des Flüssigkeitsflusses in einem infinitesimalen Volumen

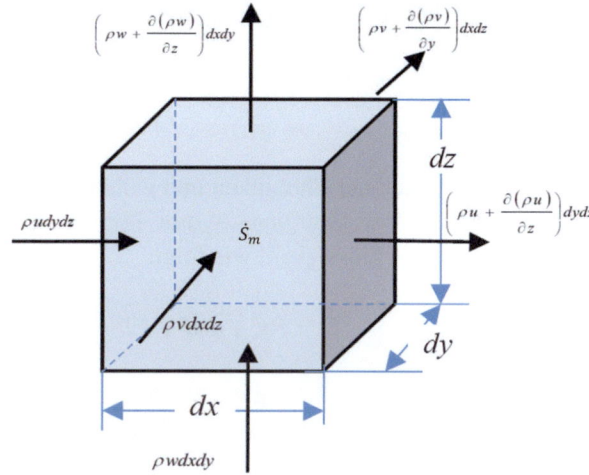

Gl. (3.156) kann weiter umgeschrieben werden:

$$\nabla(\rho v) + \frac{d\rho}{dt} = \dot{S}_m \quad (3.158)$$

Hier ist $\nabla(\rho v) = \frac{\partial(\rho u)}{\partial x} + \frac{\partial(\rho v)}{\partial y} + \frac{\partial(\rho w)}{\partial t}$ die Divergenz des Fluidflusses und $\dot{S}_m$ ist die Rate der Massenerzeugung.

In der Fluidmechanik wird Gl. (3.158) als Kontinuitätsgleichungen bezeichnet, die in verschiedenen Formen beschrieben werden.

3.7.5.3 Erhaltung des Impulses

Energie kann von einer Form in eine andere übertragen werden. Bei einer Flüssigkeitsströmung existiert Energie in drei Formen, wie unten dargestellt.

Die erste Form ist die *potentielle Energie* (PE), für sie relevant ist die Höhe der Flüssigkeit:

$$PE = W \cdot H \quad (3.159)$$

Hier ist *PE* die Menge an potentieller Energie, *W* das Gewicht und die *H* Höhe des Flüssigkeitsgewichts.

Die zweite Form ist die *kinetische Energie* (*KE*), die mit der Bewegung der Flüssigkeit verbunden ist:

$$KE = W \cdot \frac{v^2}{2g} \quad (3.160)$$

KE ist die Menge an kinetischer Energie und *v* die Geschwindigkeit der Flüssigkeitsströmung.

Die dritte Form der Energie wird durch den Strömungsdruck (*FP*) bestimmt, wie folgt:

$$FP = \frac{W \cdot p}{g} \qquad (3.161)$$

Hier ist *p* der Druck der Flüssigkeit und *g* die Gravitationsbeschleunigung.

Die Addition der Energien in drei Formen in den Gl. (3.159–3.161) ergibt die Gesamtenergie der Flüssigkeit, wie folgt:

$$E = PE + KE + FP = W\left(H + \frac{v^2}{2g} + \frac{p}{g}\right) \qquad (3.162)$$

Wenn die Flüssigkeitsströmung gleichmäßig ist, wird ein Teil der Energie verbraucht, um die Reibung entlang der Stromlinie zu überwinden. In einem solchen Fall sollte der Impuls der Strömung erhalten bleiben und dies führt zur Bernoulli-Gleichung, wie folgt:

$$H_1 + \frac{v_1^2}{2g} + \frac{p_1}{g} = H_2 + \frac{v_2^2}{2g} + \frac{p_2}{g} + h_L \qquad (3.163)$$

Hier sind H_1 und H_2 die Höhen, p_1 und p_2 die Drücke und $\frac{v_1^2}{2g}$ und $\frac{v_2^2}{2g}$ die Geschwindigkeitshöhen an zwei Punkten über der Stromlinie, und h_L ist der Höhenverlust durch Reibung in Rohren, Armaturen, Biegungen und Ventilen (Acharya 2016):

$$\left.\begin{array}{l} h_L = k\frac{v^2}{2g} \quad \text{Geringer Verlust durch Armaturen und Bögen} \\ h_L = f\frac{L}{D}\frac{v^2}{2g} \quad \text{Grosser Verlust durch Reibung und Pumpen} \end{array}\right\} \qquad (3.164)$$

Hierbei sind *k* und *f* die Reibungskoeffizienten, *L* die Entfernung von zwei Abschnitten, *v* die Durchschnittsgeschwindigkeit und *g* die Gravitationsbeschleunigung.

In einem offenen Raum kann die Bedingung der Impulserhaltung wie folgt ausgedrückt werden:

$$\left.\begin{array}{l} \frac{\partial(\rho u)}{\partial t} + \frac{\partial(\rho u^2)}{\partial x} + \frac{\partial(\rho uv)}{\partial y} + \frac{\partial(\rho uw)}{\partial z} - \frac{\partial \tau_{xx}}{\partial x} - \frac{\partial \tau_{xy}}{\partial y} - \frac{\partial \tau_{xz}}{\partial z} + \frac{\partial p}{\partial x} - \rho f_x = 0 \\ \frac{\partial(\rho v)}{\partial} + \frac{\partial(\rho v^2)}{\partial y} + \frac{\partial(\rho uv)}{\partial x} + \frac{\partial(\rho vw)}{\partial z} - \frac{\partial \tau_{yy}}{\partial y} - \frac{\partial \tau_{xy}}{\partial x} - \frac{\partial \tau_{yz}}{\partial z} + \frac{\partial p}{\partial xy} - \rho f_y = 0 \\ \frac{\partial(\rho w)}{\partial} + \frac{\partial(\rho w^2)}{\partial z} + \frac{\partial(\rho uw)}{\partial x} + \frac{\partial(\rho vw)}{\partial y} - \frac{\partial \tau_{zz}}{\partial z} - \frac{\partial \tau_{xz}}{\partial x} - \frac{\partial \tau_{yz}}{\partial y} + \frac{\partial p}{\partial z} - \rho f_z = 0 \end{array}\right\} \qquad (3.165)$$

3.7.5.4 Energieerhaltung

Die Gl. (3.165) ist anwendbar auf einen isothermen Zustand, bei dem keine Wärmeübertragung stattfindet. Wenn ein Fluidfluss eine Temperaturänderung beinhaltet, muss die thermische Energie bei der Energieerhaltung berücksichtigt werden. Wenn sich die Temperatur ändert, hängt die Dichte ρ von Druck *p* und Temperatur *T* ab:

$$\rho = \rho(p, T) \qquad (3.166)$$

3.7 CAE-Anwendungen

Die Dichtefunktion Gl. (3.166) hängt vom Fluidtyp ab. Zum Beispiel kann die Dichte eines idealen Gases explizit ausgedrückt werden:

$$\rho = \frac{p}{R \cdot T} \qquad (3.167)$$

Hierbei ist R die universelle Gaskonstante.

Es gibt drei weitere Arten von Energie: (1) *intrinsische Energie e*, (2) die kinetische Energie, die sich auf die Fluidbewegung bezieht, und (3) die Energie, die sich auf den Druck des Fluids bezieht; daher gilt für die äquivalente Wärme des Systems:

$$H = E + \frac{p}{\rho} = e(p,T) + \frac{v_i v_j}{2} + \frac{p}{\rho} \qquad (3.168)$$

Hier ist E die Summe aus intrinsischer Energie und kinetischer Energie; H wird als *die Enthalpie* des Systems bezeichnet, $e(p, T)$ ist die intrinsische Energie, und v_i ($i = 1, 2, 3$) entspricht u, v, und w in Abb. 3.61.

Die substanzielle Ableitung der Gesamtenergie ergibt sich als:

$$\frac{d(\rho E)}{dt} = E\left(\frac{\partial \rho}{\partial} + \frac{\partial \rho v_i}{\partial x_i}\right) + \left(\frac{\partial \rho E}{\partial t} + \frac{\partial \rho E v_i}{\partial x_i}\right) \qquad (3.169)$$

Wärmeenergie kann auch durch Konvektion, Leitung und Strahlung übertragen werden. Zum Beispiel hängt der Wärmefluss q_i mit dem Temperaturgradienten zusammen:

$$q_i = -k \frac{\partial T}{\partial x_i} \qquad (3.170)$$

Hier ist k der Leitfähigkeitskoeffizient und x_i ($i = 1, 2, 3$) entspricht der x-, y- und z-Achse.

Darüber hinaus kann Energie durch innere Spannungen abgegeben werden, die berechnet werden können:

$$\frac{\partial}{\partial x_i}(\sigma_{ij} v_j) = \frac{\partial}{\partial x_i}(\tau_{ij} v_j) - \frac{\partial p_i}{\partial x_j}(p v_j) \qquad (3.171)$$

Als Ergebnis wird die Energieerhaltung unter Berücksichtigung der thermischen Energie wie folgt geschrieben:

$$\frac{\partial(\rho E)}{\partial} + \frac{\partial(\rho v_i H)}{\partial x_i} - \frac{\partial}{\partial x_i}\left(k \frac{\partial T}{\partial x_i}\right) - \frac{\partial}{\partial x_i}(\tau_{ij} v_j) - \rho g_i v_i - q_H = 0 \qquad (3.172)$$

Beachten Sie, dass in vielen Fällen nicht alle Gleichungen für Masse-, Impuls- und Energieerhaltung benötigt werden, um die Lösungen für Probleme der Fluidmechanik zu finden.

3.7.5.5 SolidWorks Flow Simulation

Probleme der Fluidmechanik können in SolidWorks Flow Simulation gelöst werden, das eine intuitive Lösung für die Computational Fluid Dynamics (CFD) von Fluidströmungen ist. Es verwendet kartesische Gitter für Feststoff-Fluid- und Feststoff-Feststoff-Grenzflächen, um die Flexibilität des Gitterprozesses zu erhöhen, und die Gitter werden automatisch auf der Grundlage spezifizierter Kontrollparameter erstellt. Um die Anwendung der CAE-Tools bei der Lösung verschiedener Probleme der Fluidmechanik zu veranschaulichen, wird SolidWorks Flow Simulation verwendet, um die Kraftstoffeffizienz einer Autokarosserie zu bewerten.

Beispiel 3.13 Analysieren Sie den Fluidfluss um ein Beispielmodell eines Rennwagens, das in Abb. 3.56a gezeigt wird, und schätzen Sie die Zugkraft, wenn der Rennwagen mit einer Geschwindigkeit von 90 m/s (~200 Meilen pro Stunde) fährt.

Lösung. Die SolidWorks Flow Simulation wird verwendet, um die Luftströmung um den Rennwagenkörper zu simulieren. Das Werkzeug *Flow Simulation* ist in den *Add-Ins* von SolidWorks enthalten. Es kann aktiviert werden, indem das Werkzeug in der Liste der Add-Ins unter *Optionen → Add-Ins* ausgewählt wird, wie in Abb. 3.62 gezeigt. Die SolidWorks Flow Simulation bietet einen Projektassistenten, um Benutzer bei der Definition eines Strömungssimulationsmodells anhand der in Abb. 3.63 gezeigten Hauptschritte zu führen. *Erstens* wird das CAD-Modell importiert, die Konfiguration von Interesse festgelegt und der Name der Strömungssimulation erstellt. *Zweitens* werden die bevorzugten Einheiten für alle Parameter und Variablen, die im Simulationsmodell verwendet werden, festgelegt. *Drittens* wird der Analysetyp angegeben; die Strömungssimulation kann für einen *internen* oder *externen* Fluss sein; außerdem ist es optional,

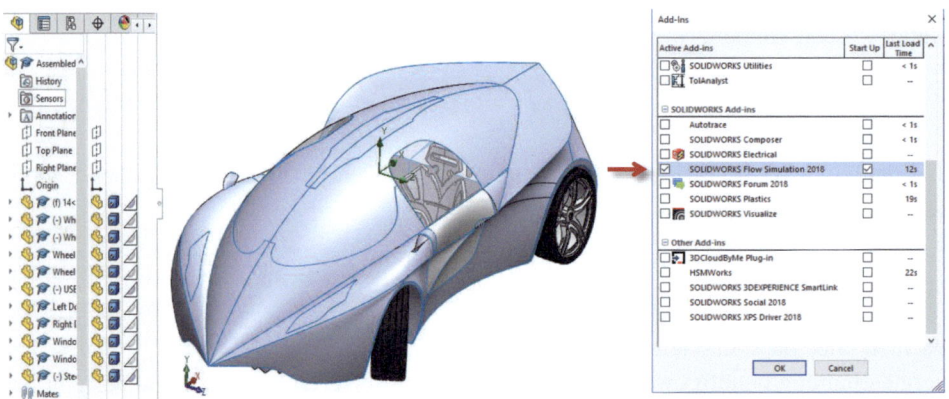

(a) Beispiel Rennwagen model (b) Strömungssimulation in Add-ins

Abb. 3.62 Erstellen Sie ein Strömungssimulationsmodell für ein Beispiel einer Rennwagenkarosserie

3.7 CAE-Anwendungen

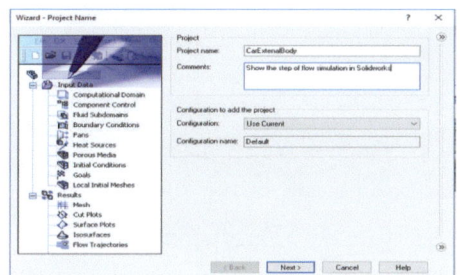

(a) Schritt 1: Festlegung einer Konfiguration im CAD-Modell

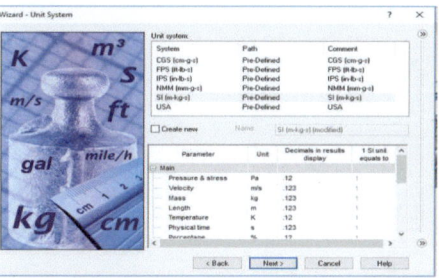

(b) Schritt 2: Auswahl der Einheiten für die Parameter von Interesse

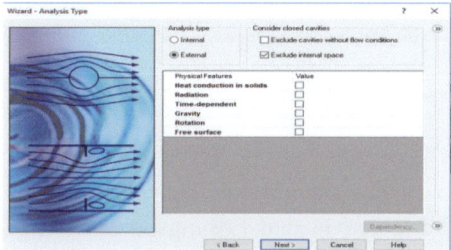

(c) Schritt 3: Analyseart definieren

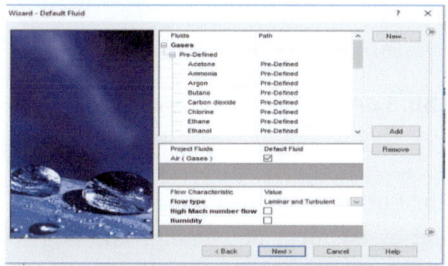

(d) Schritt 4: Eigenschaften der Strömung definieren

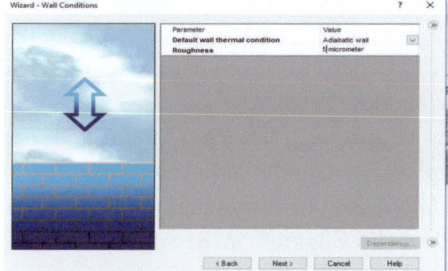

(e) Schritt 5: Wandbedingungen festlegen

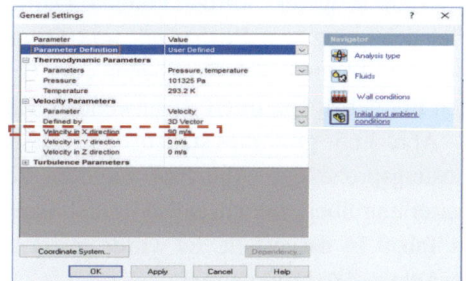

(f) Schritt 6: Anfangs- und Umgebungsbedingungen festlegen

Abb. 3.63 Hauptschritte bei der Definition eines Strömungssimulationsmodells

(1) Hohlräume oder innere Oberflächen, (2) Wärmeübertragung und Strahlung und (3) historische Daten über die Zeit einzubeziehen. In diesem Beispiel wird eine externe Simulation mit ausgeschlossenen Hohlräumen definiert. *Viertens* werden die Arten und Eigenschaften der Flüssigkeit definiert; die Software enthält eine Designbibliothek, die viele häufig verwendete Flüssigkeiten und Gase enthält. *Fünftens* werden die Wandbedingungen für Flüssigkeits-Festkörper-Kontaktflächen definiert. *Sechstens* werden die Anfangsbedingungen des Fluids definiert; die relative Geschwindigkeit (90 m/s) der Luftströmung und des Rennwagens wird für dieses Beispiel entlang der x-Achse definiert.

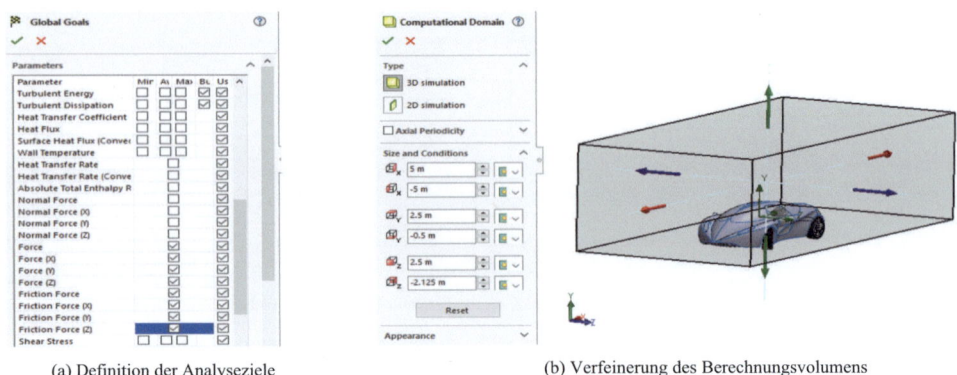

(a) Definition der Analyseziele (b) Verfeinerung des Berechnungsvolumens

Abb. 3.64 Definieren Sie Analyseziele und verfeinern Sie das Rechenvolumen

Ein Strömungssimulationsmodell beinhaltet eine große Anzahl von Zustandsvariablen, und es ist nicht notwendig, alle abgeleiteten Variablen in den Lösungsprozess einzubeziehen. Abb. 3.64a zeigt die Schnittstelle, an der die Variablen von Interesse als Analyseziele festgelegt werden können. Darüber hinaus kann das Rechenvolumen unter Berücksichtigung von Rechenzeit und Genauigkeit angepasst werden (siehe Abb. 3.64b); Benutzer können auch die Ebenen oder Größen von Gittern festlegen oder Steuergitter in den Bereichen von Interesse anwenden, wenn sie benötigt werden.

Abb. 3.65 gibt die statistischen Daten von festen und fluiden Gittern und den Lösungsprozess an. Abb. 3.66 zeigt die Beispielplots der Geschwindigkeits- und Druckverteilung über eine ausgewählte Schnittebene. Die Ziele der Strömungssimulation sind in Tab. 3.14 dargestellt. Es wurde festgestellt, dass die Zugkraft in Bewegungsrichtung (x-Achse) 4802 (N) beträgt.

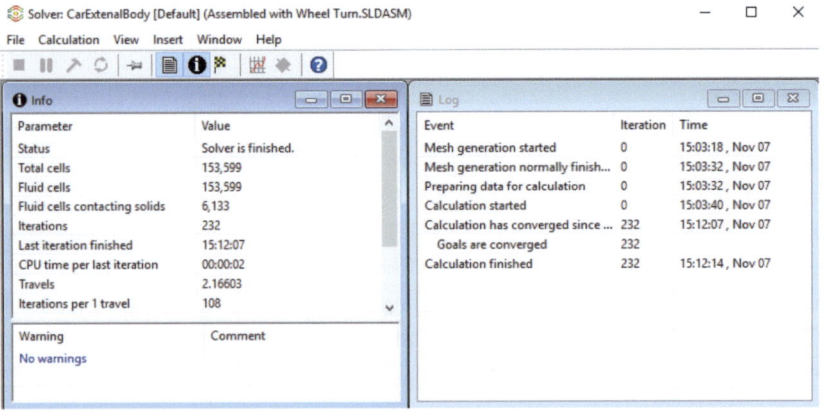

Abb. 3.65 Die Statistiken der Gitter und des Lösungsprozesses

3.7 CAE-Anwendungen

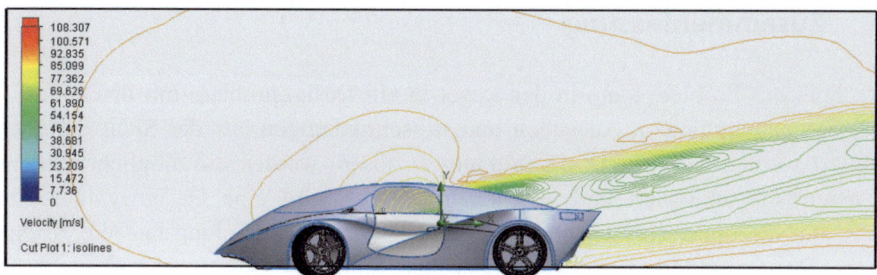

(a) Geschwindigkeitsverteilung

(b) Druckverteilung

Abb. 3.66 Visualisierung der Geschwindigkeits- und Druckverteilung über eine Schnittebene

Tab. 3.14 Die Ergebnisse der Analyseziele in der Strömungssimulation

Zielname	Einheit	Durchschnittswert	Minimum	Maximum
GG Bulk Av Geschwindigkeit 1	[m/s]	87,28900777	87,28787613	87,29089342
GG Bulk Av Geschwindigkeit (X) 1	[m/s]	86,92918179	86,92779739	86,93108198
GG Bulk Av Geschwindigkeit (Y) 1	[m/s]	2,036041808	2,034343274	2,037097925
GG Bulk Av Geschwindigkeit (Z) 1	[m/s]	0,038781473	0,036952233	0,040201268
GG Kraft 1	[N]	4923,384152	4919,574211	4928,137101
GG Kraft (X) 1	[N]	4797,504651	4794,285348	**4802,072032**
GG Kraft (Y) 1	[N]	−1089,135225	−1092,571206	−1085,872086
GG Kraft (Z) 1	[N]	−193,4805561	−196,6832158	−187,0958669

3.8 Zusammenfassung

Ein technisches Problem kann in der Regel in ein Designproblem mit den Zielen, Eingaben, Systemparametern, Ausgaben und Einschränkungen aus der Sicht des Systems formuliert werden. Um ein Designproblem zu lösen, werden die möglichen Lösungen im Designraum analysiert und verglichen, und es wird eine Designsynthese durchgeführt, um die optimierte Lösung zu erhalten. Wenn der Umfang und die Komplexität eines Designproblems zunehmen, geht das technische Design weit über die Fähigkeiten analytischer oder experimenteller Ansätze hinaus, und numerische Methoden wie CAE-Tools werden unerlässlich, um technische Lösungen zu modellieren, zu simulieren und zu bewerten. In diesem Kapitel wird die grundlegende Theorie der numerischen Simulation vorgestellt, und der Schwerpunkt liegt auf der Implementierung der Finite-Elemente-Analyse (FEA). Die SolidWorks Simulation wird als Beispiel für ein CAE-Tool verwendet, um technische Probleme in verschiedenen Disziplinen zu analysieren. Aus diesem Kapitel sollten die Studierenden das Wissen und die Fähigkeiten erwerben, (1) ein technisches Problem als Designproblem zu formulieren und (2) die CAE-Tools für die Designanalyse und -synthese beliebiger technischer Systeme zu nutzen.

Designprobleme

Problem 3.1 Formulieren Sie die folgenden realen Probleme als technische Designprobleme, die Designziele, Eingaben, Systemparameter, Ausgaben und Designbeschränkungen beinhalten.

(a) Aufgrund eines hohen Festigkeits-Gewichts-Verhältnisses werden Verbundwerkstoffe breit in Luft- und Raumfahrtprodukten eingesetzt, und Industrieroboter werden für die Leichtzerspanung von Verbundteilen verwendet. Eine Herausforderung besteht jedoch darin, den bei der Bearbeitung in einem offenen Raum entstehenden Staub zu sammeln, wie in Abb. 3.67 dargestellt; da die verstreuten Stäube die

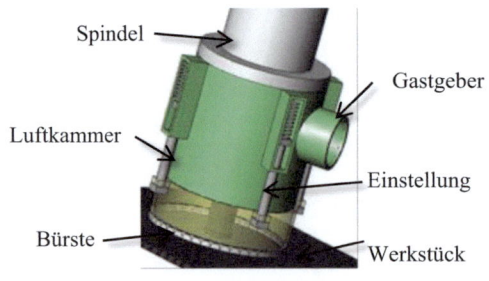
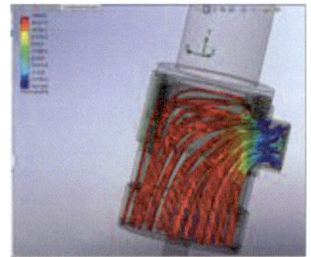

(a) Befestigung des Endeffektors   (b) Simulation der Staubabscheidung

Abb. 3.67 Illustration des Designproblems 3.1(a) (Bi 2010)

3.8 Zusammenfassung

Arbeitsumgebung verschmutzen (Bi 2010). Erforschen Sie eine technische Lösung zur Staubabscheidung an der Quelle.

(b) Ein Industrieroboter mit offener kinematischer Kette hat in der Regel seine Begrenzung in einer geringen Arbeitslast für den Bearbeitungsprozess. Im Gegensatz dazu ist eine Parallelkinematikmaschine mit geschlossenen kinematischen Ketten in der Lage, eine hohe Arbeitslast für die Leichtzerspanung anzubieten (siehe Abb. 3.68a). Die Steifigkeit einer Parallelkinematikmaschine variiert jedoch von Ort zu Ort oder von einer Ausrichtung zur anderen (Bi 2014). Erforschen Sie eine technische Lösung zur Echtzeitvorhersage der Genauigkeit einer Parallelkinematikmaschine.

(c) Viele Maschinenelemente werden verwendet, um Bewegungen und Leistung in Maschinen zu übertragen. Die Abnutzung von Maschinenelementen bestimmt ihre Lebensdauer. Die Lebensdauer eines Maschinenelements hängt von vielen Faktoren ab, wie Lasten, Schmierungen, Materialeigenschaften, Oberflächeneigenschaften, Druck und Temperatur. Erforschen Sie eine technische Lösung, die in der Lage ist, die Ermüdungslebensdauer eines Typs von Aktuatoren vorherzusagen, wie in Abb. 3.69a dargestellt.

Problem 3.2 Bestimmen Sie den Arbeitsbereich des in Abb. 3.70 dargestellten 2-DOF-Roboters. Beachten Sie, die Bewegungsbereiche der Gelenke A und B sind: $\theta_A = (-80°, 80°)$ und $\theta_B = (-60°, 60°)$

Problem 3.3 Bestimmen Sie den Spannungsabfall an jedem Widerstand der in Abb. 3.71 dargestellten Schaltung.

(a) Parallelkinematische Maschine

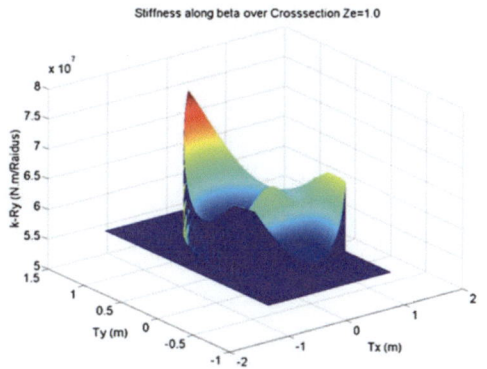
(b) Beispiel für die Steifigkeitsverteilung

Abb. 3.68 Illustration des Designproblems 3.1(b) (Bi 2014)

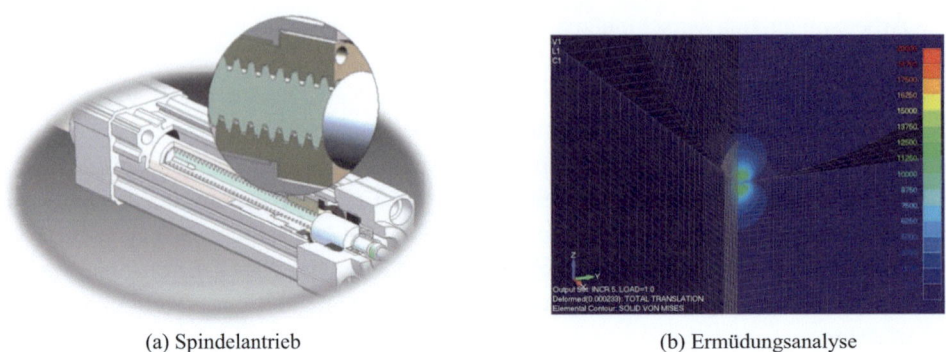

(a) Spindelantrieb (b) Ermüdungsanalyse

Abb. 3.69 Illustration des Designproblems 3.1(c) (Bi und Meruva (Bi und Meruva 2019)

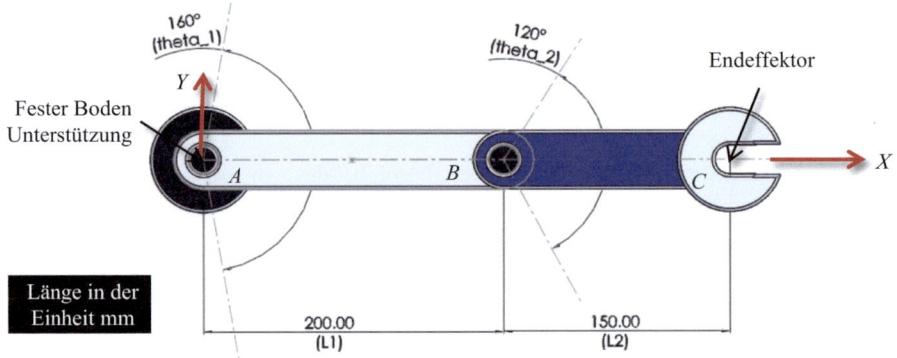

Abb. 3.70 Ein zweidimensionaler Roboter im Designproblem 3.2

Abb. 3.71 Das Schaltbild im Designproblem 3.3

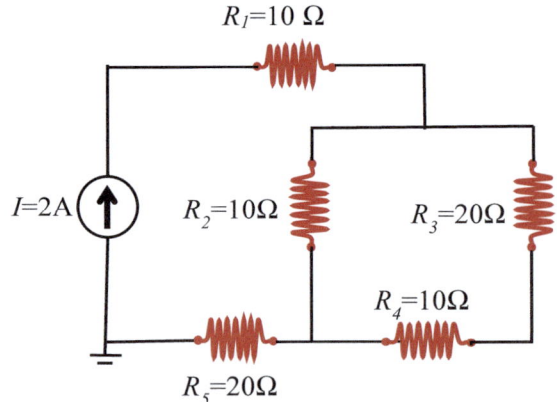

3.8 Zusammenfassung

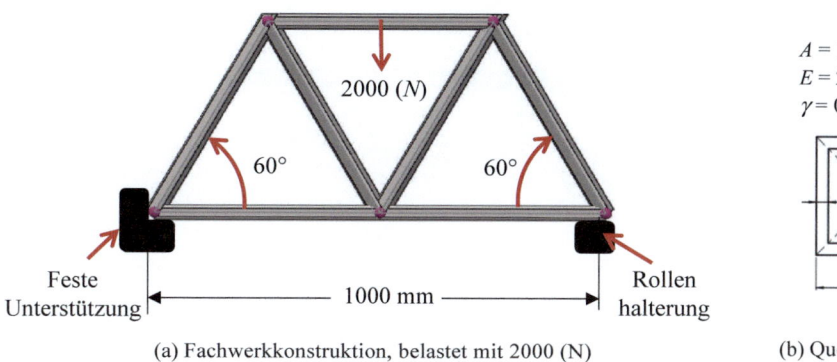

(a) Fachwerkkonstruktion, belastet mit 2000 (N)

(b) Querschnitt des Fachwerks (mm)

Abb. 3.72 Die Fachwerkstruktur im Designproblem 3.4

Problem 3.4 Bestimmen Sie die maximale Verschiebung in der Fachwerkstruktur in Abb. 3.72; beachten Sie, dass das Elementmodell eines Fachwerkelements im 2-D-Raum unten gezeigt ist,

$$\frac{EA}{L}\begin{bmatrix} l^2 & lm & -l^2 & -lm \\ lm & m^2 & -lm & -m^2 \\ -l^2 & -lm & l^2 & lm \\ -lm & -m^2 & lm & m^2 \end{bmatrix}\begin{Bmatrix} u_i \\ v_i \\ u_j \\ v_j \end{Bmatrix} = \begin{Bmatrix} f_{ix} \\ f_{iy} \\ f_{jx} \\ f_{jy} \end{Bmatrix}$$

Hier ist E der Young-Modul, A der Querschnittsbereich und L die Länge des Fachwerkelements, $l = \cos\theta$, $m = \sin\theta$, und θ ist die Richtung des Fachwerks in Bezug auf die x-Achse.

Problem 3.5 Abb. 3.73 zeigt eine dünne Platte, die einer axialen Last F ausgesetzt ist, erstellen Sie ein eindimensionales Modell mit 4 axialen Elementen, um die Verschiebung am freien Ende zu finden. Beachten Sie, dass das Elementmodell eines axialen Elements ist:

$$\frac{EA}{L}\begin{bmatrix} 1 & -1 \\ -1 & 1 \end{bmatrix}\begin{Bmatrix} u_i \\ u_j \end{Bmatrix} = \begin{Bmatrix} f_i \\ f_j \end{Bmatrix}$$

Problem 3.6 Finden Sie eine schwache Lösung für das folgende Randwertproblem:

$$\left.\begin{array}{l} \frac{d^2y}{dx^2} + 2x - y = 0 \quad 0 \leq x \leq 1 \\ \text{Randbedingung}: y(0) = 1 \\ \qquad\qquad\qquad \frac{dy(0)}{dx} = 0 \end{array}\right\}$$

Abb. 3.73 Eine zweidimensionale dünne Platte, die einer axialen Last ausgesetzt ist

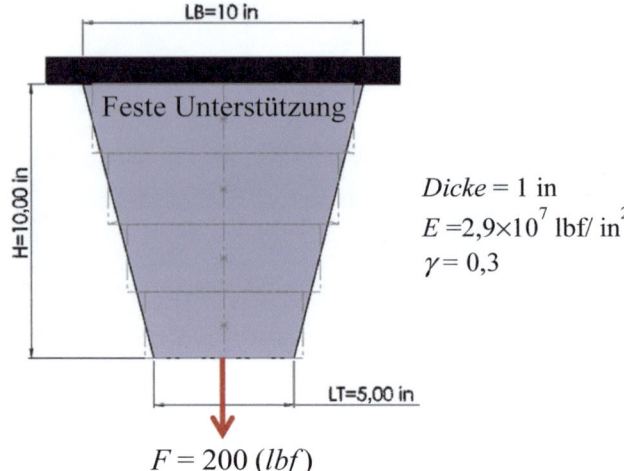

Problem 3.7 Abb. 3.74 zeigt ein Torsionselement, das aus drei Segmenten *AB, BC* und *CD* mit unterschiedlichen Materialien besteht. Bestimmen Sie die Winkelverschiebung bei *D* relativ zur Position *A*. Beachten Sie, das Elementmodell eines Torsionselements ist:

$$\frac{GJ}{L}\begin{bmatrix} 1 & -1 \\ -1 & 1 \end{bmatrix}\begin{Bmatrix} \theta_i \\ \theta_j \end{Bmatrix} = \begin{Bmatrix} T_i \\ T_j \end{Bmatrix} \quad J = \frac{\pi d^4}{32}$$

Problem 3.8 Abb. 3.75 zeigt eine Fachwerkstruktur im dreidimensionalen Raum mit den angegebenen Lasten $F = (0, 50, -100)$ lbf an zwei Knotenpunkten (*G* und *I*) und $F = (0, 0, -500)$ lbf am Knotenpunkt *H*. Die Knotenpunkte am Boden (*A, B, C, D, E, F*) sind alle fixiert. Alle Fachwerkelemente verwenden das gleiche Material – Grauguss,

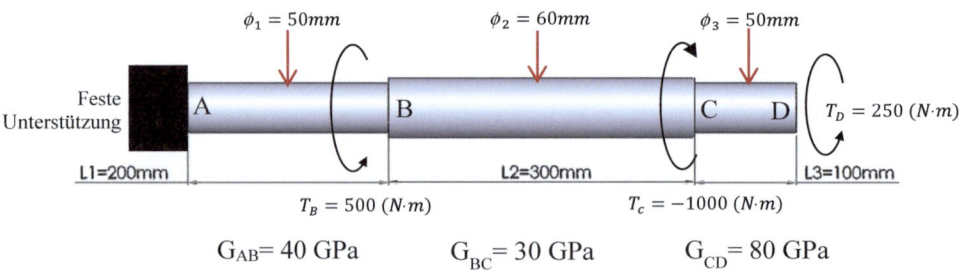

Abb. 3.74 Ein Torsionselement in Problem 3.7

3.8 Zusammenfassung

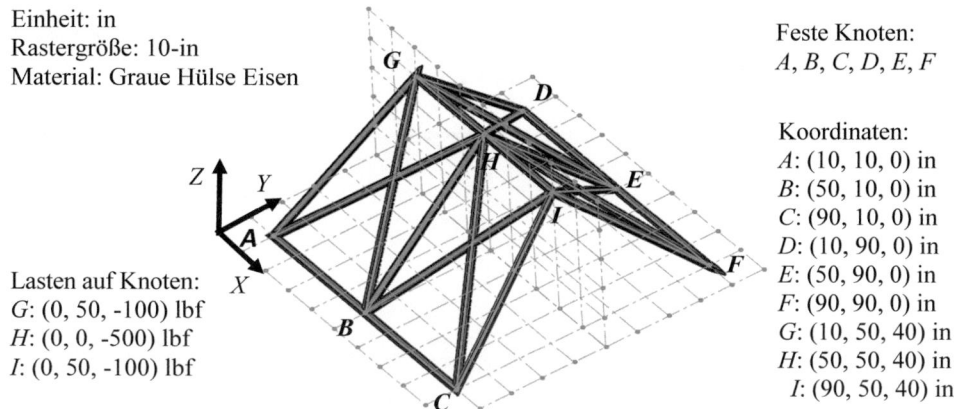

Einheit: in
Rastergröße: 10-in
Material: Graue Hülse Eisen

Lasten auf Knoten:
G: (0, 50, -100) lbf
H: (0, 0, -500) lbf
I: (0, 50, -100) lbf

Feste Knoten:
A, B, C, D, E, F

Koordinaten:
A: (10, 10, 0) in
B: (50, 10, 0) in
C: (90, 10, 0) in
D: (10, 90, 0) in
E: (50, 90, 0) in
F: (90, 90, 0) in
G: (10, 50, 40) in
H: (50, 50, 40) in
I: (90, 50, 40) in

Abb. 3.75 Eine Fachwerkstruktur in Problem 3.8

welches einen Young'schen Modul von $E = 9{,}598 \times 10^6$ psi und die Poisson'sche Zahl von 0,27 hat. Die Streckgrenze beträgt $S_y = 2{,}20 \times 10^4$ psi. Die Querschnittsflächen aller Fachwerkelemente sind mit $A = 1$ in^2 gegeben. Prognostizieren Sie die maximale Spannung und Durchbiegung der Fachwerkstruktur.

Problem 3.9 Abb. 3.76 zeigt eine dünne Platte mit einer Dicke von 0,2 Zoll. Die Platte enthält drei Diskontinuitäten von Geometrien, ein Φ 1,5-Zoll-Loch, ein Φ 2,0-Zoll-Loch und eine 0,5-Zoll-Rundung an der Schulter. Die Platte verwendet Aluminium 1060-Legierung mit dem Elastizitätsmodul von $E = 1{,}0 \times 10^7$ psi, der Poisson'schen Zahl $\nu = 0{,}33$, Streckgrenze $S_y = 3{,}999 \times 10^3$ psi. Bestimmen Sie die Spannungskonzentrationsfaktoren an den drei Diskontinuitätsabschnitten unter einer Biegebelastung.

Problem 3.10 Abb. 3.77 zeigt eine Fachwerkstruktur im zweidimensionalen Raum. Die Knotenpunkte A und B sind fixiert. Alle Fachwerkelemente verwenden als Material

Abb. 3.76 Eine ebene Spannungsplatte mit einer Dicke von 0,2 Zoll

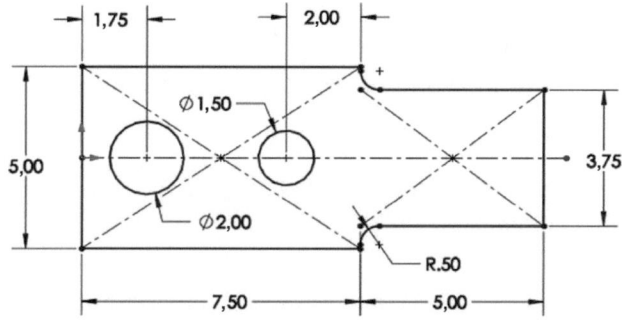

Abb. 3.77 Eine Fachwerkstruktur in Problem 3.10

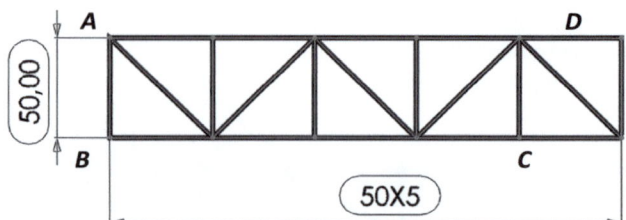

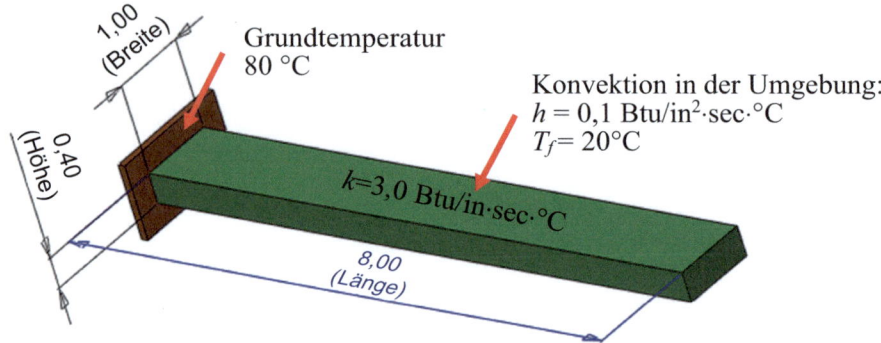

Abb. 3.78 Beispiel für ein Wärmeübertragungsproblem (Längeneinheit: Zoll)

denselben Grauguss, welcher einen Young'schen Modul von $E = 9{,}598 \times 10^6$ psi und die Poisson'sche Zahl von 0,27 hat. Die Streckgrenze beträgt $S_y = 2{,}20 \times 10^4$ psi. Die Querschnittsflächen aller Fachwerkelemente sind mit $A = 1{,}0$ in^2 gegeben. Verwenden Sie die SolidWorks Simulation, um die ersten vier Eigenfrequenzen zu schätzen.

Problem 3.11 Abb. 3.78 zeigt eine Rippe, um die Wärme durch Konvektion vom Sockel zu übertragen; die Längenmaße sind in Zoll angegeben. Die Temperatur der Fluidströmung beträgt 20 °C, und der Wärmeübertragungskoeffizient $h = 0{,}1$ Btu/in^2·s·°C. Der Leitfähigkeitskoeffizient der Rippe beträgt $k = 3{,}0$ Btu/in·s·°C, bestimmen Sie die Temperaturverteilung in der Rippe.

Problem 3.12 Abb. 3.79 zeigt eine Wand, die aus zwei Materialien besteht, die erste Schicht ist 2 cm dick mit der Leitfähigkeit von $k_1 = 0{,}2$ W/cm·°C und die zweite Schicht ist 6 cm dick mit der Leitfähigkeit von $k_2 = 0{,}05$ W/cm·°C. Andere Parameter, die sich auf die Randbedingungen beziehen, sind in Abb. 3.79 dargestellt. Erstellen Sie ein vereinfachtes Modell in SolidWorks Simulation, um die Temperaturverteilung in der Wand zu schätzen.

3.8 Zusammenfassung

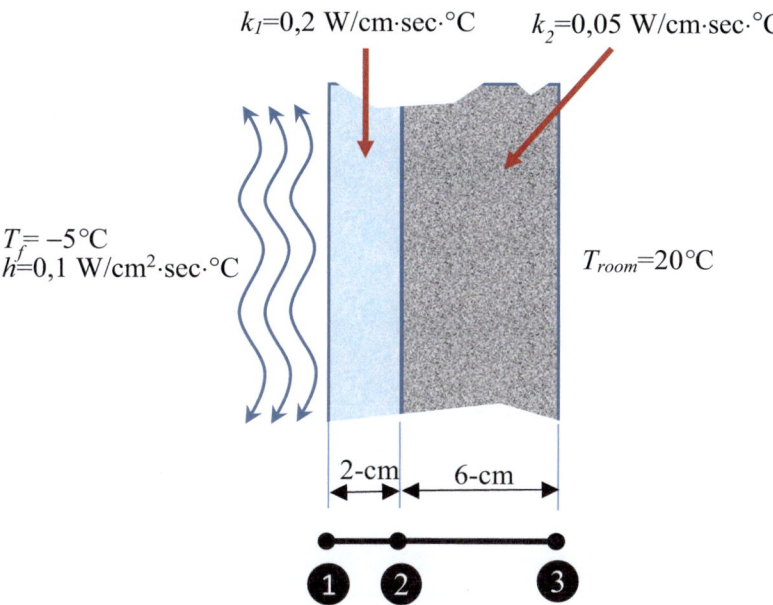

Abb. 3.79 1-D Wärmeübertragung durch die Wand

Problem 3.13 Ein 2-D Bereich mit einer inkompressiblen, rotationsfreien Flüssigkeitsströmung ist in Abb. 3.80 dargestellt. Die Länge beträgt 2 Zoll und die Höhe 1 Zoll, und es gibt Hindernisse in der Mitte mit 4 Kreisen von ϕ 0,2 Zoll auf einem Kreis von ϕ 0,5 Zoll. Nehmen Sie an, dass der Referenzatmosphärendruck am Auslass und die Flüssigkeitsgeschwindigkeit am Einlass 1,0 BUT/s/in² beträgt. Erstellen Sie ein FEA-Modell und bestimmen Sie die Geschwindigkeitsverteilung im Flüssigkeitsbereich.

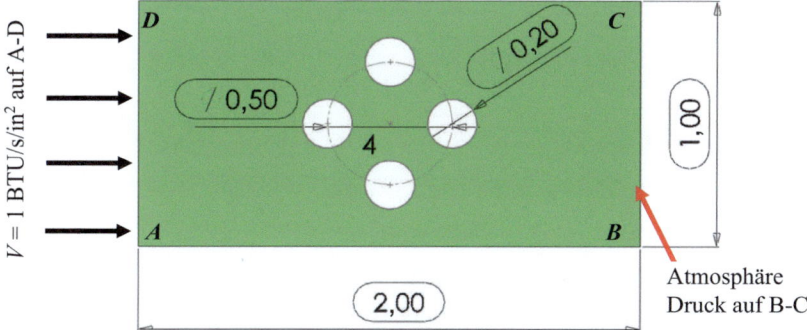

Abb. 3.80 Ideale Flüssigkeitsströmung in einem 2-D Bereich für Problem 3.13 (Längeneinheit: Zoll)

Literatur

Acharya S (2016) Analysis and FEM simulation of flow of fluids in pipes. Arcada University of Applied Science, Finland. https://www.theseus.fi/bitstream/handle/10024/106991/Acharya_Saroj.pdf?sequence=1. Zugegriffen: 18 Apr 2021

Bahman AS (2018) Chapter 8 Computer-aided engineering simulations, in Wide Bandgap Power Semiconductor Packaging: materials, Components, and Reliability. Elsevier, ISSN 0922–3444, S 199–223

Bi ZM (2010) Design and simulation of dust extraction for composite drilling. Int J Adv Manuf Technol 54(5):629–638

Bi ZM (2014) Kinetostatic modeling of Exechon parallel kinematic machine for stiffness analysis. Int J Adv Manuf Technol 71:325–335

Bi ZM (2018) Finite element analysis applications: a systematic and practical approach, 1st edn. Academic Press. ISBN-10 018099526

Bi Z, Luo C, Miao Z, Zhang B, Zhang CWJ (2020) Automatic robotic recharging systems–development and challenges, Industrial Robot, Vol. ahead-of-print No. ahead-of-print. https://doi.org/10.1108/IR-05-2020-0109

Bi ZM, Meruva K (2019) Modeling and prediction of fatigue life of robotic components in intelligent manufacturing. J Intell Manuf 30(7):2575–2585

Chandrupatla TR, Belegundu AD (2012) Introduction to finite elements in engineering. 4. Aufl. Pearson, ISBN-10: 0132162741

Espon (2020) Synthis T6 all-in-one SCARA robots. https://files.support.epson.com/docid/cpd5/cpd55682.pdf.

Fuelmatics (2020) Fuelmatics systems. https://ibem-management.com/onewebmedia/FUELMATICS%20SYSTEMS%20(IBEM).pdf

Krahe C, Iberl M, Jacob A, Lanza G (2019) AI-based computer aided engineering for automated production design–a first approach with a multi-view based classification. Procedia CIRP 86:104–109

Suh NP (2005) Complexity: theory and applications, 1st edn. Oxford University Press, New York, S 2005

Computerunterstützte Fertigung (CAM) 4

Zusammenfassung

In einem Fertigungssystem sind *Fertigungsprozesse* die Operationen, durch die Rohstoffe in Endprodukte umgewandelt werden. Fertigungsprozesse verwenden Maschinen, Werkzeuge und Arbeitskräfte, um die Umwandlung von Materialien durchzuführen. Die Gestaltung von Fertigungsprozessen ist im Allgemeinen komplex, da sie *Maschinen*, *Werkzeuge*, *Materialien* und zahlreiche *Betriebsparameter* einbezieht. Ein Fertigungsprozess wird umfassend anhand einer Reihe von Konfliktkriterien wie *Kosten*, *Genauigkeit*, *Produktivität*, *Flexibilität* und *Anpassungsfähigkeit* bewertet. Traditionelle intuitive oder experimentelle Gestaltungen von Fertigungsprozessen haben ihre Grenzen in (1) der Erforschung eines breiten Spektrums alternativer Prozesse und (2) der Sicherstellung der Erstmaligen Richtigkeit von der virtuellen Gestaltung zur physischen Umsetzung. In diesem Kapitel wird *computerunterstützte Fertigung* (CAM) eingeführt, um Fertigungsprozesse in der virtuellen Umgebung zu modellieren und zu bewerten, die Theorie und die ermöglichten Techniken von CAM werden diskutiert und die Anwendungen von CAM werden in *Materialgestaltungen, geometrischer Bemaßung und Toleranzen* (GD&T), Entwürfen und Simulationen von *Vorrichtungen, Formen und Matrizen, Zerspanungsprozessen* und *Zerspanungsprogrammierung* erforscht.

Schlüsselwörter

Fertigungsprozesse · Computerunterstützte Fertigung (CAM) · Modellierung und Simulation · Geometrische Bemaßung und Toleranzen (GD&T) · DimXpert · Computerunterstützte Vorrichtungsdesign (CAFD) · Konstruktion für die Fertigung (DFM) · Computer Numerical Control (CNC) · Programmierung von Bearbeitungsprozessen

4.1 Einführung

Herstellungsprozesse sind wesentliche Aktivitäten in der Sekundärindustrie. Herstellungsprozesse verwandeln Ausgangsmaterialien aus der *Primärindustrie* in die fertigen Produkte, die als Investitionsgüter in der *Sekundär-* oder *Tertiärindustrie* oder in Kundenprodukten für Endverbraucher verwendet werden. Künstliche Güter in unserer modernen Gesellschaft werden hauptsächlich aus Herstellungsprozessen produziert.

Die Gestaltung von Herstellungsprozessen folgt dem Produktdesign, und die Herstellungsprozesse bestimmen, wie ein virtuelles Produktmodell in ein physisches Produkt umgewandelt wird. Daher umfasst die Gestaltung von Herstellungsprozessen viele Aspekte, einschließlich (1) der *Auswahl von Materialien, Verarbeitungsarten, Maschinen* und *Werkzeugen*; (2) *geometrische Bemaßung und Toleranzen* (GD&T); (3) *Werkstückspannung und Fixierung*; (4) *Betriebsbedingungen*; (5) *Maschinenprogrammierung* und (6) *Qualitätskontrollen*. Die computergestützte Fertigung (CAM) wird weitgehend zur Unterstützung der Entscheidungsfindung in diesen Aspekten eingesetzt.

4.2 Materialcharakteristik, Strukturen und Eigenschaften

Wie in Abb. 4.1a gezeigt, besteht die Charakteristik eines Materials aus Strukturen, Eigenschaften, möglichen Verarbeitungsprozessen und der in Anwendungen gezeigten Leistung. Abb. 4.1b verwendet das Stahlmaterial als Beispiel, um den Inhalt seiner Charakteristik zu veranschaulichen: Es hat seine metallischen Bindungen in der Struktur; es unterstützt die Verarbeitungsarten wie Gießen, Schmieden und partikuläre Prozesse. Es hat die Eigenschaften hoher Elastizität, Dichte, Streckgrenze und Härte. Es zeigt die Leistung von hoher Festigkeit, Duktilität und thermischer und elektrischer Leitfähigkeit in Anwendungen.

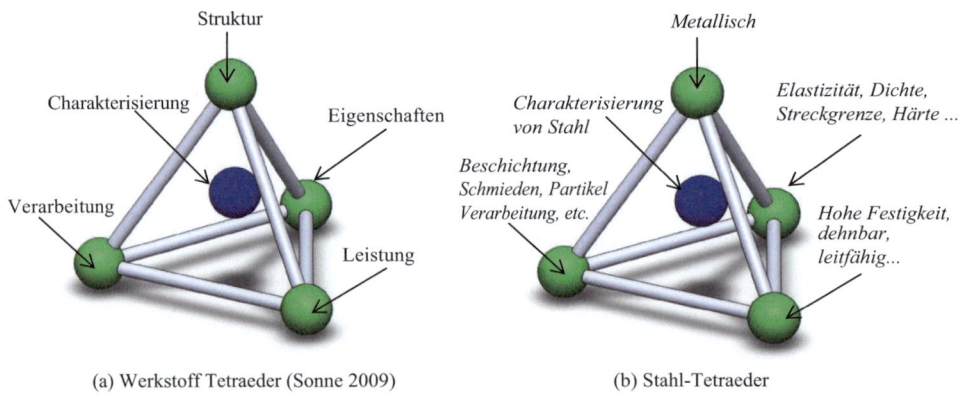

(a) Werkstoff Tetraeder (Sonne 2009)   (b) Stahl-Tetraeder

Abb. 4.1 Materialtetraeder und Beispiel

4.2 Materialcharakteristik, Strukturen und Eigenschaften

Die vier Elemente in einem Materialtetraeder sind voneinander abhängig. Zum Beispiel hat die Materialstruktur einen großen Einfluss auf die Materialeigenschaften und anwendbaren Prozesse. Wie in Abb. 4.2 gezeigt, zeigen verschiedene Materialien unterschiedliche Eigenschaften, und Materialien sollten für gegebene Anwendungen angemessen ausgewählt werden. Stahlmaterialien haben hohe Festigkeiten und haben erschwingliche Kosten, die weitgehend in großflächigen Konstruktionen angewendet wurden (siehe Abb. 4.2a). Produkte in der Endoprothetik sind in menschlichen Körpern eingebettet; dies erfordert, dass die Materialien korrosionsbeständig sind (siehe Abb. 4.2b). Maschinenelemente sind meist in Bewegungen an Kontaktflächen beteiligt; die Teile mit Ölimprägnierung aus Pulvermetallurgie (PM) reduzieren den Verschleiß und verlängern die Ermüdungslebensdauer von Produkten (siehe Abb. 4.2c). Es wird für Ingenieure hilfreich sein, Materialstrukturen zu verstehen, damit die richtigen Materialien ausgewählt werden können, um die funktionalen Anforderungen für Produkte zu erfüllen.

In einem Herstellungsprozess tritt eine bestimmte Veränderung des Materials auf, und einige häufige Veränderungen der Materialien umfassen *Umformung*, *verbesserte Materialeigenschaften* und *verbundene Strukturen*. Es ist klar, dass die Materialeigenschaften (1) die Arten von Herstellungsprozessen bestimmen, die auf das gegebene Material angewendet werden können und (2) die Betriebsbedingungen beeinflussen, wenn ein bestimmter Herstellungsprozess angewendet wird. Wenn man zum Beispiel eine Teilgeometrie durch Zerspanung formt, da unerwünschtes Material von einem Werkstück abgeschnitten werden muss, beeinflussen die Materialeigenschaften die Auswahl von Maschinen, Schneidwerkzeugen und Betriebsbedingungen wie Schnittgeschwindigkeit, Vorschubrate und Tiefe.

Wie in Abb. 4.3 gezeigt, werden Materialstrukturen und -eigenschaften in einer variierenden Skala vom Subatomlevel bis zum Systemlevel charakterisiert. Nukleare Eigenschaften werden durch atomare Strukturen bestimmt, während die mechanischen Eigenschaften durch alle Merkmale und Attribute über die Skalen hinweg bestimmt werden. Die Untersuchung von Materialstrukturen und -eigenschaften ist interdisziplinär; die Matcrialien in verschiedenen Maßstäben fallen in die verschiedenen Disziplinen, die für die Materialwissenschaft relevant sind.

(a) Metallstruktur aus Stahl für Großbauten

(b) Korrosionsbeständige Legierung für den Bau medizinischer Produkte

(c) Maßgeschneiderte Werkzeuge aus der Pulvermetallurgie

Abb. 4.2 Beispiel für die Auswahl des richtigen Materials und der Verarbeitung für Produkte

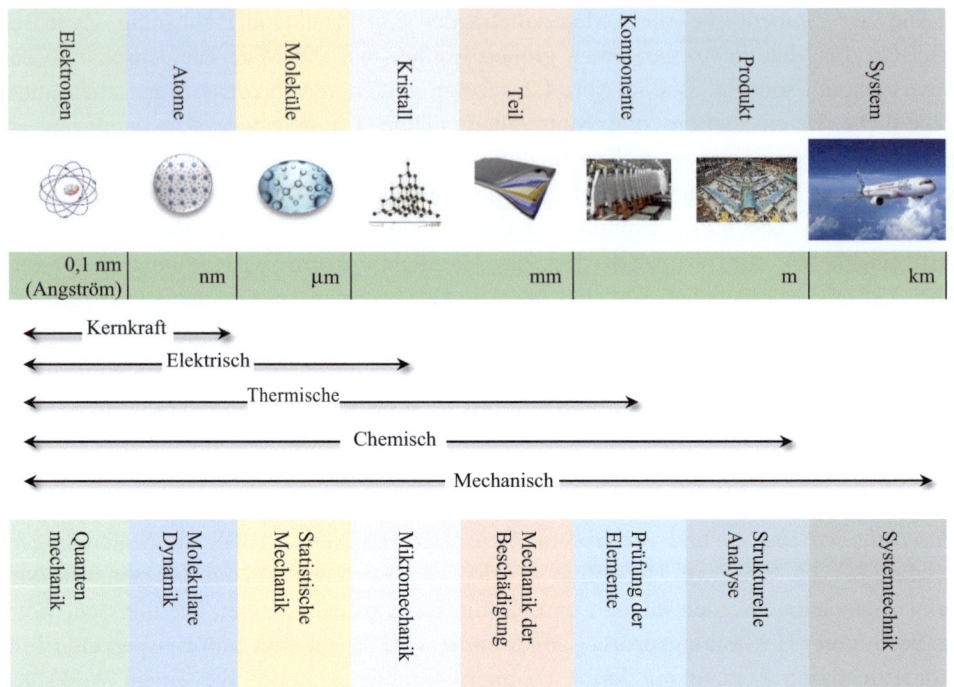

Abb. 4.3 Disziplinen für Materialcharakterisierungen in verschiedenen Maßstäben (Kreculj und Rasuo 2018)

Auf Molekülebene werden zahlreiche Materialien durch Kombination von Protonen, Neutronen und Elektronen gebildet, und die Materialeigenschaften auf dieser Ebene sind direkte Ergebnisse von (*i*) konstitutiven Strukturen und (*ii*) Verarbeitung zur Eigenschaftsverbesserung zur Veränderung von Materialstrukturen. *Atome* sind die Grundstruktur der Materie. Ein Atom besteht aus *einem Kern* mit positiven Ladungen und einem Satz von *Elektronen* mit negativen Ladungen. *Ein Planetenmodell* von Niels Bohr kann verwendet werden, um eine atomare Struktur darzustellen. Wie in Abb. 4.4a gezeigt, kreisen Elektronen in bestimmten Abständen, die als Bahnen oder Schalen bezeichnet werden, um den Kern, und die maximale Anzahl von Elektronen in der *n*-ten Schale beträgt $2n^2$. Beachten Sie, dass ein Kern aus Neutronen und Protonen besteht und die positiven Ladungen des Kerns mit Protonen verbunden sind. Die Ähnlichkeiten der Elemente werden durch ihre atomaren Strukturen bestimmt, Abb. 4.4b–d zeigt die Beispiele von Nichtmetall, Metall und Edelgas.

Entsprechend ihrer Ordnungszahl werden Atome in verschiedene *Elemente* unterschieden. Bis jetzt wurden 118 Elemente entdeckt. Wie in Abb. 4.5 gezeigt, wurden die entdeckten Elemente anhand von Ähnlichkeiten und Beziehungen in Elementfamilien

4.2 Materialcharakteristik, Strukturen und Eigenschaften

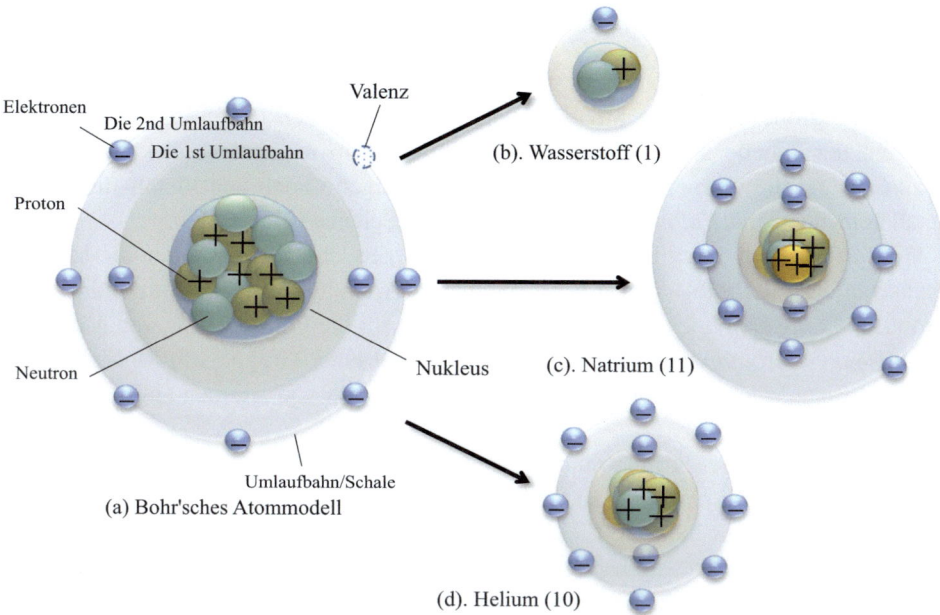

Abb. 4.4 Beschreibung der atomaren Struktur und Beispiele

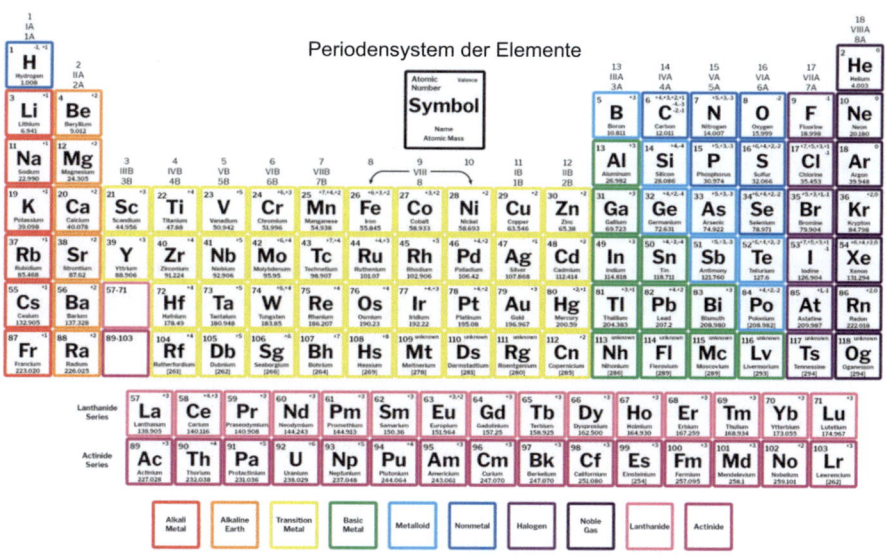

Abb. 4.5 Periodensystem der Elemente (Science Notes 2020)

eingeteilt. Elemente sind in Spalten und Reihen organisiert. Die Elemente in der gleichen Spalte haben ihre Ähnlichkeiten. Zum Beispiel sind die Elemente in der ganz rechten Spalte Edelgase: Helium, Neon, Argon, Krypton, Xenon und Radon. Diese Elemente zeigen eine große chemische Stabilität. Die Elemente in den linken und mittleren Abschnitten der Tabelle sind *metallisch*. Die Elemente im rechten Abschnitt sind *nichtmetallisch* und die Elemente in der diagonalen Übergangszone von Metall- und Nichtmetallelementen sind *Halbmetalle* oder *Halbleiter* (Science Notes 2020).

Moleküle werden durch Bindungen aus Atomen gebildet. Daher werden die Materialeigenschaften auf molekularer Ebene durch die Arten der Bindungsbeziehungen bestimmt. *Bindungen* können in (1) *Primärbindungen* für die Formulierung von Molekülen und (2) *Sekundärbindungen* für die Verbindungen in einer Gruppe von Molekülen eingeteilt werden. Valenzelektronen in der äußersten Schale von Atomen sind an der Bindung beteiligt.

Die Atome in einer Primärbindung tauschen die Valenzelektronen mit einer starken Atom-zu-Atom-Anziehung aus. In einer *Ionenbindung*, die in Abb. 4.6a gezeigt wird, werden ein oder mehrere Elektronen in der äußeren Schale des Atoms zur äußeren Schale des anderen Atoms bewegt, was die gegenseitige Anziehung verursacht. Materialien mit Ionenbindungen haben eine geringe elektrische Leitfähigkeit und eine schlechte Duktilität. In einer kovalenten Bindung, die in Abb. 4.6b gezeigt wird, werden die Elektronen in den äußeren Schalen von zwei Atomen geteilt, um zwei Atome zu binden. Materialien mit kovalenten Bindungen haben eine hohe Härte und eine geringe elektrische Leitfähigkeit. In einer metallischen Bindung, die in Abb. 4.6c gezeigt wird, sind die Valenzelektronen der Metallatome frei beweglich. Sie bilden eine Elektronenwolke, die eine starke Bindung des Metallgitters erzeugt. Materialien mit metallischen Bindungen haben hohe elektrische und thermische Leitfähigkeiten, hohe Festigkeit und hohe Schmelzpunkte.

Sekundärbindungen erzeugen die Anziehungskräfte von Molekülen. Im Gegensatz zu Primärbindungen gibt es keinen Elektronentransfer oder -austausch; daher sind Sekundärbindungen schwächer als Primärbindungen. Sekundärbindungen können in *Dipolkraft*, *London-Kraft* und *Wasserstoffbrückenbindung* eingeteilt werden. Wie in Abb. 4.7a gezeigt, wird die Dipolkraft für das Molekül mit positiven und negativen Polen gebildet. Daher wird der positive Pol eines Moleküls vom negativen Pol des anderen Moleküls angezogen. Wie in Abb. 4.7b gezeigt, besitzt ein Molekül, obwohl es keinen permanenten Pol hat, aufgrund der Beweglichkeit der Elektronen eine fluktuierende Polarisation. Die *London-Kraft* beruht auf der Anziehung von Molekülen durch diese Polarisation. Wie in Abb. 4.7c gezeigt, beruht die Wasserstoffbrückenbindung auf der intermolekularen Kraft, die Wasserstoffatome zwischen Molekülen vermitteln.

Mikrostrukturen von Materialien können *kristallin* oder *amorph* sein. In einer kristallinen Struktur sind Moleküle in dreidimensionalen Gittern angeordnet, und Abb. 4.8 zeigt einen Vergleich von drei grundlegenden Gitterstrukturen, nämlich kubisch raumzentriertes (KRZ) und kubisch flächenzentriertes (KFZ) Gitter sowie die hexagonal dichteste Kugelpackung (HDP). In einer amorphen Struktur sind Atome nicht in einem Gitter

4.2 Materialcharakteristik, Strukturen und Eigenschaften

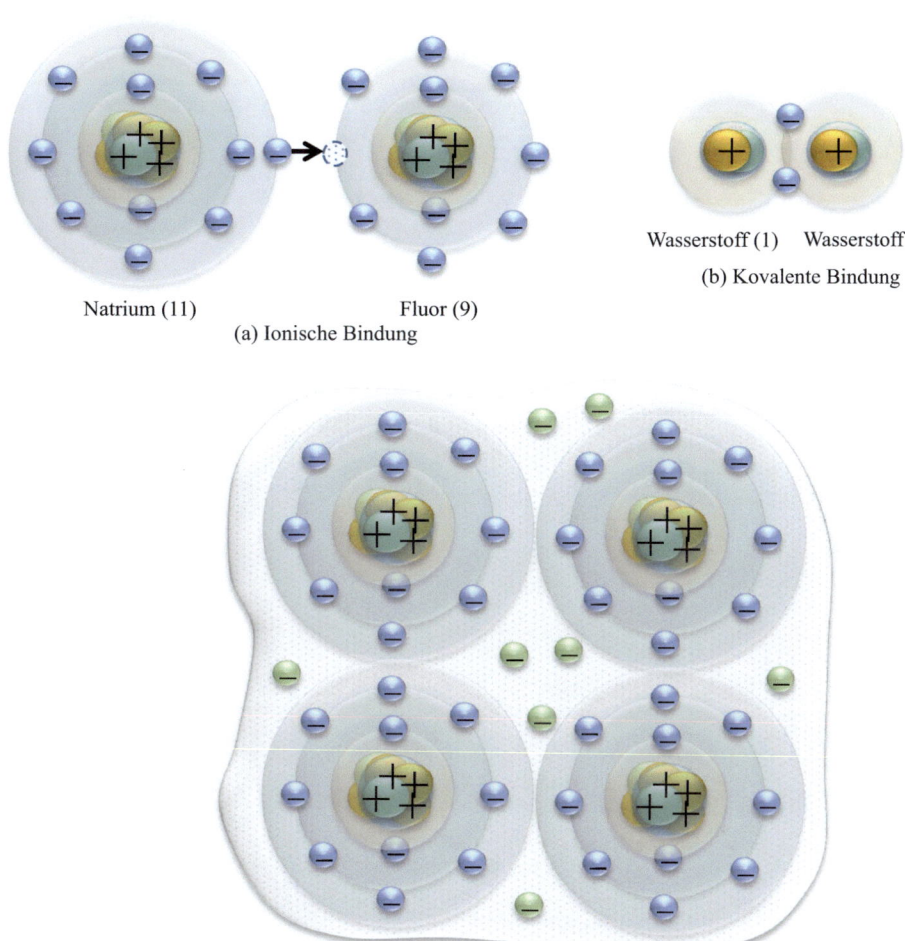

Abb. 4.6 Drei primäre Bindungsarten

angeordnet. Beachten Sie, dass die Mikrostruktur des Materials durch bestimmte Herstellungsprozesse geändert werden kann. Zum Beispiel existieren sowohl kristalline als auch amorphe Strukturen in Glas. Je kristalliner das Glas ist, desto höhere Festigkeit erreicht es und desto dichter ist es.

Die Unvollkommenheiten sind normalerweise die kritischsten Stellen, an denen ein Bruch des Materials meistens seinen Ausgang nimmt. Eine Unvollkommenheit beinhaltet die Diskontinuität des Materials, um die Spannungen auf die benachbarten Bereiche zu übertragen. Mikroebenen-Defekte beinhalten (1) *Punktdefekte*, (2) *Liniendefekte* und (3) *Grenzflächendefekte*, die in Abb. 4.9 dargestellt sind. *Punktdefekte* können sein eine

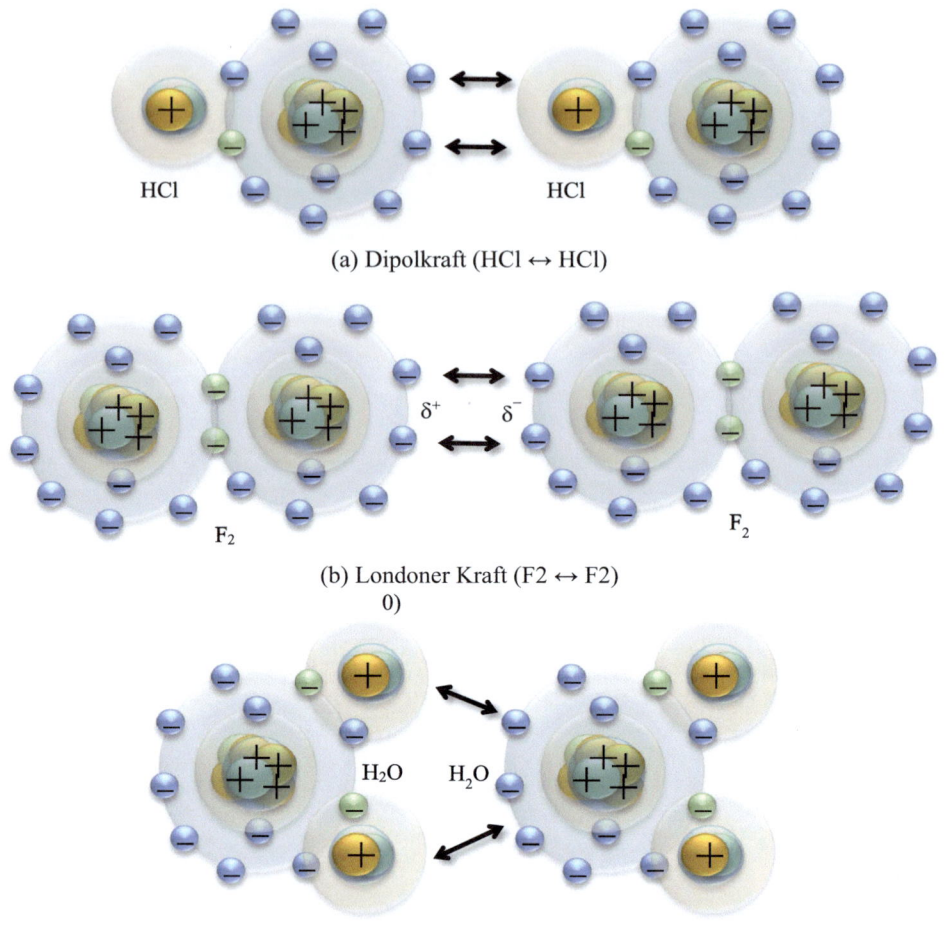

(a) Dipolkraft (HCl ↔ HCl)

(b) Londoner Kraft (F2 ↔ F2) 0)

(c) Wasserstoffbrückenbindungen (H_2O ↔ H_2O)

Abb. 4.7 Drei sekundäre Bindungsarten

Leerstelle, wo ein Atom fehlt, *ein Zwischengitteratom,* wo ein relativ kleines Atom zwischen die regulären Gitteratome gefüllt ist, und *Substitutionsatome,* wo ein Atom durch einen anderen Atomtyp ersetzt wird. Wenn die Kristallstruktur aus mehr als einem Element besteht, gibt es noch zwei andere Arten von Punktdefekten: Beim *Frenkel-Defekt* sind die kleinen Atome disloziert und beim *Schottky-Defekt* fehlt ein Anionen-Kationen-Paar. *Liniendefekte* beinhalten *Stufenversetzungen,* wo die Atome entlang einer Linie des Gitters fehlen, und *Schraubenversetzungen,* wo die Atome entlang eines spiralförmigen Pfades im Gitter fehlen. *Grenzflächendefekte* betreffen hauptsächlich die

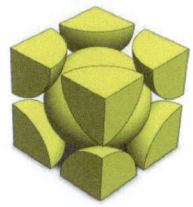 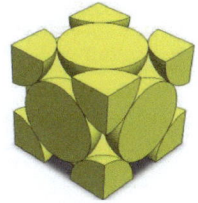 

(a) Körperzentriert kubisch	
Schematische	
Nachbarn	8
Packungsdichte	68%
Beispiele	Fe, Cr, Mn, Cb, W, Ta, Ti, V, Na, K

(b) Flächenzentrierter Kubus	
Schematische	
Nachbarn	12
Packungsdichte	74%
Beispiele	Fe, Al, Cu, Ni, Ca, Au, Ag, Pb, Pt

(c) Hexagonal dicht gepackt	
Schematische	
Nachbarn	12
Packungsdichte	74%
Beispiele	Be, Cd, Mg, Zn, Zr

Abb. 4.8 Mikrostrukturen von Materialien

Grenzen von Körnern; wenn kristalline Körner entlang unterschiedlicher Orientierungen aufeinandertreffen, treten Unregelmäßigkeiten an den Grenzen auf.

In Anwendungen können technische Materialien auf verschiedene Weisen klassifiziert werden. Zum Beispiel zeigt Abb. 4.10, dass Materialien basierend auf den Arten der atomaren Bindungskräfte in *metallisch*, *keramisch* und *polymer* eingeteilt werden können. Darüber hinaus können verschiedene Materialien strukturiert werden, um *Verbundwerkstoffe* zu bilden. Außerdem können die Materialien in jeder Kategorie weiter gruppiert werden basierend auf chemischen Zusammensetzungen, mechanischen Eigenschaften und physikalischen Eigenschaften.

Metalle werden eingeteilt in (1) *Eisenmetalle*, die Eisen als eines der konstituierenden Elemente enthalten, und *Nichteisenmetalle*, die frei von Eisen sind; ein Eisenmetall ist im Allgemeinen magnetisch. Viele andere Metalle fallen in die Gruppe der Nichteisenmetalle, Beispiele für Nichteisenmetalle sind *Kupfer*, *Aluminium* und *Blei*.

Keramik besteht aus anorganischen und nichtmetallischen Elementen durch die Prozesse des Erhitzens und anschließenden Erstarrens. Keramik ist spröde und hat einen hohen Schmelzpunkt, einen hohen elastischen Modul und eine hohe Festigkeit. Keramikmaterialien werden verwendet, um Schneidwerkzeuge wie Bohrer, Schneidchips und Schleifscheiben herzustellen. Allerdings sind Keramikprodukte auch anfällig dafür, unter Stoßlasten zu brechen. Abhängig vom Grad der Kristallinität können Keramiken in kristalline Keramiken und Gläser eingeteilt werden.

Ein Polymer besteht aus sich wiederholenden molekularen Strukturen als Makromoleküle. Polymere werden eingeteilt in *Thermoplast*, *Duroplast* und *Elastomer*. Aufgrund der Unterschiede in den molekularen Strukturen sind Polymere in den mechanischen Eigenschaften wie Festigkeit, Zähigkeit und Härte sehr vielfältig.

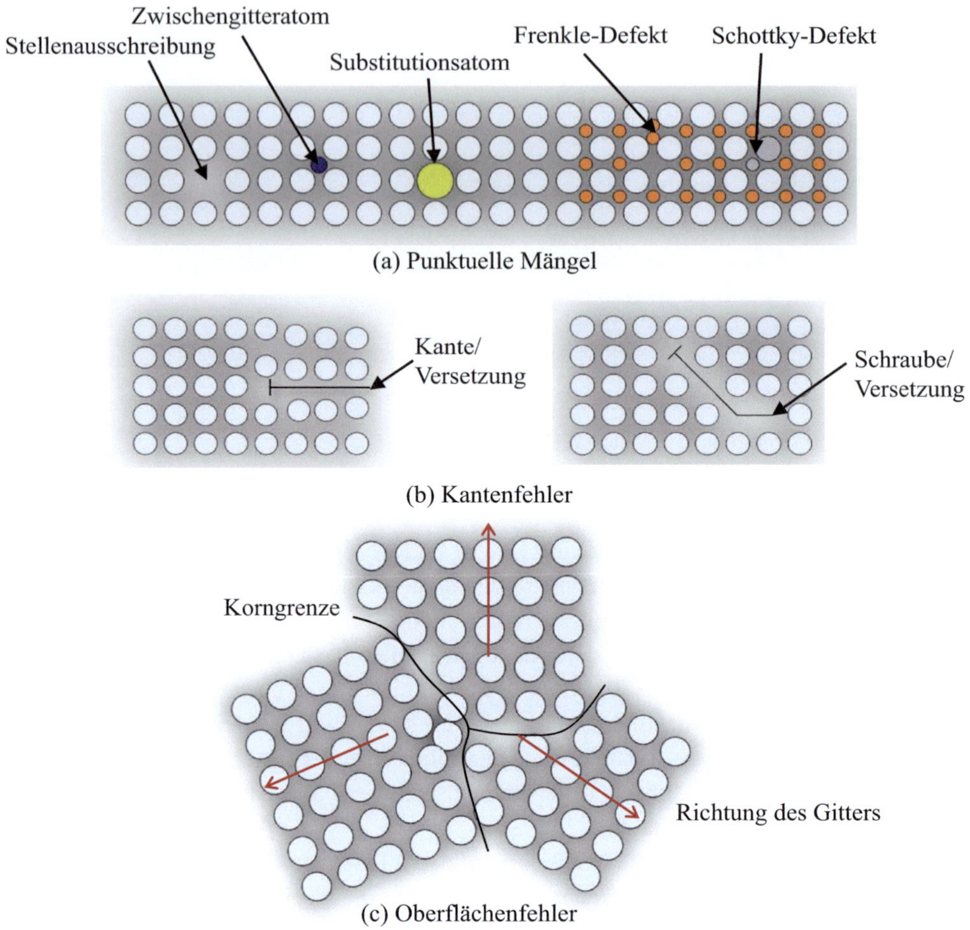

Zwischengitteratom
Stellenausschreibung
Frenkle-Defekt
Schottky-Defekt
Substitutionsatom
(a) Punktuelle Mängel
Kante/
Versetzung
Schraube/
Versetzung
(b) Kantenfehler
Korngrenze
Richtung des Gitters
(c) Oberflächenfehler

Abb. 4.9 Arten von Gitterfehlstellen (Kailas 2020)

Technische Materialien
Metall
Keramik
Polymer
Verbundwerkstoff
Eisenhaltig
Nichteisenhaltig
Kristallin
Gläser
Thermoplastisch
Duroplast
Elastomer
Metall-Matrix
Polymer-Matrix
Keramische Matrix

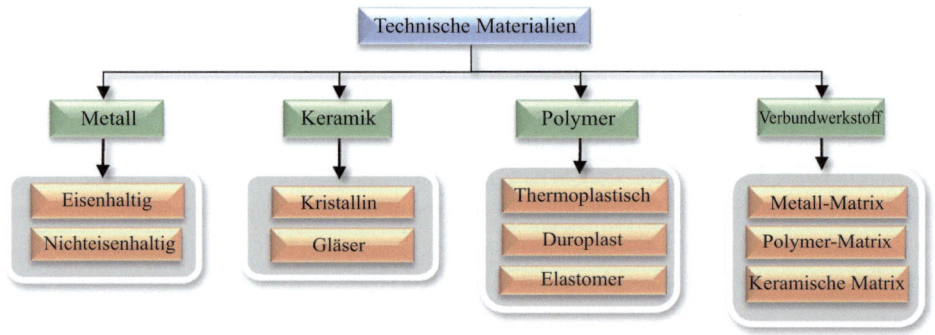

Abb. 4.10 Klassifizierung von technischen Materialien

4.3 Verbundwerkstoffe

Ein Verbundwerkstoff wird gebildet, indem zwei oder mehr verschiedene Materialien kombiniert werden, und jedes konstituierende Material behält seine Eigenschaften bei. Materialien werden kombiniert, um einen neuen Verbundwerkstoff mit den Eigenschaften zu schaffen, die durch keine der konstituierenden Komponenten allein erreicht werden können. Verbundwerkstoffe unterscheiden sich von herkömmlichen Materialien, da die Materialeigenschaften davon abhängen, wie die verschiedenen Materialien im Herstellungsprozess zusammengesetzt werden. Daher werden das Design und die Herstellung von Verbundwerkstoffen im folgenden Abschnitt diskutiert.

4.3 Verbundwerkstoffe

Ein Verbundwerkstoff besteht aus zwei Phasentypen, d.h., *Verstärkungsphase* und *Matrixphase*. Die Materialien für die Verstärkungsphase sind normalerweise leicht und stark; Verstärkungsphasen sind in Form von Partikeln, Fasern oder Plättchen vorhanden. Die Materialien für die Matrixphase sind zäh und duktil, da das Matrixmaterial sicherstellen muss, dass die Verformung externe Kräfte über die Matrix leitet und die Verstärkungsmaterialien schützt.

Abb. 4.11 zeigt, dass Verbundwerkstoffe basierend auf den Arten der Verstärkungs- und Matrixmaterialien klassifiziert werden. Alle herkömmlichen Materialien einschließlich

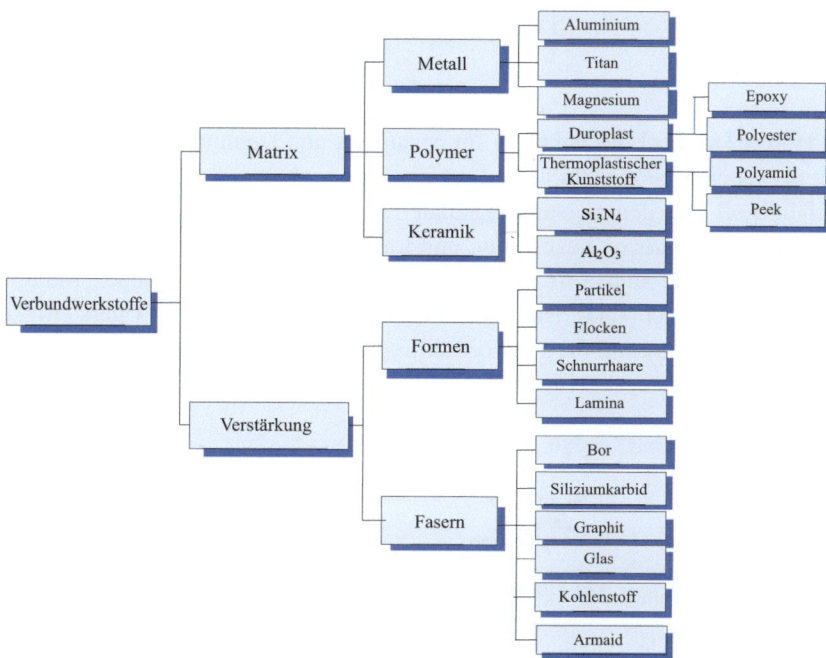

Abb. 4.11 Die Klassifizierung von Verbundwerkstoffen (Bi et al. 2009)

Metall, *Polymer* und *Keramik* können als Matrixmaterialien verwendet werden. Aluminium, Titan und Magnesium werden häufig als Materialien der Metallmatrix verwendet. Polymermatrixmaterialien können *Duroplaste* und *Thermoplaste* sein; Duroplast-Polymere sind härter und steifer als Thermoplast-Polymere; jedoch haben Thermoplast-Polymere eine bessere Duktilität und sind wiederverwendbar. Die Materialien für die Keramikmatrix sind Si_3N_4 und Al_2O_3. Keramikmaterialien haben einen sehr hohen spezifischen Modul und mechanische Festigkeit bei hohen Temperaturen.

In Abb. 4.11 werden Verstärkungsmaterialien hinsichtlich der Formen und Materialtypen klassifiziert. Die Formen des Verstärkungsmaterials (Partikel, Flocken, Whisker und lange Fasern) sind in Abb. 4.12 dargestellt. Übliche Materialien, die als Verstärkungen in den Verbundstoffen verwendet werden, sind Kohlenstoff, Glas, Aramid, Graphit, Siliziumkarbid und Bor.

Die Verbundstoffe mit den Verstärkungsmaterialien von Abb. 4.12a–c können als isotrope Materialien modelliert werden, die in jeder Richtung ähnliche Eigenschaften aufweisen. Für isotropes Material wird das allgemeine Hooke'sche Gesetz verwendet, um die Beziehung von Spannung und Dehnung zu beschreiben:

$$\begin{bmatrix} \sigma_{11} \\ \sigma_{22} \\ \sigma_{33} \\ \sigma_{23} \\ \sigma_{13} \\ \sigma_{12} \end{bmatrix} = \frac{E}{(1+v)(1-2v)} \begin{bmatrix} 1-v & v & v & 0 & 0 & 0 \\ v & 1-v & v & 0 & 0 & 0 \\ v & v & 1-v & 0 & 0 & 0 \\ 0 & 0 & 0 & 1-2v & 0 & 0 \\ 0 & 0 & 0 & 0 & 1-2v & 0 \\ 0 & 0 & 0 & 0 & 0 & 1-2v \end{bmatrix} \begin{bmatrix} \varepsilon_{11} \\ \varepsilon_{22} \\ \varepsilon_{33} \\ \varepsilon_{23} \\ \varepsilon_{13} \\ \varepsilon_{12} \end{bmatrix}$$
(4.1)

Hierbei sind $[\sigma]$ und $[\varepsilon]$ die Vektoren für Spannung und Dehnung, E ist das Elastizitätsmodul und v ist die Poissonzahl.

Ein Verbundstoff mit den Verstärkungsmaterialien von Abb. 4.12d wird üblicherweise als *laminierter Verbundstoff* bezeichnet, und Lagen sind die grundlegenden Bauelemente eines laminierten Verbundstoffs. Eine Lage ist ein dünnes orthotropes Material, das durch vier Parameter charakterisiert ist: (1) Längssteifigkeit E_{11}, (2) Quersteifigkeit E_{22}, (3) Schersteifigkeit G_{12} und (4) Poissonzahl v_{12}. Dementsprechend wird das konstitutive Modell einer Lage zu

(a) Partikel   (b) Flocken   (c) Whisker   (a) Fasern

Abb. 4.12 Formen von Verstärkungsmaterialien

4.3 Verbundwerkstoffe

$$\begin{bmatrix} \sigma_{11} \\ \sigma_{22} \\ \sigma_{12} \end{bmatrix} = \begin{bmatrix} Q_{11} & Q_{12} & 0 \\ Q_{21} & Q_{22} & 0 \\ 0 & 0 & Q_{66} \end{bmatrix} \begin{bmatrix} \varepsilon_{11} \\ \varepsilon_{22} \\ \varepsilon_{12} \end{bmatrix} \quad (4.2)$$

mit

$$\left.\begin{aligned} Q_{11} &= E_{11}/(1 - v_{12}^2) \\ Q_{22} &= E_{22}/(1 - v_{12}^2) \\ Q_{12} &= v_{12}E_{22} \\ Q_{21} &= Q_{12} \\ Q_{66} &= G_{12} \end{aligned}\right\} \quad (4.3)$$

Wie in Abb. 4.13a gezeigt, wird ein laminiertes Verbundmaterial aus Lagen aufgebaut, das konstitutive Modell des laminierten Verbundmaterials basiert auf dem der Lagen. Wie in Abb. 4.13b gezeigt, wird die Transformation des konstitutiven Modells einer Lage durch die Richtung (θ) des Lagensystems im Laminatkoordinatensystem bestimmt. Mit $m = \cos\theta$ und $n = \sin\theta$ erhalten wir:

$$\left.\begin{aligned} \overline{Q}_{11} &= Q_{11}m^4 + 2(Q_{12} + 2Q_{66})m^2n^2 + Q_{22}n^4 \\ \overline{Q}_{12} &= (Q_{11} + Q_{22} - 4Q_{66})m^2n^2 + Q_{12}(m^4 + n^4) \\ \overline{Q}_{22} &= Q_{11}n^4 + 2(Q_{12} + 2Q_{66})m^2n^2 + Q_{22}m^4 \\ \overline{Q}_{16} &= (Q_{11} - Q_{22} - 2Q_{66})m^3n + (Q_{12} - Q_{22} + 2Q_{66})mn^3 \\ \overline{Q}_{26} &= (Q_{11} - Q_{22} - 2Q_{66})mn^3 + (Q_{12} - Q_{22} + 2Q_{66})m^3n \\ \overline{Q}_{66} &= (Q_{11} + Q_{22} - 2Q_{12} - 4Q_{66})m^2n^2 + Q_{66}(m^4 + n^4) \end{aligned}\right\} \quad (4.4)$$

Abb. 4.14 zeigt das Freikörperbild an einem Punkt des Verbundmaterials; die konstitutive Beziehung von Spannung und Dehnung des laminierten Materials kann wie folgt gefunden werden:

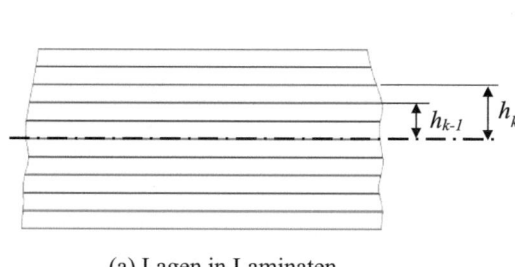

(a) Lagen in Laminaten

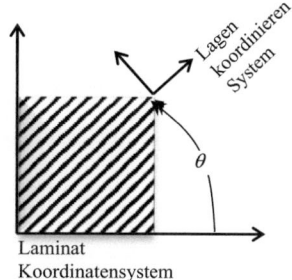

(b) Koordinatensysteme

Abb. 4.13 Lagen in laminiertem Verbundstoff

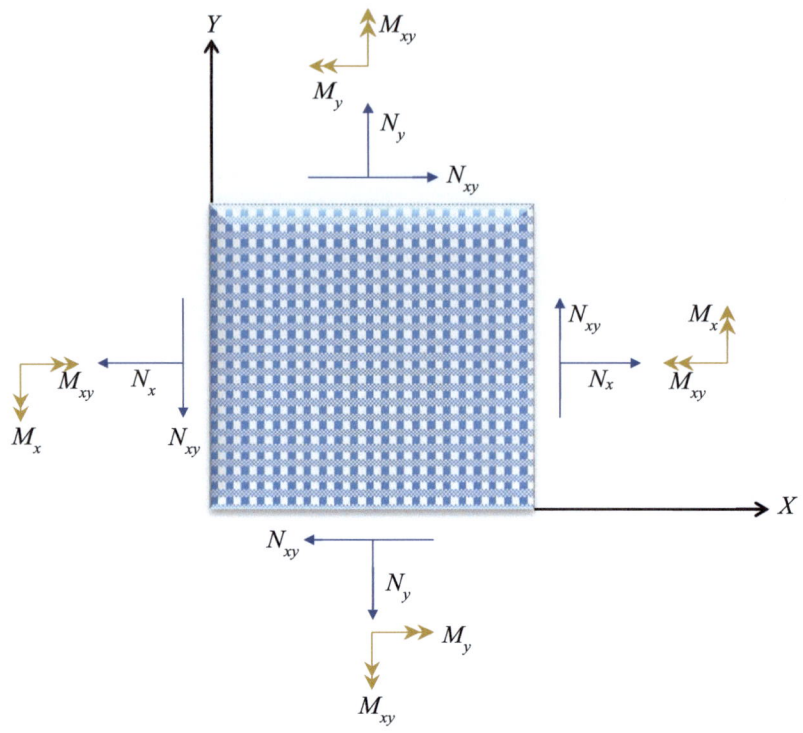

Abb. 4.14 Freikörperbild eines Materialpunkts im Verbundstoff

$$\begin{bmatrix} N \\ M \end{bmatrix} \leftarrow \begin{bmatrix} \sigma_{11} \\ \sigma_{22} \\ \sigma_{33} \\ \sigma_{23} \\ \sigma_{13} \\ \sigma_{12} \end{bmatrix} = \begin{bmatrix} C_{11} & C_{12} & C_{13} & C_{14} & C_{15} & C_{16} \\ C_{21} & C_{22} & C_{23} & C_{24} & C_{25} & C_{26} \\ C_{31} & C_{32} & C_{33} & C_{34} & C_{35} & C_{36} \\ C_{41} & C_{42} & C_{43} & C_{44} & C_{45} & C_{46} \\ C_{51} & C_{52} & C_{53} & C_{54} & C_{55} & C_{56} \\ C_{61} & C_{62} & C_{63} & C_{64} & C_{65} & C_{66} \end{bmatrix} \begin{bmatrix} \varepsilon_{11} \\ \varepsilon_{22} \\ \varepsilon_{33} \\ \varepsilon_{23} \\ \varepsilon_{13} \\ \varepsilon_{12} \end{bmatrix} \rightarrow \begin{bmatrix} A & B \\ B & D \end{bmatrix} \begin{bmatrix} \varepsilon \\ K \end{bmatrix} \quad (4.5)$$

Hier ist [C] die Steifigkeitsmatrix;

$N = \begin{bmatrix} \sigma_{11} \\ \sigma_{22} \\ \sigma_{33} \end{bmatrix}$ und $M = \begin{bmatrix} \sigma_{23} \\ \sigma_{13} \\ \sigma_{12} \end{bmatrix}$ sind die Vektoren der Membranlasten bzw. der Biegebelastungen;

$\varepsilon = \begin{bmatrix} \varepsilon_{11} \\ \varepsilon_{22} \\ \varepsilon_{33} \end{bmatrix}$ und $K = \begin{bmatrix} \varepsilon_{23} \\ \varepsilon_{13} \\ \varepsilon_{12} \end{bmatrix}$ sind die Vektoren der Dehnungen bzw. Krümmungen;

4.3 Verbundwerkstoffe

$$A = \begin{bmatrix} C_{11} & C_{12} & C_{13} \\ C_{21} & C_{22} & C_{23} \\ C_{31} & C_{32} & C_{33} \end{bmatrix}, B = \begin{bmatrix} C_{14} & C_{15} & C_{16} \\ C_{24} & C_{25} & C_{26} \\ C_{34} & C_{35} & C_{36} \end{bmatrix} = \begin{bmatrix} C_{41} & C_{42} & C_{43} \\ C_{51} & C_{52} & C_{53} \\ C_{61} & C_{62} & C_{63} \end{bmatrix}, \text{und}$$

$$D = \begin{bmatrix} C_{44} & C_{45} & C_{46} \\ C_{54} & C_{55} & C_{56} \\ C_{64} & C_{65} & C_{66} \end{bmatrix}.$$

In Gl. (4.5) sind A die Verlängerungssteifigkeitsmatrix, B die Dehnungs-Biege-Kopplungsmatrix und D die Biegesteifigkeitsmatrix, die aus den konstitutiven Modellen der Lagen (Gleichung 4.4) zusammengesetzt sind mit:

$$\left. \begin{array}{l} A_{ij} = \sum_{k=1}^{n} \left(\overline{Q}_{ij}\right)_k (h_k - h_{k-1}) \\ B_{ij} = \frac{1}{2} \sum_{k=1}^{n} \left(\overline{Q}_{ij}\right)_k \left(h_k^2 - h_{k-1}^2\right) \\ D_{ij} = \frac{1}{3} \sum_{k=1}^{n} \left(\overline{Q}_{ij}\right)_k \left(h_k^3 - h_{k-1}^3\right) \end{array} \right\} \quad (4.6)$$

Um laminierte Materialien sicher zu verwenden, sollten die Materialien auf (1) Mikroebene und (2) Makroebene analysiert werden. *Mikroebenenanalyse* findet auf der Skala des Faserdurchmessers statt; die Verstärkungs- und Matrixmaterialien werden als isotrop behandelt und modelliert. Sie wird hauptsächlich verwendet, um die Spannungsverteilung an der Schnittstelle von Faser und Matrix zu untersuchen, wo ein Riss wahrscheinlich seinen Ausgang nimmt.

Im Allgemeinen beinhaltet die Mikroebenenanalyse intensive Berechnungen. Daher werden oft Einheitszellen definiert und analysiert, um die Menge der Berechnungen in der Simulation handhabbar zu machen. Abb. 4.15 zeigt einige gängige Modelle von Einheitszellen bei der Darstellung von Verbundwerkstoffen. Da sowohl Faser- als auch Matrixmaterialien jeweils als isotrope Materialien behandelt werden, können herkömmliche Versagenskriterien (siehe Abb. 4.16) in der Mikroebenenanalyse von Verbundwerkstoffen verwendet werden.

Die Makroebenenanalyse berücksichtigt die Geometrie des Teils, das aus Verbundwerkstoffen besteht; die Lagen in Laminaten werden als homogene anisotrope Materialien behandelt. Folglich werden die Festigkeiten des laminierten Verbundwerkstoffs als $\sigma_{11}^{fT}, \sigma_{11}^{fC}, \sigma_{22}^{fT}, \sigma_{22}^{fC}$, und τ_{12}^{f} charakterisiert, und Tab. 4.1 zeigt drei häufig verwendete Versagenskriterien für Verbundwerkstoffe in einer Makroebenenanalyse.

Beispiel 4.1 In der in Abb. 4.17a gezeigten Hubarbeitsbühne bestehen einige der hervorgehobenen Komponenten aus Verbundwerkstoffen. Diese Komponenten werden verwendet, um einen direkten Stromkreisfluss von einer Stromleitung zur Erde zu vermeiden. Die Teile werden prototypisiert und in der realen Anwendungsumgebung getestet. Allerdings trat ein Fehler an einer prototypisierten Komponente auf, wie in Abb. 4.17b gezeigt, und der Benutzer wollte die Ursache des Fehlers im Produktdesign herausfinden (Bi und Mueller 2016). Das CAD-Modell des fehlerhaften Teils ist in Abb. 4.7c dargestellt; stellen Sie das Modellierungsverfahren der FEA für die Analyse von Verbundteilen auf.

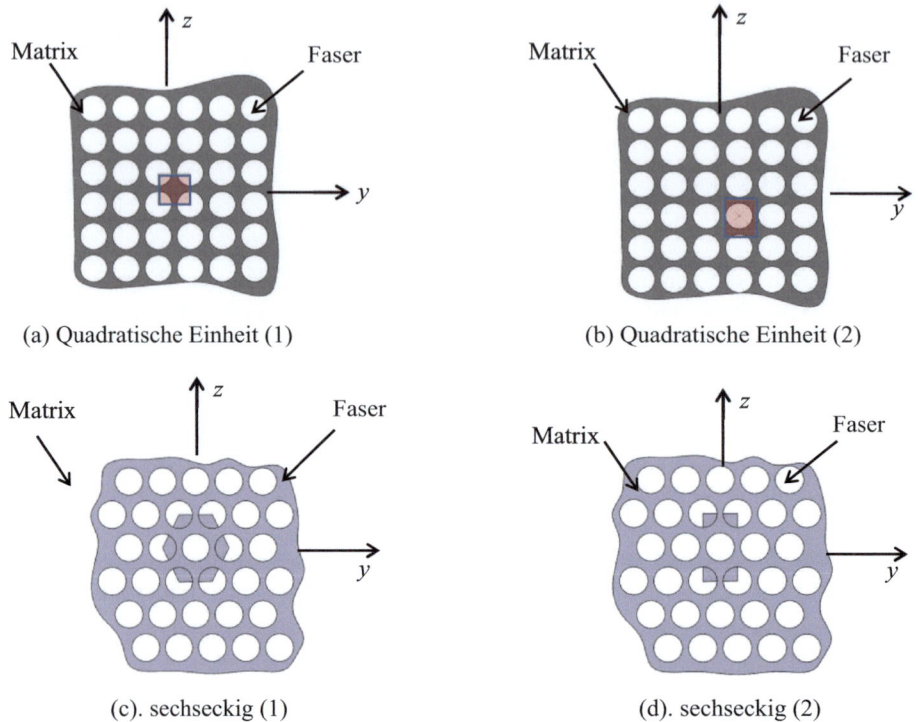

Abb. 4.15 Beispiele für Einheitszellenmodelle für die Mikroebenenanalyse von Verbundwerkstoffen (Tuttle 2020)

Lösung Die SolidWorks-Simulation wird zur Analyse eines Verbundteils wie folgt verwendet.

Erstens werden die Eigenschaften der Verbundwerkstoffe definiert. Abb. 4.18 zeigt die Schnittstelle zur Definition neuer Materialeigenschaften. „*Linear elastisch orthotrop*" wird als *Modelltyp* ausgewählt, um die Attribute von Verbundwerkstoffen zu spezifizieren.

Zweitens werden die Laminierungen des Verbundwerkstoffs konfiguriert. Abb. 4.19a zeigt die Schnittstelle zur Definition einer Oberfläche, die aus Verbundwerkstoffen besteht. Abb. 4.19b zeigt ihre Hauptattribute, die die Anzahl, die Dicken und die Materialien der Schichten; die Attribute beinhalten auch die Faserrichtungen in jeder Schicht.

Drittens werden die Ausfallkriterien für jeden festen Körper festgelegt. Wie in Abb. 4.20 gezeigt, unterstützt die SolidWorks-Simulation alle drei Optionen der Ausfallkriterien in Tab. 4.1 zur Definition des *Sicherheitsfaktors* für Verbundwerkstoffe. Darüber hinaus unterstützt die Software die automatische Auswahl der Ausfallkriterien basierend auf den zugewiesenen Materialeigenschaften.

4.3 Verbundwerkstoffe

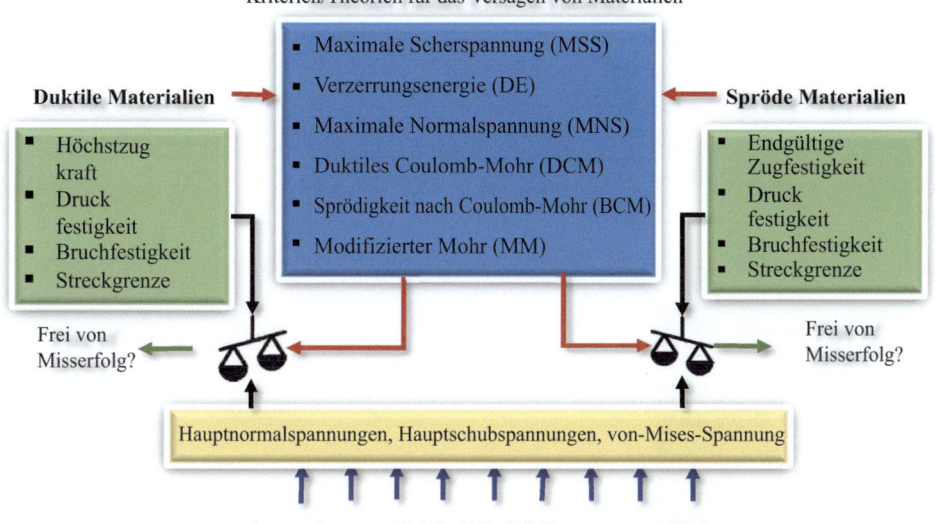

Abb. 4.16 Versagenskriterien für isotrope Materialien (Pilkey et al. 2020)

Tab 4.1 Häufig verwendete Versagenskriterien von Verbundwerkstoffen

Versagenskriterium	Formel	Festigkeiten und Spannungen
Maximales Spannungsversagenskriterium	$\left.\begin{array}{l}-\sigma_{11}^{fC} < \sigma_{11} < \sigma_{11}^{fT} \\ -\sigma_{22}^{fC} < \sigma_{22} < \sigma_{22}^{fT} \\ \lvert\tau_{12}\rvert < \tau_{12}^{f}\end{array}\right\}$	σ_{11}^{fT} und σ_{11}^{fC} sind Zug- und Druckfestigkeiten in Längsrichtung σ_{22}^{fT} und σ_{22}^{fC} sind Zug- und Druckfestigkeiten in Querrichtung τ_{12}^{f} ist die Scherfestigkeit in der Laminat-Ebene σ_{11}, σ_{22}, und τ_{12} sind die Längsspannung, Querspannung bzw. Scherspannung X_1, X_2, X_{11}, X_{12}, X_{22}, und X_{66} sind experimentell bestimmte Materialfestigkeitsparameter
Tsai-Hill-Versagenskriterium	$\dfrac{(\sigma_{11})^2}{\left(\sigma_{11}^{fT}\right)^2} + \dfrac{(\sigma_{22})^2}{\left(\sigma_{22}^{fT}\right)^2} + \dfrac{(\tau_{12})^2}{\left(\tau_{12}^{f}\right)^2}$ $- \dfrac{\sigma_{11}\sigma_{22}}{\left(\sigma_{11}^{fT}\right)^2} < 1$	
Tsai-Wu-Versagenskriterium	$X_1\sigma_{11} + X_2\sigma_{22} + X_{11}\sigma_{11}^2 + X_{22}\sigma_{22}^2$ $+ X_{66}\tau_{12}^2 + 2X_{12}\sigma_{11}\sigma_{22} < 1$	

Viertens werden die Schritte in der FEA-Modellierung befolgt, um (1) die Geometrie des Teils zu erstellen, (2) Materialeigenschaften zuzuweisen, (3) Netze zu erstellen, (4) Randbedingungen und Lasten zu definieren, (5) das Modell auszuführen und (6) die Simulationsergebnisse nachzubearbeiten. Abb. 4.21a–c zeigt die Ausgabebeispiele für

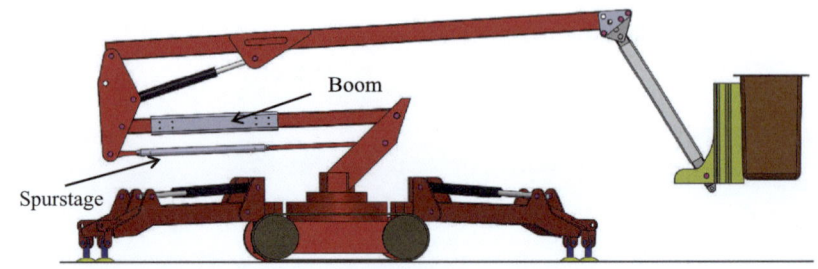

(a) Verbundwerkstoffe im Spinnenaufzug

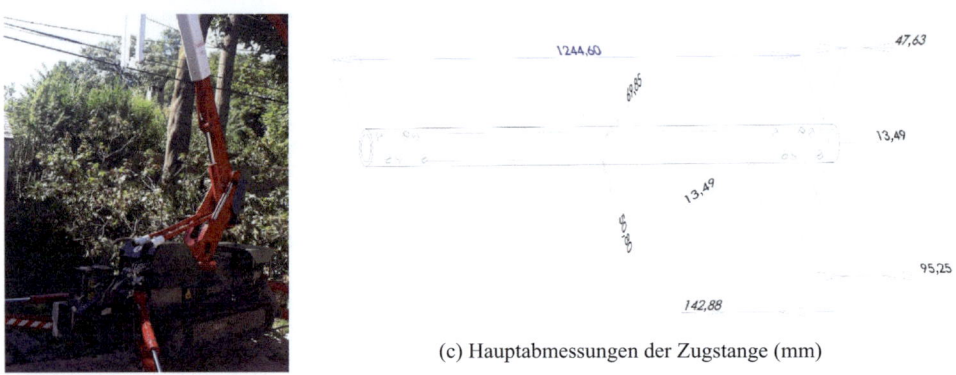

(b) Versagen der Zugstange

(c) Hauptabmessungen der Zugstange (mm)

Abb. 4.17 Zugstange in einer Spinnenhebebühne (Bi und Mueller 2016)

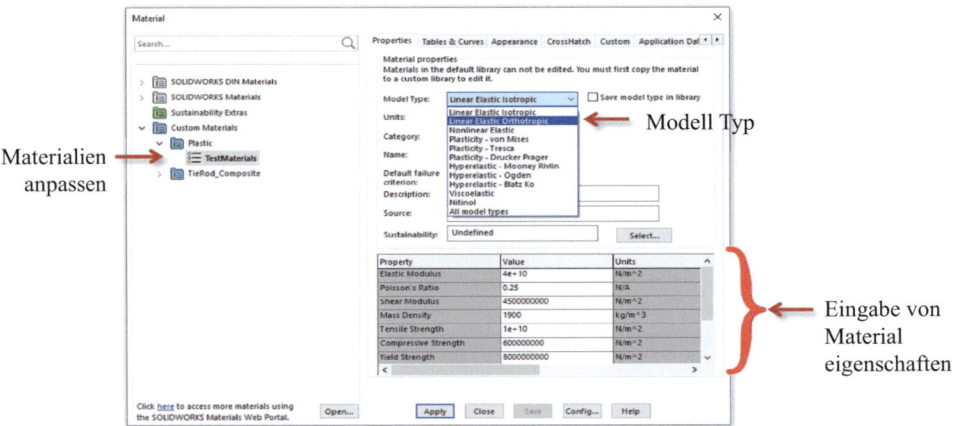

Abb. 4.18 Schnittstelle zur Definition von Verbundwerkstoffen

4.3 Verbundwerkstoffe

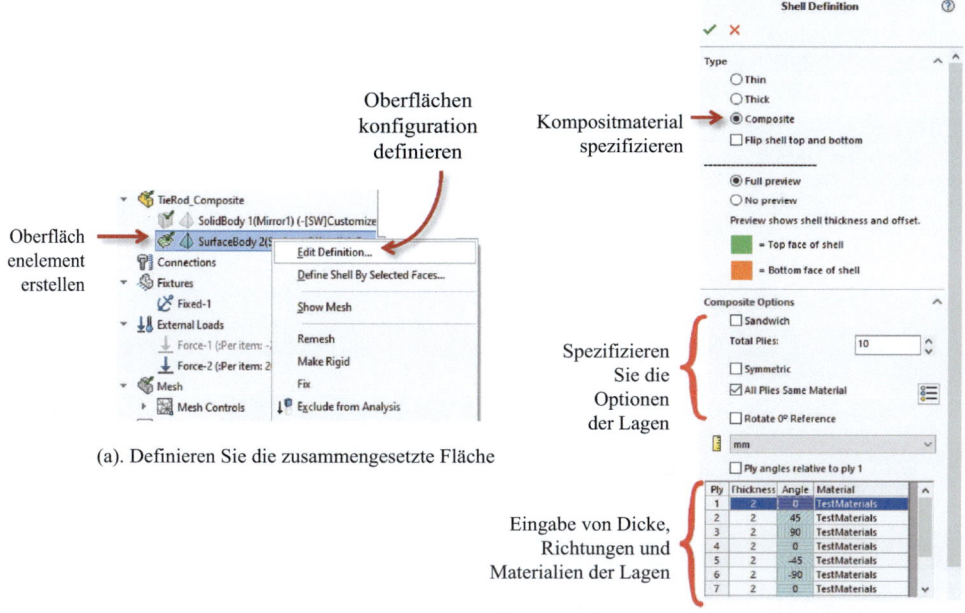

Abb. 4.19 Konfigurieren der Schichten von Verbundwerkstoffen auf der Oberfläche

Abb. 4.20 Ausfallkriterien von Verbundwerkstoffen

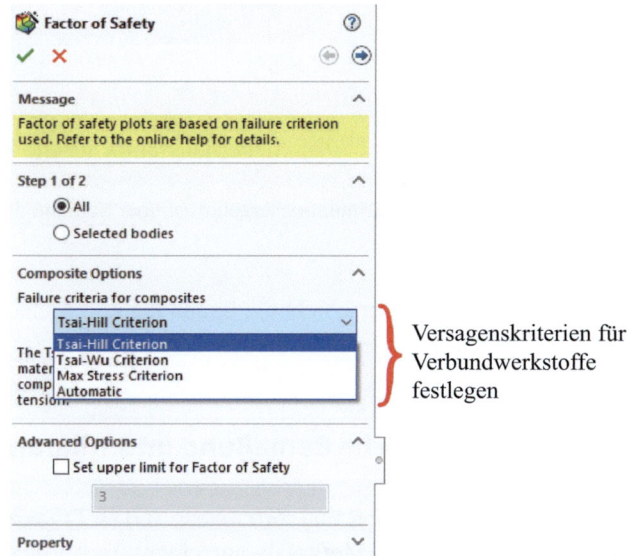

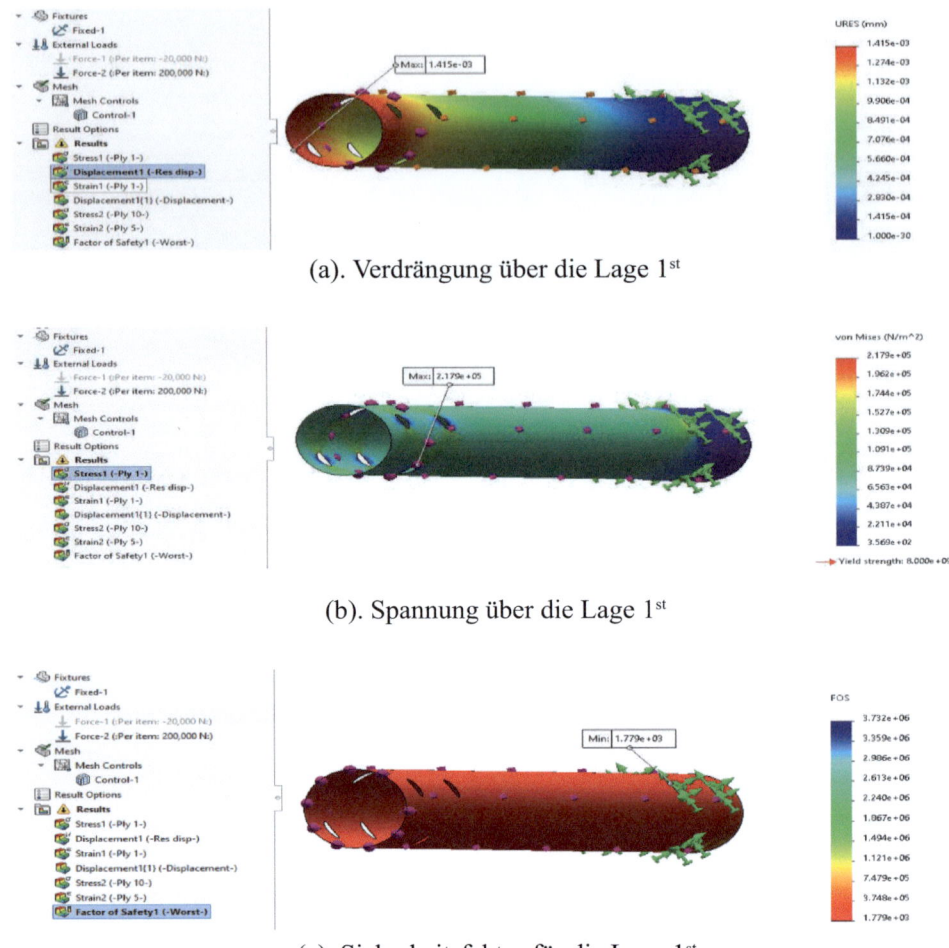

(a). Verdrängung über die Lage 1ˢᵗ

(b). Spannung über die Lage 1ˢᵗ

(c). Sicherheitsfaktor für die Lage 1ˢᵗ

Abb. 4.21 Beispiel für Simulationsergebnisse über Schichten

die Verteilungen von Verschiebung, Spannung und Sicherheitsfaktor in der ersten Schicht der Teileoberfläche.

4.4 Geometrische Bemaßung und Toleranzen (GD&T)

Geometrische Bemaßung und *Toleranzen* (GD&T) spezifizieren die gewünschte Größe und Genauigkeit eines Merkmals auf einem Teil; GD&T dient als Spezifikationen für dimensionale und Formkontrollen von Teilen und Passungen. GD&T ist entscheidend, da die Auswahl und Option eines Fertigungsprozesses die GD&T-Spezifikationen für

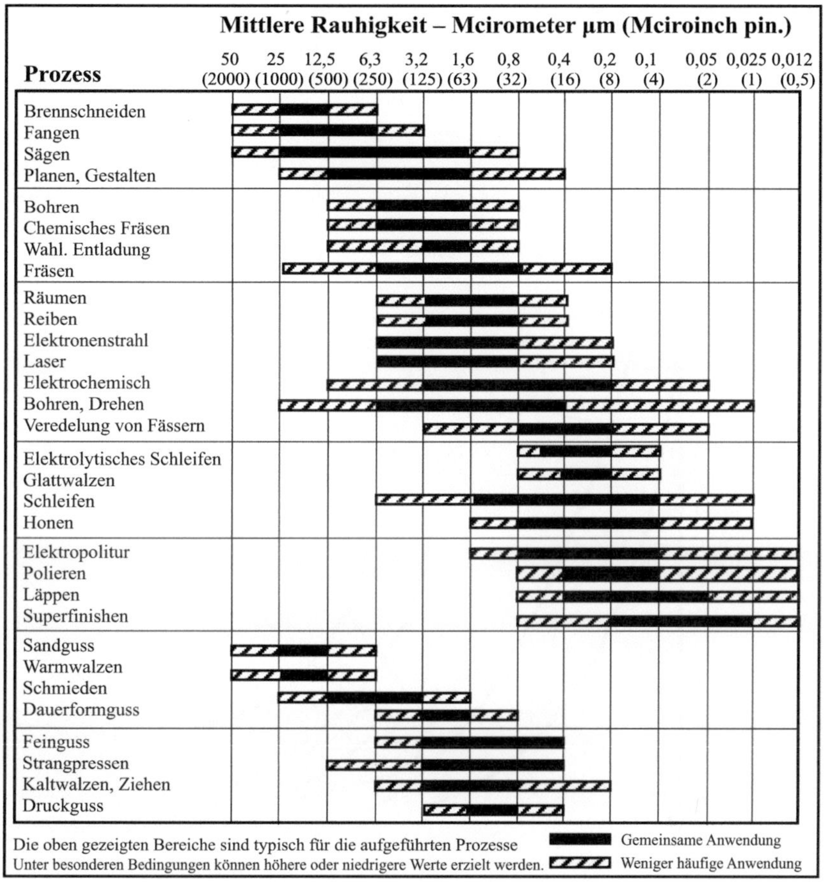

4.4 Geometrische Bemaßung und Toleranzen (GD&T)

Prozess	Mittlere Rauhigkeit – Mcirometer µm (Mciroinch pin.)											
	50 (2000)	25 (1000)	12,5 (500)	6,3 (250)	3,2 (125)	1,6 (63)	0,8 (32)	0,4 (16)	0,2 (8)	0,1 (4)	0,05 (2)	0,025 (1)	0,012 (0,5)
Brennschneiden												
Fangen												
Sägen												
Planen, Gestalten												
Bohren												
Chemisches Fräsen												
Wahl. Entladung												
Fräsen												
Räumen												
Reiben												
Elektronenstrahl												
Laser												
Elektrochemisch												
Bohren, Drehen												
Veredelung von Fässern												
Elektrolytisches Schleifen												
Glattwalzen												
Schleifen												
Honen												
Elektropolitur												
Polieren												
Läppen												
Superfinishen												
Sandguss												
Warmwalzen												
Schmieden												
Dauerformguss												
Feinguss												
Strangpressen												
Kaltwalzen, Ziehen												
Druckguss												

Die oben gezeigten Bereiche sind typisch für die aufgeführten Prozesse ■ Gemeinsame Anwendung
Unter besonderen Bedingungen können höhere oder niedrigere Werte erzielt werden. ▨ Weniger häufige Anwendung

Abb. 4.22 Genauigkeit gängiger Fertigungsprozesse (Vorburger und Raja 1990)

die Qualitätskontrolle des Produkts erfüllen muss. Abb. 4.22 zeigt die Beziehungen von gängigen Fertigungsprozessen und typischen Toleranzbereichen, und Abb. 4.23 zeigt die Auswirkungen der Auswahl von Fertigungsprozessen auf die Produktionszeiten (Vorburger und Raja 1990), die direkt mit den Fertigungskosten zusammenhängen.

Die richtige Anwendung von GD&T stellt sicher, dass (1) Teile in der Massenproduktion austauschbar sind; (2) die richtigen Referenzen verwendet werden, um die Attribute von Teileigenschaften zu definieren; (3) die Mehrdeutigkeit im Verständnis der Funktionen von bearbeiteten Merkmalen vermieden wird; (4) für bessere Teileentwürfe eine Toleranzstapelung eliminiert wird; und (5) die Kriterien für Inspektion und Qualitätskontrollen klargestellt werden. GD&T kommuniziert dimensionale und Toleranzanforderungen für die Implementierung von Fertigungs- und Montageprozessen (Steeves 2016). GD&T-Praktiken werden durch Standards geregelt, insbesondere die Standards

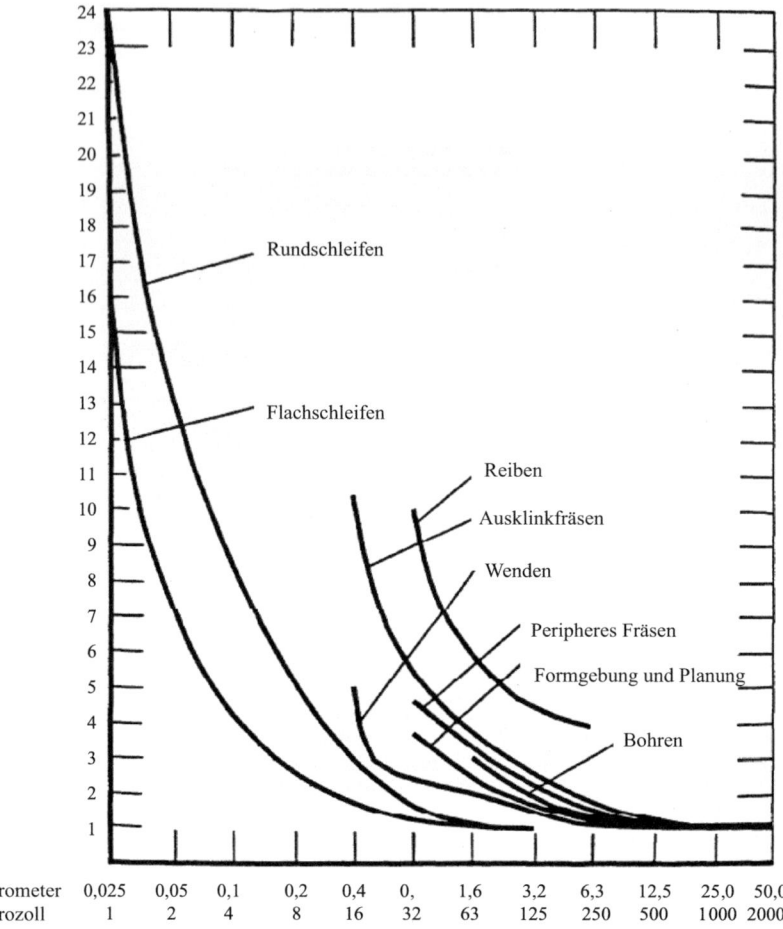

Abb. 4.23 Typische Beziehungen von Oberflächenfinish zu Produktionszeit (Vorburger und Raja 1990)

von ASME (Y14.5 M-1994 für 2D, Y14.41–2003 für 3D) und ISO (ISO 1101 für 2D und ISO 16,792 für 3D). Während GD&T die notwendigen Informationen für die Inspektionen in der Produktqualitätskontrolle liefert, sollte eine enge Toleranz nur auf einige kritische Teileigenschaften angewendet werden.

4.4.1 Datum-Systeme

Die meisten der GD&T-Spezifikationen werden auf der Grundlage der angegebenen Referenz(en) definiert, die allgemein als *Datums* in GD&T bekannt sind. *Ein Datum* ist eine Entität wie ein *Punkt*, eine *Achse*, eine *Linie*, eine *Ebene* oder ein *Koordinatensystem*,

4.4 Geometrische Bemaßung und Toleranzen (GD&T)

das als Referenz verwendet wird, wenn das Teil dimensioniert, gemessen, hergestellt oder inspiziert wird. Um ein bearbeitetes Merkmal auf einem Teil zu lokalisieren und zu orientieren, muss ein Datum-System mit sechs Freiheitsgraden (DOF) angewendet werden. *Die 3-2-1-Regel* verwendet die minimale Anzahl von Kontaktpunkten als Referenzen, um die Merkmale auf einem Teil zu lokalisieren und zu orientieren. Wie in Abb. 4.24 gezeigt, besteht ein Datum-System basierend auf der 3-2-1-Regel aus drei Datum-Ebenen, *der primären Ebene*, *der sekundären Ebene* und *der tertiären Ebene*. Wenn ein solches Datum-System verwendet wird, um ein Teil zu lokalisieren und zu orientieren, gibt es 3, 2 bzw. 1 Punkt(e) auf dem Teil, die Kontakt zur primären, sekundären bzw. tertiären Ebene haben.

4.4.2 Geometrische Toleranzen

Die Genauigkeitsgrade geometrischer Merkmale wie Linien, Bögen, Kurven, Ebenen, Oberflächen und Zylinder werden durch geometrische *Kontrollsymbole* und zugehörige Toleranzen festgelegt. Wie in Abb. 4.25a gezeigt, haben die ASME-Standards insgesamt 14 Kontrollsymbole, die zur Steuerung der geometrischen Toleranzen in *Form* (F), *Ausrichtung* (O), *Profil* (P), *Rundlauf* (R) und *Position* (L) verwendet werden. Die Hauptattribute jedes Kontrollsymbols sind in Abb. 4.25b beschrieben. Ein Kontrollsymbol hat sein grafisches Symbol, gibt die Inspektionsmethode an, zeigt das Bezugssystem an, wenn es benötigt wird, und stellt den Link zum entsprechenden Abschnitt in ASME Y14.5 M-1994 für die detaillierte Erklärung des Kontrollsymbols bereit. Abb. 4.26 gibt eine vollständige Tabelle der von Allsup (2009) entwickelten GD&T-Kontrollsymbole, die den Benutzern hilft, sich mit allen Kontrollsymbolen und ihren Beziehungen vertraut

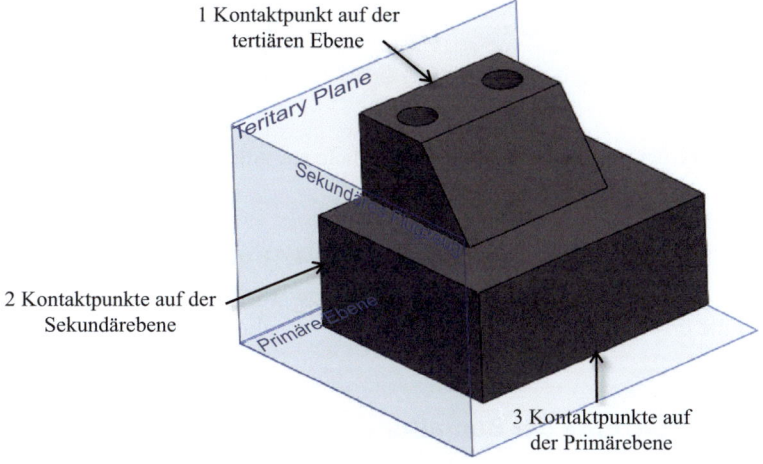

Abb. 4.24 Die 3-2-1-Regel und drei orthogonale Datum-Ebenen

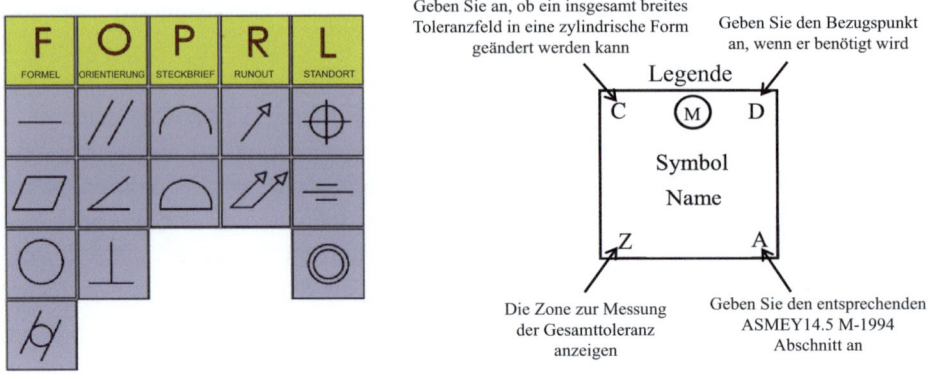

(a) Klassifizierung der Kontrollsymbole   (b). Attribut eines Kontrollsymbols

Abb. 4.25 14 Kontrollsymbole und die Vorlage für ihre Attribute

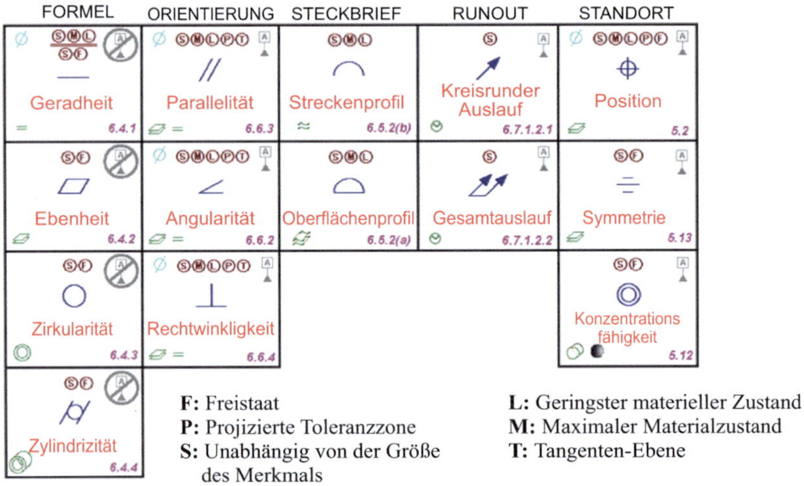

Abb. 4.26 Tabelle der geometrischen Kontrollsymbole von Allsup (2009)

zu machen. Die Abb. 4.27, 4.28, 4.29, 4.30 und 4.31 zeigen Beispiele dafür, (1) wie Kontrollsymbole verwendet werden und (2) wie die Attribute von Merkmalen gemessen werden, um die erforderlichen Genauigkeitsgrade zu validieren.

4.4.3 Grundkonzepte der Bemaßung

Abmessungen definieren die nominellen Geometrien und zulässigen Variationen für die Merkmale von Teilen und Baugruppen. Eine Abmessung sollte eine Toleranz haben, da

4.4 Geometrische Bemaßung und Toleranzen (GD&T)

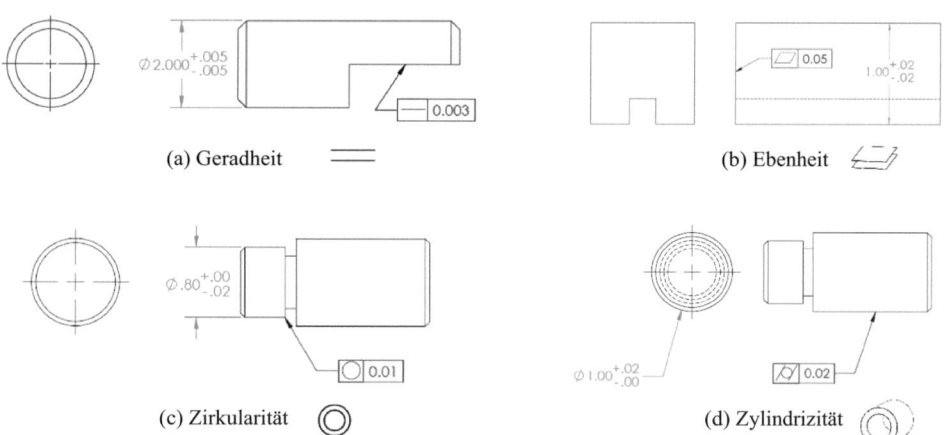

Abb. 4.27 *Form* Kontrollsymbole und Messungen

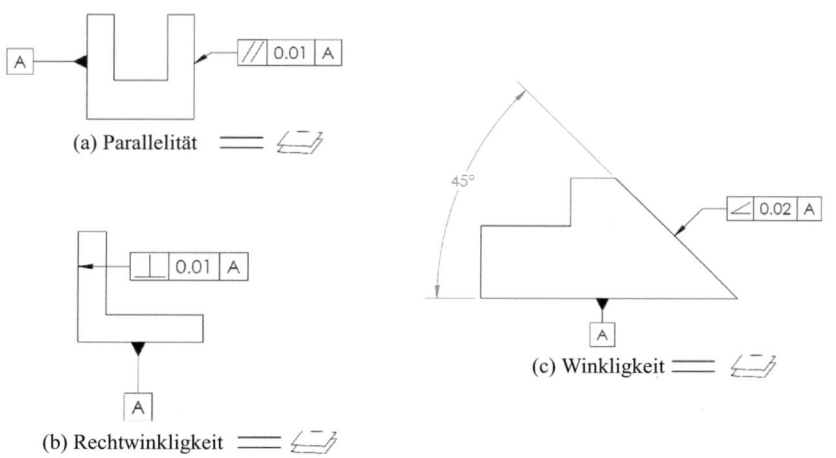

Abb. 4.28 *Ausrichtung* Kontrollsymbole und Messungen

jedes hergestellte Merkmal einer Variation unterliegt. Die Grenzen einer zulässigen Variation müssen festgelegt werden, um die Produktqualität zu kontrollieren. Eine technische Zeichnung sollte so bemessen werden, dass sie die Funktionen der Merkmale der Teile widerspiegelt, und die Interpretation einer Abmessung muss eindeutig sein.

Eine Grundgröße ist eine Nenngröße, die als Referenz für die ideale Größe dient, von der aus die Grenzen berechnet werden. Eine Grundgröße ist zwei passenden Teilen an ihrer Kontaktstelle gemeinsam. Eine *Maximum-Material-Bedingung* (MMC) ist eine Abmessung eines Teilemerkmals, wenn es aus dem meisten Material besteht, und eine *Minimum-Material-Bedingung* (LMC) ist eine Abmessung eines Teilemerkmals, wenn es aus dem wenigsten Material besteht. *Grenzen* sind die extremen Werte einer

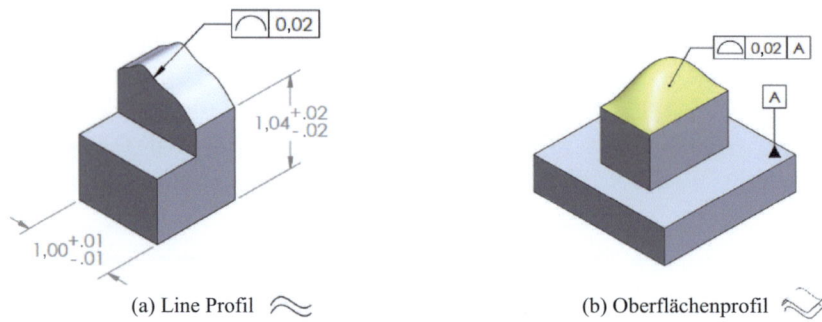

(a) Line Profil   (b) Oberflächenprofil

Abb. 4.29 *Profil* Kontrollsymbole und Messungen

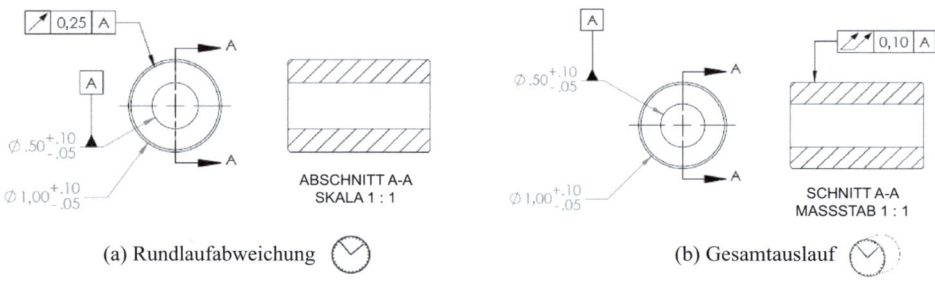

(a) Rundlaufabweichung   (b) Gesamtauslauf

Abb. 4.30 *Rundlauf* Kontrollsymbole und Messungen

Abmessung; *Toleranz* ist ein Unterschied der unteren und oberen Grenzen. Eine Toleranz kann angegeben werden durch (1) die Grenzen von der Grundgröße oder (2) die allgemeinen Anmerkungen im Block oder an anderen Stellen in der technischen Zeichnung.

Wenn ein Teil mehrere Dimensionen in einer Richtung hat, kann entweder Kettenbemaßung oder Basislinienbemaßung angewendet werden. Wie in Abb. 4.32 gezeigt, definiert die *Kettenbemaßung* mehrere Dimensionen in einer Sequenz, in der die nächste Dimension direkt neben der vorherigen platziert wird, während die *Basislinienbemaßung* mehrere Dimensionen gleichzeitig auf der Grundlage der gleichen Referenz definiert.

Die *Toleranzstapelung* bezieht sich auf die Kombination der Toleranzen mehrerer Dimensionen. Wie in Abb. 4.32a gezeigt, ist die Toleranz einer *indirekten Dimension* zweier Einheiten (A_1A_5) aufgestapelt von den Toleranzen der Dimensionen (A_1A_2, A_2A_3, A_3A_4, A_4A_5), aus denen die indirekte Dimension gebildet wird, d.h.,

$$\left.\begin{array}{r} \text{Nennmass von } A_1A_5 = A_1A_2 + A_2A_3 + A_3A_4 + A_4A_5 = 3{,}75 \\ \text{Toleranz von } A_1A_5 = \begin{array}{l}\text{Obere Grenze von } A_1A_2 + A_2A_3 + A_3A_4 + A_4A_5 \\ \text{Untere Grenze von } A_1A_2 + A_2A_3 + A_3A_4 + A_4A_5\end{array} = \begin{array}{l}+0{,}04 \\ -0{,}04\end{array} \end{array}\right\}$$

(4.7)

4.4 Geometrische Bemaßung und Toleranzen (GD&T)

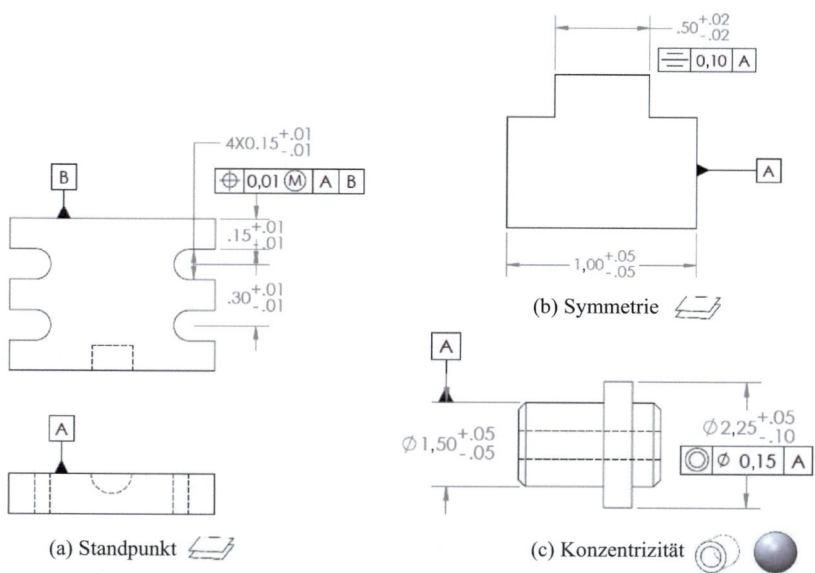

Abb. 4.31 *Position* Kontrollsymbole und Messungen

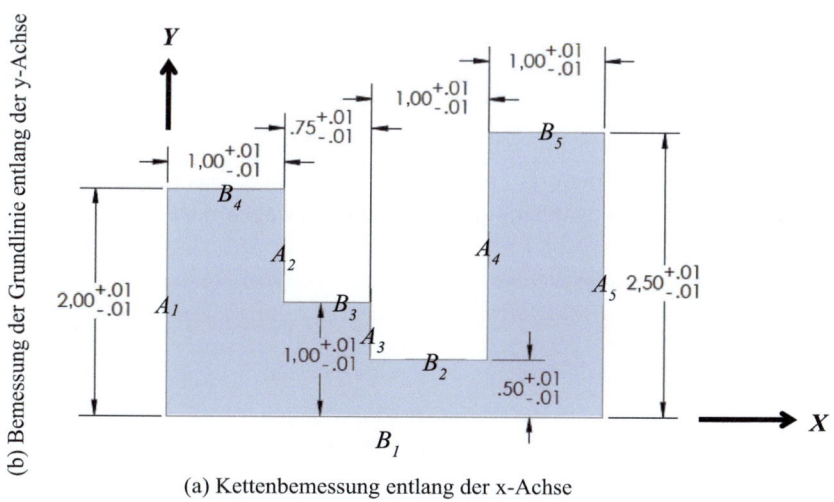

Abb. 4.32 Die Schemata von Ketten- und Basislinienbemaßung

Im Schema der Basislinienbemaßung in Abb. 4.32b wird die gemeinsame Referenz (B_1) verwendet, um die Einheiten (B_2, B_3, B_4, B_5) entlang der y-Achse zu dimensionieren, und es tritt keine Toleranzstapelung auf, da jede Einheit von der gemeinsamen Referenz dimensioniert wird.

Beispiel 4.2 Bestimmen Sie das Bemaßungsschema, um eine bessere Genauigkeit der Dimension A_2A_5 in Abb. 4.33 zu erzielen.

Lösung Für die Basislinienbemaßung in Abb. 4.33a wird die Dimension von A_2A_5 indirekt abgeleitet als

$$\left.\begin{array}{r}\text{Nennmassvon } A_2A_5 = A_1A_5 - A_1A_2 = 3{,}50 \\ \text{Toleranz von } A_2A_5 = \dfrac{\text{Obere Grenze von } A_1A_5 - \text{Untere Grenze von } A_1A_2}{\text{Untere Grenze von } A_1A_5 - \text{Obere Grenze von } A_1A_2} = \begin{array}{c}+0{,}02\\-0{,}02\end{array}\end{array}\right\} \quad (4.8)$$

Für die Kettenbemaßung in Abb. 4.33b wird die Dimension von A_2A_5 indirekt abgeleitet als

$$\left.\begin{array}{r}\text{Nennmassvon } A_2A_5 = A_2A_3 + A_3A_4 + A_4A_5 = 3{,}50 \\ \text{Toleranz von } A_2A_5 = \dfrac{\text{Obere Grenze von } A_2A_3 + A_3A_4 + A_4A_5}{\text{Untere Grenze von } A_2A_3 + A_3A_4 + A_4A_5} = \begin{array}{c}+0{,}03\\-0{,}03\end{array}\end{array}\right\} \quad (4.9)$$

Für die direkte Bemaßung in Abb. 4.33c wird die Dimension von A_2A_5 direkt als $A_2A_5 : 3{,}50^{+0{,}01}_{-0{,}01}$ ermittelt. Durch den Vergleich der Toleranzen von A_2A_5 in drei Schemata ergibt die direkte Bemaßung die größte Genauigkeit für die Dimension A_2A_5.

4.4.4 Passungen

Wenn Teile zu Produkten zusammengebaut werden, werden *Passungen* verwendet, um die Beziehungen der zusammenpassenden Teile darzustellen. Das Maß einer Passung bestimmt, ob sich zwei Teile unabhängig voneinander bewegen oder drehen können. Eine

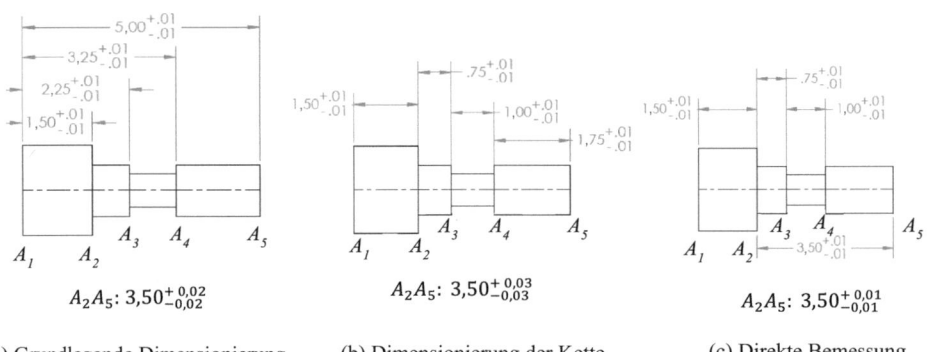

(a) Grundlegende Dimensionierung (b) Dimensionierung der Kette (c) Direkte Bemessung

Abb. 4.33 Die Schemata von Ketten-, Basislinien- und Direktbemaßung

4.4 Geometrische Bemaßung und Toleranzen (GD&T)

Tab 4.2 Arten von Passungen und Bedingungen

Passungsart	Beschreibung	Zustand
Spielpassung	Es gibt immer ein Spiel an der Kontaktstelle von zwei Teilen	Min. Spiel > 0
Übermaßpassung	Es gibt kein Spiel an der Kontaktstelle (Presspassung)	Max. Spiel ≤ 0
Übergangspassung	Zwischen Presspassung und Spiel-Passung	Max. Spiel > 0 Min. Spiel < 0
Linienpassung	Es gibt ein Spiel oder einen Kontakt an der Kontaktstelle	Max. Spiel > 0 Min. Spiel = 0

Passung wird allgemein als Paar von *Welle und Bohrung* bezeichnet. Wie in Tab. 4.2 gezeigt, können Passungen in vier Typen klassifiziert werden, *Spielpassungen, Übermaßpassungen, Übergangspassungen* und *Linienpassungen*.

Passungen werden basierend auf dem maximalen und minimalen Spiel klassifiziert. *Das maximale Spiel* bezieht sich auf den maximalen Raum, der an der Schnittstelle von zwei passenden Teilen auftritt, und *das minimale Spiel* ist der kleinste Raum, der an der Schnittstelle von zwei passenden Teilen auftritt. Das minimale Spiel wird auch als *Zulage* bezeichnet. *Das Spiel einer Passung* wird basierend auf den Abmessungen von Welle und Bohrung unter MMC- und LMC-Bedingungen bewertet:

$$\left.\begin{array}{l} \text{Max. Spiel} = LMC_{\text{Bohrung}} - LMC_{\text{Welle}} \\ \text{Min. Spiel} = MMC_{\text{Bohrung}} - MMC_{\text{Welle}} \end{array}\right\} \quad (4.10)$$

Mit MMC_{Bohrung} und LMC_{Bohrung} als Lochgrößen und MMC_{Welle} und LMC_{Welle} als Wellengrößen unter MMC bzw. LMC.

Die dritte Spalte in Tab. 4.2 gibt die Bedingungen des minimalen und maximalen Spiels für verschiedene Passungsarten an.

Beispiel 4.3 Bestimmen Sie die Passungsarten von Wellen und Bohrungen in Tab. 4.3.

Lösung Gleichung (4.10) wird verwendet, um das maximale und minimale Spiel zu bewerten, und dies Spiel wird dann verwendet, um die Passungsarten zu bestimmen, und die Ergebnisse sind in Tab. 4.4 (Abb. 4.34) dargestellt.

Tab 4.3 Die Wellen- und Bohrungsabmessungen (Beispiel 4.3)

Fall	Welle	Bohrung
1	$1{,}5000^{0,0}_{-0,005}$	$1{,}5000^{0,0}_{-0,005}$
2	$0{,}850^{+0,007}_{+0,002}$	$0{,}850^{0,0}_{-0,005}$
3	$0{,}575^{+0,003}_{-0,002}$	$0{,}575^{0,0}_{-0,004}$
4	$1{,}250^{0,0}_{-0,003}$	$1{,}250^{+0,005}_{-0,0}$

Tab 4.4 Bestimmung der Passungsarten durch maximales und minimales Spiel

Fall	LMC_{Welle}	MMC_{Welle}	$LMC_{Bohrung}$	$MMC_{Bohrung}$	Max. Spiel	Min. Spiel	Passungsart
1	1,495	1,500	1,506	1,501	0,011	0,001	Spiel
2	0,852	0,857	0,850	0,845	−0,002	−0,012	Übermaß
3	0,573	0,578	0,575	0,571	0,002	−0,007	Übergang
4	1,247	1,250	1,255	1,250	0,005	0	Linie

Beachten Sie, dass eine technische Passung für die Beziehung von zwei zusammenpassenden Teilen gilt; entweder kann ein bohrungsbasierendes System oder ein wellenbasierendes System verwendet werden, um die Passung zu spezifizieren. Wie in Abb. 4.44 gezeigt, bleibt in *einem bohrungsbasierenden System* die Lochgröße konstant, um die Wellengrößen auf der Grundlage der spezifizierten Passungen zu bestimmen. In *einem wellenbasierenden System* bleibt die Wellengröße konstant, um die Lochgrößen auf der Grundlage der spezifizierten Passungen zu bestimmen

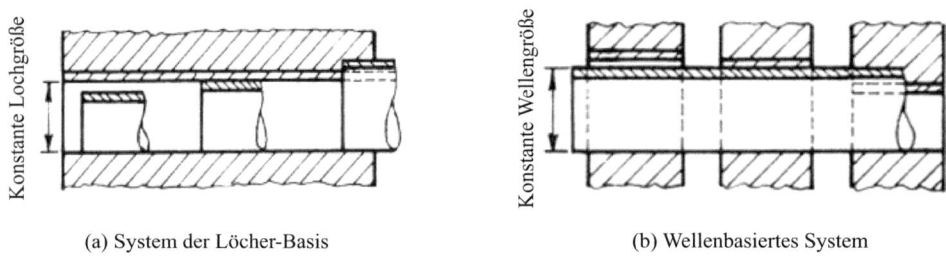

(a) System der Löcher-Basis   (b) Wellenbasiertes System

Abb. 4.34 Bohrungsbasiertes System und wellenbasiertes System

In ASME-Standards sind *laufende oder gleitende* (RC) Passungen in 9 Stufen von 1 für die engste bis 9 für die lockerste klassifiziert. Die Lagepassungen sind klassifiziert in (1) *Lage-Freipassungen* (LC) mit 11 Stufen, (2) *Lage-Übergangspassungen* (LT) mit 6 Stufen und (3) *Lage-Presspassungen* (LN) in 5 Stufen. Die entsprechenden Toleranzen sind standardisiert. Tab. 4.5 gibt die auszugsweisen Toleranzen für die Passungen von RC5 bis RC9 und einen Grundgrößenbereich von (0,0 in, 19,69 in) an. In der Tab. ist die erste Spalte der Bereich der Grundgröße, die anderen Spalten sind für Standardgrenzen für Welle und Bohrungspassungen.

Beispiel 4.4 Verwenden Sie Tab. 4.5 um die Toleranzen von Bohrungs- und Wellenpassung mit RC8 für eine Grundgröße von 0,50 zu bestimmen.

Lösung *Erstens*, die Grundgröße wird verwendet, um die Zeile zu finden, in der die Größe im gegebenen Bereich fällt: 0,5(0,40, 0,71). *Zweitens*, die Passung RC8 wird verwendet, um die Spalte zu finden. *Drittens*, die Toleranzen an den Schnittpunkten der

4.4 Geometrische Bemaßung und Toleranzen (GD&T)

Tab 4.5 Toleranz der Passungen von RC5 bis RC9

Nominal Size Range Inches		Class RC5		Class RC6		Class RC7		Class RC8		Class RC9	
		Standard Limits		Standard Limits		Standard Limits		Standard Limits		Standard Limits	
Over	To	Hole	Shaft	Hole	Shaft	Hole	Shaft	Hole	Shaft	Hole	Shaft
0	−0.12	+0.6 / 0	−0.6 / −1.0	+1.0 / 0	−0.6 / −1.2	+1.0 / 0	−1.0 / −1.6	+1.6 / 0	−2.5 / −3.5	+2.5 / 0	−4.0 / −5.6
0.12	−0.24	+0.7 / 0	−0.8 / −1.3	+1.2 / 0	−0.8 / −1.5	+1.2 / 0	−1.2 / −1.9	+1.8 / 0	−2.8 / −4.0	+3.0 / 0	−4.5 / −6.0
0.24	−0.40	+0.9 / 0	−1.0 / −1.6	+1.4 / 0	−1.0 / −1.9	+1.4 / 0	−1.6 / −2.5	+2.2 / 0	−3.0 / −4.4	+3.5 / 0	−5.0 / −7.2
0.40	−0.71	+1.0 / 0	−1.2 / −1.9	+1.6 / 0	−1.2 / −2.2	+1.6 / 0	−2.0 / −3.0	+2.8 / 0	−3.5 / −5.1	+4.0 / 0	−6.0 / −8.8
0.71	−1.19	+1.2 / 0	−1.6 / −2.4	+2.0 / 0	−1.6 / −2.8	+2.0 / 0	−2.5 / −3.7	+3.5 / 0	−4.5 / −6.5	+5.0 / 0	−7.0 / −10.5
1.19	−1.97	+1.6 / 0	−2.0 / −3.0	+2.5 / 0	−2.0 / −3.6	+2.5 / 0	−3.0 / −4.6	+4.0 / 0	−5.0 / −7.5	+6.0 / 0	−8.0 / −12.0
1.97	−3.15	+1.8 / 0	−2.5 / −3.7	+3.0 / 0	−2.5 / −4.3	+3.0 / 0	−4.0 / −5.8	+4.5 / 0	−6.0 / −9.0	+7.0 / 0	−9.0 / −13.5
3.15	−4.73	+2.2 / 0	−3.0 / −4.4	+3.5 / 0	−3.0 / −5.1	+3.5 / 0	−5.0 / −7.2	+5.0 / 0	−7.0 / −10.5	+9.0 / 0	−10.0 / −15.0
4.73	−7.09	+2.5 / 0	−3.5 / −5.1	+4.0 / 0	−3.5 / −6.0	+4.0 / 0	−6.0 / −8.5	+6.0 / 0	−8.0 / −12.0	+10.0 / 0	−12.0 / −18.0
7.09	−9.85	+2.8 / 0	−4.0 / −5.8	+4.5 / 0	−4.0 / −6.8	+4.5 / 0	−7.0 / −9.8	+7.0 / 0	−10.0 / −14.5	+12.0 / 0	−15.0 / −22.0
9.85	−12.41	+3.0 / 0	−5.0 / −7.0	+5.0 / 0	−5.0 / −8.0	+5.0 / 0	−8.0 / −11.0	+8.0 / 0	−12.0 / −17.0	+12.0 / 0	−18.0 / −26.0
12.41	−15.75	+3.5 / 0	−6.0 / −8.2	+6.0 / 0	−6.0 / −9.5	+6.0 / 0	−10.0 / −13.5	+9.0 / 0	−14.0 / −20.0	+14.0 / 0	−22.0 / −31.0
15.75	−19.69	+4.0 / 0	−8.0 / −10.5	+6.0 / 0	−8.0 / −12.0	+6.0 / 0	−12.0 / −16.0	+10.0 / 0	−16.0 / −22.0	+16.0 / 0	−25.0 / −35.0

Beachten Sie, dass die Einheit der Grenze ein ausendstel Zoll ist.

angegebenen Spalte und Zeile werden als die Abmessungen von Bohrung und Welle interpoliert als

$$\text{Bohrung:} \quad 0{,}5000^{0{,}0028}_{0{,}0000} \quad \text{Welle:} \quad 0{,}5000^{-0{,}0035}_{-0{,}0051}$$

Beachten Sie: Die Grenzen in Tab. 4.5 haben eine Einheit von Tausendstel Zoll.

Im ISO-System wird ein alphanumerischer Code namens *International Tolerance Grad Number* (IT#) verwendet, um die Toleranzbereiche von Passungen zu spezifizieren, ein Großbuchstabe repräsentiert die Bohrungstoleranz und ein Kleinbuchstabe repräsentiert die Welle. Abb. 4.35 zeigt ein Beispiel für die Passungsspezifikationen im ISO-System.

4.4.5 Computerunterstützte GD&T (DimXpert)

Ein vollständiges Teil- oder Baugruppenmodell muss die GD&T-Informationen für alle Merkmale und Beziehungen enthalten, während das manuelle Hinzufügen von

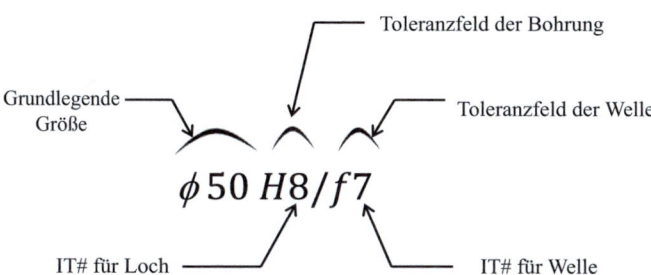

Abb. 4.35 Beispiel für Passungsspezifikationen im ISO-System

GD&T-Anmerkungen in einem CAD-Modell trivial und fehleranfällig ist. *SolidWorks DimXpert* ist ein automatisiertes GD&T-Tool, das sowohl geometrische als auch Maßtoleranzen in CAD-Modellen hinzufügt (siehe Abb. 4.36). Die von DimXpert hinzugefügten Abmessungen und Toleranzen sind kompatibel zu ASME Y14.5, Y14.41 und entsprechenden ISO-Normen. DimXpert unterstützt Ingenieure bei der Verwendung von Abmessungen und Einschränkungen, um die Designabsichten auszudrücken und die Spezifikationen für Fertigungsprozesse und Inspektionen von Teilen zu definieren.

DimXpert unterstützt die vollständigen Anmerkungen in 3D-Modellen, die als *eDrawing* sichtbar sind. Es hilft, manuelle Fehler zu vermeiden und die Konsistenz der GD&T-Einstellungen zu wahren. Das Tool *TolAnalyst* kann verwendet werden, um Teile mit zu großer oder zu kleiner Toleranz grafisch zu identifizieren, und es kann Toleranzstapel automatisch analysieren. Insbesondere ist DimXpert ein ideales Werkzeug zur Erstellung von GD&T-Anmerkungen für die bearbeiteten Teile wie solche mit gedrehten, gebohrten und gefrästen Merkmalen. DimXpert wird weit verbreitet verwendet, um Blechmetalle, Gussstücke und bearbeitete Elemente wie Zahnräder, Gewinde und Nocken zu annotieren.

DimXpert kann verwendet werden, um maschinell bearbeitete Merkmale automatisch zu identifizieren. Wie in Abb. 4.27 gezeigt, werden die identifizierten Merkmale im *Features-Baum* unter dem DimXpertManager aufgelistet. Abb. 4.28 zeigt, dass identifizierbare maschinell bearbeitete Merkmale *Loch*, *Kegel*, *Senkung*, *Sackloch*, *Ebene*, *Schlitz*, *Nut*, *Vorsprung*, *Zylinder*, *Breite*, *Tasche*, *Oberfläche*, *Fase* und *Rundung* umfassen (Abb. 4.37 und 4.38).

Das *ShowToleranceStatus*-Tool in DimXpert ist in der Lage, überdimensionierte oder unterdimensionierte Merkmale zu erkennen. Wie in Abb. 4.39 gezeigt, färbt dieses Tool in einem CAD-Modell die Merkmale so, dass die Merkmale in *roter* Farbe *überdimensioniert* sind, die Merkmale in *gelber* Farbe sind unterdimensioniert, die Merkmale in *grüner* Farbe sind gut definiert und die Merkmale in anderen Farben sind von DimXpert nicht erkennbar.

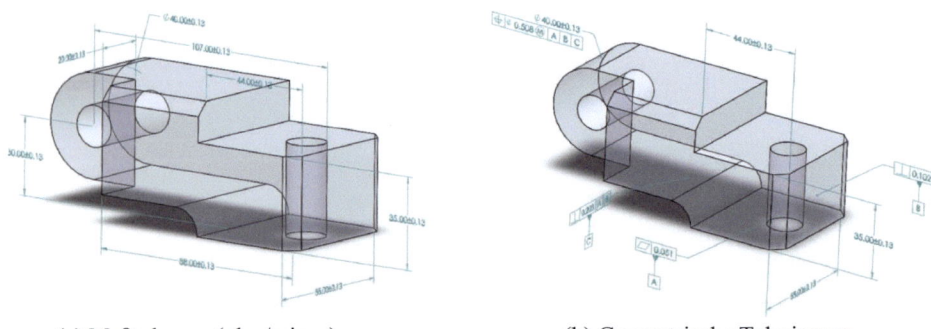

(a) Maßtoleranz (plus/minus) (b) Geometrische Tolerierung

Abb. 4.36 DimXpert für GD&T (Steeves 2016)

4.4 Geometrische Bemaßung und Toleranzen (GD&T)

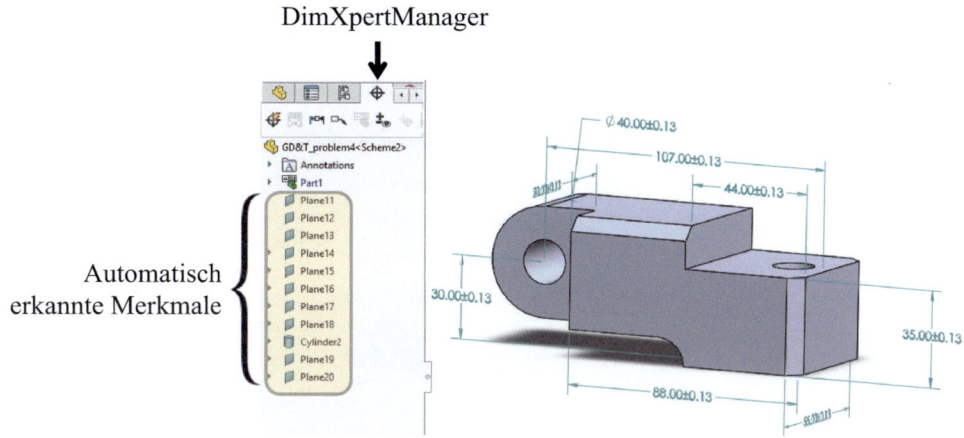

Abb. 4.37 Von DimXpert identifizierte Fertigungsmerkmale

Abb. 4.38 Arten der unterstützten Fertigungsmerkmale in DimXpert

Bei der Erstellung von GD&T-Anmerkungen für CAD-Modelle können die Einstellungen von DimXpert durch Einstellen der *Dokumenteigenschaften* in SolidWorks angepasst werden, wie in Abb. 4.40a gezeigt. Man hat die Optionen von (1) GD&T-Standards und (2) die Methoden zur Angabe der Toleranzen. Darüber hinaus können die detaillierten Einstellungen für die Methoden und Stile von *Größenabmessung*,

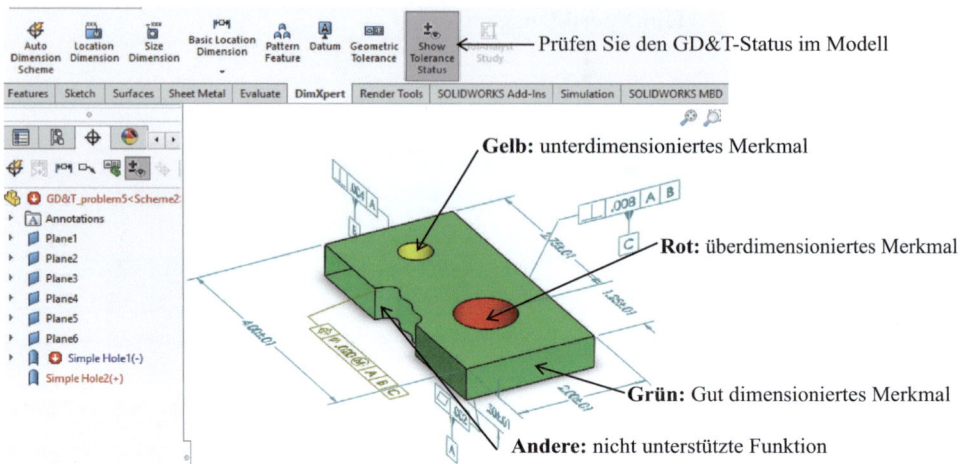

Abb. 4.39 Verwendung des *ShowToleranceStatus*-Tools zur Erkennung von unter- und überdimensionierten Merkmalen

Lageabmessung, Kettenbemaßung, Geometrische Toleranz, Fasensteuerungen und *Versatzoptionen* über die Schnittstellen vorgenommen werden, wie in Abb. 4.40 b–g gezeigt.

Beispiel 4.5 Abb. 4.41a zeigt die Abmessungen eines bearbeiteten Teils. Verwenden Sie das *AutoDimensionScheme*-Tool in DimXpert, um GD&T-Informationen automatisch zu annotieren.

Lösung *Erstens*, das Teil wird basierend auf den in Abb. 4.41a angegebenen Abmessungen modelliert. *Zweitens*, das AutoDimensionScheme-Tool wird verwendet, um (1) den Teiltyp; (2) Toleranztyp; (3) die Musterbemaßung; und am wichtigsten, die primären, sekundären und tertiären Referenzen anzugeben (siehe Abb. 4.41b). *Drittens*, das AutoDimensionScheme-Tool wird ausgeführt, um G&D-Anmerkungen automatisch zu erstellen.

4.5 Fertigungsprozesse

Herstellungsprozesse zielen darauf ab, Rohstoffe in Endprodukte umzuwandeln. In einem Herstellungssystem ist jeder Herstellungsprozess ein wertschöpfender Schritt in der gesamten Umwandlung von Ausgangsmaterialien in Endprodukte. Für *diskrete Fertigung*, bei der diskrete Teile hergestellt werden, besteht ein Herstellungsprozess darin, die Geometrie, Eigenschaften und das Aussehen von Materialien zu verändern. Abb. 4.42 zeigt die Eingabe und Ausgabe eines Herstellungsprozesses. Die Eingabe ist ein Werkstück mit den Materialien im Ausgangszustand, die Herstellungsressourcen wie

4.5 Fertigungsprozesse

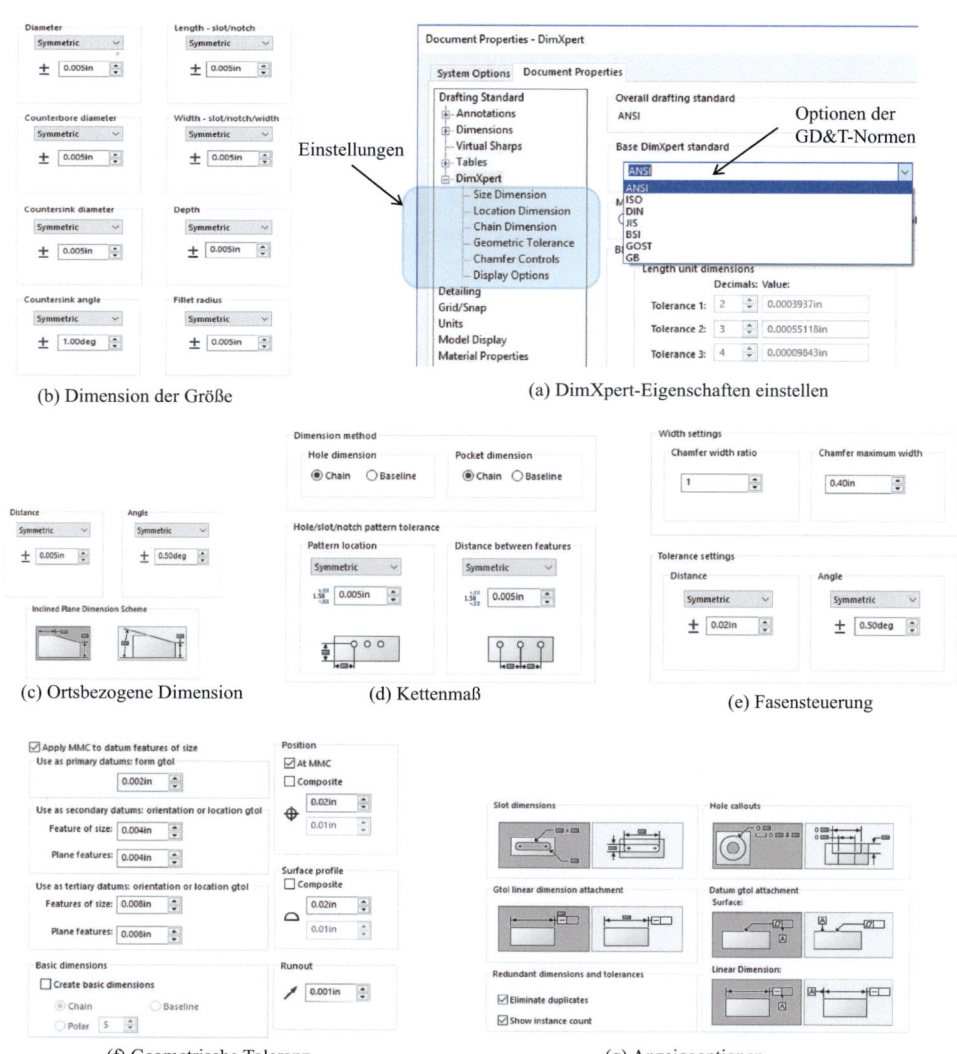

Abb. 4.40 DimXpert-Einstellungen anpassen

Maschinen, Werkzeuge und Arbeitskraft werden angewendet, um das Werkstück in einen neuen Zustand zu verwandeln. Darüber hinaus beinhaltet ein Herstellungsprozess einige Nebeneffekte wie Abfälle. Ein Herstellungsprozess ist auch eine wirtschaftliche Aktivität, da er dem Werkstück Wert hinzufügt.

Wie in Abb. 4.43 dargestellt, können Herstellungsprozesse hinsichtlich der Umwandlungsarten (Groover 2012) klassifiziert werden. Auf höchster Ebene werden Herstellungsprozesse in *Verarbeitungsoperationen, Montageoperationen,* und andere *nicht wertschöpfende Prozesse* eingeteilt. Eine Verarbeitungsoperation bezieht sich auf

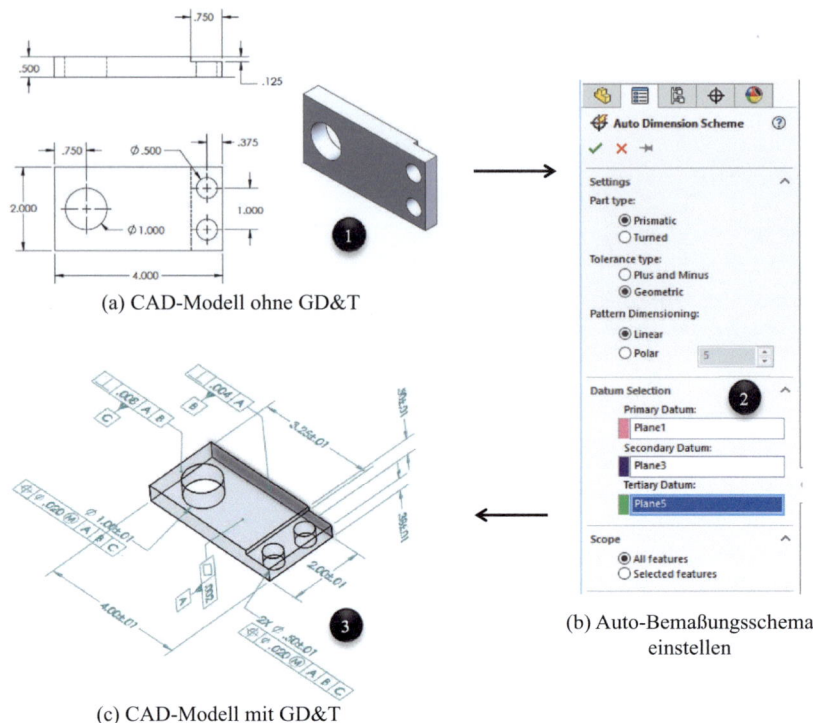

Abb. 4.41 Beispiel für ein automatisches Bemaßungsschema

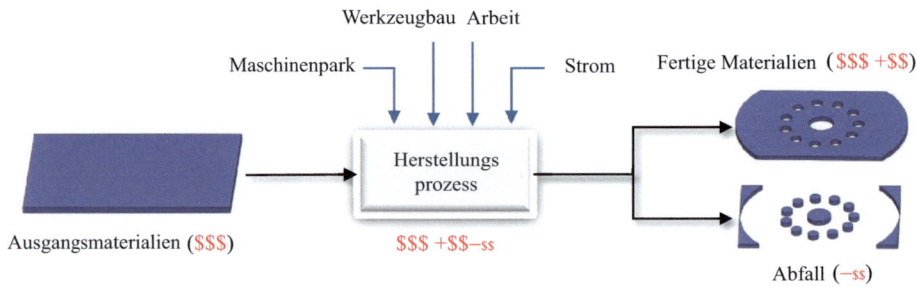

Abb. 4.42 Beschreibung des Herstellungsprozesses

einzelne Teile, eine Montageoperation bezieht sich auf zwei einer Gruppe von Teilen oder Komponenten, und ein nicht wertschöpfender Prozess wie Inspektion oder Transport kann sich auf Teile oder Komponenten beziehen.

Die Herstellungsprozesse in der Kategorie der Verarbeitungsoperationen werden weiter in *Formgebungsprozesse*, *Oberflächenbehandlungen* und *Eigenschaftsverbesserungen*

4.5 Fertigungsprozesse

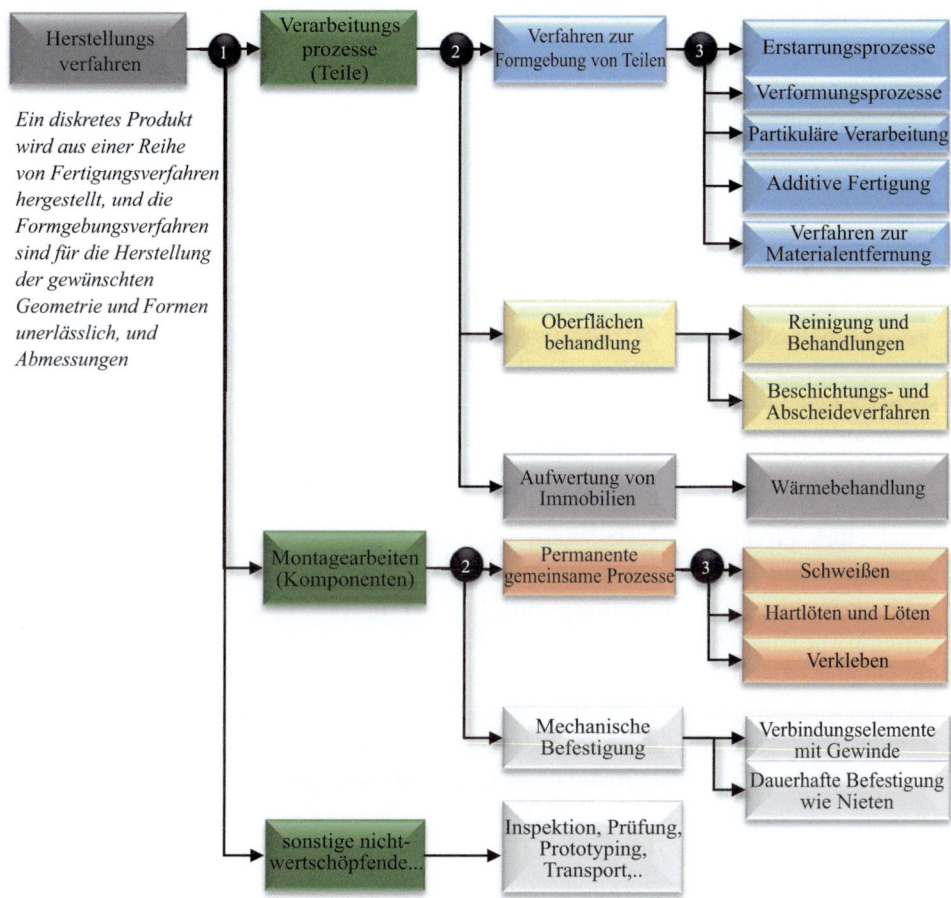

Abb. 4.43 Herstellungsprozesse – Klassifizierung

unterteilt. *Ein Formgebungsprozess* dient dazu, geometrische Merkmale an Teilen zu erzeugen, und geometrische Merkmale können durch *Guss, Umformprozesse, Pulvermetallurgie, additive und spanende Fertigung* erzeugt werden.

Je nach dem Ausmaß der geometrischen Veränderungen an den Teilen können Formgebungsprozesse auch in primäre Formgebungsprozesse und sekundäre Formgebungsprozesse eingeteilt werden. *Ein primärer Formgebungsprozess* dient dazu, eine grobe geometrische Form des Teils zu erzeugen; gängige primäre Formgebungsprozesse sind *Gießen, Pulvermetallurgie, Spritzgießen, Blechumformung* und *Schmieden*. *Ein sekundärer Formgebungsprozess* dient dazu, die geometrischen Maße der Teile zu verfeinern; gängige sekundäre Formgebungsprozesse sind *Drehen, Bohren, Fräsen, Gewindeschneiden, Ausbohren, Formen, Planen, Sägen, Räumen, Wälzfräsen* und *Schleifen*. Darüber hinaus können Materialien auf einige unkonventionelle Weisen hinzugefügt oder entfernt werden. Daher beinhalten Formgebungsprozesse auch andere Arten von Bearbeitungsprozessen wie *elektrochemisches Bearbeiten* (ECM) und *Laserstrahlbearbeitung* (LBM).

Oberflächenbehandlung zielt darauf ab, die Materialeigenschaften an den Oberflächen von Teilen zu verändern. Oberflächeneigenschaften können durch *Reinigung*, *Beschichtung* und *Abscheidung* verbessert werden. Einige gängige Oberflächenbehandlungen sind *Polieren, Reinigen, Trommelveredelung, Schleifen, Galvanisieren, Entgraten, Polieren, Lackieren, Beschichten, Sandstrahlen, Verzinken, Anodisieren, Honen* und *Läppen*. *Eigenschaftsverbesserungen* dienen dazu, die Materialeigenschaften in den Körpern von Teilen zu verbessern. Materialeigenschaften können durch Wärmebehandlungen verändert werden, da die Temperatur großen Einfluss auf Materialstrukturen und -eigenschaften hat. Einige gängige Wärmebehandlungen sind *Härten, Glühen, Anlassen, Normalisieren, Kornverfeinerung* und *Kugelstrahlen*.

Eine Montageoperation besteht darin, zwei oder mehr Teile oder Komponenten zu einer neuen Komponente zu verbinden. Wenn eine Montage sich in einem Zwischenzustand eines Produkts befindet, wird sie *Untermontage* oder *Komponente* genannt. Teile können entweder *dauerhaft* oder *nicht dauerhaft* verbunden werden. Daher werden Montageprozesse in zwei Typen eingeteilt – Prozesse für nicht dauerhafte und für dauerhafte Verbindungen. *Nicht dauerhafte Verbindungen* sind in der Regel mechanische Verbindungen, die durch Maschinenelemente wie Schrauben und Bolzen, Schnappverbindungen und Schrumpfverbindungen gebildet werden. Dauerhafte Verbindungen können durch chemische Bindung oder mechanische Mittel wie *Schweißen, Löten, Nieten, Presspassung, Sintern,* Auf*schrumpfen, Nähen* und *Heften* gebildet werden.

Andere Fertigungsprozesse verändern die Werkstücke nicht; daher fügen sie den Produkten keine Werte hinzu. Beispiele für nicht wertschöpfende Prozesse sind *Inspektion, Prüfung, Prototyping, Transport* und *Materialhandling*.

4.5.1 Formgebungsprozesse

Ein Formgebungsprozess dient dazu, die gewünschte geometrische Form oder Merkmale an Teilen zu erzeugen. Die Geometrie eines Teils kann auf verschiedene Weisen erzeugt werden. Bei einem Formgebungsprozess ist es wünschenswert, dass das Rohmaterial eine *geringere Festigkeit* und eine *höhere Formbarkeit* aufweist. Da die Festigkeit und Formbarkeit eng mit der Temperatur zusammenhängen, ist die Verarbeitungstemperatur in der Regel der kritischste Faktor bei einem Formgebungsprozess: Je höher die Verarbeitungstemperatur ist, desto geringer ist die Festigkeit und höher die Formbarkeit des Materials, und desto besser kann das Material geformt werden. Daher werden Formgebungsprozesse nach dem Temperaturbereich klassifiziert, in dem ein Formgebungsprozess durchgeführt wird.

Abb. 4.44 zeigt die Klassifizierung von Formgebungsprozessen basierend auf der Verarbeitungstemperatur im Vergleich mit der Schmelztemperatur T_m des Rohmaterials.

4.5 Fertigungsprozesse

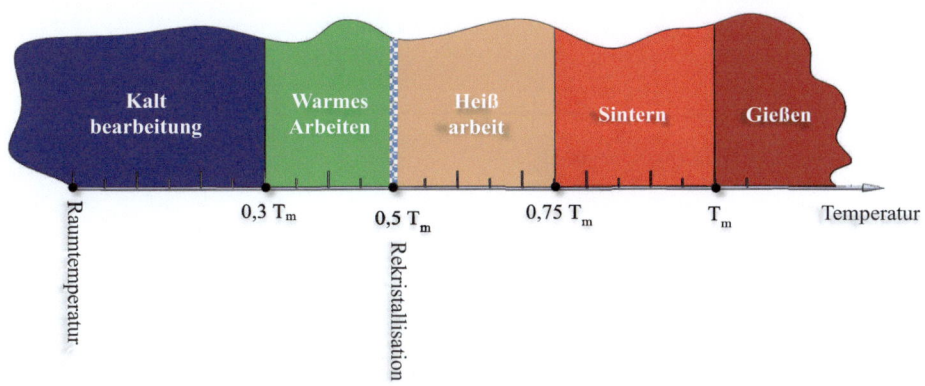

Abb. 4.44 Klassifizierung von Formgebungsprozessen basierend auf der Verarbeitungstemperatur

Kaltumformung, *Warmumformung*, *Heißumformung*, *Sintern* und *Gießen* werden in den Temperaturbereichen unter $0{,}3 \cdot T_m$, $0{,}3 \cdot T_m$ bis $0{,}5 \cdot T_m$, $0{,}5 \cdot T_m$ bis $0{,}75 \cdot T_m$, $0{,}75 \cdot T_m$ bis T_m und über T_m durchgeführt. Die Verarbeitungstemperatur wird verwendet, um einen Typ des Formgebungsprozesses von einem anderen zu unterscheiden. Zum Beispiel kann das Material bei einer Verarbeitungstemperatur, die $0{,}5 \cdot T_m$ übersteigt, durch *Rekristallisation* oder *Erstarrung* geformt werden.

Aufgrund der Unterschiede in den Verarbeitungstemperaturen und der Menge der geometrischen Änderungen haben die Rohmaterialien unterschiedliche Ausgangsbedingungen für verschiedene Formgebungsprozesse. Wie in Abb. 4.45 gezeigt, ist das Ausgangsmaterial in *einem Gießprozess* im flüssigen Zustand und das Material hält die gewünschte Form nicht, bis es in einer Kavität erstarrt ist. Das Ausgangsmaterial in *einem Pulverprozess* ist im Pulverzustand, und das Ausgangsmaterial wird in einer Form gepresst und erhitzt, bis das Sintern eintritt, um die kristallisierte Geometrie zu bilden. Das Ausgangsmaterial in *einem Spritzgussverfahren* besteht aus kleinen Partikeln und die Partikel werden erhitzt und in eine Form gepresst und dann als fertiges Teil verfestigt. Das Ausgangsmaterial in *einem Umformprozess* ist in einer Massen- oder Blattform aus primären Formgebungsprozessen. Das Material wird mechanisch mit/ohne thermische Unterstützung verformt. Das Ausgangsmaterial in *der additiven Fertigung* kann sich im Zustand von Pulver, Streifen oder Flüssigkeit befinden. Das Material wird erhitzt, verfestigt oder *schichtweise* gesintert, um die Teilegeometrie zu erzeugen.

4.5.2 Design und Planung des Fertigungsprozesses

Die Gestaltung von Fertigungsprozessen besteht darin, Fertigungsmethoden auszuwählen und ihre Implementierungen zu entwerfen. Fertigungsprozesse sollten so gestaltet

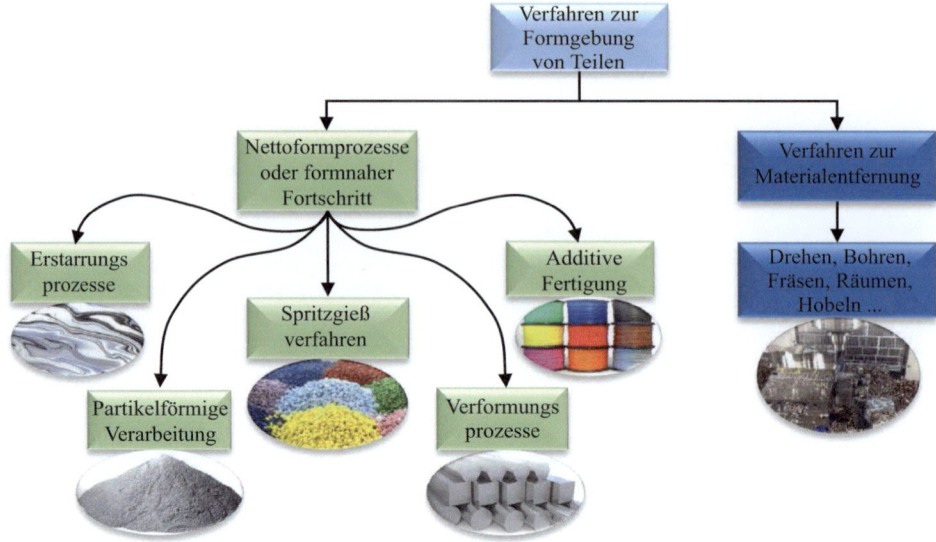

Abb. 4.45 Rohmaterialien in verschiedenen Formgebungsprozessen

werden, dass sie Produkte wirtschaftlich und wettbewerbsfähig machen. *Die Planung von Fertigungsprozessen* besteht darin, die Spezifikationen und Merkmale von Produkten in die Anweisungen für Maschinenoperationen umzuwandeln. Typische Aufgaben bei der Planung eines Fertigungsprozesses umfassen die *Auswahl von Maschinen und Werkzeugen,* die *Programmierung von Maschinen* und die *Festlegung von Prozessparametern.*

Die Gestaltung von Fertigungsprozessen ist kritisch und wird stark von anderen Designaktivitäten im Produktlebenszyklus beeinflusst. Die Produktentwicklung ist in der Regel ein iterativer Prozess, bei dem kontinuierliche Änderungen vorgenommen werden, um Designbeschränkungen in verschiedenen Designphasen zu erfüllen. Wie in Abb. 4.46 gezeigt, sollten die Anforderungen an Fertigungsprozesse so früh wie möglich berücksichtigt werden, um Kosten für die Änderung der Lösungen, die mit der Fertigung zusammenhängen, zu reduzieren. Ähnlich wie CAD-Tools helfen computergestützte Techniken dabei, Fertigungsfehler bereits in der Phase des Produktdesigns zu identifizieren.

4.6 Simulation von Fertigungsprozessen – Analyse der Formfüllung

Bei der Gestaltung eines Fertigungsprozesses ist es eine Herausforderung, Fehler zu vermeiden und Prozessparameter zu optimieren, da es viele Quellen von Unsicherheiten gibt. Computersimulation hilft Designern, die Auswirkungen von Prozessparametern zu

4.6 Simulation von Fertigungsprozessen – Analyse der Formfüllung

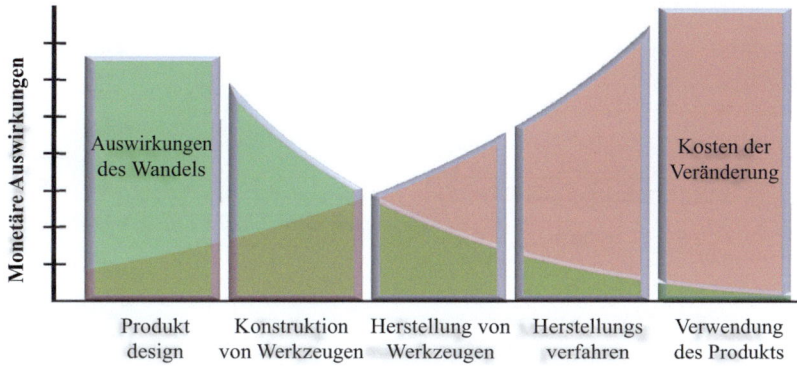

Abb. 4.46 Computerunterstütztes Design zur Reduzierung der Fertigungskosten

verstehen und Fertigungsprozesse in der digitalen Umgebung zu optimieren. In diesem Abschnitt werden einige grundlegende Analysen von Spritzgießprozessen diskutiert, um zu veranschaulichen, wie computergestützte Fertigung (CAM) für die Gestaltung und Simulation von Fertigungsprozessen eingesetzt werden kann.

4.6.1 Spritzgießen und Maschinen

Spritzgießen ist eine der häufig verwendeten Methoden zur Herstellung von Formteilen. Beim Spritzgießen wird ein Polymer erhitzt, um es zu verflüssigen und es dann unter Druck in eine Form zu füllen. Das Material in der Kavität wird als geformtes Teil verfestigt. Spritzgießen wird häufig verwendet, um Teile mit komplexen Formen herzustellen. Um die Produktivität zu steigern, kann eine Form mehrere Kavitäten enthalten, so dass mehrere Formteile in einem Produktionszyklus hergestellt werden können.

Abb. 4.47 zeigt die grundlegenden Komponenten einer Spritzgießmaschine. Die zwei Hauptkomponenten sind die Spritz- und die Schließeinheit. *Die Spritzeinheit* hat einen *Zylinder*, um das Material zu halten, zu erhitzen und zu transportieren, und eine *Schnecke*, um das Material zu mischen, unter Druck zu setzen und in die Form zu injizieren. *Die Schließeinheit* dient dazu, die Form zu halten. Wenn die Form gefüllt ist und das Teil verfestigt ist, wird die Schließeinheit gelöst und das Teil oder die Teile werden aus der Form ausgestoßen.

Wie in Abb. 4.48 gezeigt, beinhaltet ein Spritzgießzyklus die folgenden Schritte. Zunächst wird die Schließeinheit betätigt, um die Form zu schließen. *Zweitens* wird das Rohmaterial zugeführt, erhitzt und in die Form injiziert. *Drittens* wird die Schmelze in der Kavität verfestigt, wenn die Form gefüllt ist. *Viertens* wird die Schließeinheit gelöst,

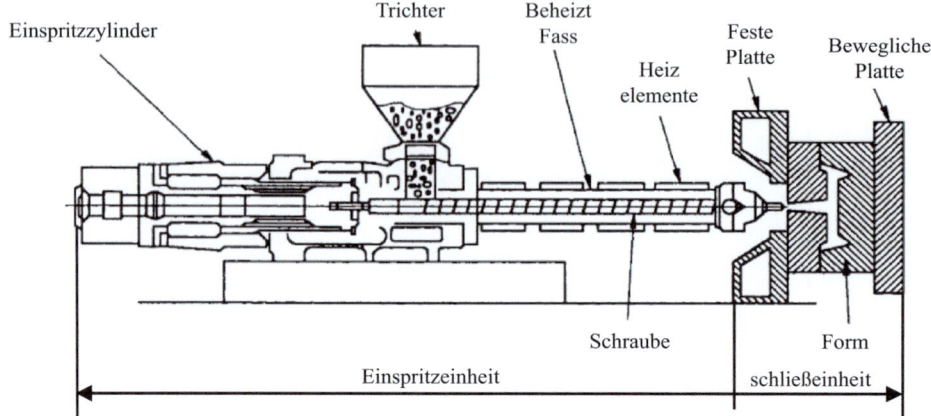

Abb. 4.47 Beschreibung von Spritzgießmaschinen

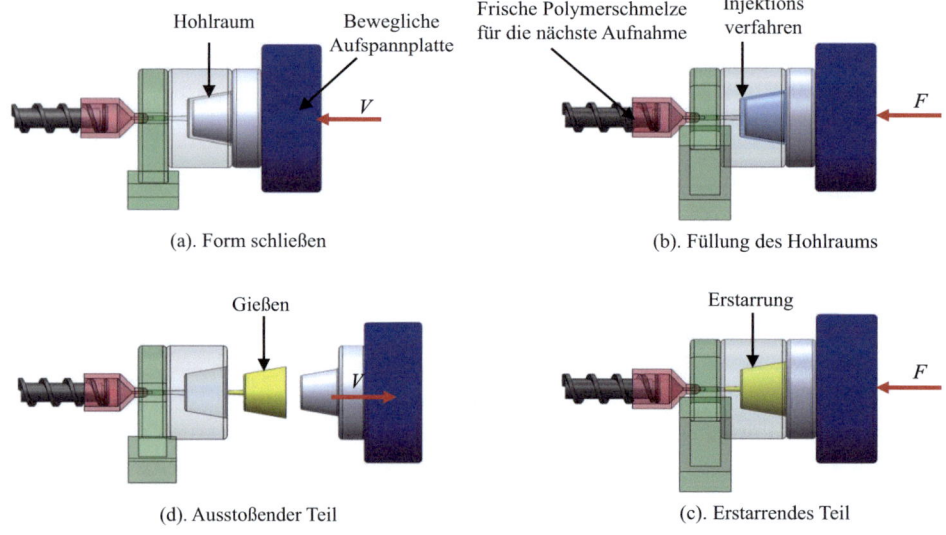

Abb. 4.48 Hauptstufen des Spritzgießprozesses

um die Form zu öffnen, und das Teil wird aus der Kavität ausgestoßen. Das ausgestoßene Teil kann eine Nachbearbeitung benötigen, um unerwünschte Materialien wie Angüssen und Grate vom Teil zu entfernen. Beachten Sie, dass ein Anguss ein Pfad ist, durch den die Schmelze in die geschlossene Kavität gefüllt wird.

4.6.2 Formbarkeit und Designfaktoren

Formbarkeit misst, wie gut die Teilegeometrie der Form entsprechen kann, wenn das geschmolzene Polymer in die Form injiziert wird. Ein Spritzgießprozess sollte so gestaltet sein, dass er keine Fehler verursacht, wenn das Material in die Form gefüllt wird. Abb. 4.49 zeigt die Auswirkungen von Verarbeitungstemperatur und Druck auf die Formbarkeit. Diese beiden Variablen sind am kritischsten, da sie den machbaren Arbeitsbereich (Bereich 1) eines Spritzgießprozesses bestimmen. Zu niedriger oder hoher Druck führt zu den Fehlern *unvollständige Befüllung* (Bereich 2) und *Grate* (Bereich 3), jeweils. Zu niedrige oder hohe Temperaturen führen zu den Fehlern *Schmelzen* (Bereich 4) und *thermische Degradation* (Bereich 5), jeweils.

Die Zykluszeit erhöht sich, wenn die Formtemperatur steigt. Es dauert länger, bis die Schmelze in der Form erstarrt. Daher beeinflusst die Formtemperatur die Abkühlrate. Eine hohe Abkühlrate hilft dabei, die Erstarrungszeit zu reduzieren und das Schrumpfen der geformten Teile zu reduzieren. Wenn jedoch zu wenig Zeit zum Abkühlen des Teils verwendet wird, neigt es dazu, zu schrumpfen oder verursacht Verzug nach dem Formprozess.

Ein hoher Druck hilft, die Form schnell zu füllen, um ein vorzeitiges Einfrieren des Schmelzflusses zu vermeiden. Beachten Sie, dass der Schließmechanismus verwendet wird, um die Form zu halten, wenn ein hoher Druck angewendet wird, und die Schließkraft wird durch den Druck und die wirksame Querschnittsfläche des Schmelzflusses bestimmt.

4.6.3 Design von Spritzgießsystemen

Abb. 4.50 zeigt das Verfahren zur Gestaltung eines Spritzgießsystems; es besteht aus fünf Hauptaufgaben, wie unten angegeben.

Abb. 4.49 Temperatur und Druck für die *Formbarkeit* von Spritzgießprozessen

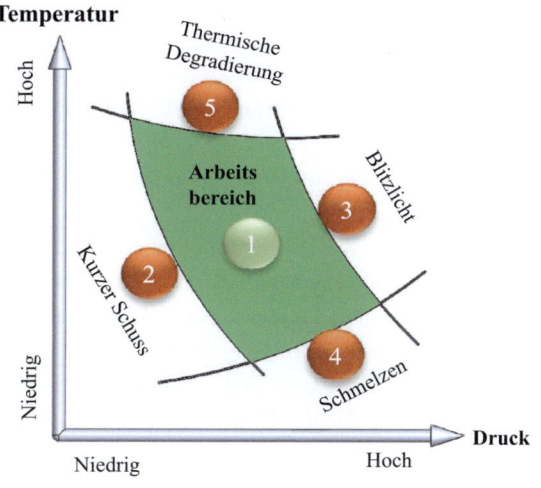

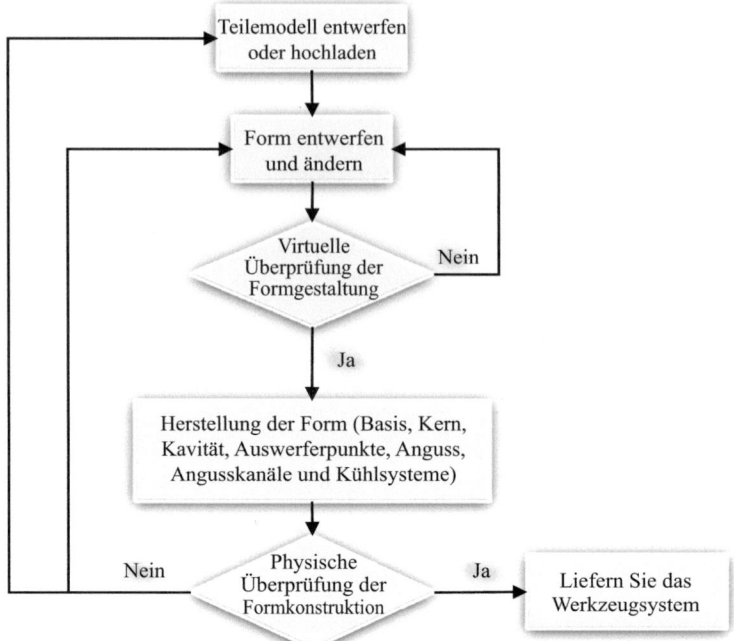

Abb. 4.50 Gestaltung des Spritzgießprozesses

1. *Erstens* werden Teile modelliert und analysiert, um die Anforderungen an das Spritzgießen zu klären; genauer gesagt, sollten die Parameter wie *Einspritzgewicht*, *erforderliche Kerne*, *Anzahl der Kavitäten*, *Einspritzstellen* sowie *Schließkraft* und *Hub* bestimmt werden.
2. *Zweitens* werden die Kavitäten so gestaltet, dass (i) Formtypen wie *Heißkanäle*, *Kaltkanäle*, und *konventionelle Angüsse* ausgewählt werden; (ii) die Materialien für *Grundkörper*, *Einsätze*, *Platten* und *Kerne* ausgewählt werden; und (iii) die Kavitäten an die geometrischen Formen der Teile angepasst werden.
3. *Drittens* werden die Kavitäten optimal platziert, gängige Platzierungsoptionen sind *Stern*, *symmetrisch*, und *In-line-Anordnung*. Die Formbaugruppe wird modelliert, simuliert und überprüft.
4. *Viertens* werden weitere Komponenten für das Einspritzen und Kühlen von Schmelzen und das Auswerfen von Teilen entworfen. Insbesondere wird das Anguss-System entworfen; gängige Layouts eines Anguss-Systems sind *konventionell*, *punktgenau*, *Tunnel*, *Grat*, *Tab*, *Scheibe* und *Membran*. Die Auswerfkomponente wird entworfen; einige gängige Optionen sind *Stifte*, *Auswerferringe*, *Auswerferplatten*, *Schieber*, und *Seitenkerne*. Die Art der Entlüftungstrennlinien wird festgelegt.

4.6 Simulation von Fertigungsprozessen – Analyse der Formfüllung

5. *Fünftens* wird das Spritzgießsystem als Ganzes gegen die festgelegten funktionalen Anforderungen überprüft; dies stellt sicher, dass alle Designbeschränkungen erfüllt sind, bevor das Spritzgießsystem hergestellt wird.

4.6.4 Designvariablen und Überlegungen

Die Diskussion in Abschn. 4.5.2 zeigt, dass zwei Hauptfaktoren die Formbarkeit beeinflussen: Verarbeitungstemperatur und Druck. Allerdings sind beim Spritzgießen zahlreiche andere Designvariablen beteiligt, die den Erfolg des Spritzgießprozesses beeinflussen könnten.

(1) Schrumpfung

Das Material in einem Spritzgießprozess ist an der Temperaturänderung in einem weiten Bereich beteiligt. Der thermische Ausdehnungskoeffizient des Materials variiert mit der Temperaturänderung. Je höher die Temperatur ist, desto höher ist der thermische Ausdehnungskoeffizient. Dementsprechend werden die Abmessungen des Teils in der Kavität während des Erstarrens schrumpfen, und diese Schrumpfung muss im Designprozess kompensiert werden. Die Menge der Schrumpfung hängt von (1) der Art des Materials und (2) dem Bereich der Temperaturänderungen ab.

Tab. 4.6 zeigt den Prozentsatz der Schrumpfung für vier häufig verwendete Materialien. Um eine erwartete Dimension zu erhalten, wird die entsprechende Dimension einer Form wie folgt kompensiert

$$D_c = D_p \left(1 + S + S^2\right) \tag{4.11}$$

Hierbei sind D_c und D_p die entsprechenden Abmessungen auf der Form und dem Teil und S ist der Prozentsatz der Schrumpfung, der in Tab. 4.6 angegeben ist. Um eine bessere Maßgenauigkeit zu erzielen, können die folgenden Ansätze verfolgt werden:

(1) Erhöhung des Betriebsdrucks, um die Einspritzung der Schmelze in die Form zu beschleunigen.
(2) Erhöhung der Verarbeitungstemperatur, um die Viskosität der Polymerschmelze zu reduzieren und die Packungsdichte in der Form zu erhöhen.
(3) Erhöhung der Verdichtungszeit und Zufuhr der Schmelze im Kühlprozess.

Tab 4.6 Schrumpfung von vier häufig verwendeten Kunststoffen

Kunststoffe	Typische Schrumpfung, mm/mm (in/in)
Nylon-6	0.020
Polyethylen	0.025
Polystyrol	0.004
Polyvinylchlorid (PVC)	0.005

(2) Wirtschaftlicher Faktor

Die Kosten für Formen und Werkzeuge sind ein bedeutender Teil der Kosten für Fertigungsprozesse, da Teile mit unterschiedlichen Geometrien oder Merkmalen verschiedene Formen und Werkzeuge erfordern, die in einer Maßtoleranz hergestellt werden, die strenger ist als die der Teile (Bi et al. 2001). Bei der Gestaltung eines Spritzgussprozesses stehen verschiedene Prozesstypen zur Verfügung, und diese Prozesse müssen aus Kostengesichtspunkten analysiert und verglichen werden. Hohe Werkzeugkosten sind nur zulässig, wenn die Stückzahl bestimmter Teile hoch ist.

Insgesamt ist der Spritzguss wirtschaftlich sinnvoll, wenn die Stückzahl eines Produkts über 10.000 liegt. Wenn das Produktvolumen unter 1000 liegt, sollte ein *Formpressverfahren* verwendet werden; wenn das Produktvolumen im Bereich von (1000, 10.000) liegt, sollte ein *Spritzpressverfahren* in Betracht gezogen werden.

(3) Designmerkmale von geformten Teilen

Je komplexer ein Teil ist, desto höher sind die Kosten für die Form und das Werkzeug. Aus dieser Perspektive ist die Anwendung von Spritzgussmodellen vorteilhaft, da mehrere funktionale Teile aus dem gleichen Material als Baugruppe hergestellt werden können, wenn dies machbar ist.

Design for Manufacturing (DfM) kann beim Entwerfen eines geformten Teils angewendet werden, um Spritzgussfehler wie *eingegossene Spannungen*, *Grate*, *Senkmarken* und *Oberflächenfehler* zu minimieren. Dies wird erreicht, indem die Anforderungen eines Spritzgussprozesses an *Fließlängen*, *Schweißnahtpositionen*, *Spritzdrücke*, *Spannanforderungen*, *Ausschussrate*, *Einfachheit der Teilemontage* und *die Bedürfnisse von Sekundäroperationen* wie Entgraten, Lackieren und Bohren erfüllt werden. Bei der Gestaltung eines geformten Teils müssen die folgenden Merkmale besonders beachtet werden:

1. *Wandstärke*: Eine dicke Wand verbraucht mehr Material und neigt dazu, *Verformungen* zu verursachen, da die Schrumpfung entlang der Tiefe ungleichmäßig ist; es dauert lange, bis die Materialien aushärten. Es ist wünschenswert, dünne Wände mit gleichmäßig verteilten Dicken zu haben.
2. *Verstärkungsrippen:* Um die Steifigkeit und Festigkeit an bestimmten Querschnitten zu erhöhen, ist das Hinzufügen von Verstärkungsrippen eine bevorzugte Option. Die Dicke einer Verstärkungsrippe muss jedoch geringer sein als die der Wand, um Senkmarken an den Wänden zu reduzieren.
3. *Eckradien und Rundungen*: Eine scharfe äußere oder innere Ecke verursacht die Spannungskonzentration in der Anwendung und beeinflusst die Gleichmäßigkeit des Schmelzflusses beim Spritzgießen. Schärfere Ecken müssen vermieden werden, um Oberflächendefekte an Formteilen zu beseitigen.

4.6 Simulation von Fertigungsprozessen – Analyse der Formfüllung

4. *Löcher:* Es ist meistens machbar, Löcher in einem geformten Teil zu haben, während die Auswirkungen von Löchern auf die Komplexität der Form und die Teilauswerfung berücksichtigt werden müssen.
5. *Züge:* Um Teile aus der Form auszuwerfen, muss das Teil Züge auf den seitlichen Oberflächen haben. Die für duroplastische und thermoplastische Materialien empfohlenen Züge betragen etwa 1/2° bis 1° bzw. etwa 1/8° bis 1/2°.
6. *Toleranzen:* Die Schrumpfung ist unter eng kontrollierten Bedingungen vorhersehbar; jedoch sind lose Maßtoleranzen vorzuziehen, da die Unsicherheiten der Prozessparameter und die Variationen der Teilegeometrien die Schrumpfung und Verteilung über die Oberflächen beeinflussen.

4.6.5 Fehler von geformten Teilen

Ähnlich wie bei anderen Fertigungsprozessen, beinhaltet der Spritzguss viele Designfaktoren. Es ist sehr herausfordernd, ein realistisches mathematisches Modell für die Prozessoptimierung zu entwickeln. Daher ist DfM ein iterativer Prozess, um die Kompromisse zwischen einigen gegenseitig konkurrierenden Designkriterien zu machen, und die Grundanforderung ist, die Fehler der Teile zu minimieren, die durch verschiedene Gründe wie Designfehler der Teile, Formen und Werkzeuge, nicht gut vorbereitete Materialien und ungeeignete Betriebsbedingungen verursacht werden könnten. Spritzgussmodellierung führt zu den folgenden häufigen Fehlern.

1. Schweißnähte

Eine *Schweißnaht* ist eine schlecht gefüllte Linie, wenn zwei oder mehr Schmelzströme aufeinandertreffen und unvermischt bleiben. Die Schweißnaht ist eine Grenze von zwei Schmelzströmen. Abb. 4.51 zeigt den Prozess, bei dem eine Schweißnaht durch zwei

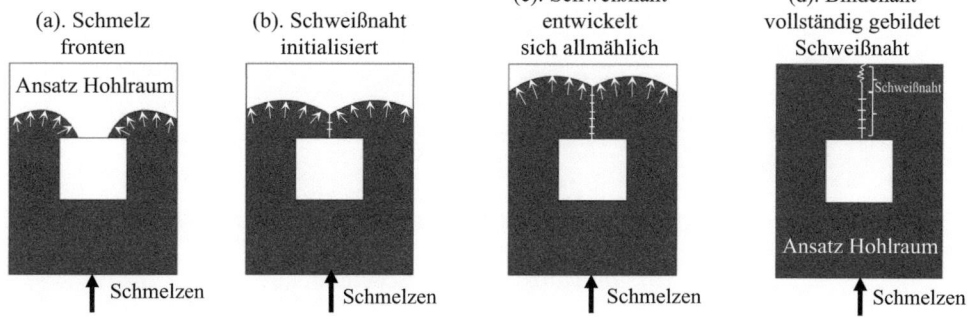

Abb. 4.51 Prozess der Bildung einer Schweißnaht durch zwei Ströme

Ströme gebildet wird. Um Schweißnahtfehler zu mildern, können die folgenden Methoden verwendet werden: (1) Erhöhung der Einspritzgeschwindigkeit und Erhöhung der Temperatur der Form; (2) Reduzierung der Temperatur der Schmelze und Erhöhung des Einspritzdrucks; und (3) Optimierung der Anguss-Positionen und der Schmelzströme mit weniger oder unbedeutenden Verschmelzungsorten.

2. Grate

Grate bilden sich an der Trennlinie/Oberfläche der Form oder an einigen Stellen, an denen die Auswerfer installiert sind. Abb. 4.52 zeigt den Fall, in dem sich Grate in der Trennebene bilden. Ein Grat ist ein Phänomen, bei dem das geschmolzene Polymer ausläuft oder an der Naht oder Lücke zwischen zwei Oberflächen haften bleibt. Die häufigsten Ursachen für Grate sind (1) schlechte Übereinstimmung an zwei Kontaktflächen;

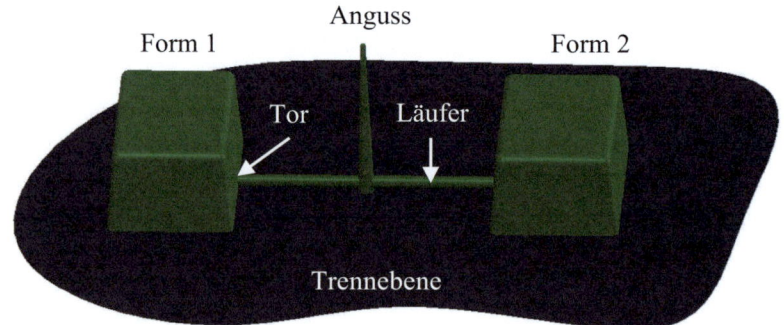

(a). ohne Grat auf der Trennebene

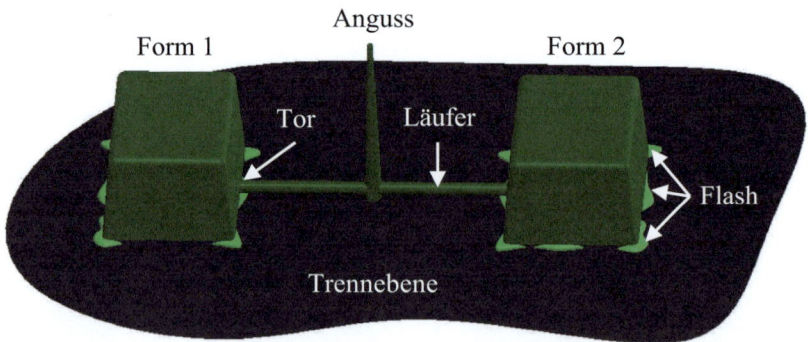

(b). mit Blitzen auf der Scheitelhöhe

Abb. 4.52 Grate beim Spritzgießen

4.6 Simulation von Fertigungsprozessen – Analyse der Formfüllung

(2) niedrige Viskosität des geschmolzenen Polymers; (3) hoher Einspritzdruck; und (4) geringe Schließkraft.

Die folgenden Methoden können verwendet werden, um Grate zu reduzieren (1) Vermeidung von übermäßigen Dickenunterschieden im Teiledesign; (2) Reduzierung der Einspritzgeschwindigkeit; (3) Anwendung eines gut ausbalancierten Drucks und Schließkraft auf die Formbaugruppe; (4) Erhöhung der Schließkraft; (5) Verbesserung der Oberflächenqualität der Trennebene, Auswerferstifte und -löcher.

3. Unvollständige Befüllung

Unvollständige Befüllung ergibt sich, wenn die Kavitäten nicht vollständig mit geschmolzenem Material gefüllt sind. Abb. 4.53 zeigt den Unterschied von Teilen mit vollständiger und mit unvollständiger Befüllung. Eine unvollständige Befüllung kann an einer

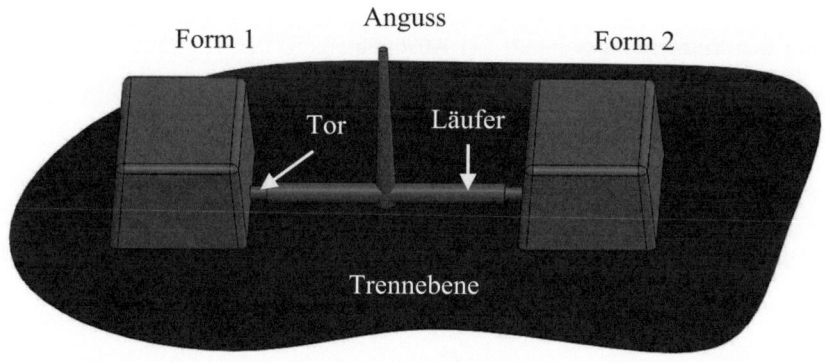

(a). ohne kurze Shorts

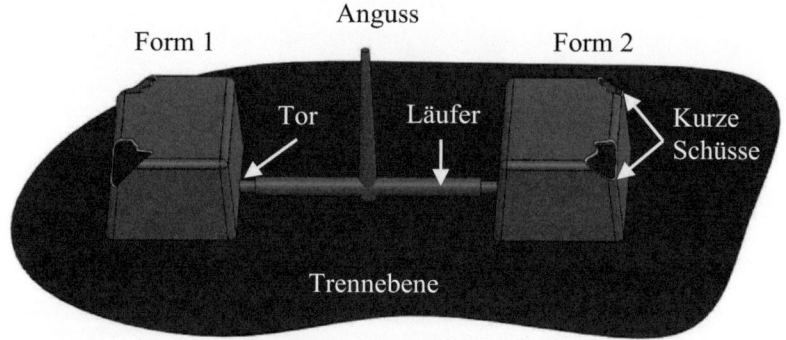

(b). mit kurzen Schüssen in den Hohlraum

Abb. 4.53 Teil mit unvollständiger Befüllung

Stelle mit einem langen Flussweg zum Tor auftreten. Häufige Ursachen für unvollständige Befüllung sind (1) unzureichendes Einspritzgewicht, (2) ein niedriger Einspritzdruck und (3) eine niedrige Einspritzgeschwindigkeit; dies führt dazu, dass der Schmelzfluss gefriert, bevor die Form vollständig gefüllt ist. Der Befüllungsgrad kann verbessert werden durch (1) Erhöhung des Einspritzdrucks; (2) Verwendung von Lüftungsöffnungen oder Entgasungsvorrichtungen für einen hohen Flussdruckabfall; und (3) Optimierung des Formdesigns zur Glättung des Schmelzflusses.

4. Verformungen

Eine Verformung bildet sich, wenn das Teil entformt wird. Abb. 4.54 zeigt ein Teil mit Verformungen, die durch (1) ungleichmäßiges Schrumpfen aufgrund von Dickenunterschieden oder Temperaturabweichungen und (2) niedrigen Einspritzdruck und unzureichendes Packen verursacht werden könnten. Um Verformungen zu reduzieren, können die folgenden Methoden verwendet werden: (1) Verlängerung der Abkühlzeit, bevor das Teil ausgeworfen wird, (2) Optimierung der Positionen der Auswerferstifte, (3) Vergrößerung der Entformungswinkel, (4) Ausbalancieren der Kühlleitungen und (5) Erhöhung des Packdrucks.

5. Einfallstellen

Einfallstellen können entstehen, wenn das Schmelzgut in einigen Bereichen (wie Rippen oder Vorsprünge) stärker schrumpft als angrenzende Bereiche. Abb. 4.55 zeigt das Teil

Abb. 4.54 Teil mit Verformungen

(a). ohne Verzug

(b). mit Verwerfungen

Abb. 4.55 Teil mit Einfallstellen

(a). ohne Einfallstelle

(b). mit Einfallstellen

4.6 Simulation von Fertigungsprozessen – Analyse der Formfüllung

mit Einfallstellen, die durch unzureichendes Schmelzgut in dem Bereich verursacht werden, bevor der Fluss aufgrund der Erstarrung geschlossen wird. Die Methoden zur Reduzierung von Einfallstellen umfassen (1) Erhöhung des Packdrucks für mehr Schmelzfüllung in die Kavität, (2) Offenhalten der Tore für eine längere Zeit und (3) Reduzierung der Temperatur der Form zur Stärkung der Oberfläche.

4.6.6 Formflussanalyse

Die Gestaltung von Spritzgießprozessen stützte sich früher auf die Erfahrungen der Designer mit Hilfe von Versuch-und-Irrtum-Methoden. Heutzutage bieten Computersimulationstools wissenschaftliche Methoden zur Unterstützung der Gestaltung von Spritzgießprozessen. Die *Formflussanalyse* zielt darauf ab, einen Spritzgießprozess zu simulieren und das Design von Formen und Prozessvariablen zu optimieren.

Abb. 4.56 zeigt die Eingaben und Ausgaben von *SolidWorks Plastics* für die Formflussanalyse (Eastman 2019). Die Systemeingaben umfassen *Teilemodell, Materialeigenschaften, thermische Eigenschaften, Schmelz- und Formtemperaturen, Läufer, Angusssysteme* und *Kühlsysteme*. Die Systemausgaben umfassen die simulierten Ergebnisse für *Flüsse und Füllungen, Schweißnahtpositionen, Fülldruck, Druckmuster, Schließkraft, Temperaturmuster, Schermuster, Füllung, Temperaturverteilung, Scherverdünnung, Erstarren und Wiedererwärmen* und *vorübergehende Flussunterbrechungen*. Die Formflussanalyse kann zur simulationsbasierten Optimierung von Spritzgussprozessen verwendet werden.

Wie in Abb. 4.57 gezeigt, ist SolidWorks Plastics in die 3D-Körpermodellierungsumgebung integriert und das Teilemodell kann direkt für die Formflussanalyse verwendet

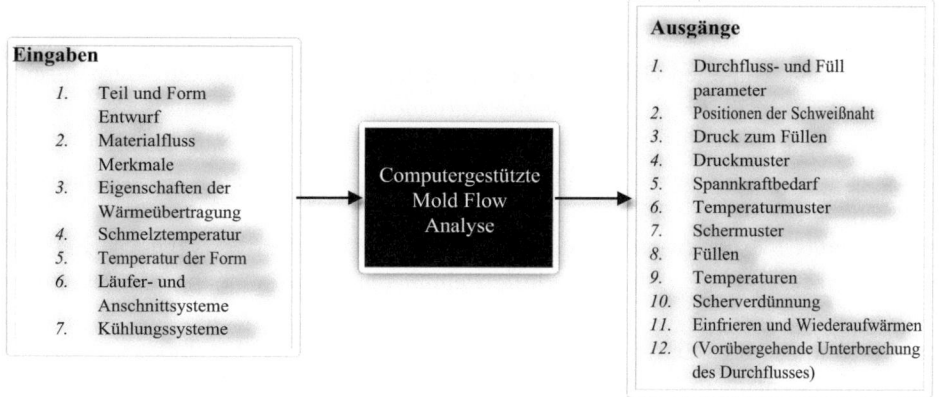

Abb. 4.56 *SolidWorks Plastics* für die Formflussanalyse

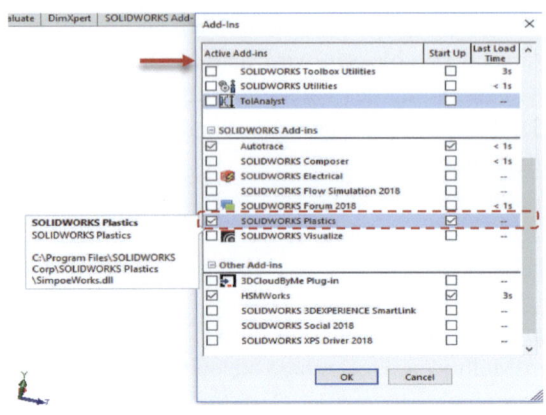 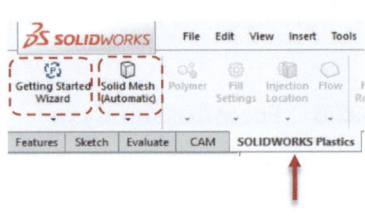

(a). Aktivieren Sie SolidWorks Plastics in den *Add-Ins* unter *Optionen*

(b). CommendManager SolidWorks Plastics wird verfügbar

Abb. 4.57 Aktivieren des SolidWorks Plastics Werkzeugs

werden. Ein benutzerfreundlicher Assistent wird bereitgestellt, um eine Formflussanalyse Schritt für Schritt zu definieren und auszuführen. Abb. 4.57a zeigt den Zugang zu SolidWorks Plastics, das ein *Add-in* von SolidWorks ist. Abb. 4.57b zeigt, dass der Assistent für die Formflussanalyse ausgeführt wird, um den automatischen Vernetzungsprozess fortzusetzen.

Nach dem Assistenten ist die Analyse des Spritzprozesses für ein Formteil unkompliziert. Abb. 4.58 zeigt sechs kritische Schritte in einer Formflussanalyse: (1) Netz erzeugen, (2) Material definieren, (3) Prozessparameter festlegen, (4) die Einspritzstellen definieren, (5) Simulation ausführen und (6) die Ergebnisse überprüfen. Abb. 4.59a zeigt, dass SolidWorks Plastics die Fähigkeit hat, automatisch ein Netz auf einem Oberflächen- oder Körpermodell zu erzeugen. Abb. 4.59b zeigt, dass die Einspritzstellen automatisch in Schritt 4 definiert werden können. Durch die Simulation können die Designer alle Arten von simulierten Daten im Zusammenhang mit Pack, Flow und Warp anzeigen und abrufen. Abb. 4.60 zeigt die Liste der Attribute, die für den Formfluss relevant sind. Abb. 4.61 zeigt einige Beispiele für kritische Daten aus der Formflussanalyse, die die Verteilung von Schrumpfung, Kühlzeit, Druck, Formtemperatur und Einfallstellen umfassen.

SolidWorks Plastics bietet auch eine Reihe von erweiterten Werkzeugen zur Steuerung der Prozessvariablen, die den Fluss beeinflussen. Abb. 4.62 zeigt die Schnittstelle zum Zugriff auf diese Werkzeuge: (1) *Polymer* zur Änderung der Materialeigenschaften; (2) *Fill Settings* zur Einrichtung von Spritzgießparametern wie Füllzeit, Schmelztemperatur, Formtemperatur, Einspritzdruckgrenze und Schließkraftgrenze; (3) *Injection Location* zum Hinzufügen oder Ändern von Einspritzorten; (4) *Flow+Pack+Warp* zur Angabe des Simulationstyps; und (5) *Flow Results* zur Visualisierung der Ergebnisse.

4.7 Designs von Werkzeugen, Matrizen und Formen (TDM)

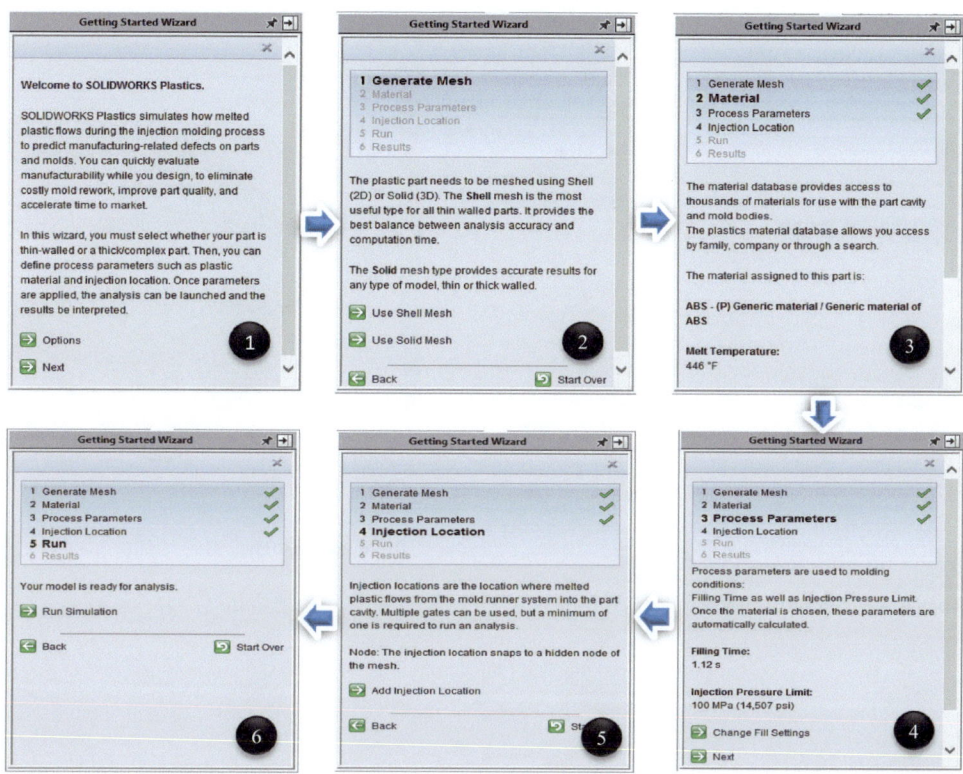

Abb. 4.58 Schritte im Formanalyse-Assistenten

4.7 Designs von Werkzeugen, Matrizen und Formen (TDM)

Werkzeuge, Matrizen und Formen (TDM) sind für die meisten Fertigungsprozesse wie Gießen, Schmieden, Spritzgießen und Materialabtragungsprozesse unerlässlich. Die Geometrien und Bewegungen von TDM bestimmen die Teilegeometrien. Insbesondere sollte eine *Form* oder eine *Matrize* die gleichen Außenflächen wie die Teile an ihren Kontaktstellen haben. Aus dieser Perspektive sind die Konzepte von Matrizen und Formen ähnlich und sie werden abwechselnd verwendet. Eine *Matrize* wird jedoch verwendet, um die Materialien in einem Verformungsprozess wie Schmiede- und Stanzoperationen zu formen, und eine *Form* wird verwendet, um die Materialien in einem Formprozess wie Gießen oder Spritzgießen zu formen. Darüber hinaus unterscheidet sich eine Form von einer Matrize in dem Sinne, dass eine Formbaugruppe horizontal auseinandergenommen wird, eine Matrize jedoch vertikal.

Aufgrund der geringen Mengen und der stark diversifizierten TDM-Produkte sind Werkzeugmacher meist *kleine und mittlere Unternehmen* (KMU), die hochqualifizierte

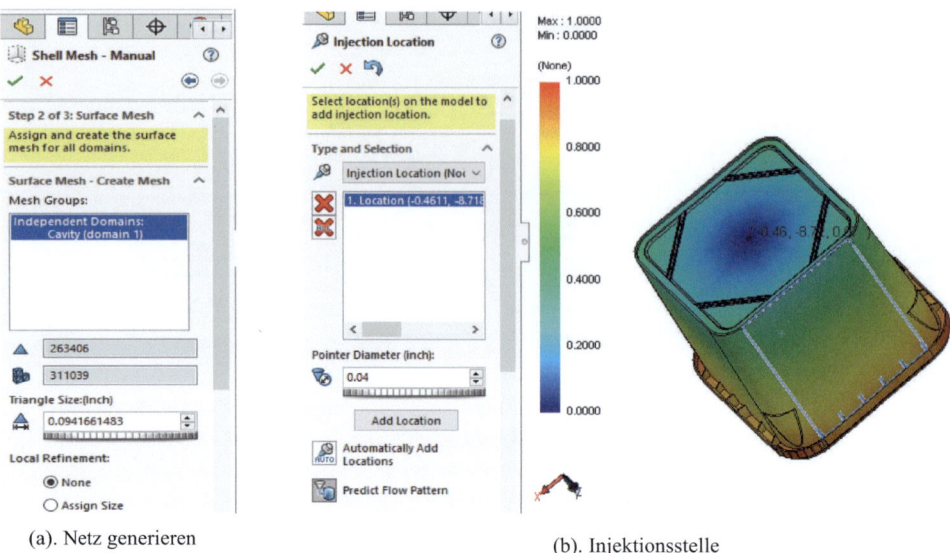

(a). Netz generieren   (b). Injektionsstelle

Abb. 4.59 Schnittstellen in den Schritten *Netz erzeugen* und *Einspritzstelle*

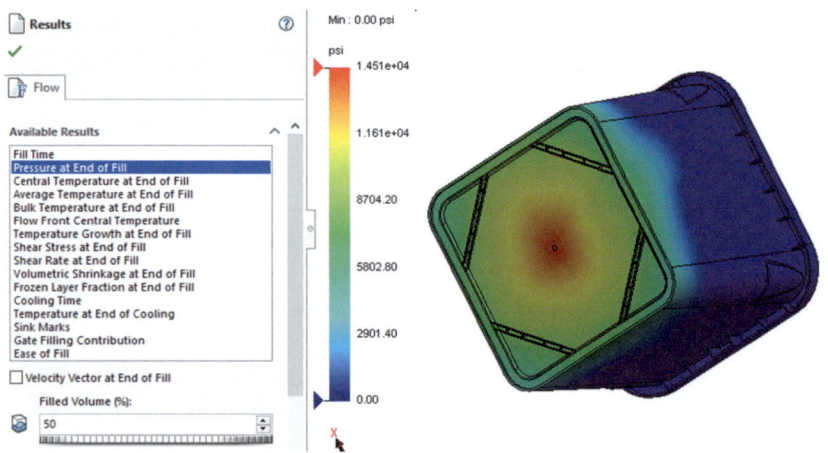

Abb. 4.60 Liste der Attribute in der Formflussanalyse

Mitarbeiter benötigen, um Werkzeuge zu entwerfen und herzustellen. Werkzeuge sind jedoch für alle hergestellten Produkte unerlässlich, insbesondere da fast die Hälfte des Werkzeugverbrauchs in der Automobil- und Verteidigungsindustrie anfällt. TDM-Unternehmen bieten Dienstleistungen zum Entwerfen, Herstellen und Testen von Werkzeugmaschinen für Fertigungsunternehmen an. Das Wachstum der Fertigungsindustrie wird

4.7 Designs von Werkzeugen, Matrizen und Formen (TDM)

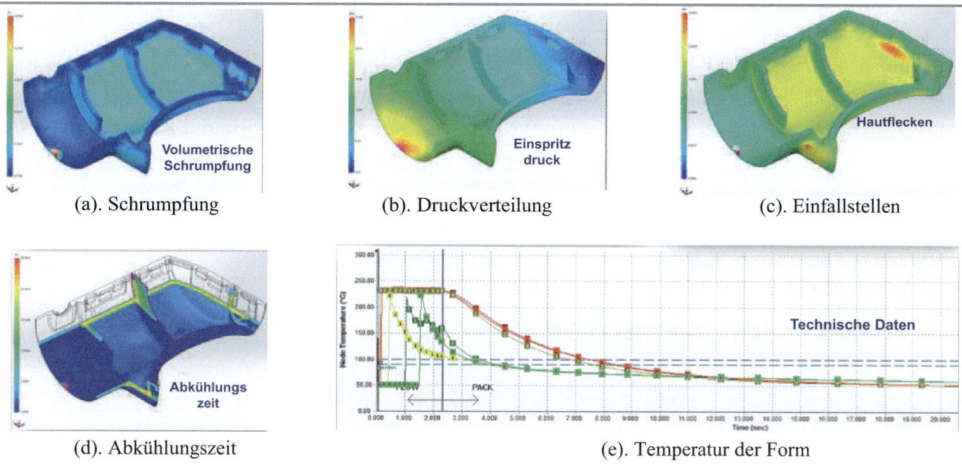

Abb. 4.61 Kritische Attribute in der Formflussanalyse

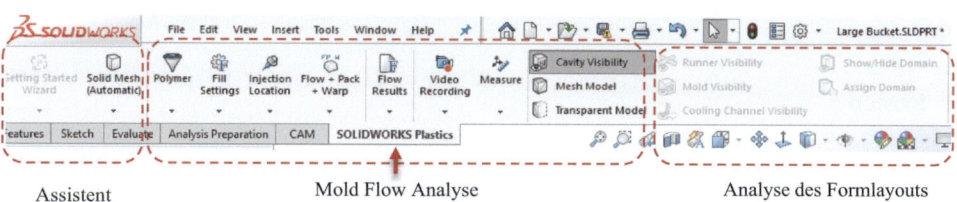

Abb. 4.62 Erweiterte Werkzeuge in SolidWorks Plastics

stark von dem der TDM-Industrie beeinflusst. Canie (2010) lieferte die Daten zu Import- und Exportgeschäften von TDM-Produkten in den Vereinigten Staaten von 1997 bis 2010 in Tab. 4.7; es zeigte, dass das Handelsdefizit von 897 Millionen Dollar auf 4.391 Millionen Dollar gestiegen ist. Derzeit sind die Unternehmen in den Vereinigten Staaten hauptsächlich auf ausländische Lieferanten angewiesen, um kundenspezifische Matrizen und Formen herzustellen. Die Schrumpfung der TDM-Industrie hängt mit der Schrumpfung der gesamten Fertigungsindustrie zusammen. Die Schrumpfung der US-Fertigungsindustrie wurde durch viele Indikatoren wie Beschäftigungsquoten, Jahresgehältern und der Anzahl neu gegründeter Unternehmen belegt .

Tab 4.7 Import- und Exportgeschäfte von TDM von 1997 bis 2010 in den USA (Canie 2012)

Produkt	Jahr	Ausfuhren	Einfuhren	Defizit
Schimmelpilze	1997	$648 Millionen Dollar	$1,291 Millionen Dollar	$643 Millionen Dollar
	2010	$717 Millionen Dollar	$4,745 Millionen Dollar	$4,028 Millionen Dollar
Werkzeuge, Matrizen und	1997	$442 Millionen Dollar	$696 Millionen Dollar	$254 Millionen Dollar
	2010	$488 Millionen Dollar	$851 Millionen Dollar	$363 Millionen Dollar
Gesamt	1997	$1,090 Millionen Dollar	$1,987 Millionen Dollar	$897 Millionen Dollar
	2010	$1,205 Millionen Dollar	$5,596 Millionen Dollar	$4,391 Millionen Dollar

Um die Fertigung eines Landes zu stärken, ist die Erweiterung der TDM-Industrie von entscheidender Bedeutung, während die US-Fertigung vor der Herausforderung steht, Talente für die TDM-Industrie zu gewinnen. Die Statistiken der National Tooling & Machining Association (NTMA) zeigten, dass 95 % der Werkzeugmacher sogar in einer Wirtschaft mit hoher Arbeitslosenquote offene Stellen hatten. Mit der Nutzung neuer Technologien wird erwartet, die Effizienz in TDM-Unternehmen um bis zu 20 % zu verbessern.

4.7.1 Designkriterien von TDM

Werkzeugkonstruktion ist ein Zweig des Fertigungsingenieurwesens, der aus den Methoden und Verfahren besteht, um Werkzeuge, Matrizen und Formen in der Fertigung zu analysieren, zu planen, zu entwerfen, herzustellen und zu verwenden. TDM-Produkte sind sehr vielfältig, da jedes Produkt auf spezifische Funktionen, Geometrien und Fertigungsprozesse zugeschnitten sein muss. Obwohl die Funktionen von TDM-Produkten sehr vielfältig sind, gelten die folgenden Designkriterien allgemein für alle TDM-Produkte.

1. Kosten

Kosten sind ein wesentlicher Indikator für alle hergestellten Produkte, einschließlich TDM-Produkte. Da TDM-Produkte in der Regel geringe Stückzahlen haben, ist der Stückpreis oft eine der Hauptbedenken. Dies ist vor allem für Unternehmen, die Haushaltsgeräte, Elektronik, Elektrohandwerkzeuge und Haushaltswaren herstellen, von entscheidender Bedeutung. Ein attraktiver Preis wurde als führende Wettbewerbsfähigkeit von Werkzeugmachern identifiziert (United States International Trade Commission 2002).

Die Gesamtkosten von TDM sind mit den Aufgaben in den verschiedenen Phasen des Produktlebenszyklus verbunden. Abb. 4.63 gibt eine Schätzung der Kosten in den verschiedenen Phasen. Es ist klar, dass die Einführung neuer Technologien in der Konstruktion, Fertigung und Montage von TDM voraussichtlich die Kosten senken wird. Daher

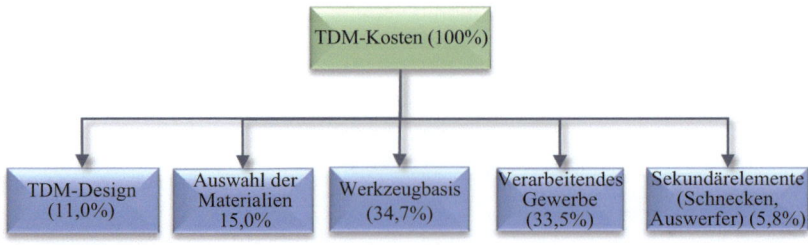

Abb. 4.63 Kostenstruktur von TDM-Produkten

4.7 Designs von Werkzeugen, Matrizen und Formen (TDM)

wurden computergestützte Technologien weit verbreitet eingesetzt, um die Produktivität und Wettbewerbsfähigkeit zu steigern, die Bearbeitungskapazität zu erhöhen und hochqualifizierte Arbeitskräfte zu ersetzen.

2. Lieferzeit

TDM-Produkte werden meist individuell angefertigt und in *Pull-Produktion* hergestellt. Von dem Zeitpunkt, an dem ein Benutzer eine Bestellung aufgibt, bis zu dem Zeitpunkt, an dem das Produkt hergestellt und dem Benutzer geliefert wird, gibt es eine Wartezeit, die als *Lieferzeit* bezeichnet wird. Aufgrund der Komplexität und der hohen Qualitätsanforderungen an TDM-Produkte sind die durchschnittlichen Lieferzeiten von TDM-Produkten lang und in der Regel in Wochen angegeben. Abb. 4.64 zeigt die Leistungsindikatoren der Werkzeugmacher basierend auf der durchschnittlichen Lieferzeit ihrer TDM-Produkte (Cimatron 2017); Werkzeugmacher mit optimierter Praxis können im Vergleich zu weniger wettbewerbsfähigen Werkzeugmachern einen Zeitfenster von 3,7 Wochen für das Ergreifen neuer Geschäftsmöglichkeiten gewinnen.

3. Komplexität

TDM-Produkte sind hinsichtlich Größen, Geometrien und angewandten Fertigungsprozessen sehr vielfältig, aber Werkzeugmacher müssen diese in denselben Einrichtungen herstellen, um die Fertigungsfähigkeiten aufrechtzuerhalten. (1) Ein Werkzeugmacher bedient in der Regel vielfältige Kunden in verschiedenen Branchen; die angeforderten TDM-Produkte sind sehr unterschiedlich, auch wenn sie in denselben Fertigungseinrichtungen hergestellt werden. (2) Werkzeugmacher sind gezwungen, eine

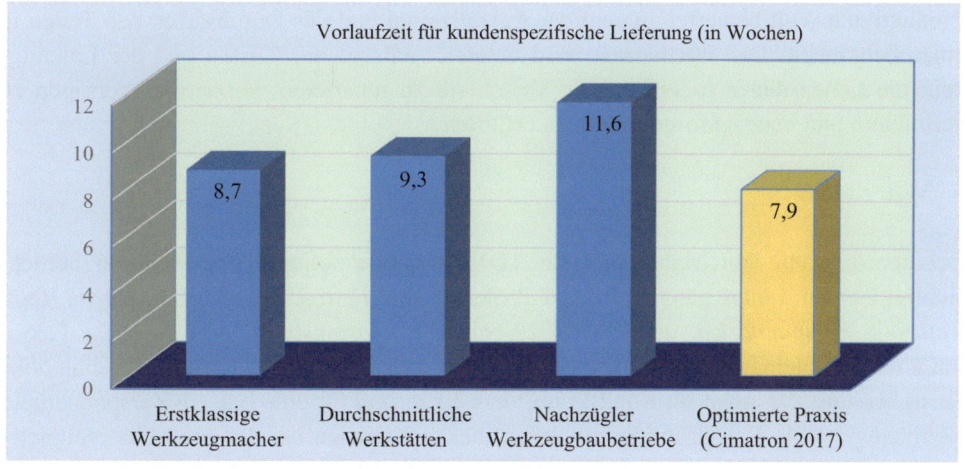

Abb. 4.64 Durchschnittliche Lieferzeiten von TDM-Herstellern

breite Palette von Werkzeugen einer bestimmten Konstruktion zu umfassen, von einfachen, niedrigpreisigen Fertigungen bis hin zu hochkomplexen und technologisch fortschrittlichen Produkten. Die Komplexität der TDM-Produkte und Fertigungsprozesse bringt die Herausforderung mit sich, (1) die Gemeinsamkeiten der Produkte für die Massenproduktion zu definieren und (2) das Wissen für die Entwicklung neuer Produkte wiederzuverwenden.

4. Präzision

Die Maßgenauigkeit des hergestellten Produkts hängt von der Präzision der Werkzeuge in den Fertigungsprozessen ab. Aus dieser Perspektive sollte die Präzision des ausgewählten Werkzeugs durch die erforderliche Genauigkeit der Produkte bestimmt werden. Werkzeuge mit geringer Präzision sind für einige Produkte geeignet, wie z.B. Plastikeimer, bei denen die Maßabweichungen die Produktverwendung nicht beeinträchtigen. Eine durchschnittliche Präzision des Werkzeugs ist anwendbar auf Teile wie elektronische Komponenten, Tastaturen oder Uhrenabdeckungen. Eine hohe Präzision des Werkzeugs ist erforderlich für Teile, die mit anderen Komponenten unter engen Toleranzen montiert werden müssen, wie z.B. Handygehäuse und Verschlüsse von Lebensmittelbehältern. Der Werkzeugfehler wird auf Produkte übertragen, deren Genauigkeit negativ beeinflusst wird. Typischerweise wird von einem Werkzeug für hochpräzise Produkte erwartet, dass es eine wiederholbare Maßtoleranz von $\pm 0{,}00005$ Zoll hat.

5. Qualität

Die Qualität eines TDM-Produkts wird gemessen an seiner *Haltbarkeit*, *Wartbarkeit* und *Produktivität*. Die Haltbarkeit wird gemessen an der Lebensdauer des Produkts bei der Herstellung von Teilen ohne Qualitätsbedenken bezüglich Teilen oder Werkzeugen. Die Produktivität wird bewertet anhand der Ausfallzeiten und des Durchsatzes von Teilen in einer Zeiteinheit. Die Wartbarkeit wird bewertet anhand der Kosten und der Leichtigkeit, die Lebensdauer zu verlängern, Verschleiß zu reparieren, vorzeitiges Versagen zu verhindern und neue Anforderungen zu erfüllen.

6. Materialien

Bei der Auswahl von Materialien für TDM-Produkte sollten viele Faktoren berücksichtigt werden. Einige gängige Auswahlkriterien sind *Festigkeit*, *Zähigkeit*, *Härte*, *Heißfestigkeit*, *Zerspanbarkeit* und *Verschleiß- sowie Korrosionsbeständigkeit*. Diese Faktoren könnten miteinander in Konflikt stehen, zum Beispiel ist das Kriterium für eine hohe Festigkeit und Zähigkeit im Konflikt mit dem Kriterium für eine bessere Zerspanbarkeit. Es müssen einige Kompromisse zwischen diesen Kriterien bei der Auswahl geeigneter

4.7 Designs von Werkzeugen, Matrizen und Formen (TDM)

Materialien für TDM-Produkte gemacht werden. Wenn beispielsweise ein TDM eine sehr hohe Heißfestigkeit in seiner Anwendung aufweisen muss, ist es wahrscheinlich spröde und kann leicht brechen, wenn es einer dynamischen Belastung ausgesetzt ist.

4.7.2 Computerunterstütztes Formendesign

Die Geometrie einer Matrize oder Form muss so gestaltet sein, dass sie zur Geometrie der herzustellenden Teile passt. In diesem Abschnitt werden Formen und Matrizen auf der Grundlage von Teilemodellen entworfen.

(1) Formenbau

Die Geometrie eines Teils wird durch die Kavität in der Formenbaugruppe gegeben. Abb. 4.65 zeigt ein Beispiel für eine Formenbaugruppe, die aus *einem Kern* (männlicher Teil), *einer Kavität* (weibliche Teile) und *einer Trennlinie oder -fläche* besteht. Mehrere Kerne könnten benötigt werden, um komplexe Oberflächen oder einige spezielle Merkmale wie Taschen, Löcher und Unterschneidungen zu definieren. Eine Trennlinie oder -fläche dient dazu, die Kerne von der Kavität in der Formenbaugruppe zu trennen oder zu teilen.

(2) Computerunterstütztes Formendesign

In diesem Abschnitt wird das *SolidWorks Mold Tool*als computerunterstütztes Formendesign-Tool verwendet, um das Verfahren und die Schritte beim Entwerfen einer Formenbaugruppe auf der Grundlage gegebener Teilemodelle zu veranschaulichen. Abb. 4.66 zeigt die Schnittstelle des Mold-Tool-Befehlsmanagers. Wenn das Formenwerkzeug in der Standardanordnung nicht verfügbar ist, kann es durch Rechtsklicken auf

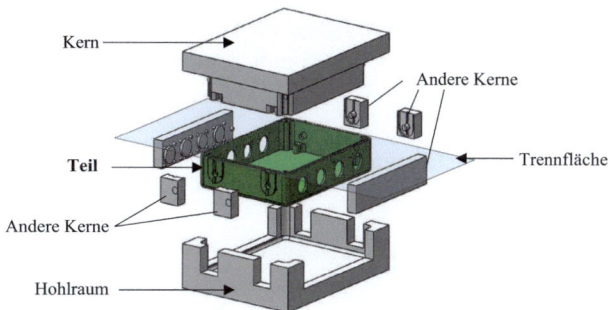

Abb. 4.65 Hauptkomponenten einer Formenbaugruppe

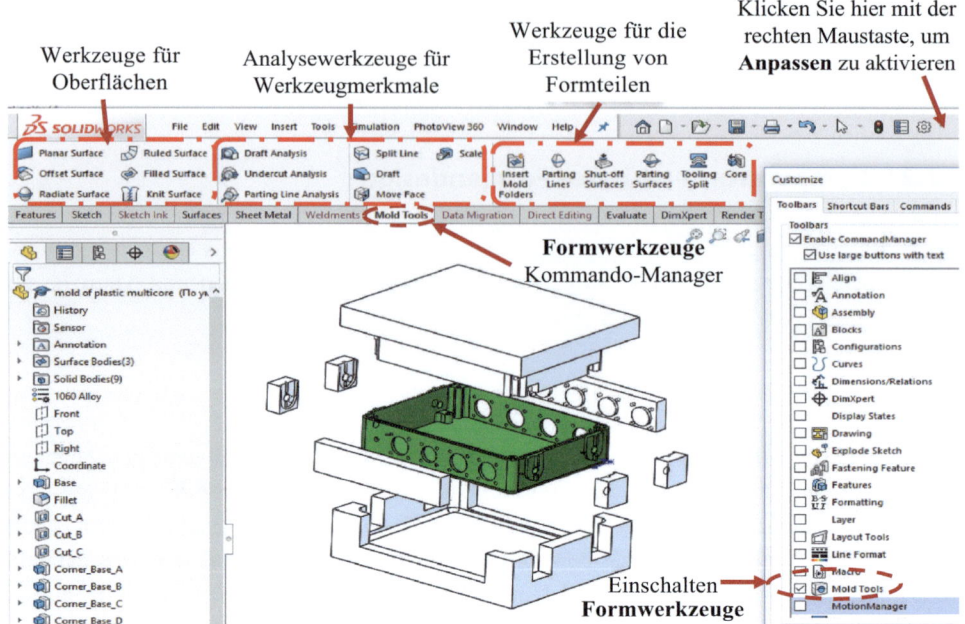

Abb. 4.66 *Mold Tool* Befehlsmanager

einen beliebigen Eintrag in der Befehlsmanagergruppe und dann durch Ankreuzen des Formenwerkzeugs in der aufgeklappten Liste der Befehlsgruppen aktiviert werden. Der Benutzer kann das Formenwerkzeug auch durch Anpassen der Anordnung hinzufügen, wie es auf der rechten Seite von Abb. 4.66 gezeigt ist.

Die Befehle des Formenwerkzeugs sind in drei Gruppen organisiert: (1) die Werkzeuge zum Modifizieren, Verknüpfen, Löschen und Erstellen von Oberflächen und zum Reparieren von Oberflächen durch Füllen von Löchern; (2) die Werkzeuge zur Analyse der Merkmale der Form wie *Entformungsschrägen*, *Hinterschneidungen* und *Trennlinien*; und (3) die Werkzeuge zum Erstellen der Formkomponenten wie Kerne und Kavitäten. Das Verfahren des computerunterstützten Formendesigns wird im nächsten Abschnitt besprochen.

3. **Designverfahren**

Abb. 4.67 zeigt das Verfahren zur Gestaltung einer Form auf der Grundlage des gegebenen Teilemodells:

(1) das Teil wird modelliert und skaliert, um das Schrumpfen im Herstellungsprozess zu kompensieren;

4.7 Designs von Werkzeugen, Matrizen und Formen (TDM)

Abb. 4.67 Verfahren des computerunterstützten Formendesigns

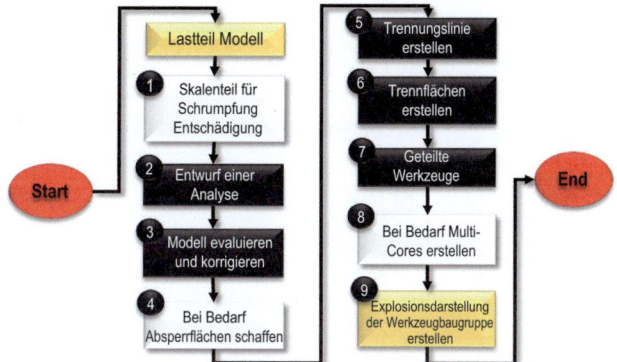

(2) die Entformungswinkel der seitlichen Oberflächen werden analysiert, um zu überprüfen, ob das Teil aus der Formenbaugruppe entnommen werden kann;
(3) die Flächen mit unpassenden Entformungswinkeln werden korrigiert, um sicherzustellen, dass die richtigen Entformungswinkel platziert sind;
(4) wenn ein Teil offene Räume hat, fügen Sie die Begrenzungsflächen hinzu, um den Kern und die Kavität durch Verwendung des *Shut-Off Surfaces*-Werkzeugs trennbar zu machen;
(5) definieren einer Trennlinie, um den Kern und die Kavität mit dem *Parting-Line*-Werkzeug zu teilen;
(6) verwenden einer Trennlinie, um Trennflächen zu erzeugen, so dass die Geometrien und Formen des Kerns und der Kavität jeweils definiert sind;
(7) verknüpfen der Trennflächen mit den anderen Begrenzungsflächen von Kern und Kavität;
(8) aufteilen des Körpers in Kern- und Kavitätenteile;
(9) überprüfen, ob das Modell einen oder mehrere Hinterschneidungen hat, und zusätzliche Kerne für die Hinterschneidungen definieren, wenn dies erforderlich ist.

Schließlich können neue Konfigurationen für die Explosionsansichten der Formenbaugruppe definiert werden.

4.7.3 Schrumpfkompensation

Um eine bessere Maßgenauigkeit des geformten Teils zu erreichen, sollten die Abmessungen der Form angepasst werden, um das Schrumpfen aufgrund von Temperaturänderungen zu kompensieren. Das Schrumpfen wird durch einen *Skalierungsfaktor* dargestellt, der dem Verhältnis einer Dimension zwischen einem virtuellen und einem physischen Teil entspricht. Ein Skalierungsfaktor hängt vom Materialtyp und der Form des

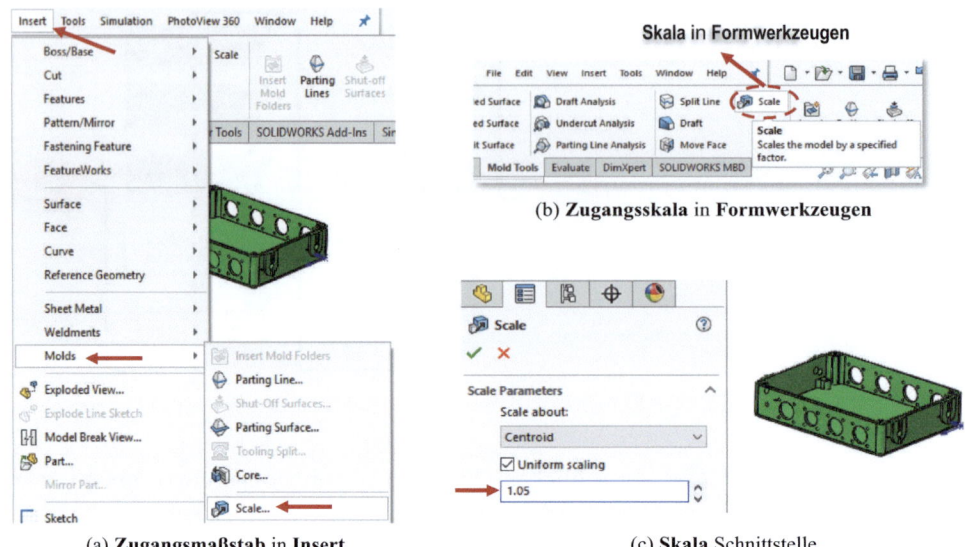

Abb. 4.68 Ein Teilemodell skalieren, um das Schrumpfen zu kompensieren

Teils ab. Abb. 4.68 a, b zeigt, dass das *Skalierungswerkzeug* auf mehrere Arten zugänglich ist, wie zum Beispiel (1) Klick auf *Einfügen > Form > Skalieren* und (2) Klick auf *Skalieren* unter dem Befehlsmanager des Formwerkzeugs. Abb. 4.68c zeigt, dass ein Teil über den *Schwerpunkt*, den *Ursprung* oder ein *benutzerdefiniertes Koordinatensystem* der Teile skaliert werden kann.

4.7.4 Entformungsanalyse

Seitenflächen eines geformten Teils sollten abgeschrägt werden, um sicherzustellen, dass das Teil korrekt aus der Form entnommen werden kann. Die *Entformungsanalyse* im Befehlsmanager kann verwendet werden, um Entformungswinkel von Seitenflächen zu bewerten. Abb. 4.69 zeigt die Anwendung des Entformungsanalysewerkzeugs. Die Zugrichtung kann durch Angabe einer *ebenen Fläche*, einer *linearen Kante* oder einer *Achse* definiert werden, und der Benutzer kann die Anpassung mit Hilfe eines in der Abbildung gezeigten dynamischen Triaden vornehmen.

Der Entformungswinkel der Tangentialebene jeder Fläche in Bezug auf die Zugrichtung muss positiv und größer als ein Mindestwert sein. Wenn eine solche Bedingung für eine Fläche nicht erfüllt ist, sollte ein Entformungsmerkmal zur Fläche hinzugefügt werden, indem das in Abb. 4.70 gezeigte Werkzeug *DraftXpert* verwendet wird. Das DraftXpert-Werkzeug erfordert eine Reihe von Eingaben, einschließlich (1) des minimalen Entformungswinkels, (2) der Zugrichtung und (3) der Gruppe der ausgewählten

4.7 Designs von Werkzeugen, Matrizen und Formen (TDM)

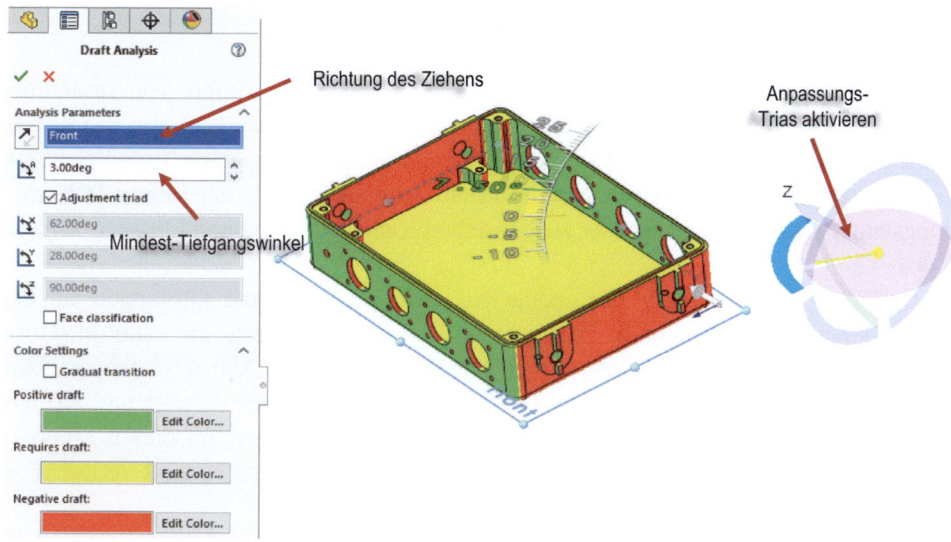

Abb. 4.69 Führen Sie eine *Entformungs*analyse durch

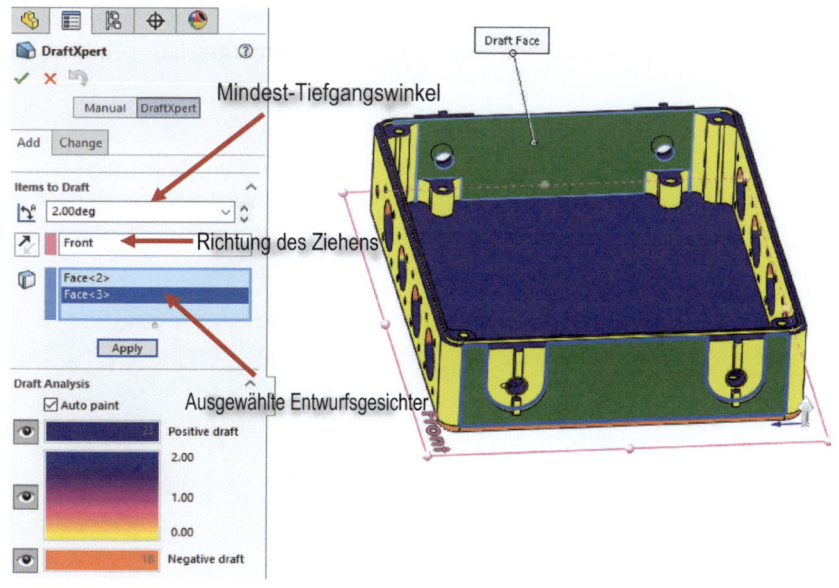

Abb. 4.70 Positive Entformungen auf Flächen hinzufügen

Flächen, die entformt werden sollen. Es sollte beachtet werden, dass einige Merkmale wie Hinterschneidungen keine positiven Entformungswinkel benötigen, da sie durch andere Kerne erzeugt werden.

4.7.5 Trennlinien und Shut-off-Oberflächen

Eine Formbaugruppe muss in mehrere Teile zerlegbar sein. Eine Gruppe von Trennlinien wird verwendet, um eine Trennfläche zu definieren, die den Hauptkern von der Kavität trennt. Abb. 4.71 zeigt die Schnittstelle zur Definition einer Gruppe von Trennlinien. Die Haupteingaben für die Trennlinien sind (1) die Zugrichtung, (2) der minimale Entformungswinkel und (3) eine Liste der ausgewählten Kanten, die eine geschlossene Schleife bilden.

Die Trennlinien sind nicht anwendbar auf interne Löcher oder Öffnungen auf den Teilemodellen. Das Werkzeug *Shut-off-Surface* wird verwendet, um Shut-off-Oberflächen für diese internen Löcher oder Öffnungen zu erstellen. Abb. 4.72 zeigt die Anwendung des Werkzeugs Shut-off-Surface, bei dem alle internen Löcher und Öffnungen ausgewählt werden sollten, um virtuelle Shut-off-Oberflächen auf diesen Merkmalen zu erstellen. Dies stellt sicher, dass die Form in Kern(e) und Kavität zerlegbar ist (Abb. 4.73).

4.7.6 Trennflächen

Bei der Verwendung des Formwerkzeugs werden die Körper des Kerns und der Kavität durch Verknüpfung der Grenzflächen einschließlich der Trennflächen gebildet, an denen

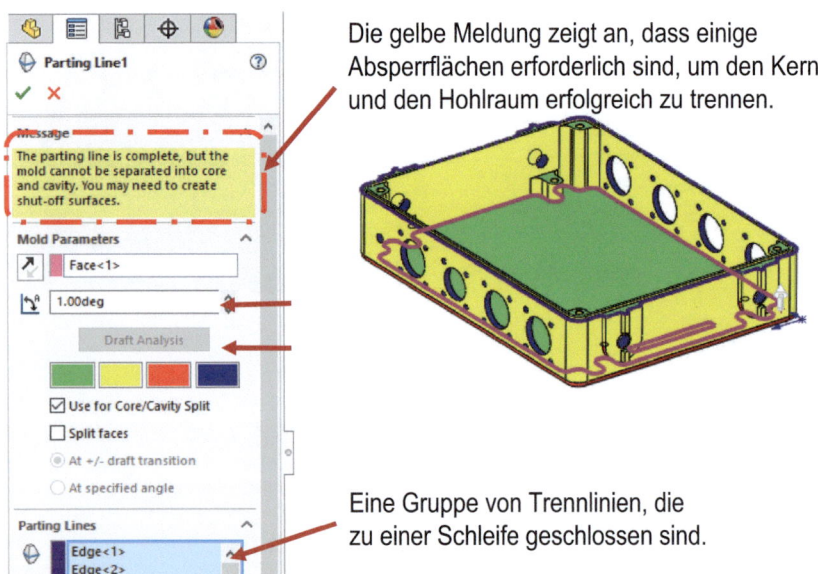

Abb. 4.71 Trennlinien erstellen

4.7 Designs von Werkzeugen, Matrizen und Formen (TDM)

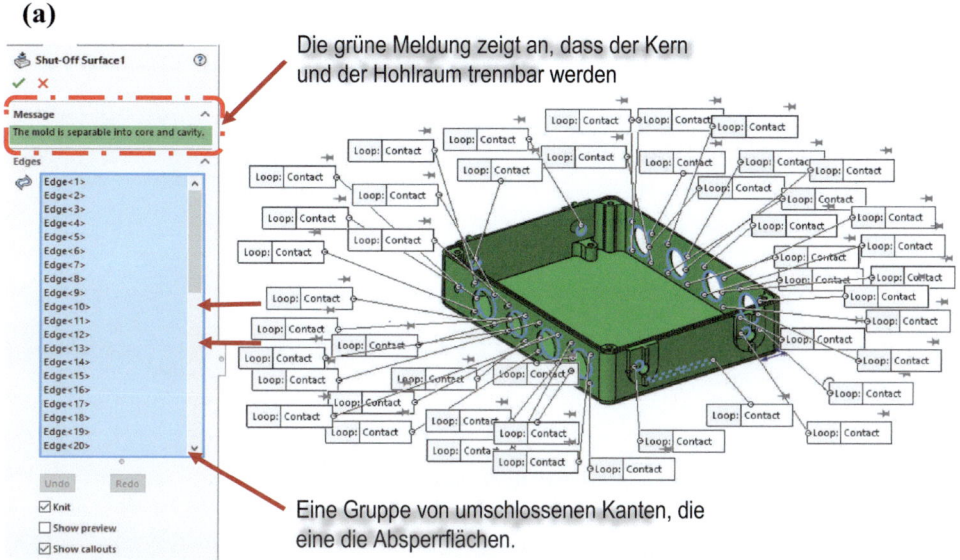

Abb. 4.72 Shut-off-Oberflächen erzeugen, um Kern und Kavität trennbar zu machen

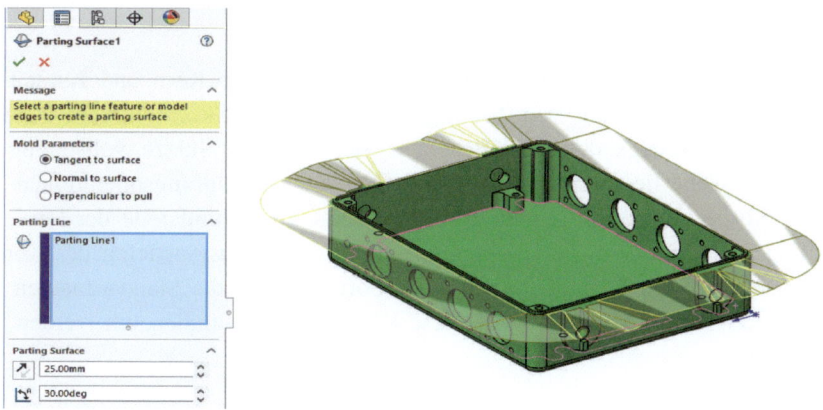

Abb. 4.73 Eine Trennfläche erstellen

Kern und Kavität getrennt sind. Abb. 4.74 zeigt, dass eine Trennfläche definiert wird auf Basis von (1) dem Verhältnis der Flächennormalen zur Zugrichtung, (2) der Trennlinie(n) und (3) dem Randabstand von den Trennkanten. Beachten Sie, dass der Randabstand so groß wie möglich sein sollte, damit die Trennfläche groß genug ist, um ein geschlossenes Volumen für den Kern und die Kavität beim Verknüpfen zu bilden. Andernfalls wird der

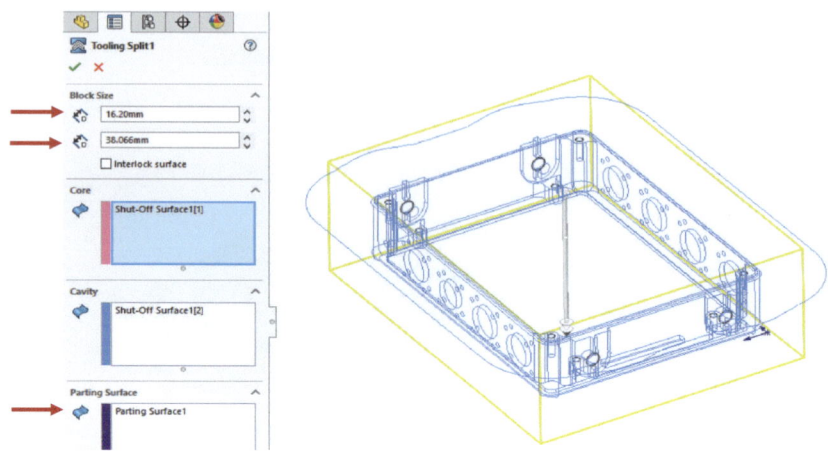

Abb. 4.74 Erstellen von *Kern* und *Kavität* durch *Tooling Split*

Verknüpfungsprozess im nächsten Schritt eine Fehlermeldung über ein Verknüpfungsversagen erzeugen.

4.7.7 Formkomponenten

Das *Tooling-Split*-Werkzeug wird verwendet, um getrennten Kern und Kavität zu erstellen. Bei der Verwendung von Tooling Split wird eine Skizze für die äußere Begrenzung des Werkzeugs definiert. Beachten Sie, dass die Skizze vollständig innerhalb der Trennfläche liegen muss, um den Erfolg der Verknüpfungsoperationen für geschlossene Körper zu gewährleisten. Abb. 4.74 zeigt die Schnittstelle der Verwendung von Tooling Split, bei dem die Haupteingaben (1) die Extrusionstiefen des Kerns und der Kavität und (2) die Trennfläche sind. Die Software gibt die Standardnamen für die Körper von Kern und Kavität vor, und diese Körper können umbenannt werden, sobald sie erstellt sind.

4.7.8 Formmontage

Abb. 4.75a zeigt, dass viele Zwischenmerkmale bei der Gestaltung einer Formmontage erzeugt werden. Diese Merkmale können in den folgenden Designphasen nützlich sein oder auch nicht; diese Merkmale umfassen *Referenzebenen*, *Skizzen*, *Flächen* und *Körper*. Es ist hilfreich, die Zwischenmerkmale nach der Erstellung des Formwerkzeugs auszublenden, und dies kann durch Ändern der Ausblenden/Anzeigen-Einstellungen von

4.8 Computerunterstützte Vorrichtungskonstruktion

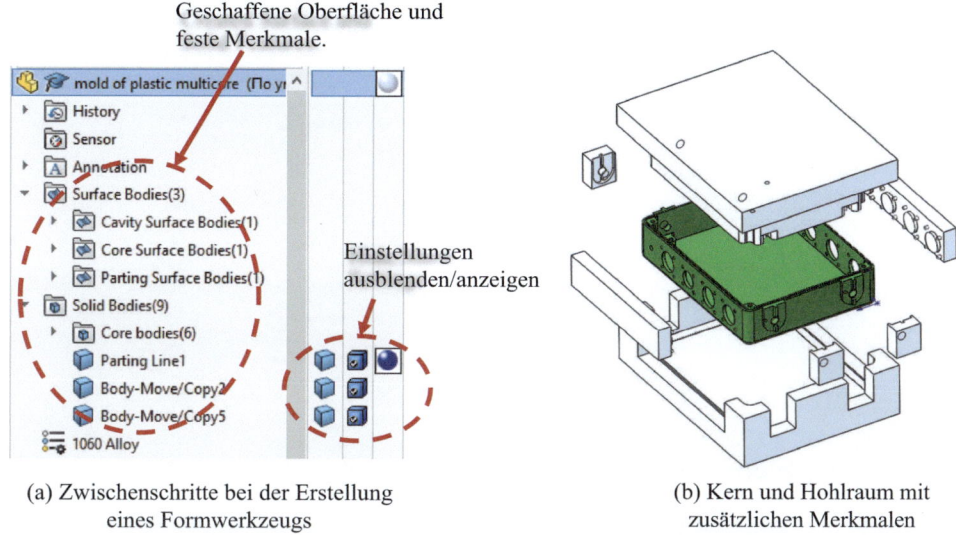

(a) Zwischenschritte bei der Erstellung eines Formwerkzeugs

(b) Kern und Hohlraum mit zusätzlichen Merkmalen

Abb. 4.75 Überprüfung der Formmontage

Merkmalen eingestellt werden, insbesondere können solche Einstellungen als Konfigurationen für die Formmontage gespeichert werden.

Zusätzliche Merkmale können den Kern- und Kavitätsteilen hinzugefügt werden, um eine voll funktionsfähige Formmontage zu erstellen, wie in Abb. 4.75b gezeigt. Da eine Formmontage eine Reihe von Komponenten beinhaltet, ist es sehr hilfreich, diese Komponenten als einzelne Teilemodelle zu speichern. Abb. 4.76 zeigt das *Features*-Werkzeug, mit dem die Körper bearbeitet, subtrahiert und zu neuen grafischen Einheiten kombiniert werden können, und sie können als einzelne Körper mit dem Werkzeug *Save bodies* gespeichert werden.

4.8 Computerunterstützte Vorrichtungskonstruktion

In der diskreten Fertigung werden Teile in einer Reihe von Fertigungsprozessen geformt, in denen die Teile fest fixiert werden müssen, um die Operationen zu erhalten (Bi und Zhang 2001). In einem Fertigungsprozess wie einem Materialentfernungsprozess müssen die mechanischen Kräfte groß genug sein, um unerwünschte Materialien von den Werkstücken zu entfernen, und solche Kräfte verursachen auch die Verformungen von Werkzeugmaschinen und Vorrichtungen. Daher werden GD&T von Teilen stark von diesen Werkzeugmaschinen und Vorrichtungen beeinflusst. Abb. 4.77 veranschaulicht

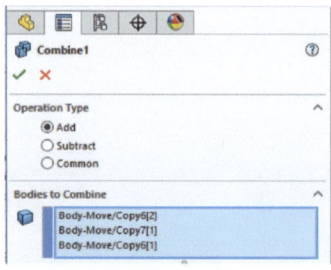
(a) Kombinieren Sie mehrere Merkmale als einen Körper

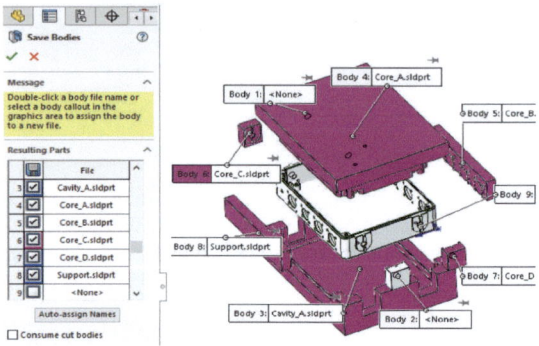

(c) Werkzeugkomponenten als Einzelteile speichern

(b) Verwendung von *Save Bodies*

Abb. 4.76 Kombinieren und Speichern einzelner Modelle von Teilen

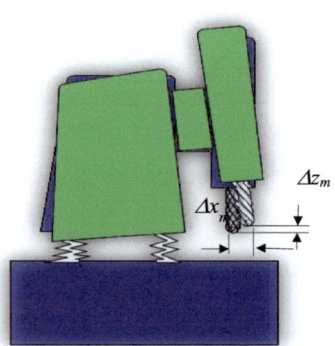

(a). Durchbiegung über der Werkzeugmaschine

(b). Durchbiegung über dem Werkstück

Abb. 4.77 Verformungen von Werkzeugmaschine und Werkstück im Fertigungsprozess

die Diskrepanzen von nominellen und tatsächlichen Abmessungen auf der Werkzeugmaschine und dem Werkstück, das der Bearbeitungskraft ausgesetzt ist. Solche Diskrepanzen führen schließlich Fehlern in Geometrie und Maßen des Teils. Beachten Sie,

4.8 Computerunterstützte Vorrichtungskonstruktion

dass eine Vorrichtung ein Teil der Werkzeugmaschine ist, der auf das Werkstück zugeschnitten ist.

GD&T von Teilen werden von zahlreichen Faktoren beeinflusst, wie z.B. Materialeigenschaften von Maschinenelementen und Werkstücken, Verarbeitungsparametern und vor allem der Vorrichtung zur Positionierung und Fixierung des Werkstücks. Das Vorrichtungsdesign hat direkten Einfluss auf die Produktqualität und die Fertigungskosten. Die Statistik zeigt, dass die Kosten für Vorrichtungen typischerweise 10–20 % der gesamten Fertigungskosten ausmachen und etwa 40 % der abgelehnten Produkte durch schlechte Vorrichtungslösungen verursacht werden. Als kritischer Bestandteil der *computerunterstützten Fertigung* (CAM) hat das *computerunterstützte Vorrichtungsdesign* (CAFD) viel Aufmerksamkeit erregt, und viele CAFD-Werkzeuge und flexible Vorrichtungssysteme wurden kürzlich entwickelt und berichtet (Wang et al. 2010).

4.8.1 Funktionale Anforderungen (*FRs*)

Eine Vorrichtung zielt darauf ab, das Werkstück fest an der angegebenen Position und Ausrichtung in einem Fertigungsprozess zu sichern. Eine Vorrichtungslösung erfüllt die folgenden funktionalen Anforderungen (FRs):

(1) *Positionierung* und *Ausrichtung* des Werkstücks relativ zum Schneidwerkzeug;
(2) *Bereitstellung* der Unterstützung zur Reduzierung der Durchbiegung des Werkstücks, das einer externen Kraft ausgesetzt ist; und
(3) *Spannen* des Werkstücks, damit es sich unter den externen Lasten nicht bewegt.

Abb. 4.78 zeigt einen freien Körper in einem *dreidimensionalen* (3D) Raum; er hat sechs *Freiheitsgrade* (DOF), d.h., drei DOF für Translationen (T_x, T_y, T_z) und drei weitere DOF für die Rotationen (R_x, R_y, R_z) entlang x-, y- und z-Achsen, jeweils. Eine Vorrichtung fixiert normalerweise alle starren Bewegungen des Teils. Wie in Abb. 4.78 gezeigt, wenn keine Einschränkung auf ein Objekt in einem 3D-Raum angewendet wird, kann das Objekt insgesamt 12 mögliche Bewegungsrichtungen haben. Um ein Werkstück

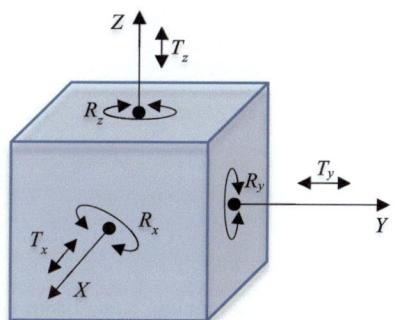

Abb. 4.78 Freiheitsgrade (DOF) eines Körpers

im Bearbeitungsprozess zu fixieren, muss jede Bewegung entlang dieser 12 Bewegungsrichtungen eliminiert werden. Um dieses Ziel zu erreichen, besteht ein Vorrichtungssystem normalerweise aus drei Komponenten, d.h., *Basisstützen*, *Positionierern* und *Spannern* wie in Abb. 4.79 gezeigt.

Bei der Gestaltung dieser Komponenten werden die Einschränkungen in den folgenden Aspekten berücksichtigt, damit das Vorrichtungssystem die genannten FRs erfüllen kann (Basha und Salunke 2013).

(1) **Geometrische Kontrolle.** Alle Vorrichtungskomponenten müssen auf Bezugsebenen mit ausreichender Unterstützung platziert werden. Eine Interferenz zwischen einer Vorrichtungskomponente und anderen, wie einem Schneidwerkzeug, ist nicht zulässig. Darüber hinaus sollten die Vorrichtungskomponenten hinsichtlich der Lade- und Entladezykluszeiten, der Anzahl der Vorrichtungskomponenten, der Zugänglichkeit und der Machbarkeit der Unterstützung mehrerer Operationen optimiert werden.
(2) **Dimensionale Kontrolle.** Jeder Körper wird sich unter externen Lasten verformen, die Verformung eines Vorrichtungssystems beeinträchtigt die Genauigkeit der Bearbeitungsoperationen. Während die Verformung aufgrund von Spannkräften oder Betriebskräften unvermeidlich ist, sollte sie minimiert werden, um die Toleranzanforderung zu erfüllen.
(3) **Mechanische Kontrolle.** Ein Werkstück wird durch die Positionierer des Vorrichtungssystems fixiert. GD&T eines fertigen Teils hängt nicht nur von der Durchbiegung des Vorrichtungssystems ab, sondern auch von der Positioniergenauigkeit der Positionierer; diese Positionierer müssen optimal platziert werden, um eine bessere Maßgenauigkeit der Teile zu erreichen.

Zu diesem Zweck sollten die quantifizierten Kriterien in Tab. 4.8 bei der Gestaltung eines Vorrichtungssystems bewertet werden.

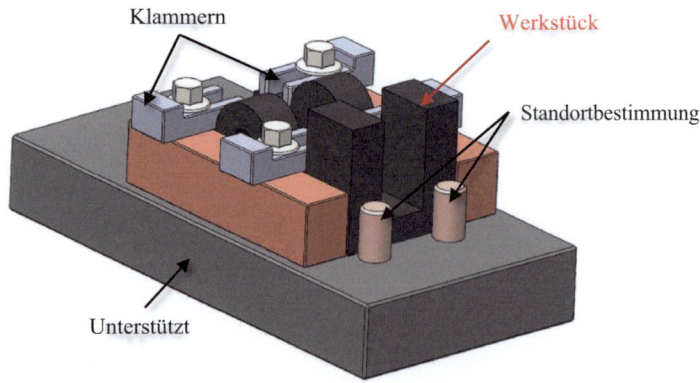

Abb. 4.79 Drei Arten von Komponenten in einem Vorrichtungssystem

4.8 Computerunterstützte Vorrichtungskonstruktion

Tab 4.8 Weitere quantifizierbare Bewertungskriterien im Vorrichtungsdesign

Steifheit:	das Maß, mit dem ein Befestigungssystem seine ursprüngliche Form unter bestimmten äußeren Belastungen beibehält.
Genauigkeit:	die Annäherung einer idealen und einer tatsächlichen Position des zu fixierenden Werkstücks.
Reproduzierbarkeit:	die Annäherung zwischen einer normalen und einer tatsächlichen Position des Werkstücks bei wiederholten Arbeitsgängen.
Flexibilität:	das Maß der Rekonfigurierbarkeit für verschiedene Teile und verschiedene Vorgänge.
Einrichtungszeit:	die Gesamtzeit, die für die Einrichtung des Befestigungssystems erforderlich ist.
Zeit und Kosten:	die Gesamtdauer und die Kosten für die Entwicklung und Implementierung eines Spannsystems.

4.8.2 Axiome für geometrische Kontrolle

Ein freier Körper in Abb. 4.78 hat 12 mögliche Bewegungsrichtungen. Um einen festen Körper zu fixieren, kann das *3-2-1-Prinzip* angewendet werden, um diese Bewegungen einzuschränken, bei denen drei Ebenen verwendet werden, um das Objekt zu fixieren. Eine *Primärebene* in Abb. 4.80 begrenzt die Drehungen um die x-Achse oder y-Achse (R_x und R_y) und die Translation entlang der z-Achse (T_z). Eine *sekundäre* Ebene in Abb. 4.81a begrenzt die Drehung um die z-Achse (R_z) und die Translation entlang der y-Achse (T_y), und eine *tertiäre Ebene* in Abb. 4.81b begrenzt die Translation entlang der

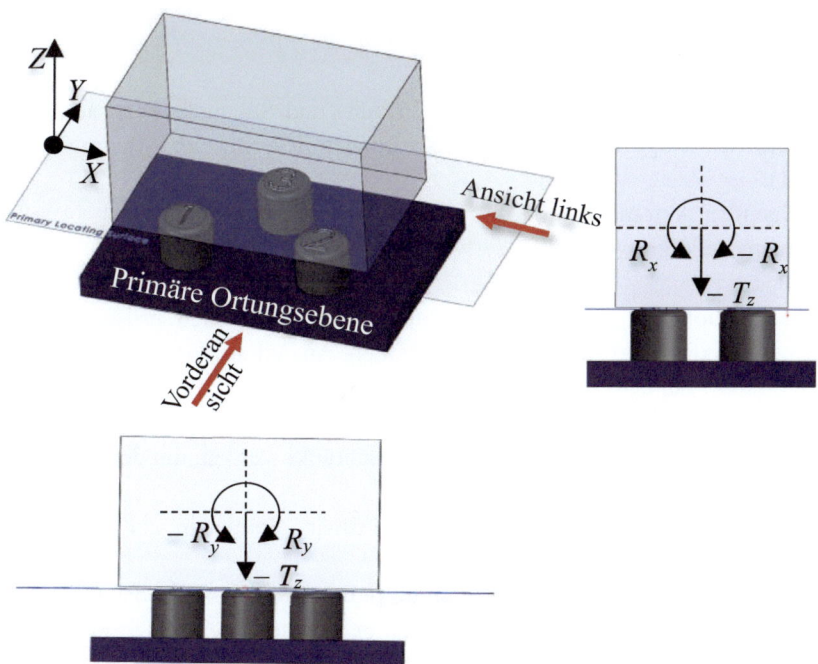

Abb. 4.80 Die Primärebene im Fixiersystem

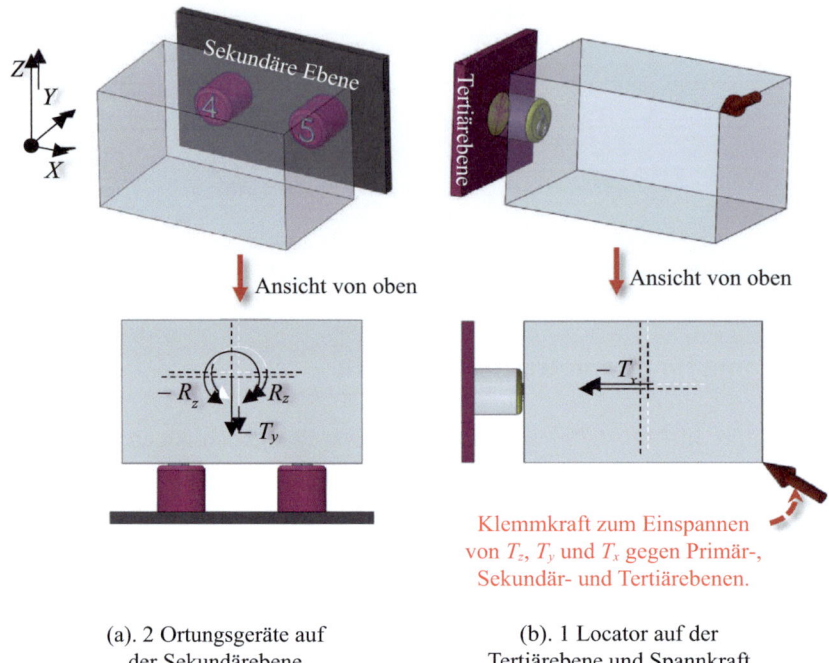

Abb. 4.81 Sekundäre und tertiäre Ebenen im Fixiersystem

x-Achse (T_x). Darüber hinaus werden die Primär- und Sekundärebene ausgewählt, um externen Kräften entgegenzuwirken, einschließlich Klemm- und Bearbeitungskräften (Abb. 4.81).

Die folgenden Axiome können für geometrische Kontrollen auf der Grundlage des 3-2-1-Prinzips definiert werden:

(1) Sechs Positionierer sind nötig und ausreichend, um einen prismatischen starren Körper zu fixieren; eine größere oder kleinere Anzahl an Positionierern können Unsicherheit bei der Positionierung verursachen.
(2) Ein Positionierer beseitigt eine DOF-Bewegung des Körpers.
(3) Zwei Richtungen jeder DOF müssen eingeschränkt werden, um den Körper zu fixieren.
(4) Die Anzahl der Positionierer, die mit der Primär-, Sekundär- und Tertiärebene verbunden sind, beträgt 3, 2 bzw. 1.
(5) Positionierer sollten so weit wie möglich platziert werden, um das Objekt zu stabilisieren, und Positionierer sollten auf den genauesten Merkmalen platziert werden, um die bestmögliche Genauigkeit zu erzielen.

4.8.3 Axiome zur Kontrolle der Maßhaltigkeit

Bessere Maßtoleranz kann erreicht werden, indem die unten gegebenen Axiome befolgt werden.

(1) Um Toleranzstapel zu vermeiden, sollte ein Positionierer auf einer Referenzfläche platziert werden, von der aus der Körper entlang dieser DOF dimensioniert wird.
(2) Wenn eine geometrische Toleranz zwischen zwei Ebenen definiert ist, muss die Primärebene als Referenzfläche ausgewählt werden; die Primärebene hat Kontakt zu drei Positionierern, die in Abb. 4.82 gezeigt sind.
(3) Um die Mittellinie der zylindrischen Oberfläche zu lokalisieren, müssen die Positionierer die Mittellinie überspannen.
(4) Positionierer sollten auf bearbeiteten Oberflächen platziert werden, um eine bessere Maßhaltigkeit zu erzielen, wenn dies möglich ist.
(5) Wenn ein Axiom für die geometrische Kontrolle in Abschn. 4.8.2 einem Axiom für die Kontrolle der Maßhaltigkeit widerspricht, wird Letzteres bevorzugt.

4.8.4 Axiome für mechanische Kontrolle

Um die Verformung im Betrieb zu minimieren, wenn ein Spannsystem verwendet wird, gelten die folgenden Axiome:

(1) Platzieren Sie einen Positionierer direkt gegenüber der Bearbeitungskraft, um Verformung durch sie zu minimieren.
(2) Platzieren Sie einen Positionierer direkt gegenüber der Spannkraft, um Verformung durch sie zu minimieren.
(3) Wenn eine externe Kraft nicht direkt von einem Positionierer aufgenommen werden kann, sollten Sie in Erwägung ziehen, eine feste Stütze (kein Positionierer) gegenüber der Kraft zu platzieren und einen ersten Kontakt einer festen Stütze mit dem Körper zu vermeiden.

Abb. 4.82 Die primäre Ebene für GD&T

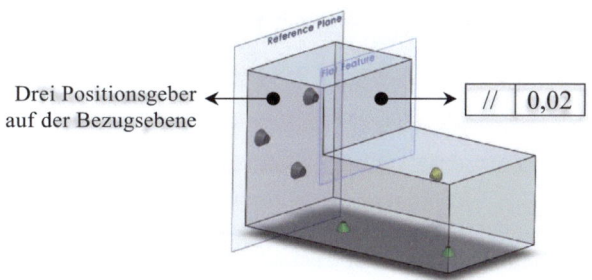

(4) Wenden Sie eine Spannkraft in Richtung der Positionierer an.
(5) Das Moment durch eine Spannkraft um eine beliebige der möglichen Achsen muss ausreichend groß sein, um der Bearbeitungskraft entgegenzuwirken, und die Bearbeitungskraft sollte in die Richtung weisen, in die der Körper die Kontakte zu den Positionierern beibehält.

4.8.5 Formschluss und Kraftschluss

Die herkömmlichen Ansätze zur Spannmittelkonstruktion und -planung basieren stark auf Daumenregeln, Axiomen und früheren Erfahrungen. Ein gültiges Spannmitteldesign erfordert oft Versuchs- und Irrtum-Iterationen. Es ist wünschenswert, wissenschaftlichere Methoden in der Spannmittelanalyse und -konstruktion zu verwenden. *Die kinematische und dynamische Modellierung* eines Spannsystems kann ein alternativer Ansatz sein.

In der kinematischen und dynamischen Modellierung wird ein Spannsystem als eine Reihe von *festen starren Kontakten* zusammen mit einem Objekt modelliert, dessen Bewegung durch starre Kontakte eingeschränkt ist. Abb. 4.83a zeigt, dass ein Objekt durch eine Anzahl von Kontakten in einem Spannsystem fixiert ist, und Abb. 4.83b zeigt das Freikörperbild (FBD) des Objekts, das äußeren Kräften ausgesetzt ist. Alle angewendeten Kräfte müssen die Bedingungen für *Formschluss* und *Kraftschluss* in den Operationen erfüllen.

Ein Spannmitteldesign sollte nach den Kriterien für *Formschluss* und *Kraftschluss* bewertet werden. Für einen Formschluss müssen die Kontakte zum Objekt alle externen Kräfte widerstehen, um das Objekt während der Operationen zu fixieren. Diese Kontakte eliminieren alle Freiheitsgrade des Objekts rein auf der Grundlage der geometrischen

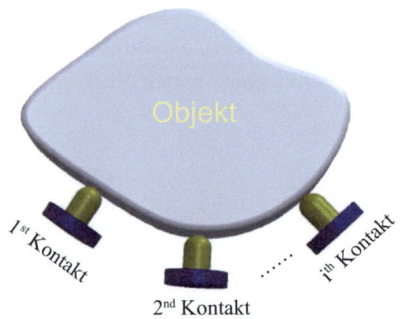

(a). Werkstück nach Kontakten

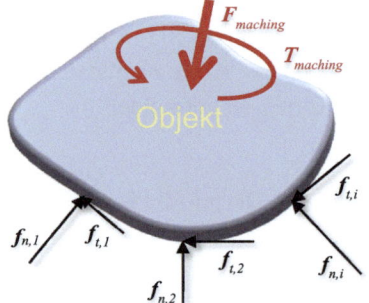

(b). Kraftanalyse eines Objekts, das einer äußeren Belastung ausgesetzt ist

Abb. 4.83 Das fixierte Objekt und sein Freikörperbild (FBD)

Platzierung an den Kontakten. Für einen Kraftschluss behält das Objekt die erwarteten Kontakte zu Spannelementen bei, die äußeren Kräften und Momenten ausgesetzt sind. In der Praxis müssen die meisten Spannsysteme für Bearbeitungsprozesse kraftgeschlossen sein, und sie werden hauptsächlich durch die Nutzung der Reibungskräfte erreicht, um ein Objekt zu fixieren.

Die kinematische und dynamische Modellierung zielt darauf ab, zu bewerten, ob ein Spannsystem die Bedingungen für Formschluss und Kraftschluss gewährleistet, so dass (1) es keine mögliche Bewegung unter externen Lasten gibt; (2) das Spannsystem vollständig zugänglich und abnehmbar ist, wenn ein Teil geladen und entladen wird; und (3) die Axiome zur Kontrolle der Geometrie, der Maßhaltigkeit und der Mechanik angemessen befolgt werden, um das Teil mit besserer Genauigkeit zu positionieren und zu sichern.

4.8.6 Design von Vorrichtungen in Fertigungsprozessen

Viele Fertigungsprozesse beinhalten Vorrichtungsentwürfe. Abb. 4.84 zeigt die Beziehungen des Vorrichtungsdesigns zu anderen Aufgaben in der *Planung von Fertigungsprozessen*. Das Vorrichtungsdesign wird durch Werkzeugmaschinen, Prozessparameter, Werkzeugwege und Bearbeitungsprogramme beeinflusst, die auf die durchgeführten Fertigungsprozesse zugeschnitten sind. Die Aufgaben des Vorrichtungsdesigns folgen logisch aufeinander, während in der Regel ein iterativer Prozess erforderlich ist, da die Informationen in den früheren Schritten nicht ausreichen, um zu überprüfen, ob die Designsbeschränkungen in den folgenden Schritten erfüllt sind. Abb. 4.84 zeigt, dass ein Vorrichtungsdesign vier Stufen mit den festgelegten Hauptaufgaben umfasst. Es ist zu sehen, dass ein Vorrichtungsdesign die Informationen Werkstück und Fertigungsprozesse erfordert, und Abb. 4.85 zeigt, dass die wesentlichen Informationen für einen Vorrichtungsdesign *Produkte*, *Werkzeugmaschinen*, *Fertigungsprozesse*, und *Verifizierung* und *Qualitätskontrolle* umfassen.

Die Spannmittel müssen gründlich überprüft werden, da die Vorrichtung direkten Kontakt zu verschiedenen Hardwarekomponenten wie Werkzeugmaschinen, Fräsern und anderen Hilfssystemen (z.B. Schmier- oder Kühlsystemen) hat. Die Überprüfung sollte ein integraler Bestandteil des Vorrichtungsdesigns sein. Viele Komponenten bringen Einschränkungen für ein Spannsystem mit sich (siehe Abb. 4.85); außerdem sind nicht alle Informationen verfügbar, wenn das Vorrichtungskonzept entwickelt wird. Daher ist die Überprüfung notwendig, da nicht alle Anforderungen an die Spannmittel von Anfang an in Tiefe definiert werden können.

Abb. 4.86 zeigt einen Rahmen für die Überprüfung des Vorrichtungsdesigns (Wang 2010). Die kritischen Aufgaben bei der Überprüfung sind die *Analyse geometrischer Einschränkungen*, die *Toleranzanalyse*, die *Stabilitätsanalyse*, die *Steifigkeitsanalyse* und die *Zugänglichkeitsanalyse*. Der wissensbasierte Engineering-Ansatz (KBE)

Abb. 4.84 Vorrichtungsdesign in der Planung von Fertigungsprozessen

könnte angewendet werden, um den Designprozess zu beschleunigen und Designfehler zu beseitigen.

4.8.7 Computerunterstütztes Vorrichtungsdesign (CAFD)

Traditionell kann das Vorrichtungsdesign Tage oder sogar Wochen dauern, und die Leistung des Spannsystems hängt stark von den Erfahrungen der Designer ab. Computerunterstützte Techniken helfen, den Prozess des Vorrichtungsdesigns zu beschleunigen, und CAFD sollte eine wesentliche Komponente im Zyklus der Produktentwicklung sein. Abb. 4.87 zeigt ein integriertes System für die computerunterstützte Prozessplanung (CAPP), in dem CAFD in der Lage ist, alle relevanten Informationen für das Vorrichtungsdesign zu erhalten. Insbesondere können Teilemodelle direkt für die Prozessplanung hochgeladen werden, und die Ergebnisse von CAFD können verwendet werden, um Schneidpfad zu planen und Werkzeugmaschinen zu programmieren. In diesem Abschnitt werden einige Hauptaspekte von CAFD diskutiert.

4.8 Computerunterstützte Vorrichtungskonstruktion

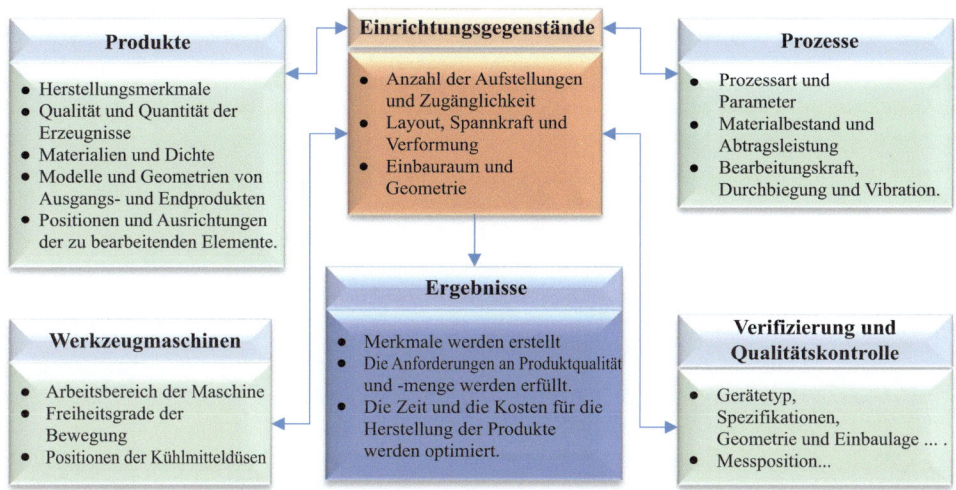

Abb. 4.85 Schlüsselfaktoren und Kriterien des Vorrichtungsdesigns

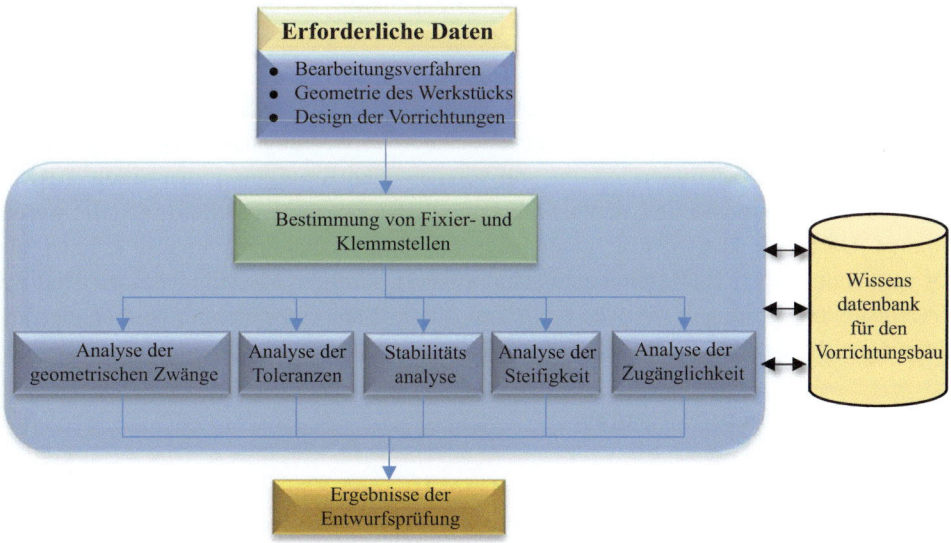

Abb. 4.86 Überprüfung des Vorrichtungsdesigns

1. Bibliothek für Vorrichtungsentwürfe

Vorrichtungen werden an die zu fertigenden Teile angepasst; daher sind Vorrichtungen für verschiedene Anwendungen sehr vielfältig. Um kundenspezifische Spannlösungen

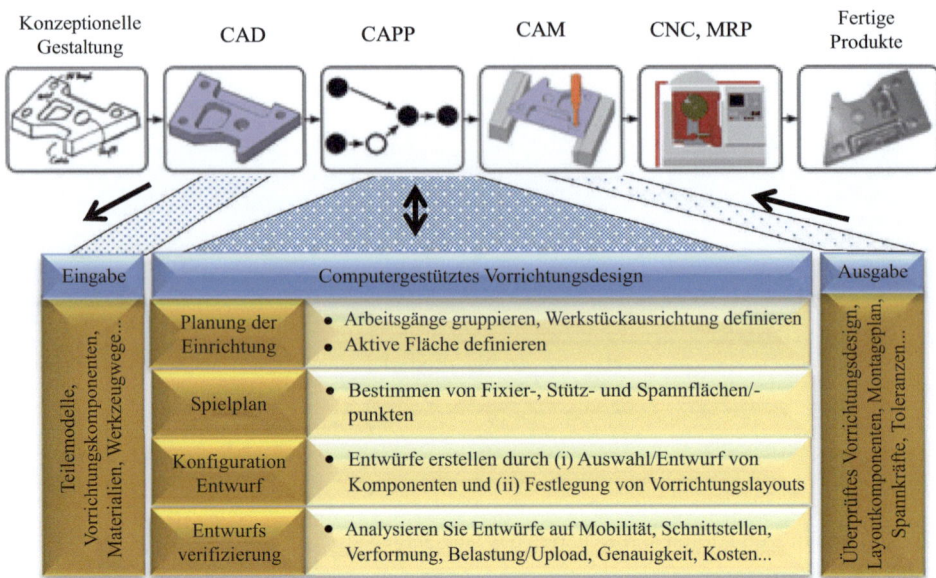

Abb. 4.87 CAFD in der computerunterstützten Prozessplanung (CAPP)

auf kosteneffiziente Weise zu entwickeln, sollte eine modulare Struktur verwendet werden, in der das Spannsystem aus verschiedenen Vorrichtungselementen wie Stützen, Positionierern und Klemmen besteht und verschiedene Konfigurationen durch Auswahl verschiedener Elemente und deren unterschiedliche Zusammenstellung erstellt werden können. Durch die Entwicklung einer Bibliothek für Vorrichtungsentwürfe können häufig verwendete Vorrichtungselemente standardisiert, virtuelle Modelle parametrisiert und die Vorrichtungslösungen für neue Aufgaben durch Wiederverwendung bestehender Vorrichtungselemente erzielt werden.

2. Erkennung von Interferenzen

Bei der Montage einer Vorrichtung oder beim Be- und Entladen eines Teils darf keine Interferenz auftreten. Um sicherzustellen, dass keine Interferenz mit der Vorrichtung auftritt, kann eine *virtuelle Analyse* angewendet werden, um die Montageprozesse eines Spannsystems zu visualisieren und den Be- und Entladevorgang von Teilen zu simulieren. Mit den virtuellen Modellen von Teilen, Vorrichtungselementen und Werkzeugmaschine sind Körpermodellierungswerkzeuge in der Lage, *Interferenzprüfungen* durchzuführen, um mögliche Interferenzen zu erkennen, bevor das physische Spannsystem implementiert wird.

3. Zugänglichkeitsanalyse

Die *Zugänglichkeitsanalyse* untersucht mögliche Kollisionen von Vorrichtungselementen mit umgebenden Objekten beim (1) Be- und Entladen von Teilen und (2) Durchführen eines Fertigungsprozesses, wie z.B. dem Bewegen eines Schneidwerkzeugs entlang des vorgegebenen Pfades. Um die Zugänglichkeit eines Objekts zu bewerten, werden die Bewegungen von Maschine, Werkzeugen und Teilen im Referenzkoordinatensystem in Bezug auf die Vorrichtungselemente berücksichtigt. *Die SolidWorks Motion* kann genutzt werden, um mögliche Kollisionen in den Bewegungen mehrerer Objekte zu erkennen.

4. Analyse von Verformung und Genauigkeit

Das Hauptziel eines Spannsystems besteht darin, das Teil zu halten, wenn es bearbeitet wird; daher wird die Qualität des Teils durch Abweichungen in Geometrie und Maßen des Spannsystems beeinflusst, das den Betriebskräften ausgesetzt ist. Das Layout eines Spannsystems sollte optimiert werden, um die Auswirkungen auf die Qualität der Teile zu minimieren. Um die Maßhaltigkeit zu schätzen, kann das computergestützte Engineering-Tool (CAE) verwendet werden, um die Verformungen der Spannelemente und des Werkstücks zu simulieren, die den Bearbeitungskräften ausgesetzt sind.

Beispiel 4.6 Abb. 4.88 zeigt eine Spannvorrichtung für die Fräsoperation am Teil für ein Schlitzmerkmal. Das Spannsystem wird mit dem 3-2-1-Prinzip implementiert. Die Hauptebene ergibt sich durch den Kontakte mit der Unterseite des Teils. Die Bewegungen entlang der *x*-Achse und der *y*-Achse werden durch einen bzw. zwei Positionierer eingeschränkt. Die Position von *Positionierer A* kann bei $L_1 = 25, 75$ und 125 mm platziert werden; die Position von *Positionierer B* kann bei $L_2 = 175, 225$ und 275 mm platziert werden; und die Position von *Positionierer C* kann bei $H = 25, 75, 125$ und 175 mm platziert werden. Die Klemmkräfte entlang der *x*-Achse und der y-Achse betragen -2 kN bzw. $-0,5$ kN, und die Schnittkräfte sind $(F_{t\_x}, F_{t\_y}) = (-4$ kN, -2 kN$)$. Bestimmen Sie die Positionen der Positionierer, um die Maßhaltigkeit des Teils zu optimieren.

Lösung Basierend auf den bereitgestellten Informationen werden das Werkstück und die Spannelemente modelliert und ein FEA-Modell für die statische Analyse wird weiter in der SolidWorks-Simulation definiert. Das Modell für die statische Analyse ist in Abb. 4.89a dargestellt, und ein Beispiel für die Verformung des Werkstücks aus der Simulation ist in Abb. 4.89b illustriert. Um das Layout der drei Positionierer zu optimieren, wird eine Designstudie in Abb. 4.89c für drei Variablen (d.h., L_1, L_2 und H) definiert, um die Verschiebung des Werkstücks zu bewerten. Die Designstudie findet heraus, dass die optimierten Positionen der drei Positionierer $L_1 = 75$ mm, $L_2 = 175$ mm und $H = 175$ mm sind und die minimierte Verschiebung 2,89 Mikrometer beträgt.

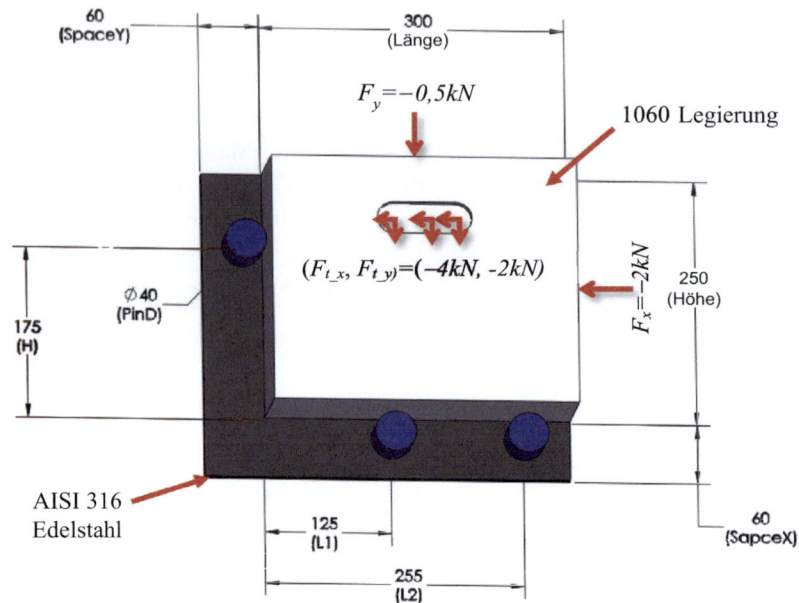

Abb. 4.88 Beispiel für eine Verformungsanalyse

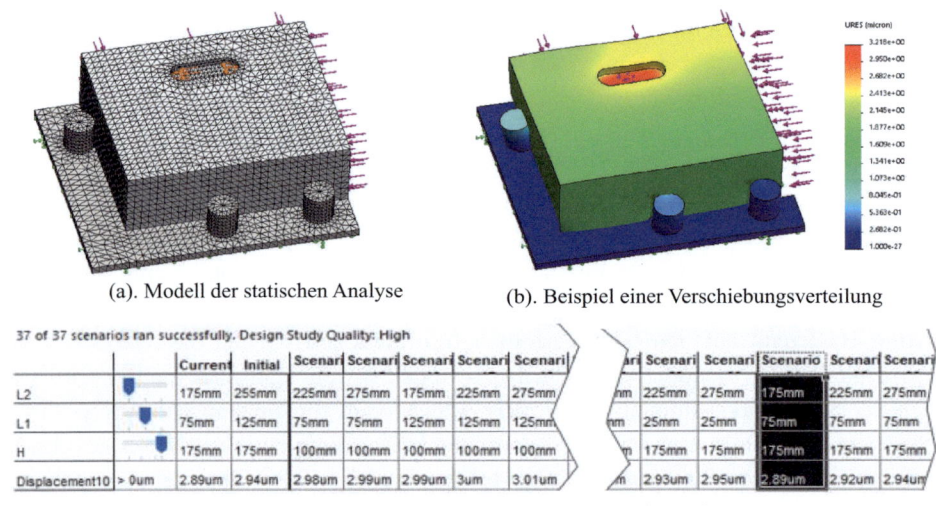

(a). Modell der statischen Analyse   (b). Beispiel einer Verschiebungsverteilung

(c). Designstudie für optimierte Platzierungen von drei Lokatoren

Abb. 4.89 Die Lösung zum Spannvorrichtungsdesignproblem in Beispiel 4.6

4.9 Computerunterstützte Maschinenprogrammierung

Um Fertigungsprozesse zu automatisieren, werden menschliche Bediener durch Maschinen ersetzt und die betriebsbezogenen Entscheidungen werden von Computerprogrammen getroffen. *Computerunterstützte Maschinenprogrammierung* dient dazu, die Programme zur Steuerung von Werkzeugmaschinen zu erstellen. In diesem Abschnitt wird die Maschinenprogrammierung vorgestellt und die Computer Numerical Control (CNC) wird als Programmierwerkzeug für automatisierte Bearbeitungsprozesse behandelt. In diesem Abschnitt liegt der Schwerpunkt auf der Programmierung von Bearbeitungsprozessen und SolidWorks *High-Speed Machining* (HSM) wird verwendet, um Steuerungsprogramme zu generieren, zu simulieren und zu überprüfen.

Bearbeitungsprozesse bieten enge Toleranzen hinsichtlich Geometrie und Maßhaltigkeit sowie hohe Oberflächenqualitäten. Daher werden Bearbeitungsprozesse oft als sekundäre Prozesse verwendet, um die Produktqualität zu verbessern oder bearbeitete Merkmale hinzuzufügen, die schwer durch andere Prozesse, wie z.B. ein Seitenloch an einem Gussteil, hergestellt werden können. Ein Bearbeitungsprozess ist jedoch in der Regel aus mehreren Gründen mit hohen Kosten verbunden: (1) Die Umformung eines Teils durch Bearbeitung unterscheidet sich von Net-Shape-Operationen wie Gießen und Spritzgießen in dem Sinne, dass ein Bearbeitungsprozess viel Zeit benötigt, um unerwünschtes Material schrittweise zu entfernen und die gewünschten Merkmale an den Teilen zu formen; (2) eine Hochleistungsmaschine erfordert eine hohe Anfangsinvestition, die die Stückkosten der herzustellenden Produkte erhöht; (3) Schneidwerkzeuge bestehen aus Materialien mit hoher Festigkeit, Haltbarkeit und Zähigkeit; sie verschleißen jedoch in den Bearbeitungsprozessen; und (4) die herstellbaren Stückzahlen sind verglichen mit Gießen oder Pressen meist sehr begrenzt und unpraktisch für die Massenproduktion.

Um eine Werkzeugmaschine zu programmieren, ist es hilfreich, die steuerbaren Variablen der Werkzeugmaschine in Bearbeitungsprozessen zu verstehen. Eine Bearbeitungsoperation bezieht sich auf einen Materialentfernungsprozess, bei dem ein Schneidwerkzeug unerwünschtes Material vom Teil entfernt, um ein gewünschtes Merkmal oder eine gewünschte Dimension an den Teilen zu erzeugen. Wie in Abb. 4.90 gezeigt, kann das Ausgangsmaterial eines Bearbeitungsprozesses ein primär bearbeitetes Teil oder Halbzeuge mit einfacher Form wie Block, Stange, Blech, Rolle, Balken oder Rohr sein. Nach den Bearbeitungsprozessen werden gewünschte Merkmale wie Drehen, Fräsen, Bohren oder Schleifen an den fertigen Teilen erzeugt.

Basierend auf den allgemeinen Geometrien können bearbeitete Teile in *prismatische* Teile und *zylindrische* Teile eingeteilt werden sowie in einige gängige bearbeitete Merkmale wie *Löcher, Schlitze, Taschen, plane Oberflächen* und *komplexe Oberflächenkonturen*. Um einen Bearbeitungsprozess zu automatisieren, müssen die Bewegungen aller beweglichen Maschinenelemente durch Programme gesteuert werden. Abb. 4.91 zeigt ein Beispiel für Werkzeugmaschinen, bei denen die Hauptbewegungskomponenten

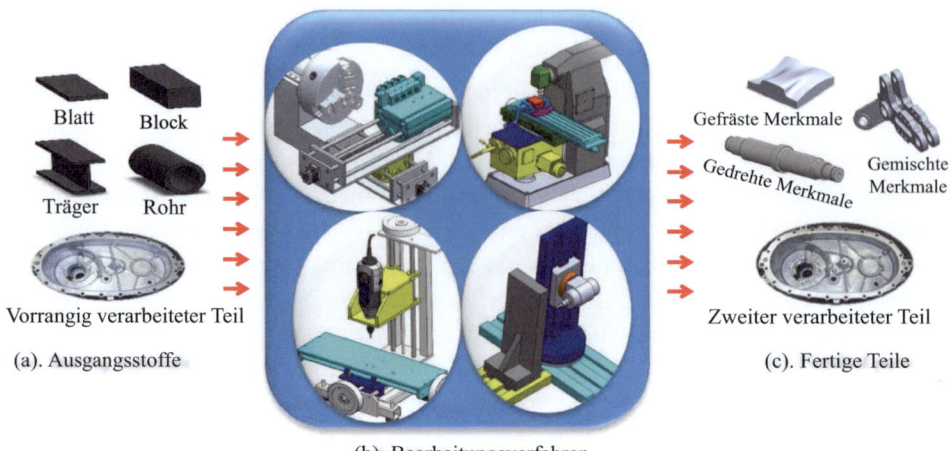

Abb. 4.90 Ausgangsmaterialien und fertige Produkte von Bearbeitungsprozessen

Abb. 4.91 Hauptvariablen in einem Bearbeitungsprozess

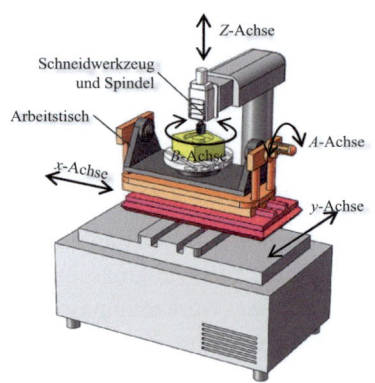

Arbeitstische, Spindeln, Achsen, Schneidwerkzeuge und andere Hilfsgeräte sind, die an Bewegungsachsen angebracht sind. Aus der Sicht der Produktivität steuert ein Bearbeitungsprozess auch alle Prozessvariablen, die für die *Materialabtragsrate* (R_{MR}) relevant sind. R_{MR} ist definiert als das Volumen des in der Zeiteinheit entfernten Materials; R_{MR} wird auf der Grundlage von vier Prozessvariablen bewertet. Diese Prozessvariablen sind in Abb. 4.92 dargestellt und wurden im Folgenden erklärt.

(1) Die *Schnittgeschwindigkeit* (v) ist die relative Geschwindigkeit, mit der ein Schneidwerkzeug über das Teil fährt, und die Schnittgeschwindigkeit wird am Kontakt des Schneidwerkzeugs und des Teils gemessen. R_{MR} wird stark von der Schnittgeschwindigkeit v beeinflusst. Je höher eine Schnittgeschwindigkeit v ist, desto grö-

Abb. 4.92 Hauptvariablen in einem Bearbeitungsprozess

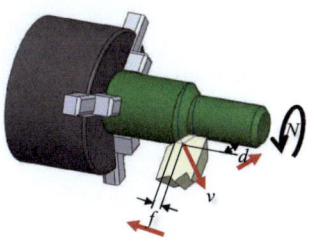

ßer ist R_{MR} und desto besser ist die Produktivität. Beachten Sie, dass die Lebensdauer eines Schneidwerkzeugs auch von R_{MR} abhängt. Daher geben Werkzeughersteller in der Regel eine Empfehlung geeigneter Schnittgeschwindigkeiten auf der Grundlage der Eigenschaften von Werkzeug- und Teilematerialien.

(2) Die *Spindeldrehzahl* (*N*) ist eine Winkelgeschwindigkeit der Drehachse, die normalerweise in der Anzahl der Umdrehungen pro Minute (*RPM*) angegeben wird. Wenn die Hauptbewegung eines Bearbeitungsprozesses von einer Spindel ausgeht, ist die Spindeldrehzahl *N* mit der Schnittgeschwindigkeit *v* korreliert als

$$N = \frac{v}{\pi \cdot D} \tag{4.12}$$

Hierbei sind *v* die Schnittgeschwindigkeit und *D* der Durchmesser des Teils, an dem der Kontakt zwischen dem Schneidwerkzeug und dem Teil hergestellt wird.

(3) Die *Schnitttiefe* (*d*) bezieht sich auf die Tiefe, in die das Schneidwerkzeug in das Teil beim Materialabtragungsprozess eindringt.

(4) Die *Vorschubgeschwindigkeit* (*f*) ist die Geschwindigkeit, mit der das Schneidwerkzeug entlang des Schneidpfads geführt wird. Sie wird durch die Strecke definiert, die das Schneidwerkzeugs bei jeder Umdrehung der Spindel zurücklegt. Die Einheit einer Vorschubgeschwindigkeit *f* kann entweder *Zoll pro Umdrehung* oder *Millimeter pro Umdrehung* sein.

R_{MR} kann aus der Schnittgeschwindigkeit *v*, der Schnitttiefe *d* und der Vorschubgeschwindigkeit *f* berechnet werden als

$$R_{MR} = v \cdot f \cdot d \tag{4.13}$$

4.9.1 Verfahren der Maschinenprogrammierung

Die Maschinenprogrammierung beginnt mit der Sammlung von Informationen über bearbeitete Merkmale an Teilen, Werkzeugmaschinen, Schneidwerkzeugen sowie zu den Toleranzen der Geometrien und der Maße. Abb. 4.93 zeigt das Verfahren zur Erzeugung eines Steuerungsprogramms für einen gegebenen Bearbeitungsprozess.

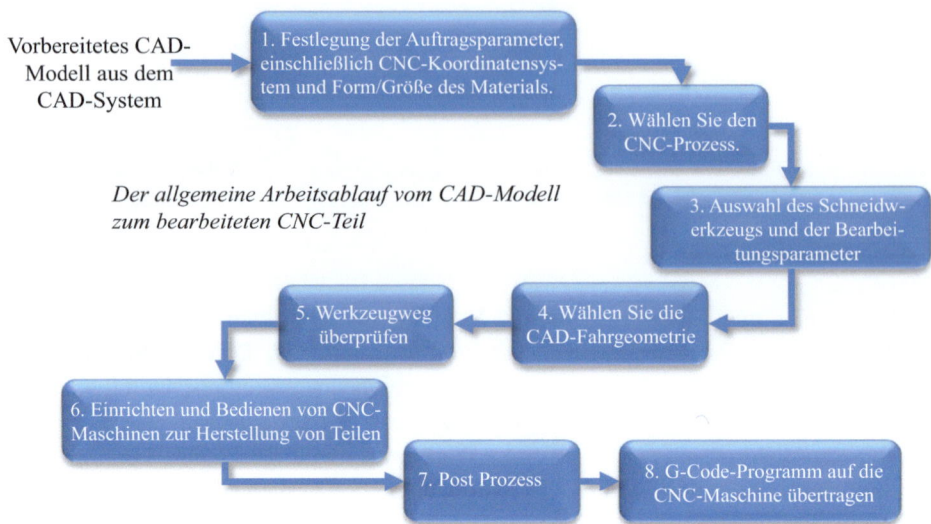

Abb. 4.93 Das Verfahren zur Programmierung eines Bearbeitungsprozesses

Das Verfahren in Abb. 4.93 besteht aus acht Schritten, und die Hauptaufgaben, die in diesen Schritten involviert sind, werden in Tab. 4.9 beschrieben.

4.9.2 Standards der Bewegungsachsen

Ein Programm besteht aus zulässigen Befehlen, die durch Befolgen eines Satzes von vordefinierten Regeln, die als *Syntax* bezeichnet werden, in der Kombination von Symbolen und Codes geschrieben werden. Um eine Werkzeugmaschine zu programmieren,

Tab 4.9 Hauptstufen und Aufgaben in der Maschinenprogrammierung

Step	Aufgaben
1)	die wichtigsten Parameter eines Steuerungsprogramms wie Koordinatensysteme, Größen und Formen von Ausgangsstoffe und so weiter,
2)	die Art der Bearbeitung wie Drehen, Bohren, Fräsen und Schleifen festlegen,
3)	ein Schneidwerkzeug auswählen und die Prozessparameter wie Schnittgeschwindigkeiten, Vorschubgeschwindigkeiten und Schnitttiefen bestimmen,
4)	Analysieren von Werkstückmerkmalen und Planen von Werkzeugwegen auf der Grundlage eines Satzes festgelegter Arbeitspunkte;
5)	Überprüfen der Machbarkeit der Werkzeugwege, um sicherzustellen, dass keine Störungen auftreten und die Werkzeugwege durch alle Arbeitspunkte verlaufen,
6)	wandeln Werkzeugwege in Steuerungsprogramme um, die heruntergeladen und auf Maschinen
7)	ausgeführt werden können, bearbeiten die Steuerungsprogramme nach, indem sie die unterschiedlichen Koordinatensysteme für Programmierung, Maschinen, Werkzeuge, Teile und andere Ausrüstungen berücksichtigen, und
8)	das geprüfte Programm als G-Codes zur Steuerung des Bearbeitungssystems herunterladen.

4.9 Computerunterstützte Maschinenprogrammierung

werden die Bezeichnungen für die Bewegungen und Koordinatensysteme von der Electronic Industries Association (EIA) als EIA267-C-Standards standardisiert.

In den EIA267-C-Standards können 14 Achsen verwendet werden, um die Positionen und Bewegungen von Teilen, Schneidwerkzeugen oder anderen Objekten, die an Bearbeitungsprozessen beteiligt sind, zu definieren. Beachten Sie, dass neun Achsen ausreichen sollten, um die Bewegungen von herkömmlichen Werkzeugmaschinen zu beschreiben, während einige fortschrittliche Werkzeugmaschinen mit mehr Hilfsbewegungsachsen ausgestattet sind. Ohne Verlust der Allgemeinheit betrachtet die folgende Diskussion eine Werkzeugmaschine, die weniger als neun Bewegungsachsen hat, nämlich drei *primäre lineare Achsen* (X, Y und Z), drei *primäre Rotationsachsen* (A, B und C), und drei *sekundäre lineare Achsen* (U, V und W).

Wie in Abb. 4.94 gezeigt, wird eine Bewegung in einem gegebenen Koordinatensystem definiert, und die positiven Richtungen der Bewegungsachsen in einem Koordinatensystem folgen *der Rechte-Hand-Regel:*

(1) Drei Finger der rechten Hand (Daumen, Zeigefinger und Mittelfinger) werden gegenseitig senkrecht zueinander platziert, und der Ursprung $O(0, 0, 0)$ wird an ihrer Schnittstelle gesetzt. Jeder Finger zeigt in eine Richtung der Translation, d.h., der Daumen zeigt in Richtung der positiven X-, der Zeigefinger in die Y- und der Mittelfinger in die Z-Achse. Das Koordinatensystem wird als $\{O - XYZ\}$ definiert.
(2) Die Bewegungsachse der Hauptspindel wird als Z-Achse definiert, und die positive Richtung ist zur Spindel hin.
(3) Der längste Verfahrweg wird als X-Achse bezeichnet und steht senkrecht zur Z-Achse.
(4) Die positive Drehung um eine Achse ist im Uhrzeigersinn um die Achse.

Mit der Rechte-Hand-Regel werden die Bewegungsachsen von herkömmlichen Werkzeugmaschinen in Tab. 4.10 beschrieben.

Abb. 4.94 Die Rechte-Hand-Regel in einem Koordinatensystem (CS)

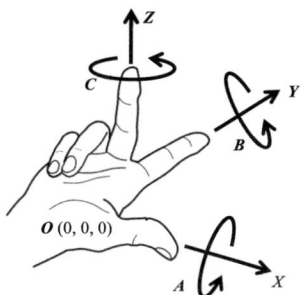

Tab 4.10 Bewegungsachsen von herkömmlichen Werkzeugmaschinen

Typ	Beschreibung	Abbildung
Drehmaschine	Bei den meisten CNC-Drehmaschinen liegt die **Z-Achse** parallel zur Spindel, und die längere Bewegungsachse wird als **X-Achse** bezeichnet.	
Mühle	n der gezeigten Fräsmaschine verfährt die Spindel lang die **Z-Achse**. Die andere Achse mit einem längeren Verfahrweg wird als **Xa xis** definiert, und die andere Achse mit einem kürzeren Verfahrweg wird als **Y-Achse** definiert.	
Kniemühle	Bei einer gewöhnlichen CNC-Vertikalfräse ist die Spindel stationär, und die Die Richtung der Spindelachse ist definiert als die **Z-Achse**. Die beiden anderen Achsen werden als **X- bzw.** Y-Achse bezeichnet, abhängig von ihrer Entfernung.	
Konturfräser	Auf dieser fünfachsigen horizontalen Kontur Fräsmaschine, beachten Sie die Ausrichtung von der X- und Y-Achse im Verhältnis zur **Z-Achse Achsen**. Die Drehachsen für die beiden Achsen Xa X Die A- und Y-Achsen werden durch die Drehtische **A** und **B** bezeichnet.	

4.9.3 Standard-Koordinatensysteme und -Ebenen

Ein Werkzeugpfad besteht aus Linien-, Bogen- oder Kurvensegmenten in einer Ebene oder im 3D-Raum. Ein 2D-Werkzeugpfad kann normalerweise in einer von drei Standard-Ebenen (**XY**, **XZ** oder **YZ**) im kartesischen Koordinatensystem definiert werden.

Die kartesischen Standard-Ebenen sind basierend auf den gegebenen Koordinatenachsen X, Y und Z definiert. Abb. 4.95 zeigt die Beispiele von drei Standard-Ebenen in einer Fräsmaschine. In der Standard-*XZ*-Ebene wird ein zentraler Referenzpunkt O verwendet, um die Koordinaten entlang der X- und Z-Achsen zu messen, und die Koordinaten von O sind als O (0, 0) festgelegt.

Wie in Tab. 4.10 gezeigt, hat eine Drehmaschine nur zwei Bewegungsachsen, d.h., eine Hauptachse (Z-Achse) und eine Sekundärachse (X-Achse). Die Dimension entlang der Y-Achse wird durch die Schnitttiefe gegeben. Daher zeigt Abb. 4.96 ein Standard-zwei-Achsen-KS. Die Verwendung von Standard-KS erleichtert die Übertragung von CNC-Programmen oder Messungen zwischen verschiedenen Drehmaschinen. Es sollte beachtet werden, dass der Fräser auf einer CNC-Drehmaschine anders ist als die Schneidwerkzeuge auf konventionellen Drehmaschinen. Der Fräser wird normalerweise oben oder seitlich an der Werkzeugmaschine platziert; alternativ kann er horizontal an der Vorderseite auf einer konventionellen Drehmaschine montiert werden.

Eine CNC-Drehmaschine fertigt rotierende Teile; daher werden die bearbeiteten Merkmale durch *Radien* oder *Durchmesser* dimensioniert. *Durchmessermessung* verwendet die *x*-Koordinate als Durchmesserdimension bei der gegebenen z-Koordinate. Zum Beispiel, wenn ein Merkmal einen Außendurchmesser von 5 Zoll hat und *absolute* Koordinaten in der Programmierung verwendet werden, wird die x-Koordinate des Bewegungsbefehls X5.0. *Radiale Programmierung* verwendet die *x*-Koordinate als radiale Dimension bei der gegebenen z-Koordinate. Zum Beispiel, wenn ein Merkmal einen

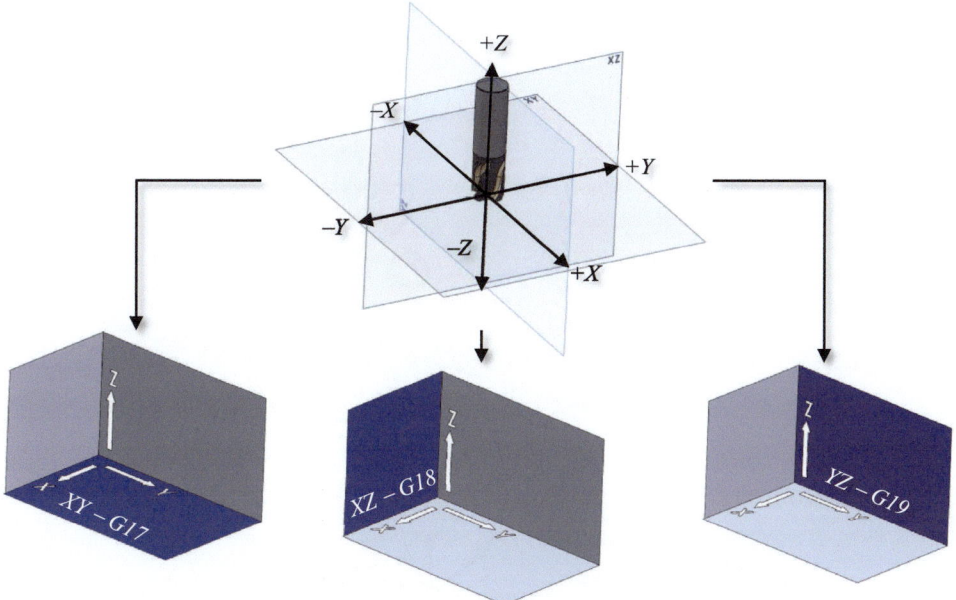

Abb. 4.95 Standard-Koordinatenebenen in einer Fräsmaschine

Abb. 4.96 Standard-Koordinatensystem auf einer CNC-Drehmaschine

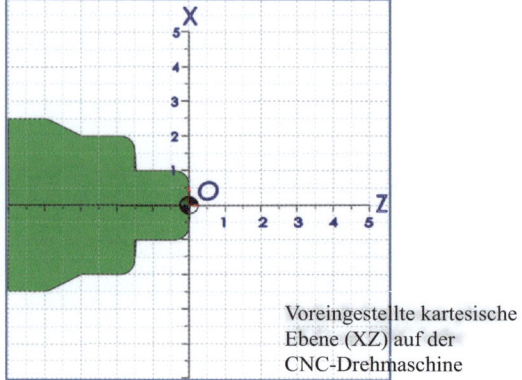

Voreingestellte kartesische Ebene (XZ) auf der CNC-Drehmaschine

Außendurchmesser von 5 Zoll hat und *absolute* Koordinaten in der Programmierung verwendet werden, wird die x-Koordinate des Bewegungsbefehls X2.5.

4.9.4 Maschinen-, Teil- und Werkzeugreferenzen

Arbeitspunkte in einem Bearbeitungsprozess werden in Bezug auf bestimmte Referenzen in einem Koordinatensystem beschrieben, und drei häufig verwendete Referenzen sind (1) *Maschinenreferenznull* (***M***), (2) *Teilreferenznull* (*PRZ*) (***W***), und (3) *Werkzeugreferenznull* (***R***). Diese Referenzen werden verwendet, um die Koordinaten der Arbeitspositionen wie folgt zu definieren (Abb. 4.97 und 4.98):

Abb. 4.97 Werkzeugreferenznull (***R***), Teilreferenznull (***W***) und Maschinenreferenznull (***M***)

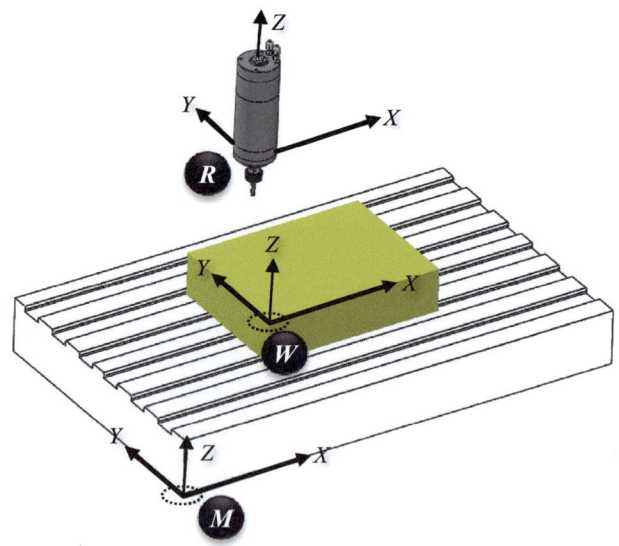

4.9 Computerunterstützte Maschinenprogrammierung

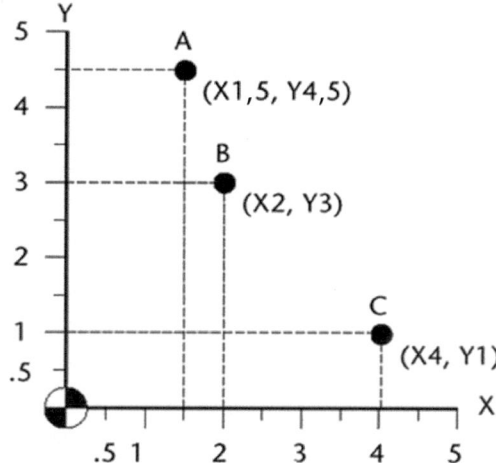

Abb. 4.98 Absolute Koordinaten vom Ursprung des Koordinatensystems

(1) Die Koordinaten eines Arbeitspunktes werden von dem Maschinenreferenznull M gemessen.
(2) Die Punkte auf dem Werkstück werden von dem Teilreferenznull W gemessen.
(3) Das PRZ (W) sollte auf die untere linke Ecke auf der Oberfläche des Teilelagers ausgerichtet sein.

4.9.5 Absolute und inkrementelle Koordinaten

Die Koordinaten der Arbeitspunkte können entweder (1) *absolut* vom Ursprung aus gemessen oder (2) inkrementell von einem vorbestehenden Ort aus gemessen werden. Abb. 4.99 zeigt das Szenario, in dem *absolute Koordinaten* angegeben werden, um Arbeitspunkte zu definieren. Die absoluten Koordinaten der Punkte A, B und C werden vom Ursprung O des Koordinatensystems $\{O\text{-}XY\}$ gemessen.

Beispiel 4.7 Bestimmen Sie die absoluten Koordinaten der in Abb. 4.99a dargestellten Arbeitspunkte.

Lösung Die absoluten Koordinaten werden vom Ursprung O aus gemessen; daher werden die Koordinaten der Arbeitspunkte (1, 2, ..., 7) in Abb. 4.99a als (1,0, 3,0), (−1,0, 2,0), (−3,5, −0,5), (−3,0, −1,0), (−4,0, −2,0), (1,0, −2,5) und (3,0, −2,0) in Abb. 4.99b bestimmt.

Absolute Koordinaten gelten auch für das standardmäßige Zwei-Achsen-Koordinatensystem für eine CNC-Drehmaschine. Bei einer Drehmaschine nehmen die absoluten Koordinaten den Bezug vom Ursprung ($X0$, $Z0$) wie in Abb. 4.100a gezeigt. Um die Z- und X-Koordinaten eines Arbeitspunktes zu finden, projizieren Sie den Arbeitspunkt auf die

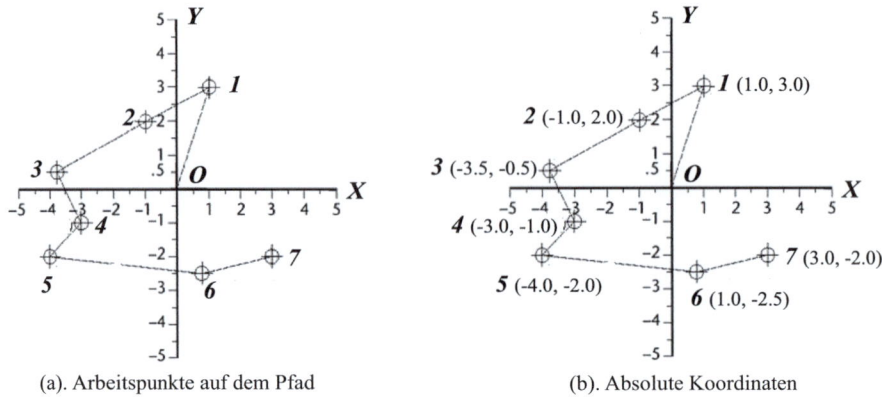

(a). Arbeitspunkte auf dem Pfad   (b). Absolute Koordinaten

Abb. 4.99 Beispiel für absolute Koordinaten

Z-Achse bzw. auf die X-Achse. Die absoluten Koordinaten der Arbeitspunkte P_1 bis P_6 werden in Abb. 4.100b bestimmt. Beachten Sie, dass die X-Koordinaten entweder radial (X_R) oder diametral (X_D) sein können.

Inkrementelle Koordinaten werden von bestehenden Punkten aus gemessen. Ein neuer Arbeitspunkt kann definiert werden, indem ein relativer Abstand von einem bestehenden Punkt angegeben wird. Abb. 4.101 zeigt ein Beispiel für die Definition von inkrementellen Koordinaten für Arbeitspunkte in einem Werkzeugpfad.

Beispiel 4.8 Finden Sie die inkrementellen Koordinaten der in Abb. 4.101a dargestellten Arbeitspunkte.

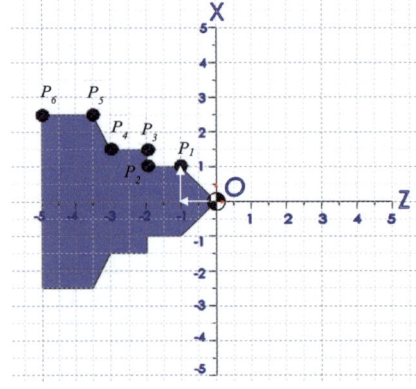

Position	Z	X_R	X_D
O	0.0	0.0	0.0
P_1	-1.0	1.0	2.0
P_2	-2.0	1.0	2.0
P_3	-2.0	1.5	3.0
P_4	-3.0	1.5	3.0
P_5	-3.5	2.5	5.0
P_6	-5.0	2.5	5.0

X_R und X_D stehen für radikale bzw. diametrale Programmierung

(a). Arbeitspunkte am Drehteil   (b). Absolute Koordinaten in der XZ-Ebene

Abb. 4.100 Beispiel für absolute Koordinaten in der XZ-Ebene

4.9 Computerunterstützte Maschinenprogrammierung

Abb. 4.101 Arbeitspunkte mit inkrementellen Koordinaten in Sequenz

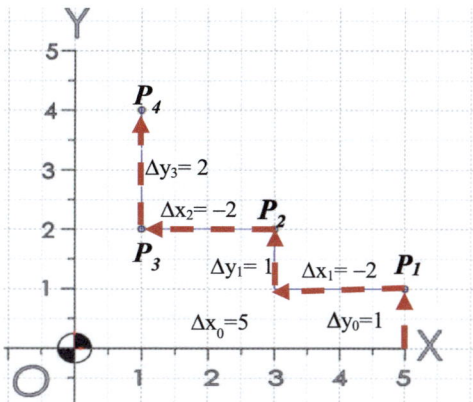

Lösung Die inkrementellen Koordinaten eines neuen Arbeitspunktes werden von einem bestehenden Punkt nacheinander in Sequenz gemessen. Nehmen wir zum Beispiel A, seine inkrementellen Koordinaten $(-2,0, -1,0)$ werden vom Ursprung O aus gemessen; entsprechend werden andere Arbeitspunkte B, C, D, E und F von A, B, C, D und E aus gemessen, wie in Abb. 4.102b dargestellt.

4.9.6 Arten von Bewegungspfaden

Ein geometrisches Merkmal eines Teils wird durch das Profil und den Bewegungspfad des Schneidwerkzeugs bestimmt. Die Bewegungspfade können in vier Typen klassifiziert werden, wie in Abb. 4.103 gezeigt. (1) Ein *Punkt-zu-Punkt-Pfad* besteht aus einer Reihe von diskreten Punkten, an denen die Bearbeitungsoperationen durchgeführt werden; keine Bearbeitungsoperation findet statt, während das Werkzeug von einem Punkt

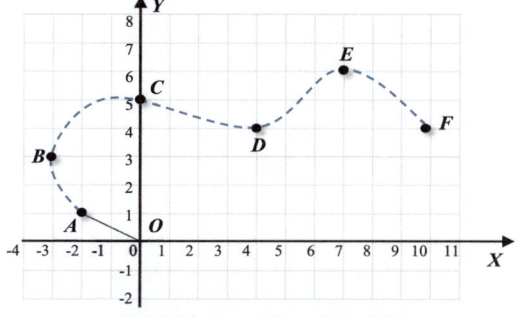

Position	ΔX	ΔY
O	0.0	0.0
A	-2.0	1.0
B	-1.0	2.0
C	3.0	2.0
D	4.0	-1.0
E	3.0	2.0
F	3.0	-2.0

(a). Markierungspunkte auf dem Pfad (b). Inkrementelle Koordinaten

Abb. 4.102 Inkrementelle Koordinaten für Beispiel 4.8

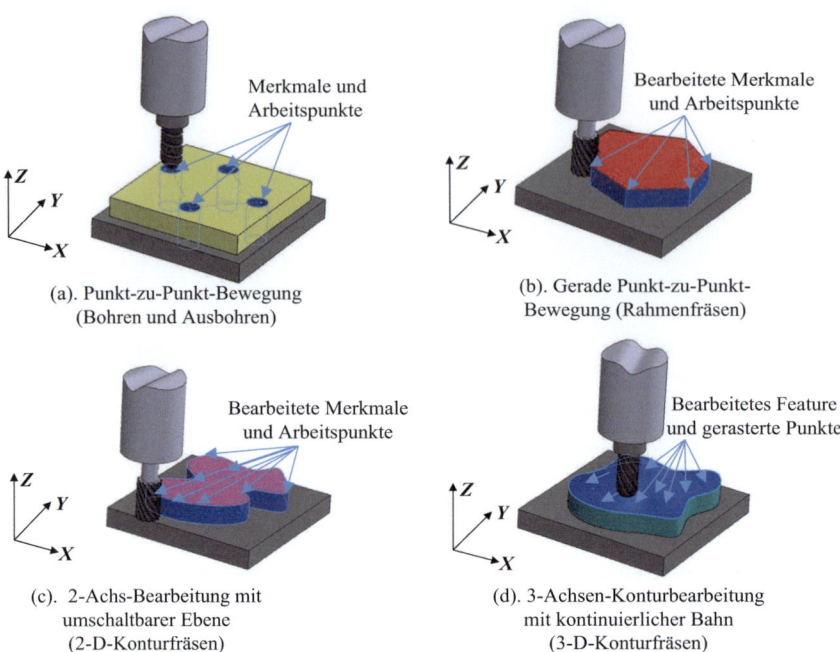

Abb. 4.103 Vier Arten von Werkzeugpfaden

zum nächsten Punkt bewegt wird. Ein Punkt-zu-Punkt-Pfad wird verwendet, um die Bewegung für eine Bohrung zu spezifizieren. (2) Ein *geradliniger Punkt-zu-Punkt-Pfad* besteht aus einer Reihe von Liniensegmenten, jedes Liniensegment verbindet zwei Arbeitspunkte direkt, und die Bearbeitungsoperationen werden kontinuierlich von einem Ende zum anderen Ende des Liniensegments durchgeführt. Ein geradliniger Punkt-zu-Punkt-Pfad ist für die Rahmenfräsung anwendbar. (3) Ein *zweidimensionaler kontinuierlicher Pfad* ist eine glatte Kurve für die Verbindungen von Arbeitspunkten auf einer 2D-Ebene; er wird hauptsächlich beim 2D-Fräsen verwendet. (4) Ein *dreidimensionaler kontinuierlicher Pfad* wird gebildet, indem die Knoten auf dem Gitter durch Zickzackbewegungen verfolgt werden. Er wird beim 3D-Konturfräsen verwendet.

4.9.7 Programmierung von Bearbeitungsprozessen

Automatisierte Werkzeugmaschinen werden durch Computerprogramme gesteuert, und es gibt drei Möglichkeiten, Werkzeugmaschinen zu programmieren: *manuelle Programmierung* (NC), *dialogorientierte Programmierung* in der Werkshalle und *Offline-Programmierung*.

Manuelle Programmierung dient dazu, eine Werkzeugmaschine für einfache Aufgaben zu programmieren; das Programm ist an eine bestimmte Werkzeugmaschine gebunden, mit der optimierten Leistung der Ausführung. Allerdings wird die manuelle Programmierung sehr mühsam und fehleranfällig, wenn die Bearbeitungsoperation komplex ist. Daher werden manuelle Programme hauptsächlich verwendet, wenn (1) eine Werkzeugmaschine ausgeklügelt ist, um Teile in hoher Stückzahl herzustellen und (2) die Effizienz der Bearbeitungsoperationen priorisiert wird.

Dialogorientierte Programmierung verwendet grafische und menügesteuerte Schnittstellen, um Programme für Bearbeitungsoperationen zu erstellen. Dialogorientierte Programmierung ermöglicht es den Benutzern, Eingaben zu überprüfen, Werkzeugpfade zu überprüfen und die Bearbeitungsoperationen zu simulieren. Sie ist sehr beliebt in kleinen oder mittelständischen Unternehmen (KMU); da Maschinenbediener in KMU oft die volle Verantwortung für das Einrichten von Werkzeugmaschinen, Vorrichtungen und Werkzeugen sowie das Erstellen, Überprüfen und Ausführen der Programme übernehmen. Im Vergleich zur manuellen Programmierung ist die dialogorientierte Programmierung benutzerfreundlicher und sie kann die Programmierzeit erheblich reduzieren. Dialogorientierte Programmierung bietet eine bequeme Möglichkeit, Programme für Teile aus dem gleichen Maschinentyp zu schreiben; manchmal ist sie die einzige Möglichkeit der Programmierung auf einer älteren Werkzeugmaschine.

Offline-Programmierung hat allmählich an Beliebtheit gewonnen, und sie unterstützt die Programmierung auf einem höheren Niveau als manuelle und dialogorientierte Programmierung. Die Offline-Programmierung hat ihre Vorteile gegenüber den beiden anderen Programmierungstechniken darin, (1) Werkzeugpfade automatisch auf Basis gegebener Arbeitspunkte zu definieren, (2) die Programme zu generieren, die auf verschiedene Arten von Werkzeugmaschinen angepasst werden können, und (3) funktionale Module durch Aufbau und Pflege der Bibliothek für wiederverwendbare Module und Routinen zu nutzen.

4.9.8 Automatisch programmierte Werkzeuge (APT)

Eines der beliebtesten Werkzeugprogrammierungstools ist das *Automatically Programmed Tool* (APT). APT wurde 1965 von Douglas T. Ross entwickelt, um die Anweisungen für NC-Werkzeugmaschinen zu schreiben. APT kann verwendet werden, um die Werkzeugmaschine für komplexe Produkte zu programmieren. APT wird immer noch in der Praxis verwendet und es macht 5–10 % aller Bearbeitungsprozesse in der Verteidigungs- und Luftfahrtindustrie aus.

Ein NC-Programm von APT definiert eine Reihe von *Linien*, *Bögen* und *Punkten* als die Entitäten, um die Merkmale des zu bearbeitenden Teils zu definieren. Diese Entitäten werden dann verwendet, um eine *Fräserpositions-Datei* (CL) zu generieren. Die Befehle in einem NC-Programm von APT können in vier Typen klassifiziert werden:

(1) *geometrische Befehle* zur Beschreibung der Teilegeometrie, (2) *Bewegungsbefehle* zur Beschreibung der Werkzeugpfade, (3) *Postprozessor-Befehle* zur Spezifizierung von Vorschüben und Geschwindigkeiten, und (4) *Hilfsbefehle* zur Definition von Werkzeugen und Toleranzen.

Beispiel 4.9 Verwenden Sie APT, um ein NC-Programm zu schreiben, um das in Abb. 4.104 gezeigte Teil zu fräsen.

Lösung Mit Hilfe von APT wird das NC-Programm geschrieben und in Tab. 4.11 gezeigt. Der erste Teil (Zeile 1–3) dient dazu, das Programm zu benennen, den Bearbeitungstyp zu spezifizieren und das Werkzeug auszuwählen. Der zweite Teil (Zeile 4–13) dient zur Definition aller geometrischen Entitäten. Der dritte Teil (Zeile 14–16) dient zur Einstellung der Betriebsbedingungen für Schnittgeschwindigkeit, Vorschubrate und Kühlmittelzufuhr. Der vierte Teil (Zeile 17–22) ist für alle Bewegungsbefehle. Der letzte Teil (Zeile 24–26) dient zur Rücksetzung der Werkzeugposition und zur Beendigung der Bearbeitungsoperation.

4.9.9 Computerunterstützte Bearbeitungsprogrammierung

APT eignet sich für die manuelle Programmierung, aber es ist mühsam und fehleranfällig bei der Definition von Teilgeometrie und Arbeitspunkten. Die Technik der CAD-basierten Programmierung wurde in den 1980er Jahren eingeführt, CAD-basierte Programmierung verwendet CAD-Modelle, um die bearbeiteten Merkmale abzurufen und NC-Programme halbautomatisch zu generieren. Beachten Sie, dass ein Programmierer das grundlegende Verständnis der Bearbeitungsprozesse haben sollte, um Vorschubraten, Geschwindigkeiten und Tiefen in einem NC-Programm anzugeben. Ein CAD-basiertes Programmiersystem wird verwendet, um Werkzeugbahnen zu generieren, zu bearbeiten

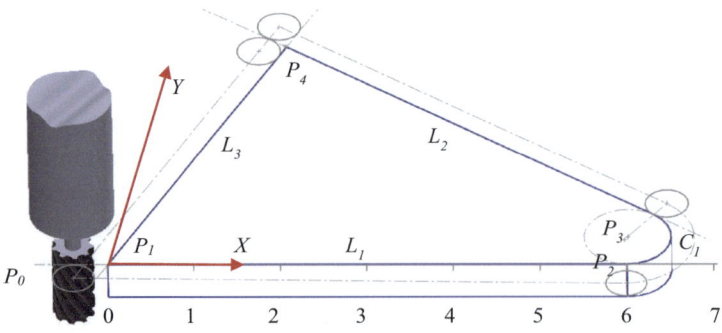

Abb. 4.104 NC-Programmierung durch APT

4.9 Computerunterstützte Maschinenprogrammierung

Tab 4.11 NC-Programm zum Fräsen des Teils in Abb. 4.103

	NC Code	Erläuterung
Zeile 1:	ARTIKEL / BEISPIEL9-3 MASCHINE /	; Bezeichnen Sie das Programm als "EXAMLE9-4".
Zeile 2:	FRÄSE, 1	; Wählen Sie die Zielmaschine und den Steuerungstyp.
Zeile 3:	FRÄSER/ 0.5000	; specifies the cutter diameter
Zeile 4:	P0=PUNKT/-1.0, -1.0, 0.0	
Zeile 5:	P1=PUNKT/ 0.0, 0.0, 0.0	
Zeile 6:	P2=PUNKT/ 6.0, 0.0, 0.0	
Zeile 7:	P3=PUNKT/ 6.0, 1.0, 0.0	; gibt den Durchmesser des Fräsers an
Zeile 8:	P4=PUNKT/ 2.0, 4.0, 0.0	Geometrieanweisung zur Angabe der entsprechenden
Zeile 9:	L1=LINIE/P1, P2	Oberfläche des Teils
Zeile 10:	C1=KREIS/MITTE, P3, RADIUS, 1,0	
Zeile 11:	L2=LINIE/P4, LINKS, TANTO, C1	
Zeile 12:	L3=LINIE/P1, P4	
Zeile 13:	PL1=PLANE/P1, P2, P3	
Zeile 14:	SPINDEL/573	; Die Spindeldrehzahl wird auf 573 RPM eingestellt.
Zeile 15:	FEDRAT/5.39	; Die Vorschubgeschwindigkeit wird auf 5,39 Zoll pro Minute eingestellt.
Zeile 16:	COOLNT/ON FROM/P0	; das Kühlmittel einschalten
Zeile 17:	GO/PAST, L3, TO, PL1, TO, L1	; gibt die Startposition für das Werkzeug an
Zeile 18:	GOUP/L3, PAST, L2	; Initialisierung von Bewegung, Antrieb, Teil und Kontrollflächen
Zeile 19:	GORGT/L2, TANTO, C1	
Zeile 20:	GOFWD/C1, ON, P2	; Konturieren Sie das Teil im Uhrzeigersinn.
Zeile 21:	GOFWD/L1, PAST, L3	
Zeile 22:		
Zeile 23:	RAPID	; schnelles Vorankommen, sobald der Schnitt unten ist
Zeile 24:	GOTO/P0	; das Werkzeug in die Ausgangsposition zurückbringen
Zeile 25:	COOLNT/OFF	; das Kühlmittel abstellen
Zeile 26:	FINI	; das Programm beenden

und zu simulieren und die Bearbeitungszeit und -kosten vorherzusagen. Darüber hinaus enthält das Programmsystem in der Regel eine Designbibliothek für standardisierte Schneidwerkzeuge und Werkstoffe. Nach EIA-Standards wird ein NC-Programm auf der Grundlage der folgenden Annahmen geschrieben:

(1) Das Schneidwerkzeug bewegt sich relativ zum Werkstück, ohne dass berücksichtigt wird, wie eine solche relative Bewegung stattfindet. Nimmt man zum Beispiel die Bewegungen auf einem Hobel, ist das Schneidwerkzeug tatsächlich fest, und das Werkstück bewegt sich auf das Schneidwerkzeug zu, um eine relative Bewegung miteinander zu haben.
(2) Die Teile sind in einem kartesischen Koordinatensystem positioniert und ausgerichtet.
(3) Der Referenzursprung (0,0, 0,0, 0,0) ist frei, so dass das Programm flexibel ist, um sich mit jedem Koordinatensystem von Interesse auszurichten, wenn die Einrichtung einer Werkzeugmaschine oder eines Teils geändert wird.

(1) Bewegung der Schneidwerkzeuge

In einem CNC-Programm wird das Schneidwerkzeug auf eine der folgenden Arten bewegt:

(1) *Eine schnelle Bewegung* zu einem bestimmten Ort ohne Bearbeitungsvorgang.
(2) *Eine gerade Bewegung*, die durch eine oder mehrere Achsen ausgelöst wird.

(3) *Eine kreisförmige Bewegung* in einer ebenen Fläche.
(4) *Eine gemischte ebene und lineare Bewegung*, die allgemein als *eine 2½-D-Bewegung* bezeichnet wird. Eine ebene Bewegung wird durch zwei gleichzeitige Bewegungsachsen in einer Ebene implementiert. Die dritte Bewegungsrichtung ist die Vorschubrichtung, die senkrecht zur Ebene ist, die durch zwei Bewegungsachsen gebildet wird.
(5) *Eine komplexe Bewegung*, die durch die oben genannten Bewegungen kombiniert wird. Zum Beispiel kann die Bogenbewegung in einer beliebigen Ebene als eine Reihe von geraden Linien modelliert und durch drei gleichzeitige Bewegungsachsen implementiert werden.
(6) *Eine echte 3D-Bewegung* entlang eines beliebigen Pfades und einer Ausrichtung im Arbeitsbereich der Werkzeugmaschine. Aufgrund neuer Fortschritte in der Sensor- und Informationstechnologie sind die meisten neuesten CNCs in der Lage, echte 3D-Bewegungen mit über 5 DOF zu erzeugen.

2. Blockstruktur

Jeder Befehl in einem CNC-Programm wird als *Block* bezeichnet, und das Programm ist eine Sammlung von Blöcken. Ein Block enthält eine oder mehrere *Anweisungen* oder *Codes*, die durch *Leerzeichen* oder *Tab* getrennt sind. Ein Code ist ein Zeichen für eine einzelne Funktion. Zum Beispiel repräsentiert „X" eine Verschiebung entlang der *X*-Achse und „F" steht für die Vorschubrate.

Ein Block verhält sich zu einem Programm wie ein Satz zu einer Sprache. Ähnlich wie die Sätze, die in Englisch durch Punkte getrennt sind, werden Blöcke durch das *Ende eines Blocks* (EOB) in einem Programm getrennt. Ein EOB-Zeichen beendet einen Block, um den Beginn des nächsten Blocks anzuzeigen. Bei der Ausführung eines Programms weist EOB darauf hin, die in dem Block angegebenen Befehle auszuführen. Ein EOB-Zeichen kann durch Drücken der *Eingabe* oder *Return-Taste* auf der Tastatur eingefügt werden. Sätze werden in einer Sprache zu einem Text zusammengefügt, und Blöcke werden in der Programmierung zu einem Programm zusammengefügt.

Die Struktur eines Blocks wird in Abb. 4.105 gezeigt. „/" gibt an, ob der folgende Block beim Ausführen des Programms übersprungen wird. „N" ist die Identifikation des Blocks; die Identifikation ist nur erforderlich, wenn sie von anderen Blöcken referenziert wird. „G" sind die vorbereitenden Funktionen für die nächsten Operationen. „X", „Y", „Z" sind für die Verschiebungen in den primären X-, Y-, Z-Achsen. „U", „V", „W" sind für die Verschiebungen in den sekundären Bewegungsachsen. „A", „B", „C" sind für die Winkelverschiebungen in X-, Y-, Z-Achsen. „I", „J", „K" sind für die Abstände zum Bogenzentrum oder Gewindeführungen, die parallel zu X-, Y-, Z-Achsen sind. „F" ist für die Vorschubrate, „S" ist für die Schnittgeschwindigkeit, „T" ist für die Werkzeugnummer, „D" ist für den Versatz des Werkzeugs und „M" ist für die verschiedenen Funktionen.

4.9 Computerunterstützte Maschinenprogrammierung

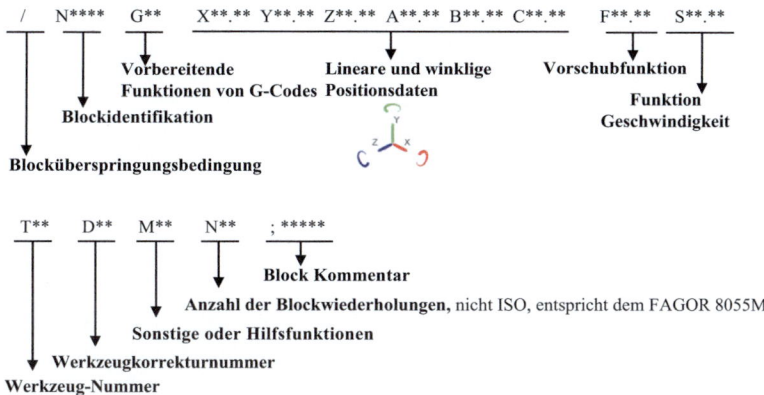

Abb. 4.105 Die Struktur von Blöcken in einem CNC-Programm

3. G-Code

Die Programme für CNC-Maschinenwerkzeuge werden auch als *G-Code* bezeichnet, der von mehreren Organisationen standardisiert wurde. Der US-Standard war RS274 *Version D*, entwickelt von der Electronic Industries Alliance (EIA) im Jahr 1979. Die globalen Standards waren DIN 66025 entwickelt in Deutschland, PN-73 M-55256 und PN-93/M-55251 entwickelt in Polen, und ISO 6983, der von anderen Ländern weit verbreitet verwendet wurde (Wikipedia 2019). Allerdings übernehmen alle Standards ähnliche Codes und die Blockstruktur bei der Definition von Werkzeugwegen und der Festlegung von Prozessparametern. Tab. 4.12 zeigt fünf Arten von Codes im G-Code.

G-Codes in Tab. 4.12 werden verwendet, um die Werkzeugbewegungen zu steuern, die häufig verwendeten G-Codes sind in Tab. 4.13 aufgelistet.

In einem CNC-Programm hat jeder G-Code sein spezifisches Format, und die Formate einiger gängiger G-Codes werden wie folgt beschrieben:

Tab 4.12 Fünf Arten von Codes im G-Code

Wörter	Funktion	Block Beispiel
N	gibt eine Blocknummer	N010 X70.0 Y85.5 F175 S500 (EOB)
G	die Bewegung eines Schneidwerkzeugs in einem vorbereitenden Befehl zu steuern	wobei N-Wort = eine laufende Nummer (0 I 0) X-Wort = x-Koordinatenposition (70,0 mm) Y-Wort = y-Koordinatenposition (85,5 mm) F-Wort = Vorschubgeschwindigkeit von 175 mm/min S-Wort = Spindeldrehzahl von 500 U/min (EOB) = Ende des Satzes
S, F, T, D, ...	Schnittgeschwindigkeit, Vorschub, Werkzeug, Offset angeben.	
X, Y, Z, U, V, W, A, B, C ...	Verlagerungen von Schneidwerkzeugen angeben	
M	spezifiziert verschiedene Parameter für Maschinensteuerungen	

Tab 4.13 Häufig verwendete G-Codes

G-Wort	Beschreibung	G-Wort	Beschreibung
G00	Schnelle Punkt-zu-Punkt-Bewegung	G20	Eingabedaten in Zoll
G01	Lineare Bewegung zwischen zwei	G21	Eingabedaten in Millimetern
G02	Punkten Kreisbewegung im Uhrzeigersinn	G28	Zum Referenzpunkt gehen
G03	Kreisbewegung gegen den Uhrzeigersinn	G90	Absolute Koordinaten
G04	Werkzeugverweilzeit	G91	Inkrementelle Koordinaten
G10	Werkzeugversatz	G94	Vorschub/Minute beim Fräsen und Bohren
G17	Auswahl der XY-Ebene	G95	Vorschub/Umdrehung beim Fräsen und Bohren
G18	Auswahl der XZ-Ebene	G98	Vorschub/Minute beim Drehen
G19	Auswahl der YZ-Ebene	G99	Vorschub/Umdrehung beim Drehen

(1) *Schnelle Punkt-zu-Punkt-Bewegung* (**G00**) nimmt den kürzesten Weg, um das Werkzeug auf die neue Position bei den angegebenen Koordinaten mit einer schnellen Vorschubrate zu bewegen:

Format: G00 X*** Y*** Z***

Hierbei sind X, Y und Z die Codes für die Verschiebungen entlang der *X*-, *Y*- und *Z*-Achsen, und *** ist der Wert einer Verschiebung.

(2) *Lineare Bewegung* (**G01**) bewegt das Werkzeug zu einer neuen Position mit den angegebenen Koordinaten bei der gegebenen Vorschubrate; Abb. 4.106 zeigt ein Beispiel für eine gerade Linie, die durch einen G01-Block erzeugt wird:

Format: G01 X*** Y*** Z*** F***

Abb. 4.106 Eine durch G01 definierte Geradenbahn

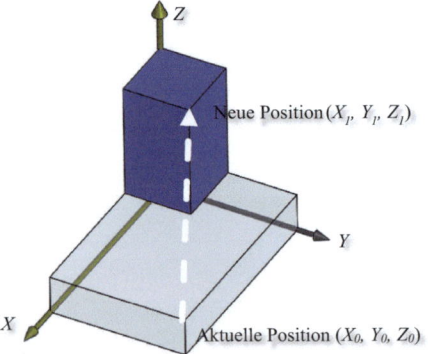

4.9 Computerunterstützte Maschinenprogrammierung

Hierbei sind X, Y und Z die Codes für die Verschiebungen entlang der *X*-, *Y*- und *Z*-Achsen; *F* ist der Code für die Vorschubrate; und *** ist der Wert einer Verschiebung oder einer Vorschubrate.

(3) *Uhrzeigersinn-Bogenbewegung* **(G02) bewegt das Werkzeug entlang eines Bogens im Uhrzeigersinn, bis es eine neue Position bei der gegebenen Vorschubrate erreicht; Abb. 4.107 zeigt einen Uhrzeigersinn-Bogenpfad in den *XY*-, *XZ*- und *YZ*-Ebenen,**

Format: G17 G02 X*** Y*** I*** J*** F***;   Bogen in der XY-Ebene
G18 G02 X*** Z*** I*** K*** F***;   Bogen in der XZ-Ebene
G19 G02 Y*** Z*** J*** K*** F***;   Bogen in der YZ-Ebene

Hierbei gilt:

G17, G18 und G19	repräsentieren jeweils eine Ebene, in der ein Bogen liegt;
X, Y und Z	sind die Codes für die Koordinaten der bezeichneten Position;
I, J und K	sind die Codes für die Verschiebungen von der Startposition zum Bogenzentrum entlang der X-, Y-, Z-Achsen;
F	ist der Code für die Vorschubrate;
***	ist der Wert einer Koordinate, Verschiebung oder Vorschubrate.

M steht für Maschine und *M*-Codes werden verwendet, um verschiedene Maschinenfunktionen zu aktivieren oder zu deaktivieren. Tab. 4.14 zeigt die Funktionen einiger häufig verwendeter *M-Codes*.

Beispiel 4.10 Schreiben Sie den G-Code für die Bewegungssteuerung der Fräsoperation an dem in Abb. 4.108a gezeigten Teil.

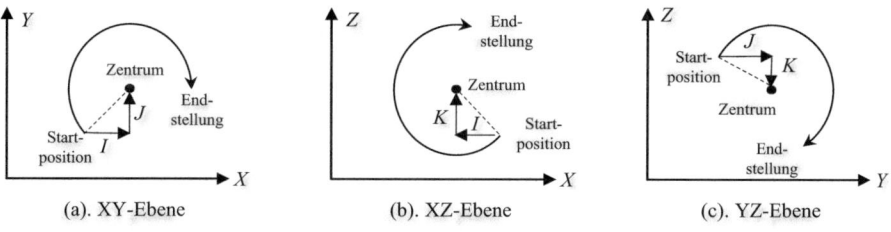

(a). XY-Ebene   (b). XZ-Ebene   (c). YZ-Ebene

Abb. 4.107 Uhrzeigersinn-Bogenpfade durch G02 in den *XY*-, *XZ*- und *YZ*-Ebenen

Tab 4.14 Häufig verwendete M-Codes

M-Wort	Beschreibung	M-Wort	Beschreibung
M02	Programmende und Maschinenstopp	M09	Schneidflüssigkeit abdrehen
M03	Spindelstart im Uhrzeigersinn (CSS)	M10	Automatisches Einspannen der Halterung
M04	Spindelstart gegen den Uhrzeigersinn (CCSS)	M11	Automatisches Ausspannen der Vorrichtung
M05	Spindelanschlag	M13	CSS und Einschalten der Schneidflüssigkeit
M06	Werkzeugwechsel	M14	CCSS und Turn auf Schneidflüssigkeit
M07	Turn Schneidstoff ein; Flutmodus	M17	Spindel und Kühlschmierstoff abdrehen
M08	Turn-Schneidstoff ein, Nebelmodus	M19	Abdrehen der Spindel in orientierter Position

Lösung Die Fräsoperation dient zur Erstellung des Profils des Werkstücks. Das Fräswerkzeug beginnt seine Bewegung von der Ausgangsposition S und durchläuft dann eine Reihe von Arbeitspunkten in der Reihenfolge $S \rightarrow A \rightarrow B \rightarrow C \rightarrow D \rightarrow E \rightarrow F \rightarrow G \rightarrow H \rightarrow I \rightarrow A \rightarrow S$. Der Werkzeugweg umfasst zwei Bogenbewegungen. Der erste Bogen ist $B \rightarrow C \rightarrow D$ in entgegengesetzter Uhrzeigerrichtung und der zweite Bogen ist $G \rightarrow H$ in Uhrzeigerrichtung. Der G-Code für die Bewegung entlang des Werkzeugwegs ist in Abb. 4.108b aufgelistet und dargestellt.

Computerunterstützte Fertigungswerkzeuge (CAM) unterstützen die Offline-Programmierung, sodass CNC-Programme automatisch auf der Grundlage von Teilemodellen generiert werden können. Hier wird *SolidWorks HSMWorks* als Beispiel für die CAM-Werkzeuge verwendet. HSMWorks unterstützt alle herkömmlichen Strategien von Bearbeitungsoperationen wie Kontur, Parallel, Tasche, Radial, Scallop, Spirale und Stift. Es ist in der Lage, optimalen Werkzeugweg mit weniger Bearbeitungszeit und besserer Oberflächenqualität zu erzeugen, und es bietet die Simulationsumgebung

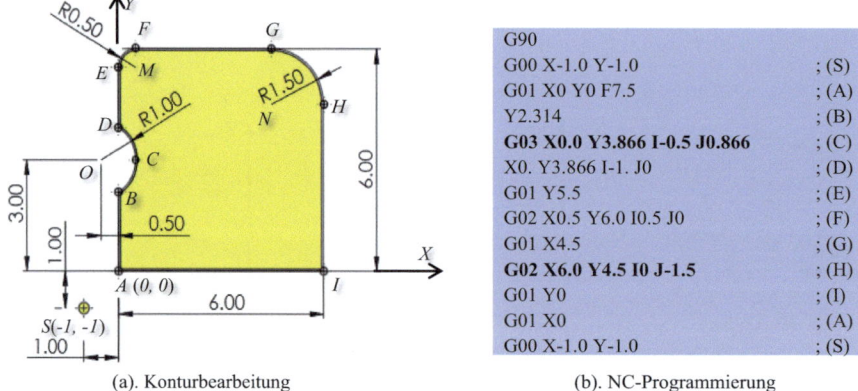

(a). Konturbearbeitung   (b). NC-Programmierung

Abb. 4.108 G-Code-Beispiel mit Bogenbewegungen

4.10 Zusammenfassung

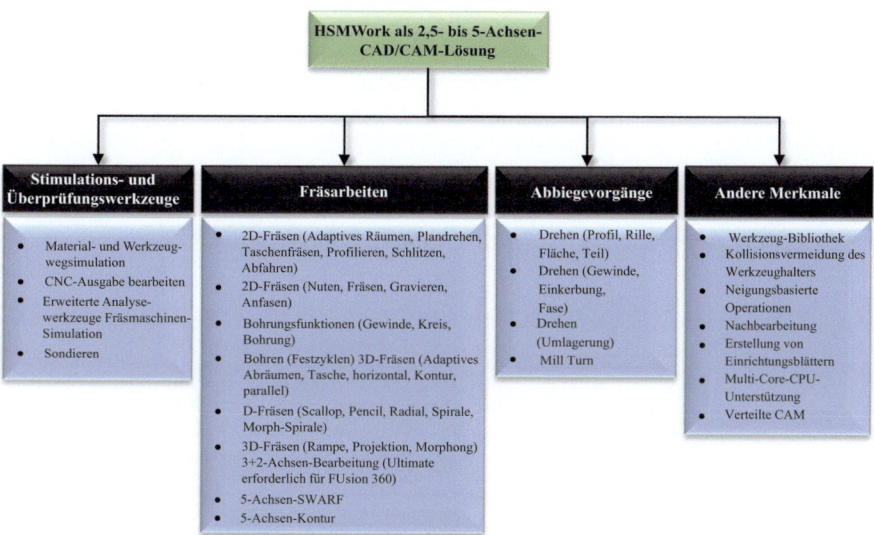

Abb. 4.109 Die Hauptmerkmale von HSMWorks für Dreh- und Fräsoperationen

zur Überprüfung von CNC-Programmen. Abb. 4.109 zeigt die Hauptmerkmale von HSMWorks zur Programmierung von CNCs für Dreh- und Fräsoperationen.

Abb. 4.110 zeigt die Schnittstelle von HSMWorks, die als zusätzliches CAM-Werkzeug in SolidWorks integriert ist. Ein Teilemodell kann direkt importiert werden, die bearbeiteten Merkmale können automatisch identifiziert werden, aber die Operation für jedes bearbeitete Merkmal wird jeweils programmiert. Der Werkzeugweg für bestimmte Merkmale kann automatisch erstellt werden und er kann jederzeit visualisiert und simuliert werden, wie in Abb. 4.110b gezeigt. HSMWorks enthält Designbibliotheken für Programmierer, um Prozesstypen, Maschinen und Schneidwerkzeuge auszuwählen, wie in Abb. 4.110a gezeigt. Wenn die CNC spezifiziert ist, kann das vollständige CNC-Programm durch Postprocessing generiert werden und das Programm kann zur Steuerung der Bearbeitungsoperationen auf die Maschine heruntergeladen werden. Darüber hinaus kann die Leistung eines CNC-Programms und der entsprechenden Bearbeitungsoperation automatisch bewertet werden, wie in Abb. 4.110c gezeigt.

4.10 Zusammenfassung

Die Gestaltung von Fertigungsprozessen berücksichtigt viele Faktoren, zum Beispiel Materialien, Maschinen, Werkzeuge und zahlreiche Betriebsparameter; darüber hinaus werden Fertigungsprozesse anhand einiger Konfliktkriterien wie Kosten, Genauigkeit, Produktivität, Flexibilität und Anpassungsfähigkeit bewertet. Herkömmliche Methoden

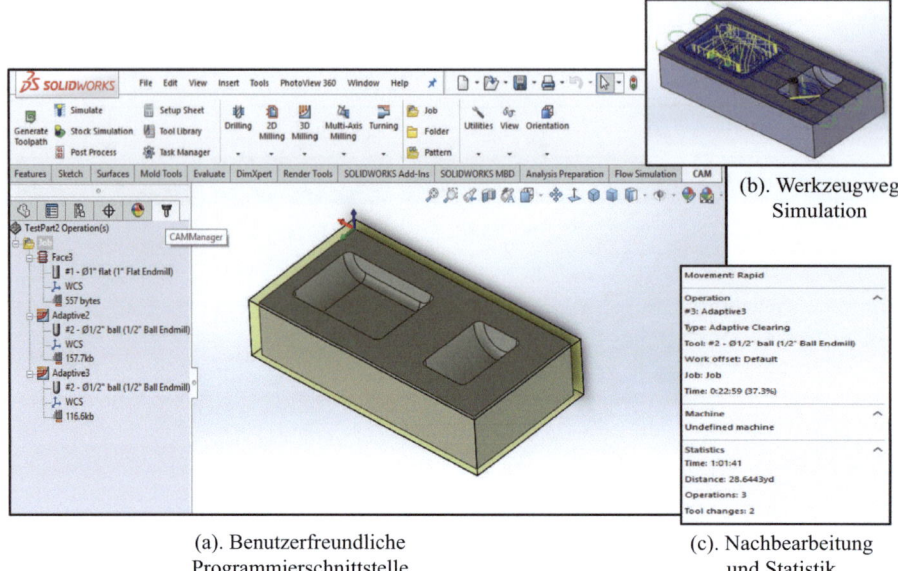

(a). Benutzerfreundliche Programmierschnittstelle

(b). Werkzeugweg Simulation

(c). Nachbearbeitung und Statistik

Abb. 4.110 Programmierschnittstelle von HSMWorks

Abb. 4.111 Verbundteil in Problem 4.1 (MSCsoftware 2020)

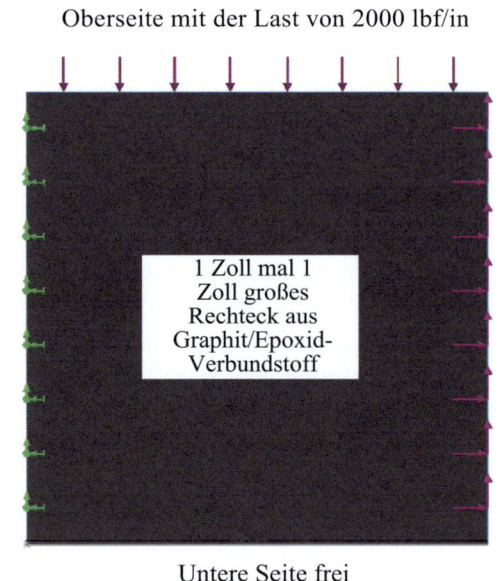

zur Gestaltung von Fertigungsprozessen stoßen an ihre Grenzen, wenn es darum geht, die Komplexität moderner Produkte und Fertigungsprozesse zu bewältigen. Es wird für Ingenieure in KMUs immer wichtiger, das Problem der Gestaltung von Fertigungsprozessen als multidisziplinäres Ingenieurproblem zu formulieren und die technische Lösung mit Hilfe moderner computergestützter Techniken zu suchen.

Es stehen viele computergestützte Fertigungswerkzeuge (CAM) zur Verfügung, um verschiedene technische Probleme bei der Gestaltung von Fertigungsprozessen zu bewältigen. Dieses Kapitel behandelt die Theorien und Werkzeuge für die Gestaltung von Verbundwerkstoffen, Formen und Matrizen, Vorrichtungen und Bearbeitungsprogrammen. Ingenieure sollten geschult werden, diese CAM-Werkzeuge bei der Gestaltung von Fertigungsprozessen für komplexe Produkte und Systeme einzusetzen.

Designprobleme

Problem 4.1 Erstellen Sie ein Modell des Objekts mit Verbundwerkstoffen und bestimmen Sie die Spannungsverteilung, wenn es den in Abb. 4.112 gezeigten Lasten ausgesetzt ist. Das Objekt hat eine rechteckige Form mit einer Breite und Höhe von 1 Zoll. Die Last entlang der y-Achse an der oberen Kante beträgt 2000 lb/in, und die Lasten entlang der x-Achse und y-Achse an der rechten Seite betragen 1000 lb/in. Die Verschiebungen von X, Y, Z, R_y sind auf der linken Seite eingeschränkt (Abb. 4.111).

Tab. 4.15 zeigt die Anordnung der Verbundstoffe. Sie besteht aus Graphit/Epoxy-Band, die angezeigten Winkel beziehen sich auf die globale Achse, d.h., die 0-Grad-Schicht 1 hat ihre Fasern entlang der Y-Richtung laufen. Die 90-Grad-Schicht 4 hat ihre Fasern entlang der X-Richtung laufen. Die Verbundschichten sind Graphit/Epoxy-Band mit

Abb. 4.112 Teilemodell für Problem 4.2

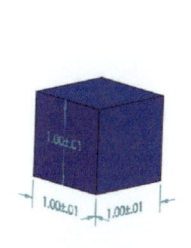
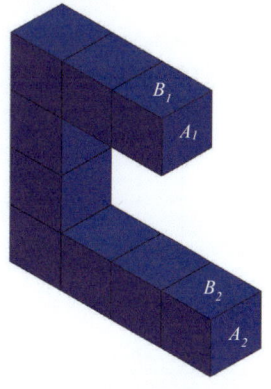

(a) Teilmodell mit GD&T   (b) Montagemodell

Tab 4.15 Anordnung der Beispielverbundstoffe in Problem 4.1

Schicht Nr.	Materialien	Dicke (Zoll)	Richtung (Grad)
1	Graphit/Epoxy	0,0054	0
2		0,0054	45
3		0,0054	−45
4		0,0054	90
5		0,0054	90
6		0,0054	−45
7		0,0054	45
8		0,0054	0

einer Dicke von 0,0054 Zoll. Die Eigenschaften von Graphit sind Elastizitätsmodul $E = 6{,}96 \times 10^5$ psi, Poisson-Verhältnis $v = 0{,}28$, Dichte $\rho = 0{,}0809$ lb/in³, $S_{ut} = 1{,}46 \times 10^4$ psi, und die Streckgrenze ist $S_y = 1{,}75 \times 10^4$ psi.

Problem 4.2 Betrachten Sie einen Würfel mit den angegebenen Maßen in Abb. 4.112a. Wie werden für die Montage in Abb. 4.112b die Maße und Toleranzen (1) zwischen der Ebene von A_1 und A_2 und (2) zwischen der Ebene von B_1 und B_2 sein?

Problem 4.3 Abb. 4.113 zeigt die Abmessungen eines bearbeiteten Teils. Verwenden Sie das *AutoDimensionScheme*-Tool in SolidWorks DimXpert, um GD&T-Informationen automatisch anzumerken.

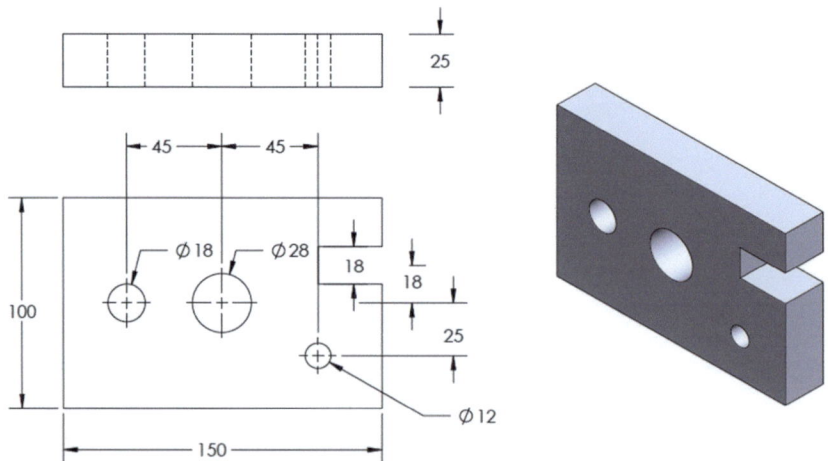

Abb. 4.113 Teilemodell für Problem 4.3

4.10 Zusammenfassung

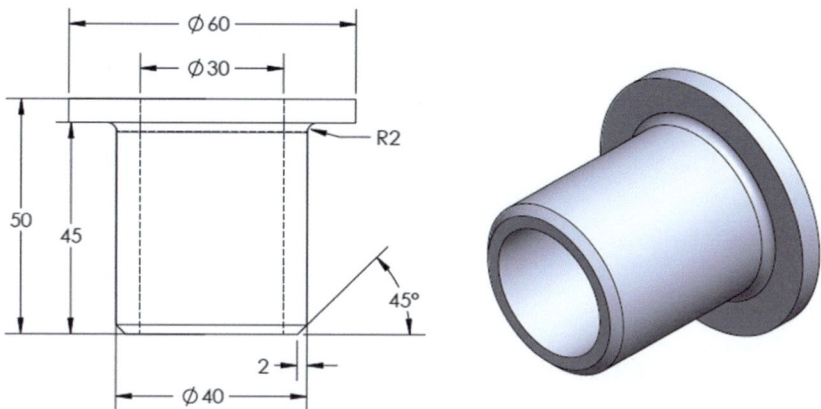

Abb. 4.114 Teilemodell für Problem 4.4

Problem 4.4 Abb. 4.114 zeigt die Abmessungen eines bearbeiteten Teils. Verwenden Sie das *AutoDimensionScheme* Werkzeug in DimXpert, um sowohl Plus/Minus-Bemaßung als auch geometrische Bemaßung automatisch zu erstellen.

Problem 4.5 Für Beispiel 4.6 sei $L_1 = 100$ mm, $L_2 = 250$ mm und $H = 150$ mm. Nehmen Sie an, dass die Spannkräfte mit $F_x[-2,0\,\text{kN}, 0\,\text{kN}]$; $F_y[-4,0\,\text{kN}, 0\,\text{kN}]$ eingestellt werden können. Bestimmen Sie die optimierten Spannkräfte, um die maximale Verschiebung des Werkstücks während der Bearbeitung zu minimieren.

Problem 4.6 Für Beispiel 4.6 sei $L_1 = 70$ mm, $L_2 = 275$ mm, $H = 175$ mm, $F_y = -2,5$ kN, $F_y = -0,25$ kN. Nehmen Sie an, dass die Schneidkräfte zu $F_{t\_x}[-2,0\,\text{kN}, 0\,\text{kN}]$; $F_{t\_y}[-1,5\,\text{kN}, 0\,\text{kN}]$ geändert werden. Bestimmen Sie die maximale Verschiebung des Werkstücks während der Bearbeitung.

Problem 4.7 Nehmen Sie an, dass die Materialien von Teil und Fräser aus niedriglegiertem Stahl und Hochgeschwindigkeitsstahl (HSS) bestehen. Die Dicke der Teile beträgt 0,500 Zoll und die Toleranz beträgt 0,020 Zoll für alle Abmessungen. Schreiben Sie die Programme für die in Abb. 4.115 gezeigten Teile. Für jedes Teil schreiben Sie zwei Programme für (1) das Bohren von Löchern und (2) das Konturfräsen.

Designprojekte

Projekt 4.1. (1) Erstellen Sie ein Kunststoffteil, das Sie erreichen können, wie das in Abb. 4.116 gezeigte; (2) verwenden Sie das SW Plastics Paket, wählen Sie Angussstellen und Fülleinstellungen; (3) führen Sie eine Spritzgusssimulation durch, um die Spritzgusszeit vorherzusagen; (4) prognostizieren Sie Defekte einschließlich Lufteinschlüsse,

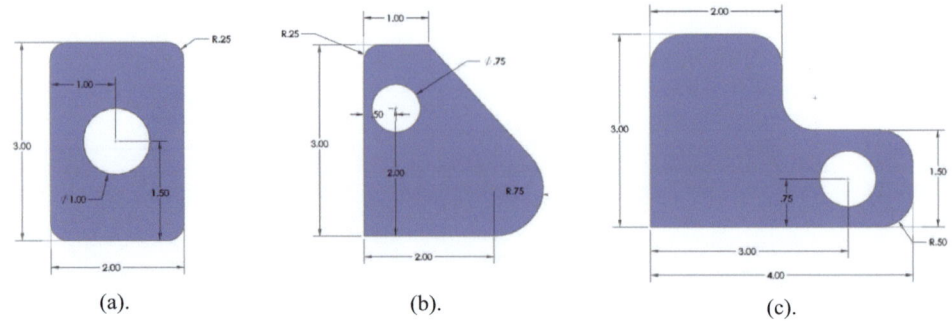

Abb. 4.115 Schreiben Sie CNC-Programme für Teile im Problem 4.2

Schweißlinien und Verformungen; und (5) dokumentieren Sie Ihren Prozess und Ihr Ergebnis.

Projekt 4.2. Erstellen Sie eine Formbaugruppe für das Spritzgießen eines Kunststoffteils wie eines Teils in Abb. 4.116.

Projekt 4.3. Finden Sie einige maschinell bearbeitete Teile, so wie die Beispiele in Abb. 4.117. Verwenden Sie das integrierte SolidWorks-System, um ihre Bearbeitungsprozesse zu entwerfen und Bearbeitungsprogramme für das Teil zu erstellen, indem Sie die unten aufgeführten Schritte befolgen:

(1) Erstellen Sie ein CAD-Modell durch Reverse Engineering.
(2) Entwerfen Sie Vorrichtungen für alle maschinell bearbeiteten Merkmale.
(3) Erstellen Sie ein Montagemodell für Vorrichtungssysteme.
(4) Erstellen Sie CNC-Programm(e) für alle maschinell bearbeiteten Merkmale.

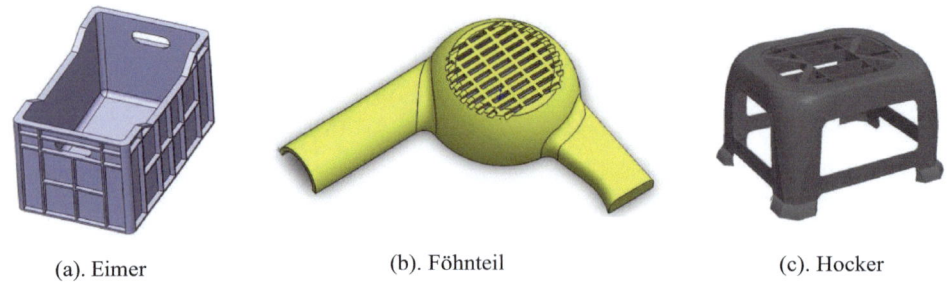

(a). Eimer   (b). Föhnteil   (c). Hocker

Abb. 4.116 Teilbeispiel für die Formfüllungsanalyse in Projekt 4.1

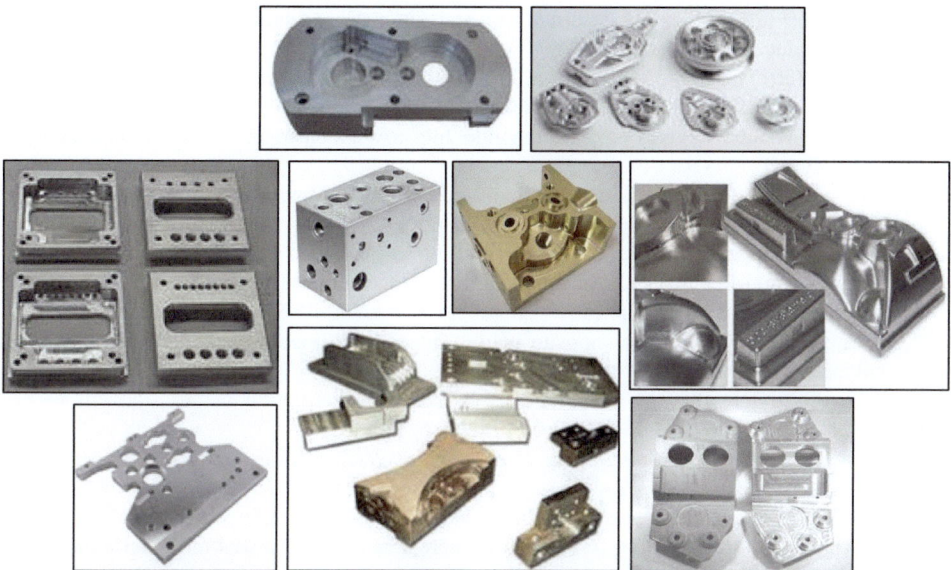

Abb. 4.117 Beispiele für maschinell bearbeitete Teile für das Design-Projekt 4.3

(5) Simulieren Sie das CNC-Programm, um grundlegende Daten der Bearbeitung zu erhalten (Anzahl der Aufbauten, Bearbeitungswerkzeuge, die Anzahl der Werkzeuge, Kosten …).
(6) Bearbeiten Sie die CNC-Programme nach, um sie in G-Code für eine generische Drei-Achsen-Haas-Maschine umzuwandeln.
(7) Analysieren Sie das Teil, um die Durchbiegung (Toleranz) vorherzusagen.
(8) (Optional für Bonus) Fertigen Sie das Teil an, wenn eine generische Drei-Achsen-Haas-Maschine verfügbar ist.

Literatur

Allsup T (2009) How to spell GD&T a new way to learn GD&T. https://www.anidatech.com/How-ToSpellGDT.pdf

Basha VR, Salunke JJ (2013) An advanced exploration of fixture design. Int J Eng Res Appl 6(5), part 3, S 30–33

Bi ZM, Hinds B, Jin Y, Gibson R, McToal P (2009) Drilling processes of composites-the state of the art. In: Drilling of composite materials, Nova Science Publisher, ISBN: 978-1-60741-163-165, S 137–171

Bi ZM, Mueller D (2016) finite element analysis for diagnosis of fatigue failure of composite materials in product development. Int J Adv Manuf Technol 87(5):2245–2257

Bi ZM, Zhang WJ (2001) Flexible fixture design and automation: review, issues and future directions. Int J Product Res 39(13):2867–2894

Cimatron E Inc (2017) CAD/CAM solution for mold making from quoting to deliver. https://www.cimatron.com/SIP_STORAGE/files/0/1760.pdf

Eastman (2019) Medical devices processing guide. https://www.eastman.com/Literature_Center/S/SPMBS3689.pdf

Kailas SV (2020) Chapter 3 imperfections in solids. https://nptel.ac.in/content/storage2/courses/112108150/pdf/Lecture_Notes/MLN_03.pdf

Kreculj D, Rasuo B (2018) Impact damage modelling in laminated composite aircraft structures, sustainable composites for aerospace applications, Woodhead Publishing Series in Composites Science and Engineering, S 125–153

MSCsoftware (2020) Making a composite model. https://www.mscsoftware.com/exercise-modules/making-composite-model

Pilkey WD, Pilkey DF, Bi, ZM (2020) Petersons stress concentration factors, the 4th version, ISBN-13: 978–1119532514, ISBN-10: 1119532515, Wiley

Science Notes (2020) Periodic table of the elements. https://sciencenotes.org/printable-periodic-table/

Steeves M (2016) Before there was MBD, there was MBD and more! https://techday2016dotcom.files.wordpress.com/2016/04/16-q2-mi-before-there-was-mbd-there-was-mbd-and-more.pdf

Sun CC (2009) Materials science tetrahedron – useful tool for pharmaceutical research and development. J Pharm Sci 98(5):167–1687

Tuttle M (2020) Predicting failure of multiangle composite laminate: micromechanics failure analysis vs macromechanics failure analysis. https://courses.washington.edu/mengr450/LamFailures.pdf

United States International Trade Commission (2002) Tools, dies, and industrial molds: competitive conditions in the United States and selected foreign markets, Investigation No. 332–435. https://www.usitc.gov/publications/332/pub3556.pdf

Vorburger TV, Raji J (1990) Surface finish metrology tutorial. https://www.nist.gov/system/files/documents/calibrations/89-4088.pdf

Wang H, Rong Y, Li H, Shaun P (2010) Computer aided fixture design: recent research and trends. Comput Aided Des 42:1085–1094

Computerintegrierte Fertigung (CIM) 5

Zusammenfassung

Ein Fertigungssystem ist eine Organisation zur Herstellung von Produkten; ein Fertigungssystem besteht aus verschiedenen funktionalen Einheiten für Design, Fertigung, Montage, Transport und Marketing sowie Vertrieb. Dieses Kapitel diskutiert das Design und den Betrieb von Fertigungssystemen; es behandelt einige ermöglichte Technologien einschließlich *zellulärer Fertigung, diskreter ereignisdynamischer Systeme, Lebenszyklusbewertung* und *Kostenanalyse*; und es diskutiert auch, wie ermöglichte Technologien für eine effektive Koordination und Interaktion von Hardware- und Softwaresystemen verschiedener Anbieter integriert werden können. Darüber hinaus wird die Bewertung von Fertigungssystemen, Produkten und Prozessen aus der Perspektive der Nachhaltigkeit diskutiert.

Schlüsselwörter

Group Technology (GT) · Zelluläre Fertigung (CM) · Diskrete ereignisdynamische Systeme (DEDS) · Petri-Netze · Lebenszyklusbewertung (LCA) · Computerintegrierte Fertigung (CIM) · Kostenanalyse · Design für Nachhaltigkeit

5.1 Einführung

Abb. 5.1 zeigt eine Beschreibung eines Fertigungssystems. Ein Fertigungssystem dient dazu, Rohstoffe durch eine Reihe von Fertigungsprozessen in Endprodukte zu verwandeln. Ein Fertigungssystem benötigt verschiedene Ressourcen, um Fertigungsprozesse durchzuführen. Diese Ressourcen können eingeteilt werden einerseits in *Sachanlagen* wie Anlagen, Maschinen, Werkzeuge, Vorrichtungen, Softwaretools sowie

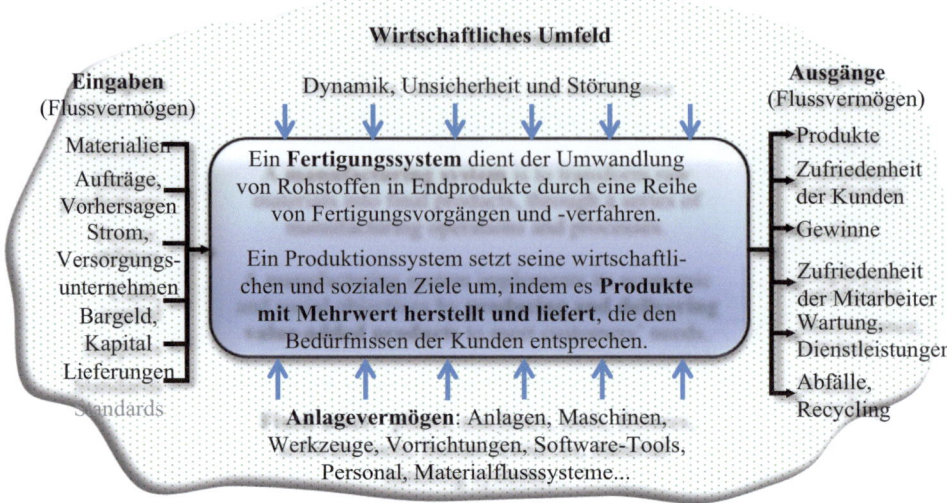

Abb. 5.1 Beschreibung eines Fertigungssystems

menschliche Ressourcen und andererseits in *Umlaufvermögen* als Systemeingaben wie Rohstoffe, Energieversorgung und Kapitalinvestitionen an einem Ende und Endprodukte, Profile und die Unterstützung im Lebenszyklus von Produkten am anderen Ende. Das Fertigungssystem setzt seine Geschäftsziele um, indem es den Kunden Mehrwertprodukte liefert. Darüber hinaus werden die Betriebsabläufe von Fertigungssystemen immer stärker von der Dynamik, den Unsicherheiten und den Störungen der Geschäftsumgebung beeinflusst, die Grenze zwischen dem Fertigungssystem und der Geschäftsumgebung wird unklar.

Die Komplexität eines Fertigungssystems hängt von den Produkten ab, die in dem System hergestellt werden sollen. Aufgrund der wachsenden Komplexität moderner Produkte werden Fertigungssysteme aufgrund der Zunahme von Systemkomponenten und Varianten, der Interaktionen von Systemkomponenten und ihrer dynamischen Veränderungen im Laufe der Zeit immer komplexer. Fertigungssysteme sind im Allgemeinen komplexe technische Systeme. Um ein Fertigungssystem zu entwerfen und zu betreiben, sollten Ingenieure die grundlegenden Ressourcentypen und ihre Interaktionen in der Fertigung verstehen. Als Einführung in Fertigungssysteme werden in diesem Abschnitt einige grundlegende Konzepte diskutiert, die für Fertigungssysteme relevant sind.

5.1.1 Kontinuierliche und diskrete Fertigungssysteme

Ein kontinuierliches Fertigungssystem verwandelt Rohstoffe kontinuierlich durch eine Reihe von Prozessen in Endprodukte. In einem kontinuierlichen System sind Rohstoffe

5.1 Einführung

normalerweise nicht zählbar, sie befinden sich in einem Zustand von Pulver, Gas oder Flüssigkeit. Fertigungsprozesse sind kontinuierliche Transformationen wie chemische Reaktionen oder die Veränderung von Eigenschaften unter mechanischen, thermischen oder anderen Arten von Einwirkungen. Die Materialien werden kontinuierlich in Bewegung verarbeitet, wie in Abb. 5.2 gezeigt. Da die Fertigungsprozesse aufeinanderfolgen, ist kein Inventar in der kontinuierlichen Fertigung erforderlich. Kontinuierliche Fertigungssysteme werden weit verbreitet in chemischen Fabriken, Lebensmittelverarbeitungsbetrieben und Ölraffinerien eingesetzt. Sie werden auch zur Herstellung von Rohstoffen wie Metallplatten, Rollen, Drähten, Pulvern, Kunstharzen und Zement für die diskrete Fertigung verwendet. Die Vor- und Nachteile der kontinuierlichen Fertigung sind in Tab. 5.1 zusammengefasst (Knowledgiate 2017). In diesem Kapitel werden kontinuierliche Fertigungssysteme nicht diskutiert, da ihre Layouts die sequenziellen Verbindungen von Verarbeitungsmaschinen sind, die im Vergleich zu diskreten Fertigungssystemen relativ stabil und einfach sind.

Ein diskretes Fertigungssystem zeichnet sich durch die Herstellung von Einzelprodukten wie Autos, Computern, Handys, Spielzeug, Flugzeugen und Möbelstücken aus. In einem diskreten Fertigungssystem führen Fertigungsprozesse Fertigungsoperationen an diskreten Teilen durch. Jeder Fertigungsprozess kann jeweils begonnen oder beendet werden, und es ist nicht notwendig, dass verschiedene Maschinen die gleiche Zykluszeit von Fertigungsprozessen haben. Ein diskretes Fertigungssystem kann Montageprozesse beinhalten, bei denen Endprodukte aus Teilen und Komponenten zusammengebaut werden. Ein diskretes Fertigungssystem benötigt oft eine Vielzahl von Rohstoffen, um verschiedene Teile und Komponenten herzustellen. Zum Beispiel erfordert der Bau eines Computers Hauptplatinen, CPUs, Speicher, Tastaturen, Monitore

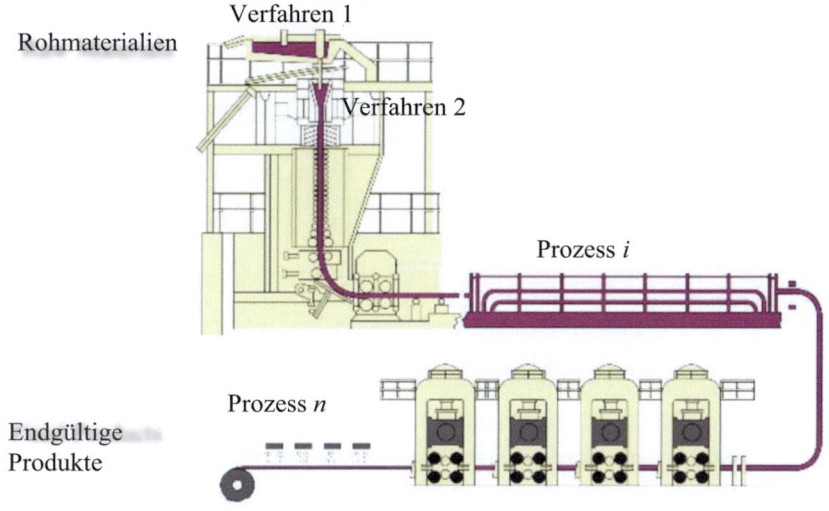

Abb. 5.2 Beispiel für ein kontinuierliches Fertigungssystem (HIBA 2019)

Tab. 5.1 Kontinuierliche Fertigung: Vor- und Nachteile

Vorteile	Benachteiligungen
• Die Produktqualität ist gleichbleibend, da das Produkt die gleiche Abfolge von Prozessen und Maschinen durchläuft. • Die Produktion kann leicht automatisiert werden, um den direkten Arbeitsaufwand zu verringern, und die Systemsteuerung kann aufgrund der sequentiellen Prozesse vereinfacht werden. • Für den Sequenzausgleich wird kein Bestand benötigt. • Der Bedarf an Materialhandhabung wird durch das vorgegebene Muster der kontinuierlichen Fertigung minimiert. • Durch die Massenproduktion können die Gemeinkosten pro Einheit gesenkt werden, da die Fixkosten der Spezialausrüstung auf ein großes Produktionsvolumen verteilt werden. Dementsprechend ergibt sich eine schnelle Kapitalrendite (RoI).	• Die kontinuierliche Fertigung ist insofern unflexibel, als bei einem Ausfall einer Maschine der gesamte Prozess beeinträchtigt wird. • Es muss vermieden werden, dass sich die Arbeit staut oder die Leitung blockiert wird. • Wenn die Störung nicht sofort behoben werden kann, müssen sowohl die vorhergehenden als auch die nachfolgenden Phasen vollständig gestoppt werden.
Typische Anwendungen: Chemische Fabriken, lebensmittelverarbeitende Betriebe, Ölraffinerien und die Lieferanten herkömmlicher industrieller Materialien.	

und viele andere Zubehörteile, und diese Komponenten werden aus verschiedenen Materialien oder von verschiedenen Lieferanten hergestellt. Abb. 5.3 zeigt ein Beispiel für diskrete Fertigungssysteme, die zur Herstellung von Flugzeugmotoren gebaut wurden (Fang et al. 2020). Die Unterschiede zwischen kontinuierlicher und diskreter Fertigung wurden von vielen Forschern diskutiert (Pritchett et al. 2000; Al-Habahbah 2015; Andrew 2019), und Tab. 5.2 gibt eine Zusammenfassung der Unterschiede in *Durchsatz*, *Qualitätsmaßen*, *Steuerungsvariablen*, *Maßeinheiten* und *Merkmalen*.

Abb. 5.3 Ein diskretes Fertigungssystem für Flugzeugmotoren (Fang et al. 2020)

Tab. 5.2 Kontinuierliche versus diskrete Fertigung

Aspekte	Kontinuierliche Fertigung	Discrete Manufacturing
Durchgehend	Gemessen an Attributen wie Gewicht und Volumen	Gemessen an Typen, Modellen und Anzahl der Produkte
Qualitätsindikator	Konsistenz, Konzentration, Freiheit von Verunreinigungen und Konformität mit den Spezifikationen.	Abmessungen, Toleranzen, Oberflächenbeschaffenheit, Fehlerfreiheit, Zuverlässigkeit und Lebensdauer.
Typische Kontrollvariablen	Relevant für Rezepte und Formeln wie Zutaten, Temperatur, Volumendurchsatz, Zeit und Druck.	Relevant für die Formgebung, den Zusammenbau oder die Verbesserung von Eigenschaften wie Position, Geschwindigkeit, Weg, Beschleunigung, Kraft, Temperatur, Wärme und Leistung.
Maßeinheiten	Partie, Qualitäten, Stärke und	Stücke, Zählungen und Zahlen.
Merkmal	Haltbarkeit Herstellung von "*Produkten*" wie Milch und Milchpulver	Herstellung von "Dingen" wie Autos, Möbeln und Computer.
Beispiele	Ölraffination Milcherzeugung	Autoproduktion Computer-Montage

5.1.2 Vielfalt, Menge und Qualität

Diskrete Produkte in einem Fertigungssystem werden durch *Vielfalt* (V), *Menge* (Q) und *Qualität* bestimmt. Die Produktmenge Q beeinflusst die Art und Weise, wie Ressourcen, Menschen, Einrichtungen und Verfahren in einem Fertigungssystem organisiert sind. Dementsprechend werden die Produktionen in Fertigungssystemen klassifiziert in *niedrige Produktionen* ($Q = 1$–100 Einheiten), *mittlere Produktionen* ($Q = 100$–10.000 Einheiten) und *hohe Produktionen* ($Q > 10.000$ Einheiten).

Die Produktvielfalt V bezieht sich auf die Anzahl der Produktvarianten, die Unterschiede in Materialien, Merkmalen, Qualität oder Fertigungsprozessen aufweisen; sie werden jedoch im selben Fertigungssystem hergestellt. Die Anzahl der Produktvielfalt V hängt davon ab, wie ein Unterschied für zwei Produkte definiert wird. Zum Beispiel schlug El-Sherbeeny (2016) vor, die Produkte in *weiche Produktvarianten* und *harte Produktvarianten* zu klassifizieren. Der Unterschied der Produkte in der ersten Klasse kann durch Planung, Steuerung und Terminierung gehandhabt werden; jedoch ist unterschiedliche Hardwareausrüstung erforderlich, um den Unterschied der Produkte in der zweiten Klasse zu bewältigen. Ein Beispiel für weiche Produktvarianten ist eine Autoproduktfamilie derselben Marke; die Produkte haben eine gemeinsame Plattform und sie können in derselben Produktionslinie hergestellt werden. Ein Beispiel für harte Produktvarianten ist der Unterschied zwischen Personenwagen und Pickup-Trucks, verschiedene Produktionslinien werden verwendet, um Autos und Trucks zu bauen. Schließlich beschreibt die *Produktqualität*, wie gut ein Produkt hergestellt ist.

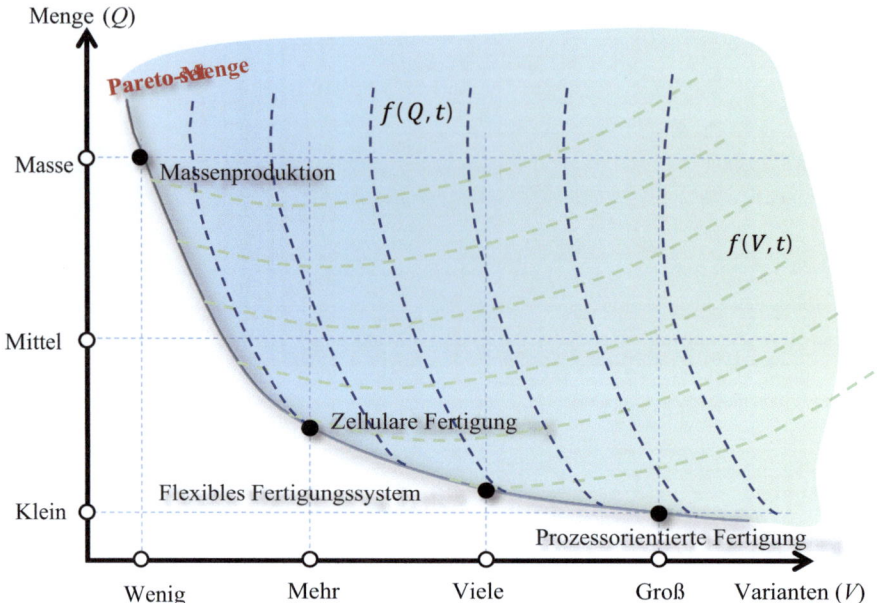

Abb. 5.4 Produktvielfalt und -menge bei der Auswahl eines Systemparadigmas

Abb. 5.4 zeigt, dass Produktvielfalt (V) und Menge (Q) zwei entscheidende Faktoren bei der Gestaltung eines Fertigungssystems sind. Angenommen, die Gesamtkapazität eines Fertigungssystems ist gegeben, es ist unpraktisch, sowohl Produktvielfalt als auch Menge zu maximieren; daher müssen einige Kompromisse bei der Auswahl eines geeigneten Paradigmas für ein Fertigungssystem gemacht werden. Die Produkte mit geringer Vielfalt und hoher Menge werden in *Massenproduktion* hergestellt; die Produkte mit hoher Vielfalt und geringer Menge werden in *prozessorientierter Fertigung* hergestellt; die Produkte mit mittlerer Vielfalt und mittleren Mengen werden in *Zellenfertigung, flexibler Fertigung* oder *Massenanpassung* hergestellt. Die Gestaltung eines Fertigungssystems ist ein komplexes Ingenieurproblem. Um ein System für ein gegebenes Designkriterium zu optimieren, sollte eine Designvariable in eine günstige Richtung geändert werden (z. B., $f(Q, t)$ und $f(V, t)$). Wenn jedoch eine Reihe von Konfliktkriterien beteiligt sind, sollten einige Methoden, wie *die Pareto-Menge* in Abb. 5.4, eingesetzt werden, um die Kompromisse für die Gesamtsystemleistungen zu machen.

5.1.3 Entkoppelte Punkte in der Produktion

Ein Fertigungssystem stellt Endprodukte her, um die Bedürfnisse der Kunden zu erfüllen, und Fertigungsunternehmen werden von Kundenbestellungen angetrieben. Um die Vorlaufzeiten zu verkürzen, können Teile, Komponenten oder sogar Produkte hergestellt werden, bevor die Bestellungen der Kunden eintreffen. Bei komplexen Produkten passen Hersteller normalerweise Produkte in der Montagephase an, indem sie vorgefertigte Teile und Komponenten verwenden. Daher erfordert das Design eines Fertigungssystems die Entkopplung einer Produktionslinie in zwei Stufen, die für die erforderlichen Geschäfte und Aktivitäten vor und nach den Kundenbestellungen bestimmt sind. Dementsprechend können Fertigungssysteme in drei Typen klassifiziert werden: *make-to-stock* (MTS), *make-to-order* (MTO) und eine Kombination von beiden (MTO-MTS).

Bei MTS werden Produkte hergestellt, bevor die Bestellungen der Kunden eintreffen. MTS ist ein *Push*-Systemparadigma. Es ist effektiv, wenn die Produkte ein großes Volumen, eine geringe Vielfalt haben und die Herstellungskosten im Vergleich zu den Kosten für Rohstoffe relativ niedrig sind. MTS erfordert ein Lager zur Aufbewahrung von Materialien, Halbzeugen und Fertigprodukten. Es ist eine Herausforderung, die richtigen Mengen an Produkten im Lager zu bestimmen; einerseits reduziert eine geringere Anzahl von vorgefertigten Produkten die Lagerkosten; andererseits besteht das Risiko eines Lagerausfalls, wenn die Kundenbestellungen zunehmen.

Bei MTO beginnt die Produktion, wenn die Bestellungen der Kunden eintreffen. MTO ist ein *Pull*-Systemparadigma. Es ist effektiv, wenn die Produkte stark diversifiziert und in geringen Mengen vorhanden sind und die Herstellungskosten im Vergleich zu den Kosten für Rohstoffe relativ hoch sind. Es ist entscheidend, die Fertigungskapazitäten und die Produktanforderungen bei MTO abzustimmen. Einerseits hilft die Reduzierung der Produktionskapazitäten, die Auslastungsquoten der Fertigungsressourcen zu erhöhen und somit die Produktstückkosten zu senken. Andererseits bergen begrenzte Produktkapazitäten das Risiko, Kundenbestellungen aufgrund der Notwendigkeit langer Vorlaufzeiten zu verlieren.

Bei MTO-MTS werden die Push- und Pull-Systemparadigmen kombiniert. Die Produktionslinien im Fertigungssystem sind entkoppelt. Die Push-Strategie wird für die vorgefertigten Teile oder Komponenten übernommen, und die Pull-Strategie wird übernommen, um die Produkte an die Bedürfnisse der Kunden anzupassen. Produkte können mit der sogenannten *assemble to order* (ATO)-Technik angepasst werden. Bei ATO werden verschiedene Teile oder Komponenten für verschiedene Produkte ausgewählt und montiert. MTO-MTS ist effektiv, um die strategischen Ziele der Reduzierung der Lagerkosten und der Verkürzung der Produktvorlaufzeiten auszugleichen (Kaminsky und Kaya 2009).

Abb. 5.5 zeigt einen Vergleich von MTO, MTS und ATO hinsichtlich *Lagerbestand*, *Vorlaufzeit* und der Schwierigkeit der *Planung und Terminierung*, *Starrheit* und *Kosten*. Die Gesamtleistung eines Fertigungssystems sollte optimiert werden, indem die genannten fünf Indikatoren gleichzeitig minimiert werden. Einerseits minimiert MTS die Produktvorlaufzeiten, erfordert aber den höchsten Lagerbestand an Produkten, und MTS hat eine geringe Flexibilität, da das System auf der Grundlage der langfristigen Prognose geplant und gesteuert wird. Andererseits minimiert MTO den Lagerbestand an Produkten und erhöht die Systemflexibilität, da die Systemplanung und -steuerung auf Kundenbe-

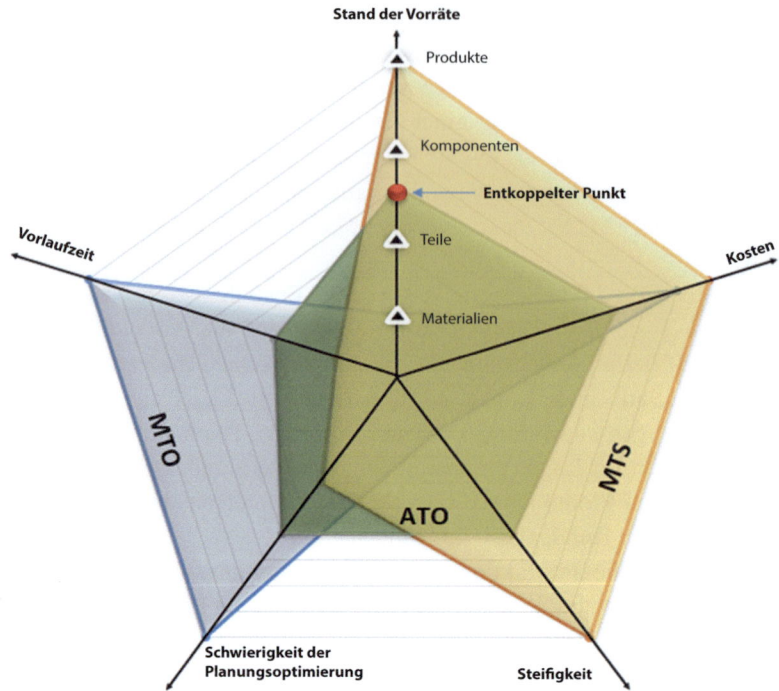

Abb. 5.5 Vergleich von MTO, MTS und ATO

stellungen basiert. Allerdings haben die Produkte die maximale Produktvorlaufzeit. Im Gegensatz dazu teilt ATO die Lieferkette in der Systemplanung und -terminierung: vor dem Entkopplungspunkt werden Teile und Komponenten hergestellt, bevor die Bedürfnisse der Kunden eintreffen; nach dem Entkopplungspunkt werden die Fertigungs- und Montageprozesse geplant und terminiert, nachdem die Kundenbestellungen eingetroffen sind. Die Gesamtleistung des Fertigungssystems kann verbessert werden, da alle fünf Indikatoren der Systemleistung gleichzeitig optimiert werden. Tab. 5.3 zeigt den Unterschied zwischen MTS, MTO und ATO in anderen Aspekten (Vollmann et al. 2004; Cruz-Mejia und Vilalta-Perdomo 2018).

5.2 Fertigungssystemarchitektur

Ein Fertigungssystem beinhaltet verschiedene Fertigungsressourcen, die eng miteinander interagieren. Um ein Fertigungssystem in einer kontrollierten Weise zu betreiben, muss die Komplexität des Systems *beherrschbar* sein für den reibungslosen Ablauf der Ge-

5.2 Fertigungssystemarchitektur

Tab. 5.3 Vergleich von MTS, MTO und ATO in anderen Aspekten

Aspekt	MTO	MTS	MTO-MTS (ATO)
Daten für die Produktion	Mengen, Sorten und Spezifikationen der Produkte nach Kunden	Mengen, Sorten und Spezifikationen von Produkten nach Prädikation	Kundenaufträge und Konfigurationsmanagement
Übernahme der Produktionsplanung	Technische Kapazitäten	Voraussichtliche Lagerbestände	Mengen und Sorten, Vorlaufzeiten der Produkte
Systemsteuerung	Anpassung der technischen Kapazitäten an die Bedürfnisse der Kunden	Sicherstellung des Niveaus der Kundendienste	Herstellung von Produkten innerhalb bestimmter Vorlaufzeiten
Verkauf und Betrieb	Bedarfsvorhersage und Entwurf von Produkten und Fertigungsverfahren	Voraussichtliche Nachfrage nach entworfenen Produkten und Herstellungsverfahren	Vorgegebene Anforderungen für alle Alternativen im Konfigurationsmanagement
Übernahme der Leitdisposition	Tatsächlicher Bedarf	Voraussichtlicher Bedarf	Die Kombination aus Vorhersage und tatsächlichem Bedarf
Vorlaufzeit der Produkte	Beginnen Sie mit der Entwurfsphase und geben Sie die Lieferfrist an.	Verfügbar bis zur nächsten Auffüllung des Bestands	eine kurze Vorlaufzeit für den Zusammenbau von vorhandenen Teilen und Komponenten zu Produkten

schäftsprozesse. *Enterprise Architecture* (EA) zielt darauf ab, die Systemkomplexität zu bewältigen, indem sie die Struktur und den Betrieb eines Fertigungssystems definiert. Eine Unternehmensarchitektur kann aus verschiedenen Aspekten definiert werden, wie z. B. *Funktionen*, *Prozesse*, *Geschäfte*, *Informationen* und *technologische Veränderungen*. Die funktionalen Anforderungen (FRs) einer Fertigungssystemarchitektur beinhalten folgende Punkte (Gao 2001):

(1) Definition der Mission, Strategien, Methoden und Funktionen und Nutzung dieser zur Planung und zum Betrieb des Systems
(2) Regulierung der Kommunikation zwischen den funktionalen Einheiten mit standardisierten Begriffen
(3) Offenheit, um aufkommende Technologien für technologischen Fortschritt und Aufrüstung zu übernehmen
(4) Sicherstellen von Konsistenz, Integrität, Verfügbarkeit, Schnelligkeit und Sicherheit der Datenfreigabe und Informationsintegration
(5) Suche einer Lösung, um die Systemflexibilität, Anpassungsfähigkeit und Effizenz zu einem erschwinglichen Preis zu erhöhen
(6) Unterstützung von geteilten Ressourcen für eine hohe Auslastungsrate der Fertigungsressourcen im System
(7) Verlängerung der Lebensdauer der EA durch die Praxis der *kontinuierlichen Verbesserung* (CI)

Zahlreiche EAs wurden für verschiedene Anwendungen vorgeschlagen, und die einflussreichsten EAs sind (1) *Open System Architecture for Computer Integrated Manufacturing* (CIMOSA) vom European CIM Architecture Consortium, (2) *GRAI Integrated Methodology* (GRAI-GIM) vom GRAI Laboratory in Frankreich, (3) *Purdue Enterprise Reference Architecture* vom Industry-Purdue University Consortium und (4) *Enterprise Architecture* vom National Institute of Standards and Technology (EA-NIST) (Williams 1994).

Als Beispiel zeigt Abb. 5.6 die EA-NIST, die verwendet wurde, um die Organisation eines Fertigungssystems darzustellen (Wikipedia 2020a). In der EA-NIST werden Systemelemente in *Schichten* und *Bereiche* unterteilt. Die Architektur besteht aus den *Geschäfts-*, *Informations-*, *Anwendungs-*, *Daten-* und *Technologieschichten*. Das System hat seine Grenzen, um zu bestimmen, ob relevante Geschäfte intern und extern sind, aber

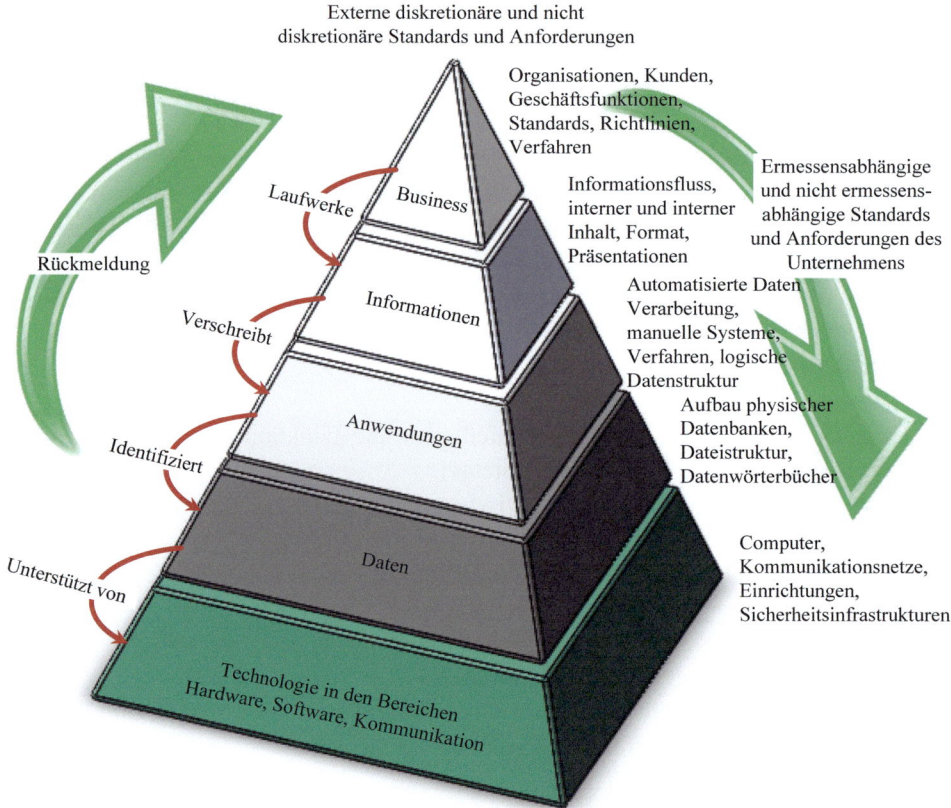

Abb. 5.6 Unternehmensarchitektur von NIST (EA-NIST)

der Einfluss der Geschäftsumgebung auf das Fertigungssystem spiegelt sich in *externen diskretionären und nicht-diskretionären Standards* wider.

Die Systemkomplexität kann durch *Entropie* gemessen werden. Entropie repräsentiert die Menge an Informationen für die Operationen und Interaktionen von Systemelementen. Daher wird die Systementropie durch *die Anzahl* der Systemelemente und die *Arten* und *Änderungen* der Systeminteraktionen im Laufe der Zeit bewertet. Für Systeminteraktionen in Abb. 5.6 werden die Elemente auf *der Informationsschicht* von den Elementen auf *der Geschäftsschicht* gesteuert, und die Elemente auf *der Anwendungsschicht* werden durch die Elemente auf der Informationsschicht vorgeschrieben. Die Elemente auf *der Anwendungsschicht* werden verwendet, um die Elemente auf *der Datenschicht* zu definieren. Schließlich werden die Elemente auf *der Datenschicht* durch die Hardware, Software und Kommunikation auf *der Technologieschicht* unterstützt. Der ausführende Informationsfluss geht von der obersten Schicht zur untersten Schicht, und der Rückkopplungsinformationsfluss geht in entgegengesetzter Richtung von der untersten Schicht zur obersten Schicht.

Bei der Implementierung der Systemarchitektur werden Systemelemente in der Regel modularisiert. Mit anderen Worten, Systemelemente sind trennbar, und die Elemente auf bestimmten Schichten und Bereichen sind anspruchsvoll in der Verwaltung, in der Kontextualisierung und in der unabhängigen Erzeugung von Daten für jeweilige Aufgaben. EA kann von der Modularisierung für seine kontinuierliche Verbesserung (CI) profitieren: EA sollte nicht von den Änderungen betroffen sein, die auf Modulebene an Systemelementen auftreten.

In einem Fertigungssystem können die Unterschiede in den Fertigungsoperationen aus verschiedenen Aspekten untersucht werden. Abb. 5.7 zeigt die Klassifizierung von Fertigungsgeschäften aus den Perspektiven *strukturelle Schicht, Informationsintegration* und *Lebenszyklus* (SAC 2018). Systemelemente können voneinander unterschieden werden, basierend auf den Schichten, in denen sie sich in EA befinden; die Schichten, die der EA-NIST in Abb. 5.6 entsprechen, sind die Schichten von *Ausrüstung, Steuerungen, Werkshalle, Unternehmen* und *Kooperationen. Informationsintegration* unterscheidet Systemelemente basierend auf ihren Rollen im Umgang mit Daten; typische Aktivitäten, die mit Daten zusammenhängen, sind *Sammlung, Verarbeitung, Nutzung, Kommunikation* und *Integration*, und die Fähigkeiten von Systemelementen können durch die Informationsintegration für Selbstwahrnehmung, Selbstlernen, Selbstentscheidung, Selbstdurchführung und Selbstanpassung verbessert werden; daher werden Systemelemente basierend auf dem Umfang der Datenverarbeitung in *Gerät, Verbindung und Zusammenarbeit, Informationsfusion, Unternehmen* und *Unternehmensallianzen* klassifiziert. Systemelemente spielen ihre Rollen in verschiedenen Stadien des Produktlebenszyklus. Daher können sie basierend auf den Stadien, in denen sie ausgeführt werden, als *Design, Herstellung* und *Montagen, Logistik, Verkauf* und *Service* und *Recycling* klassifiziert werden.

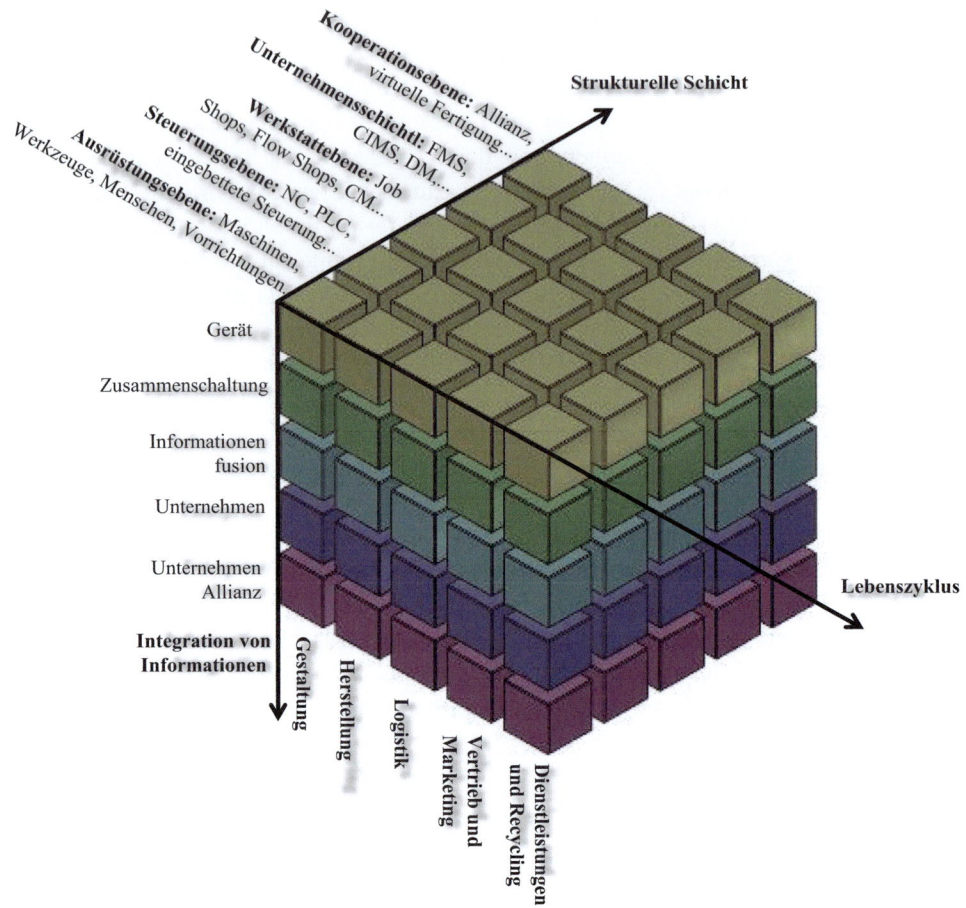

Abb. 5.7 Architektur des Fertigungssystems

5.3 Produktionsanlagen

Produktionsanlagen treten in physischen Kontakt mit Materialien, Teilen, Komponenten und Produkten. Wie in Abb. 5.8 gezeigt, sind typische Produktionsanlagen *Werke, Werkzeugmaschinen, Versorgungseinrichtungen, Vorrichtungen, Formen, Matrizen* und *Werkzeuge, Messwerkzeuge* und *Materialhandhabungsausrüstung* sowie *Systemlayouts*, in denen alle Fertigungsressourcen als System angeordnet sind.

5.3.1 Maschinenwerkzeuge

Abb. 5.9 zeigt zwei wichtige Spezifikationen von Maschinenwerkzeugen: (1) anwendbare Fertigungsprozesse und (2) die Strategien zur Amortisation. Maschinenwerkzeuge

5.3 Produktionsanlagen

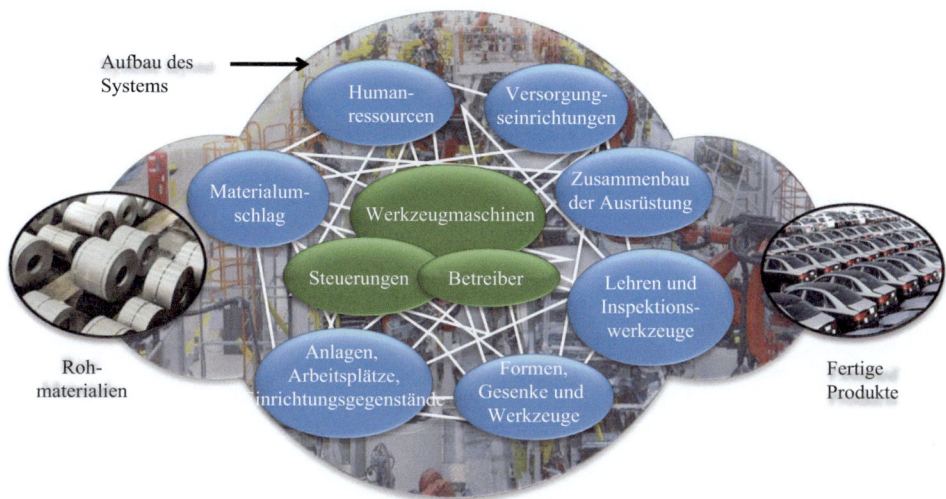

Abb. 5.8 Typische Produktionsanlagen in der Fertigung

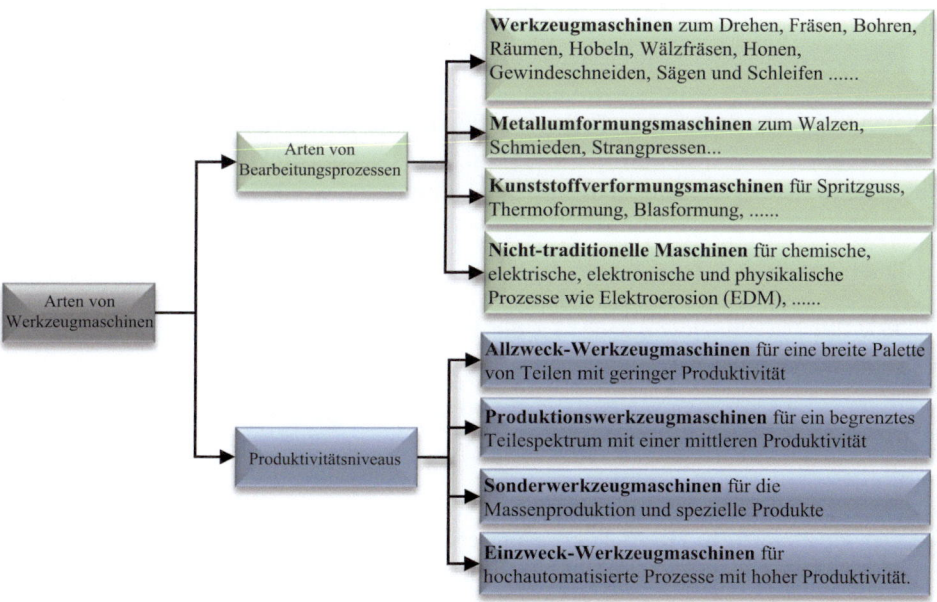

Abb. 5.9 Typische Arten von Maschinenwerkzeugen

sind die Kernanlagen zur Durchführung von Fertigungsprozessen, und Maschinenwerkzeuge können basierend auf den Arten von anwendbaren Fertigungsprozessen wie *Pulvermetallurgie*, *Blechumformung*, *Spritzgießen*, *Zerspanung* und *nicht-konventionelle Zerspanung* klassifiziert werden.

Ein Maschinenwerkzeug erfordert in der Regel erhebliche Investitionskosten, die durch den Verkauf der Produkte, die einen Fertigungsprozess auf dem Maschinenwerkzeug durchlaufen haben, wieder hereingeholt werden sollten. Je mehr Produkte ein Maschinenwerkzeug herstellen kann, desto niedriger sind *die Stückkosten des Produkts*, desto besser ist *die Kapitalrendite* (ROI) des Maschinenwerkzeugs, und desto höher ist der Wert, den das Maschinenwerkzeug zu den Produkten beiträgt.

Nehmen wir an, dass ein Maschinenwerkzeug *Anfangskosten* (IC) hat; es ist darauf ausgelegt, für M Produktvarianten zu dienen und mit den Mengen von N_i ($i = 1, 2... M$) für jede Produktvariante. Darüber hinaus ist der durch das Maschinenwerkzeug hinzugefügte Wert v_i ($i = 1, 2... M$). Die *Gesamtzahl der Produkte* (NP), die von dem Maschinenwerkzeug hergestellt werden, ist eine Summe der Mengen aller Produktvarianten:

$$NP = \sum_{i=1}^{M} N_i \tag{5.1}$$

Dementsprechend sind *der gesamte hinzugefügte Wert* (VP) des Maschinenwerkzeugs für diese Produkte:

$$VP = \sum_{i=1}^{M} N_i \cdot v_i \tag{5.2}$$

Nehmen wir an, dass jedes Teil eine durchschnittliche Bearbeitungszeit auf dem Maschinenwerkzeug benötigt, *die Stückkosten (UC) für ein Produkt*, das sich auf das Maschinenwerkzeug bezieht, können wie folgt geschätzt werden:

$$UC = \frac{IC}{NP} \tag{5.3}$$

Die ROI des Maschinenwerkzeugs ist die Differenz des gesamten hinzugefügten Werts (VP) und der Anfangskosten:

$$ROI = \sum_{i=1}^{M} N_i \cdot v_i - IC \tag{5.4}$$

Die Designvariablen in Gl. (5.4) können verwendet werden, um die Eigenschaften verschiedener Maschinenwerkzeuge zu beschreiben, die in Tab. 5.4 gezeigt werden. Ein Maschinenwerkzeug kann einer der folgenden Typen sein: ein *Universal-, flexibles, Spezial-* oder *Einzweck*-Maschinenwerkzeug.

5.3.2 Werkzeuge für Materialhandhabung

Ein Produkt hat mehrere Merkmale, die auf verschiedenen Werkzeugmaschinen hergestellt werden, und das Produkt wird über die Produktionslinie transportiert, um die

5.3 Produktionsanlagen

Tab. 5.4 Klassifizierung von Maschinenwerkzeugen basierend auf ROC-Modellen

Typen	Sorte (M)	Volumen (N_i)	Zusätzlicher Wert (v_i)	Anfängliche Kosten (IC)
Allzweck-Werkzeugmaschinen mit geringer Produktivität	Hoch	Niedrig	Niedrig	Niedrig
Flexible Werkzeugmaschinen mit begrenzter Produktivität	Mittel	Mittel	Mittel – Hoch	Hoch
Spezialwerkzeugmaschinen mit hoher Produktivität	Niedrig	Hoch	Niedrig – Hoch	Hoch
Einzweck-Werkzeugmaschinen mit einer hohe Produktivität	Eine	Hoch	Niedrig – Hoch	Niedrig - Mittel

Dienstleistungen an Werkzeugmaschinen zu erhalten. *Materialhandhabungs*-Werkzeuge (MH) werden verwendet, um Materialien, Teile oder Werkzeuge in einem Fertigungssystem zu bewegen; *ein Materialhandhabungssystem* besteht aus allen Fertigungsressourcen, die zur Aufbewahrung und zum Transport von Materialien, Teilen, Komponenten und Produkten verwendet werden. Abb. 5.10 zeigt das Schema eines Materialhandhabungssystems, das aus den folgenden fünf Arten von Materialhandhabungswerkzeugen besteht.

(1) *Transportgeräte* werden verwendet, um Objekte in einem Fertigungssystem zu transportieren. Teile sollten zu Arbeitsstationen transportiert werden, um die Dienstleistungen über Werkzeugmaschinen zu erhalten. Wenn eine Werkzeugmaschine nicht sofort verfügbar ist, sollte das Teil vorübergehend gelagert werden, bis die Werkzeugmaschine für den nächsten Fertigungsprozess verfügbar ist. Gängige Transportgeräte sind *Förderbänder, Kräne,* Schienen, *Lastwagen* und *Flurförderzeuge*. Es ist auch

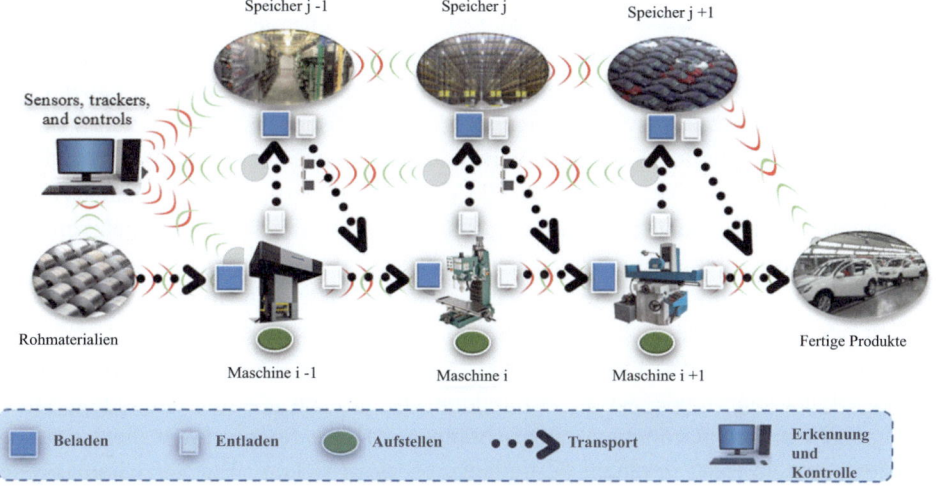

Abb. 5.10 Hauptkomponenten eines Materialhandhabungssystems

sehr üblich, dass menschliche Bediener Materialien manuell handhaben, wie zum Beispiel das Be- und Entladen von Teilen an Arbeitsstationen.

(2) *Positioniergeräte* werden verwendet, um Objekte für Fertigungsoperationen wie Bearbeitung, Inspektion, Montage oder Lagerung zu positionieren. Im Gegensatz zu einem Transportgerät, das die Bewegung an mehreren Standorten bewältigt, positioniert ein Positioniergerät das Teil an einer einzelnen Arbeitsstation.

(3) *Be- und Entladevorrichtungen* werden verwendet, um Teile vor oder nach Fertigungsprozessen an Werkzeugmaschinen zu laden bzw. zu entladen. Einige Werkzeugmaschinen sind mit ausgeklügelten Be- und Entladevorrichtungen ausgestattet; während Bediener oder Industrieroboter verwendet werden, um Teile für andere Werkzeugmaschinen zu laden oder zu entladen.

(4) *Lager* werden verwendet, um Teile vorübergehend in einem Fertigungssystem zu halten oder zu puffern. Zwei gängige Arten von Lager sind *Karusselle* und *Puffer*. In vielen Fällen sind nur Lagerboden und -raum erforderlich, um Teile ohne zusätzliches Lagergerät zu lagern. Lager können in ein Transportsystem als *automatisiertes Lager- und Abrufsystem* (AS/RS) integriert werden.

(5) *Identifikations- und Kontrollsysteme* werden verwendet, um Objekte und Werkzeugmaschinen zu verfolgen und Materialhandhabungssysteme zu überwachen und zu steuern. Bei einigen einfachen Systemen werden Teile lokalisiert und getrackt, und MH-Geräte werden manuell bedient.

5.3.3 Vorrichtungen, Formen, Matrizen und Werkzeuge

Vorrichtungen, Formen, Matrizen und Werkzeuge sind die Art von Produktionsanlagen, die direkten Kontakt mit Teilen in Fertigungsoperationen haben.

Vorrichtungen werden verwendet, um Teile zu positionieren und zu halten, während Fertigungsprozesse durchgeführt werden. Ein Vorrichtungssystem sollte einen reibungslosen und schnellen Übergang für eine Charge von Produkten unterstützen, die Systemeinrichtung vereinfachen und die Konsistenz der Produktqualität aufrechterhalten (Wikipedia 2020b). Vorrichtungssystemdesigns wurden in Abschn. 4.8 ausführlich diskutiert; und Abb. 5.11 zeigt fünf Arten von Vorrichtungselementen: (1) *ein Werkzeug-Grundkörper* wird als Rahmen verwendet, um alle Vorrichtungselemente zusammen als System zu montieren. Ein Grundkörper sollte so gestaltet sein, dass die Verformungen von Teilen und Vorrichtungssystem, die externen Lasten ausgesetzt sind, minimiert werden; (2) *ein Stützelement* unterstützt ein Objekt durch direkte Kontakte. Ein Stützelement kann *verstellbar* oder *fest* sein, je nachdem, ob die Kontakte eingestellt oder fest sein sollten; (3) *ein Positionierer* zielt darauf ab, ein Objekt zu positionieren, wenn ein Fertigungsprozess auf das Objekt angewendet wird; Positionierer und Stützen arbeiten zusammen, um die Bewegungen in alle Richtungen einzuschränken; (4) *ein Spannsystem* dient dazu, ein Objekt an seinem Platz in einem Fertigungsprozess zu sichern. Ein Vorrichtungssystem

5.3 Produktionsanlagen

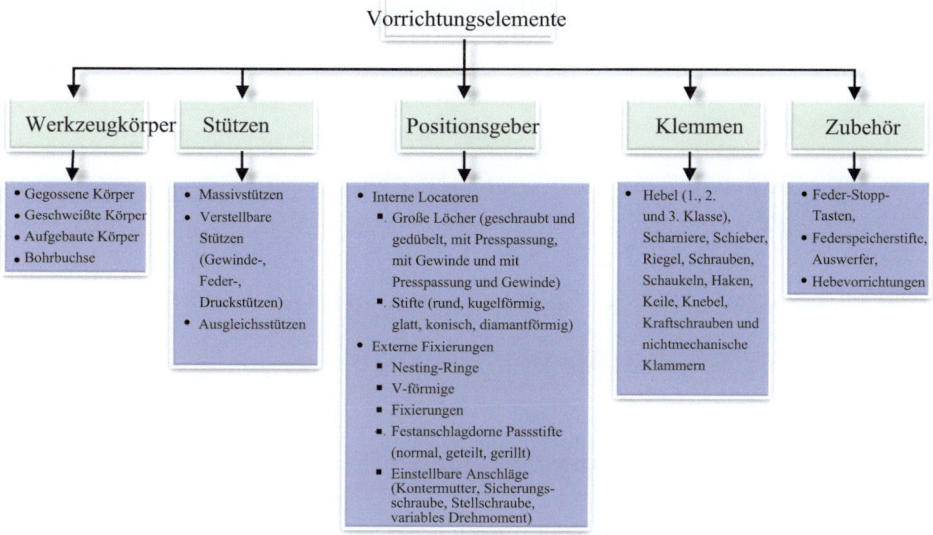

Abb. 5.11 Typische Elemente, die in einem Vorrichtungssystem verwendet werden

kann andere Zubehörteile wie *Hebevorrichtungen*, *Stoppvorrichtungen* und *Auswerfer* benötigen; diese Zubehörteile werden bei der Vorrichtungseinrichtung verwendet.

Neben den Vorrichtungen haben auch *Formen*, *Matrizen* oder *Werkzeuge* direkten Kontakt mit Teilen. Die Geometrie und die relative Bewegung einer Form, Matrize oder eines Werkzeugs bestimmt die Teilegeometrie. Zum Beispiel wird die Geometrie des Gießens durch die geformte Kavität in einer Form bestimmt, die Geometrie des gepressten Metallteils wird durch Stempel und Matrize bestimmt, und die Geometrie eines bearbeiteten Teils wird durch das Profil und den Werkzeugweg des Fräsers bestimmt.

5.3.4 Anlagen für andere Fertigungsoperationen

Je nach Komplexität der Produkte umfasst ein Fertigungssystem andere wertschöpfende oder nicht wertschöpfende Fertigungsprozesse wie Montage, Inspektion, Prototyping und Verpackung. Diese Fertigungsoperationen können auch in den Lösungen für intelligentes Fertigen (IM) mechanisiert oder automatisiert werden. Produkte werden in der Regel aus Teilen und Komponenten montiert. Abb. 5.12 zeigt ein Beispiel für einen montierten Greifer, der aus 30 Teilen mit insgesamt 10 verschiedenen Teilen montiert ist. Montageanlagen werden verwendet, um Teile und Komponenten zusammenzufügen und zu verbinden, um eine neue große Komponente oder ein fertiges Produkt zu erstellen.

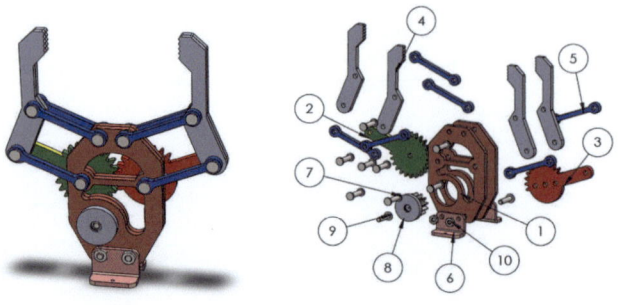

(a). Zusammengebauter Greifer   (b). Explosionszeichnung Montage   (c). Stücklisten (BoM)

Abb. 5.12 Beispiel für montierte Produkte

5.3.5 Layouts von Fertigungssystemen

Ein *Werk* oder eine *Fabrik* ist ein Industriestandort, der für den Betrieb von Fertigungsunternehmen errichtet wurde. Ein Werk oder eine Fabrik besteht aus *Gebäuden, Maschinen, Materialhandhabungswerkzeugen, Kapital* und *anderen Ressourcen*, die zur Herstellung von Produkten benötigt werden. *Das Layout* eines Werks oder einer Fabrik bezieht sich auf die Organisation von Fertigungsressourcen und die Anordnung von Produktionsmethoden (Kiran 2019).

Ein Layout ist so konzipiert, dass es die Nutzung von Maschinen maximiert und nicht wertschöpfende Aktivitäten minimiert, um die Gesamtkosten des Systembetriebs zu senken. Das Layoutdesign eines Fertigungssystems muss die Komplexität von Produkten und Fertigungsprozessen berücksichtigen. Wie in Abb. 5.13 dargestellt, kann das Layout eines Fertigungssystems entweder *starr* oder *flexibel* sein. Die Systemelemente in einem starren Layout sind nicht rekonfigurierbar; während die Systemelemente in einem

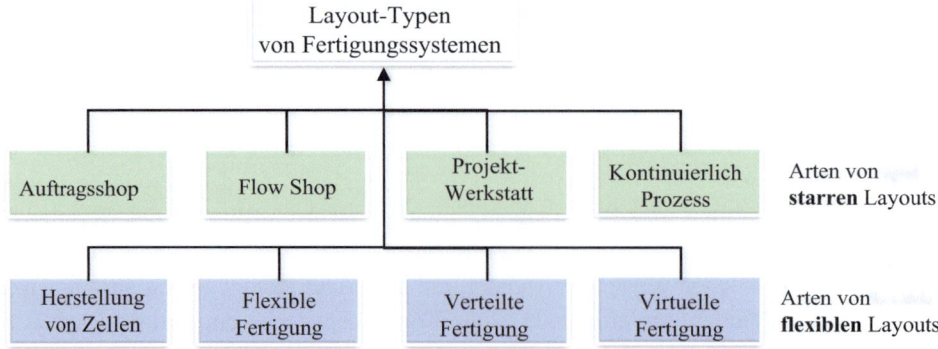

Abb. 5.13 Layouttypen von Fertigungssystemen

flexiblen Layout in der Produktion *konfigurierbar* sind. Starre Layouts umfassen *Job-Shops*, *Flow-Shops*, *Projekt-Shops* und *kontinuierliche Prozesse*. *Flexible* Layouts umfassen *flexible Fertigungssysteme* (FMSs), *zelluläre Fertigungssysteme* (CM), *verteilte Fertigungssysteme* (DMS) und *Virtuelle Fertigungssysteme* (VMS).

5.4 Zelluläre Fertigung

Zelluläre Fertigung (CM) hat ein flexibles Systemlayout und ist eine hybride Lösung aus Job-Shops und Flow-Line. Daher hat CM die Vorteile (1) eines Job-Shops für die Flexibilität der Herstellung einer breiten Palette von Produkten und (2) einer *Flow-Line* für die hohe Produktivität der Herstellung von Produkten in einem Produktionsfluss. *Ein zelluläres Fertigungssystem* (CMS) besteht aus einer Anzahl von Arbeitszellen, die logisch auf der Grundlage der Sequenzen von Fertigungsprozessen verknüpft sind. Abb. 5.14 zeigt ein Beispiel für ein CMS. In jeder Arbeitszelle sind Werkzeugmaschinen in einem Produktionsfluss angeordnet; jedoch können die Systemelemente in einer Arbeitszelle für die Herstellung unterschiedlicher Produkte rekonfiguriert, geändert oder umgerüstet werden, solange die Produkte zur gleichen Produktfamilie gehören. Fertigungsoperationen wie Be- und Entladen, Werkzeugwechsel und Transporte können vollautomatisch oder manuell unterstützt werden. Tab. 5.5 erklärt die Vor- und Nachteile von CMS.

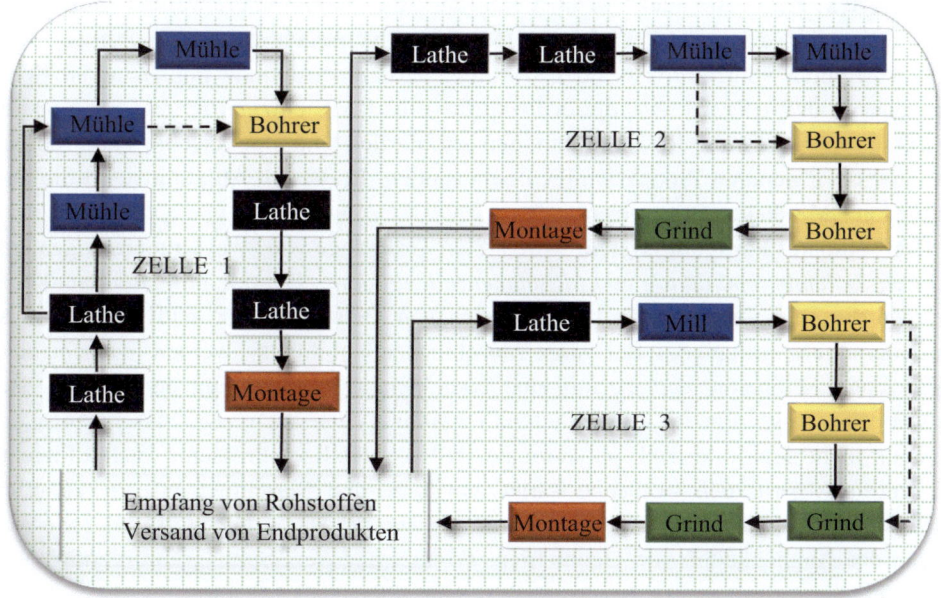

Abb. 5.14 Layout der zellulären Fertigung

Tab. 5.5 Eigenschaften der zellulären Fertigung (Weber 2004)

Vorteile	Benachteiligungen
• Die Zellen sind so konzipiert, dass sie Produkte für eine Familie herstellen; dies verkürzt die Rüstzeit, da die Maschinen und Werkzeuge innerhalb der Zellen nicht gewechselt werden müssen, um ähnliche Teile zu bearbeiten. • Durch kürzere Rüstzeiten kann der Umfang der laufenden Arbeiten verringert werden. • Jedes Teil wird in einer einzigen Zelle bearbeitet, was die Transportwege und -zeiten der Teile reduziert. Es wird kein Aufwand für die Lagerung, den Schutz und die Kontrolle von Materialien verschwendet. • Für eine hohe Maschinenauslastung kann eine einzelne Maschine zur Herstellung eines oder mehrerer Produkte in jeder Zelle verwendet werden. • Die Durchlaufzeit kann durch die Reduzierung der Rüstzeit, der Ware in Arbeit und die Erhöhung der Maschinenauslastung genutzt werden. • Die Produktionsprozesse werden vereinfacht, und Anreize und vereinfachte Prozesse steigern die Arbeitsmoral.	• Dies verringert die Flexibilität der Fertigung, • Es ist eine Herausforderung, die Zellen ins Gleichgewicht zu bringen. • Ein hoher Anteil an Kleinserienproduktion kann Zellen unpraktisch machen • Job-Rotation ist im CM üblich, kann aber aufgrund von Veränderungen zu Problemen führen • Für die Bediener ist es schwierig, die Zellen anzupassen, und es wird einen gewissen Widerstand seitens der Bediener geben, da es keine Ruhezeit gibt, wenn Teile hergestellt werden. • Der Schulungsbedarf wird leicht unterschätzt
Beispiele: U-förmige, umgekehrte U-förmige oder geradlinige Zellen zur Herstellung von Einzelteilen	

5.4.1 Design des zellulären Fertigungssystems

Die Systemlayouts in Abb. 5.13 wurden in zwei Gruppen eingeteilt. Ein starres Layout wie ein Job-Shop, Flow-Shop, Projekt-Shop oder ein kontinuierlicher Prozess beinhaltet keine Rekonfiguration, während die Systemelemente in einem flexiblen Layout wie einem CMS, FMS, DM und VM im Laufe der Zeit rekonfiguriert werden sollten. Die Rekonfiguration eines FMS, DM oder VM erfolgt hauptsächlich auf der Softwareseite und wird durch Steuersoftware oder Workflow-Zusammenstellung implementiert (Viriyasitavat et al. 2019a, b). Aus dieser Perspektive ist CMS einzigartig, da sowohl Hardware- als auch Software-Rekonfigurationen erforderlich sind, um verschiedene Produkte in einer oder wenigen Produktfamilien herzustellen. In diesem Abschnitt wird die Bildung von CMS diskutiert.

Ein zelluläres Fertigungssystem wird auf der Grundlage von zwei Gruppierungen entworfen: *Teilefamilienbildung* und *Maschinenzellenbildung*. Bei der Teilefamilienbildung werden die Teile aufgrund der Ähnlichkeiten von Teilegeometrien und Verarbeitungsanforderungen gruppiert. Bei der Maschinenzellenbildung werden verschiedene Werkzeugmaschinen gruppiert, um eine oder wenige Teilefamilien herzustellen. Beachten Sie, dass sowohl die Teilefamilienbildung als auch die Maschinenzellenbildung nicht deterministisch polynomiale (NP-vollständige) Probleme sind. Effiziente Clustering-Algorithmen werden erwartet, um Teile und Maschinen effektiv zu gruppieren. Im folgenden Abschnitt wird *Group Technology* (GT) diskutiert, um Teile aufgrund der Ähnlichkeiten von Geometrien, Formen und Verarbeitungsanforderungen zu gruppieren.

5.4.2 Group Technology (GT)

Ein Systemlayout zielt darauf ab, die Gesamtleistung des Fertigungssystems zu optimieren. CMS soll Produkte in Massenanpassung herstellen; daher sind die wichtigsten Aufgaben bei der Gestaltung eines CMS die Identifizierung der Ähnlichkeiten von Teilen und Maschinen, die Gruppierung von Teilen als Teilefamilien und die Gruppierung von Maschinen in Arbeitszellen, um die Nutzung von Fertigungsressourcen zu verbessern. Hier werden die Ähnlichkeiten von Produkten diskutiert und die *Group Technology* (GT) wird eingeführt, um die Ähnlichkeiten von Produkten zu identifizieren.

GT wird verwendet, um Produkte und Fertigungsprozesse zu analysieren und ihre Ähnlichkeiten zu identifizieren, um Produktfamilien zu definieren. Das Ergebnis von GT ist eine Reihe von Arbeitszellen, die sich der Herstellung von Produktfamilien widmen. GT ist die ideale Wahl, um Produkte mit mittlerer Varianten- und Stückzahl herzustellen, die traditionell in Chargen hergestellt wurden. Im Gegensatz zu traditionellen Chargenproduktionen kann GT Ausfallzeiten und Umrüstungen von Maschinen reduzieren. Darüber hinaus kann, wenn die Arbeitszelle aus GT eine langfristige Lösung für eine Produktfamilie wird, eine solche Lösung als *flexibles Fertigungssystem* bezeichnet werden.

Tab. 5.6 zeigt, dass die Ähnlichkeiten von Produkten in allen Aspekten, die die Auswahl und den Betrieb sowie die Organisation von Werkzeugmaschinen beeinflussen, untersucht werden sollten. Insbesondere sollten die Ähnlichkeiten von Design- und Fertigungsmerkmalen berücksichtigt werden.

Je nach Komplexität der Produktvarianten kann GT manuell oder automatisch implementiert werden. Drei praktische Techniken zur Definition von Produktfamilien sind *visuelle Inspektion*, *Produktklassifikation* und *Produktionsflussanalyse*.

Tab. 5.6 Design- und Fertigungsmerkmale für Ähnlichkeiten

Design-Attribute	Fertigungsattribute
- Große Dimensionen - Verhältnis Länge/Durchmesser - Äußere Grundform - Innere Grundform - Art des Materials - Teil-Funktion - Toleranzen - Oberflächengüte	- Wichtiger Prozess - Ablauf der Operation - Größe der Charge - Jährliche Produktion - Werkzeugmaschinen - Schneidewerkzeuge - Art des Materials

5.4.2.1 Visuelle Inspektion

Die visuelle Inspektion wird manuell durchgeführt. Die Materialien, Merkmale, Geometrien der Produkte werden visuell inspiziert, um die Ähnlichkeiten zu identifizieren und die Produkte mit den größten Ähnlichkeiten in Produktfamilien zu gruppieren. Eine *Produktfamilie* ist eine Gruppe von Produkten, die Ähnlichkeiten in Materialien, Merkmalen, Geometrien, Größen und Fertigungsprozessen aufweisen.

Beachten Sie, dass die Ähnlichkeiten von Produktvarianten umfassend bewertet werden müssen. Eine Ähnlichkeit in bestimmten Aspekten garantiert keine sinnvollen Produktfamilien. Zum Beispiel macht es keinen Sinn, Produkte mit der gleichen Geometrie, aber aus unterschiedlichen Materialien als Produktfamilie zu gruppieren, da die Maschinen zur Verarbeitung unterschiedlicher Materialien unterschiedlich sind. In einer Produktfamilie müssen die Ähnlichkeiten der Produkte bedeutend genug sein, um eine Gruppe von Maschinen zu identifizieren, die für alle Produkte anwendbar sind. Darüber hinaus machen auch Produktmengen einen Unterschied in GT; zum Beispiel ist es unwahrscheinlich, eine wirtschaftliche Lösung für die Maschinen zu finden, die in der Lage sind, die Produkte mit (1) einem Volumen von 1.000.000 Einheiten jährlich für eine Toleranz von ±0,010 Zoll und (2) einem Volumen von 100 Einheiten jährlich für eine Toleranz von ±0,001 Zoll in einer Produktfamilie herzustellen.

Um die visuelle Inspektion durchzuführen, sollten Ingenieure die Merkmale der zu bearbeitenden Produkte analysieren und verstehen, wie diese Merkmale auf welchen Arten von Maschinen hergestellt werden können; dann wird eines oder einige der Hauptkriterien verwendet, um die Ähnlichkeiten der Produkte zu identifizieren. Wie in Abb. 5.15 gezeigt, werden die Arten der bearbeiteten Merkmale priorisiert, um die ungeordneten Produkte in Abb. 5.15a in drei Produktfamilien aus Fräsen, Drehen und Formen in Abb. 5.15b zu gruppieren.

Die bearbeiteten Merkmale sind normalerweise die wichtigen Maßnahmen bei der Definition von Produktfamilien; jedoch sind die Ähnlichkeiten auch kritisch, wenn die gleiche Gruppe von Maschinen verwendet werden kann, um Produkte herzustellen, auch

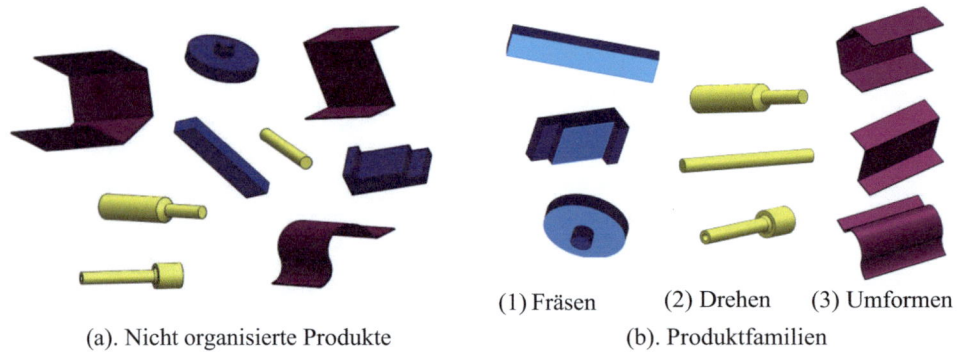

(a). Nicht organisierte Produkte   (1) Fräsen   (2) Drehen   (3) Umformen
(b). Produktfamilien

Abb. 5.15 Beispiel für GT basierend auf Arten von Bearbeitungsprozessen

5.4 Zellulare Fertigung

Abb. 5.16 Produktfamilien mit den Ähnlichkeiten in Geometrien und Bearbeitungsprozessen

(a). Eine Gruppe von Produkten mit ähnlicher Geometrie

(b). Eine Gruppe von unähnlichen Produkten aus Mahlvorgängen

wenn ihre Geometrien recht unterschiedlich sind. Abb. 5.16a, b zeigen zwei Beispiele für Produktfamilien, die die Ähnlichkeiten in Geometrien und Bearbeitungsprozessen aufweisen.

5.4.2.2 Produktklassifikation

Bei der Produktklassifikation wird das Codierungsschema definiert, um den Produkten Codes zuzuweisen, und die Produkte werden analysiert, um die Ähnlichkeiten auf Basis der Codes zu bestimmen. Codes können den Produkten manuell oder automatisch zugewiesen werden; jedoch sollte ein Clustering-Prozess zur Identifizierung von Produktfamilien auf Basis der Codes durch Computerprogramme durchgeführt werden. Eine kritische Aufgabe bei der Codierung von Produkten besteht darin zu bestimmen, welche Merkmale an den Produkten codiert werden und wie dies geschieht, da es keine universelle Regel für eine breite Palette von Produkten gibt. Die gängige Praxis besteht darin, Produkte auf Basis ihrer Geometrien in *drehbare* und *nicht drehbare* Produkte zu klassifizieren. Darüber hinaus werden Industrieprodukte untersucht, um die Parameter und Merkmale der Produkte auf Basis ihrer Einflüsse auf Fertigungsprozesse zu bewerten. Abb. 5.17 zeigt ein Beispiel für das Codierungsschema für Blechprodukte, bei denen Hauptformen, Materialien und Materialspezifikationen hoch eingestuft sind (Zeng 2009).

Im Allgemeinen muss ein Codierungsschema (1) flexibel genug sein, um bestehende und potenzielle zukünftige Produkte darzustellen und zu klassifizieren, (2) spezifisch genug sein, um die erforderlichen Maschinentypen zu identifizieren, und (3) in der Lage sein, Produkte anhand kritischer Fertigungsmerkmale einschließlich Materialien, Toleranzen und Verarbeitungsarten zu unterscheiden.

Wenn ein Codierungsschema nur in einzelnen Unternehmen verwendet wird, sollten die Fertigungsmerkmale, die mit anderen wichtigen Kriterien zusammenhängen, berücksichtigt werden; zum Beispiel (1) Arten und Kapazitäten von Fertigungsprozessen, (2) Arten und Anzahl von Werkzeugwechseln, (3) Arten und Anzahl von Maschineneinrichtungen und (4) Ausbalancierung der Auslastungsraten von Maschinen in einer Produktionslinie. In Fertigungsunternehmen führt GT nicht in der Regel zu einer dauerhaften Lösung; da nicht alle neuen Produkte mit einem bestehenden

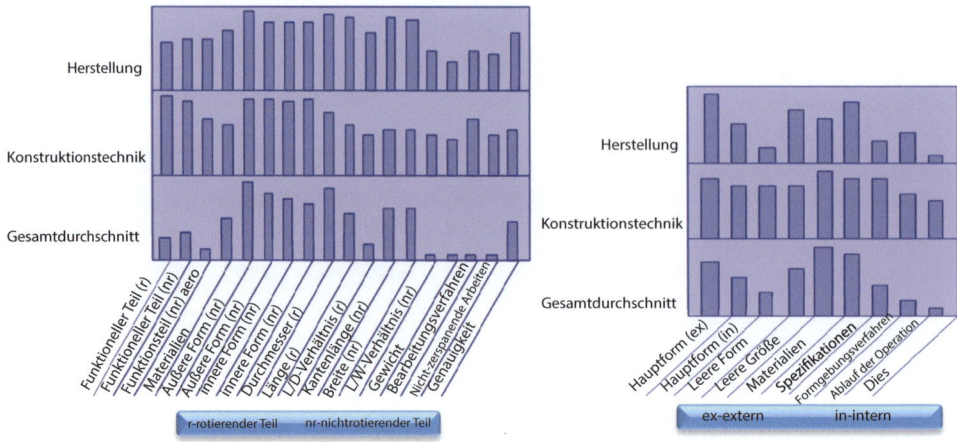

Abb. 5.17 Ein Codierungsschema für Blechprodukte

Codierungsschema angemessen klassifiziert werden können. Daher sollte das Codierungssystem kontinuierlich verbessert werden, um alte Produkte zu eliminieren und neue Produkte in Arbeitszellen zuzulassen.

Ein umständlicher Code kann mehr Ressourcen für die Datenerfassung und Berechnung erfordern; daher sollte ein Codierungsschema so prägnant wie möglich sein, solange die Hauptdesign- und Fertigungsmerkmale der Produkte dargestellt sind. Abb. 5.18 zeigt *hierarchische*, *kettenartige* oder *hybride* Codierungsschemata. Ein hierarchisches Schema verwendet *Monocode*, ein kettenartiges Schema verwendet *Polycode*, und ein hybrides Schema verwendet sowohl Monocode als auch Polycode.

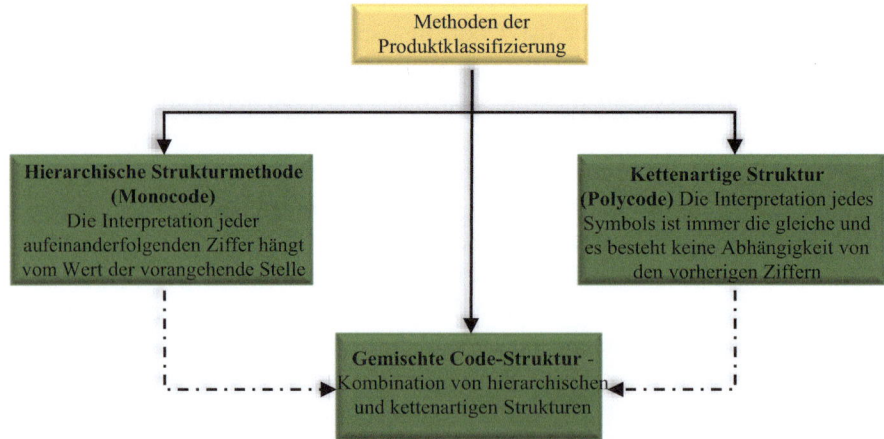

Abb. 5.18 Arten von Codierungsschemata (Askin und Standridge 1993)

5.4.2.3 Monocodes

Monocode steht für ein hierarchisches Codierungsschema, und Abb. 5.19 zeigt ein Monocode-Beispiel, das vier Ziffern verwendet, um die Hauptmerkmale von Produkten in einer baumähnlichen hierarchischen Struktur darzustellen. Jede Ziffer repräsentiert ein Hauptmerkmal; zum Beispiel beschreibt die dritte Ziffer die Art des Antriebsmechanismus; es kann sich um ein mechanisches, hydraulisches oder elektrisches System handeln. Die vierte Ziffer repräsentiert die Hauptform im ersten Zweig und die Funktionen des Antriebsmechanismus im dritten Zweig.

In einem hierarchischen Codierungsschema erweitert die nächste Ziffer die Informationen der vorherigen Ziffern. Daher ist ein Monocode in der Lage, eine Gesamtzahl von $(n_1 \times n_2 \times \ldots \times n_n)$ Produktvarianten zu unterscheiden; beachten Sie, dass n_i die Anzahl der Auswahlmöglichkeiten an der i-ten Stelle ($i = 1, 2, \ldots n$) und n die Anzahl der Ziffern in einem Monocode ist. Monocode ist effektiv, um Produkte hinsichtlich Geometrien, Materialien und Größen zu unterscheiden. Allerdings zeigt Monocode seine Grenzen bei der Darstellung von Informationen, die für Fertigungsprozesse relevant sind.

Abb. 5.20 zeigt ein Codierungsschema, bei dem Monocode zur Klassifizierung von Blechprodukten verwendet wird. Die ersten drei Ziffern sind für die Informationen über Rohstoffe; die nächsten vier Ziffern sind für die Merkmale von bearbeiteten Merkmalen, und die letzte Ziffer ist für die spezielle Anforderung.

Beispiel 5.1 Ein Codierungsschema ist definiert, wie in Abb. 5.21a gezeigt. Bestimmen Sie den Monocode für die Produktvariante, die in Abb. 5.21b gezeigt wird.

Lösung. Das Codierungsschema in Abb. 5.21a hat eine baumähnliche Struktur mit vier Ebenen. Die Ziffer der ersten Ebene steht für eine allgemeine geometrische Form, nämlich „0" für *zylindrisch* und „1" für *blockförmig*. Die Ziffern auf der zweiten und dritten Ebene stehen für die Proportionen der Hauptdimensionen. Die Ziffer auf der vierten Ebene steht für die Toleranzanforderungen. Durch die Analyse der Merkmale des

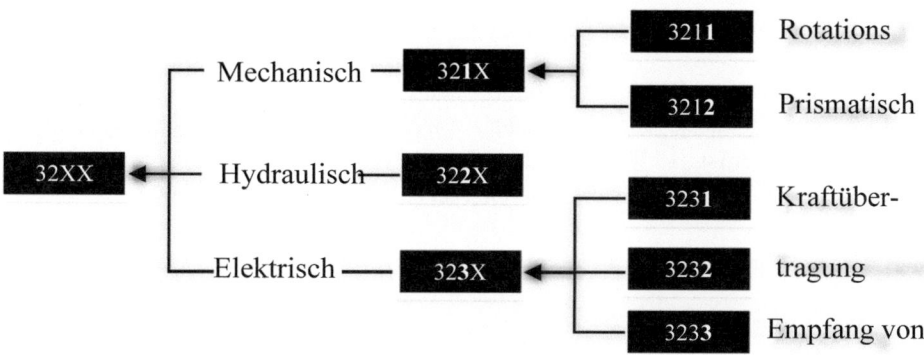

Abb. 5.19 Monocode für hierarchische Codierungsstruktur

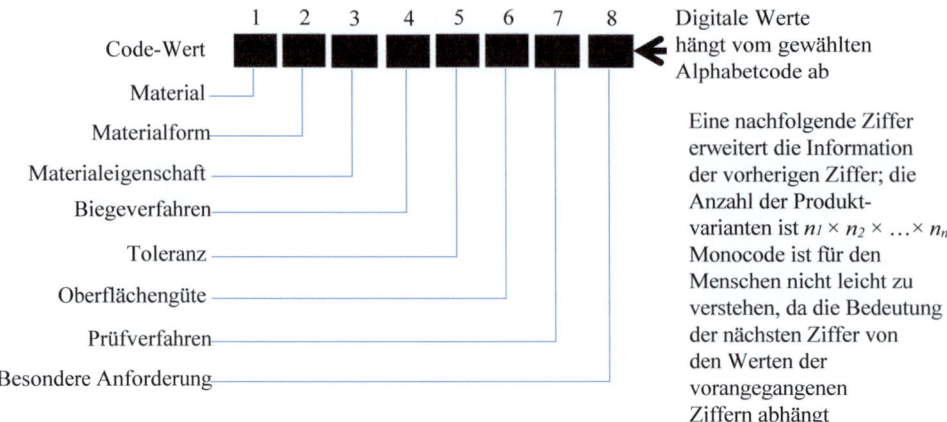

Abb. 5.20 Monocode-Schema für Blechprodukte

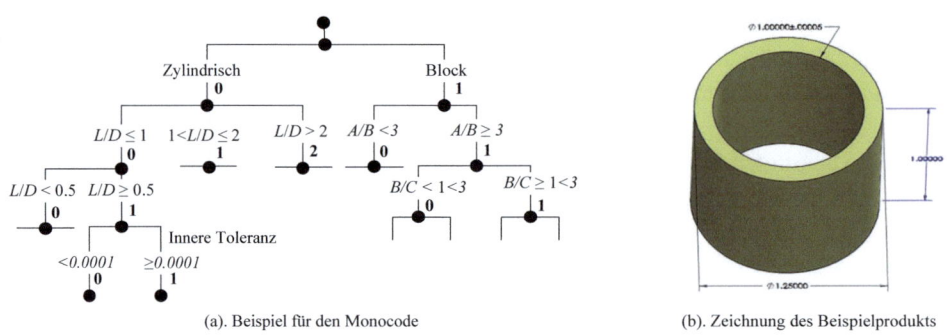

Abb. 5.21 Beispiel für die Verwendung von Monocode zur Unterscheidung von Produkten

Produkts in Abb. 5.21b können die Ziffern auf vier Ebenen des Codierungsschemas bestimmt werden, wie folgt:

(1) Die erste Ziffer ist „0" für den zylindrischen Körper.
(2) Die zweite Ziffer ist „0" für das Verhältnis von $L/D = 1/1{,}25 = 0{,}8$, was kleiner als 1,0 ist.
(3) Die dritte Ziffer ist „1" für das Verhältnis von $L/D = 0{,}8$, da 0,8 größer als 0,5 ist.
(4) Die vierte Ziffer ist „0" für die Toleranz, da 0,00005 kleiner als 0,0001.

Daher wird der Monocode für das Produkt in Abb. 5.21b zu „0010".

5.4.2.4 Polycodes

Ein Polycode ist ein Kettentyp-Codeschema, und ein Wert an der spezifischen Stelle des Codes hat die gleiche Bedeutung für alle Produktvarianten, unabhängig von den Werten

5.4 Zellulare Fertigung

an anderen Stellen. Ein Polycode ist einfach zu verwenden, aber nicht sehr effizient, da der Polycode die Stellen haben muss, um alle möglichen Merkmale darzustellen, während ein Produkt nur einen Teil dieser Merkmale hat; einige Stellen in einem Polycode können für ein Produkte unnötig sein. Tab. 5.7 zeigt ein Beispiel für ein Polycode-Schema. Ein Wert an der gegebenen Stelle hat die gleiche Bedeutung für jede Produktvariante; daher sind die Bedeutungen eines Polycodes leicht verständlich. Wenn jedoch eine Produktfamilie eine große Anzahl von Merkmalen beinhaltet, wird der Polycode sehr lang und unhandlich.

Abb. 5.22 zeigt ein Beispiel für das Schreiben eines Polycode-Schemas mit drei Ebenen in einen eindimensionalen (1D) Polycode. Da die Stelle an einer bestimmten Stelle im Codeschema klar erklärt wurde, ist ein Polycode leicht verständlich, wenn das entsprechende Codeschema wie Tab. 5.7 verfügbar ist.

Beispiel 5.2 Tab. 5.8 zeigt das Codeschema der Nissan-PKW-Familie. Schreiben Sie den Polycode für das Auto, das in Abb. 5.23 gezeigt wird (Kirby 2019).

Lösung. Das Codeschema in Tab. 5.8 enthält sechs Stellen, die verwendet werden, um Typ, Paket, Farbe, Innenausstattung, Radio und Reifengröße darzustellen. Basierend auf der Beschreibung des Automodells in Abb. 5.23 sind die diesem Automodell zugewiesenen Stellen „1 1 3 4 1 1".

Verschiedene Codeschemata können für die gleichen Produktfamilien verwendet werden. Die Kapazitäten zur Darstellung von Produktvarianten können jedoch sehr

Tab. 5.7 Beispiel für ein Polycode-Schema

Ziffer	Attribut	Digitaler Wert			
		1	2	3	4
1	Äußere Form	Cylindrical ohne Abweichungen	Zylindrisch mit Abweichungen	kastenförmig	...
2	Internationale Form	Keine	Mittelloch	Brind center Loch	...
3	Anzahl der Löcher	0	1~2	3~5	...
4	Art der Löcher	Axial	Kreuz	Axiales Kreuz	...
5	Verzahnung	Wonn	Innenstirnrad	Außenstirnrad	...
⋮	⋮	⋮	⋮	⋮	⋮

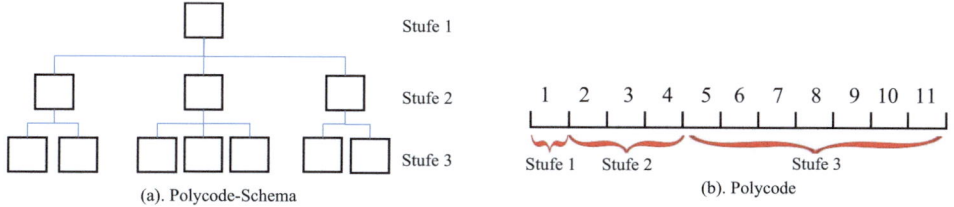

Abb. 5.22 Ein Polycode-Schema und entsprechende digitale Darstellung

Tab. 5.8 Codeschema der Nissan-PKW

Größe	Paket	Farbe	Innenbereich	Radio	Reifengröße
(Stelle 1)	(Stelle 2)	(Stelle 3)	(Stelle 4)	(Stelle 5)	(Stelle 6)
1 für "Maxima"	1 für "GXE"	1 für "Weiß"	1 für "Weiß"	1 für "AM/FM"	1 für 15"
2 für "Altima"	2 für "XE"	2 für "Schwarz"	2 für "Gray"	2 für "CD"	2 für "17"
3 für "Sentra"	3 für "SE"	3 für "Gold"	3 für "Braun"	3 für "CD Wechsler"	
	4 für "GLE"	4 für "Blau"	4 für "Leder"	4 für "Premium"	
		5 für "Rot"			
		4 für "Dunkelgrau"			

Attribut		
Ziffer		Beschreibung
1	Typ des Fahrzeugs	für "Maxima"
2	Auto-Paket	1 für "GXE"
3	Farbe des Autos	3 für "Gold"
4	Interieur	4 für "Leather"
5	Radio	1 für "AM/FM"
6	Größe des Reifens	1 für "15 inch"

(a). Car model (b). Code for car model (a)

Abb. 5.23 Polycode für ein Automodell

unterschiedlich sein. Um die Unterschiede zwischen Monocode und Polycode zu vergleichen, wird angenommen, dass beide Codeschemata sechs Stellen ($i=6$) enthalten und jede Stelle einen Satz von möglichen Werten von 0 bis 9 hat. Die Kapazität eines Monocodes ergibt sich als $\sum_{i=1}^{6} 10^i = 1.111.110$; während die Kapazität eines Polycodes als die Anzahl der Produktvarianten in einem Polycode gefunden wird, ist $10 \times (i) = 60$.

5.4.2.5 Hybrid-Codes

Ein Hybrid-Code ist für ein Hybrid-Codierungsschema, bei dem sowohl Monocode als auch Polycode ihre Vorteile voll ausschöpfen. Abb. 5.24 zeigt ein Beispiel für ein Hybrid-Codierungsschema, das hierarchische und Kettenstrukturen integriert. Die Struktur eines Hybrid-Codes kann angepasst werden, um die Merkmale von Produkten und Fertigungsprozessen effizient darzustellen. Die Mehrheit der Produktfamilien wird durch Hybrid-Codes repräsentiert. Beliebte Hybrid-Codierungsschemata sind Opitz, Brisch System, CODE, CUTPLAN, DCLASS, MultiClass und das Part Analog System (Khan 2013). Im nächsten Abschnitt wird Opitz als Beispiel für Hybrid-Codierungsschemata vorgestellt.

Opitz-Codierungsschema

Opitz wurde an der Technischen Universität Aachen in Deutschland entwickelt (Haworth 1968). Es wurde weit verbreitet als Hybrid-Codierungsschema zur Darstellung von geformten und bearbeiteten Produktfamilien verwendet. Opitz enthält die Ziffern für die

5.4 Zellulare Fertigung

Abb. 5.24 Beispiel für Hybrid-Code für Produktfamilien

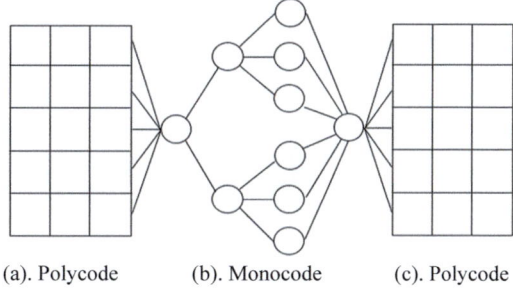

(a). Polycode   (b). Monocode   (c). Polycode

Informationen von Produkten und Fertigungsprozessen. Wie in Tab. 5.9 gezeigt, umfasst das Opitz-Codierungsschema drei Gruppen von Ziffern, und die Bedeutungen dieser Ziffern werden in Tab. 5.10 im Detail erklärt.

Das Codierungsschema von Opitz wird in Tab. 5.11 gezeigt, wo der Formcode ein Monocode (Ziffern 1–5) und der Ergänzungscode ein Polycode (Ziffern 6–9) ist, und Tab. 5.12 zeigt die Regeln zur Zuweisung von Werten bei diesen Ziffern basierend auf den gegebenen Produkteigenschaften.

Beispiel 5.3 Bestimmen Sie den fünfstelligen Opitz-Code für das in Abb. 5.25 gezeigte Teil.

Tab. 5.9 Opitz-Codierungsschema mit drei Gruppen von Ziffern

Ziffern in der Opitz-Klassifikation													
1	2	3	4	5	6	7	8	9	A	B	C	D
		Formularcode				Ergänzungscode				Sekundärcode		

Tab. 5.10 Die Bedeutungen der Ziffern in einem Opitz-Codierungsschema

Ziffer	Beschreibung
1	rotierende oder nicht-rotierende Formen; rotierende Formen werden weiter nach dem Verhältnis von Länge zu Durchmesser und nicht-rotierende Formen nach Länge, Breite und Dicke eingeteilt.
2	Merkmale auf äußeren Formen.
3	innen bearbeitete Merkmale wie Löcher, Gewinde und andere Drehmerkmale.
4	bearbeitete Oberflächen wie Flächen und Schlitze
5	besondere Merkmale wie Hilfsbohrungen, Verzahnungen und andere
6	Gesamtabmessungen der Produkte
7	Arbeitsmaterialien wie Stähle, Aluminium und Eisen
8	ursprüngliche Formen der Ausgangsrohstoffe
9	Toleranzen der Herstellungsverfahren.

Tab. 5.11 Opitz-Codierungsschema

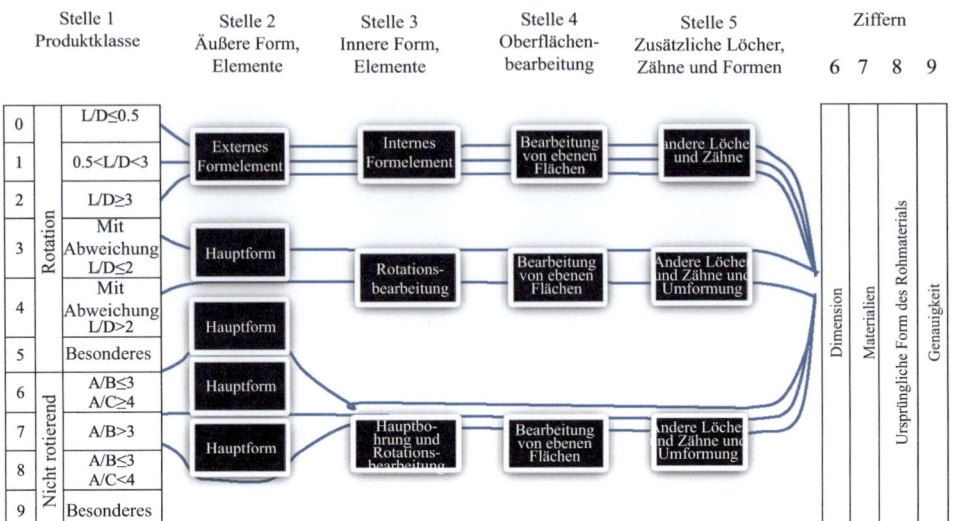

Lösung. Die Merkmale und Abmessungen des Teils in Abb. 5.25 werden verwendet, um die Werte der Ziffern im Opitz-Codierungsschema wie folgt zuzuweisen.

(1) Die Gesamtlänge (L) und der Durchmesser (D) des Teils betragen 1,50 bzw. 2,50; daher ist $L/D = 1{,}0$ und die erste Ziffer wird zu „1".
(2) Das Teil ist drehbar und hat Stufen an beiden Enden, aber mit einem Gewinde; daher ist die zweite Ziffer „5".
(3) Das Teil hat eine innere Form mit einem Durchgangsloch; daher ist die dritte Ziffer „1".
(4) Das Teil hat keine bearbeitete Oberfläche, daher ist die vierte Ziffer „0".
(5) Das Teil hat keine anderen Löcher oder Zahnräder, die fünfte Ziffer ist „0".

Daher wird der fünfstellige Opitz-Code des Teils in Abb. 5.25 zu „15100".

Neben den ersten neun Ziffern als Formcode und Ergänzungscode verwendet ein vollständiges Opitz-Codierungsschema vier zusätzliche Ziffern, um andere Fertigungsmerkmale darzustellen. Jede Ziffer hat die Optionen von 10 verschiedenen Werten. Daher hat das Opitz-Codierungsschema die Kapazität, eine große Anzahl von Produktfamilien für einen weiten Anwendungsbereich darzustellen.

5.4.3 Produktionsflussanalyse

GT konzentriert sich auf die Klassifizierung von Produkten; es wäre allerdings besser, Produkte und Produktionen gleichzeitig zu betrachten, um die Ähnlichkeiten von

5.4 Zellulare Fertigung

Tab. 5.12 Die Regel zur Erzeugung eines Opitz-Codes

	1st Stelle Produktklasse			2nd Stelle Äußere Form und Elemente			3rd Stelle Innere Form und Elemente		4th Stelle Oberflächenbearbeitung		5th Stelle Hilfsbohrungen und Verzahnungen
0		$L/D \leq 0.5$	0		Glatt, keine Formelemente	0		Kein Loch kein Durchbruch	0	Keine Oberflächenbearbeitung	0	Kein Hilfsloch
1		$0.5 < L/D < 3$	1		Keine Formelemente	1		Keine Formelemente	1	Oberfläche eben/gekrümmt	1	Axial, nicht am Teilkreisdurchmesser
2	Rotation	$L/D \geq 3$	2	Ende abgeschnitten ein or smooth	Thema	2	Smooth or Stepped on one end	Thema	2	Äußere ebene Fläche, kreisförmige Teilung	2	Axial auf Teilkreisdurchmesser
3		Mit Abweichung $L/D \leq 2$	3		Rille	3		Rille	3	Äußere Nut und/oder Schlitz	3	Radial, nicht auf Teilkreisdurchmesser
4		Mit Abweichung $L/D > 2$	4	Stepped both ends	Keine Formelemente	4	Glatt oder abgestuft an einem Ende	Keine Formelemente	4	Externer Spline (Polygon)	4	Radial, auf Teilkreisdurchmesser
5		Besonderes	5		Thema	5		Thema	5	Äußere ebene Fläche/Schlitzverzahnung	5	Axial und / radial und / andere Richtung
6		$A/B \leq 3$ $A/C \geq 4$	6		Rille	6		Rille	6	Innere ebene Fläche oder Schlitz	6	Stirnradverzahnung
7	Nichtrotationa	$A/C \geq 4$	7		Funktionskegel	7		Funktionskegel	7	Interner Spline (Polygon)	7	Kegelradverzahnung
8		$A/B \leq 3$ $A/C < 4$	8		Betriebsgeschwindigkeit	8		Betriebsgeschwindigkeit	8	Internes oder Schlitz/ externes Polygon	8	Andere Verzahnungen
9		$A/B \leq 3$	9		Alle anderen	9		Alle anderen	9	Alle anderen	9	Alle anderen

	6th Stelle Durchmesser D oder Länge der Kante A (mm)		7th Stelle Material		8th Stelle Ursprüngliche Form		9th Stelle Genauigkeit bei der Kodierung digitaler
0	≤ 20	0	Grauguss	0	Rundstab	0	Keine Genauigkeit angegeben
1	$>20 \& \leq 50$	1	Gusseisen mit Kugelgraphit und Temperguß	1	Blankgezogener Rundstab	1	2
2	$>50 \& \leq 100$	2	Stahl < 42 kg/mm²	2	Dreieckige, quadratische, sechseckige oder andere Stäbe	2	3
3	$>100 \& \leq 160$	3	Stahl ≥ 42 kg/mm²	3	Schläuche	3	4
4	$>160 \& \leq 250$	4	Stahl 2+3 wärmebehandelt	4	Abgewinkelte U.-T. und ähnliche Profile	4	5
5	$>250 \& \leq 400$	5	Legierter Stahl	5	Blatt	5	2+3
6	$>400 \& \leq 600$	6	Legierter Stahl Wärmebehandelt	6	Platten und Brammen	6	2+4
7	$>600 \& \leq 1000$	7	Nichteisenmetalle	7	Gegossenes oder geschmiedetes Bauteil	7	2+5
8	$>1000 \& \leq 2000$	8	Leichtmetall	8	Geschweißte Gruppe	8	3+4
9	> 2000	9	Andere Materialien	9	Vorgefertigtes Bauteil	9	(2+3)+4+5

Produkten und Maschinen zu analysieren. *Produktionsflussanalyse* (PFA) wird verwendet, um die Korrespondenz von Produkten und Maschinen als relationale Matrizen zu modellieren, und die relationalen Matrizen können dann analysiert werden, um Arbeitszellen für Produktfamilien zu definieren. Jede Arbeitszelle besteht aus den Maschinen für die Fertigungsprozesse einer Produktfamilie.

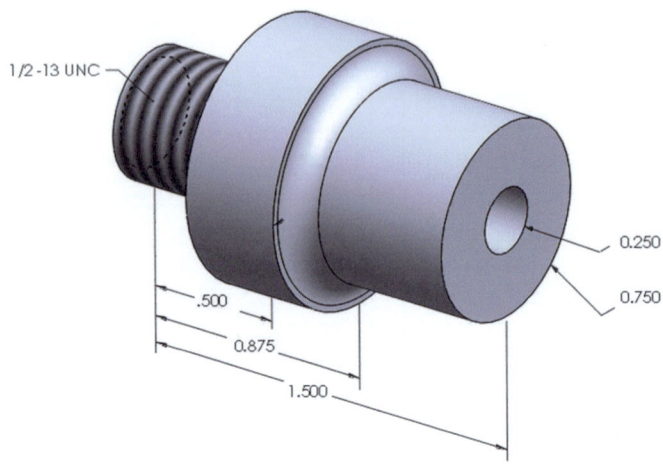

Abb. 5.25 Produktzeichnung für Beispiel 5.3

Anstatt Produktmodelle in GT zu verwenden, verwendet PFA die Produktionsroutenblätter, um Produkte und Maschinen zu gruppieren. Die Produkte in einer Familie sollten Ähnlichkeiten in ihren Produktionsroutenblättern aufweisen.

Bei der Definition von Arbeitszellen für Produkte und Maschinen folgt PFA den unten aufgeführten Schritten:

(1) Bestimmen der Reihenfolge der Fertigungsprozesse und der Routen der Maschinen für Produkte.
(2) Gruppieren der Produkte und Maschinen basierend auf den Ähnlichkeiten der Routen der Fertigungsprozesse, die gruppierten Produkte und Maschinen werden als „Pakete" angeordnet; jedes Paket wird als Inzidenzmatrix für Produkt-Maschinen-Beziehungen modelliert.
(3) Bündeln der Pakete in Gruppen mit ähnlichen Routen.
(4) Definieren einer Arbeitszelle für jede Gruppe von Maschinen.

Zwei beliebte Algorithmen zur Gruppierung von Produkten und Maschinen sind der *Single-Linkage-Clustering-Algorithmus* (SLC) und der *Rank-Order-Clustering-Algorithmus (ROC)*. Im Folgenden wird ROC von King (1980) vorgestellt, um Produkte und Maschinen basierend auf einer gegebenen Produkt-Maschinen-Matrix zu gruppieren.

Nehmen Sie an, dass eine Produkt-Maschinen-Beziehungsmatrix als $[M]_{n \times m}$ gegeben ist; hierbei sind n und m die Anzahl der Produkte und die der Maschinen. ROC wird verwendet, um Zeilen und Spalten in $[M]_{n \times m}$ in Tab. 5.13 zu sortieren.

5.4 Zellulare Fertigung

Tab. 5.13 Hauptstufen in einem ROC-Algorithmus

Schritt	Aufgabe
(1).	Weisen Sie jeder Spalte oder Zeile ein binäres Gewicht zu und verwenden Sie die folgenden Gleichungen, um ein dezimales Gewicht für jede Zeile und Spalte zu berechnen und berechnen Sie ein dezimales Gewicht für jede Zeile und Spalte unter Verwendung der Formeln, • Dezimalgewicht für Zeile $i = \sum_{p=1}^{m} b_{ip} 2^{m-p}$ • Dezimalgewicht für Spalte $j = \sum_{p=1}^{n} b_{pj} 2^{n-p}$
(2).	Sortieren Sie die Zeilen in der Reihenfolge der absteigenden
(3).	Dezimalgewichte, wiederholen Sie die Schritte (1) und (2) für jede Spalte, und
(4).	Fahren Sie mit den Schritten (1) bis (3) fort, bis für keine Zeile oder Spalte mehr ein Wechsel erforderlich ist.

Beispiel 5.4 Definieren Sie die Arbeitszellen für die unten gegebene Produkt-Maschinen-Beziehungsmatrix.

Produkte

M_{ij}	1	3	4	7	2	5	6	8
A	1	1			1			
E					1			1
C			1	1			1	1
F					1			1
D			1	1			1	1
B	1	1			1			

(Maschinen)

Lösung. Schritt 1: für Spalte i ($i = 1, 2, \ldots, n$) wird das binäre Gewicht 2^{n-i} zugewiesen, also $2^7, 2^6, \ldots 2^1, 2^0$. Das Dezimalgewicht von Zeile A wird $2^7(1) + 2^6(1) + 2^5(0) + 2^4(0) + 2^3(1) + 2^2(0) + 2^1(0) + 2^0(0) = 200$, und die für andere Zeilen werden wie folgt berechnet:

Teil

M_{ij}	1	3	4	7	2	5	6	8	$\sum_{j=1}^{j=8} 2^{n-j} M_{i,j}$
A	1	1			1				200
E					1			1	17
C			1	1			1	1	102
F					1			1	17
D			1	1			1	1	54
B	1	1			1				200
$2^{(n-j)}$	2^7	2^6	2^5	2^4	2^3	2^2	2^1	2^0	

(Maschinen)

Schritt 2: Sortieren Sie die Zeilen in der Reihenfolge der abnehmenden Dezimalgewichtswerte, also A, B, C, D, E, und F.

				Teil					
M_{ij}	1	3	4	7	2	5	6	8	$\sum_{j=1}^{j=8} 2^{n-j} M_{i,j}$
A	1	1			1				200
B	1	1			1				200
C		1	1			1	1		102
D			1	1		1	1		54
E				1				1	17
F				1				1	17
$2^{(n-j)}$	2^7	2^6	2^5	2^4	2^3	2^2	2^1	2^0	

(Maschinen)

Schritt 3: Wiederholen Sie Schritt 1 für die Zeilen. Zeile j ($j = 1, 2,\ldots, m$) erhält das binäre Gewicht 2^{m-i} ($2^5, 2^4, \ldots 2^1, 2^0$). Das Dezimalgewicht von *Spalte 1* wird zu $2^5(1) + 2^4(1) + 2^3(0) + 2^2(0) + 2^1(0) + 2^0(0) = 48$, und die für andere Spalten werden wie folgt berechnet:

				Produkte					
M_{ij}	1	3	4	7	2	5	6	8	$2^{(m-j)}$
A	1	1			1				2^5
B	1	1			1				2^4
C		1	1			1	1		2^3
D			1	1		1	1		2^2
E				1				1	2^1
F				1				1	2^0
$\sum_{i=1}^{i=6} 2^{m-i} M_{i,j}$	48	56	12	7	48	12	12	3	

(Maschinen)

Die Spalten werden dann in abnehmender Reihenfolge von links nach rechts zu *3, 1, 2, 4, 5, 6, 7,* und *8* neu geordnet.

Schritt 4: Wiederholen Sie die Schritte 1, 2 und 3, um das endgültige Ergebnis zu erhalten (kein weiterer Wechsel, wenn die Schritte wiederholt werden).

				Produkte					
M_{ij}	3	1	2	4	5	6	7	8	$2^{(m-j)}$
A	1	1	1						2^5
B	1	1	1						2^4
C	1			1	1	1			2^3
D				1	1	1	1		2^2
E							1	1	2^1
F							1	1	2^0
$\sum_{i=1}^{i=6} 2^{m-i} M_{i,j}$	56	48	48	12	12	12	7	3	

(Maschinen)

Schließlich sollten drei Arbeitszellen definiert werden, die erste besteht aus den Maschinen *A, B* und *C*, für die Produkte *1, 2* und *3*; die zweite besteht aus der Maschine *C* und *D* für die Produkte *4, 5* und *6*, und die dritte besteht aus *D, E* und *F* für die Produkte *7* und *8*.

Beachten Sie, dass ROC möglicherweise nicht in der Lage ist, Arbeitszellen für einige Produkt-Maschinen-Beziehungsmatrizen zu generieren; da es nicht ungewöhnlich ist, dass der iterative Prozess in ROC zu einer Oszillation führt. Dies sollte durch die

5.4 Zellulare Fertigung

Einführung von mehr Maschinen desselben Typs gelöst werden. Ein weiteres Szenario ist, dass die fertigen Cluster einen Ausreißer oder eine Lücke haben; ein Ausreißer sollte durch eine Maschinenreplikation behandelt werden, während für eine Lücke keine Maßnahmen erforderlich sind; das Produkt überspringt einfach jede Operation auf der entsprechenden Maschine.

5.4.4 Zelluläre Fertigung

GT oder PFA wurde angewendet, um Produkte als Familien zu gruppieren und die Maschinen als Arbeitszellen zu sortieren. Darüber hinaus sollten die Fertigungsressourcen gut organisiert sein, um die Fertigungsprozesse effizient zu planen, zu terminieren und zu steuern. *Zelluläre Fertigung* dient diesem Zweck. Die Maschinen in einer Arbeitszelle sollten zuerst organisiert werden, und dies wird als *Zellen-Formierungs-Problem* (CFP) in der zellulären Fertigung bezeichnet. CFP ist im Allgemeinen ein nicht deterministisches polynomiales (NP-vollständiges) Probleme, und die Lösung eines CFP sind die Arbeitszellen, die aus heterogenen Maschinen für bestimmte Produktfamilien bestehen.

Die erforderlichen Fertigungsfähigkeiten einer Arbeitszelle werden auf der Grundlage der Merkmale eines zusammengesetzten Produkts definiert. *Ein zusammengesetztes Produkt* kann *real* oder *imaginär* sein; es wird als Sammlung der Primitiven und Merkmale aller Produkte in einer Familie modelliert. Die zelluläre Fertigung ist so konzipiert, dass jedes Merkmal des zusammengesetzten Produkts von den Maschinen in der Arbeitszelle bearbeitet werden kann. Wenn ein neues Produkt der Arbeitszelle zugewiesen wird, muss dieses Produkt Ähnlichkeiten mit dem zusammengesetzten Teil aufweisen. Das Layout von CM wird auf der Grundlage der Reihenfolge der Fertigungsprozesse des zusammengesetzten Teils organisiert.

Abb. 5.26 zeigt ein Beispiel für ein zusammengesetztes Produkt; es handelt sich um ein künstliches Produktmodell mit den bearbeiteten Merkmalen der Produkte in der Familie. Abb. 5.26a–c zeigen, dass die Produkte in der Familie die bearbeiteten Merkmale Flächen, Fasen, linken Schultern, rechten Schultern und Schlitzen haben. Das zusammengesetzte Produktmodell in Abb. 5.26d hat alle oben genannten Merkmale.

Ein zusammengesetztes Produktmodell wird verwendet, um Maschinen und Werkzeuge für eine Arbeitszelle auszuwählen. Wenn eine Maschine oder ein Werkzeug vorhanden ist, um ein Merkmal auf einem zusammengesetzten Produkt herzustellen, hat die Arbeitszelle die Maschinen oder Werkzeuge für alle Produkte in der Familie. Abb. 5.27 zeigt ein Beispiel für die Produktfamilien (Abb. 5.27a), die aus einem zusammengesetzten Teilemodell abgeleitet werden können. Wenn die Arbeitszelle mit allen Fertigungswerkzeugen (Abb. 5.27c) ausgestattet ist, um das zusammengesetzte Produkt herzustellen, kann diese Arbeitszelle die Lösung für die Fertigungsprozesse der Produktfamilie sein.

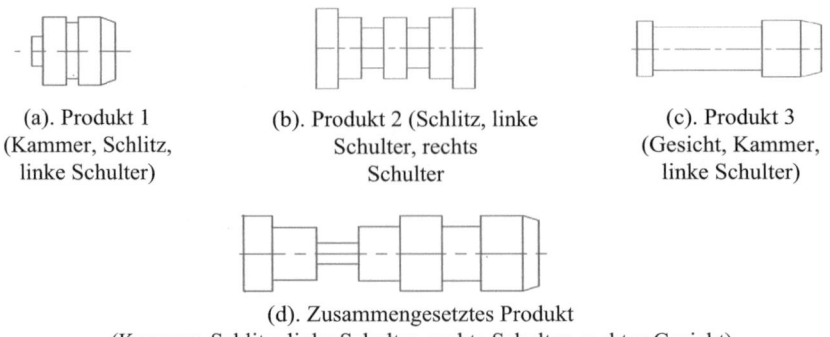

Abb. 5.26 Zusammenführung von Produktmerkmalen für ein zusammengesetztes Produkt

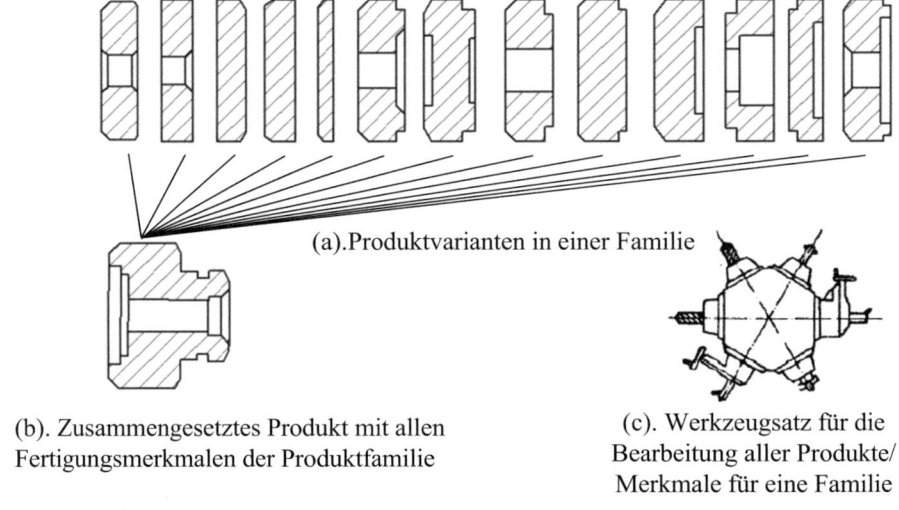

Abb. 5.27 Zusammengesetztes Produkt zur Bestimmung von Maschinen und Werkzeugen

Das Design der zellulären Fertigung kann als ein Mehrziel-Optimierungsproblem betrachtet werden, bei dem Kompromisse zwischen einer Reihe von konfligierenden Designkriterien gemacht werden. Strategosinc (2019) beschrieb das Verfahren zur Gestaltung eines zellulären Fertigungssystems, das in Tab. 5.14 dargestellt ist; es beginnt mit der Bestimmung von Produktfamilien, gefolgt von der Auswahl von Maschinen und dem Design des zellulären Fertigungssystems und schließlich dem Layout-Design des Systems.

5.4 Zellulare Fertigung

Tab. 5.14 Verfahren zur Gestaltung c zellulären Fertigungssystems (Strategosinc 2019)

Schritt	Hauptaktivitäten
Schritt 1. Die Produkte werden analysiert, um auf der Grundlage von Ähnlichkeiten Produktfamilien zu bilden. Jede Produktfamilie entspricht einer Gruppe von heterogamen Maschinen. GT oder PFA können verwendet werden um Produkte zu analysieren und zu gruppieren. Die Aktivitäten in diesem Schritt liefern die Antworten auf einige grundsätzliche Fragen wie: 1) Wie können Produkte in Gruppen sortiert werden? (2) Wie kann eine bessere Auslastung der Maschinen erreicht werden? (3) Sind die Produktionskapazitäten erschöpft oder gesättigt?	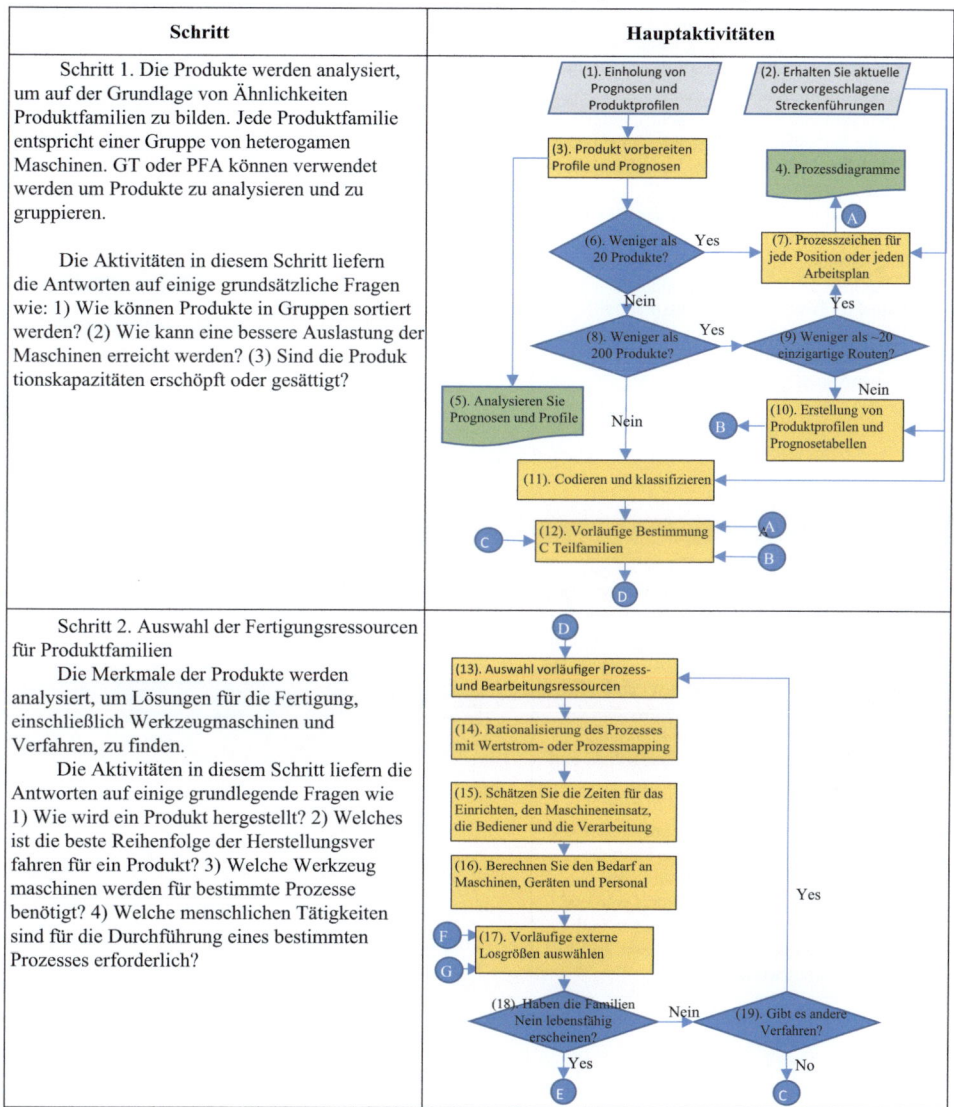
Schritt 2. Auswahl der Fertigungsressourcen für Produktfamilien Die Merkmale der Produkte werden analysiert, um Lösungen für die Fertigung, einschließlich Werkzeugmaschinen und Verfahren, zu finden. Die Aktivitäten in diesem Schritt liefern die Antworten auf einige grundlegende Fragen wie 1) Wie wird ein Produkt hergestellt? 2) Welches ist die beste Reihenfolge der Herstellungsverfahren für ein Produkt? 3) Welche Werkzeugmaschinen werden für bestimmte Prozesse benötigt? 4) Welche menschlichen Tätigkeiten sind für die Durchführung eines bestimmten Prozesses erforderlich?	

(continued)

Tab. 5.14 (continued)

Schritt 3. Entwerfen Sie ein zellulares Fertigungssystem, das aus einer Reihe von Arbeitszellen und Zusatzgeräten wie Lagern und Transportmitteln besteht. Die Aktivitäten in diesem Schritt liefern Antworten auf einige grundlegende Fragen, wie z. B. 1) Welche Methoden gibt es, um Materialien von Zelle zu Zelle zu transportieren? 2) Wie kann die Arbeitsbelastung der Maschinen ausgeglichen werden? 3) Wie wird die Produktion geplant, terminiert und kontrolliert? 4) Wie verwaltet man die in Arbeit befindlichen Werkstücke? 5) Wie kann die Qualität der Produkte sichergestellt werden? 6) Wie motiviert man das Personal in einem zellularen Fertigungssystem?	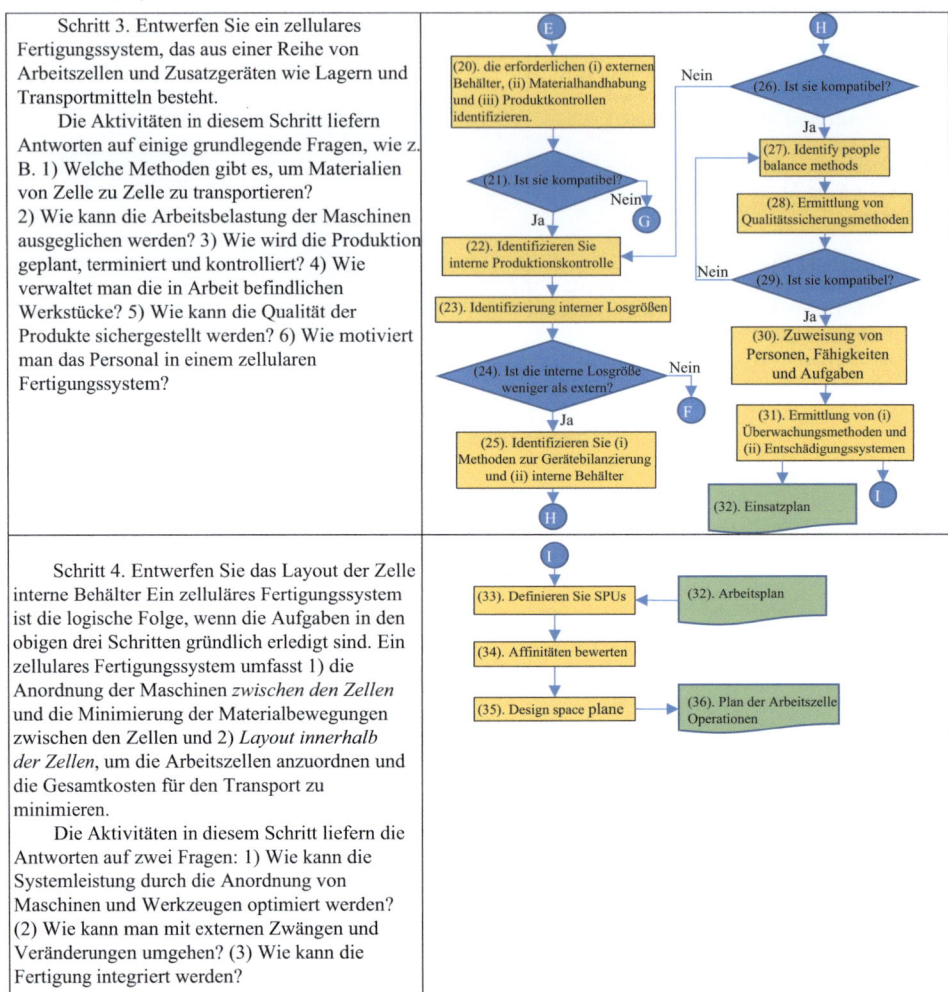
Schritt 4. Entwerfen Sie das Layout der Zelle interne Behälter Ein zelluläres Fertigungssystem ist die logische Folge, wenn die Aufgaben in den obigen drei Schritten gründlich erledigt sind. Ein zellulares Fertigungssystem umfasst 1) die Anordnung der Maschinen *zwischen den Zellen* und die Minimierung der Materialbewegungen zwischen den Zellen und 2) *Layout innerhalb der Zellen*, um die Arbeitszellen anzuordnen und die Gesamtkosten für den Transport zu minimieren. Die Aktivitäten in diesem Schritt liefern die Antworten auf zwei Fragen: 1) Wie kann die Systemleistung durch die Anordnung von Maschinen und Werkzeugen optimiert werden? (2) Wie kann man mit externen Zwängen und Veränderungen umgehen? (3) Wie kann die Fertigung integriert werden?	

Das Verfahren zur Gestaltung eines zellulären Fertigungssystems in Tab. 5.14 ist vereinfacht. In der Praxis müssen viele andere Faktoren wie die Arten, Varianten und Mengen von Produkten berücksichtigt werden. Auf jeden Fall hat sich die Wirksamkeit von zellulären Fertigungssystemen bei der Herstellung von Produkten mit mittleren Variantenzahl und Mengen bewährt. Zelluläre Fertigung kann Unternehmen dabei helfen, die Systemleistung zu verbessern, indem sie den Transport, die Durchlaufzeit, die Vorlaufzeit und die Work in Progress (WIP) reduziert und die Gewinnspanne und Qualität der Produkte erhöht (Hyer und Wemmerlov 2001).

5.5 Diskrete ereignisdynamische Systeme

Fertigungssysteme sind typische *diskrete ereignisdynamische Systeme* (DEDS), bei denen Zustandsübergänge durch Ereignisse ausgelöst werden, die zu diskreten Zeitpunkten auftreten. *Ein Ereignis* bezieht sich auf den Beginn oder das Ende einer Aktivität. Nimmt man ein Fertigungssystem als Beispiel, kann ein Ereignis die Fertigstellung eines Fertigungsprozesses, ein Maschinenausfall und der Beginn des Transports und vieles andere sein. Darüber hinaus können die Intervalle zwischen zwei Ereignissen deterministisch oder stochastisch sein. Daher kann die Komplexität der Planung, Terminierung und Steuerung eines Fertigungssystems exponentiell steigen, wenn die Anzahl der Maschinen, Werkzeuge und Teile und die Interaktionen dieser Fertigungsressourcen zunehmen. Viele Theorien und computergestützte Techniken wurden vorgeschlagen, um DEDS zu modellieren, zu analysieren und zu steuern. In diesem Abschnitt werden verbreitete Petri-Netze vorgestellt, um ein Fertigungssystem auf Arbeitsebene zu modellieren.

Ein DEDS besteht aus verschiedenen Systemelementen wie Maschinen, Werkzeugen und Produkten, das Verhalten dieser Systemelemente muss so gesteuert werden, dass die Leistung des Systems optimiert wird, und die Systemleistungen können durch qualitative und quantifizierbare Indikatoren gemessen werden. Typische Leistungsindikatoren eines Fertigungssystems umfassen Durchsatz, Lieferzeit, Lagerbestand, Auslastungsquote und die Wahrscheinlichkeiten von Fehlfunktionen, Ausfällen und Deadlocks. In einem Petri-Netz-Modell werden die Verhaltensweisen der Systemelemente durch die Zustände und die Übergänge der Zustände repräsentiert, und die quantifizierbaren Indikatoren können auf der Grundlage der dynamischen Veränderungen der Eigenschaften der Zustände und der Übergänge bewertet werden.

Petri-Netze zeichnen sich durch ihre Fähigkeiten aus, Nebenläufigkeit, Synchronisation, gegenseitigen Ausschluss, Konfliktverhalten und die Darstellungen der Zustände zu modellieren, die vollständiger sind als analytische Modelle, aber strukturierter und abstrakter als Simulationen. Ein Petri-Netz bietet eine grafische Darstellung eines DEDS, das tatsächlich ein mathematisches Modell ist, das dem physischen System ähnelt. Darüber hinaus sind Petri-Netze sehr einfach als Computerprogramme für die Simulation und Steuerung von DEDS zu implementieren. Ein Petri-Netz stellt ein DEDS wie folgt dar:

$$PN = \{P, T, I, O, K, M\} \tag{5.5}$$

Hierbei sind:
P: die Plätze für Zustände von Ressourcen,
T: die Übergänge für Zustandsänderungen,
I: die Eingaben für die Plätze, um Übergänge auszulösen,
O: die Ausgaben für die Plätze nach dem Auslösen von Übergängen, und
K: die Kapazitäten der Plätze, und
M: die Anzahl der Tokens an jedem Platz.

In diesem Abschnitt wird ein flexibles Fertigungssystem in Abb. 5.28 als Beispiel für ein diskretes ereignisdynamisches System (DEDS) gezeigt, um zu veranschaulichen, wie das Petri-Netz zur Modellierung und Analyse von DEDS verwendet werden kann.

Ein FMS besteht aus Materialfluss und Werkzeugfluss, und die Komponenten in einem FMS können im Allgemeinen in zwei Gruppen eingeteilt werden: *Ressourcen*, die Dienstleistungen bereitstellen, und *Aufträge*, die Dienstleistungen empfangen. Tab. 5.15 zeigt die Klassifizierung von Dienstleistungsressourcen basierend auf ihren primären Funktionen, und Tab. 5.16 zeigt die Klassifizierung der Arbeitsstationen basierend auf ihren sekundären Funktionen.

Die Zustände und Ereignisse im FMS können durch die Plätze und Übergänge eines Petri-Netzes modelliert werden. Ein *Platz* (***P***) repräsentiert die Zustände von aggregierten Ressourcen. Zum Beispiel ist eine Maschine in ihrem Leerlaufzustand ein 1D-Platz, ein Auftrag, der den Service auf einer Maschine erhält, ist ein 2D-Platz, ein Auftrag, der von einer Maschine zur anderen transportiert wird, ist ein 3D-Platz.

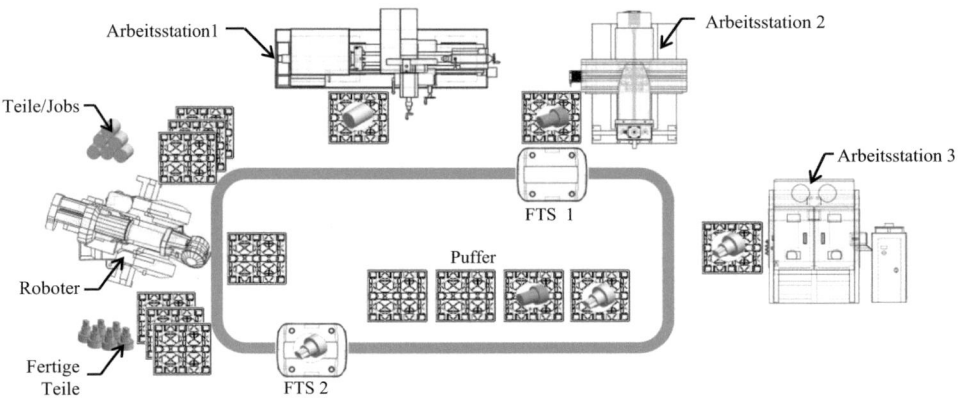

Abb. 5.28 Ein flexibles Fertigungssystem (FMS) als ein DEDS-Beispiel

Tab. 5.15 Arten von Dienstleistungsressourcen in einem FMS (Bi et al. 2001; Zhang et al. 2000)

Typen	Beschreibung	Examples
Arbeitsstation (WS)	Eine Vorrichtung zur Durchführung von Fertigungsprozessen im Materialfluss oder eine Vorrichtung zur Änderung des Zustands von Werkzeugen im Werkzeugfluss	Bearbeitungs-, Reinigungs-, Inspektions- und Be- und Entladestation im Materialfluss; Die Vorrichtungen für den Werkzeugwechsel und die Kontrolle im Werkzeugfluss
Puffer (BF) Transport	Eine Vorrichtung zur Aufnahme von Teilen oder Werkzeugen	Paletten für Teile und zentrale oder lokale Werkzeugmagazine für Werkzeuge
(CD) Halten und	Eine Vorrichtung zur Änderung der physischen Position von Teilen oder Werkzeugen	Autonome geführte Fahrzeuge (AGV), Werkzeugwechsler oder andere Transportmittel Vorrichtungen,
Platzieren (CT)	Eine Vorrichtung zur Sicherung von Teilen oder Werkzeugen im	Paletten und Werkzeughalter.
Hilfswerkzeuge (AT)	Ein Gerät zur Unterstützung der Fertigstellung von Betrieb	Manipulatoren, Inspektions- oder Reinigungswerkzeuge.

5.5 Diskrete Ereignisdynamische Systeme

Tab. 5.16 Klassifizierung von Arbeitsstationen

Typ	1	2	3	4	5	6	7
Lokaler Puffer	Nein	Nein	Nein	Ja	Ja	Ja	Ja
Werkzeug zum Laden /Entladen	Nein	Ja	Ja	Nein	Nein	Ja	Ja
Bearbeitungsvorgang	Ja	Nein	Ja	Nein	Ja	Nein	Ja

Ein *Übergang* (*T*) ist ein Ereignis, das einer oder mehreren Systemressourcen zustößt; zum Beispiel kommt ein Auftrag an der Arbeitsstation an, eine Maschine schließt eine Operation ab, und eine Maschine ist defekt. Übergänge in einem FMS können in die folgenden vier Typen eingeteilt werden,

eindimensional (*P*) $\oplus$ eindimensional (*P*) $\rightleftarrows$ zweidimensional (*P*)
eindimensional (*P*) $\oplus$ zweidimensional (*P*) $\rightleftarrows$ dreidimensional (*P*)
zweidimensional (*P*) $\rightleftarrows$ zweidimensional (*P*)
dreidimensional (*P*) $\rightleftarrows$ dreidimensional (*P*)

Darüber hinaus kann ein Übergang *aktiv* oder *passiv* sein. Ein aktiver Übergang wird von links nach rechts durch das Steuerungskommando ausgelöst, und ein passiver Übergang wird von rechts nach links ausgelöst, wenn das System auf die Zustandsänderung des Systemelements reagiert. Bei Erfüllung der Auslösebedingungen wird ein aktiver Übergang durch ein Kommando ausgelöst, das vom FMS-Steuerungssystem ausgegeben wird. Jeder aktive Übergang entspricht einem Entscheidungspunkt im Steuerungssystem, die Entscheidungen über die Auswahl von Teilen und Fertigungsressourcen werden in der Regel auf der Grundlage von vordefinierten Regeln getroffen. Tab. 5.17 gibt Beispiele für typische Entscheidungspunkte und Regeln für Entscheidungsunterstützungen bei der Steuerung eines FMS.

Die Abbildungen 5.29 und 5.30 zeigen die Petri-Netz-Modelle für den Material- und Werkzeugfluss des in Abb. 5.28 dargestellten FMS. Die Stellen und Übergänge in den jeweiligen Modellen werden in den Abbildungen erläutert.

Ein Petri-Netz-Modell kann zur Steuerung eines FMS oder zur Diagnose der im Systembetrieb auftretenden Störungen verwendet werden; unangemessene Befehle, wie solche, die die folgenden Szenarien verursachen, können in Echtzeitoperationen erkannt werden (Bi et al. 2001).

Tab. 5.17 Entscheidungspunkte und Entscheidungsregeln

Regeln Entscheidungspunkte	Festgelegt	Zufällige	Priorität	Längste Bearbeitungszeit	Kürzeste Bearbeitungszeit	Maximale Anzahl der verbleibenden Prozesse	Mindestanzahl der verbleibenden Prozesse	Durchlaufzeit	Durchschnitt	Kürzester Weg	Wer zuerst kommt, mahlt zuerst
Teil tritt ins System ein	Yes	Yes	Yes					Yes			
Teil wählt Arbeitsplatz	Yes	Yes	Yes						Yes		
Teil wählt Puffer	Yes	Yes								Yes	
AGV wählt Teil		Yes								Yes	Yes
Roboter wählt Werkzeug		Yes								Yes	
Maschine wählt Werkzeug									Yes	Yes	
Werkzeug wählt AGV	Yes	Yes							Yes		Yes
Maschine wählt Teil aus		Yes	Yes	Yes	Yes	Yes	Yes	Yes			Yes

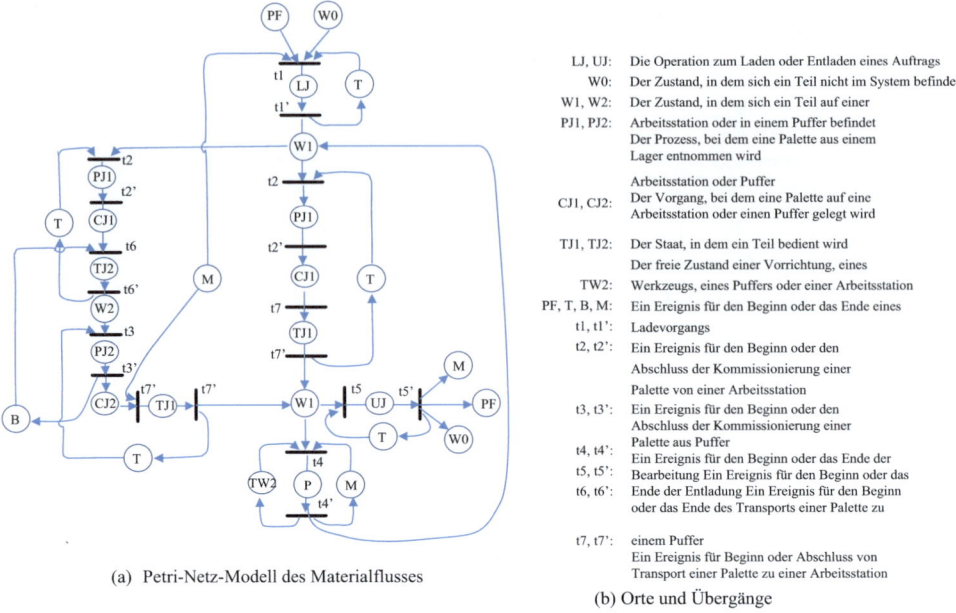

Abb. 5.29 Petri-Netz des Materialflusses von FMS (Bi et al. 2001)

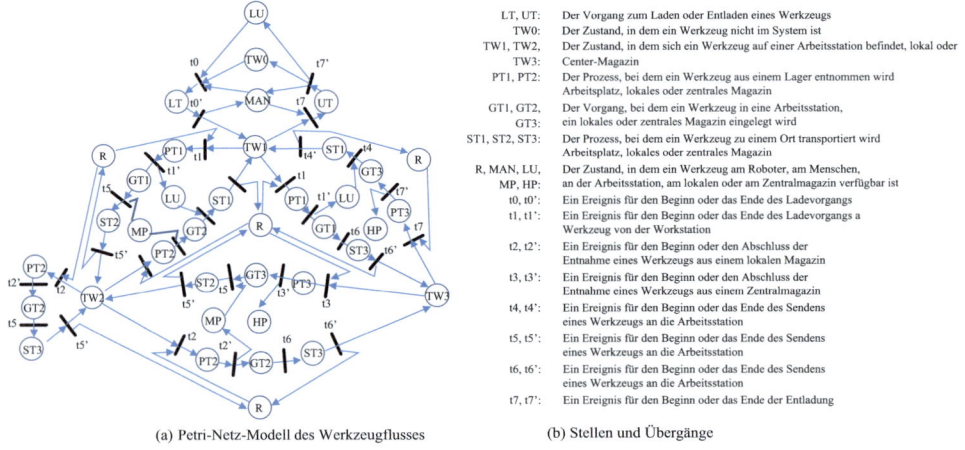

Abb. 5.30 Petri-Netz des Werkzeugflusses von FMS (Bi et al. 2001)

(1) *Unerlaubter Befehl zur Aktivierung eines Übergangs*: Ein Übergang kann nur ausgelöst werden, wenn alle Pro-Stellen die erforderliche Anzahl von Tokens haben; wenn ein Befehl ausgegeben wird, wenn die Auslösebedingung nicht erfüllt ist, handelt es sich um einen unerlaubten Befehl.

5.5 Diskrete Ereignisdynamische Systeme

(2) *Verstoß gegen die Synchronisation*: Die Ressourcen werden von allen Übergängen in einem FMS geteilt, und eine Ressource kann gleichzeitig mit einer Reihe von Übergängen verbunden sein; jedoch muss der Zustand der Ressource mit allen Übergängen übereinstimmen.
(3) *Verstoß gegen festgelegte Regeln an Entscheidungspunkten*: An einem Entscheidungspunkt wird die Entscheidung getroffen, eine Ressource, ein Teil oder ein Werkzeug aus einer Liste der Kandidaten auszuwählen. Die Auswahl basiert auf den Entscheidungsregeln, die in Tab. 5.17 gezeigt werden, ein Befehl zum Auslösen eines Übergangs muss mit der festgelegten Priorität der Fertigungsoperationen übereinstimmen.
(4) *Unerlaubte Aktion gegen ausgefallene Ressourcen*: Wenn eine Ressource ausgefallen ist, ist jeder Befehl zur Nutzung der ausgefallenen Ressource unerlaubt.
(5) *Erkennung von Deadlocks*: Ein *Deadlock* ist ein Szenario, in dem zwei oder mehr Teile auf die Ressourcen warten, die gegenseitig zugeordnet sind. Ein Deadlock tritt bei einem Paar von Teilen auf, das das Hauptproblem in ressourcengeteilten Systemen wie DEDS sein kann. Ein Deadlock kann auf der Grundlage der folgenden Konzepte modelliert und erkannt werden.

Definition von *einer Wartebeziehung*. Es sei $PN = \{P, T, I, O, K, M\}$ ein Petri-Netz-Modell, nehmen wir an, $t_1, t_2 \in T$ seien zwei Übergänge, $s_0 \in P$ sei die Vorläuferstelle des Übergangs t_1 und die Nachfolgestelle des Übergangs t_2, und das Token an der Stelle s_0 ist null, d. h., $t_1 \rightarrow s_0$, $s_0 \rightarrow t_2$ und $m(s_0) = 0$. Eine Wartebeziehung tritt auf für (t_1, t_2) unter der Markierung M, wenn die Anzahl der Tokens anderer Vorläuferorte von t_2 die Auslösebedingung von t_2 erfüllt, aber nicht für s_0. Dies wird bezeichnet als $t_1 \overset{m}{\leftarrow} t_2$ und illustriert in Abb. 5.31a.

Definition von *einer Warteschleife*. Es sei $PN = \{P, T, I, O, K, M\}$ ein Petri-Netz-Modell. Nehmen wir an, es gäbe eine Menge von Übergängen $\forall T_n T$, mit $T_n = \{t_1, t_2, \ldots t_n\}$, und die Übergänge in T_n erfüllen die Bedingungen der Wartebeziehungen:

$$\exists k \in (1, n-1), t_k \overset{m}{\leftarrow} t_{k+1} \text{ und } t_n \overset{m}{\leftarrow} t_1 \tag{5.6}$$

Dann wird T_n als Warteschleife unter der Marke M bezeichnet und als OT_n bezeichnet. Abb. 5.31b zeigt eine Warteschleife mit der minimalen Anzahl von Übergängen. Beachten Sie, dass $s_0 \in P$ die Vorläuferstelle des Übergangs t_1 und die Nachfolgestelle des Übergangs t_2 ist, und $s_1 \in P$ ist die Vorläuferstelle des Übergangs t_2 und die Nachfolgestelle des Übergangs t_1, die Token bei s_0 oder s_1 sind unzureichend, um t_1 oder t_2 auszulösen.

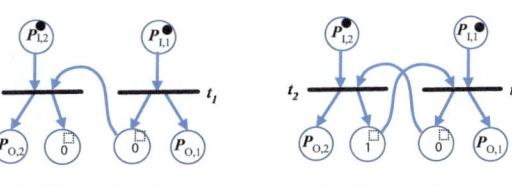

Abb. 5.31 Ein Deadlock tritt auf für (t_1, t_2) (a) Warteschleife   (b) Warteschleife

Definition von *Deadlock-Feld*. Für das Petri-Netz-Modell $PN = \{P, T, I, O, K, M\}$ nehmen wir an, dass es m Warteschleifen gibt $OT_{n_1}, OT_{n_2}, \ldots OT_{n_m}$, die Menge der m Warteschleifen ($T_d = OT_{n_1} \cup OT_{n_2} \ldots OT_{n_m}$) wird als Deadlock-Feld unter der Markierung M bezeichnet. Das Konzept des Deadlock-Feldes kann zur Erkennung der folgenden Fälle herangezogen werden:

(1) Wenn $T_d = $ null, gibt es *keinen Deadlock* unter der Markierung M,
(2) Wenn $T_d = $ null, aber $T_d < T$, gibt es *einen lokalen Deadlock* unter der Markierung M, und
(3) Wenn $T_d = T$, gibt es *einen vollständigen Deadlock* unter der Markierung M.

Beispiel 5.5 Verwenden Sie das Petri-Netz, um den Prüfstand für die Getriebemontage in Abb. 5.31 zu modellieren; der Prüfstand wurde am National Institute of Standards and Technology (NIST) entwickelt, um die Greifkapazitäten von Endeffektoren zu bewerten (Falco et al. 2015; Kootbally et al. 2016). Eine Reihe von Operationen sollen (1) ein Getriebe-Kit öffnen, (2) Teile bewegen und (3) sie zu einem funktionsfähigen Getriebe zusammenbauen. Der Prüfstand bestand aus den Robotern A und B, den Visionssystemen A und B, Kraftsensoren, Trays und der Montageplattform. Beachten Sie, dass das Öffnen des Getriebe-Kits und das Platzieren der Teile auf der Plattform manuell erfolgen. Roboter A war mit einem Kraftsensor ausgestattet, um Teile zusammenzubauen; während Roboter B nur mit einem Visionssystem ausgestattet war, um ein Teil zu bewegen und zu halten (Bi et al. 2020).

Lösung. Tab. 5.18 zeigt die möglichen Ereignisse, die in drei grundlegende Typen eingeteilt werden können: (1) ein vom Menschen initiiertes Ereignis, (2) ein von einem Roboter und einer Vision ausgeführtes Ereignis, (3) ein von einem Roboter, einer Vision und einem Kraftsensor ausgeführtes Ereignis.

Die Abbildungen 5.32, 5.33 und 5.34 zeigen die Petri-Netz-Beispiele für drei Ereignistypen.

Die Sub-Petri-Netz-Modelle für verschiedene Ereignisse können ausgewählt und als Testplan zusammengestellt werden. Bei der Ausführung des Testplans werden die Zustände von Ressourcen und Übergängen verfolgt, um die Leistung des Montagesystems zu bewerten.

5.6 Simulation von diskreten ereignisdynamischen Systemen

Die Computersimulation ist die effektivste Technik für das Design und die Optimierung von DEDS. Dieser Abschnitt diskutiert, wie kommerzielle Softwaretools zur Simulation verschiedener DEDS verwendet werden können. Zahlreiche Softwaretools, wie *Anylogic*, *Enterprise Dynamics*, *Delmia*, *FlexSim* und *Plant Simulation*, wurden entwickelt, um DEDS zu simulieren (Wikipedia 2020c). Hier wird die Software *Simulationsmodellierungsrahmen basierend auf intelligenten Objekten* (Simio) von Simio LLC als Beispiel für die Simulation von DEDS verwendet.

5.6 Simulation von diskreten ereignisdynamischen Systemen

Tab. 5.18 Ereignisse für die Montageprozesse von Getrieben (Bi et al. 2020)

Schritte	Ereignisse
1.	den Getriebesatz öffnen und die Teile auf ein Tablett legen
2.	Bewegen Sie Roboter B, identifizieren Sie das Basisteil und transportieren Sie es zum Puffer, fahren Sie Roboter B zurück.
3.	Bewegen Sie Roboter A, identifizieren Sie das Basisteil, transportieren Sie es und positionieren Sie es wieder auf der Montageplattform, fahren Sie Roboter A ein.
4.	Roboter B bewegen, das mittlere Getriebe identifizieren und in den Puffer transportieren, Roboter B einfahren
5.	Roboter A bewegen, das mittlere Getriebe identifizieren, transportieren und auf der Basis montieren; Roboter B hält die Basis, Roboter einfahren.
6.	die Welle A auf das Basisteil setzen
7.	Bewegen Sie Roboter B, identifizieren Sie das große Zahnrad und bringen Sie es in den Puffer, ziehen Sie Roboter B ein.
8.	Bewegen Sie Roboter A, identifizieren Sie das große Zahnrad, transportieren Sie es und montieren Sie es auf der Welle A; Roboter B hält die Basis, ziehen Sie die Roboter zurück.
9.	die Welle B auf das Basisteil setzen
10.	bewege Roboter B, identifiziere das kleine Zahnrad und transportiere es zum Puffer, fahre Roboter B ein
11.	Bewegen Sie Roboter A, identifizieren Sie das kleine Zahnrad, transportieren Sie es und montieren Sie es auf Welle B; Roboter B hält die Basis, Roboter zurückziehen.
12.	Bewegen Sie Roboter B, identifizieren Sie die Getriebeabdeckung und transportieren Sie sie in den Puffer, fahren Sie Roboter B ein.
13.	den Roboter A bewegen, den Getriebedeckel identifizieren, transportieren und an der Unterbaugruppe montieren; Roboter B hält die Basis, Roboter einziehen
14.	Roboter A nimmt die Getriebebaugruppe, transportiert sie, legt sie auf das Tablett und fährt Roboter A wieder ein.

☐ 1st event type   ▨ 2nd event type   ▨ 3rd event type

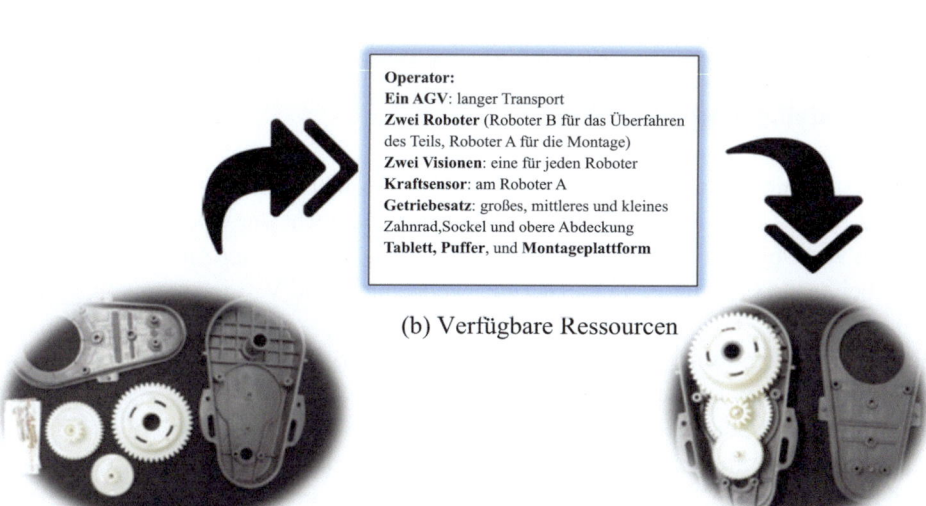

(a) Ausgepackter Getriebesatz   (b) Verfügbare Ressourcen   (c) Zusammengebautes Getriebe

Abb. 5.32 Ein Testbett, das zur Montage eines Getriebes verwendet wird

Simio ist ein grafisches Modellierungstool, das die Darstellung von Objekten vereinfacht und die Flexibilität bietet, Fertigungsprozesse ohne die Notwendigkeit der Programmierung zu definieren (Simio 2020). Simio verwendet hauptsächlich das

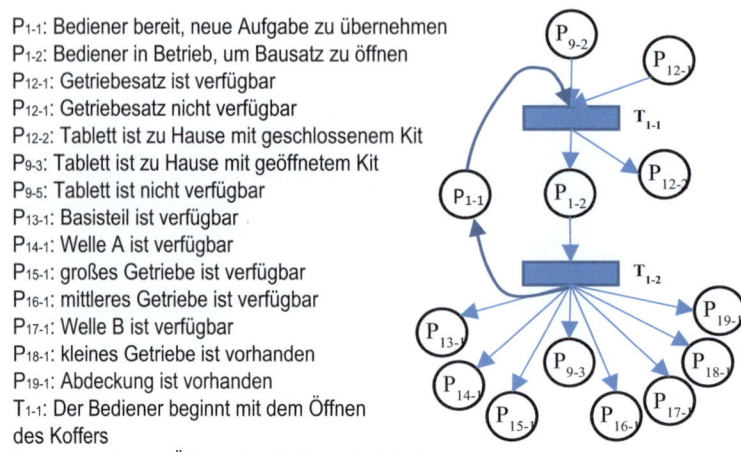

Abb. 5.33 Ereignis 1 (der 1. Typ): Öffnen eines Getriebebausatzes

objektorientierte Modellierungsparadigma zur Definition von Objekten und Prozessen; es unterstützt jedoch auch andere Modellierungsparadigmen wie ereignisbasierte, prozessorientierte oder agentenbasierte Modellierungstechniken.

5.6.1 Modellierungsparadigmen

Die Unterstützung für grafische Modellierung und Animation ist für Computersimulationstools unerlässlich. *Ein grafikbasierter Ansatz* vereinfacht die Operationen zur Modellierung von Objekten und Prozessen, und *ein animationsbasierter Ansatz* hilft den Benutzern bei der Überprüfung, Visualisierung, Verständnis und Verifizierung von Systemverhalten effizient.

Fertigungssysteme sind meist *diskrete ereignisdynamische Systeme* (DEDS). Die Änderungen von DEDS werden durch asynchrone und diskrete Ereignisse verursacht, die sich im Laufe der Zeit auf Objekte auswirken. Daher sind frühe Simulationstools wie die Simulation Programming Language (Simscript) (Markowitz et al. 2020) und GASP (Hooper und Reilly 2020) ereignisorientiert; ein DEDS wird als eine Reihe von Ereignissen modelliert, die den Systemstatus dynamisch ändern. Dementsprechend wird ein Prozessfluss als eine Reihe von Bewegungen modelliert, die sich auf Systemelemente auswirken, und jede Bewegung ändert den Status der relevanten Systemelemente. Aus der Perspektive der Prozesse ist eine ereignisbasierte oder prozessorientierte Modellierungstechnik effizient und flexibel bei der Darstellung diskreter Ereignisse; jedoch werden die Details der Systemelemente mehr oder weniger ignoriert.

5.6 Simulation von diskreten ereignisdynamischen Systemen

P$_{2-1}$: Roboter A bereit für die neue Position
P$_{2-2}$: Roboter A in Bewegung
P$_{2-3}$: Roboter A erreicht die vorgegebene Position
P$_{2-4}$: Roboter A hält die vorgegebene Position
P$_{2-5}$: Roboter A fährt in die Ausgangsposition zurück
P$_{7-1}$: Vision A ist bereit, das Objekt zu erkennen
P$_{7-2}$: Vision A sucht das Objekt
P$_{7-3}$: Vision A findet Objekt/Position
P$_{3-1}$: Werkzeug des Roboters A ist bereit, ein Objekt aufzunehmen
P$_{3-2}$: Werkzeug des Roboters A hält ein Objekt
P$_{3-3}$: Ein Objekt wird platziert
P$_{13-1}$: Basisteil ist vorhanden
P$_{13-2}$: Basisteil ist nicht verfügbar

T$_{3-1}$: Roboter A beginnt, sich zum Puffer zu bewegen
T$_{3-2}$: Roboter A erreicht den Puffer
T$_{3-3}$: Vision A beginnt mit der Suche nach dem Basisteil
T$_{3-4}$: Vision A findet das Basisteil
T$_{3-5}$: Roboterwerkzeug A beginnt mit der Entnahme des Basisteils
T$_{3-6}$: Roboter A beginnt, sich zur Montageplattform zu bewegen
T$_{3-7}$: Roboter A erreicht die Montageplattform
T$_{3-8}$: Vision A beginnt mit der Suche nach dem Standort des Basisteils
T$_{3-14}$: Vision A findet Standort für Basisteil
T$_{3-9}$: Roboter A beginnt mit der Bewegung zur identifizierten Position
T$_{3-10}$ Roboter A erreicht die identifizierte Position
T$_{3-11}$: Roboterwerkzeug A beginnt mit der Platzierung des Basisteils
T$_{3-12}$: Roboter A startet den Rückzug in die Ausgangsposition
T$_{3-13}$: Roboter A erreicht die Ausgangsposition

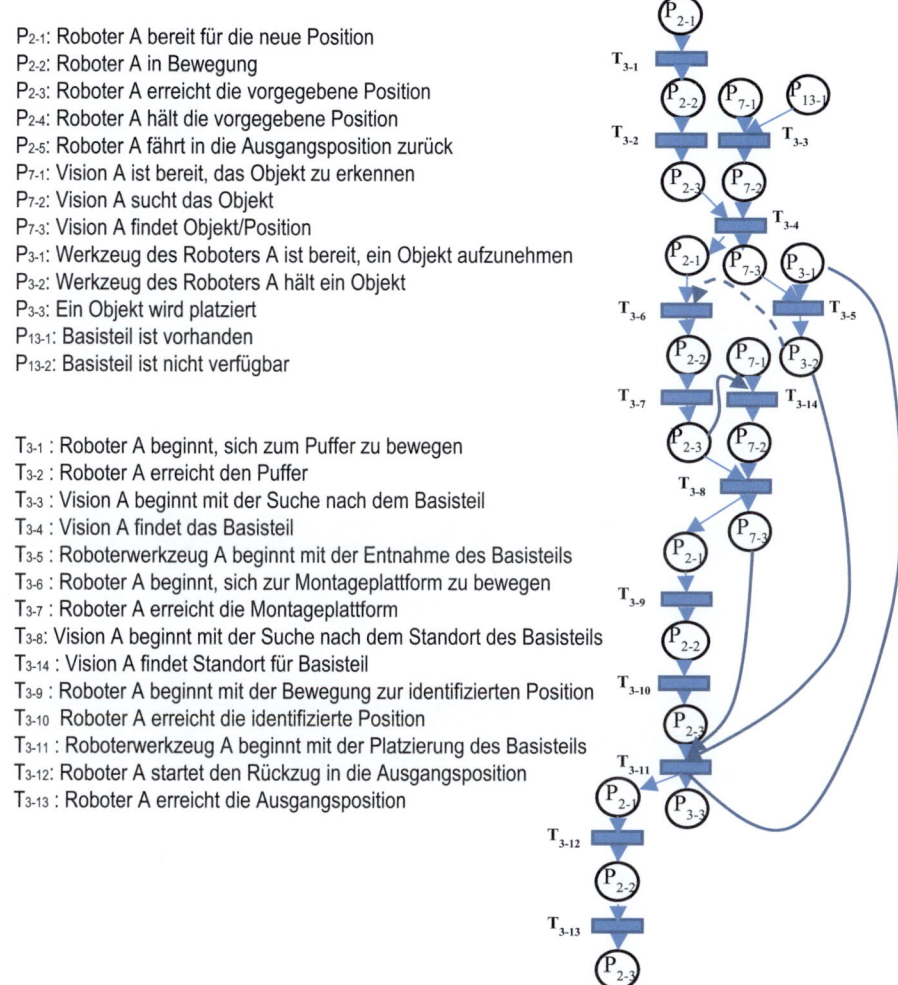

Abb. 5.34 Ereignis 3 (der 2. Typ): Transportieren eines Teils

Simio hat die *objektorientierte Modellierung* (OOM) in die ereignisbasierte Simulation integriert, so dass Systemelemente detailliert definiert werden können und die Effizienz und Flexibilität des Modellierungsprozesses erhalten bleiben können. In der objektorientierten Modellierung können sowohl Systemelemente als auch Ereignisse als Objekte mit Merkmalen und Zuständen definiert werden. Beachten Sie, dass ein Fertigungssystem aus Systemelementen wie Maschinen, Bedienern, Robotern und Transportgeräten besteht und dass laufende Fertigungsgeschäfte den Ereignissen wie

P$_{2-1}$: Roboter A ist bereit, eine neue Position einzunehmen
P$_{2-2}$: Roboter A in Bewegung
P$_{2-3}$: Roboter A an gegebener Position
P$_{2-4}$: Roboter A hält die vorgegebene Position
P$_{2-5}$: Roboter A fährt in die Ausgangsposition zurück
P$_{7-1}$: Vision A ist bereit, Objekt zu erkennen
P$_{7-2}$: Vision A sucht Objekt/Position
P$_{7-3}$: Vision A findet Objekt/Position
P$_{3-1}$: Werkzeug des Roboters A ist bereit, ein Objekt aufzunehmen
P$_{3-2}$: Werkzeug des Roboters A hält ein Objekt
P$_{3-3}$: Ein Objekt wird platziert
P$_{16-1}$: mittlerer Gang ist verfügbar
P$_{16-2}$: mittlerer Gang ist nicht verfügbar

P$_{5-1}$: Roboter B ist bereit, eine neue Position einzunehmen
P$_{5-2}$: Roboter B in Bewegung
P$_{5-3}$: Roboter B an gegebener Position
P$_{5-4}$: Roboter B hält die vorgegebene Position
P$_{5-5}$: Roboter B fährt in die Ausgangsposition zurück
P$_{8-1}$: Bildverarbeitungssystem B ist bereit, Objekt zu erkennen
P$_{8-2}$: Bildverarbeitungssystem B sucht Objekt/Position
P$_{8-3}$: Bildverarbeitungssystem B findet Objekt/Position
P$_{6-1}$: Werkzeug von Roboter B ist bereit, ein Objekt aufzunehmen
P$_{6-2}$: Werkzeug von Roboter B hält ein Objekt

T$_{5-1}$: Roboter A beginnt, sich zum Puffer zu bewegen
T$_{5-2}$: Roboter A erreicht den Puffer
T$_{5-3}$: Vision A beginnt mit der Suche nach dem mittleren Gang
T$_{5-4}$: Vision A findet den mittleren Gang
T$_{5-5}$: Roboterwerkzeug A beginnt mit der Aufnahme des mittleren Gangs
T$_{5-6}$: Roboter A beginnt, sich zur Montageplattform zu bewegen
T$_{5-7}$: Roboter A erreicht die Montageplattform
T$_{5-8}$: Vision A beginnt mit der Suche nach dem mittleren Gang
T$_{5-9}$: Visoin A findet die Position
T$_{5-10}$: Roboter A beginnt, die identifizierte Position anzufahren
T$_{5-11}$: Vision B beginnt, die Unterbaugruppe zu suchen
T$_{5-12}$: Roboter B beginnt, sich zur Unterbaugruppe zu bewegen
T$_{5-13}$: Vision B findet Unterbaugruppe
T$_{5-14}$: Das Werkzeug von Roboter B beginnt mit dem Halten der Unterbaugruppe
T$_{5-15}$: Roboter B erreicht die Montageplattform
T$_{5-16}$: Roboter erreicht die identifizierte Position
T$_{5-17}$: Roboter A und B im Zusammenbau
T$_{5-18}$: Roboter A beginnt mit der Fahrt zur Ausgangsposition
T$_{5-19}$: Roboter A erreicht die Ausgangsposition
T$_{5-20}$: Roboter B beginnt mit der Fahrt zur Ausgangsposition
T$_{5-21}$: Roboter B erreicht die

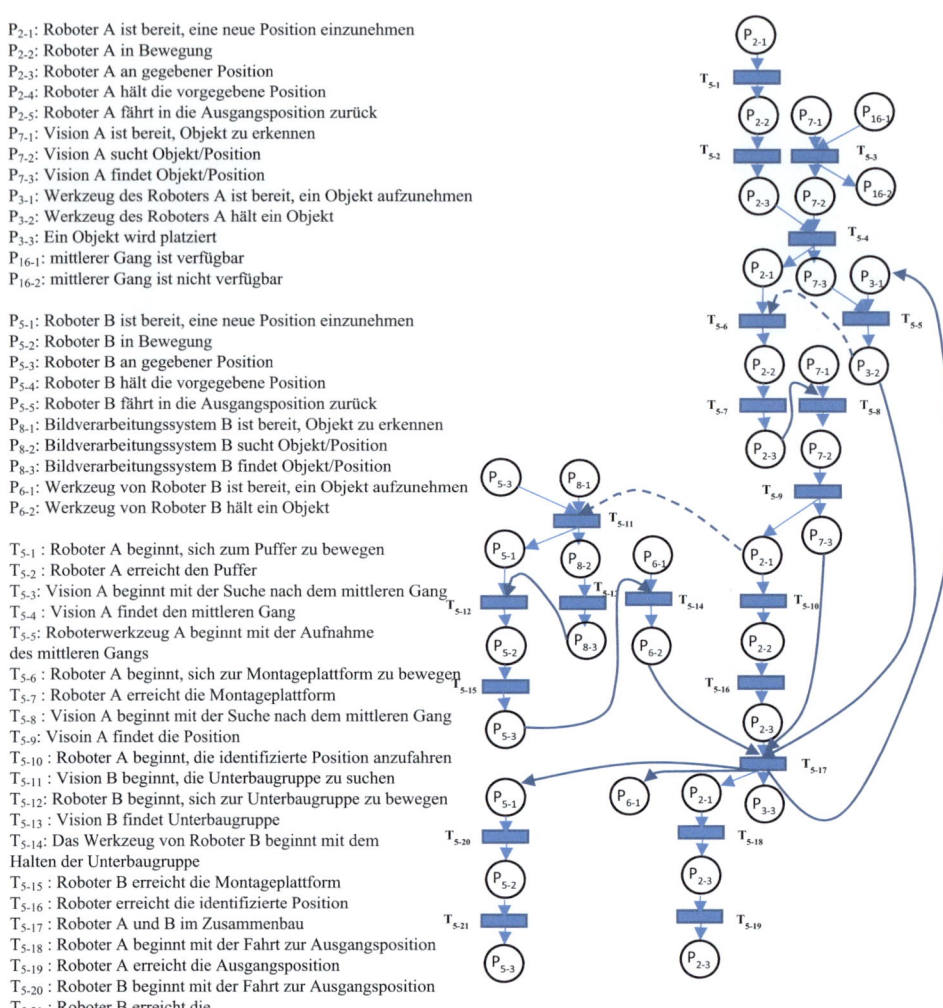

Abb. 5.35 Ereignis 5 (der 3. Typ): Durchführung einer Montageoperation

Bearbeitung, Montage, Transport und Lieferung entsprechen; Ereignisse sind das Ergebnis der Interaktionen von Systemelementen.

In Simio kann jeder Typ von Systemelementen, wie eine Maschine, Roboter, Produkt, Werkzeug und Kunde, als *intelligentes Objekt* mit gegebenen Merkmalen und Zuständen definiert werden. Der Zustandswechsel eines intelligenten Objekts kann grafisch animiert werden, um Visualisierungszwecke zu erfüllen. Sobald ein neues intelligentes Objekt definiert ist, wird es in der Designbibliothek gespeichert und kann in jedem anderen Modell wiederverwendet werden. Simio enthält eine Designbibliothek mit vordefinierten Objekten für Benutzer.

5.6.2 Objekttypen und Klassen

Neben den vordefinierten Objekten in der Designbibliothek bietet Simio die Schnittstelle für Benutzer, um benutzerdefinierte Objekte zu erstellen, und die gängigen Typen von Simio-Objekten sind in Tab. 5.19 aufgeführt (Pegden 2020).

Die Objekte in Tab. 5.19 können weiter in sechs Typen klassifiziert werden, die in Abb. 5.36 dargestellt sind (Thiesing und Pegen 2020). Ein *festes* Objekt hat einen festen Standort im System; Beispiele für feste Objekte sind stationäre Geräte wie Maschinen, Betankung und Stationen; in Tab. 5.19 sind *Quelle*, *Senke*, *Server*, *Kombinierer*, *Separator*, *Arbeitsstation* und *Ressource* feste Objekte. Ein *Agentenobjekt* kann sich frei im Raum bewegen. Eine *Entität* ist eine Instanzierung aus einer Agentenklasse, die von einem Objekt zu einem anderen im System bewegt werden kann. Beispiele für Entitäten sind die Kunden, die vor einer Servicestation warten, und die Werkstücke in einer Produktionslinie. Ein *Link*- oder ein *Knoten*-Objekt wird verwendet, um ein Netzwerk zu erstellen, in dem Entitäten sich bewegen, um Dienstleistungen zu erhalten. Ein *Link* bezieht sich auf einen Weg, auf dem eine Entität von einem Ort zu einem anderen bewegt wird. Ein *Knoten* entspricht einem Start- oder Endpunkt in einem Link. In Tab. 5.19 sind *Verbinder*, *Pfad*, *Zeitpfad* und *Förderband* Link-Objekte und *Grundknoten* und *Transferknoten* sind Knoten-Objekte. Ein *Transporter* ist eine Art von *Entität*, um Objekt(e) aufzunehmen, zu tragen oder abzulegen. Die Transportausrüstung wie ein AGV, Kran, Gabelstapler oder LKW kann als Transporter definiert werden. In Tab. 5.19 sind *Fahrzeug* und *Arbeiter* als Transporter-Objekte modelliert.

Tab. 5.19 Gängige Typen von Simio-Objekten (Pegden 2020)

Nein.	Objekt	Beschreibung
1	Quelle:	Ein Ort, an dem Entitäten in das System eintreten
2	Senke:	Ein Ort, an dem Entitäten das System verlassen
3	Server:	Ein Dienstanbieter mit mehreren Kanälen und Eingangs-/Ausgangswarteschlangen
4	Kombinierer:	Ein Kombinierer von Entitäten als Stapel.
5	Abscheider:	Ein Separator von Entitäten aus einer Charge.
6	Arbeitsstation:	Ein Betriebsort mit drei Stufen: Einrichten, Bearbeiten und Entladen.
7	Ressource:	Ein Objekt, das anderen Objekten dienen kann.
8	Fahrzeug:	Ein Objekt, das Entitäten transportieren kann.
9	Arbeiter:	Ein menschlicher Operator zum Verschieben von Objekten.
10	BasicNode:	Eine einfache Kreuzung von Links.
11	TransferNode:	Eine Kreuzung von Verbindungen, die als Ziel oder Wartehaltestelle des Transporters festgelegt ist.
12	Stecker:	Eine Verbindung von zwei Knoten ohne Zeitverzögerung.
13	Pfad:	Eine Strecke zwischen zwei Knotenpunkten, auf der sich ein Objekt mit einer bestimmten Geschwindigkeit bewegt.
14	ZeitPfad:	Ein Weg zwischen zwei Knotenpunkten mit einer bestimmten Fahrzeit.
15	Förderer:	Eine stauende oder nicht stauende Fördereinrichtung.

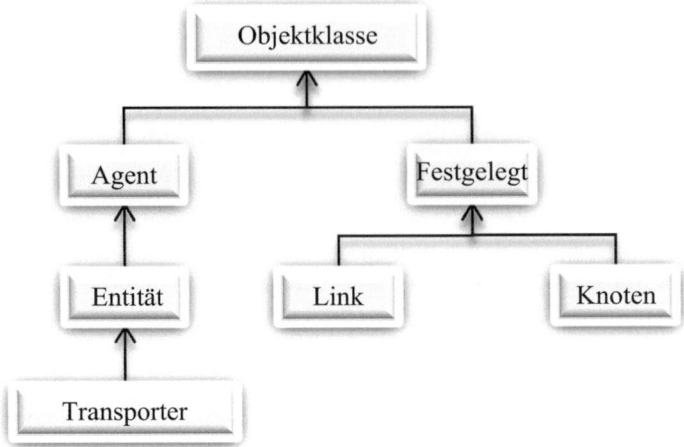

Abb. 5.36 Typen von Simio-Objekten

Das Verhalten eines Objekts wird durch seine Eigenschaften bestimmt. Zum Beispiel hat ein Quellen-Objekt eine Eigenschaft für die Zwischenankunftszeit, ein Server-Objekt hat eine Eigenschaft zur Angabe einer Bearbeitungszeit. Daher wird die Intelligenz eines Objekts als Sammlung der Prozesse modelliert, die durch die definierten Eigenschaften gesteuert werden.

5.6.3 Arten von Intelligenz

Bei der Definition eines Objekts werden häufig verwendete Eigenschaften eines Objekts definiert, indem die Kontrollkästchen im Eigenschaftenfenster angeklickt werden. Ein Grundobjekt hat einige vordefinierte Ereignisse, die automatisch ausgelöst werden, um den Status des Objekts zu ändern. Objekte benötigen möglicherweise andere Eigenschaften wie *Ausfälle, Statuszuweisungen, zusätzliche Ressourcenzuweisungen, Finanzen* oder *benutzerdefinierte Prozesslogiken*, diese Eigenschaften können aus der vollständig aufgeklappten Liste der Eigenschaften hinzugefügt werden.

Um ein Objekt in ein Simio-Modell einzufügen, wird der Objekttyp ausgewählt und das Objektsymbol in der Bibliothek wird gezogen und in *der Facility-Ansicht* platziert. Die Intelligenz eines festen Objekts wird als ein oder mehrere *Prozesse* modelliert. Ein Prozess wird von einem verfügbaren Token ausgeführt, und das vom Prozess gehaltene Token wird freigegeben, wenn der Prozess beendet wird. Ein Prozess selbst kann als eine Sequenz der *Prozessschritte* behandelt werden, die durch Ereignisse ausgelöst werden. Prozessschritte sind *zustandslos*; sie haben ihre Eingabeeigenschaften, aber keine Ausgabe oder Antwort. Dies impliziert, dass die Prozessschritte von einer beliebigen Anzahl von Objekten geteilt werden können. Wenn die Logik eines Prozesses geändert wird, tritt

5.6 Simulation von diskreten ereignisdynamischen Systemen

die Änderung bei jedem Objekt mit solchen Prozessschritten auf. Die Zustände für Objekte werden in Elementen aufgezeichnet. *Elemente* können sowohl Eingabe- als auch Ausgabeeigenschaften haben.

Ein *Prozessschritt* ist ein einfacher Prozess wie das Halten eines Tokens in einer Zeitspanne, das Halten oder Freigeben einer Ressource zu einem Zeitpunkt, das Warten auf ein Ereignis, um aktiviert zu werden, das Aktualisieren des Zustands des Objekts oder das Treffen einer Entscheidung über alternative Pfade. Einige Prozessschritte wie *Verzögerungen* sind für jedes Objekt gemeinsam, einschließlich Links, Entitäten, Transporter, Agenten und Gruppen. Andere Prozessschritte sind auf bestimmte Arten von Objekten zugeschnitten, wie *Aufnehmen-* oder *Absetzen*-Schritte zu einem *Transporter* und *Einbinden-* und *Ausbinden*-Schritte zu einem *Link*. Jede Objektklasse hat ihre eigene Reihe von *Ereignissen*. Zum Beispiel hat ein Link-Objekt normalerweise die folgenden Ereignisse (1) eine Entität betritt oder verlässt den Link, (2) eine Entität verschmilzt vollständig mit dem Link, und (3) eine Entität kollidiert oder trennt sich von anderen Entitäten im Link. Durch die Definition der Intelligenz auf Objekten, Prozessen und Ereignissen können die Bewegungen der Entitäten über die vernetzten Ressourcen vollständig gesteuert werden.

5.6.4 Fallstudie

Simio bietet viele Fallstudien zur Verwendung von Simio zur Simulation verschiedener DEDS in der Luft- und Raumfahrttechnik, Geschäftsprozessen, Lieferketten, Transport und Fertigung. Hier wird die Simulation einer Montagezelle als Beispiel zitiert, um zu veranschaulichen, wie ein CAE-Tool wie Simio zur Modellierung und Simulation eines DEDS verwendet wird (Simio 2020).

Die Entitäten in den Arbeitszellen sind *Typ-A-Teile, Typ-B-Teile und Produkte*, die aus Typ-A- und Typ-B-Teilen zusammengesetzt sind. Die Objekte umfassen *zwei Lager* als Quellen für Typ-A- und Typ-B-Teile; *eine Vorbereitungsstation, zwei Montagestationen, eine Reparaturstation, eine Verpackungsstation* und *zwei Docks* zum Versand von Produkten. Die Prozessabläufe der Montagezelle umfassen: (1) Eine Palette mit Typ-A-Teilen wird von einem Gabelstapler aus einem von zwei Lagern für diesen Teiletyp aufgenommen. (2) Ein Typ-A-Teil wird zur Vorbereitungsstation geschickt. (3) Ein Typ-A-Teil und ein Typ-B-Teil werden zu einem Produkt zusammengebaut. (4) Ein Produkt mit einem Defekt wird gesendet und repariert, wenn das Produkt als defekt identifiziert wird. (5) Ein Produkt wird verpackt. (6) Ein verpacktes Produkt wird zufällig zu einem von zwei Docks zum Versand transportiert. Die Simulation zielt darauf ab, die Anzahl der verpackten und reparierten Produkte im Laufe der Zeit vorherzusagen.

Typ-A-Teile. Typ-A-Teile werden aus zwei Lagern entnommen. Zu Beginn des Systembetriebs wird die Palette mit Typ-A-Teilen aus dem ersten Lager entnommen. Wenn die Anzahl der Paletten im ersten Lager weniger als 2 beträgt, wird zufällig eine neue Palette in einem der beiden Lager verfügbar. Dieser Zeitplan wird durch Überwachung der Anzahl der Paletten (*NumberInPrep*) durch ein *Überwachungselement* implementiert, dessen Schwellenwert 2 ist und die Übergangsrichtung negativ ist. Wenn die Zustandsvariable NumberInPrep kleiner als 2 ist, löst das Überwachungselement ein Ereignis aus, um ein Typ-A-Teil zu erstellen.

Paletten. Jede Palette enthält 10 Typ-A-Teile. Die Entitäten auf einer Palette werden an einem Separator geleert, der sich am Anfang der kontinuierlichen Montagelinie befindet. Die Typ-A-Teile werden von einem Förderband gesendet, und eine Palette wird zu einem Lagerregal gebracht, das als Senke modelliert ist.

Vorbereitungsstation. Die Anzahl der Typ-A-Teile an der Vorbereitungsstation wird durch eine benutzerdefinierte Zustandsvariable verfolgt; die Anzahl wird aktualisiert, wenn ein Teil die Vorbereitungsstation betritt oder verlässt. Wenn ein Teil die Station verlässt, wird die vorgesehene Montagestation zufällig aus zwei Montagestationen ausgewählt.

Montagestation I und II. Zwei Montagestationen werden verwendet, um Typ-A- und Typ-B-Teile zu Produkten zusammenzubauen. Ein Produkt besteht aus einem Typ-A-Teil (Elternteil) und einem Typ-B-Teil (Kind). Die Montagestationen sind als Kombinierer modelliert. Es wird angenommen, dass Typ-B-Teile durch die Quellen verfügbar sind, die mit den Montagestationen verbunden sind.

Verpackungsstation und Reparaturstation. 100 % der Produkte von der Montagestation II und 70 % der Produkte von der Montagestation I werden direkt zur Verpackungsstation geschickt und 30 % der Produkte von der Montagestation I werden zur Reparaturstation geschickt, und sie werden zur Verpackungsstation geschickt, nachdem sie von Arbeitern repariert wurden.

Versand. Verpackte Produkte werden zufällig zu zwei LKWs transportiert, die als Senken modelliert sind. Die zufällige Auswahl erfolgt durch (1) Verwendung des Zufallsauswahlziels am Ausgang der Verpackungsstation, (2) Festlegung des Entitätszieltyps als „Aus Liste auswählen" und (3) Festlegung des Knotenlisten-Namens als Liste der Eingangsknoten von zwei LKWs.

5.7 Computer Integrated Manufacturing

Ein Fertigungssystem beinhaltet zahlreiche Aufgaben und Operationen, die verschiedene Informationssysteme von verschiedenen Anbietern für Entscheidungsunterstützungen benötigen. Wie in Abb. 5.37 gezeigt, ist *Computer Integrated Manufacturing* eine integrierte Lösung zur Verwendung von Computern zur Planung, Terminierung und Steuerung von

5.7 Computer Integrated Manufacturing

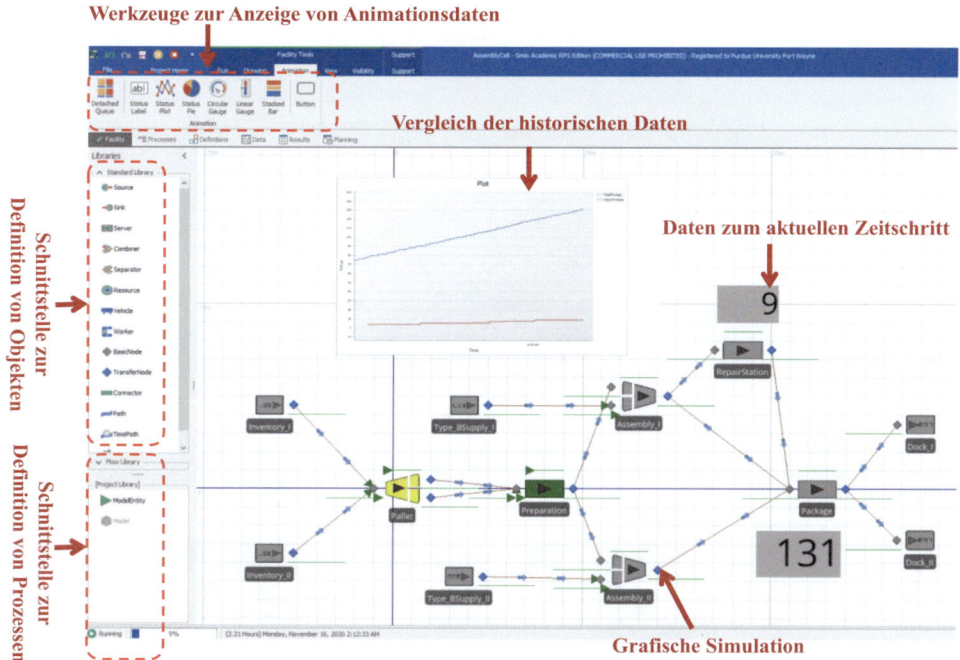

Abb. 5.37 Schnappschuss der DEDS-Simulation in der Simio-Umgebung

Fertigungsgeschäften in Produktlebenszyklen (Armagard 2020). Die Haupt-Subsysteme in CIM sind *Computer-Aided Design* (CAD), *Computer-Aided Engineering* (CAE), *Computer-Aided Manufacturing* (CAM), *Computer-Aided Process Planning* (CAPP*)*, *Computer-Aided Quality Assurance* (CAQ), *Produktionsplanung und -steuerung* (PPC), *Enterprise Resources Planning* (ERP) und andere hochrangige Geschäftssysteme wie *Supply Chain Management* (SCM) und *Customer Relationship Management* (CRM).

Wie in Abb. 5.38 gezeigt (Wikipedia 2020d), dient CIM als Zentrum einer integrierten Lösung für ein Unternehmen, um Fertigungsgeschäfte auf allen Ebenen und Bereichen in seinem Produktionssystem zu automatisieren. CIM befasst sich mit der Integration, Koordination, Zusammenarbeit und Kooperation von Funktionseinheiten in einem Unternehmenssystem. Daher werden drei kritische Anforderungen an CIM wie folgt identifiziert (Wikipedia 2020d):

Integration von Subsystemen von verschiedenen Anbietern. Verschiedene Hardware- und Softwaresysteme werden mit verschiedenen Plattformen, Programmiersprachen und Standards entwickelt. Zum Beispiel verwenden automatisierte Maschinen wie Roboter, AGVs, Förderbänder und CNC verschiedene Protokolle zur Kommunikation. CIM muss sich mit der Heterogenität der Subsysteme in Kommunikation und Interaktionen befassen.

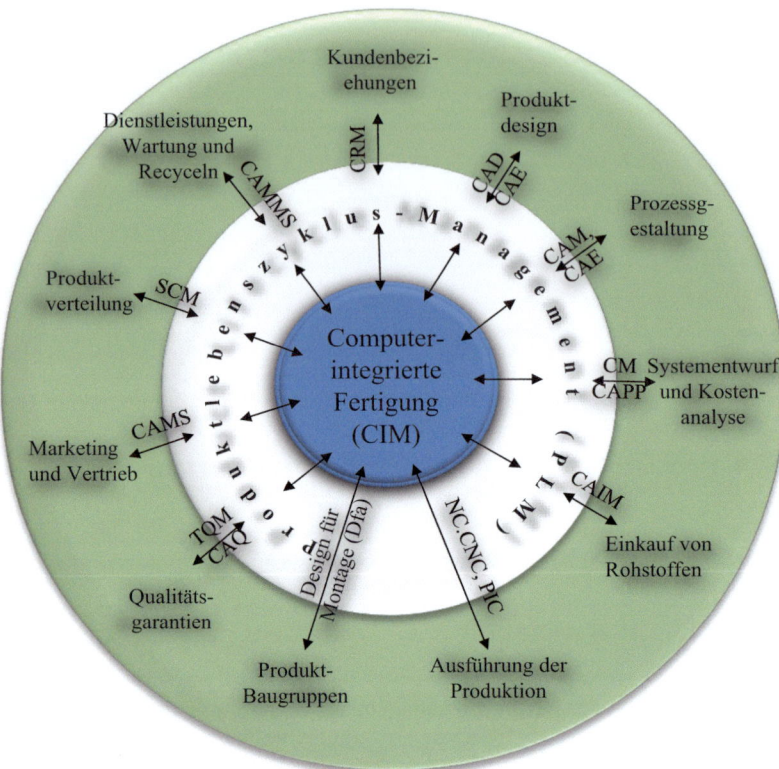

Abb. 5.38 Computer Integrated Manufacturing für Systemintegration

Menschliche Faktoren in der Prozesssteuerung. CIM ist eine ideale Lösung für die vollständige Automatisierung. In der Realität sind menschliche Eingriffe erforderlich, um mit den Veränderungen und Unsicherheiten sowohl in den Maschinenoperationen als auch in den Entscheidungsunterstützungen umzugehen. CIM muss in der Lage sein, geeignete Schnittstellen zu bieten, um (1) menschliche Bediener in Fertigungsanlagen im Materialfluss zu unterstützen und (2) Ingenieuren zu ermöglichen, die Umstände zu bewältigen, die von den automatisierten Informationssystemen nicht vorhergesehen wurden.

Datenintegrität. Je höher der Automatisierungsgrad eines Systems ist, desto entscheidender ist die Datenintegrität für die Systemsteuerung. Wenn Daten zwischen zwei Systemen ausgetauscht und geteilt werden, sind normalerweise zusätzliche menschliche Anstrengungen erforderlich, um sicherzustellen, dass es geeignete Schutzmaßnahmen für Rohdaten gibt, um effektive Interaktionen zu ermöglichen.

5.7 Computer Integrated Manufacturing

Ähnlich wie bei einem modularen System kann CIM als Philosophie betrachtet werden, in der die Systemkomplexität und Unsicherheiten des Systems durch die Auswahl bestehender technischer Lösungen und die Interaktion mit diesen Lösungen auf verschiedene Weisen bewältigt werden. Daher steht keine universelle CIM-Lösung für produzierende Unternehmen zur Verfügung, insbesondere für kleine und mittlere Unternehmen (KMU), die über begrenzte Ressourcen für die Investition in technologische Akquisition verfügen. Hier wird eine Fallstudie vorgestellt, die die manuelle Intervention für die Datenintegrität bei der Systemintegration zeigt.

Fallstudie 5.1. Ein Hersteller ist ein Zulieferer der Stufe II für thermogeformte Produkte in der Automobilindustrie. Der Hersteller übernimmt die Verantwortung für die Gestaltung und Implementierung von Fertigungsprozessen für die Produkte, die von Unternehmen der Stufe I entworfen wurden. Das Unternehmen muss Produktmodelle von Kunden erhalten und diese mit CAE analysieren, um zu überprüfen, ob alle Produkteigenschaften hergestellt werden können. Wenn alle Produkteigenschaften hergestellt werden können, werden CAPP und CAM verwendet, um Vorrichtungen einzurichten, Formen zu entwerfen und Werkzeugmaschinen zu betreiben. Andernfalls werden die empfohlenen Änderungen zur kontinuierlichen Verbesserung der Produkte an die Kunden zurückgegeben. Wie in Abb. 5.39 gezeigt, benötigt die Systemintegration manuelle Anstrengungen für die Kommunikation von Produktmodellen.

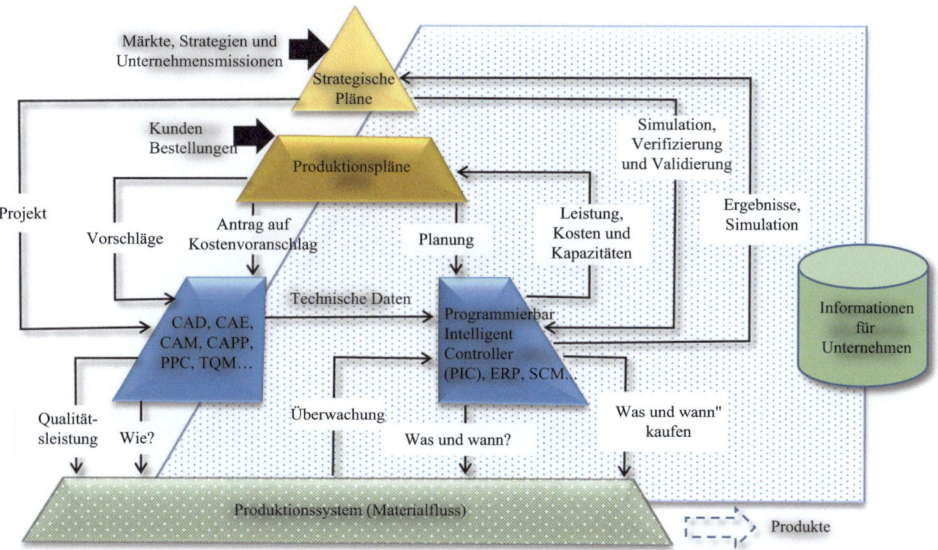

Abb. 5.39 Computerintegrierte Fertigung für die Systemintegration (Wikipedia 2020d)

Das Unternehmen hat Schwierigkeiten, mit Kunden beim Datenaustausch zu kommunizieren. Wie in Abb. 5.40 gezeigt, verwenden Kunden verschiedene CAD-Tools wie Catia, Unigraphics, Creo, Solidedge, um ihre Produktmodule zu erstellen; jedoch steht im Unternehmen nur SolidWorks zur Verfügung, um CAD-Modelle zu überprüfen und zu bearbeiten. Beachten Sie, dass Produktmodelle für das Unternehmen bearbeitbar sein müssen, um (1) die für das Thermoformen relevanten Abmessungen zu ermitteln, (2) neue, durch Thermoformen erforderliche Merkmale hinzuzufügen, (3) Produktmodelle zur Erstellung von Formen und zur Gestaltung von Vorrichtungen zu nutzen, und (4) CAE auszuführen, um sicherzustellen, dass Produkte mit der erforderlichen Festigkeit und Qualität hergestellt werden können.

Ein CAD-Modell kann in verschiedenen Dateiformaten erstellt werden. Neben der Erzeugung seines nativen CAD-Formats ist ein CAD-Tool oft kompatibel mit einer Reihe von Dateiformaten wie.STL,.OBJ,.STEP und .IGES; Tab. 5.20 zeigt einige Standarddateiformate für CAD-Modelle (Sketchfab 2020).

Selbst bei gleichen geometrischen Informationen haben die CAD-Modelle in verschiedenen Dateiformaten unterschiedliche Inhalte. Wenn ein CAD-Modell von einem Softwaretool zu einem anderen Softwaretool übertragen wird, gehen hochrangige

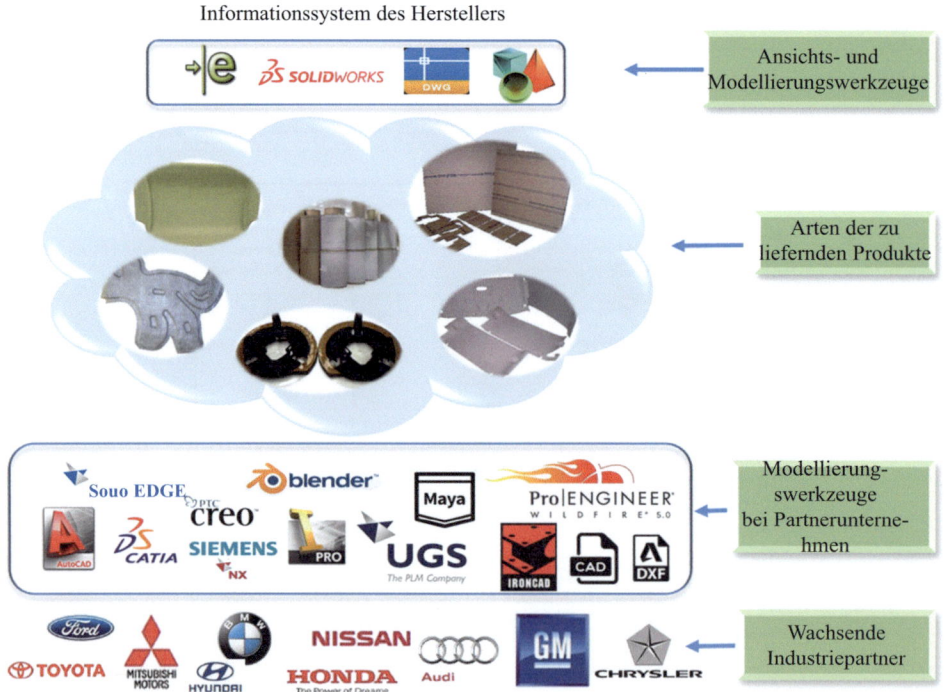

Abb. 5.40 CAD-Datenaustausch zwischen einem Hersteller und Kundenunternehmen in Fallstudie 5.1

5.7 Computer Integrated Manufacturing

Tab. 5.20 Liste der Standarddateiformate von CAD-Modellen

3D-Dateiformat	Typ
STL	Neutral
OBJ	ASCII-Variante ist neutral, binäre Variante ist proprietär
FBX	Proprietär
COLLADA	Neutral
3DS	Proprietär
IGES	Neutral
SCHRITT	Neutral
VRML/X3D	Neutral

Informationen wie Merkmale, Designabsichten und Einschränkungen verloren. Das Unternehmen verwendet SolidWorks, und SolidWorks ermöglicht den Import oder Export von über 30 verschiedenen Dateiformaten (SolidWorks 2019) wie in Tab. 5.21 aufgeführt.

Abb. 5.41 zeigt einen Vergleich der Arbeitsabläufe mit und ohne Systemintegration. In Abb. 5.41 werden die Designänderungen mit den Kunden abgesprochen, Formen hergestellt und Verarbeitungspläne erstellt. Dies führte zu einer langen Vorlaufzeit, hohen Entwicklungszeit und vor allem zu verpassten Geschäftsmöglichkeiten aufgrund einer langen Angebotszeit und den Unsicherheitsfaktoren beim Angebot. In Abb. 5.41b werden die Ingenieure stark durch die SolidWorks-Pakete unterstützt, um Designabsichten und Wissen aus importierten CAD-Modellen wiederherzustellen, die vorgeschlagenen Designänderungen unmissverständlich mit den Kundenunternehmen zu kommunizieren und die wissensbasierte Engineering-Methode in CAM und CAPP zu verwenden. Es wird erwartet, dass dies die Vorlaufzeit und die Entwicklungskosten erheblich reduziert.

Abb. 5.42 zeigt den Datenfluss, wenn Produktmodelle in das Informationssystem des Unternehmens importiert und exportiert werden, und Tab. 5.22 zeigt die Hauptmaßnahmen zur Sicherstellung, dass die Informationen über Merkmale, Designabsichten und in CAD-Modellen eingebettetes Wissen so weit wie möglich erhalten bleiben. Beachten Sie, dass alle computergestützten Funktionen in SolidWorks vollständig genutzt werden können, um die Aufgaben von Schritt 2 bis Schritt 4 zu erfüllen.

Tab. 5.21 Kompatible Dateiformate in SolidWorks

3D XML	Autodesk Inventor	IGES*
3DS	Autodesk Mechanical	JPG
3MF	Desktop	OBJ
ACIS	CADKEY	Parasolid
Adobe Illustrator	CATIA-Grafiken	ProEngineer
AMP	**CGR (CATIA-Grafik)***	Adobe Photoshop
PRC	SWG	PSD
PDF	DXF	Nashorn
IFC	HCG	SAT
SCHRITT*	**Unigraphics/NX***	SolidEdge
STL	VDA-FS	ECAD (IDF, ProStep)
TIFF	VRML	AEC (IFC-Format)

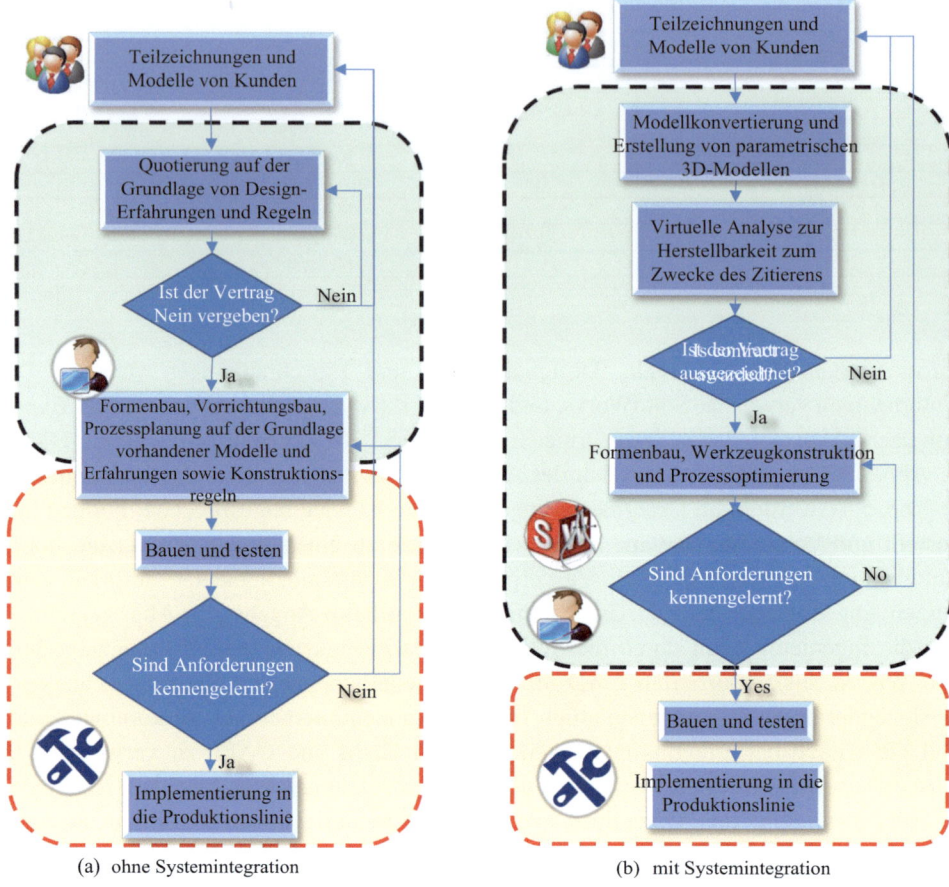

Abb. 5.41 Vergleich von Arbeitsabläufen mit und ohne Systemintegration

5.8 Computerunterstützte Systembewertung

Die Rolle von Bewertungsmetriken in Systemdesigns kann nicht überschätzt werden. Ein Unternehmenssystem benötigt die Metriken, um die Leistungen von Funktionseinheiten in verschiedenen Bereichen und Ebenen zu bewerten.

Mit zunehmender Sorge um die globale Erwärmung, die Knappheit natürlicher Ressourcen und die Verschmutzung der natürlichen Umwelt wurden Unternehmenswerte umfassend aus der Perspektive von Wirtschaft, Gesellschaft und Umwelt bewertet, und der Umfang von Fertigungsunternehmen wurde erheblich um nachhaltige Fertigungssysteme erweitert. Wie in Abb. 5.43 gezeigt, waren traditionelle Fertigungsprozesse wie *Design*, *Fertigung* und *Montage* wirtschaftliche Aktivitäten, die auf Kosten und

5.8 Computerunterstützte Systembewertung

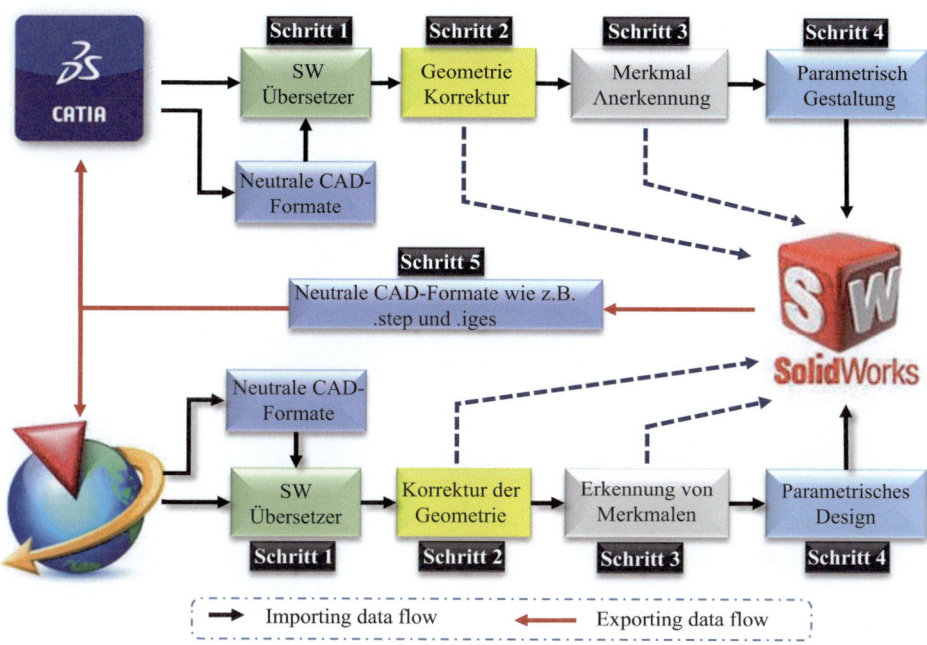

Abb. 5.42 Datenfluss beim Importieren oder Exportieren von Produktmodellen

Gewinnen basierten; jedoch wurde der Umfang der Fertigungsprozesse erheblich um *Wiederverwendung*, *Wiederherstellung*, *Neugestaltung*, *Recycling* und *Wiederaufbereitung* erweitert, und die Auswirkungen von Fertigungsprozessen auf Wirtschaft, Gesellschaft und Umwelt müssen bei der Bestimmung von Unternehmenswerten berücksichtigt werden. Verschiedene Standards (z. B. ISO 14.000 und ISO 14.064) wurden entwickelt, um die Nachhaltigkeit und Kosten des Systems zu bewerten. Hier werden die Techniken für die computerunterstützte Systembewertung vorgestellt.

Tab. 5.22 Import- und Exportprozesse in SolidWorks

	Schritt	Aufgabe
Importieren von	1	Verwenden Sie den SolidWorks-Übersetzer, um eine Datei zu öffnen, die vom CAD-Paket des Kundenunternehmens erzeugt wurde (z. B. Catia, Unigraphics/NX, .step und .iges)
	2	Korrigieren, Löschen, Unterdrücken von Fehlern an Kanten, Flächen, Referenzen und Bezugspunkten, um Solids zu bereinigen
	3	*Feature-Erkennung* ausführen, um sinnvolle und korrekte Features wiederherzustellen
	4	Verwenden Sie *die parametrische Konstruktionstechnik*, um Solids zu ändern, neue Merkmale hinzuzufügen und technische Analysen durchzuführen.
Exportieren	5	Verwenden Sie den SolidWorks-Übersetzer, um eine Datei in einem Format zu exportieren, das mit dem CAD-Paket des Kundenunternehmens kompatibel ist.

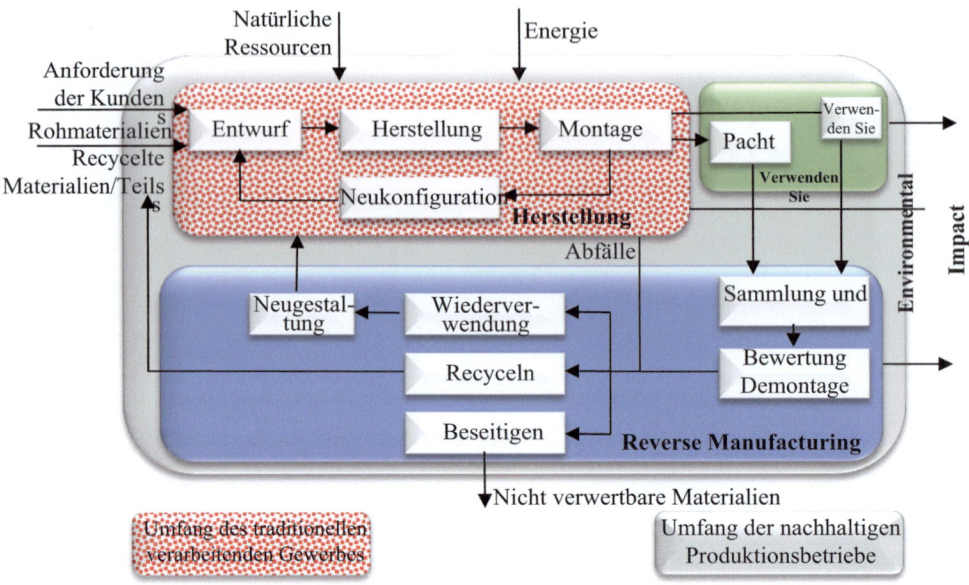

Abb. 5.43 Beschreibung des nachhaltigen Fertigungssystems (Bi 2011)

5.8.1 Nachhaltigkeit von Fertigungssystemen

Abb. 5.44 zeigt die Auswirkungen von Fertigungsunternehmen auf drei Aspekte der Nachhaltigkeit, d. h. Wirtschaft, Gesellschaft und Umwelt. Fertigungsunternehmen sind mit den Produkten in bestimmten Phasen des Produktlebenszyklus verbunden, nämlich *vor der Fertigung*, *bei der Fertigung*, *im Gebrauch* und *bei der Nachnutzung*. Die Auswirkung eines spezifischen Fertigungsprozesses auf die drei Aspekte wird individuell bewertet, und die Gesamtauswirkung eines Fertigungssystems auf die drei Aspekte der Nachhaltigkeit ist die Summe aller Fertigungsunternehmen im System. Wie jedoch aus Abb. 5.44 hervorgeht, sind die Beziehungen von Fertigungsunternehmen zur Nachhaltigkeit so kompliziert, dass sie in analytischen Modellen modelliert werden; es wäre realistischer, die Nachhaltigkeit des Systems mit statistischen Methoden auf der Grundlage vorhandener Daten zu bewerten. Glücklicherweise kann die Nachhaltigkeit eines Fertigungssystems statistisch auf der Grundlage der Produkte, die das System herstellt, bewertet werden.

5.8.2 Hauptindikatoren

Abb. 5.43 zeigte, dass Fertigungsunternehmen auf die Aktivitäten im gesamten Produktlebenszyklus ausgeweitet wurden; daher sollte die Systemnachhaltigkeit im Produktlebenszyklus bewertet werden, und die Systemnachhaltigkeit wird durch vier Hauptindikatoren wie folgt quantifiziert.

5.8 Computerunterstützte Systembewertung

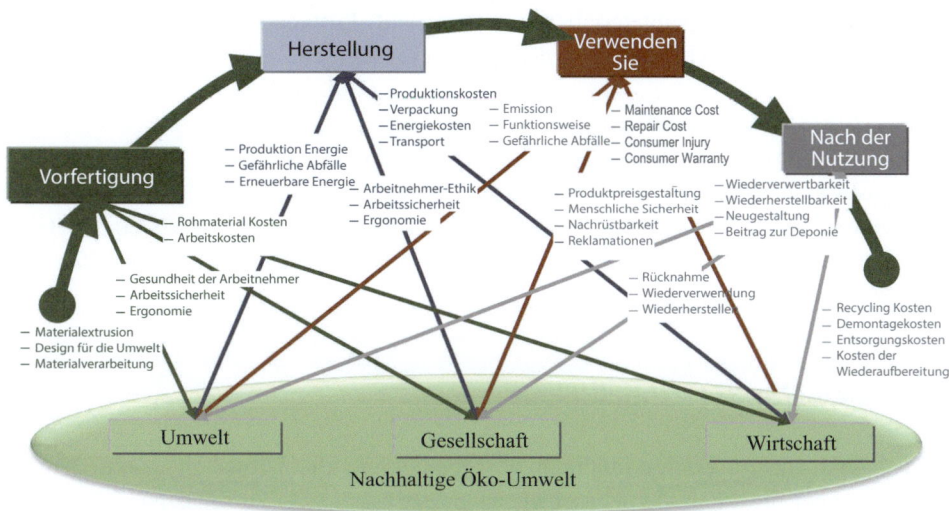

Abb. 5.44 Bewertung der Nachhaltigkeit in einem Fertigungssystem (Bi 2011)

5.8.2.1 CO$_2$-Fußabdruck

Kohlendioxid (CO$_2$) und andere Gase mit äquivalenten Emissionen entstehen, wenn natürliche Ressourcen wie fossile Brennstoffe in der Atmosphäre verbrennen. CO$_2$ und seine Äquivalente beeinflussen die durchschnittliche Temperatur der Erde, und eine kontinuierliche Erhöhung der Durchschnittstemperatur verursacht eine *globale Erwärmung* und damit den Verlust von Gletschern, extreme Wetterbedingungen und andere Umweltprobleme. *Der CO$_2$-Fußabdruck* wird definiert, um die Auswirkungen von Produkten auf die Umwelt in der Einheit einer Tonne Kohlendioxid (CO$_2$) zu messen.

5.8.2.2 Gesamtenergie

Die Gesamtenergie ist die Gesamtmenge an direktem Energieverbrauch bei der Herstellung von Produkten, die Energieeinheit ist in *Mega-Joule* (MJ). Die Gesamtenergie wird berechnet aus (1) der vorgelagerten Energie zur Gewinnung und Verarbeitung natürlicher Energiequellen, (2) verbrauchter Energie durch Freisetzung oder Verbrennung natürlicher Energiequellen, (3) elektrischer Energie zur Herstellung, Transport und Nutzung von Produkten. Darüber hinaus müssen die Effizienzen bei der Energieumwandlung (z. B. Strom, Wärme, Dampf) berücksichtigt werden.

5.8.2.3 Luftversauerung

Luftversauerung bezieht sich auf sauren Regen, der durch die Menge an Schwefeldioxid (SO$_2$), Stickoxide (NO$_x$) und anderen sauren Emissionen verursacht wird. Saurer Regen ist ein nachteiliger Umweltfaktor, da er das Land und das Wasser verschmutzt, in dem Pflanzen und Wassertiere leben; darüber hinaus löst Luftversauerung langsam von

Menschen hergestellte Baumaterialien wie Beton auf. Luftversauerung wird in der Einheit *Kilogramm Schwefeldioxidäquivalent* (SO_2–e) gemessen.

5.8.2.4 Wassereutrophierung
Wassereutrophierung misst die Auswirkungen auf das Wasserökosystem aufgrund des Überflusses an Nährstoffen; dies entzieht dem Wasser Sauerstoff und führt zum Tod von Pflanzen und Tieren. Stickstoff (N) und Phosphor (PO_4) in Düngemitteln sind die Hauptquellen der Wassereutrophierung. Die Einheit der Wassereutrophierung ist *Kilogramm Phosphatäquivalent* (PO_4–e).

5.8.3 SolidWorks Nachhaltigkeit

SolidWorks Nachhaltigkeit ermöglicht es Ingenieuren, die Umweltauswirkungen von Produkten über die Methode der Lebenszyklusanalyse (LCA) zu schätzen. LCA ist die Methode zur Bewertung der Umweltauswirkungen eines Produkts von der Vorbereitung der Rohstoffe bis zur Produktion, Verteilung, Nutzung, Entsorgung und schließlich zum Recycling. LCA unterstützt den Vergleich von optionalen Materialien in Bezug auf Umweltauswirkungen, und LCA wird verwendet, um die Systemnachhaltigkeit in Bezug auf (1) den Verbrauch von Energie und Rohstoffen, (2) die durch Herstellungsprozesse erzeugten Emissionen und Abfälle, (3) die potenziellen Umweltauswirkungen und (4) die Optionen zur Reduzierung der Umweltauswirkungen zu bewerten.

Abb. 5.45 zeigt das Framework von SolidWorks Sustainability. LCA bewertet die Nachhaltigkeit aus der Perspektive von CO_2-Fußabdruck, Gesamtenergie, Luftversauerung und Wassereutrophierung, und die Nachhaltigkeit wird quantifiziert mit den gesammelten Daten der Umweltauswirkungen durch verschiedene Materialien in der Bibliothek. Ingenieure können es verwenden, um Rohstoffe auszuwählen und zu vergleichen, da LCA simulationsbasierte Optimierung unterstützt.

5.8.3.1 Materialbibliothek
Die Auswirkungen der Gewinnung und Verarbeitung von Rohstoffen hängen von den spezifischen Materialien ab. Abb. 5.45 zeigt die Optionen von Materialien in der Materialbibliothek. Die Materialien sind auf zwei Ebenen organisiert, die erste Ebene in Abb. 5.45a zeigt die Klassen von Materialien wie Stahl, Eisen, Gummi und Hölzer. Die zweite Ebene in Abb. 5.45b zeigt die Arten von Materialien wie AISI 1020, AISI 304 und legiertem Stahl in der Stahlklasse. Beachten Sie, dass die Arten von Materialien den erforderlichen Behandlungen von Materialien entsprechen.

5.8.3.2 Herstellungsprozesse und Regionen
Die Auswirkungen der Herstellungsprozesse von Produkten hängen von den Prozesstypen und den geografischen Standorten ab, an denen die Prozesse durchgeführt werden. Abb. 5.46 zeigt die Eingaben für LCA, um die Auswirkungen der Herstellungsprozesse

5.8 Computerunterstützte Systembewertung

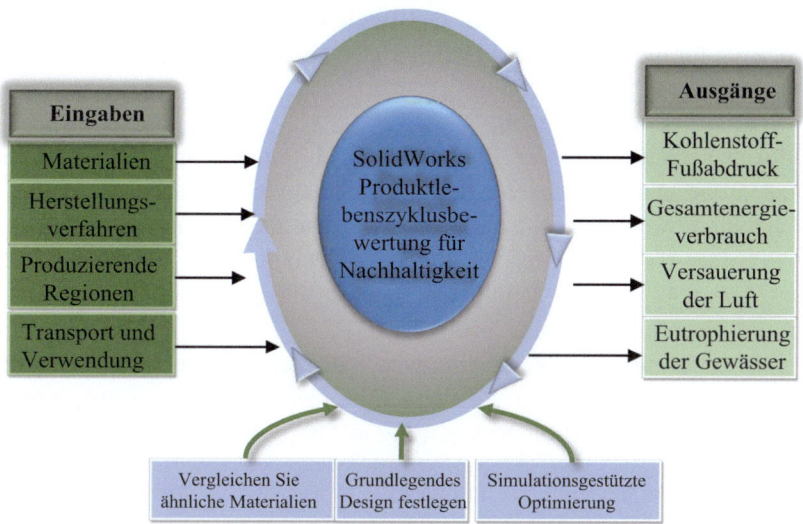

Abb. 5.45 SolidWorks Sustainability, Framework und Werkzeuge

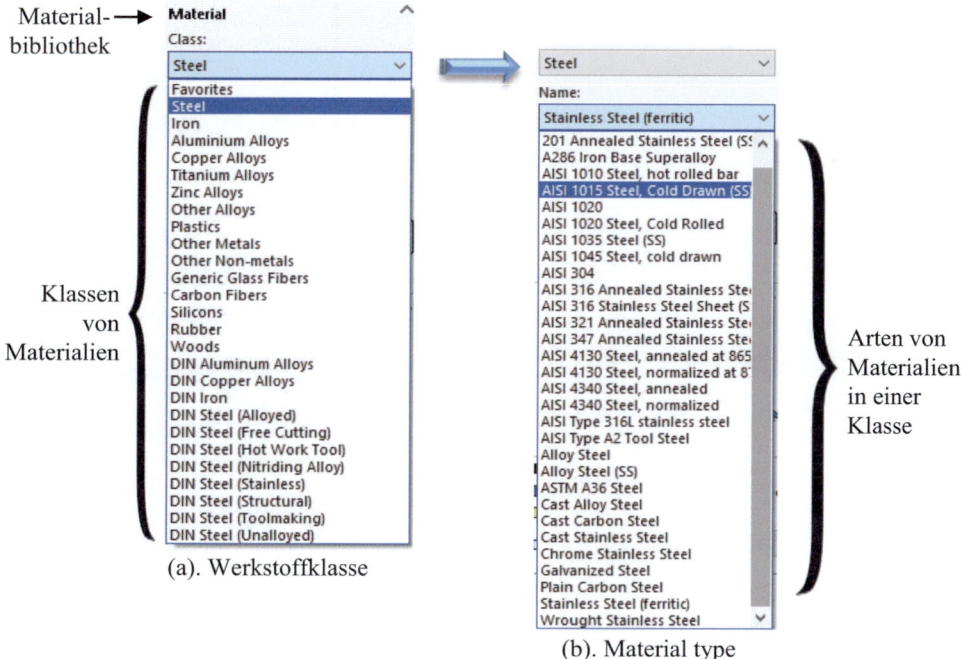

Abb. 5.46 Klassen und Arten von Materialien

auf die Nachhaltigkeit zu bestimmen. Die Regioneneingabe bestimmt die verbrauchte Energie in kWh für die Durchführung solcher Herstellungsprozesse.

5.8.3.3 Transport und Nutzung

Nachhaltigkeit berücksichtigt den Energieverbrauch durch einige nicht-wertschöpfende Aktivitäten, insbesondere *Transport,* und einige Aktivitäten, die nicht in der Produktion durchgeführt werden, wie *Produktnutzung*. Darüber hinaus werden die Energieverbräuche beider Faktoren durch die Regionen beeinflusst, in denen diese Aktivitäten stattfinden. Abb. 5.47 zeigt die Schnittstelle zur Eingabe der Informationen für Regionen, Transport und Nutzung von Produkten.

Abb. 5.48 zeigt ein Beispiel für eine Nachhaltigkeitsbewertung eines Produkts, die (1) die quantifizierte Auswirkung auf den CO_2-Fußabdruck, den Energieverbrauch, die Luftversauerung und die Wassereutrophierung in Abb. 5.48a und (2) die wirtschaftlichen

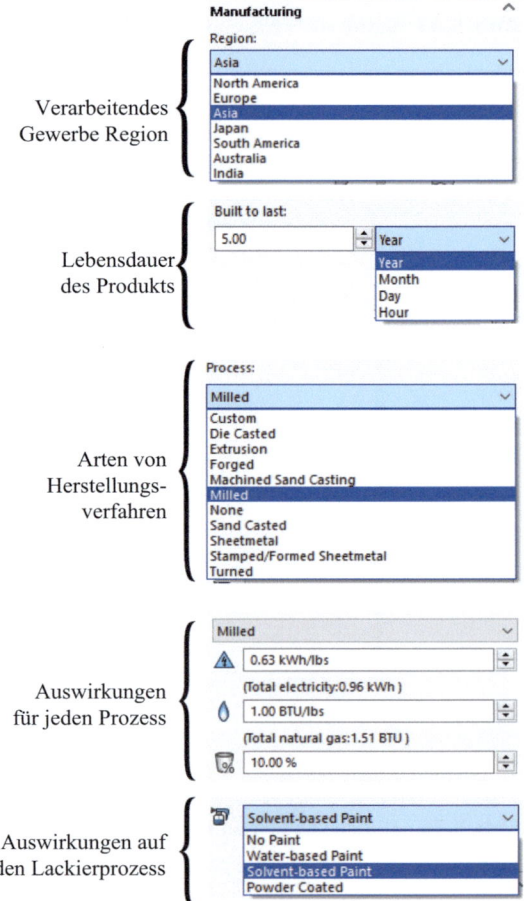

Abb. 5.47 Auswirkungen von Herstellungsprozessen, Regionen und Transport

5.8 Computerunterstützte Systembewertung

Abb. 5.48 Auswirkungen von Transport und Nutzung des Produkts

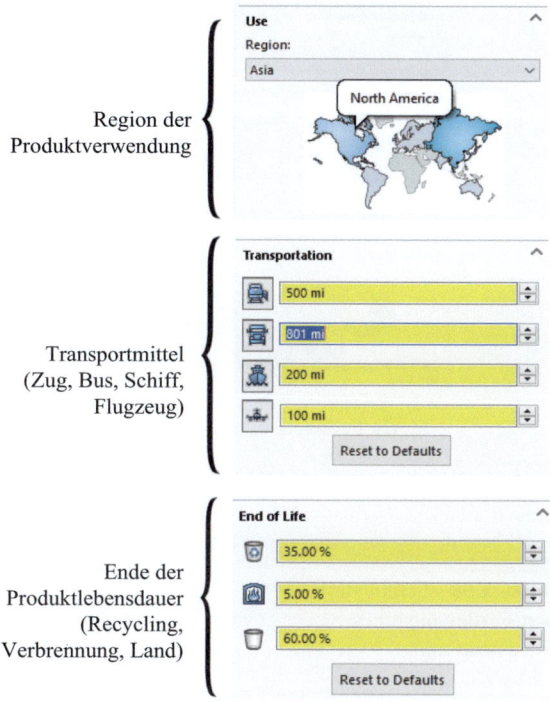

Region der Produktverwendung

Transportmittel (Zug, Bus, Schiff, Flugzeug)

Ende der Produktlebensdauer (Recycling, Verbrennung, Land)

Auswirkungen von Produkten im Hinblick auf Materialien, Herstellung, Nutzung und Entsorgung umfasst.

5.8.3.4 Materialvergleichstool

SolidWorks Sustainability unterstützt Ingenieure dabei, Rohstoffe aus der Perspektive der Nachhaltigkeit von Produkten zu vergleichen. Ein Vergleich wird zwischen einem Basismaterial und alternativen Materialien gemacht, und Abb. 5.49 zeigt die Schnittstelle zur Festlegung eines Basismaterials für das Produkt. Im Vergleich kann die Umweltauswirkung in andere, den Menschen vertrautere Größen umgerechnet werden; zum Beispiel kann der CO_2-Fußabdruck in gefahrene Autokilometer umgerechnet werden, und diese Umrechnung kann mit dem Online-Tool durchgeführt werden.

SolidWorks Sustainability ist anwendbar auf montierte Produkte. Die gesamte Umweltauswirkung eines Produkts ist die Summe der Auswirkungen der einzelnen Teile im Produkt. Abb. 5.50 zeigt die Bewertung einer Struktur, die aus Strukturelementen zusammengesetzt ist. Allerdings wird die LCA eines Montagemodells nicht von SolidWorks Sustainability in der Light-Version SustainabilityXpress unterstützt.

5.8.3.5 Kostenanalyse

Unternehmen betreiben Fertigungsbetriebe um einen Gewinn zu erzielen; daher müssen wirtschaftliche Faktoren bei der Gestaltung und dem Betrieb von Fertigungs-

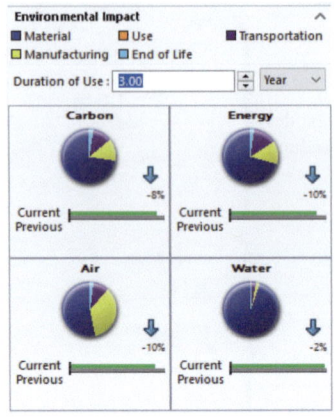 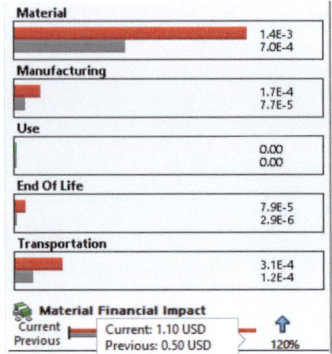

(a). Environmental impact   (b). Economic impact of product

Abb. 5.49 Beispiel für ein Ergebnis der LCA

Abb. 5.50 Schnittstelle zur Festlegung eines Basismaterials

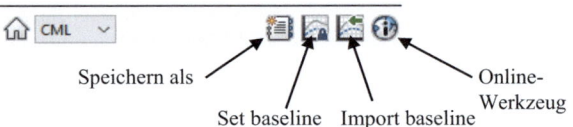

systemen berücksichtigt werden. In der nachhaltigen Fertigung müssen die Kosten eines Fertigungssystems direkte und indirekte Kosten, Eventualverbindlichkeiten, Anfangskapital und greifbare Kosten im Zusammenhang mit Umweltauswirkungen umfassen. Die Kostenanalyse der LCA beinhaltet Overhead-Umweltkosten. *SolidWorks Costing* unterstützt die Kostenanalyse unter Berücksichtigung von Umweltfaktoren. Das Kostenwerkzeug kann in der „Bewertung" CommandGroup aufgerufen werden, wie in Abb. 5.51 gezeigt.

Die Abbildungen 5.52 und 5.53 zeigen die Eingaben für eine Kostenanalyse des Produkts. In Abb. 5.52 werden die Verarbeitungstypen und Materialien festgelegt, und in Abb. 5.53 werden die Details jedes Herstellungsprozesses bereitgestellt. Die Details beinhalten die Abmessungen der Rohstoffe und die Menge der Produkte. Abb. 5.54 zeigt ein Beispiel für das Ergebnis der Kostenanalyse eines Produkts.

5.9 Zusammenfassung

Ein Fertigungssystem beinhaltet zahlreiche Aktivitäten, die von verschiedenen Hardware- und Softwareeinheiten verschiedener Anbieter durchgeführt werden. Jede funktionale Einheit kann für ihren Zweck optimiert sein, aber das Fertigungssystem hat

5.9 Zusammenfassung

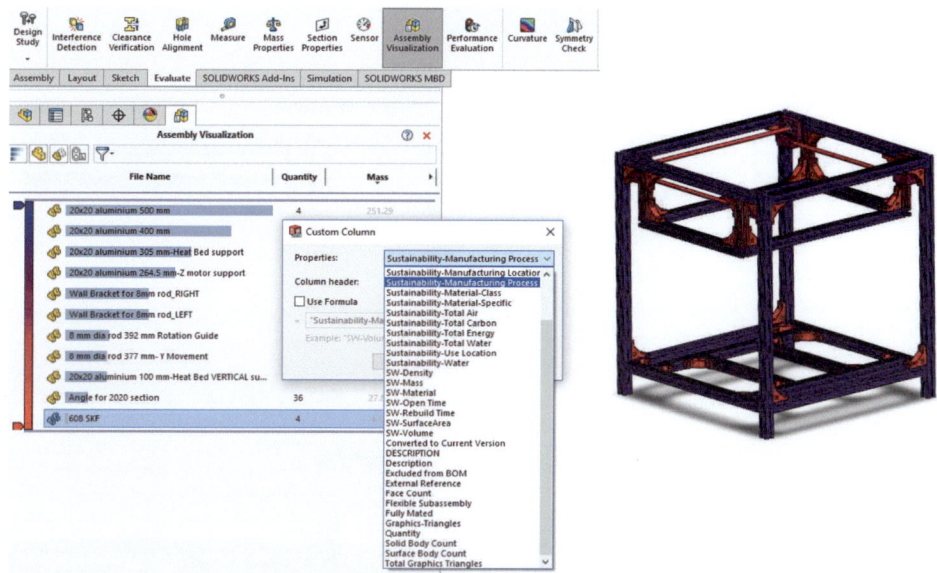

Abb. 5.51 Beispiel für eine LCA für ein Montagemodell

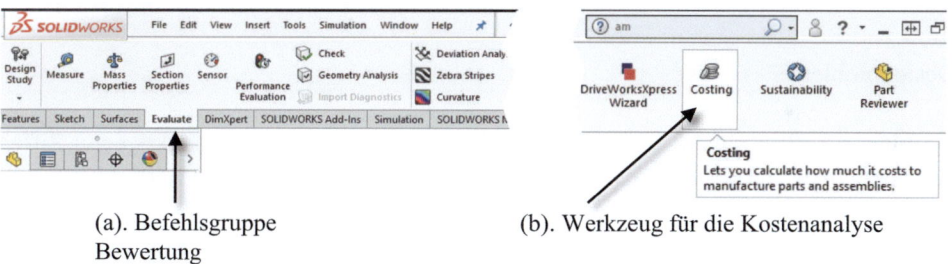

(a). Befehlsgruppe Bewertung

(b). Werkzeug für die Kostenanalyse

Abb. 5.52 SolidWorks Costing für die Kostenanalyse

systemweite Ziele. Daher muss ein Unternehmenssystem alle Systemressourcen nahtlos für die Koordination, Zusammenarbeit und Kooperation der funktionalen Einheiten integrieren. In diesem Kapitel sollten Ingenieure einige Technologien zur Organisation, Integration, Analyse und Bewertung von Fertigungssystemen kennenlernen. Insbesondere wird erwartet, dass Ingenieure ein Verständnis für computerintegrierte Fertigung (CIM), *Zellenfertigung*, *diskrete ereignisdynamische Simulation*, LCA und *Kostenanalyse* aus der Perspektive der Nachhaltigkeit erlangen.

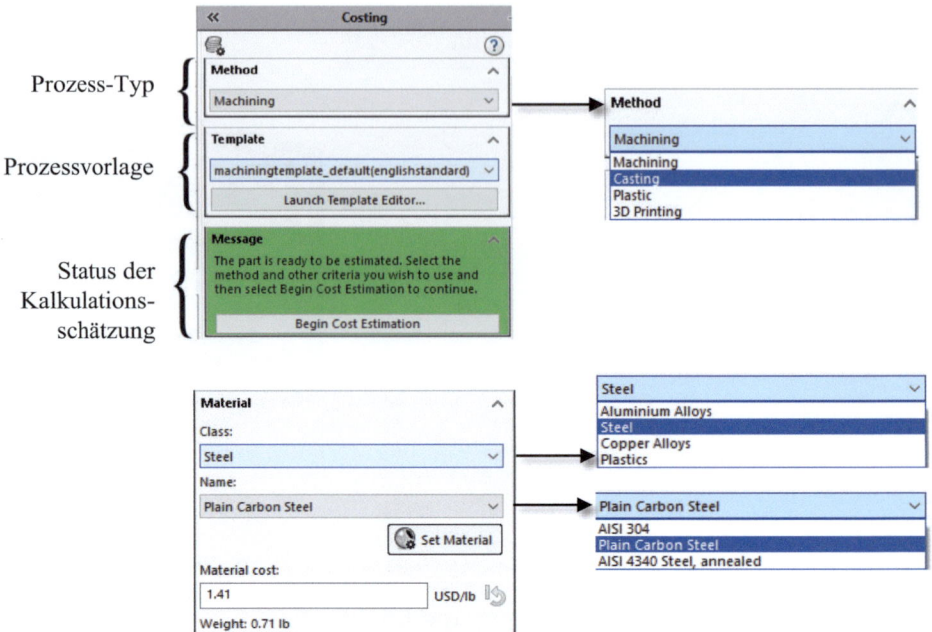

Abb. 5.53 Eingaben der Kostenanalyse – Prozesstyp und Material

Designprobleme

Problem 5.1 Bestimmen Sie anhand des in Abb. 5.55 gezeigten Produkts neun Ziffern des Formcodes und des Ergänzungscodes mit dem Opitz-Codierungssystem.

Problem 5.2 Verwenden Sie Matlab oder andere Sprachen, um den ROC-Algorithmus (Ranking of Clustering) zu programmieren, und verwenden Sie das Programm, um die Maschinengruppen für die folgenden zwei Maschinen-Teil-Inzidenzmatrizen zu finden. Alternativ, wenn Sie über begrenzte Programmierkenntnisse verfügen, verwenden Sie ROC von Hand, um die Lösung von GT zu finden.

Maschine	\multicolumn{5}{c}{'Teil Nummer'}
	1	2	3	4	5
M1		1		1	1
M2		1		1	1
M3	1	1		1	
M4	1	1		1	

(a) Fall 1

Maschinen-ID	\multicolumn{6}{c}{'Teil Nummer'}
	1	2	3	4	5	6
A			1		1	
B		1	1			
C	1			1		
D		1	1		1	
E	1			1		1

(b) Fall 2

5.9 Zusammenfassung

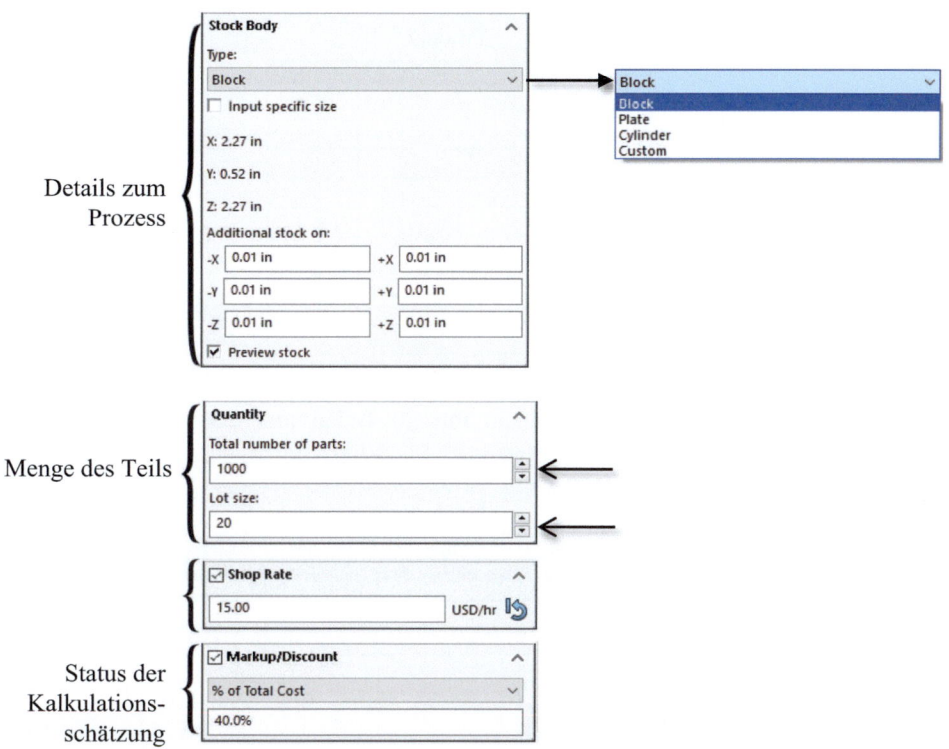

Abb. 5.54 Eingaben der Kostenanalyse – Prozessdetails und Menge

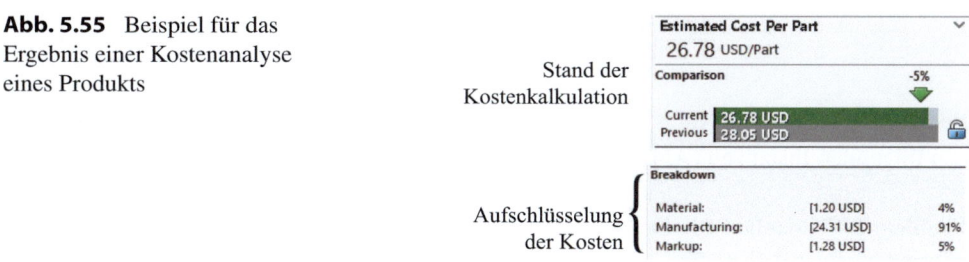

Abb. 5.55 Beispiel für das Ergebnis einer Kostenanalyse eines Produkts

Problem 5.3 Betrachten Sie ein Problem mit 6 Teilen und 9 Maschinen, das in der folgenden Tab. dargestellt ist, verwenden Sie ROC, um die Teilefamilie und die Maschinengruppe zu bilden.

Produkt

M_{ij}	1	2	3	4	5	6
A	1					1
B		1			1	
C		1	1		1	
D	1			1		
E	1			1		1
F			1		1	
G	1			1	1	1
H		1			1	
I	1			1		

Maschine

Problem 5.4 Betrachten Sie ein Problem mit 20 Teilen und 10 Maschinen, das in der folgenden Tab. dargestellt ist, verwenden Sie ROC, um die Teilefamilie und die Maschinengruppe zu bilden.

Produkt

M_{ij}	1	2	3	4	5	6	7	8	9	10	11	12	13	14	15	16	17	18	19	20
A					1		1				1							1		
B		1			1						1					1		1		
C		1			1	1					1									
D			1							1			1							
E											1			1						1
F							1					1				1			1	
G			1									1				1			1	
H	1			1			1									1			1	
I						1			1	1			1	1						
J					1			1					1		1					

Problem 5.5 Erstellen Sie ein zusammengesetztes Produkt für eine Produktfamilie mit den folgenden Instanzen (Abb. 5.56).

Problem 5.6 Erstellen Sie ein ähnliches Modell, um den Betrieb eines 3D-Drucklabors zu analysieren. Das Labor ist mit vier 3D-Druckern ausgestattet, nämlich Dreamer-Flashforge, SeeMeCNC, Dreamel und Dreamel digiLab. Das Labor bietet 3D-Dienstleistungen für Studenten in den Kursen *Solid Modelling*, *CAD/CAM-Anwendungen*, *Abschlussprojekte* und *Kursprojekte* in anderen mechanischen Kursen an. Jeder Student muss eine Druckaufgabe für jeden Kurs einreichen. Die Komplexität der Teile variiert von Kurs zu Kurs. Die Simulation zielt darauf ab, zu bewerten, ob die verfügbaren Ressourcen ausreichen, um den Bedürfnissen der Studenten gerecht zu werden; mit anderen Worten, die Auslastungsraten der 3D-Drucker werden bewertet. Beachten Sie, dass die Häufigkeit der 3D-Druckaufträge von einer bestimmten Klasse proportional zu den

5.9 Zusammenfassung

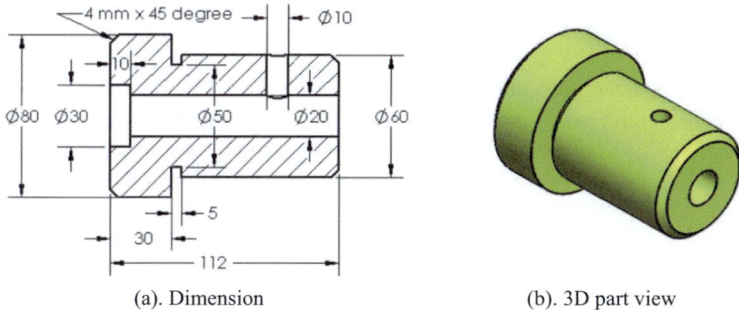

(a). Dimension   (b). 3D part view

Abb. 5.56 Produktzeichnungen für Problem 5.1

durchschnittlichen Einschreibungen in jeder Klasse in einem bestimmten Zeitraum ist. Daher werden die Bedürfnisse an Druckaufträgen in Tab. 5.23 (Abb. 5.57) angenommen.

Designprojekt

Projekt 5.1 Verwenden Sie eines der Produkte, die Sie in Kap. 2 modelliert haben (z. B. Probleme 2.5, 2.6, 2.7, und 2.8), verwenden Sie SolidWorks Sustainability und SolidWorks Costing, um seine Umweltauswirkungen und Kosten zu bewerten, und ändern Sie die Materialien, Prozesse, Materialien und Geschäftsregionen, um die Umweltauswirkungen und Kosten zu reduzieren.

Tab. 5.23 Vorhergesagter Bedarf an Druckaufträgen für Studenten in verschiedenen Kursen im Labor

Kurse	Festkörpermodellierung (ME160)	CAD/CAM Anwendungen (ME546)	Senior Design (ME487)	Andere Kurse
Durchschnittliche im Semester	24	20	15	30% of 150
Wahrscheinlichkeit (%)	22.86%	19.05%	14.29%	42.86%
Druckzeit (Stunden)	(1, 3)	(5, 10)	(5, 30)	(5, 10)

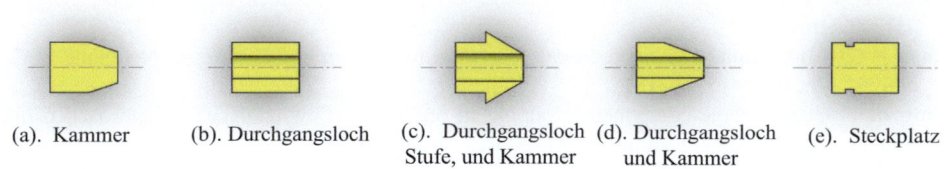

(a). Kammer   (b). Durchgangsloch   (c). Durchgangsloch Stufe, und Kammer   (d). Durchgangsloch und Kammer   (e). Steckplatz

Abb. 5.57 Produktvarianten für Problem 5.5

Literatur

Andrew L (2019) What is the difference between discrete and process manufacturing? https://www.sensrtrx.com/difference-between-discrete-and-process-manufacturing/

Al-Habahbah OS (2015) Chapter 5 industrial control systems. https://eacademic.ju.edu.jo/o.habahbeh/My%20Documents/Industrial%20Automation%20By%20Dr%20Osama%20AlHabahbeh/9-%20Ch_5_Industrial%20Control%20Systems.pptx

Armagard (2020) Computer-integrated manufacturing explained clearly. https://www.armagard.com/ip54/computer-integrated-manufacturing-explained-clearly.html

Askin RG, Standridge CR (1993) Modeling & analysis of manufacturing systems. Wiley. ISBN 0-417-51418-7

Bi ZM (2011) Revisiting system paradigms from the viewpoint of manufacturing sustainability. J Sustain 3(9):1323–1340

Bi ZM, Zhang WJ, Li Q (2001) A software environment for flexible manufacturing system control software testing. Proc Inst Mech Eng Part B: J Eng Manuf 215(B):339–352

Bi ZM, Miao ZH, Zhang B, Zhang WJ (2020) A framework for performance assessment of heterogeneous robotic systems. IEEE Syst J. https://doi.org/10.1109/JSYST.2020.2990892

Cruz-Mejia O, Vilalta-Perdomo E (2018) Merge-in-transit retailing: a micro-business perspective. Univers Empresa 20(34):83–101. https://doi.org/10.12804/revistas.urosario.edu.co/empresa/a.5500

El-Sherbeeny AM (2016) Introduction and overview of manufacturing. https://fac.ksu.edu.sa/sites/default/files/1_introduction_sep07_13_ams_2.pdf

Falco J, Wyk KV, Liu S, Carpin S (2015) Facilitating replicable performance measures via benchmarking and standardized methodologies. IEEE Robot Autom Mag 22(4):125–136

Fang W, Guo Y, Liao W, Huang S, Yang N, Lui J (2020) A parallel gated recurrent units (P-GRUs) network for the shifting lateness bottleneck prediction in making-to-order production system. Comput Ind Eng 140(2020):106246

GAO (2001) A practical guide to Federal enterprise architecture. Chief Information Officer Council, Version 1. https://www.gao.gov/assets/590/588407.pdf

Haworth EA (1968) Group technology—using the Optiz system. Prod Eng 47(1):25–35

Hyer N, Wemmerlov U (2001) Reorganizing the factory: competing through cellular manufacturing, the 1st version. Productivity Press, Portland, USA, ISBN-10:1563272288

Hyer N, Wemmerlov U (2002) Reorganizing the factory, competing through cellular manufacturing. Productivity Press, Portland, OR, 2001. ISBN-10:1563272288

HIBA (2019) Operations management. https://www.slideshare.net/Joanmaines/process-and-layout-strategies

Hooper J, Reilly K (2020) The GPSS—GASP combined (GGC) system. https://www.semanticscholar.org/paper/The-GPSS%E2%80%94GASP-combined-(GGC)-system-Hooper-Reilly/ce-6a58307f1fb8052b28762a9db8216ff7b18242

Kaminsky P, Kaya O (2009) Combined make-to order/make-to-stock supply chains, IIE Trans 41(2009):103–119

Khan N (2013) Computer integrated manufacturing. https://www.slideshare.net/NoumanKhan2/9-oct-2013-lec-13-1415161718

King JR (1980) Machine-component grouping in production flow analysis: an approach using a rank order clustering algorithm. Int J Prod Res 18(2):213–232

Kirby K (2019) Focused factories and group technology. https://web.utk.edu/~kkirby/IE527/Ch9.pdf

Kiran DR (2019) Chapter 18: plant layout, production planning and control, S 261–278. https://doi.org/10.1016/B978-0-12-818364-9.00018-4

Knowledgiate Team (2017) Advantages and disadvantages of continuous production systems. https://www.knowledgiate.com/wp-content/cache/wp-rocket/www.knowledgiate.com/advantages-disadvantages-continuous-production-system/index.html_gzip

Kootbally Z (2016) Industrial robot capability models for agile manufacturing. Ind Robot, 43(5):481–494

Markowitz HM, Hausner B, Karr HW (2020) Simscript—a simulation programming language. https://www.rand.org/pubs/research_memoranda/RM3310.html

Pegden D (2020) An introduction to Simio for beginners. https://www.simio.com/resources/white-papers/Introduction-to-Simio/Introduction-to-Simio-for-Beginners.pdf

Pritchett AR, Lee S, Huang D, Goldsman D (2000) Hybrid-system simulation for national airspace system safety analysis. In: Joines JA, Barton RR, Kang K, Fishwick PA (Ed.), Proceedings of the 2000 winter simulation conference. https://www.researchgate.net/publication/221526881_Hybrid-System_Simulation_for_National_Airspace_System_Safety_Analysis

SAC (2018) Alignment report for reference architectural model for industry 4.0/ intelligent manufacturing system architecture. https://sci40.com/files/assets_sci40.com/img/sci40/Alignment%20Report%20RAMI.pdf

Simio (2020) The story of Simio. https://www.simio.com/about-simio/

Strategosinc (2019) Design of workcelland micro layouts—cellular manufacturing, https://www.strategosinc.com/celldesign.htm

Sketchfab (2020) 3D file format. https://help.sketchfab.com/hc/en-us/articles/202508396-3D-File-Formats

Solidworks (2019) SMG export options. https://help.solidworks.com/2019/english/SolidWorks/sldworks/r_SMG_export_options.htm

Thiesing RM, Pegen CD (2020) Introduction to Simio. https://informs-sim.org/wsc13papers/includes/files/407.pdf

Viriyasitavat W, Xu L, Bi ZM (2019a) rmSWSpec: real-time monitoring of service workflow specification language for specification patterns. IEEE Trans Ind Inf 15(7):4021–4032

Viriyasitavat W, Xu L, Bi ZM (2019b) The extension of semantic formalization of service workflow specification language. IEEE Trans Ind Inf 15(2):741–754

Vollmann TE, Berry WL, Whybark DC, Jacobs RF (2004) manufacturing planning and control systems for supply chain management, 5th Aufl. McGrawHill Professional, New York

Weber A (2004) The pros and cons of assembly cells. https://www.assemblymag.com/articles/83136-the-pros-and-cons-of-cells

Williams TJ (1994) The Purdue enterprise reference architecture and methodology (PERA). https://citeseerx.ist.psu.edu/viewdoc/download?doi=10.1.1.194.6112&rep=rep1&type=pdf

Wikipedia (2020a) NIST enterprise architecture model. https://en.wikipedia.org/wiki/NIST_Enterprise_Architecture_Model

Wikipedia (2020b) Fixture (tool). https://en.wikipedia.org/wiki/Fixture_(tool)

Wikipedia (2020c) List of discrete event simulation software. https://en.wikipedia.org/wiki/List_of_discrete_event_simulation_software

Wikipedia (2020d) Computer integrated manufacturing. https://en.wikipedia.org/wiki/Computer-integrated_manufacturing

Zeng BC (2009) Group technology (GT) in manufacturing. https://www.me.nchu.edu.tw/lab/CIM/www/courses/Computer%20Integrated%20Manufacturing.htm

Zhang WJ, Li Q, Bi ZM, Zha XF (2000) A generic petri net model for flexible manufacturing systems and its use for FMS control software testing. Int J Prod Res 38(5):1109–1132

Digitale Fertigung (DM)

6

> **Zusammenfassung**
>
> Dieses Kapitel diskutiert die Anwendungen digitaler Technologien in Fertigungssystemen: (1) die Hauptfunktionsanforderungen werden diskutiert, um die Unternehmenssystemarchitektur zu konstruieren; (2) eine neue Systemarchitektur wird für die Anwendungen der digitalen Fertigung vorgeschlagen; (3) zwei Beispiele für digitale Technologien, nämlich Reverse Engineering (RE) und Direktfertigung (DM), werden im Detail diskutiert; und (4) einige Fallstudien werden kurz dargestellt, um die vielfältigen angewandten Forschungen bei der Verwendung digitaler Technologien in der Fertigung zu zeigen.

> **Schlüsselwörter**
>
> Digitale Fertigung (DM) · Digitaler Zwilling (DT) · Reverse Engineering (RE) · Additive Fertigung (AM) · Direktfertigung (DM) · Cyber-physische Systeme (CPS) · Cloud-Computing (CM)

6.1 Einführung

Ein digitaler Zwilling (DT) bezieht sich auf eine Computerdarstellung von (1) potenziellen und physischen Anlagen, Geräten, Menschen, Orten, Prozessen und Systemen und (2) die Dynamik, wie die vernetzten Dinge im Laufe der Zeit funktionieren und interagieren. Die Computerdarstellung für einen DT konzentriert sich auf die Verbindungen von physischen und virtuellen Modellen und wie beide Modelle interagieren, um die Leistung von physischen Systemen zu optimieren. Daher stützt sich DT stark auf die modernsten Informationstechnologien (IT) wie *Internet der Dinge* (IoT), *künstliche*

Intelligenz (KI), *maschinelles Lernen*, *cyber-physische Systeme* (CBSs) und *Big Data Analytics* (BDA). Der Zustand eines virtuellen Modells in einem DT-System wird kontinuierlich auf der Grundlage des Echtzeit-Datenfeedbacks von seinem physischen Zwilling aktualisiert (Wikipedia 2020; Parrott und Warshaw 2020).

Dieses Kapitel konzentriert sich auf die Anwendung digitaler Technologien in der Fertigung. Die Idee des DT wurde von Gelernter (1991) vorgeschlagen, um die physische Welt zu modellieren, zu simulieren und in der virtuellen Realität bewerten zu können. Der DT-Begriff wurde elf Jahre später von Grieves geprägt und als grundlegendes Prinzip für das Produktlebenszyklusmanagement (PLM) eingeführt (Grieves und Vickers 2006; Catapult 2018). Aufgrund der hohen Anforderungen an Rechen- und Netzwerkfähigkeiten waren frühe DT-Technologien jedoch keine weit verbreiteten Werkzeuge, bis General Electric (GE) es schaffte, DT beim Entwerfen und Herstellen von Flugzeugstrukturen, Fahrzeugen und Turbinen einzusetzen (Glaessgen und Stargel 2012; Tuegel et al. 2011; GE 2020). In diesem Kapitel werden *erstens* die funktionalen Anforderungen (FRs) moderner Fertigungssysteme diskutiert. *Zweitens* wird DT als Lösung für das Design und den Betrieb von Fertigungssystemen vorgestellt und die DT-Architektur wird präsentiert, um die Hauptsystemkomponenten und ihre Beziehungen zu veranschaulichen. *Drittens* wird die Systemarchitektur von DT vorgestellt und einige kritische Technologien werden diskutiert. *Viertens* werden Reverse Engineering (RE) und Additive Fertigung (AM) als Beispiele für die Computerimplementierung digitaler Technologien vorgestellt. *Schließlich* werden eine Reihe von Fallstudien vorgestellt, um die laufenden angewandten Studien in digitalen Technologien zu veranschaulichen.

6.2 Funktionale Anforderungen (FRs) des Digitalen Zwillings

In einem komplexen Fertigungssystem werden verschiedene Informationssysteme verwendet, um die Entscheidungsfindung in verschiedenen Bereichen und Phasen wie Design, Produktion, Montage und Vertrieb und Verkauf zu unterstützen. Diese Informationssysteme müssen als unternehmensübergreifendes System integriert werden, um Daten nahtlos zu teilen, Geschäftsprozesse zu koordinieren und Unternehmensressourcen zu planen und zu terminieren. DT ist eine Implementierung eines Unternehmenssystems; daher stützt sich DT auf verschiedene digitale Fertigungstechnologien.

Digitale Fertigungstechnologien sind die Sammlung von computergestützten Werkzeugen zur Modellierung, Simulation, Visualisierung und Optimierung von Produkten, Prozessen und Fertigungssystemen. Frühe digitale Technologien, wie computergestütztes Design (CAD), computergestützte Fertigung (CAM), Produktdatenmanagement (PDM) und Total Quality Management (TQM), sind eigenständige Systeme; moderne Unternehmen priorisieren jedoch die Bedürfnisse nach Integration, Koordination, Zusammenarbeit und Interoperation in einem digitalen Zwilling (Siemens 2020). Die Anwendungen digitaler Technologien wurden in der Fertigungsindustrie weitgehend erforscht. Tatsächlich wird die Industrieevolution von den aufkommenden digitalen Technologien

6.2 Funktionale Anforderungen (FRs) des Digitalen Zwillings

angetrieben. Zum Beispiel zielt die vierte industrielle Revolution (Industrie 4.0) auf Daten-Transparenz, Interoperabilität, Vorhersagbarkeit und Anpassungsfähigkeit durch neu entwickelte Technologien wie das Internet der Dinge (IoT), Blockchain-Technologie (BCT) und Big Data Analytics (BDA) ab (Berger 2019).

Materialien in einer physischen Welt ähneln den Daten in einer virtuellen Welt. Alle funktionalen Einheiten in einem physischen Fertigungssystem dienen dazu, Rohstoffe in Fertigprodukte umzuwandeln; ähnlich werden alle funktionalen Module in einem virtuellen Fertigungssystem (DT) verwendet, um Daten zu generieren, zu sammeln, zu verarbeiten, zu verteilen, zu übertragen, zu teilen, statistisch auszuwerten und zu nutzen. Wie in Abb. 6.1 (Bi und Wang 2020) gezeigt, wird mit zunehmender Komplexität eines physischen Fertigungssystems das Datenvolumen in DT entlang des Produktlebenszyklus exponentiell zunehmen. Neben seinem Volumen können die Daten in DT auch durch hohe Heterogenität und Vielfalt charakterisiert werden, da die Daten Signale, Ereignisse, Methoden, Pläne, Befehle, Wissen, Regeln oder Modelle für verschiedene Fertigungsressourcen bei verschiedenen räumlichen und zeitlichen Schemata sein können.

Darüber hinaus gehen die Funktionen von DT weit über die Datenerfassung und -freigabe hinaus. Eine digitale Umgebung kann unter dem DRIP-Syndrom leiden: *reich an Daten, aber arm an Information*. Wenn das Volumen, die Geschwindigkeit und die Vielfalt der Daten aus Design, Fertigung, Montage und Produktion exponentiell zunehmen, wird das System unfähig, Daten für Entscheidungsunterstützungen zu verarbeiten und zu nutzen. Daher ist es für DT unerlässlich, fortschrittliche digitale Technologien zur Verarbeitung, Nutzung und zum Mining von Daten zu integrieren, um rechtzeitig die richtige Entscheidung für die echten physischen Gegenstücke zu treffen. Die digitalen Technologien in DT sollen die folgenden Hauptfunktionsanforderungen (FRs) erfüllen.

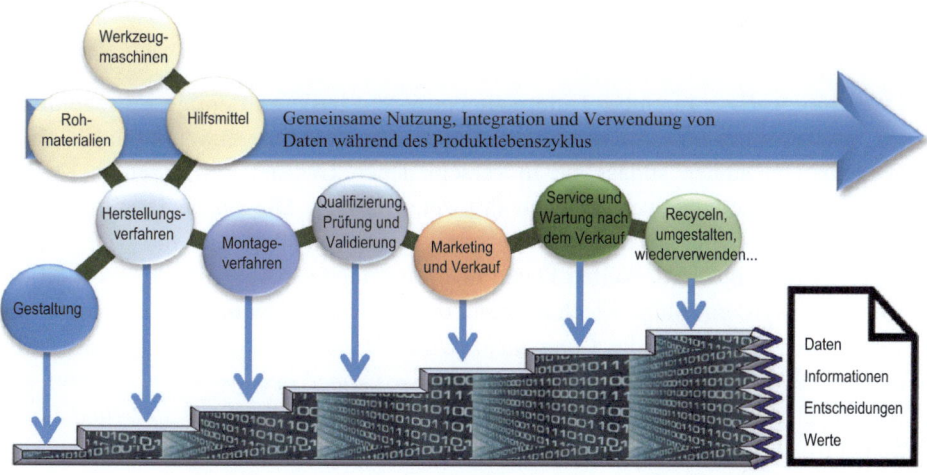

Abb. 6.1 Das Datenwachstum im Produktlebenszyklus

6.2.1 Datenverfügbarkeit, Zugänglichkeit und Transparenz

Ein Informationssystem zählt auf korrekte, zuverlässige, reichhaltige und aktualisierte Daten. DT muss über die Informationsinfrastruktur verfügen, um die richtigen Daten zur richtigen Zeit am richtigen Ort bereitzustellen, wann immer die Daten benötigt werden. Alle Fertigungsressourcen auf verschiedenen Ebenen und Bereichen sollten in der digitalen Welt modelliert werden, um die Zugänglichkeit, Verfügbarkeit und Transparenz von Echtzeitdaten zu gewährleisten (Mäkiö-Marusik et al. 2019). Zum Beispiel muss das CAD-Modell eines Teils verfügbar sein, wenn ein CAM-Paket zur Programmierung eines Bearbeitungsprozesses verwendet wird, da die Daten der bearbeiteten Merkmale des Teils die Arten von Maschinen und Werkzeugen, Schneidwege und Verarbeitungsparameter bestimmen. Darüber hinaus ermöglichen virtuelle Modelle von physischen Systemen (1) die Integration externer und interner Fertigungsressourcen, (2) die Neukonfiguration von Systemen, wenn die Mission eines Unternehmens angepasst wird, und (3) die Integration neuer Fertigungstechnologien in eine bestehende Informationsinfrastruktur (Buttner und Muller 2018).

6.2.2 Integration

Viele technologische Lösungen können für eine funktionale Einheit verfügbar sein, und ein Unternehmenssystem besteht in der Regel aus technologischen Lösungen verschiedener Anbieter. Als ein maßgeschneidertes und ganzheitliches System muss ein Unternehmenssystem alle funktionalen Module nahtlos integrieren, um die Interaktion, Interoperation, Koordination und Zusammenarbeit physischer Systeme zu unterstützen. Daher umfasst die Systemintegration die Integration von Daten, Plattformen, Geschäftsprozessen sowie Hardware- und Softwareanwendungen auf verschiedenen Ebenen und Bereichen (Fenner 2003).

(1) **Datenintegration**. In einem Unternehmenssystem basieren richtige Entscheidungen auf zuverlässigen und umfangreichen Daten. Die Datenintegration stellt die Datenverfügbarkeit sicher, sodass sie in verschiedenen Geschäftsprozessen in Produktlebenszyklen genutzt werden kann (Tao et al. 2019). Die Daten in einem Unternehmenssystem müssen über das Netzwerk geteilt, gepflegt und integriert werden. Wenn es benötigt wird, sollten Daten über verschiedene Anwendungen verteilt und abgerufen werden. Einige Mechanismen, die zur Unterstützung der Datenintegration verwendet werden, sind das *Component Object Model* (COM), das *Distributed Component Object Model* (DCOM), die *Common Object Request Broker Architecture* (CORBA), die *Enterprise Date Integration* (EDI), die *Java Remote Method Invocation* (JavaRMI) und die *Extensible Markup Language* (XML).

6.2 Funktionale Anforderungen (FRs) des Digitalen Zwillings

(2) **Integration von Plattformen.** Ein Fertigungssystem besteht aus verschiedenen Geschäftseinheiten für Einkauf, Design, Fertigung, Montage, Logistik, Personalwesen, Marketing und Vertrieb und ein Unternehmenssystem integriert die Prozesse, Software und Tools von verschiedenen Anbietern und Plattformen. Diese Systemressourcen müssen integriert werden, um die Interaktionen und Interoperationen in der heterogenen Umgebung sicher und effizient zu unterstützen.

(3) **Integration von Geschäftsprozessen.** In einem Unternehmen werden die erforderlichen Geschäftsprozesse definiert und die Methoden für den Datenaustausch von Geschäftsprozessen festgelegt. Die Integration von Geschäftsprozessen umfasst *Prozessmanagement*, *Prozessmodellierung* und *Prozessablauf*. Die Lösung für die Integration beinhaltet die Tools zur Integration der Verfahren, Organisationen, Inputs und Outputs sowie der erforderlichen Tools. Die Integration von Geschäftsprozessen wird die Geschäftsabläufe optimieren.

(4) **Integration von Anwendungen.** Anwendungen in einem Unternehmen werden als Black Boxes implementiert; jedoch haben Anwendungen ihre Schnittstellen, die mit anderen Anwendungen für hochrangige Systemziele integriert werden müssen. Sowohl interne als auch externe Anwendungen müssen berücksichtigt werden. Zum Beispiel müssen die Beziehungen eines Unternehmens zur Fertigungsumgebung berücksichtigt werden; ein *Customer-Relationship-Management*-System (CRM-System) kann mit den Backend-Anwendungen des Unternehmens integriert werden, um die Interoperationen über die Grenzen des Unternehmens hinweg zu unterstützen.

6.2.3 Koordination, Zusammenarbeit und Kooperation

Funktionale Einheiten im Materialfluss eines Fertigungssystems sind lokal optimiert. Wenn niedrigere Einheiten für systemweite Ziele integriert werden, muss das Unternehmenssystem in der Lage sein, Entscheidungsunterstützung für die Koordination, Zusammenarbeit und Kooperation von Systemelementen zur Optimierung der Systemleistung zu bieten. Üblicherweise wird eine starre hierarchische Struktur verwendet, um Systemelemente in Schichten und Bereichen zu organisieren, sodass der Umfang jeder Entscheidungsaufgabe handhabbar wird. Eine starre Struktur ist jedoch unpraktisch, wenn die Geschäftsumgebung stark turbulent ist und die Grenzen von Fertigungsunternehmen oder der Umgebung vage und dynamisch sind.

6.2.4 Dezentralisierung

Fertigungsunternehmen zur Herstellung von Teilen, zur Montage von Teilen zu Komponenten und Produkten und zur Verteilung von Produkten an Kunden werden in einer geografisch verteilten Umgebung betrieben. Um die Flexibilität und Anpassungsfähigkeit des Fertigungssystems zu erreichen, sind Entscheidungen über die Organisation, Planung, Terminierung und Kontrolle von Geschäftsprozessen dezentralisiert. Daher muss DT die dezentralisierten Steuerungen von Fertigungsprozessen unterstützen, damit diese Geschäfte an geografisch verteilten Standorten durch den Material- und Informationsfluss betrieben werden können.

6.2.5 Rekonfigurierbarkeit, Modularität und Zusammensetzbarkeit

In einer dynamischen Umgebung muss die Optimierung eines Fertigungssystems die Nachhaltigkeit berücksichtigen; ein Fertigungssystem muss rekonfigurierbar sein, um Veränderungen und Unsicherheiten im Laufe der Zeit zu bewältigen. Rekonfigurierbarkeit ist die Fähigkeit, Systemkonfigurationen zu ändern, um neuen Bedürfnissen gerecht zu werden. Rekonfigurierbarkeit und Flexibilität gehen auf unterschiedliche Weise mit Veränderungen um, in dem Sinne, dass sowohl Hardware- als auch Softwarekomponenten in einem rekonfigurierbaren System geändert werden, während in einem flexiblen System nur die Softwarekomponenten geändert werden. Daher kann die Rekonfigurierbarkeit weiter durch Modularität, Kompatibilität, Universalität, Mobilität und Skalierbarkeit charakterisiert werden (Wiendahl et al. 2007; Buttner und Muller 2018).

Modularität wird durch die Auswahl verschiedener Systemelemente und deren Zusammenbau in unterschiedlicher Weise umgesetzt, um eine Systemkonfiguration für eine Reihe spezifischer Aufgabenanforderungen zu erstellen; eine Reihe von Systemelementen kann für verschiedene Prozesse und Produkte dienen. Ein modulares System ist eine Sammlung unabhängiger, wiederverwendbarer Systemelemente. Zusammensetzbarkeit ist ein Maß für die Fähigkeit von Systemelementen, mit anderen verbunden zu werden. Als Beispiel für ein Computer-Aided-Design-Paket (CAD-Paket) in DT wird seine Zusammensetzbarkeit durch die Anzahl der kompatiblen computergestützten Tools gemessen, die Daten direkt aus dem Paket importieren und exportieren können.

6.2.6 Resilienz

Jedes Systemelement hat eine Ausfallwahrscheinlichkeit; darüber hinaus ist ein integriertes Fertigungssystem anfällig für Unsicherheiten, Veränderungen und Störungen, die in seinen Lieferketten auftreten. Resilienz ist das Maß für die Fähigkeit des Systems, den Systembetrieb aufrechtzuerhalten und das System von einem abnormalen Zustand in einen normalen Zustand zurückzuführen. Die Resilienz bezieht sich auf die *Anpassungsfähigkeit*, *Agilität*, *Redundanz* und *Lernfähigkeit* einer Fertigung (Kusiak 2019). Wenn die Fertigungsumgebung dynamisch ist, sollte DT widerstandsfähig sein, um mit den unerwarteten Störungen in der dynamischen Geschäftsumgebung umzugehen.

6.2.7 Nachhaltigkeit

Nachhaltigkeit ist das Maß für die langfristige Überlebensfähigkeit eines Fertigungssystems. Die Nachhaltigkeit wird anhand der drei Aspekte Wirtschaft, Gesellschaft und Umwelt bewertet. Die Auswirkungen der Nachhaltigkeit als eines der System-FRs wurden ausführlich diskutiert (Bi 2011). Einfach ausgedrückt, würde dies den Umfang der Fertigungsgeschäfte erheblich erweitern, da die Aktivitäten im gesamten Lebenszyklus der Produkte abgedeckt werden müssen. DT sollte die ermöglichten Technologien haben, um Entscheidungsunterstützung für erweiterte Fertigungsprozesse zu bieten; darüber hinaus sollte DT in der Lage sein, die Nachhaltigkeit des Systems aus der Perspektive von Wirtschaft, Gesellschaft und Umwelt zu bewerten (Gregori et al. 2017).

6.3 Systemarchitektur

Die Herstellung komplexer Produkte beinhaltet zahlreiche direkte Fertigungsprozesse und indirekte Geschäftsvorgänge; DT bietet eine Plattform zur Vernetzung und Integration aller computergestützten Werkzeuge zur Unterstützung dieser Fertigungsunternehmen. Allerdings hat jede Systemressource ihre Grenzen im Umgang mit der Skalierung, der Komplexität und der Unsicherheit des Systems; *Systemarchitektur* zielt darauf ab, die Systemfähigkeit im Umgang mit der Komplexität und Unsicherheiten des Systems zu maximieren. In der digitalen Welt kann die Komplexität eines Systems durch Entropie gemessen werden. *Entropie* ist eine thermodynamische Eigenschaft; sie bezieht sich auf eine Menge von Systemenergie, die noch nicht in Arbeit umgewandelt wurde. *Die Shannon-Entropie* wird verwendet, um die Zufälligkeit, die Unordnung und die Komplexität des Systems (Sönmez und Koç 2015) zu quantifizieren:

$$H(X) = \sum_{x \in \chi} p(x) log_2 \left(\frac{1}{p(x)} \right) \quad (6.1)$$

Hier ist $H(X)$ die Shannon-Entropie für das Maß der Unsicherheit oder Information; χ ist die Menge aller möglichen Ereignisse in einem System; $p(x)$ ist die Wahrscheinlichkeit des Ereignisses x, mit $x \in \chi$; und log_2 ist eine logische Operation über die Wahrscheinlichkeit $p(x)$.

Je höher $H(X)$ ist, desto komplexer ist das Fertigungssystem und desto größer ist die Menge an Information oder Unsicherheit, die das Fertigungssystem hat. Gl. (6.1) zeigt, dass die Systementropie hauptsächlich durch zwei Faktoren bestimmt wird. *Der erste Faktor* ist die Anzahl der möglichen Ereignisse. Ein Fertigungssystem hat viele Arten von Ereignissen, zum Beispiel ist die Interaktion von zwei oder mehr Systemelementen ein Ereignis, der Fall, wenn eine Maschine ausfällt, ist ein Ereignis, und die Zustandsänderung des Systemelements ist ein Ereignis. Die Systementropie erhöht sich, wenn die

Anzahl der Systemelemente erhöht wird. *Der zweite Faktor* ist die Wahrscheinlichkeit, dass ein bestimmtes Ereignis in einem System auftritt. Je höher die Möglichkeit des Auftretens eines Ereignisses, desto geringer ist die Unsicherheit oder eine niedrigere Entropie, die dieses Ereignis zum System beiträgt.

Traditionell wird die Systemarchitektur eingeführt, um die Komplexität und Unsicherheit von Fertigungssystemen zu reduzieren. Wie wir in Kap. 5 diskutiert haben, wurden viele Systemarchitekturen vorgeschlagen. Zum Beispiel gehören einige beliebte Systemarchitekturen die Open System Architecture for Computer-Integrated Manufacturing (CIMOS), GRAI-Integrated Methodology (GRAI-GIM), Purdue Enterprise Reference Architecture (PEPA) und Enterprise Architecture by the National Institute of Standards and Technology (EA-NIST) (Williams 1994). Die Einführung einer herkömmlichen Systemarchitektur in Unternehmen hat jedoch die folgenden wesentlichen Nachteile aufgezeigt:

(1) Hierarchische oder Gitterarchitektur können Verzögerungen bei der Reaktion von Systemelementen auf Änderungen zur Folge haben. Nimmt man zum Beispiel eine hierarchische Architektur, so sind die Richtungen der Kommunikation für Pläne, Zeitpläne, Kontrollen und Ausführungen von den hochrangigen funktionalen Einheiten zu den niederrangigen funktionalen Einheiten in einer Sequenz festgelegt, und die Richtungen der Kommunikationen für Datensammlungen und Rückmeldungen sind von den niederrangigen zu den hochrangigen funktionalen Einheiten festgelegt. Darüber hinaus werden die funktionalen Einheiten auf verschiedenen Ebenen in unterschiedlichen Zeitabständen aktualisiert; dies opfert die Flexibilität der niederrangigen funktionalen Einheiten, sich schnell an Änderungen anpassen zu können.
(2) Die Systemarchitektur repräsentiert Systemelemente und ihre Interaktionen; sie bringt tatsächlich einige künstliche Barrieren für die direkte Kommunikation von Systemelementen auf verschiedenen Ebenen oder Domänen mit sich, obwohl alle Systemelemente vernetzt sind.
(3) Um die Systemarchitektur zu entwickeln, wird die Grenze für Systemelemente und Fertigungsgeschäfte geklärt. Allerdings wird die Systemgrenze unklar, wenn das Unternehmen mit Geschäftspartnern zusammenarbeiten muss; darüber hinaus muss ein Unternehmen sein Geschäftsspektrum kontinuierlich anpassen, um sich an die dynamischen Veränderungen anzupassen. Bestehende Systemarchitekturen sind nicht effektiv, wenn ein Unternehmen mit den Veränderungen und Dynamiken in der Umgebung umgeht.
(4) Die Systemarchitektur ist für gegebene Produkte und Fertigungsprozesse innerhalb eines Zeitraums konzipiert. Wie in Abb. 6.2 gezeigt, entwickelt sie sich kontinuierlich mit den Veränderungen der Geschäftsumgebung. Die Systemarchitektur wird beendet, wenn eine kontinuierliche Verbesserung (CI) nicht in der Lage ist, die Lücke zwischen Systemarchitektur und der Mission des Unternehmens zu schließen. Dies führt zu einem abrupten Wechsel hin zu einer neuen Systemarchitektur.

6.3 Systemarchitektur

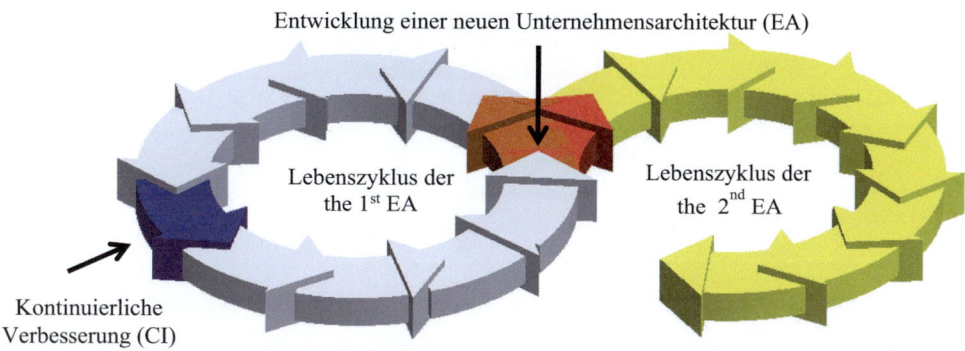

Abb. 6.2 Entwicklung der Systemarchitektur im Lebenszyklus

Traditionelle Systemarchitekturen reduzieren die Komplexität und Unsicherheiten, indem sie die Interaktionen von Systemelementen durch Standards und Regeln regulieren. Dies begrenzt die Fähigkeiten eines Fertigungssystems in Bezug auf die durch indirekte Kommunikation verursachten Verzögerungen, künstliche Barrieren zur Reaktion auf Veränderungen und Diskontinuitäten bei der Aktualisierung von Unternehmenssystemen. Bestehende Systemarchitekturen konnten die Systemkomplexität bewältigen, indem sie die Systemflexibilität bis zu einem gewissen Grad opferten. Sie sind nur dann effektiv, wenn die Geschäftsumgebung relativ stabil ist.

Je höher die Systementropie ist, desto höher ist das Unsicherheitsniveau der Informationen und es treten mehr mögliche Interaktionen im System auf. Aus dieser Perspektive kann eine vernetzte, aber freie Systemarchitektur die Interaktionen der Systemelemente in größtmöglichem Umfang unterstützen. Sie erhöht die Flexibilität und Anpassungsfähigkeit eines Fertigungssystems, um schnell auf Unsicherheiten und Veränderungen reagieren zu können. Abb. 6.3 zeigt eine freie Architektur eines digitalen Zwillings (Berman und Bell 2007; Pati und Bandyopadhyay 2017). Alle funktionalen Einheiten in der digitalen Welt sind vernetzt und sie können direkt miteinander kommunizieren und interagieren; dies bietet dem physischen Zwilling Flexibilität, Anpassungsfähigkeit und Agilität. Basierend auf ihren Rollen im System können digitale Werkzeuge in fünf Typen eingeteilt werden: *digitales Engineering*, *Fertigungsoperationen*, *digitale Kundenbindung*, *Business Intelligence* (BI) und *digitale Technologieplattform*.

(1) *Digitales Engineering* befasst sich mit technischen Problemen, die im Materialfluss auftreten, wie z. B. Produkt- und Fertigungsprozessdesigns und Auswahl von Fertigungsgeräten. Die Lösung eines technischen Problems muss in der digitalen Welt verifiziert werden, bevor sie zur Implementierung freigegeben wird. Die in vorherigen Kapiteln diskutierten computergestützten Technologien wie CAD, CAE, CAM und DEDS-Simulation werden für das digitale Engineering verwendet.

Abb. 6.3 Freie Systemarchitektur von DT

(2) *Fertigungsoperationen* beziehen sich auf die Ausführung von Fertigungsprozessen wie wertschöpfenden Prozessen wie Metallumformung, Materialentfernungsprozessen, Spritzgießen und additiver Fertigung sowie nicht wertschöpfenden Prozessen wie Inspektion und Transport. Die Ausführungen von Fertigungsoperationen sind die Ergebnisse der direkten Interaktionen von digitalen und physischen Zwillingen; die Leistungen eines Fertigungssystems wie Kosten, Lieferzeit und Produktivität hängen von den Technologien ab, die Fertigungsoperationen ermöglichen.

Beispiele für digitale Werkzeuge zur Unterstützung der Entscheidungsaktivitäten von Fertigungsoperationen sind FMS, MRP-I, MRP-II, MES und SCM.

(3) *Kundenbindung* befasst sich mit den Beziehungen zu Kunden, da die Geschäfte in einem Unternehmen von den Bedürfnissen der Kunden getrieben werden. Produkte müssen entworfen und hergestellt werden, um den Bedürfnissen der Kunden in größtmöglichem Umfang gerecht zu werden. *Customer Relation Management* (CRM) wird verwendet, um ein Unternehmen mit Lieferanten und Endnutzern in der verteilten Umgebung über Lieferketten zu integrieren. Darüber hinaus ermöglichen Informations- und Kommunikationstechnologien (IKT) es den Endnutzern, vollständig in den Produktlebenszyklus ab den Produktentwurfsstadien eingebunden zu sein.

(4) *Business Intelligence* befasst sich mit den strategischen Veränderungen von Unternehmen für die Nachhaltigkeit in der Wettbewerbsumgebung. Wenn alles vernetzt ist, ist ein Unternehmen in der Lage, die externen Ressourcen über das Internet vollständig zu nutzen, um aufkommende Geschäfte zu erfassen, und das Unternehmen kann seine Flexibilität und Anpassungsfähigkeit durch die Bildung von Workflows mit Geschäftspartnern dynamisch erhöhen. Traditionelle digitale Werkzeuge für Business Intelligence sind Return of Investment (ROI) und Quality Function Deployment (DFD).

(5) *Digitale Technologieplattformen* dienen als Informationsinfrastruktur zur Integration heterogener digitaler Technologien für verschiedene Anwendungen in der physischen Welt. In jüngster Zeit wurden eine Reihe von fortschrittlichen Technologieplattformen entwickelt. Zum Beispiel unterstützt das Industrial Internet of Things (IIoT) die Kommunikation sowohl von *Maschine zu Maschine* (MTM) als auch von *Maschine zu Mensch*; *Social, Mobility, Analytics und Cloud* (SMAC) bietet die Technologieplattform für die Implementierung von digitalen Strategien in Organisationen.

6.4 Beispiel für digitales Engineering - Reverse Engineering

Abb. 6.3 zeigt, dass so viele digitale Technologien in digitalen Zwillingen angewendet werden; die Einführung all dieser Technologien geht sicherlich über Grenzen dieses Buches hinaus. Einige digitale Technologien wie CAD, CAE, CAM und DEDS wurden in vorherigen Kapiteln vorgestellt; in den Abschn. 6.4 und 6.5 werden Reverse Engineering (RE) und Direct Manufacturing (DM) als Beispiele für digitales Engineering diskutiert.

6.4.1 Forward Engineering (FE) und Revers Engineering (RE)

Die Entwicklung ist ein Prozess der Ansammlung von Wissen und Informationsdaten über Materialien, Teile, Produkte, Prozesse und Systeme. Je nach Methode, durch die das Wissen und die Informationen angesammelt werden, kann ein Entwicklungsprozess entweder ein Forward Engineering (FE) oder ein *Revers Engineering* (RE) sein. Wie in Abb. 6.4 dargestellt, beginnt das Forward Engineering mit einem konzeptionellen Design auf der abstrakten Ebene und endet mit einer detaillierten physischen Lösung. Im Gegensatz dazu beginnt das Revers Engineering mit einem physischen Modell und endet mit einem virtuellen Modell, das das Wissen und die Informationen des physischen Modells repräsentiert. Das Revers Engineering ist eine effektive digitale Technologie, um (1) ein virtuelles Modell eines physischen Objekts, Produkts, Prozesses oder Systems zu erstellen; (2) geometrische Maße, Informationen und Wissen auf der Grundlage physischer Objekte zu erforschen; und (3) die Struktur (Systemelemente und Beziehungen) eines zusammengebauten Produkts und Systems zu erforschen. Ein Prozess des Revers

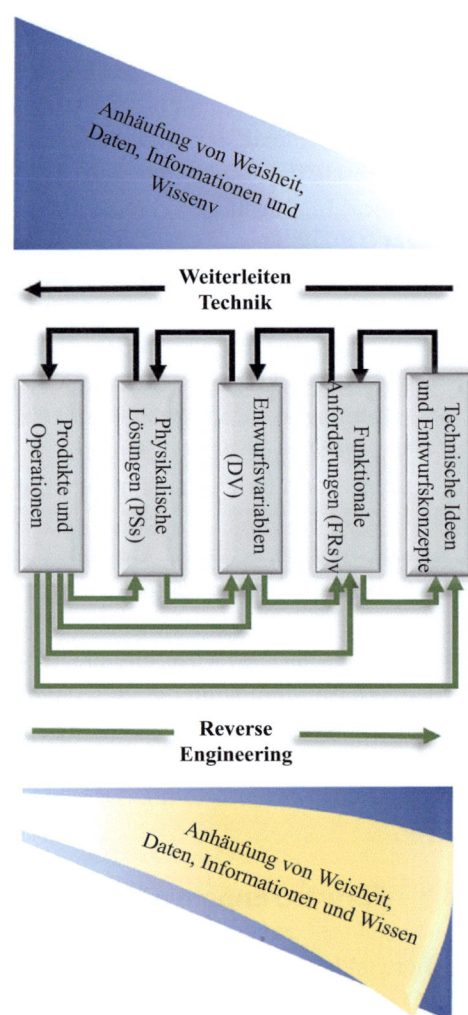

Abb. 6.4 Forward Engineering (FE) und Revers Engineering (RE)

6.4 Beispiel für digitales Engineering – Reverse Engineering

Engineerings kann die technischen Lücken eines Unternehmens und eines Geschäftskonkurrenten in neuen Technologieentwicklungen verkürzen.

RE zielt darauf ab, Wissen, Erfahrungen und Informationen, die in bestehenden Objekten, Produkten oder Systemen eingebettet sind, wiederherzustellen, zu erfassen und wiederzuverwenden. Allerdings ist RE nur dann effektiv, wenn das physische Modell, das nachentwickelt werden soll, wirtschaftliche Vorteile auf der Grundlage der Kapitalrendite (ROI) zeigt. Da das ROI von den erwarteten Produktmengen auf den Märkten abhängt, müssen die Kosten eines RE-Projekts analysiert werden, um zu rechtfertigen, ob das Nachahmen bestehender Innovationen eine richtige Option für die Entwicklung neuer Produkte ist. RE ist auf alle Designaspekte anwendbar; jedoch sind nur die RE-Anwendungen in geometrischen Designs von Produkten interessant; computergestützte Werkzeuge für das Revers Engineering (CARE) werden eingeführt, um (1) virtuelle Modelle aus physischen Objekten zu erstellen und (2) die Designabsichten von ursprünglichen physischen Objekten wie Designvariablen, Einschränkungen und Merkmale zu erforschen.

RE kann auf zusammengebaute Produkte angewendet werden, und Abb. 6.5 zeigt einen RE-Prozess, der verwendet wird, um ein digitales Modell eines Bürostuhls zu erstellen. Um ein virtuelles Modell zu erstellen, (1) wird der Stuhl zerlegt und die Teile werden gescannt, um Punktewolken von Außenflächen zu erfassen; (2) die erfassten Daten werden verarbeitet, um die Oberflächen des virtuellen Modells wiederherzustellen; (3) das Körpermodell kann dann definiert werden, indem die Begrenzungsflächen verwendet werden, die im vorherigen Schritt definiert wurden; (4) das Körpermodell wird

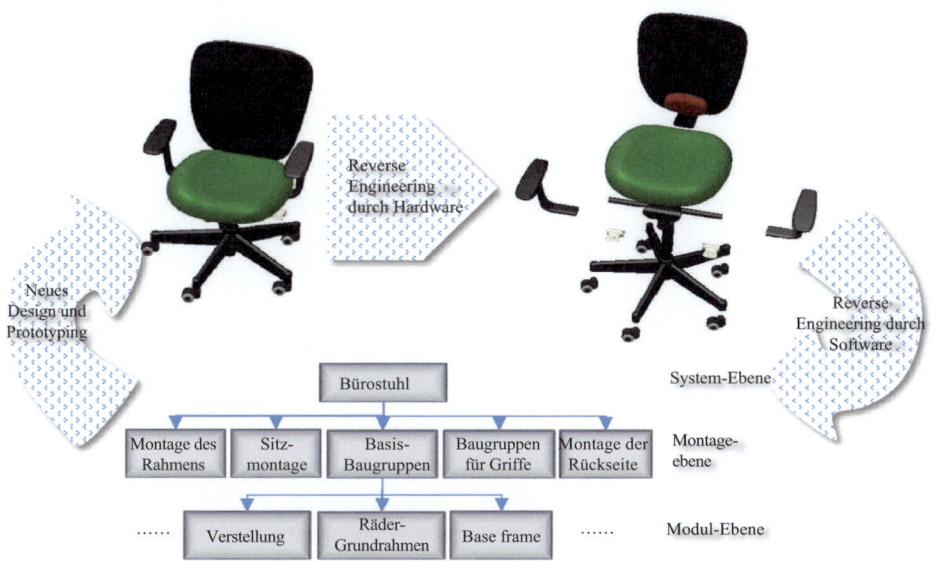

Abb. 6.5 Beispiel für Revers Engineering auf verschiedenen Ebenen

dann durch einen Rekonzeptionsprozess verfolgt, um Designabsichten zu entdecken und eine hochrangige parametrische Darstellung von Modellen zu generieren; und (5) die Teilemodelle werden dann zu einem vollständigen Stuhl zusammengebaut.

6.4.2 Vorgehensweise beim Revers Engineering

Ein RE-Projekt beinhaltet vier kritische Schritte, wie in Abb. 6.6 dargestellt. *Erstens* wird ein physisches Objekt gescannt, um einen Punktewolkendatensatz von freiliegenden Oberflächen oder internen Volumina zu erwerben. Häufig verwendete Scan-Geräte sind Laserscanner, Kameras, Koordinatenmessmaschinen (CMM) und Computertomographie (CT). *Zweitens* wird der Punktewolkendatensatz verarbeitet, um ein Polymesh als Begrenzungsflächen der physischen Objekte zu erzeugen. *Drittens* wird das Polymesh bereinigt, um ein geschlossenes Volumen des Körpers zu definieren. *Viertens* wird das Körpermodell analysiert, um Merkmale, Designabsichten und Einschränkungen für ein parametrisches Modell zu identifizieren. *Schließlich* kann das nachentwickelte Modell in computergestützten Ingenieuranalysen oder Anwendungen genutzt werden.

6.4.3 Reverse-Engineering-Modellierung

Eine der Schlüsselaufgaben in einem RE-Projekt ist es, eine Oberfläche aus einer Punktwolke zu konstruieren. Um eine geschlossene Oberfläche für ein Körpermodell zu konstruieren, werden Punkte von dreidimensionalen Sensoren wie Stereokameras und Lasersensoren erfasst, und die Punktwolke wird dann von Computern analysiert, um die Begrenzungsflächen von Körpern zu erzeugen. Abb. 6.7 zeigt den Prozess der Ober-

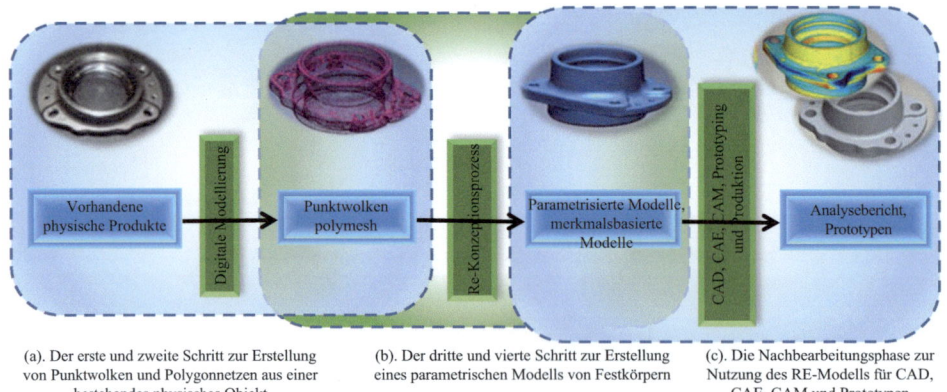

(a). Der erste und zweite Schritt zur Erstellung von Punktwolken und Polygonnetzen aus einer bestehendes physisches Objekt

(b). Der dritte und vierte Schritt zur Erstellung eines parametrischen Modells von Festkörpern

(c). Die Nachbearbeitungsphase zur Nutzung des RE-Modells für CAD, CAE, CAM und Prototypen

Abb. 6.6 Hauptaufgaben in einem Revers-Engineering-Projekt

6.4 Beispiel für digitales Engineering – Reverse Engineering

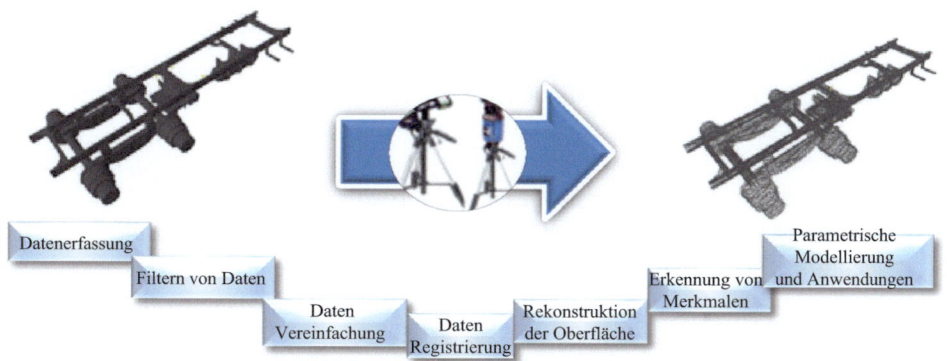

Abb. 6.7 Kritische Aufgaben bei der Oberflächenrekonstruktion (Bi und Kang 2014)

flächenrekonstruktion, der aus einigen Hauptaufgaben besteht, die unten beschrieben sind (Bi und Kang 2014).

(1) *Datenerfassung*. Dreidimensionale Scanner werden verwendet, um Punkte auf sichtbaren Oberflächen eines physischen Objekts zu erfassen. Wenn das Objekt nicht in den Arbeitsbereich der Scanner passt oder Oberflächenpunkte aus verschiedenen Orientierungen gesammelt werden, sollten die Punkte aus verschiedenen Ansichten und Segmenten erfasst werden, um ausreichende Informationen für ein geschlossenes Volumen zu gewährleisten.

(2) *Datenfilterung*. Rohdaten von Sensoren enthalten Rauschen, redundante, verzerrte oder sogar ungültige Daten; sie müssen gefiltert und bereinigt werden, um Rauschen und redundante Punkte aus den gesammelten Daten zu entfernen.

(3) *Datenregistrierung und -integration*. Wenn der Datenerfassungsprozess eine relative Bewegung zwischen dem Erfassungssystem und dem physischen Objekt beinhaltet, sollten die aus mehreren Ansichten oder kontinuierlichen Scanpfaden gewonnenen Datensätze registriert werden, um Datensätze in einem einheitlichen Koordinatensystem zusammenzuführen. Die Registrierung dient dazu, die Transformation eines Datensatzes zwischen zwei Ansichten zu bestimmen, und die Integration dient dazu, ein Einzelteilmodell aus mehreren Quellen der Datensätze zu erstellen.

(4) *Oberflächenrekonstruktion*. Eine Punktwolke von sichtbarer Oberfläche, oder ein volumetrischer Datensatz, wird analysiert, um Begrenzungsflächen des Objekts zu konstruieren.

(5) *Datenvereinfachung und Glättung*. Bei einem Datensatz mit einer großen Menge, oder wenn es besondere Anforderungen an die Glätte einer konstruierten Oberfläche gibt, werden die Oberflächendaten vereinfacht, um die Größe des Datensatzes zu reduzieren und die Begrenzungsfläche für eine bessere Qualität zu glätten. Datenvereinfachung und Glättung sind äußerst kritisch, wenn ein rückentwickeltes Modell

in anderen technischen Entwürfen wie Finite-Elemente-Analyse und Kollisionserkennung verwendet wird.
(6) *Merkmalerkennung.* Ein Teilemodell besteht aus einer Reihe von Merkmalen, die durch logische Operatoren wie Addition, Subtraktion und Vereinigung zusammengefügt werden. Es ist wünschenswert, die Merkmale, wie die bearbeiteten Merkmale von Löchern, Bossen und Fasen, aus einem Körpermodell zu erkennen.
(7) *Parametrische Modellierung und Anwendungen.* Ein RE-Prozess zielt darauf ab, Erkenntnisse, Erfahrungen und Designabsichten eines technischen Designs aus bestehenden physischen Objekten wiederherzustellen. Die Parametrisierung eines Körpermodells hilft, das Wissen und die Designabsichten zu erfassen. Darüber hinaus kann das erhaltene Körpermodell für andere technische Zwecke wie Rapid Prototyping, Formenbau und computergestützte Fertigung genutzt werden.

6.4.4 Computerunterstütztes Reverse Engineering (CARE)

Viele Werkzeuge für das *computerunterstützte Reverse Engineering* (CARE) wurden entwickelt, zum Beispiel die kommerziellen und Open-Source-CARE-Werkzeuge, die in Abb. 6.8 gezeigt werden. Im Vergleich bieten kommerzielle CARE-Werkzeuge bessere Funktionen, während Open-Source-Werkzeuge flexibel in andere Computerprogramme integriert werden können, um kontinuierliche Entwicklungen zu ermöglichen. Viele Softwaretools, wie Inventor, SketchUp und Blender, haben kommerzielle und Open-Source-Lizenzen.

Ein CARE-Werkzeug wird hauptsächlich verwendet, um zwei Aufgaben zu erfüllen (1) Umwandlung von Punktwolken in ein Polymesh-Modell und (2) Erstellung eines geschlossenen Körpermodells und Erforschung von Designmerkmalen und Design-

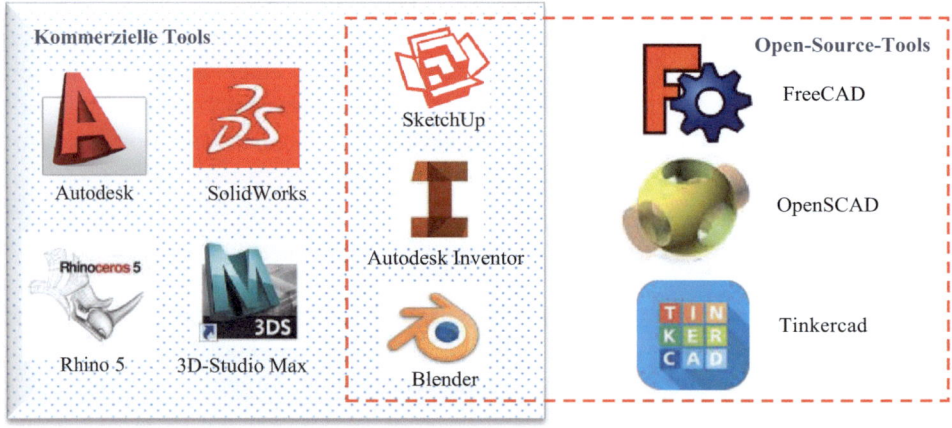

Abb. 6.8 Beispiele für computerunterstützte Werkzeuge des Reverse Engineerings (CARE)

6.4 Beispiel für digitales Engineering – Reverse Engineering

absichten für ein parametrisches Modell. Hier werden Autodesk ReCap und ScanTo3D verwendet, um zu veranschaulichen, wie die CARE-Werkzeuge eingesetzt werden, um diese Aufgaben zu erfüllen.

6.4.4.1 Erstellung von Polymesh-Modellen

Die Rohdaten, die durch die Triangulation, die Time-of-Flight- oder Interferometriemethode erfasst werden, liegen im Format einer Punktwolke vor, und ein Hardware-System mit solchen Fähigkeiten ist in der Regel in der Lage, Punktwolken direkt zu erzeugen. Die Rohdaten aus der Photogrammetrie sind jedoch 2D-Bilder, für deren Umwandlung in Polymesh-Modelle spezielle Werkzeuge wie Autodesk ReCap Pro erforderlich sind. Wie in Abb. 6.9a gezeigt, akzeptiert ReCap drei Arten von Rohdaten: Punktwolken, Bilddateien von mobilen Geräten und Fotos. Der Datenverarbeitungsdienst kann online abgerufen werden, wie in Abb. 6.9b gezeigt; das Ergebnis der Bildverarbeitung ist das Polymesh-Modell, das im Format .rcs, .obj, .rcm, .fbx oder .ipm exportiert werden kann. Abb. 6.10 zeigt die drei Schritte zur Umwandlung einer Reihe von Bilddateien in ein Polymesh-Modell mit ReCap Pro. ReCap bietet auch einige grundlegende Funktionen zur Analyse, Bearbeitung und Verfeinerung eines Polymesh-Modells, wie in Abb. 6.11a gezeigt, bevor das Modell in einem der Formate .obj, .stl oder .fbx exportiert wird (siehe Abb. 6.11b).

Die Qualität des Polymesh-Modells hängt von der Vollständigkeit und Auflösung der Fotos ab. In der Photogrammetrie werden die Position und Ausrichtung einer Kamera durch das Abgleichen von Pixeln in einer Gruppe von Fotos bestimmt. Idealerweise sollten 80 % der Pixel eines Fotos von anderen Fotos abgedeckt sein. Die folgenden Richtlinien sollten angewendet werden, um hochwertige Fotos für ein Reverse-Engineering-Projekt vorzubereiten (Autodesk 2020):

(a). Erstellen Sie ein RE-Projekt   (b). Schnittstelle für Cloud-Computing

Abb. 6.9 Cloud-Reverse-Engineering-Service von Autodesk ReCap Pro

 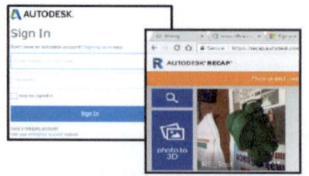 

(1). Bereiten Sie eine Reihe von Fotos vor, die von verschiedenen Standorten, Richtungen und Höhen des Objekts aufgenommen werden.

(2). Erstellen Sie ein neues Projekt in ReCap Pro, wählen Sie die Mesh-Qualität und die Export-Dateitypen aus, laden Sie die Fotos hoch und bestätigen Sie die Übertragung.

(3). Lassen Sie den Cloud-Dienst die Oberflächenrekonstruktion abschließen und laden Sie ein Polymesh-Modell im .rcm-Format herunter. Das generierte Modell kann online betrachtet und in andere Anwendungen exportiert werden. computergestützte Werkzeuge.

Abb. 6.10 Die Schritte zur Erstellung eines Polymesh-Modells in ReCap Pro

 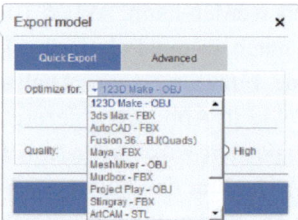

(a). Werkzeuge zur Bearbeitung eines Polymesh-Modells

(b). Exportieren eines Polymesh-Modells

Abb. 6.11 Bearbeiten und exportieren eines Polymesh-Modells in ReCap Pro

(1) **Lichtverhältnisse**. Die Beleuchtung sollte so platziert werden, dass Schatten auf den Fotos vermieden werden. In Innenräumen sollte kein Blitz verwendet werden, und es sollten diffuse Lichter ohne Schatten auf dem Objekt verwendet werden. In Außenbereichen sollten Fotos nicht unter direktem Licht aufgenommen werden, um einen starken Kontrast auf den Fotos zu vermeiden.

(2) **Kameras**. Verwenden Sie ein Objektiv, das eine gute Schärfe erzeugt, und vermeiden Sie eine Änderung der Brennweite beim Aufnehmen der Fotos. Stabilisieren Sie die Kamera mit Hilfe von Stützen und Auslöser, arbeiten Sie mit kleinen Blendenwerten für eine große Tiefenschärfe und verwenden Sie eine Kamera mit so hoher optischer Auflösung wie möglich.

(3) **Fotografierstrategien**. Platzieren Sie das Objekt vollständig im Sichtfenster, lassen Sie das Objekt aber so groß wie möglich im Fenster erscheinen. Vermeiden Sie einen Hintergrund mit komplexen Texturen anstelle von einfarbigen. Vermeiden Sie es, Objekte in der Szene beim Fotografieren zu bewegen. Machen Sie Fotos aus allen Richtungen des Objekts, um sicherzustellen, dass jedes Merkmal auf mehreren Fotos abgedeckt ist. Machen Sie die Fotos rund um das Objekt von oben unter einem Neigungswinkel von jeweils 5° bis 15°.

6.4.4.2 Erzeugung parametrischer Modelle

Ein Polymesh-Modell enthält nur die geometrischen Informationen, während das endgültige Ziel eines Reverse-Engineering-Prozesses darin besteht, Merkmale, Absichten und Kenntnisse von physischen Produkten zu erforschen. Daher sollten Polymesh-Modelle weiter analysiert und verarbeitet werden, um parametrische Modelle mit identifizierten Parametern, Merkmalen und Designabsichten zu erstellen. Abb. 6.12 zeigt das Verfahren, bei dem *SolidWorks ScanTo3D* verwendet wurde, um ein parametrisches Modell aus einer Punktwolke oder einem Polymesh-Modell zu erstellen. *Zuerst* wird eine Datendatei als Anwendung von ScanTo3D importiert. *Zweitens* wird das Werkzeug *Mesh-Vorbereitung* verwendet, um Daten zu korrigieren, zu vereinfachen, auszurichten und zu glätten; wenn keine geschlossene Begrenzungsfläche vorhanden ist, werden weitere zusätzliche Flächen beschnitten und Löcher gefüllt. *Drittens* werden die parametrischen Modellierungswerkzeuge verwendet, um Abschnitte, Kanten, Flächen zu definieren und eine erlaubte Begrenzungsfläche für ein Körpermodell zu erzeugen. *Viertens* wird das Werkzeug *Feature-Erkennung* verwendet, um mögliche Merkmale wie Löcher, Zylinder, Extrusionen und Rundungen zu identifizieren.

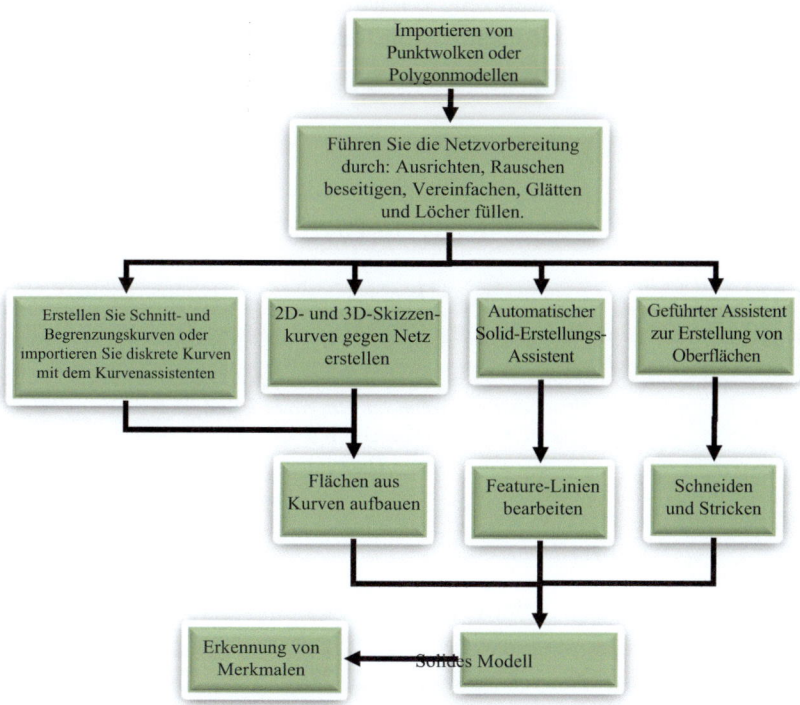

Abb. 6.12 Parametrisierung eines Körpermodells mit SolidWorks ScanTo3D

6.5 Beispiel für digitales Engineering – Direktfertigung

Die Direktfertigung bietet eine Alternative zur Herstellung einzigartiger Produkte oder Produkte mit geringer Stückzahl. Die Direktfertigung wurde als eine der aufkommenden digitalen Technologien identifiziert, die einen großen Einfluss auf die Fertigungsindustrie haben wird. *Direktfertigung* ist eine Art der additiven Fertigung, bei der physische Produkte direkt aus ihren digitalen Modellen ohne kundenspezifische Fertigungswerkzeuge hergestellt werden. Abb. 6.13 zeigt drei grundlegende Arten von Fertigungsprozessen zur Erstellung geometrischer Formen von Teilen. Ein *formgebender Prozess* in Abb. 6.13c verwendet die Hohlform in einer Formbaugruppe zur Definition der Teilegeometrie. Wenn das Material in die Hohlform eingebracht wird, wird es in eine gewünschte Form verfestigt oder gesintert. Ein *subtraktiver Fertigungsprozess* in Abb. 6.13b entfernt unerwünschte Materialien, um ein Teil durch das Schneidwerkzeug, das sich entlang des Teils bewegt, umzuformen; die Geometrie des Teils wird durch das Schneidwerkzeug und seine Bewegung in Bezug auf das Teil bestimmt. Ein subtraktiver Prozess wird an einer Werkzeugmaschine wie einer Drehmaschine, Bohrmaschine oder Fräsmaschine durchgeführt. Ein *additiver Fertigungsprozess* (AM) in Abb. 6.13a erstellt ein Teil, indem die Materialien schichtweise zu einer festen Schicht hinzugefügt werden. Eine Maschine und ein Programmierwerkzeug von additiven Fertigungsprozessen können verwendet werden, um beliebige Geometrien von Teilen ohne den Einsatz von kundenspezifischen Werkzeugen herzustellen.

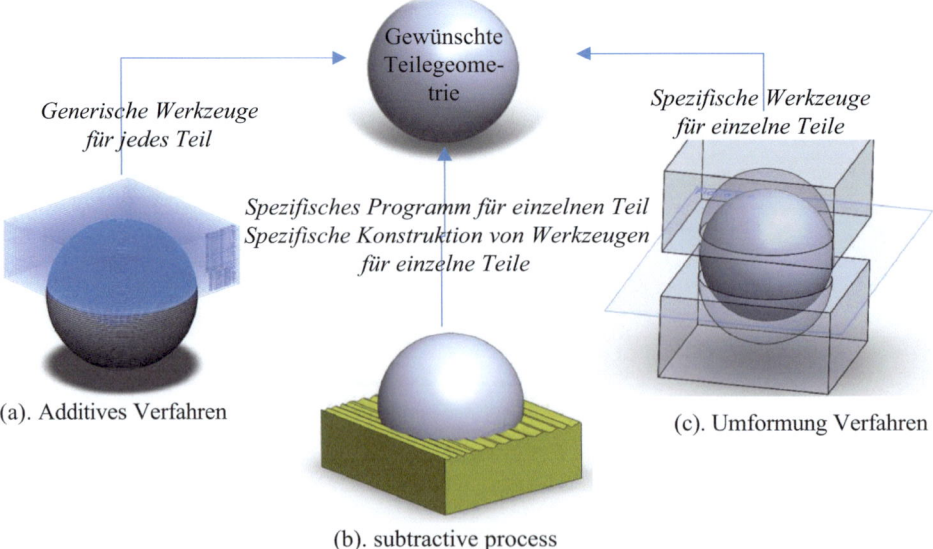

Abb. 6.13 Drei grundlegende Methoden zur Herstellung von Teilen in der Fertigung

6.5 Beispiel für digitales Engineering – Direktfertigung

Viele Technologien wurden für die additive Fertigung entwickelt, und Abb. 6.14 zeigt, dass es sieben grundlegende Arten der additiven Fertigung gibt: Fotopolymerisation in einem Behälter, Pulverbett-Schmelzen, Binder Jetting, Material Jetting, Blattlaminierung, Materialextrusion und gerichtete Energieabscheidung. Die Eigenschaften dieser Technologien werden in der Abbildung kurz erläutert.

Ein Pulverbett-Schmelz-Verfahren in Abb. 6.15 wird als Beispiel zur Veranschaulichung des additiven Fertigungsansatzes verwendet. Die Pulverpartikel werden von einem Zuführmechanismus schichtweise auf der linken Seite zugeführt. Pulverpartikel werden Schicht um Schicht bei einer hohen Temperatur nahe dem Schmelzpunkt der Pulvermaterialien verschmolzen, und die thermische Energie stammt in der Regel von einem Laser oder Elektronenstrahl. Der Teil der erhitzten Pulverpartikel verschmilzt und sintert und bildet so das gewünschte Teil. Sobald der additive Prozess abgeschlossen ist, können nicht erhitzte, lose Pulverpartikel weggeblasen oder weggestrahlt werden. Die Materialien, die für ein Pulverbett-Schmelz-Verfahren geeignet sind, umfassen Metall, Metalllegierungen, Kunststoffe, Keramikpulver und Sand.

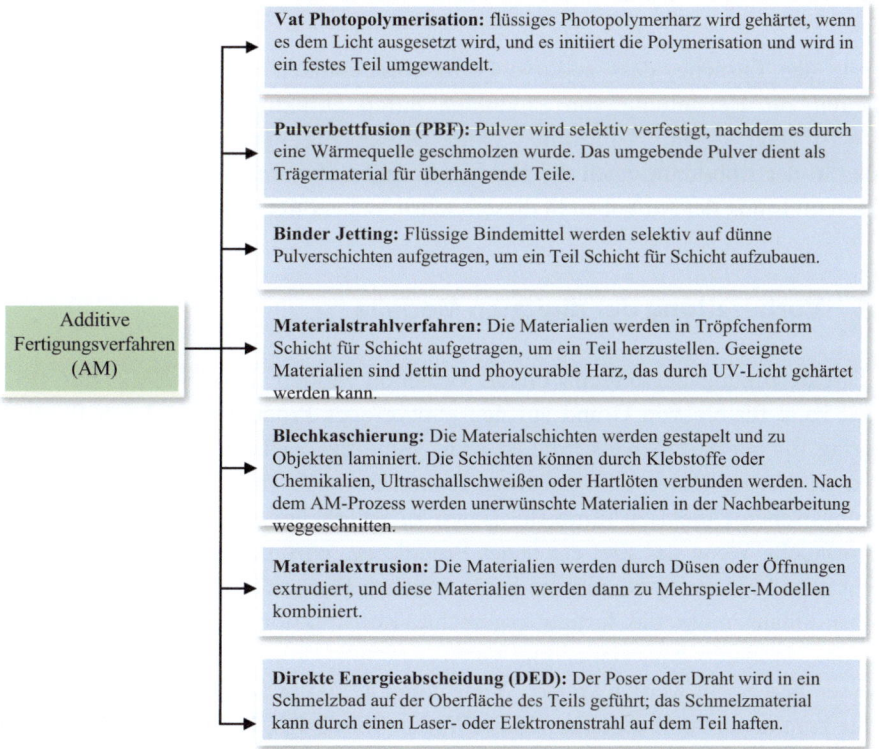

Abb. 6.14 Arten der additiven Fertigung

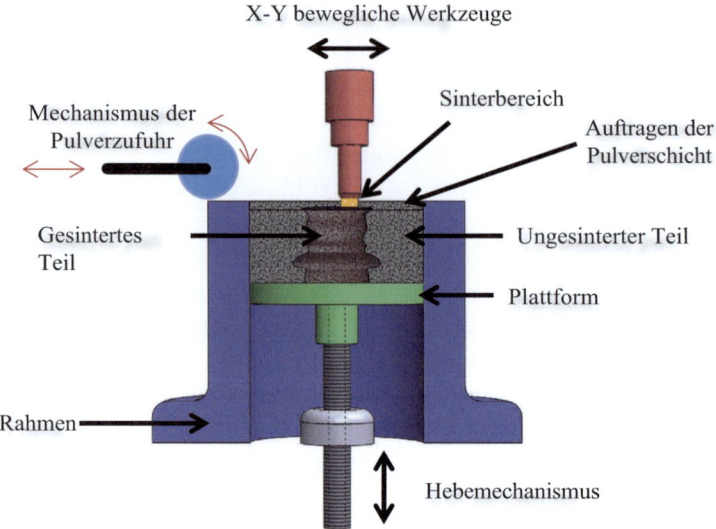

Abb. 6.15 Pulverbett-Schmelz-Verfahren (PBF)

Trotz der Tatsache, dass additive Fertigungstechniken sehr vielfältig sind, ist das Verfahren zur Herstellung von Produkten durch Direktfertigung unkompliziert und Abb. 6.16 zeigt sieben Hauptstufen eines Direktfertigungsprozesses. Darüber hinaus werden in der Abbildung auch die Hardware- und Software-Ressourcen vorgestellt, die zur Durchführung der Aufgaben in diesen Schritten benötigt werden.

6.5.1 Vorbereitung der digitalen Modelle

Die Direktfertigung beginnt mit einem virtuellen Modell des Produkts. Ein virtuelles Modell kann für ein von Grund auf neu entworfenes Produkt oder durch Reverse Engineering für ein bestehendes Produkt sein. Wenn das Ziel ein bestehendes physisches Objekt ist, werden Reverse-Engineering-Techniken in Abschn. 6.4 verwendet, um Daten vom physischen Objekt zu sammeln, Daten zu verarbeiten und es in ein Körpermodell umzuwandeln. Wenn das Ziel ein neues Produkt ist, wird davon ausgegangen, dass das Design detailliert genug ist, um die geometrischen Formen der Produkte zu bestimmen. Darüber hinaus muss die fertigungsgerechte Konstruktion berücksichtigt werden, da nicht alle Merkmale, Materialien und Funktionen mit der erforderlichen Genauigkeit angemessen hergestellt werden können. Viele computergestützte und Fertigungswerkzeuge, wie die kommerziellen Programme SolidWorks, SolidEdge, Unigraphics und die kostenlosen Programme wie FreeCAD, 3D Builder und LibreCAD können verwendet werden, um virtuelle Modelle von Produkten zu erstellen.

6.5 Beispiel für digitales Engineering – Direktfertigung

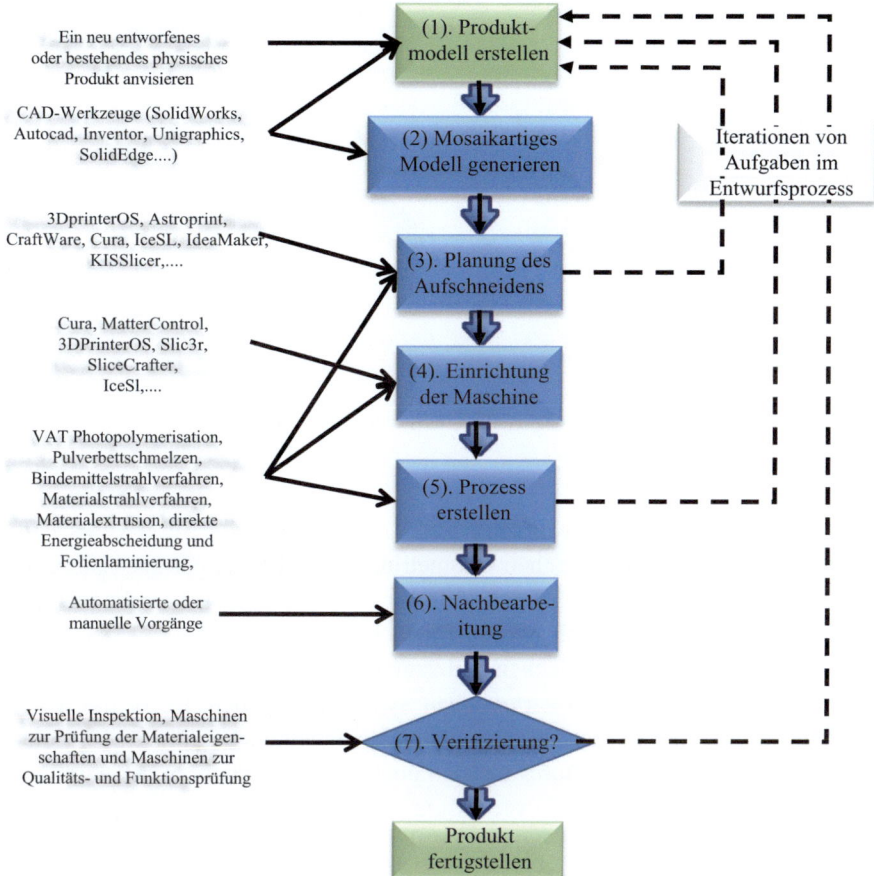

Abb. 6.16 Verfahren der AM-Prozesse

6.5.2 Vorbereitung von STL-Dateien

Eine Rapid-Prototyping-Maschine akzeptiert ein Produktmodell nur im tessellierten Format. Tessellation ist eine Methode zur Verwaltung von Polygon-Datensätzen, und das. stl-Format ist ein spezieller tessellierter Typ für das Rapid Prototyping. Die Abkürzung .*stl* steht für *Stereolithographie, Standard-Dreiecks-Sprache* oder *Standard-Tessellations-Sprache*. Eine.stl-Datei kann *binär* oder *ASCII* sein. Eine Binärdatei ist kompakter und wird häufig verwendet, es sei denn, das virtuelle Modell muss manuell überprüft und geändert werden. Beachten Sie, dass ein virtuelles Modell in .stl nur die Informationen über die Begrenzungsflächen eines Objekts enthält.

Eine .stl-Datei sollte nur exportiert werden, wenn das Produktdesign endgültig festgelegt ist, da verschiedene Formate unterschiedlichen Inhalten entsprechen, obwohl die geometrischen Informationen gleich sind. Eine .stl-Datei kann nicht leicht geändert

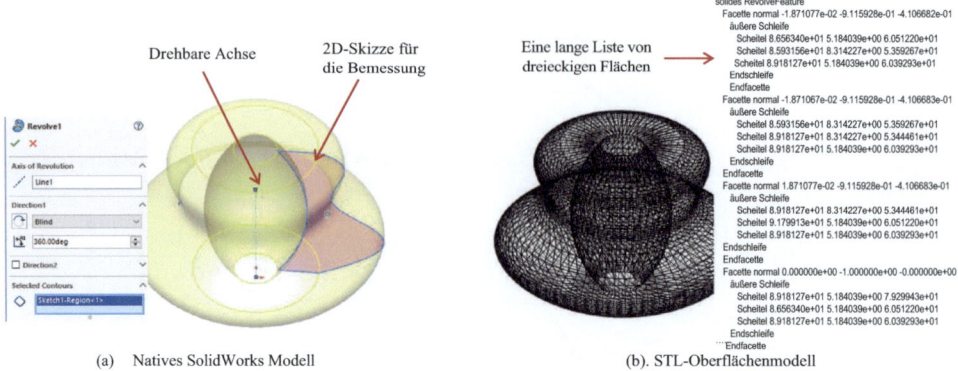

(a) Natives SolidWorks Modell   (b) STL-Oberflächenmodell

Abb. 6.17 Die gleiche Geometrie mit unterschiedlichen Inhalten in .sldprt- und .stl-Formaten

werden. Abb. 6.17 zeigt einen Vergleich einer .sldprt-Datei von SolidWorks und einer .stl-Datei für ein Teil mit der gleichen Geometrie. Abb. 6.17a ist parametrisiert, bei dem sowohl die 2D-Skizze als auch die Drehachse auf der Feature-Ebene leicht geändert werden können. Die .stl-Datei in Abb. 6.17b ist jedoch ein trianguliertes Oberflächenmodell; es enthält nur eine Liste von Dreiecken und zugehörigen Eckpunkten. Eckpunkte werden durch die Koordinaten in einem kartesischen System angegeben. Bevor das Modell für einen Rapid-Prototyping-Prozess bereit ist, werden Ingenieure ermutigt, so viele hochrangige Informationen (wie Features und Parameter) wie möglich zu bewahren, um Designs in einem iterativen Prozess zu verbessern.

Aufgrund der Bedeutung und Beliebtheit des .stl-Formats für die additive Fertigung sind nahezu alle CAD-Pakete in der Lage, native Körpermodelle als Modelle in einem .stl-Format zu exportieren. Als Beispiel zeigt Tab. 6.1 die Schnittstelle, die Schritte und die Einstellungen in SolidWorks, wenn ein .sldprt-Modell als .stl-Datei exportiert wird.

Wenn ein Produkt einige kurvige Merkmale aufweist, bestimmt die Auflösung die Glätte der kurvigen Merkmale, es sei denn, die Auflösung einer .stl-Datei übersteigt die des Rapid-Prototyping-Prozesses. Die Auflösung beeinflusst auch die Dateigröße eines virtuellen Modells. Abb. 6.18 gibt ein Beispiel für ein Körpermodell sowie zwei .stl-Dateien mit grober und feiner Auflösung. Die Dateigröße kann stark erhöht werden, wenn die Anzahl der Dreiecke im Modell erhöht wird.

6.5.3 Slicing-Algorithmen und Visualisierung

Ein Rapid-Prototyping-Prozess erstellt ein Teil Schicht für Schicht. Ein Slicing-Algorithmus wird verwendet, um ein Volumen in eine Abfolge von Schichten mit einer bestimmten Auflösung zu zerlegen. Auf jeder Schicht bestimmt der Algorithmus die Bewegungspfade, um den Querschnittsbereich abzudecken. Der Slicing-Algorithmus

6.5 Beispiel für digitales Engineering – Direktfertigung

Tab. 6.1 Die Schnittstelle, Schritte und Einstellungen zum Exportieren einer .stl-Datei aus SolidWorks

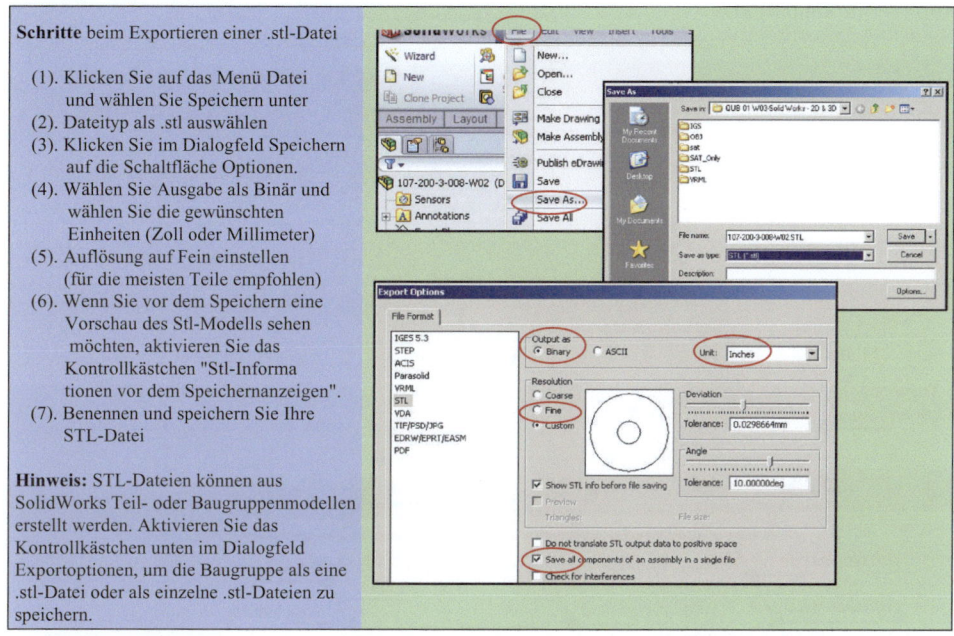

(a) Solides Modell
(Größe 19,5 MB)

(b) Grobes STL-Modell
(65.126 Dreiecke
Größe 18,4)

(c) Feines STL-Modell
(327.667 Dreiecke
Größe 92,8)

Abb. 6.18 Auflösung beeinflusst die Glätte der kurvigen Merkmale und die Dateigrößen

erzeugt die Ergebnisse von (1) einer Reihe von Werkzeugpfaden für das gegebene .stl-Modell, (2) geschätzte Bearbeitungszeit und Materialverbrauch basierend auf dem angegebenen Prozentsatz der Füllungen, und (3) die Konstruktionen von Stützmaterialien, wenn ein oder einige Merkmale auf dem Teil nicht selbsttragend sind (All3DP 2019). Es ist wünschenswert, dass die Ergebnisse aus Slicing-Algorithmen visualisiert und grafisch überprüft werden, um sicherzustellen, dass die Werkzeugpfade oder Stützen vernünftig sind. Wie in Abb. 6.19 gezeigt, können viele Softwaretools, wie Simplify3D, verwendet werden, um Druckpfade und geschichtete Strukturen aus einem Rapid-Prototyping-Prozess zu visualisieren.

Abb. 6.19 Visualisierung eines Rapid-Prototyping-Prozesses in Simplify3D

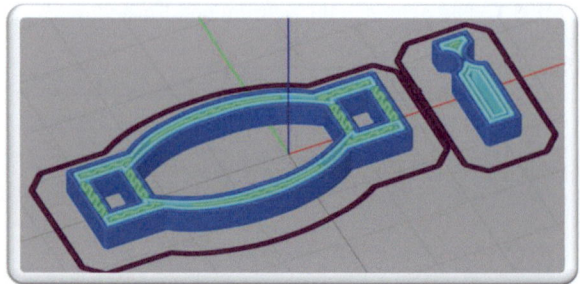

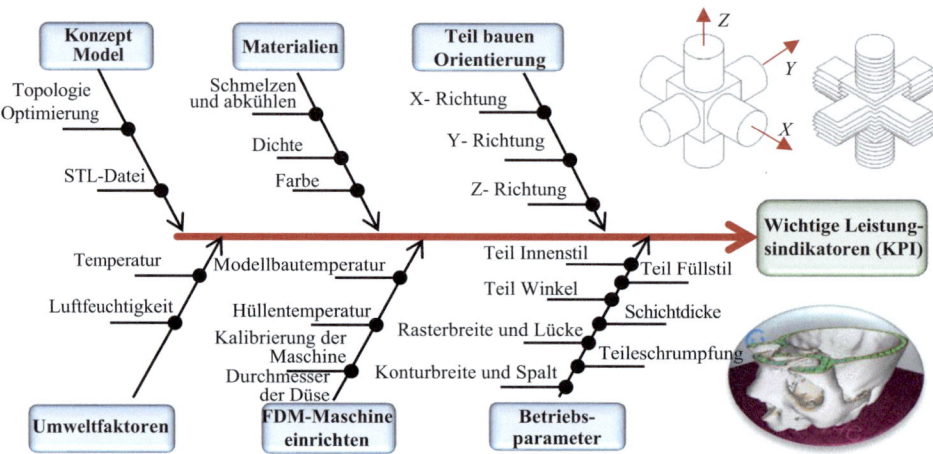

Abb. 6.20 Hauptdesignfaktoren eines Rapid-Prototyping-Prozesses (Bi und Wang 2020)

6.5.4 Maschine einrichten

Die Qualität eines Produkts im Rapid-Prototyping-Verfahren beruht nicht nur auf der Grundlage der Werkzeugpfade aus einem Slicing-Algorithmus bestimmt, sondern auch auf verschiedenen Designfaktoren, die für einen additiven Fertigungsprozess relevant sind, wie Maschinentyp, Materialtyp und Prozessparameter. Ein Steuerprogramm muss auf eine bestimmte RP-Maschine zugeschnitten sein. Abb. 6.20 zeigt eine Liste der wichtigsten Designparameter, die in einem *Fused-Deposition-Modeling*-Prozess (FDM) beteiligt sind (Ha 2016). Obwohl die RP-Maschine mit den Standardeinstellungen und wenigen manuellen Eingriffen betrieben werden kann, um ein Steuerprogramm zu generieren, hängt die optimierte Qualität des Teils vom Verständnis der Benutzer für verschiedene Prozessparameter und der Erfahrung bei der Einrichtung der Maschinen ab.

6.5.5 Building-Prozess

Ein Steuerprogramm ist eine Reihe von Anweisungen zur Vorbereitung des Werkzeugs, zur Bewegung und Verfolgung eines Werkzeugpfads für den Betrieb und zur Bedienung von Hilfswerkzeugen auf der Grundlage der festgelegten Einstellungen der Prozessparameter. Nachdem der Slicing-Algorithmus die .stl-Datei verarbeitet und ein Steuerprogramm generiert hat, wird die RP-Maschine kalibriert und entsprechend eingerichtet, und der Rapid-Prototyping-Prozess kann durchgeführt werden, um ein Teil Schicht für Schicht zu bauen. Je nach Teilegeometrie, Betriebsgeschwindigkeit der Endeffektor-Werkzeuge und Effektivität des Slicing-Algorithmus variiert die Bearbeitungszeit von Teil zu Teil.

6.5.6 Nachbearbeitung

Wenn der Bauprozess beendet ist, kann das Teil aus der Rapid-Prototyping-Maschine entnommen werden. Die Nachbearbeitung ist oft notwendig, um Schmutz zu entfernen und eine Stützstruktur vom Teil zu entfernen. Gelegentlich werden sekundäre Prozesse wie das Fräsen verwendet, um einige bearbeitete Merkmale zu erstellen oder geometrische und dimensionale Toleranzen an bestehenden Merkmalen zu verbessern.

Das Rapid Prototyping bietet einige bedeutende Vorteile bei der Reduzierung der Werkzeugkosten und der Verkürzung der Produktentwicklungszeit. Allerdings haben RPs ihre Nachteile in Bezug auf Qualität und Festigkeit der Produkte aufgrund (1) der anwendbaren Rohstoffe mit begrenzten Festigkeiten und (2) Treppeneffekten in einem schichtweisen Aufbau. Tab. 6.2 zeigt die Bereiche der Oberflächenqualität und der minimal möglichen Dicke aus verschiedenen additiven Fertigungsverfahren. Die Oberflächenrauheit kann so schlecht sein wie beim Fused Deposition Modeling (9–40 μm) (Campbell et al. 2002; Kumbhar und Mulay 2018).

Das Oberflächenfinish eines RP-Teils kann auf zwei Arten verbessert werden: (1) Optimierung der Werkzeugpfadorientierung und Reduzierung der Dicke zwischen den Schichten und (2) Anwendung sekundärer Prozesse wie Fräsen, Laser-Oberflächenfinish-Operationen oder abrasive Strömungsbearbeitung.

Tab. 6.2 Oberflächenrauheit aus verschiedenen AM-Prozessen (Campbell et al. 2002; Kumbhar und Mulay 2018)

Nr.	Prozess-Typ	Mindestschichtdicke (mm) 0,100	Oberflächenrauhigkeit (Ra) in μm
1	Stereolithographie (SLA)	0.100	2 ~ 40
2	Selektives Lasersintern (SLS)	0.125	5 ~ 35
3	Fused Deposition Modeling (FDM)	0.254	9 ~ 40
4	Materialextrusion (3D-Druck) Herstellung	0.175	12 ~ 27
5	laminierter Objekte (LOM)	0.114	6 ~ 27
6	Materialausstoß	0.100	3 ~ 30

6.5.7 Überprüfung und Validierung

Die meisten der im Rapid Prototyping hergestellten Teile dienen der Überprüfung und Validierung. Als letzter Schritt werden physische Teile getestet und bewertet, um zu sehen, ob eine kontinuierliche Verbesserung notwendig ist. Ein iterativer Prozess wird angewendet, bis die Leistung des prototypisierten Teils die Designanforderungen zufriedenstellend erfüllt. Einfache Validierungen wie Teilefehler können manuell inspiziert werden; einige Quantifizierungen wie Oberflächenrauheit, Härte und Zugfestigkeiten benötigen ausgefeilte Prüfmaschinen. Jüngste Bemühungen um Überprüfung und Validierung wurden auf Mikrostrukturen, Restspannungen, Ermüdungsfestigkeiten und mechanische Eigenschaften gelegt (Kim et al. 2015).

6.6 Studien zur Anpassung von digitalen Fertigungstechnologien

Es gibt keine universelle Lösung für DT, die auf alle Fertigungsunternehmen anwendbar ist. Einige maßgeschneiderte Anstrengungen in Forschung und Entwicklung sind in der Regel erforderlich, um allgemeine digitale Fertigungslösungen auf bestimmte Anwendungen zuzuschneiden. In diesem Abschnitt werden einige Fallstudien aus der Forschung und Entwicklung vorgestellt, die die Vielfalt der angewandten Studien in der digitalen Fertigung zeigen.

6.6.1 Allgegenwärtige Sensorik

Die digitale Fertigung ist datengetrieben, und die Intelligenz des Fertigungssystems hängt von der Fülle und Hinlänglichkeit der von den Systemelementen gesammelten Daten ab. Aus dieser Sicht gilt: Je mehr Sensoren in einem Fertigungssystem verwendet werden, desto besser ist die Chance, dass die richtigen Daten gesammelt werden, und desto schneller und besser können Entscheidungen für den Betrieb von Fertigungssystemen getroffen werden. Es ist eine große Menge an Forschung und Entwicklung notwendig, um kosteneffektive Instrumentierungslösungen für intelligente Dinge in Fertigungssystemen zu haben.

Abb. 6.21 zeigt ein Beispiel für die Entwicklung von intelligenten Kraftsensoren für robotische Greifer. Als intelligente Dinge werden Industrieroboter weitgehend in der Fertigung eingesetzt. Allerdings basieren die Steuerungen von Industrierobotern meist auf kinematischen Modellen, und dies stellt die Herausforderung dar, (1) die Leistung eines Roboters zu optimieren, da jede Bewegung durch Kraft verursacht wird, und (2) sie in komplexer Umgebung wie einer Mensch-Maschine-Koexistenzumgebung zu verwenden. Um eine dynamische Steuerung für Roboter zu implementieren, sollten die externen Kräfte, die auf Systemelemente wirken, in Echtzeit gemessen werden und die

6.6 Studien zur Anpassung von digitalen Fertigungstechnologien

(a). verschiedene Greifer (b). Kostengünstige Kraftsensorik

Abb. 6.21 Kraftsensoren für intelligente Greifer (Bi et al. 2018)

Instrumentierungslösungen sind für robotische Module wie Greifer in Abb. 6.21a gefordert. Eine kosteneffektive Sensorlösung wurde entwickelt, um Greifkräfte zu messen, und die gesammelten Daten können genutzt werden, um die Mensch-Roboter-Interaktion in offener Arbeitsumgebung zu unterstützen.

6.6.2 Ganzheitliche Multi-Sensor-Lösung für Echtzeitsteuerungen

Viele Fertigungsoperationen erfordern die Koordination, Zusammenarbeit und Kooperation von mehreren Systemelementen. Nimmt man zum Beispiel ein automatisiertes Fahrzeug (AGVs) in einem Montagewerk, werden die Informationen über Lieferaufgaben, die Zustände der AGVs, Jobs und relevante Fertigungsressourcen gesammelt und dem Steuerungssystem als Eingaben zur Planung, Terminierung und Steuerung der AGVs zugeführt. Das System kann kompliziert werden, wenn die Steuerungen dezentralisiert sind, da die Systemelemente dynamisch sich untereinander koordinieren, miteinander zusammenarbeiten und kooperieren. Darüber hinaus sollten die Daten über relevante Umweltfaktoren gesammelt und diesen Systemelementen zur Verfügung gestellt werden, und die Echtzeitdaten werden fusioniert, verarbeitet und genutzt, um Entscheidungsaktivitäten zu unterstützen. Solche Arten von Forschungen sind in verteilten und dezentralisierten Fertigungssystemen sehr gefragt; Unternehmenssysteme sollten in der Lage sein, Umweltdaten aus mehreren Quellen zu sammeln, zu fusionieren, zu verarbeiten und zu nutzen, um eine hohe Intelligenz der Entscheidungseinheiten zu erreichen.

Abb. 6.22 zeigt ein Beispiel für dezentrale Steuerungssysteme, in denen Systemkomponenten sich koordinieren und zusammenarbeiten, um jeweilige Aufgaben für

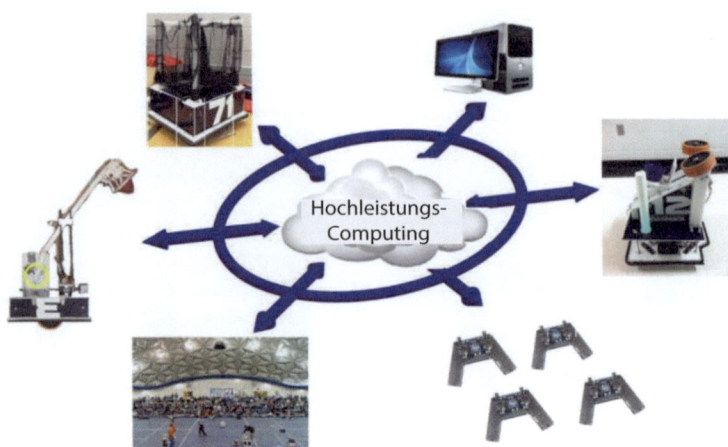

Abb. 6.22 Ganzheitliche Sensorlösungen zur Unterstützung von Echtzeit-Entscheidungsfindungen (Bi et al. 2017)

optimierte Systemleistungen zu erfüllen. Es handelte sich um ein Fußballroboterteam, bestehend aus verschiedenen Arten von Robotern, die mit verschiedenen Sensoren ausgestattet waren, einschließlich Abstandssensoren, Bildsensoren und Kraftsensoren. Mit den in Echtzeit von den Robotern gesammelten Daten kollaborieren und koordinieren sich die Robotermitglieder auf Systemebene. Bei der Entwicklung solcher Systeme müssen Ingenieure die richtigen Sensoren auswählen, um Ereignisse zu erkennen oder physikalische Größen zu messen, und die Informationssysteme sollten in der Lage sein, die Daten für die Entscheidungsfindung zu nutzen.

6.6.3 Methoden zum Umgang mit Big Data

Um die Entwicklungszeit zu verkürzen, muss das virtuelle Design mit dem ständig wachsenden Volumen, der Geschwindigkeit und der Vielfalt von Big Data umgehen. Im Allgemeinen bedeutet Big Data, dass die für ein technisches Problem erforderliche Berechnung weit über die Fähigkeiten der verfügbaren Rechenressourcen hinausgeht. Mit zunehmender Systemkomplexität stehen immer mehr technische Probleme vor den Herausforderungen begrenzter Rechenressourcen; die Datenanalyse muss innovativ sein, um Big Data auf einen Datensatz mit handhabbarer Größe zu reduzieren, damit in einem angemessenen Zeitrahmen eine machbare Lösung gefunden werden kann.

Abb. 6.23 zeigt ein Beispiel für die Verwendung eines innovativen Ansatzes zur Bewältigung der Big Data bei der Simulation der Signalpropagation im menschlichen Körper (Särestöniemi et al. 2019). Ein menschlicher Körper besteht aus Haut, Fett, Knochen und Muskeln, und diese organischen Stoffe haben unterschiedliche dielektrische Eigenschaften, die die Signalpropagation beeinflussen. Die Verwendung eines realistischen

6.6 Studien zur Anpassung von digitalen Fertigungstechnologien

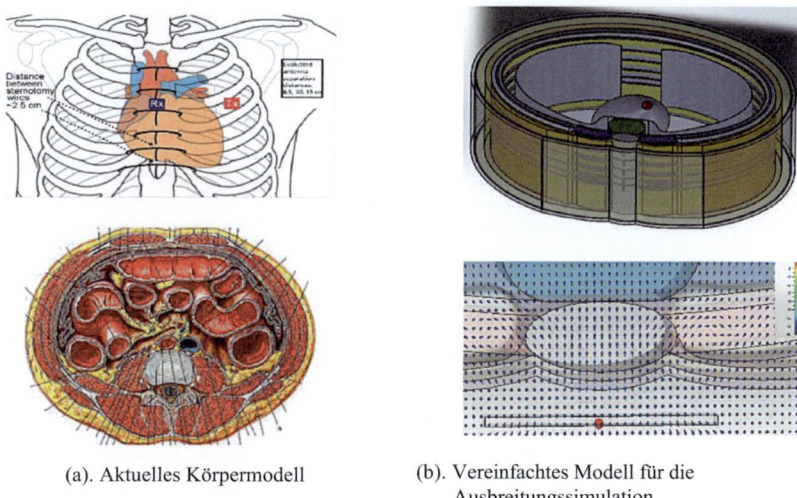

(a). Aktuelles Körpermodell

(b). Vereinfachtes Modell für die Ausbreitungssimulation

Abb. 6.23 Entwicklung einer kosteneffektiven Lösung für ubiquitäres Sensing (Särestöniemi et al. 2019)

Körpermodells, das in Abb. 6.23a gezeigt wird, führt zu dem Szenario von Big Data in der numerischen Simulation. Die Modelle sollten jedoch stark vereinfacht werden, indem die Volumina unterschiedlicher Materialeigenschaften als parametrisierte Körper approximiert werden. Dementsprechend wurde die Rechenzeit für eine akzeptable Lösung erheblich reduziert.

6.6.4 Methoden des Data Mining

In einem IoT-basierten Systemnetzwerk haben zahlreiche intelligente Dinge ihre lokalen Steuereinheiten, um die Leistungen zu optimieren. Koordination und Zusammenarbeit dieser funktionalen Einheiten sind jedoch erforderlich, um systemweite Ziele zu optimieren. Systementscheidungen basieren auf den in Echtzeit von intelligenten Dingen gesammelten Daten. Bestimmte Daten können jedoch relevant oder irrelevant und interpretierbar oder uninterpretierbar für ein systemweites Ziel wie Vielfalt, Qualität, Lieferzeit und Kosten sein. Effektive Methoden sind gefragt, um Daten zu sortieren und zu verarbeiten und einen nützlichen Datensatz für die Entscheidungsfindung handhabbar zu machen.

Abb. 6.24 zeigt, dass die axiomatische Designtheorie (ADT) verwendet wird, um die von den funktionalen Modellen auf niedriger Ebene gesammelten Daten zu verarbeiten und die Daten in die Kategorie zu übertragen, die mit den systemweiten Zielen zusammenhängt, um Big Data handhabbar zu machen (Cochran et al. 2017).

Abb. 6.24 Axiomatische Designtheorie (ADT) für Data Mining (Cochran et al. 2017)

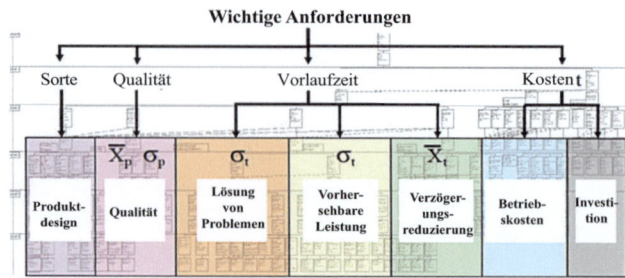

6.6.5 Methoden zur Datenvisualisierung für die Mensch-System-Interaktion

Menschen spielen immer noch wichtige Rollen in der digitalen Fertigung; insbesondere sind Menschen in der Regel erforderlich, um die Betriebsabläufe von Fertigungssystemen zu überwachen, um abnormale Situationen zu identifizieren und sofortige Maßnahmen zu ergreifen. Effektive interaktive Werkzeuge sind erforderlich, damit Menschen die Systemzustände anhand der in Echtzeit von den Fertigungsanlagen gesammelten Daten verstehen können. Abb. 6.25 zeigt ein integriertes Überwachungssystem, das in der Lage ist, Echtzeitdaten basierend auf den Auswahlkriterien der Benutzer abzurufen und zu visualisieren.

6.6.6 Datengetriebene Entscheidungseinheiten

Traditionell erhalten die Entscheidungseinheiten auf einer Ebene der Systemarchitektur die Eingaben von einer höheren Einheit und senden die Ausgaben an eine oder mehrere untergeordnete Einheit(en). Die Entscheidungseinheiten benötigen keine Flexibilität,

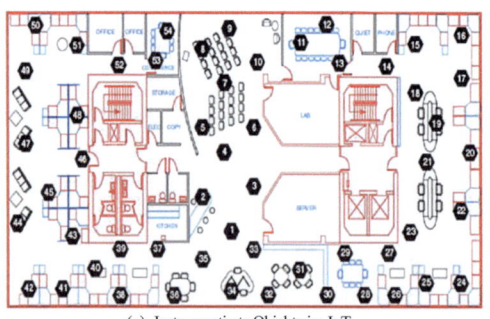
(a). Instrumentierte Objekte im IoT

(b). Grafische Benutzeroberflächen (GUIs) für die Datenvisualisierung

Abb. 6.25 Datenvisualisierung der Mensch-Maschine-Interaktion (Bi et al. 2016)

6.6 Studien zur Anpassung von digitalen Fertigungstechnologien

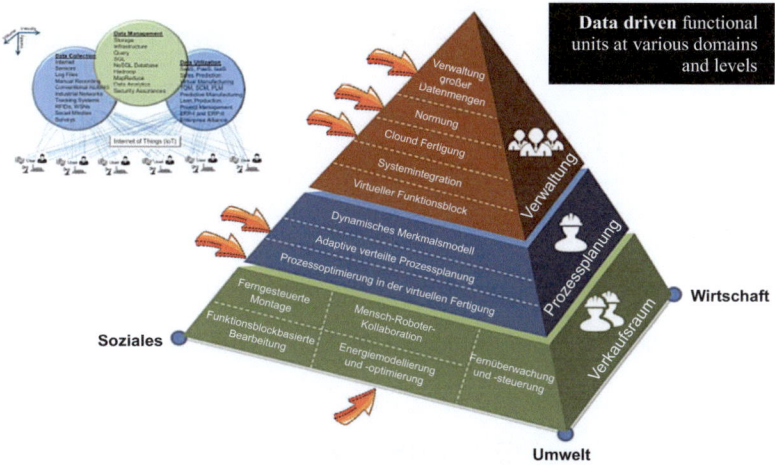

Abb. 6.26 Datengetriebene funktionale Einheiten (Bi und Wang 2013)

um mit Veränderungen und Unsicherheiten über feste Interaktionen hinaus umzugehen. Das IoT ermöglicht jedoch die direkten Interaktionen von funktionalen Einheiten, und die Fähigkeiten dieser funktionalen Einheiten sollten in Bezug auf Flexibilität und Anpassungsfähigkeit erweitert werden, um mit Veränderungen und Unsicherheiten umzugehen. Abb. 6.26 beschreibt ein Szenario eines intelligenten Systems, in dem alle funktionalen Einheiten datengesteuert sind, sodass eine funktionale Einheit im System direkt mit einer anderen Einheit auf jeder Ebene und in jedem Bereich interagieren und reagieren kann (Bi und Wang 2013).

6.6.7 Methoden für Workflow-Kompositionen

Das IoT bietet kleinen und mittleren Unternehmen die Möglichkeit, externe Fertigungsressourcen zu nutzen, um aufkommende Geschäftschancen zu nutzen. Ein virtuelles Unternehmen kann gegründet werden, um ein technisches Projekt auszuführen. Ein virtuelles Unternehmen unterscheidet sich jedoch von physischen Unternehmen in dem Sinne, dass Fertigungsressourcen über die Grenzen physischer Unternehmen hinweg verteilt sind und zusätzliche Geschäfte an der Auswahl von Partnern zur Konfiguration von Workflows beteiligt sind; gemeinsame Durchführung von technischen Projekten; und Gewährleistung der Vertraulichkeit, Sicherheit, Schutz und Zuverlässigkeit der Geschäftsbetriebe. Abb. 6.27 zeigt ein Forschungsbeispiel zu den Algorithmen für die Auswahl und Zusammensetzung von Diensten für virtuelle Unternehmen.

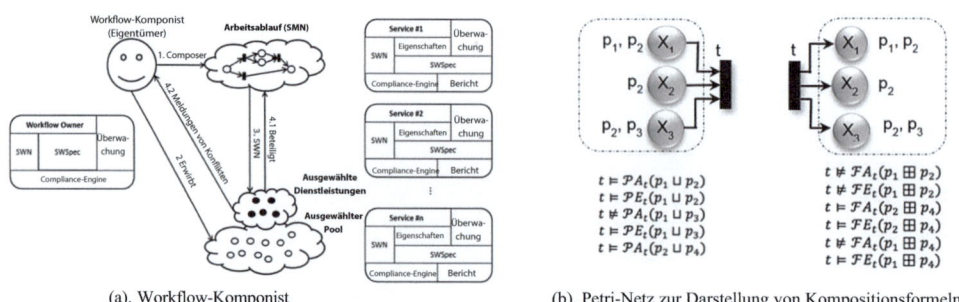

(a). Workflow-Komponist   (b). Petri-Netz zur Darstellung von Kompositionsformeln

Abb. 6.27 Auswahl und Zusammensetzung von Diensten in virtuellen Unternehmen (Viriyasitavat et al. 2019a, b, c)

6.6.8 Standardisierung von Spezifikationen

Im Materialfluss eines Fertigungssystems wird die Komplexität von Produkten oder Fertigungsprozessen hauptsächlich durch die Auswahl verschiedener Arten von Fertigungsressourcen und deren unterschiedliche Zusammenstellung bewältigt. Fertigungsressourcen werden ausgewählt, wenn ihre Fähigkeiten die funktionalen Anforderungen in Anwendungen erfüllen. Es wird entscheidend, die Maßnahmen und Beschreibungen von Fertigungsressourcen zu standardisieren, damit ein Fertigungssystem optimal konfiguriert werden kann. Wie in Abb. 6.28 gezeigt, diskutierten Bi et al. (2020) die Herausforderungen bei der Standardisierung funktionaler Anforderungen von Robotersystemen in Tests und Messungen.

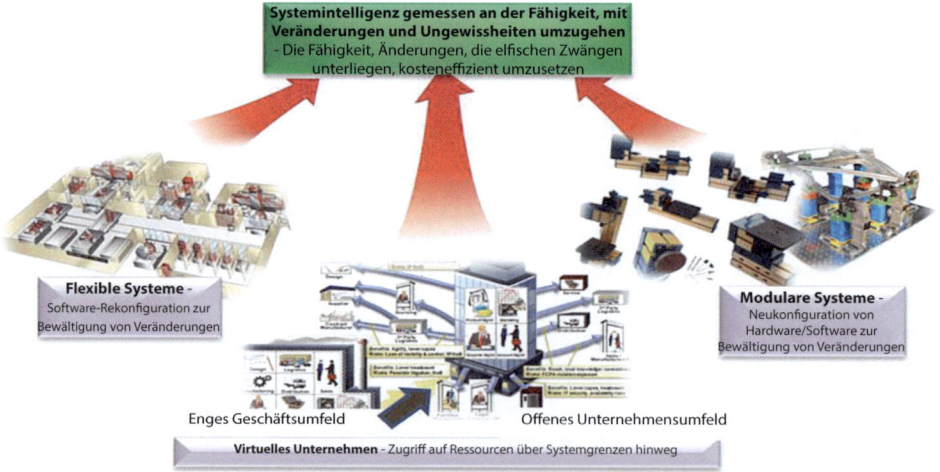

Abb. 6.28 Standardisierung der funktionalen Anforderungen von Robotermodulen (Bi et al. 2020)

6.7 Zusammenfassung

Die Idee des digitalen Zwillings (DT) habe ich diskutiert, um die erstmalige korrekte Zuordnung von einem virtuellen und einem physischen Zwilling zu haben. DT betont die Spiegelbeziehung eines digitalen und eines physischen Zwillings. Allerdings konzentriert sich das Kapitel auf die digitalen Technologien, um die Lösungen von digitalen Zwillingen im weiten Designraum einzugrenzen. Zu diesem Zweck werden die funktionalen Anforderungen von DT in allen Hauptaspekten der Systementscheidungsfindung diskutiert, eine freie Architektur wird vorgeschlagen, und eine Reihe von aufkommenden digitalen Technologien wurden diskutiert. Von diesem Kapitel wird erwartet, dass Ingenieure wissen, wie sie (1) RE in der Digitalisierung physischer Objekte verwenden; (2) DM verwenden, um physische Objekte direkt auf der Grundlage digitaler Modelle zu erstellen; und (3) die Hauptbereiche der angewandten Forschung zur digitalen Fertigung verstehen.

Designprojekte
Projekt 6.1. Finden Sie eine defekte Maschine oder Maschinenelemente, die Sie erreichen können, wie die in Abb. 6.29 gezeigten defekten Luftentfeuchter, zerlegen Sie die Maschine, um die Teile und die Montage zu untersuchen, und verstehen Sie, wie die Maschine funktionieren sollte, erstellen Sie dann ein digitales Modell für die Maschine, demonstrieren Sie, wie das mechanische System funktionieren soll, und machen Sie Ihren Vorschlag, wie die Maschine repariert werden könnte.

Projekt 6.2. Finden Sie ein physisches Objekt, das Sie erreichen können, wie einige in Abb. 6.30 gezeigte Dekorationsobjekte; erstellen Sie ein Körpermodell mit der Technik des Revers Engineerings; bestimmen Sie seine physischen Eigenschaften wie Masse, Volumen und Trägheitseigenschaften; und führen Sie eine Merkmalserkennung auf dem

Abb. 6.29 Beispiele für gebrauchte Produkte im Designprojekt 6.1

Abb. 6.30 Beispiele für physische Objekte im Designprojekt 6.2

Körpermodell durch, um zu sehen, ob einige Parameter und Merkmale aus dem konstruierten Modell wiederhergestellt werden können. Die folgenden Schritte können als Leitfaden für die Verwendung eines Smartphones oder einer Digitalkamera zur Datenerfassung und die Verwendung von Autodesk ReCap Pro und SolidWorks ScanTo3D zur Rekonstruktion eines Körpermodells und zur Merkmalserkennung dienen.

(1) Wählen Sie ein physisches Objekt aus, das in Ihrem RE-Projekt modelliert werden soll. Stellen Sie ein Objekt auf eine flache Oberfläche. Stellen Sie sicher, dass das Objekt von allen Seiten und Winkeln fotografiert werden kann.
(2) Verwenden Sie ein Smartphone oder eine Digitalkamera, um über 50 Fotos aus verschiedenen Positionen und Winkeln aufzunehmen.
(3) Erstellen Sie ein Benutzerkonto unter https://www.autodesk.com, laden Sie ReCap Pro herunter und installieren Sie es, erstellen Sie ein RE-Projekt in ReCap Pro, laden Sie alle Fotos hoch, konvertieren Sie sie in eine Mesh-Datei, laden Sie die .rcm-Datei herunter und verwenden Sie ReCap, um die .rcm-Datei als .obj-Datei oder .stl-Datei für die Verwendung in SolidWorks zu exportieren.
(4) Verwenden Sie SolidWorks ScanTo3D, um die importierte Mesh-Datei zu bereinigen, das Mesh zu reparieren, ein Oberflächenmodell zu erstellen, das Oberflächenmodell zu reparieren und ein Körpermodell aus dem geschlossenen Oberflächenmodell zu generieren.

(5) Weisen Sie dem Körpermodell die Materialien zu und bewerten Sie die Masse- und Volumeneigenschaften.
(6) Dokumentieren Sie Ihre Projektidee, das Verfahren, die Herausforderungen und Lösungen und das Ergebnis des Revers Engineerings.
(7) Drucken Sie ein physisches Modell mit dem Körpermodell in 3D aus.

Literatur

All3DP (2019) Want to get the best results from your 3D printer? https://all3dp.com/1/best-3d-slicer-software-3d-printer/#what

Autodesk (2020) What makes photo good for photogrammetry? https://blogs.autodesk.com/recap/what-makes-photos-good-for-photogrammetry/

Berger R (2019) Digital factories, the renaissance of the U.S. automotive industry. http://secure.rbj.net/collaborative-design-and-planning-for-digital-manufacturing-1st-edition.pdf

Berman SJ, Bell R (2007) Digital transformation—creating new business models where digital meets physical. https://www-07.ibm.com/sg/manufacturing/pdf/manufacturing/Digital-transformation.pdf

Bi ZM (2011) Revisiting system paradigms from the viewpoint of manufacturing sustainability. J Sustain 3(9):1323–1340

Bi ZM, Kang B (2014) Sensing and responding to the changes of geometric surfaces in flexible manufacturing and assembly. Enterprise Inf Syst 8(2):225–245

Bi ZM, Liu YF, Krider J, Buckland J, Whiteman A, Beachy D, Smitch J (2018) Real-time force monitoring of smart grippers for Internet of Things (IoT) applications. J Indus Inf Integration 11:19–28

Bi ZM, Miao ZH, Zhang B, Zhang WJ (2020) A framework for performance assessment of heterogeneous robotic systems. IEEE Syst J. https://doi.org/10.1109/JSYST.2020.2990892

Bi ZM, Wang G, Xu L (2016) A visualization platform for internet of things in manufacturing applications. Internet Res 26(2):377–401

Bi ZM, Wang G, Xu LD, Thompson M, Mir R, Nyikos J, Mane A, Witte C, Sidwell C (2017) IoT-based system for communication and coordination of football robot team. Internet Res 27(3):162–181

Bi ZM, Wang L (2013) Manufacturing paradigm shift towards better sustainability in cloud manufacturing. Springer, London. ISBN: 978-1-4471-4934-7, http://doi.org/10.1007/978-1-4471-4935-4_5

Bi ZM, Wang XQ (2020) Computer aided design and manufacturing (CAD/CAM). John Wiley & Sons, Inc, Hoboken, NJ USA. IBSN-13:9781119534211

Buttner R, Muller E (2018) Changeability of manufacturing companies in the context of digitalization. Procedia Manuf 17(2018):539–546

Campbell RI, Martorelli M, Lee HS (2002) Surface roughness visualization for rapid prototyping models. Comput Aided Des 34(2002):717–725

Catapult (2018) Feasibility of an immersive digital twin: the definition of a digital twin and discussions around the benefit of immersion. https://www.amrc.co.uk/files/document/219/1536919984_HVM_CATAPULT_DIGITAL_TWIN_DL.pdf

Cochra D, Ki YS, Fole J, Bi ZM (2017) Use of the manufacturing system design decomposition for comparative analysis and effective design of production systems. Int J Product Res 55(3):870–890

Fenner J (2003) Enterprise application integration technique. http://www-icm.cs.ucl.ac.uk/staff/W.Emmerich/lectures/3C05-02-03/aswe21-essay.pdf

GE (2020) GE digital twin—analytic engine for the digital power plant, https://www.ge.com/digital/sites/default/files/download_assets/Digital-Twin-for-the-digital-power-plant-.pdf

Grieves M, Vickers J (2006) Digital twin: mitigating unpredictable, undesirable emergent behavior in complex systems (excerpt). https://www.researchgate.net/publication/307509727_Origins_of_the_Digital_Twin_Concept/link/57c6f44008ae9d64047e92b4/download

Gelernter DH (1991) Mirror worlds: or the day software puts the universe in a shoebox—how it will happen and what it will mean. Oxford University Press, Oxford, New York. ISBN 978-0195079067. OCLC 23868481

Glaessgen EH, Stargel DS (2012) The digital twin paradigm for future NSA and US air force vehicles. https://ntrs.nasa.gov/archive/nasa/casi.ntrs.nasa.gov/20120008178.pdf

Gregori F, Papetti A, Pandolfi M, Peruzzini M, Germani M (2017) Digital manufacturing systems: a framework to improve social sustainability of a production site. Procedia CIRP 63(2017):436–442

Ha S (2016) 3D printing/process parameters. https://worldmaterialsforum.com/files/Presentations/WS1-1/WMF%202016%20-%20WS%201.1%20-%20Sung%20Ha%20Final.pdf

Kim DB, Witherell P, Lipman R, Feng SC (2015) Streamlining the additive manufacturing digital spectrum: a systems approach. Additive Manuf 5(2015):20–30

Kumbhar NN, Mulay AV (2018) Post processing methods used to improve surface finish of products while are manufacturing by additive manufacturing technologies: a review. J Instit Eng (India) Ser C 99(4):148–487

Kusiak A (2019) Fundamentals of smart manufacturing: a multi-thread perspective. Annual Rev Control. https://doi.org/10.1016/j.arcontrol.2019.02.001

Mäkiö-Marusik E, Colomboa AW, Mäkiö J, Pechmann A (2019) Concept and case study for teaching and learning industrial digitalization. Procedia Manuf 31(2019):97–102

Parrott and Warshaw (2020) Industry 4.0 and the digital twin. https://www2.deloitte.com/us/en/insights/focus/industry-4-0/digital-twin-technology-smart-factory.html

Pati A, Bandyopadhyay PK (2017) Digital manufacturing: evolution and a process oriented approach to align with business strategy. Int J Econ Manag Eng 11(7):1746–1751

Särestöniemi M, Pomalaza-Ráez C, Bi ZM, Kumpuniemi T, Kissi C, Sonkki M, Hämäläinen M, Iinatti J (2019) Comprehensive study on the impact of sternotomy wires on UWB WBAN channel characteristics on the human chest area. IEEE Access 7(1):74670–74682

Siemens (2020) Digital manufacturing—a holistic approach to the complete product lifecycle. https://www.plm.automation.siemens.com/global/en/our-story/glossary/digital-manufacturing/13157

Sönmez OE, Koç VT (2015) On quantifying manufacturing flexibility: an entropy based approach. In: Proceedings of the world congress on engineering 2015 Bd II WCE 2015, July 1–3 2015. London

Tao F, Zhang M, Nee AYC (2019) Digital twin and big data in digital twin driven smart manufacturing, S 183–202

Tuegel EJ, Ingraffea AR, Eason TG, Spottswood (2011) Reengineering aircraft structural life prediction using a digital twin. Int J Aerospace Eng. Article ID 154798

Viriyasitavat W, Xu L, Bi ZM, Hoonsopon D (2019a) Blockchain technology for applications in internet of things—mapping from system design perspective. IEEE Internet of Things J 6(5):8155–8168

Viriyasitavat W, Xu L, Bi ZM (2019b) rmSWSpec: real-time monitoring of service workflow specification language for specification patterns. IEEE Trans Indus Inf 15(7):4021–4032

Viriyasitavat W, Xu L, Bi ZM (2019c) The extension of semantic formalization of service workflow specification language. IEEE Trans Indus Inf 15(2):741–754

Wiendahl HP, ElMaraghy HA, Nyhuis P, Zäh MF, Wiendahl HH, Duffie N, Brieke M (2007) Changeable manufacturing—classification, design and operation. CIRP Ann 56(2):783–809

Williams TJ (1994) The Purdue enterprise reference architecture and methodology (PERA). http://citeseerx.ist.psu.edu/viewdoc/download?doi=10.1.1.194.6112&rep=rep1&type=pdf

Wikipedia (2020) Digital twin. https://en.wikipedia.org/wiki/Digital_twin